Bernd Künne

Köhler/Rögnitz Maschinenteile 1

Bernd Künne

Köhler/Rögnitz
Maschinenteile 1

10., überarbeitete und aktualisierte Auflage

Mit 551 Abbildungen, Tabellen und Diagrammen sowie
zahlreichen Beispielrechnungen

Teubner

Bibliografische Information der Deutschen Nationalbibliothek
Die Deutsche Nationalbibliothek verzeichnet diese Publikation in der Deutschen Nationalbibliografie;
detaillierte bibliografische Daten sind im Internet über <http://dnb.d-nb.de> abrufbar.

Ab der 9. Auflage herausgegeben und bearbeitet von
Univ.-Prof. Dr.-Ing. habil. Bernd Künne, Fachgebiet Maschinenelemente, Universität Dortmund.

Ab der 4. Auflage herausgegeben und bearbeitet von
Professor Dr.-Ing. Joachim Pokorny, Universität Gesamthochschule Paderborn, ehem. Oberbaudirektor,
Leiter der Staatl. Ingenieurschule für Maschinenwesen Soest. Unter Mitwirkung von **Professor Dipl.-Ing.
Karl-Heinz Küttner**, Technische Fachhochschule Berlin, **Professor Dipl.-Ing. Erwin Lemke**, Technische
Fachhochschule Berlin, **Professor Dipl.-Ing. Gerhart Schreiner**, Fachhochschule für Technik, Mannheim,
Professor Dipl.-Ing. Udo Zelder, Universität Gesamthochschule Paderborn, **Professor Dipl.-Ing. Lothar
Hägele**, Fachhochschule Aalen.

Begründet von
Baudirektor Dipl.-Ing. Günter Köhler, Direktor der Staatl. Ingenieurschule Beuth, Berlin, und
Oberbaurat Dr.-Ing. Hans Rögnitz, Staatl. Ingenieurschule Beuth, Berlin.

1. Auflage 1960
3. Auflage 1965
4. Auflage 1972
5. Auflage 1976
6. Auflage 1981
7. Auflage 1986
8. Auflage 1992
9. Auflage 2003
10., überarbeitete und aktualisierte Auflage April 2007

Alle Rechte vorbehalten
© B.G. Teubner Verlag / GWV Fachverlage GmbH, Wiesbaden 2007

Der B.G. Teubner Verlag ist ein Unternehmen von Springer Science+Business Media.
www.teubner.de

Umschlaggestaltung: Ulrike Weigel, www.CorporateDesignGroup.de
Druck und buchbinderische Verarbeitung: Tesinská Tiskárna, Český Těšin
Gedruckt auf säurefreiem und chlorfrei gebleichtem Papier.
Printed in Czech Republik

ISBN 978-3-8351-0093-0

Vorwort

In der heutigen Zeit werden an die Kenntnisse von Ingenieurinnen und Ingenieuren zahlreiche neue Anforderungen gestellt. So ist es neben den „klassischen" Gebieten des Maschinenbaus erforderlich, umfangreiches Fachwissen auch in planerischen, organisatorischen und logistischen Bereichen zu besitzen. Dennoch kann auf die wesentlichen Inhalte der Grundlagenfächer nicht verzichtet werden. Vielmehr ist es notwendig, die Kenntnisse aus diesen Bereichen schnell, übersichtlich und nachvollziehbar zur Verfügung zu haben. Geeignete Fachbücher können daher auch durch die neuen Medien nicht ersetzt werden.

Das Buch „Köhler/Rögnitz Maschinenteile" stellt ein traditionsreiches Werk auf dem Gebiet der Maschinenelemente dar, das in der Vergangenheit als wertvolle Hilfe nicht nur für Studierende, sondern auch für Konstrukteurinnen und Konstrukteure in der beruflichen Praxis diente. Nachdem die achte Auflage mittlerweile vergriffen war, stellte sich die Aufgabe, die für die neunte Auflage erforderlichen Änderungen und Aktualisierungen vorzunehmen. Leider stand hierfür Herr Professor Dr.-Ing. J. Pokorny, der sich in jahrzehntelanger mühevoller Arbeit dieser Aufgabe gewidmet hatte, nicht mehr zur Verfügung. Aus diesem Grunde erklärte ich mich bereit, als Herausgeber von der neunten Auflage an mitzuwirken und dadurch das Buch im Sinne des bisherigen Herausgebers und der Autoren weiterzuführen. Auf diesem Wege entstand auch die vorliegende zehnte Auflage des Teils 1 „Köhler/Rögnitz Maschinenteile".

Mit der Neuausgabe eines derartig renommierten Werkes geht die Schwierigkeit einher, Bewährtes fortzuführen und gleichzeitig die Inhalte und den Aufbau so an die geänderten Randbedingungen anzupassen, dass die Aktualität der vermittelten Informationen erhalten bleibt. Um dieser Zielsetzung gerecht zu werden, wurden neben der inhaltlichen Überarbeitung auch einige formale Änderungen durchgeführt. Als wichtigstes ist hierbei der seit der neunten Auflage erfolgte Verzicht auf den bisherigen Anhang in Form von Arbeitsblättern zu nennen; statt dessen erfolgte eine Einarbeitung der Inhalte in die entsprechenden Kapitel. Hierdurch konnte der gesamte Inhalt deutlich kompakter aufbereitet werden.

Der inhaltliche Rahmen wurde ebenso wie die bisherige Untergliederung in zwei Teile beibehalten. Ein erheblicher Aktualisierungsbedarf bestand insbesondere bei verwendeten Normen. Gerade in diesem Bereich haben sich in den letzten Jahren starke Veränderungen durch die Anpassung an europäische und internationale Standards ergeben. Der Stand der aufgenommenen Normen entspricht dem Zeitpunkt der Drucklegung.

Das vorliegende Lehr- und Arbeitsbuch soll dem Leser die erforderlichen Kenntnisse über die wesentlichen Maschinenelemente vermitteln. Die Darstellung des Stoffes führt dabei von der Aufgabenstellung über die Funktion, Berechnung und Gestaltung zu Lösungsmöglichkeiten. Hierbei werden die erforderlichen Berechnungsgleichungen hergeleitet, die physikalischen Abhängigkeiten aufgezeigt und Problembereiche betrachtet.

Im Teil 1 des Werks „Köhler/Rögnitz Maschinenteile" wird zunächst im Abschnitt 1 eine „Einführung in das Konstruieren und Gestalten von Maschinenteilen" vorgenommen, wobei auch die Themenbereiche „Einführung in die Konstruktionssystematik" und „Technischwirtschaftliche Bewertung" behandelt werden. Hierauf basierend werden Gestaltungsregeln für Gussteile dargestellt und an Gut-Schlecht-Beispielen verdeutlicht. Gestaltungsregeln für die übrigen Maschinenteile werden in den jeweiligen Abschnitten betrachtet. Das Unterkapitel Werkstoffe im Abschnitt 1 behandelt die wichtigsten Werkstoffarten und liefert die für die Berechnung erforderlichen Kennwerte.

Der Abschnitt 2 beinhaltet die „Grundlagen der Festigkeitsberechnung". Dieser Abschnitt soll keineswegs die einschlägige Fachliteratur und Lehrveranstaltungen auf dem betreffenden Gebiet ersetzen. Vielmehr sollen die wichtigsten Grundlagen in komprimierter Form so dargestellt werden, dass die für die Konstruktion erforderlichen Kenntnisse zügig wiederholt werden können. Hierzu gehören sowohl die im Bauteil vorhandenen Spannungen und die Festigkeitshypothesen als auch die Bestimmung der zulässigen Spannungen. Weiterhin wird das Ermitteln unbekannter Kräfte und Momente dargestellt. In den nachfolgenden Abschnitten werden die jeweils erforderlichen Berechnungsformeln für die Auslegung und Nachrechnung der Maschinenteile wieder aufgegriffen.

Im Abschnitt 3 werden „Normen" behandelt, die für die Erstellung von Konstruktionen und insbesondere für deren Ausarbeitung hilfreich sein können. Hierzu gehören die Normzahlen, die Oberflächenangaben sowie Toleranzen und Passungen.

Die folgenden Abschnitte beinhalten die Themen „Nietverbindungen", „Stoffschlüssige Verbindungen", „Reib- und formschlüssige Verbindungen", „Schraubenverbindungen", „Federn", Rohrleitungen und Armaturen" und „Dichtungen". Dabei werden die jeweiligen Maschinenteile zunächst bezüglich ihrer Aufgabe und ihrer Funktion betrachtet. Im Anschluss hieran erfolgt die Behandlung der wichtigsten Dimensionierungsregeln. Die meisten der Abschnitte enthalten zahlreiche Anwendungs- und Gestaltungsbeispiele, die dazu dienen sollen, Anregungen für eigene Konstruktionen zu geben und Fehler zu vermeiden.

Jedem Abschnitt ist eine Zusammenstellung der wichtigsten Normen vorangestellt; weitere Verweise auf Normen befinden sich innerhalb der Abschnitte. Hierdurch soll einerseits die Möglichkeit gegeben werden, ggf. fehlende Informationen aus den entsprechenden Normen zu entnehmen, und andererseits die inhaltliche Beschäftigung mit geltenden Normen angeregt werden. Empfehlenswert ist in diesem Zusammenhang das ebenfalls im B. G. Teubner Verlag erschienene Buch „Klein: Einführung in die DIN-Normen" sowie die Seite „www.beuth.de".

Es wurde versucht, die verwendeten Formelzeichen möglichst einheitlich zu gestalten. Dabei musste vereinzelt von den Bezeichnungen abgewichen werden, die in den betreffenden DIN-Normen genannt werden. Um eine bessere Übersicht geben zu können, beinhaltet jeder Abschnitt eine Zusammenstellung der verwendeten Formelzeichen. Bei den angegebenen Gleichungen handelt es sich fast ausschließlich um Größengleichungen nach DIN 1313, in die die einzelnen physikalischen Größen in beliebiger Einheit (SI-Einheiten oder abgeleitete SI-Einheiten) eingesetzt werden können. Oftmals ist zusätzlich eine sinnvolle Einheit für die einzelnen Werte angegeben, die jedoch lediglich zur besseren Übersicht dienen soll. Nur an den Stellen, wo es unvermeidbar ist, werden auf bestimmte Einheiten zugeschnittene Größen- bzw.

Zahlenwertgleichungen verwendet. Hier ist es unbedingt erforderlich, die Größen in der angegebenen Einheit einzusetzen, um ein sinnvolles Ergebnis zu erhalten.

Für die zehnte Auflage wurden zahlreiche Darstellungen neu erstellt bzw. verbessert; weiterhin wurden erneut alle wesentlichen Anpassungen an neue Normen vorgenommen.

Abschließend möchte ich allen danken, die direkt oder indirekt zum Gelingen dieses Buches beigetragen haben. Hier sind zunächst die bisherigen Autoren und insbesondere der bisherige langjährige Herausgeber, Herr Professor Dr.-Ing. J. Pokorny, der leider im Herbst 2003 verstorben ist, zu nennen. Mein Dank gebührt auch allen Mitarbeitern und studentischen Hilfskräften, die bei der Ausgestaltung mitgewirkt haben. Herrn Dr. Martin Feuchte vom B. G. Teubner Verlag danke ich für die stete Unterstützung und Förderung des Werkes.

Ich würde mich freuen, auch weiterhin Anregungen aus den Kreisen der Benutzer zu erhalten.

Dortmund, im Februar 2007   Bernd Künne

Inhalt

Hinweise für die Benutzung des Werkes

1. Bei den angegebenen Formeln handelt es sich um Größengleichungen (s. DIN 1313). In diesen Gleichungen bedeuten die Formelzeichen physikalische Größen, also jeweils ein Produkt aus Zahlenwert (Maßzahl) und Einheit.

Werden Zahlenwertgleichungen benutzt, wird hierauf gesondert hingewiesen. Die entsprechenden Größen sind als Zahlenwerte einzusetzen, wobei die angegebenen Einheiten berücksichtigt werden müssen.

Am Ende der einzelnen Kapitel befindet sich jeweils eine Formelsammlung, der zur schnellen Orientierung über die Bedeutung eine Formelzeichenliste vorangestellt ist.

2. Angaben zum Internationalen Einheitensystem und Umrechnungsbeziehungen:

Masse: $1 \text{ kp s}^2/\text{m} = 9{,}81 \text{ kg}$

Kraft: $1 \text{ N} = 1 \text{ kg m/s}^2$ $1 \text{ kp} = 9{,}81 \text{ kg m/s}^2 = 9{,}81 \text{ N} \approx 10 \text{ N}$

Die Gewichtskraft F_g, die auf den Körper der Masse $m = 1$ kg wirkt, beträgt:

$$F_g = m \cdot g = 1 \text{ kg} \cdot 9{,}81 \text{ m/s}^2 = 9{,}81 \text{ N}$$

Mechanische Spannung, Flächenpressung: $1 \text{ kp/mm}^2 = 9{,}81 \text{ N/mm}^2$

Druck: $1 \text{ Pa} = 1 \text{ N/m}^2 = 1 \cdot 10^{-5} \text{ bar}$

$1 \text{ MPa} = 1 \text{ N/mm}^2 = 1 \text{ MN/m}^2 = 10 \text{ bar} \approx 10 \text{ kp/cm}^2$

$1 \text{ bar} = 0{,}1 \text{ MPa} = 0{,}1 \text{ N/mm}^2$

$1 \text{ at} = 1 \text{ kp/cm}^2 = 9{,}81 \cdot 10^4 \text{ N/m}^2 = 0{,}981 \text{ bar} \approx 1 \text{ bar}$

Arbeit: $1 \text{ J} = 1 \text{ Nm} = 1 \text{ Ws}$ $1 \text{ kpm} = 9{,}81 \text{ Nm} \approx 10 \text{ Nm}$

$1 \text{ kcal} = 427 \text{ kpm} = 4186{,}8 \text{ J}$

Leistung: $1 \text{ W} = 1 \text{ J/s} = 1 \text{ Nm/s}$ $1 \text{ kpm/s} = 9{,}81 \text{ J/s} = 9{,}81 \text{ W}$

$1 \text{ PS} = 75 \text{ kpm/s} \approx 736 \text{ W}$ $1 \text{ kW} = 1{,}36 \text{ PS}$

Trägheitsmoment: $1 \text{ kpm s}^2 = 9{,}81 \text{ Nm s}^2 = 9{,}81 \text{ kg m}^2$

Magnetische Flussdichte: $1 \text{ T (Tesla)} = 1 \text{ Vs/m}^2 = 1 \text{ Nm/(m}^2\cdot\text{A)}$

Dynamische Viskosität: $1 \text{ Pa s} = 1 \text{ Ns/m}^2 = 1 \text{ kg/(m}\cdot\text{s)} = 10^3 \text{ cP (Centipoise)}$

Kinematische Viskosität: $1 \text{ m}^2/\text{s} = 1 \text{ Pa s m}^3/\text{kg} = 10^4 \text{ St} = 10^6 \text{ cSt (Centistokes)}$

3. Hinweise auf DIN-Normen in diesem Werk entsprechen dem Stand der Normung bei Abschluss des Manuskriptes. Maßgebend sind die jeweils neuesten Ausgaben der Normblätter des DIN Deutsches Institut für Normung e.V., die durch die Beuth-Verlag GmbH, Berlin und Köln, www.beuth.de, zu beziehen sind. Sinngemäß gilt das Gleiche für alle in diesem Buch erwähnten amtlichen Bestimmungen, Richtlinien, Verordnungen usw.

4. Bilder und Gleichungen sind abschnittsweise nummeriert. Es bedeuten z. B.:
a) Bild **6.1** das 1. Bild im Abschn. 6 (Abschn.-Nr. und Bild-Nr. fett), Hinweis im Buchtext (**6.1**)
b) Gleichung (6.2) die 2. Gleichung im Abschn. 6 - (Abschn.-Nr. und Gl.-Nr. mager), Hinweise im Text Gl. (6.2)

Griechisches Alphabet (DIN ISO 3098-2)

A	α	a	Alpha	H	η	e	Eta	N	ν	n	Nü
B	β	b	Beta	Θ	ϑ	th	Theta	Ξ	ξ	x	Ksi
Γ	γ	g	Gamma	I	ι	j	Jota	O	o	o	Omikron
Δ	δ	d	Delta	K	κ	k	Kappa	Π	π	p	Pi
E	ε	e	Epsilon	Λ	λ	l	Lambda	P	ρ	r	Rho
Z	ζ	z	Zeta	M	μ	m	Mü	Σ	σ	s	Sigma

T	τ	t	Tau
Y	υ	$ü$	Ypsilon
Φ	φ	ph	Phi
X	χ	ch	Chi
Ψ	ψ	ps	Psi
Ω	ω	o	Omega

1 Einführung in das Konstruieren und Gestalten von Maschinenteilen

1.1 Allgemeine Gesichtspunkte für das Konstruieren

Maschinenteile sind Bauteile oder Bauteilgruppen, die in unterschiedlichen Maschinen oder Geräten jeweils gleiche oder ähnliche Funktionen zu erfüllen haben. Sie müssen daher vergleichbare Konstruktionsmerkmale aufweisen.

Die Maschinenteile wurden im Laufe der Zeit ständig weiterentwickelt. Viele wiederkehrende Maschinenteile sind genormt und sollten vom Konstrukteur für seine Konstruktionen bevorzugt werden. Die Zusammenstellung der Bauteile zu Bauteilgruppen bzw. Maschinen erfordert die konstruktive Anpassung der Maschinenteile aneinander.

Die ersten Unterweisungen im Konstruieren und Gestalten erhalten die Studierenden im Allgemeinen im Fach „Maschinenelemente" („Maschinenteile", „Konstruktionslehre"). Das Konstruieren umfasst das Planen, Entwerfen und Ausarbeiten technischer Gebilde, wobei alle zur Fertigung erforderlichen Unterlagen erstellt werden müssen.

Eine erfolgreiche Bearbeitung konstruktiver Aufgaben setzt eine methodische Vorgehensweise voraus. Dennoch erfordert das Finden von Lösungen nach wie vor ein hohes Maß an Kreativität. Dabei schließt die Methodik die Intuition nicht aus, sondern soll im Gegenteil dazu dienen, Funktionen zu erkennen, aus der Erfahrung bekannte Lösungen neu zu kombinieren und basierend auf möglichst umfangreichen Fachkenntnissen Lösungen zu erarbeiten.

Das methodische Konstruieren ist Inhalt weiterführender Lehrveranstaltungen („Konstruktionssystematik") und wird im dafür maßgeblichen Schrifttum (s. Literatur zum Abschnitt 1) und in den VDI-Richtlinien 2221 und 2222 ausführlich behandelt. Zur Durchführung wertanalytischer Untersuchungen sind die VDI-Richtlinien 2225 und 2801 wertvolle Hilfsmittel. Voraussetzungen sind jedoch stets umfassende Kenntnisse auf dem Gebiet der Maschinenteile, einschließlich deren Konstruktion, Berechnung und Gestaltung.

Im Folgenden sollen einige konstruktionsmethodische Grundlagen vermittelt werden. Sie sollen die Studierenden insbesondere beim Anfertigen von Konstruktionsübungen unterstützen.

1.2 Einführung in die Konstruktionssystematik

Ein wesentliches Ziel der Konstruktionssystematik ist es, effizienter ausgereifte und funktionssichere Konstruktionen zu erstellen. Dabei soll das Denken in größeren Zusammenhängen gefördert und eine pragmatische Vorgehensweise, insbesondere bei divergierenden Gesichtspunkten, erleichtert werden. Ein weiterer Vorteil systematischen Vorgehens besteht in der Nachvollziehbarkeit des Konstruktionsprozesses. Der Konstrukteur kann so jederzeit Rechenschaft über den Konstruktionsablauf geben. Dabei ist jedoch darauf zu achten, dass die vorgestellten Methoden nicht „zum Selbstzweck" verwendet werden; sie sollen vielmehr den Konstruktionsprozess unterstützend begleiten und nicht etwa behindern.

Der Konstruktionsprozess wird in die drei Phasen Planen, Entwerfen und Ausarbeiten gegliedert, die herkömmlicher Weise nacheinander abgearbeitet werden; im Rahmen des Simultaneous Engineering werden die Schritte teilweise parallel ausgeführt und direkt mit der Produktionsplanung verbunden, um Zeit zu gewinnen; jedoch können hierbei nachträgliche Korrekturen erforderlich werden, die den Aufwand erhöhen.

Phase	Konstruktionsschritt	Ergebnis
Planen	1. Klärung der Aufgabenstellung 2. Funktion	Anforderungsliste Funktionsstruktur
Entwerfen	3. Wirkprinzipien 4. Konstruktionselemente	Prinziplösungen, -skizzen Modularisierte Einzelskizzen
Ausarbeiten	5. Gesamtkonstruktion	Berechnungen, Zeichnungen, Stücklisten

1.1
Phasen, Konstruktionsschritte und Ergebnisse

Planungsphase

Konstruktionsschritt 1: Klärung der Aufgabenstellung

Die Klärung der Aufgabenstellung bedeutet hier das Erkennen eines Problems bzw. Bedürfnisses, das durch eine Ist-Analyse in schriftliche Form gebracht wird und anschließend in eine technische Zielvorgabe überführt wird; diese Zielvorgabe wird in der Anforderungsliste rechtsgültig festgelegt. Falsche oder unbekannte Voraussetzungen oder Randbedingungen bedeuten, dass die Konstruktion später entweder mit meist erheblichem Aufwand geändert werden muss oder sogar unbrauchbar wird. Die Klärung der Aufgabenstellung beinhaltet die Festlegung aller Eigenschaften, die das Produkt haben muss (Festforderungen) bzw. haben sollte (Wünsche). Festforderungen müssen eindeutig quantifiziert sein, um eine klare ja-nein-Entscheidung bezüglich ihrer Erfüllung treffen zu können. Die geforderten Eigenschaften sind sorgfältig auf Notwendigkeit und Eindeutigkeit zu überprüfen. Überflüssige oder widersprüchliche Forderungen und Wünsche sollten möglichst früh erkannt und entfernt werden.

Anforderungsliste Winkelbohrvorsatz mit Spanneinrichtung		Nr.	WB 19356
Auftraggeber U & B Bohrtechnik		Datum Seite	01.03.2007 1 v. Bl.
Nr.	Anforderungen	F/W	Änderung
1	**Geometrie**		
1.1	Geringe Bauhöhe	W	
1.2	Max. Spanndurchmesser 13 mm	F	1)
2	**Kinematik**		
2.1	Einfacher schneller Werkzeugwechsel	W	
2.2	Spannhalsmaße DIN 44715	F	
3	**Energie**		
8	**Kosten**		
8.1	Herstellkosten < 30 €	F	

Ind.	Nr.	Datum	Änderungen
1	1.2	21.11.06	war 10 mm, Änderung durch Auftraggeber

1.2
Anforderungsliste, Beispiel

Die Anforderungsliste enthält die verbleibenden geforderten bzw. gewünschten Eigenschaften in einer tabellarischen Form (auch Lastenheft, Pflichtenheft genannt). Hilfreich ist die Verwendung eines einheitlich aufgebauten Formblatts. Da Anforderungslisten rechtlich relevante Dokumente sind, sind Änderungen nur im Einvernehmen aller Beteiligten zulässig. Besprechungsergebnisse sind zu protokollieren und gegenzuzeichnen zu archivieren. Weiterhin ist die Herkunft (Kunde, eigene Angaben o. ä.) der Forderungen und Wünsche zu kennzeichnen. Zweckmäßig ist eine Gliederung nach Geometrie, Kinematik, Kräfte, Energieumsatz, Stoff, Gebrauch, Wartung und Bedienung, Herstellung, Transport, Montage, Kosten, Termine.

Konstruktionsschritt 2: Funktionen
Die Funktion ist der allgemeine Wirkzusammenhang zwischen den Eingangs-, Zustands-, und Ausgangsgrößen eines technischen Systems zur Erfüllung seiner Aufgabe. Ist die Gesamtfunktion nicht unmittelbar erkennbar bzw. die Anforderungsliste zu eng auf eine spezielle Problemlösung ausgerichtet, kann die Gesamtfunktion durch Abstraktion der Anforderungsliste ermittelt werden. Hierzu werden gedanklich die Wünsche und weniger wichtigen Forderungen weggelassen. Die dann verbleibenden Forderungen geben die Hauptfunktion an, die zunächst als Black-Box dargestellt werden kann, **1.3**.

1.3
Black-Box-Darstellung der Gesamtfunktion

a Allgemeine Darstellung
b Beispiel Personenaufzug

1.4
Aufgliederung der Gesamtfunktion

Technische Systeme lassen sich fast beliebig fein in Teilsysteme untergliedern, **1.4**. Entsprechend lässt sich die Gesamtfunktion in einzelne Teilfunktionen untergliedern, die dann in ihrem logischen Zusammenhang in einer Funktionsstruktur schematisiert dargestellt werden können. Die Funktionen sind möglichst mittels einer Kombination aus Substantiv und Verb zu beschreiben, z. B.: „Personen befördern". In der Black-Box-Darstellung werden die Eigenschaftsänderungen des Stoff-, Energie- und Informationsflusses zwischen Eingang und Ausgang des Systems grafisch dargestellt. Ist zum Erfüllen der Gesamtfunktion noch keine technische Umsetzung bekannt, erfolgt auf Basis der „Black-Box-Darstellung" eine zweckmäßige Aufteilung der Gesamtfunktion in Teilfunktionen, für die Lösungen gefunden werden können. Sind für Teilfunktionen keine Lösungen bekannt, werden diese weiter aufgeschlüsselt. Die Variation der Teilfunktionen bezüglich Reihenfolge, Mehrfachanordnungen (Zusammenfassen bzw. Aufteilen von Teilfunktionen), Schaltungsart (parallel oder seriell), Modifizieren der Steuer- bzw. Regellogik usw. ermöglicht eine große Vielzahl an Lösungen.

1.5
Funktionsstruktur, Beispiel Personenaufzug

Entwurfsphase

Konstruktionsschritt 3: Wirkprinzipien

In diesem Schritt werden physikalische Effekte gesucht, die zunächst in Wirkprinzipien und anschließend in Prinziplösungen überführt werden können. Physikalische Effekte können entweder verbal oder quantitativ mit Hilfe mathematischer Formeln lösungsneutral formuliert werden. Formgestaltung und Dimensionierung werden in diesem Schritt noch nicht betrachtet. **1.7** zeigt als Beispiel den Transport eines Pakets auf einem profillosen Förderband.

mechanisch	hydraulisch	pneumatisch	elektrisch	Sonstige
– statisch	– hydrostatisch	– Druckluft	– ohmsch	– chemisch
– dynamisch	– hydrodynam.	– fluidisch	– induktiv	– optisch
– kraftschlüssig	– ...	– ...	– kapazitiv	– akustisch
– formschlüssig			– ...	– ...
– ...				

1.6
Auswahl physikalischer Effekte

$$F_a = m \cdot a \leq F_R = \mu \cdot F_R$$

1.7
Physikalischer Effekt, Wirkprinzip und Prinziplösung am Beispiel „Transport eines Pakets"

Konstruktionsschritt 4: Konstruktionselemente

Aus der im dritten Schritt entwickelten Vielzahl von Prinziplösungen kann nun mit Hilfe geeigneter Bewertungsverfahren eine Variante ausgewählt werden, die anschließend konstruktiv umgesetzt wird; insbesondere zählen hierzu die Erstellung eines maßstäblichen Entwurfs, dessen technisch-wirtschaftliche Bewertung, die Verbesserung des Entwurfs und die Optimierung der Gestaltungszonen.

Konstruktionsschritt 5: Gesamtkonstruktion

Dieser letzte Schritt dient der Gestaltung und Optimierung der Gesamtkonstruktion und der Einzelteile, der Ausarbeitung der Ausführungsunterlagen (Zeichnungen, Stücklisten, Fertigungs-, Montage-, Transport- und Betriebsvorschriften), der Überprüfung der Kosten, dem Bau von Prototypen oder Modellen sowie der Entscheidung und Freigabe zum Fertigen.

Zur **Ideensuche** und zum Finden von Lösungen wurden folgende allgemein anwendbare Methoden entwickelt, die schrittweises oder diskursives Denken zielbewusst steuern:

Methode des Fragens. Das systematische Aufstellen von Fragen dient der Anregung des Denkprozesses und der Intuition. Aus einer Frage ergibt sich neben der Antwort meist eine neue Frage, die die Lösungsfindung vorantreibt. Fragelisten erleichtern die Durchführung der Gedankenarbeit. Typische Fragen sind: Was lässt sich verändern, was muss bleiben? Kann man das Produkt für andere Zwecke verwenden? Welche ähnlichen Produkte gibt es? (z. B. Funktion, Bewegung, Größe, Form, Beschaffenheit, Farbe.) Was kann man hinzufügen, was kann man wegnehmen? (z. B. größere Häufigkeit, höher, länger, dicker, stärker, kleiner, kürzer, kompakter, geteilt.) Kann man verdoppeln oder multiplizieren? (z. B. parallel geschaltete Elemente.) Was kann man ändern bzw. ersetzen? (z. B. Material, Herstellung, Energiequellen, Platz.) Kann man Komponenten oder Anordnungen austauschen? (z. B. positiv und negativ, oben und unten.) Kann man Ursache und Wirkung übertragen? Kann man Einheiten kombinieren? In dieser Frageliste sind Begriffsgegensätze oder Polaritäten enthalten, wie z. B. magnifizieren-minifizieren, positiv-negativ, teilen-kombinieren, die auch Elemente der folgenden Methoden sind.

Die **Methode der Negation** und **Neukonzeption** geht von einer bekannten Lösung aus, beschreibt sie durch einzelne Aussagen und negiert diese Aussagen. Hieraus können neue Lösungen entstehen.

Nach der **Methode des Vorwärtsschreitens** geht man von einem ersten Lösungssatz aus und versucht, vorwärts schreitend möglichst viele Wege einzuschlagen, die von diesem Ansatz wegführen und weitere Lösungen liefern.

Bei der **Methode des Rückwärtsschreitens** geht man vom Entwicklungsziel aus und entwickelt rückwärts schreitend möglichst viele Wege, die zu diesem Ziel führen.

Die **Methode der Analogie** überträgt das Problem in ein anderes Problemfeld, für das die Lösung leichter erscheint. Die gefundene Lösung für das analoge Modell wird dann wieder in das ursprüngliche Problemfeld übertragen.

Die **Interpretation mathematischer Funktionen**, die physikalische Wirkungszusammenhänge beschreiben, ist anwendbar, wenn ein Problem mathematisch beschreibbar ist. Dabei lassen sich Lösungen ableiten, indem man konstruktive Lösungen zur Variation der Einflussgrößen betrachtet.

Die **systematische Suche mit Hilfe von Ordnungsschemata** erleichtert das Erkennen wesentlicher Lösungsmerkmale und entsprechender Verknüpfungsmerkmale. Das allgemein übliche zweidimensionale Ordnungsschema besteht aus Zeilen und Spalten. Jede Gesamtfunktion wird in Teilfunktionen aufgegliedert und, wenn sinnvoll, weiter unterteilt. Beim morphologischen Kasten werden den Funktionen Prinziplösungen zugeordnet, die durch „Pfade" zu einer Gesamtlösung kombiniert werden.

Mehrere Methoden, wie **Brainstorming**, haben zum Ziel, die Kreativität durch unbefangene Äußerungen von Partnern zu fördern und durch Gedankenassoziationen neue Lösungswege anzuregen.

Die **einfachste Methode** sind Gespräche, aus denen Anregungen und neue Lösungen entstehen. Führt man ein solches Gespräch unter Beachtung der Methoden des gezielten Fragens, der Negation oder des Vorwärtsschreitens, so kann dieses sehr fördernd sein.

1.3   Technisch-wirtschaftliche Bewertung

Zur möglichst objektiven Auswahl einer Lösung ist die Bewertung der technischen und wirtschaftlichen Eigenschaften getrennt durchzuführen. Die Bewertung soll nachvollziehbar und transparent sein, um Entscheidung rechtfertigen und bei geänderten Randbedingungen ggf. korrigieren zu können.

Die **technische Bewertung** von Lösungsvarianten kann verbal, mit der einfachen Punktbewertung oder mit Hilfe der Nutzwertanalyse erfolgen. Bei der verbalen Methode, die bei einfacher zu treffenden Entscheidungen angewendet werden kann, werden die Vor- und Nachteile jeder

Lösung schriftlich aufgeführt und Entscheidungsgründe beschrieben. Für die einfache Punktbewertung nach VDI 2225 werden ca. sechs bis zehn voneinander unabhängige, positiv formulierte Kriterien aufgestellt, wobei die wichtigsten Wünsche der Anforderungsliste verwendet werden. Nacheinander werden für jedes Kriterium die Lösungen mit den Erfüllungsgraden 0 bis 4 bewertet, **1.8**, wobei die Kriterien mit dem Gewichtungsfaktor G gewichtet werden können, der zwischen 1 und 3 liegt. Die erreichte Punktzahl bezogen auf die maximale Punktzahl ergibt die technische Wertigkeit W_t.

Punkte	Definition	Bedeutung
$E = 4$	ausgezeichnet	seltene Spitzenqualität
$E = 3$	gut	normaler Wertebereich
$E = 2$	durchschnittlich	
$E = 1$	schlecht	
$E = 0$	untragbar	blockiert die Lösung

1.8
Bedeutung der Erfüllungsgrade E

Die Nutzwertanalyse liefert noch objektivere Ergebnisse, da hierbei die Kriterien hierarchisch gegliedert und die Gewichtungsfaktoren durch paarweisen Vergleich der Kriterien in der sog. Gewichtungsmatrix ermittelt werden. Außerdem wird vor der Bewertung festgelegt, für welchen Grad der Erfüllung eines Kriteriums welche Punktzahl vergeben wird.

$$W_t = \frac{\Sigma(G \cdot E)}{E_{max} \cdot \Sigma G} \tag{1.1}$$

Zur **wirtschaftlichen Bewertung** nach VDI 2225 wird der Preis $P_{M\,min}$ des billigsten am Markt verfügbaren vergleichbaren Produkts herangezogen und durch den Kostenfaktor β geteilt, der etwa bei 1,8 bis 2 liegt. Man erhält so die zulässigen Herstellkosten H_{zul} des Produkts. Der Kostenfaktor β berücksichtigt, dass nach der Definition der Herstellkosten gemäß VDI 2225 die Herstellkosten nur die Material- und Fertigungskosten beinhalten, nicht jedoch Kosten für Konstruktion, Entwicklung, Einkauf, Vertrieb, Verwaltung und kalkulatorischen Gewinn. Als ideale Herstellkosten H_{ideal} gelten 70% der zulässigen Herstellkosten; das Idealziel ist also, das betrachtete Produkt zu 70% des Marktpreises des Vergleichsprodukts anbieten zu können. Die idealen Herstellkosten, bezogen auf die ebenfalls mittel VDI 2225 zu ermittelnden Herstellkosten des betrachteten Produkts, bilden die wirtschaftliche Wertigkeit W_w.

$$H_{zul} = \frac{P_{M\,min}}{\beta} \qquad H_{ideal} = 0{,}7 \cdot H_{zul} \qquad W_w = \frac{H_{ideal}}{H_{Entwurf}} \qquad (1.2)\ (1.3)\ (1.4)$$

Die technisch-wirtschaftliche Bewertung erfolgt mittels des Wertigkeitsdiagramms **1.9**. Je dichter eine Lösung am Idealpunkt liegt, desto besser ist das Kosten-Nutzen-Verhältnis. Zum Vergleich von Lösungen können daher Kreisbögen um den Idealpunkt verwendet werden; gleichwertige Lösungen liegen auf demselben Kreisbogen.

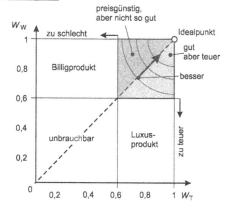

1.9
Wertigkeitsdiagramm

1.4 Grundlagen der Gestaltung

Das **Gestalten** als Schwerpunkt der Entwurfsphase muss nach bestimmten Regeln erfolgen, deren Nichtbeachtung zu Fehlern, Schäden oder anderen Nachteilen führt. Die Funktion des Produkts sollte stets **eindeutig, einfach** und **sicher erfüllt** werden. Dazu muss das Verhalten des Produkts möglichst zuverlässig vorausgesagt werden können. Der Fertigungsaufwand muss klein gehalten werden, Haltbarkeit, Zuverlässigkeit und Unfallfreiheit sind beim Gestaltungsvorgang zu berücksichtigen, um Wirtschaftlichkeit und Sicherheit für Mensch und Umgebung zu gewährleisten.

Während der Gestaltung muss immer wieder überprüft werden, ob die Hauptmerkmale der Zielsetzung (Festforderungen der Anforderungsliste) erfüllt werden. Hierzu dienen die folgenden **Kontrollfragen**:

Funktion: Wird die Funktion eindeutig erfüllt? Werden alle Teilfunktionen erfüllt? Sollten die Funktionen zusammengefasst (geringere Herstellkosten) oder getrennt (bessere Funktionserfüllung) werden? Welche Teilfunktionen müssen erfüllt werden?

Wirkprinzip: Ist das Wirkprinzip eindeutig? Welche Wirkungsgrade bzw. Verluste sind zu erwarten? Welche Störungen können auftreten?

Gestalt: Werden alle Anforderungen bezüglich Raumbedarf bzw. Baugröße und Gewicht erfüllt?

Kraftfluss: Werden alle Kräfte direkt und auf kürzestem Wege abgestützt? Ist die Kraftleitung eindeutig? Wird der Kraftfluss scharf umgelenkt? Bestehen schroffe Querschnittsübergänge und Kerben? Sind gleiche Gestaltfestigkeit, abgestimmte Verformung, Kraftausgleich gewährleistet? Ist eine selbstverstärkende Lösung möglich?

Auslegung: Wie wird der Werkstoff ausgenutzt? Ist hinreichende Lebensdauer auch bei Verschleiß und Korrosion gewährleistet? Welche Störungen sind zu erwarten in Folge von Verformung, Ausdehnung, Stoßbelastungen, Resonanz?

Recycling: Können alle Baugruppen, Bauteile, Werkstoffe wieder- bzw. weiterverwendet werden? Wird nur ein einziger rezyklierbarer Werkstoff ohne Störstoffe verwendet? Ist das Produkt leicht demontierbar, auch nach Korrosion? Werden Herstellverfahren mit möglichst wenig Abfall eingesetzt?

Fertigung: Welche Fertigungsverfahren werden eingesetzt? Sind alle Teile fertigungsgerecht gestaltet? Sind alle Teile montierbar? Werden so weit wie möglich Kaufteile und Normteile verwendet?

Sicherheit: Sind alle Sicherheitsbestimmungen (Arbeits- und Umweltsicherheit) erfüllt? Ist das Produkt sicher gegen Fremdeinwirkung?

Ergonomie: Ist die Bedienung ergonomisch? Welche Belastungen wirken auf das Bedienpersonal? Sind alle Kontroll- und Überwachungsfunktionen erfüllbar?

Kontrolle: Sind alle Vorgänge während der Fertigung und während des Gebrauchs eindeutig kontrollierbar? Ist die Qualitätssicherung eindeutig gewährleistet?

Montage: Sind alle inner- und außerbetrieblichen Montagevorgänge, Einstellungen und Inbetriebnahmen sowie Nachrüstungen eindeutig, leicht und bequem durchführbar?

Transport: Welche inner- und außerbetrieblichen Transportvorgänge sind erforderlich? Sind

Lastaufnahmepunkte und Transportsicherungsmittel vorhanden? Welche Transportrisiken sind vorhanden? Welche Versandart und Verpackung ist vorgesehen?

Gebrauch: Sind Handhabung, Betriebsverhalten, Geräusche, Erschütterungen, Korrosionseigenschaften und Verbrauch an Betriebsmitteln hinreichend beachtet?

Instandhaltung: Ist eine einfache Wartung, Inspektion, Instandsetzung und Austauschbarkeit gewährleistet? Kann die Austauschbarkeit durch Normung verbessert werden?

Kosten: Werden die Grenzen der Herstellkosten eingehalten? Welche zusätzlichen Betriebs- oder Nebenkosten entstehen? Wo können Kosten gesenkt werden?

Termin: Sind Termine einhaltbar? Können durch Auslagerung von Teilaufgaben und Verwendung weiterer Zukaufkomponenten die Lieferzeiten verkürzt werden?

Damit lässt sich folgende allgemeine Leitregel aufstellen:

> **Konstruiere funktionsgerecht, kraftflussgerecht, beanspruchungsgerecht, werkstoffgerecht, recyclinggerecht, fertigungsgerecht, normgerecht, designgerecht, kontrollgerecht, montagegerecht, transportgerecht, bedienungsgerecht, möglichst wartungsfrei, betriebssicher, umweltfreundlich, wirtschaftlich, leichtbaugerecht, strömungsgerecht.**

Die genannten Zielsetzungen sind teilweise miteinander verknüpft, teilweise jedoch auch widersprüchlich, so dass im Rahmen der Konstruktion stets Kompromisse zu schließen sind. So sind die Funktionssicherheit und die Wirtschaftlichkeit einer technischen Konstruktion hauptsächlich vom Werkstoff, von der Gestalt und von den Beanspruchungen abhängig. Diese Einflussgrößen sind also miteinander verbunden. Der Begriff Werkstoff schließt den Ausgangszustand, physikalische und chemische Eigenschaften, die Verformbarkeit und die Oberflächenbeschaffenheit ein. Der Begriff Gestalt umfasst die Konstruktion und Formgestaltung, die Werkstoffauswahl, Bemessung, Fertigung, Wartung und die Schmierung. Die Beanspruchung kann mechanisch durch Kräfte und Momente, chemisch oder elektrochemisch, thermisch oder durch Eigenspannungen erfolgen. Die Beachtung des Kraftflusses ist ebenfalls von großer Bedeutung. Alle Beanspruchungsarten können zusammen einwirken. Die Beanspruchung ist sowohl vom Werkstoff als auch von der Gestalt abhängig, bzw. bestimmt sie die Werkstoffauswahl und die Gestalt. Ein Maschinenteil, das hinsichtlich seiner Funktion und Wirtschaftlichkeit zweckmäßig sein soll, muss somit beanspruchungsgerecht, gestaltungsgerecht und werkstoffgerecht ausgeführt sein.

Das **beanspruchungsgerechte Gestalten** von Maschinenteilen beruht auf der Ermittlung wichtiger Abmessungen und Querschnitte auf Grund ihrer Festigkeit und Steifigkeit bei Beanspruchung durch äußere oder innere Kräfte (s. Abschn. 2. Grundlagen der Festigkeitsberechnung). Man unterscheidet demnach festigkeits- und steifigkeitsgerechtes Gestalten.

Dem heutigen Stand der Technik entsprechend hat die Berechnung der dynamischen Beanspruchung (durch Belastungsschwankungen) eine große Bedeutung erlangt. Sie führt im Allgemeinen zu einer betriebssicheren Bauteilbemessung.

Die auf ein Bauteil wirkenden äußeren Kräfte oder Momente verformen das Bauteil. Spannungen im Inneren des Bauteils sind die Folge davon. Sie sind örtlich verschieden groß. Die größte Spannung darf an keiner Stelle die Grenzwerte der Werkstoffbelastbarkeit überschreiten. Eine ausreichende Dimensionierung und eine angepasste Formgebung unter Beachtung der zulässigen Spannungen ist daher erforderlich.

In manchen Fällen muss auch die Verformung des Werkstückes beachtet werden. Hierbei wird die elastische oder die plastische Verformung in die Rechnung einbezogen. Bei spröden Werkstoffen (z. B. Gusseisen, gehärteter Stahl) darf nur mit sehr kleinen elastischen Verformungen gerechnet werden, wogegen bei zähen Werkstoffen (z. B. Baustahl und Vergütungsstähle) größere elastische oder auch plastische Dehnungen zugelassen werden können.

Den Zusammenhang der Dehnung und der Spannung beschreibt das *Hooke*sche Gesetz $\sigma = \varepsilon \cdot E$ mit $\sigma = F/A$ und $\varepsilon = \Delta l / l$. Die Spannung σ ist demnach direkt proportional der Dehnung ε mit dem Elastizitätsmodul E als Proportionalitätsfaktor. In den Gleichungen bedeuten: F Kraft, A Fläche, l ursprüngliche Länge und Δl Verlängerung.

Analog dem *Hooke*schen Gesetz für Zug- und Druckbeanspruchung gilt bei Schub- und Torsionsbeanspruchung für die Schubspannung $\tau = \gamma \cdot G$ mit dem Schub- oder Gleitmodul G und mit der Gleitung oder Verschiebung γ.

Die **Regeln** der Festigkeitslehre lassen sich für **festigkeits- oder steifigkeitsgerechtes Gestalten** mit folgenden Zielen anwenden:

1. **Bei Annahme der für einen Werkstoff zulässigen Spannung können überschlägig die erforderlichen Abmessungen eines Maschinenteils ermittelt werden** (z. B.: $A = F/\sigma_{zul}$ mit $\sigma_{zul} = \sigma_G / S$, hierbei bedeuten: A Fläche, F Kraft, σ_{zul} zulässige Spannung, σ_G Grenzspannung (Werkstofffestigkeit) und S Sicherheit).

2. **Bei Annahme seiner Abmessungen können die vorhandenen Spannungen des Maschinenteils ermittelt und dann hinsichtlich ihrer Zulässigkeit beurteilt werden** (z. B.: $\sigma = F/A \leq \sigma_{zul}$ oder $\sigma / \sigma_{zul} \leq 1$).

3. **Es können Abmessungen für eine bestimmte elastische Verformung unter Einwirkung äußerer Kräfte oder Momente ermittelt und die hierbei entstehenden Spannungen hinsichtlich ihrer Zulässigkeit überprüft werden.** Beispiele: Federn, drehnachgiebige Kupplungen, Wellen, Kolbenstangen für Schwebekolben.

Das Ermitteln wichtiger Abmessungen kann außerdem noch nach folgenden Gesichtspunkten erfolgen, die zum Teil die Funktion betreffen, sonst aber mit den Regeln der Festigkeitsrechnung bzw. auch mit der Verschleißverhinderung verknüpft sind:

1. Ermitteln der Abmessungen bei vorgegebenen Gewichts-, Massen- oder Volumengrößen. Beispiele: Belastungsgewichte von Sicherheitsventilen, Schwunggewichte von Zentrifugalreglern, Behälter, Zylinder von Kraft- und Arbeitsmaschinen mit bekanntem Hubvolumen, Rohrleitungsquerschnitte für vorgegebene Mengenströme.

2. Ermitteln der Abmessungen unter Beachtung kinetischer Einflussgrößen (Weg, Geschwindigkeit, Beschleunigungskraft) zur Erzielung bestimmter Bewegungsabläufe. Beispiele: Hebellängen, Durchmesserverhältnisse von Zahnrädern, Ausbildung von Kurvenscheiben.

3. Ermitteln der Abmessungen nach empirisch gewonnenen Formeln (sog. "Faustformeln"). Beispiele: Abstände von Nieten, Wanddicken von Naben und Gusszylindern. Die letzteren werden vom Konstrukteur häufig nach Erfahrungsformeln der Gießereien bei ausgesprochener Überdimensionierung festgelegt, weil die auf Grund einer Festigkeitsberechnung sich ergebenden geringen Wanddicken nicht herstellbar sind.

4. Ermitteln der Abmessungen aus Ähnlichkeitsbeziehungen zu bereits ausgeführten bewährten

Bauteilen. Beispiele: Das Produkt aus Kolbenweg s und dem Quadrat der Drehzahl n einer Kolbenmaschine ($s \cdot n^2$) als aus der Erfahrung gewonnener Richtwert für Neukonstruktionen.

5. Ermitteln der Abmessungen mit Rücksicht auf die höchstzulässige Erwärmung im Betrieb, um unzulässigen Verschleiß zu vermeiden oder Durchbrennen von elektrischen Spulen zu verhindern. Beispiele: Lager, Zahnräder, Kupplungen, Bremsen.

6. Ermitteln der Abmessungen für eine bestimmte Lebensdauer bei vorgegebener Belastung, z. B. unter Beachtung von Verschleiß und Abrieb. Beispiele: Kupplungs- und Bremsbeläge, Auswahl von Wälzlagern.

7. Ermitteln der Abmessungen für fertigungsgerechtes Fügen mehrerer Bauteile unter Beachtung der DIN-Normen. Beispiele: Toleranzen bei Passungen für Schrumpfverbindungen.

Verschleiß, der bei Festkörper- oder Mischreibung entsteht und u. a. von der Belastung und vom Werkstoff abhängt, muss bei der Gestaltung mancher Maschinenteile beachtet werden, um Funktionsuntüchtigkeit zu vermeiden.

Kraftflussgerechtes Gestalten. Unter Kraftfluss versteht man die Weiterleitung einer Kraft und/oder eines Moments in einem Bauteil vom Angriffspunkt aus bis zu der Stelle, an der diese durch eine Reaktionskraft und/oder durch ein Moment aufgenommen werden.

1.10
Verteilung der Lagerlast auf die einzelnen Wälzkörper in einem Rillenkugellager (spannungsoptische Aufnahme; SKF, Schweinfurt)

Der Begriff Kraftfluss ist in der Festigkeitslehre nicht genau definiert. Zur Veranschaulichung kann man sich die Weiterleitung der Kraft längs einer Kraftlinie vorstellen, in Analogie zur Stromlinie in einem Flüssigkeitsstrom.

Starke Krümmungen und Annäherungen der Kraftlinien lassen auf eine starke Werkstoffbeanspruchung schließen, z. B. an Kerben oder scharf abgesetzten Wellen. Mit dieser Vorstellung lassen sich die Lage von Stellen mit Spannungsspitzen und damit die Bruchgefahr abschätzen.

Maschinenteile sind so zu gestalten, dass möglichst einfache und kurze Kraft- oder Momentenflüsse entstehen (Bilder mit eingezeichnetem Kraftfluss siehe in den Abschnitten „Schweißverbindungen" und „Achsen und Wellen"). Eine Vorstellung über die Weiterleitung und Verteilung einer Kraft erlauben spannungsoptische Untersuchungen an durchsichtigen Kunststoffmodellen. Sie geben einen Einblick in die Spannungsverteilung der im Modell wiedergegebenen Maschinenelemente (**1.10**). Linien gleicher Helligkeit sind Linien gleicher Beanspruchung. Längs einer solchen Linie ist die Differenz der Hauptspannungen $\sigma_1 - \sigma_2$ des ebenen Spannungszustandes stets dieselbe.

Die Zahl der nebeneinander liegenden Linien ist ein Maß für die Größe der Beanspruchung. Diese Linien sind zwar nicht analog zur Stromlinie in einem Flüssigkeitsstrom zu verstehen; sie geben jedoch Aufschluss über die Verteilung der Last, z. B. in (**1.10**) der Lagerlast auf die einzelnen Wälzkörper (s. auch Teil 2, Abschnitt „Wälzlager").

Ausdehnungsgerechtes Gestalten. Bei der Konstruktion von Maschinen, Apparaten und Rohrleitungen muss die Ausdehnung durch Wärmeeinwirkung berücksichtigt werden. Jedes Bauteil muss in seiner Lage eindeutig festgelegt sein, um bei seiner Ausdehnung unzulässige Spannungen und Funktionsstörungen zu verhindern. Im Allgemeinen bestimmt man einen Festpunkt und lässt das Bauteil in eine gewünschte Richtung ausweichen (z. B.: ein Festlager und ein Loslager auf einer Welle oder Kompensatoren in Rohrleitungen).

Fertigungsgerechtes Gestalten. Anfänger neigen häufig dazu, alle Querschnittsabmessungen mit Hilfe der Festigkeitslehre bestimmen zu wollen. Dieses Verfahren ist jedoch nicht empfehlenswert, weil dadurch das Abstimmen der Proportionen der einzelnen Teile aufeinander und damit die Gestaltungsarbeit erschwert wird. Es ergeben sich schlecht proportionierte Konstruktionen. Auch können sich Maße ergeben, die überhaupt nicht ausführbar sind. Besser und schneller kommt man meist zum Ziel, wenn man einige wenige Hauptabmessungen überschlägig mit Hilfe der Festigkeitslehre berechnet, im übrigen aber freizügig gestaltet und zum Schluss die vorhandenen Spannungen nachrechnet. Diese werden dann mit den Werkstoffkennwerten verglichen.

Ohne Mut zur Änderung lässt sich keine brauchbare Konstruktion erzielen. Es sollte daher immer der Grundsatz des Entwerfens und Verwerfens beachtet werden. Durch zweckmäßige Gestaltung verbessert der Konstrukteur dann die Form des Teils, u. a. vor allem mit dem Ziel, eine wirtschaftliche Herstellung zu ermöglichen.

Gestaltungsrichtlinien für Bauteile aus Gusswerkstoffen. Die Gestaltung muss modellformgerecht, gießgerecht sowie bearbeitungsgerecht sein. Bevorzugen einfacher Formen für Modelle und Kerne. Anstreben ungeteilter Modelle, möglichst ohne Kern. Vorsehen von Aushebeschrägen von der Teilfuge aus. Anordnen von Rippen so, dass das Modell ausgehoben werden kann. Keine Hinterschneidungen. Kerne zuverlässig lagern. Vermeiden waagerechter Wandteile (Gasblasen, Lunker) und sich verengender Querschnitte zu den Steigern. Anstreben gleichmäßiger Wanddicken, Querschnitte und allmählicher Querschnittsübergänge. Beachten zulässiger Wanddicken, Teilfugen so anordnen, dass Gussversatz nicht stört bzw. in Bearbeitungszonen liegt und leichte Gratentfernung möglich ist. Vorsehen gießgerechter Bearbeitungszugaben mit Werkzeugauslauf. Vorsehen ausreichender Spannflächen. Vermeiden schrägliegender Bearbeitungsflächen und Bohrungsansätze. Zusammenfassen von Bearbeitungsgängen durch Zusammenlegen und Angleichen von Bearbeitungsflächen und Bohrungen. Bearbeiten nur unbedingt notwendiger Flächen durch Aufteilen großer Flächen. Kleinste Wandstärke von Gussteilen siehe **1.11**; Gestalten von Gussteilen siehe **1.12**.

Gestaltungsrichtlinien für Sinterteile. Die Gestaltung muss werkzeug- und sintergerecht sein. Vermeiden von spitzen Winkeln und scharfen Kanten. Einhalten von Abmessungsgrenzen und -verhältnissen. Vermeiden feinverzahnter Rändelungen und Profile. Vermeiden zu kleiner Toleranzen.

Gestaltungsrichtlinien für Gesenkschmiedeteile. Sie streben eine gesenkwerkzeuggerechte, schmiedegerechte bzw. fließgerechte und bearbeitungsgerechte Gestaltung an. Vermeiden von Unterschneidungen. Vorsehen von Aushebeschrägen. Anstreben von Teilfugen in etwa halber Höhe. Vermeiden geknickter Teilfugen (Gratnähte). Anstreben einfacher, möglichst rotationssymmetrischer Teile. Vermeiden zu dünner Böden. Vorsehen großer Rundungen. Vermeiden zu schlanker Rippen, von Hohlkehlen und zu kleinen Löchern. Vermeiden schroffer Querschnittsübergänge. Versetzen von Teilfugen bei napfförmigen Teilen großer Tiefe. Anordnen der Teilfuge stets so, dass Versatz leicht erkennbar und Entfernen der Gratnaht leicht möglich ist.

Gestaltungsrichtlinien für Biegeumformung. Es ist eine schneid- und biegegerechte Gestaltung anzustreben. Vermeiden komplizierter Biegeteile, statt dessen besser teilen und fügen. Mindestwerte für Biegeradien beachten. Mindestabstand von der Biegekante für vor dem Biegen eingebrachte Löcher. Vermeiden von schräg verlaufenden Außenkanten im Bereich der Biegekante. Vorsehen von Aussparungen an Ecken mit allseitig umgebogenen Schenkeln.

Gestaltungsrichtlinien für Teile mit Drehbearbeitung. Drehteile müssen werkzeug- und spangerecht sein. Auf erforderlichen Werkzeugauslauf achten. Anstreben einfacher Formmeißel. Vermeiden von Nuten und engen Toleranzen bei Innenbearbeitung. Ausreichende Spannmöglichkeit vorsehen. Vermeiden großer Zerspanarbeit. Anpassen der Bearbeitungslängen und -güten an Funktion (Welle absetzen).

Gestaltungsrichtlinien für Teile mit Bohrbearbeitung. Werkzeug- und spangerecht. Zulassen von Sacklöchern möglichst nur mit Bohrspitze. Ansatz- und Auslaufflächen bei Schräglöchern vorsehen. Anstreben durchgehender Bohrungen (z. B. bei Getriebegehäusen).

Gestaltungsrichtlinien für Teile mit Fräsbearbeitung. Werkzeug- und spangerecht. Anstreben gerader Fräsflächen. Satzfräser einsetzen. Bei Verwendung von Scheibenfräsern auslaufende Nuten vorsehen. Anordnen von Flächen in gleicher Höhe und parallel zur Aufspannung.

Gestaltungsrichtlinien für Teile mit Schleifbearbeitung. Vermeiden von Bundbegrenzungen. Schleifscheibenauslauf vorsehen. Anordnung der Bearbeitungsflächen so, dass unbehindertes Schleifen möglich ist. Bevorzugen gleicher Ausrundungsradien und Neigungen an einem Werkstück.

Gestaltungsrichtlinien für geschweißte Teile. Bevorzugen von Lösungen mit wenig Teilen und Schweißnähten. Vermeiden von Nahtanhäufungen, Reduzierung von Schrumpfspannungen durch Nahtlänge, Nahtanordnung und Schweißfolge. Anstreben guter Zugänglichkeit der Nähte. Eindeutige Fixierung der Fügeteile vor dem Schweißen.

	Sandguss		Kokillenguss		Druckguss	
	s_{min}	$g\,(\pm)$	s_{min}	$g\,(\pm)$	s_{min}	$g\,(\pm)$
EN-GJL (GG), EN-GJS (GGG)	3	1				
EN-GJMB, EN-GJMW (GT), GS	(5)	1				
Al-Legierungen	3,5	0,8	3	0,2 ... 0,3	0,8 ... 3	0,03 ... 0,1
Mg-Legierungen	3,5	0,8	3	0,2 ... 0,3	0,8 ... 3	0,02 ... 0,1
Zn-Legierungen	3,5	0,8	3	0,2 ... 0,3	0,5 ... 3	0,02 ... 0,1
Messing	3,5	1	3		1 ... 3	0,15 ... 0,3

Bei Temperguss mit ferritischer Randzone und perlitischem Kern ist wegen des Durchtemperns auf eine gleichmäßige Wanddicke von 3 bis 8 mm zu achten. In der Ausführung als Schwarzguss (ganz ferritisch und vergütbar) sind auch ungleiche Wanddicken von 3 bis 40 mm möglich.

1.11
Kleinste Wandstärke s_{min} in mm und erreichbare Maßgenauigkeit g in $\pm$ mm von Gussteilen

unzweckmäßig	zweckmäßig	Erläuterungen
1)		**Werkstoffgerechte Gestaltung** Infolge unterschiedlicher Abkühlungsgeschwindigkeit erstarrt der flüssige Werkstoff im Inneren einer örtlichen Materialanhäufung später als in den anschließenden Bereichen. Da das Volumen der Gusswerkstoffe im flüssigen Zustand größer ist als im erstarrten, bilden sich in Werkstoffanhäufungen Hohlräume (Lunker). Materialanhäufung lässt sich in vielen Fällen durch eine zweckmäßige Konstruktion vermeiden.
2)		An Übergangsstellen, die zu große Abrundungen aufweisen, entstehen Werkstoffanhäufungen (Lunkergefahr). Außerdem verteuern große Abrundungen die Herstellung des Modells. Die Rundungshalbmesser sollen 1/3 bis 1/4 der Wanddicke betragen.
3)		Ein einfaches Hilfsmittel zur Kontrolle von Materialanhäufungen ist die *Heuvers*sche Kreismethode. Bei einer gießgerechten Konstruktion soll das Verhältnis der einbeschriebenen Kreisquerschnitte zur Wandstärke nahe bei 1 liegen.
4)		Um Gussstücke aus Werkstoffen mit großer Erstarrungskontraktion (z. B. GS) dicht speisen zu können, sind die Wanddicken besonders sorgfältig auszulegen. Auch hier kommen die *Heuvers*schen Kontrollkreise zur Anwendung. Bei einer gießgerechten Konstruktion müssen die Flächen der Kreise zum Speiser hin größer werden.
5)		Bei Übergängen von einer dünnen Wand in eine dickere besteht bei zu kleiner Ausrundung Rissgefahr, bei zu großer Rundung Gefahr der Lunkerbildung. Ein stetiger Querschnittsübergang mit einer Steigung 1:4 bis 1:5 ist vorzusehen.
6)		Für Übergänge mit Rundungen zwischen ungleicher Wanddicke bestehen die Richtwerte $$R_\mathrm{i} = \frac{s_1 + s_2}{2} \quad \text{und} \quad R_\mathrm{a} = s_1 + s_2$$

1.12
Gestaltung von Gussteilen (Fortsetzung s. nächste Seiten)

unzweckmäßig	**zweckmäßig**	Erläuterungen
7)		Für Übergänge mit Rundungen zwischen gleich starken Wänden gelten die Richtwerte $R_i = (0,5 \ldots 1,0) \cdot s$ und $R_a = R_i + s$
8)		Werkstoffanhäufungen können häufig durch Aussparung und Verrippung vermieden werden.
9)		Rippen zwischen Wand und Nabe vermindern die Rissgefahr.
10)		Versteifung in einem Gussfundament. Materialanhäufung vermeiden durch Auseinanderlegen zweier Rippenanschlüsse und Durchbruch der Rippe in der Gehäuseecke.
11)		Rippen sollen zur Herabsetzung der Gussspannungen stets dünner als die Wanddicke ausgeführt werden. Die Rippendicke sollte das 0,8fache der Wanddicke s und der Ausrundungsradius R das 0,25 … 0,35fache der Wanddicke s betragen.
12)		Bei beiderseits angeordneten Rippen ist zur Verringerung der Werkstoffanhäufung ein Versatz erforderlich.

1.12
Gestaltung von Gussteilen (Fortsetzung)

unzweckmäßig	zweckmäßig	Erläuterungen
13)		
14)		Knotenpunkte, in denen Rippen oder Wände aufeinander treffen, bilden Werkstoffanhäufungen, die durch besondere Gestaltung, durch das Einlegen von Kernen oder durch Speisung aufgelöst werden können.
15) Lunker	Kern	
16)		Zur Vermeidung von Luftblasenbildung - und somit einer unansehnlichen Oberfläche - können Scheibenflächen schräg angeordnet werden.
17) Kern	Teilungsebene	Durch bessere Gestaltung können Teilungsebenen und Kerne eingespart werden.
18)		Teilungsebenen sollten so gelegt werden, dass Flächen, die unbearbeitet bleiben und maßhaltig sein sollen, nicht durch die Formteilung durchtrennt werden. Außerdem besteht die Gefahr eines Versatzes.
19) Grat	Grat	Eine zweckmäßige Lage der Teilungsebene erleichtert das Entgraten des Werkstücks.

1.12
Gestaltung von Gussteilen (Fortsetzung)

unzweckmäßig	zweckmäßig	Erläuterungen
20)		Gebrochene Formteilungsebenen vermeiden und durch gerade Teilungsebenen ersetzen.
21)		Außenflächen in Ausheberichtung abschrägen, damit sich die Modelle aus der Form heben lassen, ohne diese zu beschädigen.
22)	≈ 1°	Querrippen und Augen sind so zu gestalten, dass sich die Modelle leicht aus der Form heben lassen.
23)		Kerne sind teuer und erschweren das Einformen. Sie sollten nach Möglichkeit vermieden werden. Anzustreben sind offene Querschnitte. Notwendige Öffnungen sind so zu legen, dass Kerne nicht erforderlich sind.
24) Kernstützen		Sind Kerne notwendig, so müssen sie gut gelagert werden, da sie durch das flüssige Metall einen starken Auftrieb erhalten. Einseitige Kernlagerungen sind zu vermeiden, da die hier notwendigen Kernstützen zur Bildung von Poren und Fehlstellen beitragen. Eine zweiseitige Kernlagerung oder eine seitliche Abstützung ist anzustreben.

1.12
Gestaltung von Gussteilen (Fortsetzung)

unzweckmäßig	zweckmäßig	Erläuterungen
25)		**Beanspruchungsgerechte Gestaltung** Zug- und Biegebeanspruchungen sollten besonders bei EN-GJL (GG) zugunsten von Druckbeanspruchungen vermieden werden. Für die Aufnahme von Biegemomenten, wie bei einem Wandlagerarm, soll die neutrale Faser so gelegt werden, dass der auf Zug beanspruchte Querschnitt größer ist als der auf Druck beanspruchte.
26)		Durch richtige Formgebung wird die in einem Zylinderdeckel durch den Innendruck bewirkte Zugspannung in eine Druckspannung umgewandelt.
27)		Die im Fuß des Lagerbockes auftretende Biegespannung wird durch richtige Gestaltung in Druckspannung umgewandelt.
28)		Die Beanspruchung eines offenen Profils auf Torsion ist wenig sinnvoll, da zur Aufnahme der Verdrehkräfte große Querschnitte erforderlich werden. Trotz der teureren Kernarbeit ist in diesem Fall ein Hohlprofil zweckmäßiger.
29)		Lagerböcke (oder auch Hebel) werden in der Regel nicht auf Torsion beansprucht. Hier ist eine offene Rippenbauweise zur Aufnahme der Zug- und Druckkräfte ausreichend.
30)		Rippen mit konisch auslaufender und abgerundeter Form sind bei biegewechselnder Beanspruchung anrissgefährdet. An Durchbrüchen entstehen hohe Randspannungen. Zur Verminderung der Randspannungen an Rippen und Durchbrüchen werden Wülste vorgesehen. Die Wulsthöhe h, der Wulstradius R_W und der Ausrundungsradius R sind wie folgt zu wählen:
31)		$h = (0{,}5 \ldots 0{,}6) \cdot s; \quad R_W = 0{,}5 \cdot s; \quad R = (0{,}25 \ldots 0{,}35) \cdot s.$

1.12
Gestaltung von Gussteilen (Fortsetzung)

unzweckmäßig	**zweckmäßig**	Erläuterungen
32)		**Fertigungsgerechte Gestaltung** Wichtige Voraussetzung für die spanende Fertigung ist ein gutes und sicheres Spannen des Werkstückes. Gussstücke dürfen beim Spannen nicht auf ungeeigneten Flächen liegen. In solchen Fällen sind Stützen anzugießen, die nach dem Bearbeiten leicht abgetrennt werden können.
33)		Um Bearbeitungszeit zu sparen, sollten Standflächen von Maschinen so unterteilt werden, dass nur schmale Leitern oder Füße spanend bearbeitet werden müssen. Spart man die Flächen nur aus, so wird die Bearbeitungszeit oft nicht verringert, da das Werkzeug doch durchlaufen muss.
34)		Rippen sollten möglichst niedriger als die Wandung ausführt werden, um die Bearbeitung ihrer Stirnflächen zu sparen.
35)		Bei zu bearbeitenden Flächen ist auf ausreichenden Auslauf für das verwendete Werkzeug zu achten. In der zweckmäßigen Ausführung kann sowohl mit dem Umfangs- als auch mit dem Stirnfräser gearbeitet werden.
36)		Bei Drehkörpern muss der Drehmeißel auch bei unrund ausgefallenen Gussstücken (z. B. durch Kernversatz) auslaufen können. Die Bearbeitungsflächen sind daher ausreichend von den unbearbeiteten Flächen abzusetzen, damit das Maß a nicht zu klein wird (Allgemeintoleranzen beachten).
37)		Dicht nebeneinanderliegende Flächen zu einer Fläche zusammenfassen, um einen erneuten Anschnitt zu vermeiden.
38)		Bei Werkstücken mit langer Bohrung sollte der Kern so gestaltet werden, dass eine durchgehende Bearbeitung des Innendurchmessers nicht notwendig ist.

1.12
Gestaltung von Gussteilen (Fortsetzung)

unzweckmäßig	zweckmäßig	Erläuterungen
39)		Bohrungen so kurz wie möglich ausführen.
40)		Wenn die Funktion es zulässt, dann sollten mehrere Bearbeitungsflächen auf gleicher Höhe liegen, um die Bearbeitung zu vereinfachen.
41)		Bearbeitungsflächen möglichst rechtwinklig zueinander anordnen, da die Werkstücke sonst schwierig zu spannen sind.
42)		Bei schräg anzubohrenden Flächen brechen oder verlaufen die Werkzeuge leicht. Abhilfe schaffen Bohrvorrichtungen. Zweckmäßiger sind das Anbringen von Augen oder die Umgestaltung der Wände.

1.12
Gestaltung von Gussteilen (Fortsetzung)

Literatur

Konstruieren

[1] Ehrlenspiel, K., Kiewert, A., Lindemann, U.: Kostengünstig Entwickeln und Konstruieren. Kostenmanagement bei der integrierten Produktentwicklung. 3. Auflage. Berlin u. a. 2000.

[2] Ewald, O.: Lösungssammlung für das methodische Konstruieren. Düsseldorf 1975.

[3] Gerhard, E.: Entwickeln und konstruieren mit System. 3. Auflage. Renningen-Malmsheim 1998.

[4] Hänchen, R.: Gegossene Maschinenteile. München 1964.

[5] Koller, R: Konstruktionsmethode für den Maschinen-, Geräte- und Apparatebau. Berlin – Heidelberg – New York 1979.

[6] Leyer, A.: Maschinenkonstruktionslehre. Heft 1-7. Technica-Reihe. Basel – Stuttgart 1963, 1964, 1966, 1968, 1969, 1971, 1978.

[7] Pahl, G.: Konstruktionslehre. 4. Auflage. Berlin u. a. 1997.

[8] Rodenacker, W. G.: Methodisches Konstruieren. 4. Auflage. Berlin u. a. 1991.

[9] Roth, K.: Methodisches Ermitteln von Funktionsstruktur und Gestalt. VDI-Berichte 219. Düsseldorf 1974.

[10] VDI-Richtlinie 2211: Datenverarbeitung in der Konstruktion. Düsseldorf 1980.

[11] VDI-Richtlinie 2221: Methodik zum Entwickeln und Konstruieren technischer Systeme und Produkte. Düsseldorf 1993.

[12] VDI-Richtlinie 2222: Konstruktionsmethodik. Düsseldorf 1997.

[13] Wolff, J.: Kreatives Konstruieren. 1. Auflage. Essen 1976.

Gestaltung

[14] Hildebrand, S., Krause, W.: Fertigungsgerechtes Gestalten in der Feinwerktechnik. Braunschweig 1978.

[15] Lange, K., Meyer-Nolkemper, H.: Gesenkschmieden. Berlin u. a. 1977.

[16] Niemann, G.: Maschinenelemente. Bd. 1, 2. Auflage. Berlin u. a. 1975.

[17] Rögnitz, H., Köhler, G.: Fertigungsgerechtes Gestalten im Maschinen- und Gerätebau. 4. Auflage. Stuttgart 1968.

[18] Sieker, K.-H., Rabe, K.: Fertigungs- und stoffgerechtes Gestalten in der Feinwerktechnik. Berlin u. a. 1968.

[19] Tschochner, H.: Konstruieren und Gestalten. Essen 1954.

[20] VDI-Richtlinie 2225: Konstruktionsmethodik. Technisch-wirtschaftliches Konstruieren. Düsseldorf 1997.

[21] VDI-Richtlinie 2244: Konstruktion sicherheitsgerechter Produkte. Düsseldorf 1988.

[22] Fritz, A. H.: Fertigungstechnik. 5. Auflage. Berlin u. a. 2001.

Werkstoffe

[23] Biederbick, K.: Kunststoffe kurz und bündig. 4. Aufl. Würzburg 1983.

[24] Domke, W.: Werkstoffkunde und Werkstoffprüfung. Essen 10. Aufl. 1998.

[25] Dubbel: Taschenbuch für den Maschinenbau. 20. Aufl. Berlin-Heidelberg-New York-Tokyo 2001.

[26] Klein, M.: Einführung in die DIN-Normen. 13. Aufl. Stuttgart 2001.

[27] Oberbach: Kunststoff-Kennwerte für Konstrukteure. 2. Aufl. München 1980.

[28] Stahleisen: Stahlbau-Profile. 23. Aufl. Düsseldorf 2001.

[29] Steinhilper, W.; Röper, R.: Maschinen- und Konstruktionselemente. Bd. 1, Berlin-Heidelberg-New York 1990.

1.5   Werkstoffe

DIN-Blatt Nr.	Ausgabe-datum	Titel
1729 T 1	8.82	Magnesiumlegierungen; Knetlegierungen
50106	12.78	Prüfung metallischer Werkstoffe; Druckversuch
50115	4.91	Prüfung metallischer Werkstoffe; Kerbschlagbiegeversuch; Besondere Probenform und Auswerteverfahren
EN 576	1.04	Aluminium und Aluminiumlegierungen – Unlegiertes Aluminium in Masseln – Spezifikationen
EN 1561	8.97	Gießereiwesen – Gusseisen mit Lamellengraphit
EN 1562	8.06	Gießereiwesen – Temperguss
EN 1563	10.05	Gießereiwesen – Gusseisen mit Kugelgraphit
EN 1706	6.98	Aluminium und Aluminiumlegierungen – Gussstücke – Chemische Zusammensetzung und mechanische Eigenschaften

DIN-Normen, Fortsetzung

DIN-Blatt Nr.	Ausgabe-datum	Titel
EN 1753	8.97	Magnesium und Magnesiumlegierungen - Blockmetalle und Gussstücke aus Magnesiumlegierungen
EN 10002 T 1	12.01	Metallische Werkstoffe; Zugversuch; Teil 1: Prüfverfahren bei Raumtemperatur
EN 10002 T 5	2.92	-; Teil 5: Prüfverfahren bei erhöhter Temperatur
EN 10027 T 1	10.05	Bezeichnungssysteme für Stähle; Teil 1: Kurznamen, Hauptsymbole
EN 10027 T 2	9.92	-; Teil 2: Nummernsystem
EN 10083 T 1	10.06	Vergütungsstähle; Teil 1: Allgemeine technische Lieferbedingungen
EN 10083 T 2	10.06	-; Teil 2: Technische Lieferbedingungen für unlegierte Stähle
EN 10083 T 3	10.06	-; Teil 3: Technische Lieferbedingungen für legierte Stähle
EN 10084	1.06	Einsatzstähle – Technische Lieferbedingungen
EN 10213 T 1	1.96	Technische Lieferbedingungen für Stahlguss für Druckbehälter; Teil 1: Allgemeines
EN 10213 T 2	1.96	-; Teil 2: Stahlsorten für die Verwendung bei Raumtemperatur und erhöhten Temperaturen
EN 10213 T 3	1.96	-; Teil 3: Stahlsorten für die Verwendung bei tiefen Temperaturen
EN 10213 T 4	1.96	-; Teil 4: Austenitische und austenitisch-ferritische Stahlsorten
EN 10222 T 1	7.02	Schmiedestücke aus Stahl für Druckbehälter; Teil 1: Allgemeine Anforderungen an Freiformschmiedestücke
EN 10250 T 1	12.99	Freiformschmiedestücke aus Stahl für allgemeine Verwendung; Teil 1: Allgemeine Anforderungen
EN 10269	7.06	Stähle und Nickellegierungen für Befestigungselemente für den Einsatz bei erhöhten und/oder tiefen Temperaturen
EN 10277 T 3	3.06	Blankstahlerzeugnisse – Technische Lieferbedingungen; Teil 3: Automatenstähle
EN 10283	12.98	Korrosionsbeständiger Stahlguss
EN 10291	1.01	Metallische Werkstoffe – Einachsiger Zeitstandversuch unter Zugbeanspruchung – Prüfverfahren
EN 10291 Bbl. 1	1.01	-; Hinweise für die Anwendung der Norm
EN 10293	6.05	Stahlguss für allgemeine Anwendungen
EN 13835	8.06	Gießereiwesen – Austenitische Gusseisen
EN ISO 1043 T 1	6.02	Kunststoffe – Kennbuchstaben und Kurzzeichen; Teil 1: Basis-Polymere und ihre besonderen Eigenschaften
EN ISO 1043 T 2	4.02	-; Teil 2: Füllstoffe und Verstärkungsstoffe
EN ISO 1043 T 3	1.00	-; Teil 3: Weichmacher
EN ISO 1043 T 4	1.00	-; Teil 4: Flammschutzmittel
EN ISO 6506 T 1	3.06	Metallische Werkstoffe – Härteprüfung nach Brinell; Teil 1: Prüfverfahren
EN ISO 6507 T 1	3.06	Metallische Werkstoffe – Härteprüfung nach Vickers; Teil 1: Prüfverfahren
EN ISO 6508 T 1	3.06	Metallische Werkstoffe – Härteprüfung nach Rockwell (Skalen A, B, C, D, E, F, G, H, K, N, T); Teil 1: Prüfverfahren
EN ISO 18265	2.04	Metallische Werkstoffe – Umwertung von Härtewerten

Für ein **werkstoff-** und **beanspruchungsgerechtes Gestalten** sind die wichtigsten Werkstoffeigenschaften die Festigkeitskenngrößen (Grenzspannungen) zur Berechnung der Belastbarkeit und Sicherheit und der Elastizitäts- bzw. Schubmodul zur Ermittlung der Steifigkeit.

Beispiel

Es werden drei Zugdrähte mit einem Querschnitt von □ 1 mm und einer Ausgangslänge von $l_0 = 2100$ mm betrachtet. Als Werkstoff werden ein allgemeiner Baustahl S235, ein Vergütungsstahl 30CrNiMo8 und eine hochfeste Aluminium-Legierung verwendet. Die Zugfestigkeit R_m und der Elastizitätsmodul E sind der Tabelle unten zu entnehmen (Anhaltswerte). Gesucht sind die Kraft F_{max} bei Bruch, die Längenänderung (Dehnung) bei dieser Kraft und die Dehnung für den Fall, dass die Bruchkraft von S235 aufgebracht wird.

Für die Zugspannung gilt $\sigma = F/A \leq R_m$; damit gilt für die Bruchkraft $F_{max} = R_m \cdot A$. Die Dehnung lässt sich mit Hilfe des *Hooke*sche Gesetzes berechnen: $\sigma = \varepsilon \cdot E$ mit $\varepsilon = \Delta l / l_0$ und $\sigma = F/A$. Daraus folgt: $\sigma = \Delta l \cdot E / l_0 = F/A$ bzw. bei Wirkung der Kraft F_{max}: $\Delta l = (F_{max} \cdot l_0)/(A \cdot E)$. Damit ergeben sich die Werte gemäß folgender Tabelle:

	R_m in N/mm^2	E in N/mm^2	F_{max} in N	Δl in mm bei F_{max}	Δl in mm bei F_{max} für S235
S235	370	210.000	370	3,7	3,7
30CrNiMo8	1400	210.000	1400	14	3,7
Alu-Legierg.	370	70.000	370	11,1	11,1

1.13
Kenngrößen für Zugdrähte aus unterschiedlichen Werkstoffen

Es ist erkennbar, dass sich bei gleicher Kraft die Stähle um den gleichen Betrag dehnen; alle Stähle haben den gleichen E-Modul; Aluminium dehnt sich um den dreifachen Betrag, da der E-Modul ein Drittel des E-Moduls von Stahl beträgt. Der hochfeste Stahl kann nahezu die vierfache Kraft ertragen, erfährt dabei jedoch auch fast die vierfache Dehnung. ■

Darüber hinaus sind folgende Werkstoffeigenschaften von Bedeutung: Dehnung und Zähigkeit zur Beurteilung der Sicherheit gegen Gewalt- oder Verformungsbruch. Spezifische Masse. Oberflächenzustand und -behandlung. Härte und Härtbarkeit. Kerbempfindlichkeit, Kerbschlagfestigkeit, Schwindungsverhalten und Dämpfungsfähigkeit. Verarbeitbarkeit, Rezyklierbarkeit, Korrosionsbeständigkeit. Elektrische, magnetische und chemische Eigenschaften. Alterungsbeständigkeit, Temperaturverhalten. Formbeständigkeit. Preis und Wirtschaftlichkeit.

Die Werkstoffe werden an Hochschulen im Grundstudium in speziellen Lehrveranstaltungen eingehend behandelt. Daher wird nachfolgend nur ein Überblick über Eigenschaften der wichtigsten Werkstoffe im Maschinenbau gegeben.

Die Festigkeitskenngrößen aus dem Zugversuch nach DIN EN 10002-1 und DIN EN 10002-5 und andere Werkstoffkennwerte siehe S. 40 bis 46.

Aus der Zugfestigkeit lassen sich mit Hilfe von Erfahrungswerten aus **2.3** die wichtigsten Grenzspannungen, wie Streckgrenze bzw. Fließgrenze, Wechselfestigkeit, Biegewechselfestigkeit und Torsionswechselfestigkeit ermitteln.

Eisenwerkstoffe

Stahl ist ein Eisenwerkstoff mit einem Kohlenstoffgehalt von weniger als 1,7%. Die systematische Einteilung und Benennung der Vielzahl bekannter Stahlsorten erfolgt mittels der Bezeichnung nach DIN EN 10025 oder durch die Werkstoffnummern nach DIN EN 10027-2. Die Norm gilt nicht für Hohlprofile, die nun von DIN 10210-1 erfasst werden.

Unlegierte Baustähle werden wie folgt bezeichnet:

A-B-CCC-D-E

A: G = Stahlguss (wenn erforderlich)
B: Hauptsymbol (S = Konstruktionsstahl; E = Maschinenbaustahl)
C: Mindeststreckgrenze in N/mm^2 für den kleinsten Dickenbereich
D: entfällt
E: Gruppe 1: Kerbschlagarbeit (**1.14**) oder G für andere Merkmale
   Gruppe 2: Zusatzsymbole (**1.15**)
F: Zusatzsymbole für Stahlerzeugnisse, näheres s. DIN EN 10027-2

27 J	40 J	60 J	Prüftemperatur
JR	KR	LR	+20 °C
JO	K0	LO	0 °C
J2	K2	L2	-20 °C
J3	K3	L3	-30 °C
J4	K4	L4	-40 °C
J5	K5	L5	-50 °C
J6	K6	L6	-60 °C

1.14
Zusatzsymbol für Gruppe 1 für die Kerbschlagarbeit in J nach DIN EN 10027-1

Beispiel: S355J2G3 (entspricht St 52-3N nach DIN 17100) Konstruktionsstahl mit einer Streckgrenze von 355 N/mm^2, Kerbschlagarbeit 27 J bei –20 °C, Gütegruppe 3.

Symbol	Bedeutung	z. Hauptsymbol	Symbol	Bedeutung	z. Hauptsymbol
C	besondere Kaltumformbarkeit	S; E	N	normalgeglüht oder normalisierend gewalzt	S
C	Eignung zum Kaltziehen	M			
D	für Schmelzüberzüge	S; H	O	für Offshore	S
E	für Emaillierung	S	P	Spundwandstahl	S
F	zum Schmieden	S	Q	Vergütet	S; R
H	Hohlprofile	S; D	R	Raumtemperatur	P
H	Hochtemperatur	P	S	für Schiffsbau	S
L	für tiefe Temperaturen	P; S	T	für Rohre	S
M	thermomechanisch gewalzt	S	W	wetterfest	S
			X	Hoch- und Tieftemperatur	P

1.15
Zusatzsymbol für Gruppe 2 nach DIN EN 10027-1

Nach der zurückgezogenen Norm DIN 17100 wurden allgemeine Baustähle nach ihrer Festigkeit bezeichnet, z. B. St 37 mit $R_m \approx 370$ N/mm^2 (≈ 370 N/mm^2). Diese Bezeichnungen werden zum Teil auch heute noch umgangssprachlich benutzt.

Feinkornbaustähle nach DIN EN 10028 sind ebenfalls durch ihre Mindeststreckgrenze gekennzeichnet. Der Bezeichnung wird der Buchstabe P vorangesetzt, z. B.: P235GH.

Unlegierte Stähle enthalten Beimengungen von Al, Co, Cr, Ni, W < 0,3%, Cu, Pb < 0,4%, Si < 0,6%, Mn < 1,65%, Bi, La, Se, Te, V < 0,1% sowie geringe Mengen sonstiger Elemente. Man setzt weitgehend möglichst diese unlegierten, billigen Stähle ein. Erst wenn ihre Eigenschaften nicht ausreichen, verwendet man legierte Stähle.

Unlegierte Stähle, die für eine Wärmebehandlung bestimmt sind (Qualitäts-, Edelstähle), werden einsatzgehärtet oder vergütet. Sie werden mit dem C-Gehalt in Verbindung mit dem chemischen Zeichen C (z. B.: C45 mit 0,45 % Kohlenstoff) bezeichnet.

Niedriglegierte Stähle mit einem Legierungsgehalt < 5 Gew.-% werden mit dem C-Gehalt und dem Gehalt der Legierungsbestandteile bezeichnet. Der Buchstabe C wird weggelassen. Die Bezeichnung beginnt mit dem Hundertfachen des mittleren Kohlenstoffgehaltes in %. Darauf folgen die chemischen Symbole nach fallendem Gehalt geordnet. Dahinter stehen Zahlen zur Kennzeichnung der mittleren Legierungsgehalte.

Um diese Kennzahlen zu erhalten, werden die Legierungsgehalte in Gew.-% mit einem bestimmten Faktor multipliziert. Faktor 4 für Cr, Co, Mo, Mn, Ni, Si und W; Faktor 10 für Al, B, Be, Cu, Pb, Mo, Nb, Ta, Ti, V und Zr, Faktor 100 für Ce, N, P, S und Faktor 1000 für Bor, z. B.: Für 0,75 Gew.-% Cr heißt die Kennzahl 0,75 mal 4 = 3. Die Sorte 17Cr3 (DIN EN 10084) ist ein nichtlegierter Stahl mit einem Kohlenstoffgehalt von 0,17 Gew.-% und einem mittleren Chromgehalt von 3/4 = 0,75 Gew.-%.

Hochlegierte Stähle mit einem Legierungsgehalt > 5 Gew.-% werden wie die niedriglegierten Stähle nach ihrer chemischen Zusammensetzung benannt. Die Multiplikation der Legierungsbestandteile mit einem Faktor wird nicht vorgenommen, außer der vom Kohlenstoffgehalt. Dieser wird mit dem Faktor 100 multipliziert und ohne Angabe des C-Zeichens angegeben. Außerdem werden hochlegierte Stähle durch Vorsetzen eines X gekennzeichnet; z. B.: Die Sorte X 5 Cr Ni Mo 18 10 (DIN 17224) ist ein hochlegierter Stahl mit 0,05 Gew.-% Kohlenstoff, 18 Gew.-% Chrom, 10 Gew.-% Nickel und mit einem geringen Molybdängehalt.

Einfluss der Legierungszusätze auf das physikalische und chemische Verhalten der Werkstoffe:

Blei (Pb) in Automatenstählen bewirkt kurze Spanbildung und saubere Schnittflächen.

Bor (B) verbessert die Durchhärtung in Baustählen und erhöht die Kernfestigkeit in Einsatzstählen.

Chrom (Cr) erhöht die Festigkeit, verbessert die Warmfestigkeit, Zunderbeständigkeit, Durchhärtbarkeit, die Rostbeständigkeit und durch Karbidbildung die Härte und Verschleißfestigkeit.

Kobalt (Co) bildet keine Carbide. Es hemmt das Kornwachstum bei höheren Temperaturen, verbessert die Anlassbeständigkeit und die Warmfestigkeit. Es wird daher als Legierungselement in Schnellstählen und in warmfesten Werkstoffen benutzt.

Kohlenstoff (C) erhöht die Festigkeit, die Härtbarkeit und die Kerbempfindlichkeit. Jedoch werden mit höherem C-Gehalt die Bruchdehnung, die Schmiedbarkeit, die Schweißbarkeit und Bearbeitbarkeit durch spanabhebende Werkzeuge verringert.

Kupfer (Cu) erhöht die Festigkeit des Stahls, verbessert den Rostwiderstand, setzt aber die Bruchdehnung herab.

Mangan (Mn) erhöht die Festigkeit des Stahls, verbessert die Schmied- und Schweißbarkeit sowie den Verschleißwiderstand und vergrößert die Einhärtetiefe. Perlitische Mn-Stähle sind überhitzungsempfindlich und neigen zu Anlasssprödigkeit.

Molybdän (Mo) erhöht die Zugfestigkeit, steigert die Eignung zur Durchvergütung und Schweißbarkeit. Es verringert die Anlasssprödigkeit des Stahls.

Nickel (Ni) steigert die Festigkeit, verbessert die Kerbschlagfestigkeit und die Durchhärtbarkeit. Cr-Ni-Stähle sind rost-, säure- und zunderbeständig sowie warmfest. Nickel beeinflusst nicht die Schweißbarkeit.

Schwefel (S) verbessert die Zerspanbarkeit in Automatenstählen, macht aber den Stahl spröde und rotbrüchig.

Silizium (Si) erhöht die Zugfestigkeit und Streckgrenze, den elektrischen Widerstand und die Durchhärtungsneigung. Es verschlechtert die Kaltverformbarkeit.

Titan (Ti), Tantal (Ta) und Niob (Nb) sind Carbidbildner. Sie werden in austenitischen Stählen zur Vermeidung interkristalliner Korrosion eingesetzt.

Vanadium (V) wirkt karbidbildend, vermindert die Überhitzungsempfindlichkeit und verbessert die Warmfestigkeit.

Wolfram (W) steigert die Festigkeit, Härte und Zähigkeit sowie die Schneidhaltigkeit.

Stähle können außer nach ihrem Legierungsgehalt (unlegierte, niedriglegierte und hochlegierte Stähle) noch nach verschiedenen anderen Gesichtspunkten unterteilt werden:

1. Nach dem Erschmelzungsverfahren: Thomas-, Siemens-Martin-, Elektrostähle usw.

2. Nach der Verwendung: Bau-, Werkzeug-, Automaten- und Federstähle; Stähle für Schrauben, Muttern, Rohre und für Elektromaschinen. Für Werkzeugstähle bestehen vier Gruppen: Kaltarbeitsstähle, Warmarbeitsstähle, Schnellarbeitsstähle und Werkzeugstähle für besondere Verwendungsgebiete.

3. Nach den chemischen und physikalischen Eigenschaften: Nichtrostende-, warmfeste-, hochwarmfeste, hitzebeständige, wetterfeste, hochfeste, schweißbare, alterungsbeständige, druckwasserbeständige und kaltzähe Stähle sowie Vergütungs-, Einsatz- und Nitrierstähle.

4. Nach Gütegruppen: Massen-, Qualitäts- und Edelstähle.

Eine Normenauswahl für Stahlsorten befindet sich am Anfang des Abschnitts 1.3. Stähle für besondere Verwendungszwecke werden in den einzelnen Abschnitten behandelt. Wegen ihrer Bedeutung werden Baustähle, Einsatzstähle und Vergütungsstähle im Folgenden aufgeführt.

Allgemeine Baustähle nach DIN EN 10222-1, DIN EN 10025-1 und -2 sind unlegierte Stähle mit einem Kohlenstoffanteil von (0,2 ... 0,5) Gew.-%, die im warmgeformten Zustand nach einem Normalglühen oder nach einer Kaltumformung verwendet werden. Als Formstahl oder Halbzeug werden sie im Hoch-, Tief- und Brückenbau sowie im Maschinen-, Behälter- und Fahrzeugbau für kleine und mittlere Beanspruchung bei Temperaturen unter 200 °C eingesetzt. Die Stahlsorte wird mit S und mit der darauffolgenden Kennzahl für die Mindeststreckgrenze in N/mm² gekennzeichnet. An diese Kennzahl wird die Kennzeichnung der Kerbschlagzähigkeit und die Gütegruppe angehängt. Es bestehen mehrere Gütegruppen, die sich in der Schweißeignung und in den Anforderungen an die Kerbschlagarbeit.

Beispiel
Der Baustahl der Gütegruppe 2 mit dem Kurznamen S235JRG2 (früher: RSt37-2) besitzt die Mindeststreckgrenze 235 N/mm².

Die Mindeststreckgrenze der allgemeinen Baustähle beträgt je nach Stahlsorte zwischen R_m = 185 und 360 N/mm², der Elastizitätsmodul E = 215 000 N/mm² und die Dichte ρ = 7,85 kg/dm³. Werte für die Zugfestigkeit und Streckgrenze s. Bild **1.17** und für die Schwingfestigkeit die Bilder **1.16**.

Vergütungsstähle nach DIN EN 10083-1 und -2 mit dem Kurznamen z. B.: C45 (W.-Nr.

1.0503), 34Cr4 (W.-Nr. 1.7033) oder 51CrV4 nach DIN EN 10083-1 (W.-Nr. 1.8159) sind Baustähle, die sich auf Grund ihrer chemischen Zusammensetzung, besonders ihres Kohlenstoffgehaltes von (0,2 ... 0,6) Gew.-%, zum Härten eignen. Sie weisen im vergüteten Zustand hohe Zähigkeit auf. Die Legierungsbestandteile Cr, Ni, Mo erhöhen das Durchhärtevermögen. Mo vermeidet die Anlasssprödigkeit. Vergütungsstähle werden als Formstahl oder Halbzeug geliefert und allgemein für Walzerzeugnisse, Gesenkschmiedestücke und Freiformstücke bei höheren Festigkeitsanforderungen insbesondere wegen der großen Zähigkeit bei Wechselbeanspruchung verwendet. Bei der Vergütung lassen sich gezielt bestimmte Festigkeits- und Zähigkeitseigenschaften erreichen, die von der Querschnittsgröße und Anlasstemperatur abhängen. Die Zugfestigkeit beträgt je nach Sorte R_m = (500 ... 1900) N/mm^2 und der Elastizitätsmodul E = 215 000 N/mm^2 (Werkstoffkennwerte s. Bild **1.18**; Schwingfestigkeiten s. Bild **1.20**). Die Norm teilt die Stähle in Qualitäts- und Edelstähle ein. Die Edelstähle unterscheiden sich von den Qualitätsstählen nicht nur durch niedrigen Phosphor- und Schwefelgehalt, sondern durch die Gleichmäßigkeit ihrer Eigenschaften und durch bessere Oberflächenbeschaffenheit.

Einsatzstähle nach DIN EN 10084 sind Baustähle mit verhältnismäßig niedrigem Kohlenstoffgehalt (C = (0,07 ... 0,31) Gew.-%), die an der Oberfläche aufgekohlt, gegebenenfalls gleichzeitig aufgestickt und anschließend gehärtet werden. Die Stähle haben nach dem Härten in der Oberflächenzone hohe Härte und guten Verschleißwiderstand, wogegen die Kernzone hohe Zähigkeit aufweist. Diese Norm unterscheidet zwischen unlegierten und legierten Stählen, wobei die unlegierten Stähle das Zusatzsymbol E aufweisen, z. B. C10E (W.-Nr. 1.1121). Die Stähle sind für die Abbrennstumpfschweißung und Schmelzschweißung geeignet und werden als Formstahl oder Halbzeug geliefert. Man verwendet Einsatzstähle für Maschinenteile mit harter, verschleißfester Oberfläche und zähem Kern, z. B. für Zahnräder, Gelenk- und Vielkeilwellen sowie für Gelenk- und Kolbenbolzen. Weitere Stahlsorten sind u. a. C10R (W.-Nr. 1.1207), C15E (W.-Nr. 1.1141), 16MnCr5 (W.-Nr. 1.7131). Die Zugfestigkeit beträgt R_m = (400 ... 1450) N/mm^2 je nach Sorte und der Elastizitätsmodul E = 215 000 N/mm^2 (Festigkeitswerte s. Bild **1.19** und **1.21**).

Warmfeste, hochwarmfeste Stähle besitzen unter langzeitiger Beanspruchung bei hohen Temperaturen hohe Zeitdehngrenzen und Zeitstandfestigkeiten. Bei warmfesten Stählen ist dies bis zu einer Temperatur von ≈ 540 °C der Fall, bei hochwarmfesten bis ≈ 800 °C (Bild **2.17**).

Zu den warmfesten Stählen zählen unlegierte Stähle, deren obere Anwendungstemperatur bis 400 °C liegt und niedriglegierte Stähle mit oberen Anwendungstemperaturen von 540 °C. Für Anwendungstemperaturen bis ≈ 600 °C eignet sich die Gruppe der 12%-Cr-Stähle und für Temperaturen bis ≈ 650 °C die austenitischen Stähle mit ≈ 18% Cr und ≈ 13% Ni.

Gusseisen mit Lamellengraphit (Grauguss) nach DIN EN 1561 mit der Bezeichnung EN-GJL (früher GG) ist eine gegossene Eisenlegierung mit (2 ... 4) % Kohlenstoff- und (0,5 ... 3) % Siliziumgehalt. Der Kohlenstoff ist im Gefüge als freier Graphit in Form von Lamellen oder Plättchen enthalten. Bei langsamer Erkaltung erhält man graues Gusseisen und bei schnellem Abkühlen weißes Gusseisen.

Gusseisen mit Lamellengraphit wird u. a. wegen der Eigenschaft, in Gießformen gut einzufließen und die Form gut auszufüllen, im Maschinenbau für Gussstücke bevorzugt verwendet. Es ist gewöhnlich spröde, hat eine geringe Bruchdehnung und ist daher schlagempfindlich. Es besitzt gute Gleitreibungseigenschaften, eine hohe Dämpfungsfähigkeit und hohe Druckfestigkeit. Wegen der Graphitlamellen, die wie innere Kerben wirken, ist dieses Gusseisen gegen äußere

Kerben unempfindlich. EN-GJL mit einer Brinellhärte über 240 ist schwer zerspanbar. Die Schweißbarkeit ist nur nach besonderer Vorbereitung möglich. Die Dichte beträgt bei EN-GJL-100 bis EN-GJL-200 $\rho = 7,2$ kg/dm^3 und bei EN-GJL-250 bis EN-GJL-350 $\rho = 7,35$ kg/dm^3. Der Elastizitätsmodul E nimmt mit zunehmender Belastung ab und schwankt bei EN-GJL-200 zwischen (90 000 ... 120 000) N/mm^2 und bei EN-GJL-350 zwischen (125 000 ... 155 000) N/mm^2. Die Zugfestigkeit ist vom Rohgussdurchmesser des Probestückes bzw. vom Nenndurchmesser der Zugprobe abhängig (Festigkeitskennwerte s. Bilder **1.22**, **1.23** und **1.24**).

Gusseisen mit Kugelgraphit nach DIN EN 1563 mit der Bezeichnung EN-GJS (auch Sphäroguss genannt) ist ein Eisengusswerkstoff, dessen größerer Teil als kugeliger Graphit im Gefüge enthalten ist. EN-GJS lässt sich gut zerspanen, vergüten, oberflächenhärten und unter Beachtung des großen Kohlenstoffgehaltes schweißen. Es hat eine größere Verschleißfestigkeit, einen höheren Korrosionswiderstand, einen höheren Elastizitätsmodul, aber eine geringere innere Dämpfung als EN-GJL. Im Vergleich zu diesem zeichnet sich EN-GJS durch seine mehr stahlähnlichen Eigenschaften und durch seine höhere Zunderbeständigkeit aus. Der Werkstoff ist relativ stark dehnbar und hat eine Streckgrenze (Festigkeitskennwerte s. Bilder **1.23** und **1.24**).

Temperguss (EN-GJMB und EN-GJMW) nach DIN EN 1562 (Festigkeitskennwerte s. Bild **1.23**). Nach dem Bruchaussehen der fertig getemperten Gussstücke unterscheidet man schwarzen Temperguss (EN-GJMB, Schwarzguss) und weißen Temperguss (EN-GJMW). Beide erstarren jedoch nach dem Gießen weiß (graphitfrei). Sie bestehen also im Rohzustand aus Ledeburit und Perlit, sind in diesem Zustand spröde und unbearbeitbar. Im Temperrohguss für weißen Temperguss EN-GJMW sind C = (2,8 ... 3,4) %, Si = (0,8 ... 0,4) % und für EN-GJMB C = (2,2 ... 2,8) % und Si = (1,4 ... 0,9) % enthalten. Erst durch langdauerndes Glühen (Tempern) erhält Temperguss seine Zähigkeit und Bearbeitbarkeit.

Das Glühen des Temperrohgusses für EN-GJMW erfolgt in neutraler Atmosphäre, etwa 30 Stunden lang bei 950 °C und anschließender langsamer Abkühlung. Durch gelenkte Abkühlung ergibt sich ein mehr oder weniger perlitisches Gefüge mit eingelagerter Temperkohle. Dadurch wird eine größere Zähigkeit und Verschleißfestigkeit des EN-GJMB erreicht. Das Gefüge der EN-GJMB besteht nach dem Tempern über den ganzen Querschnitt einheitlich aus Ferrit und Temperkohle, evtl. mit etwas Perlit. Das Gefüge ist unabhängig von der Wanddicke.

Das Glühen des Temperrohgusses für EN-GJMW erfolgt in einem Sauerstoff abgebenden Mittel bei 1070 °C über eine Zeit von etwa 80 Stunden. Das Gefüge besteht nach dem Tempern bei kleinen Wanddicken aus Ferrit mit wenig Perlit, bei großen Wanddicken am Rande aus Ferrit mit wenig Perlit, in der Übergangszone aus Ferrit, Perlit und Temperkohle, im Kern aus Perlit, Temperkohle und wenig Ferrit. Das Gefüge ist also von der Wanddicke abhängig.

Zugfestigkeit und Bruchdehnung sind bei EN-GJMB für alle Wanddicken praktisch gleich, bei GTW dagegen stark von der Wanddicke abhängig. Die Zerspanbarkeit ist bei EN-GJMB in allen Wanddicken sehr gut, bei dicken Teilen aus EN-GJMW schwieriger, aber durch Weichglühen zu verbessern. Schweißarbeiten während der Herstellung oder bei der Verwendung des Tempergussstückes sind möglich. Reparaturschweißungen müssen nachträglich wärmebehandelt werden. Für Festigkeitsschweißung eignet sich die weitgehend entkohlte Sorte EN-GJMW-360-12.

Alle Sorten lassen sich weichlöten. Für Hartlötung ist die Gruppe EN-GJMW mit großer Entkohlungstiefe gut geeignet. Vergüten und Härten ist möglich, Verzug nach Wärmebehandlung lässt sich durch Richten beseitigen. Als Oberflächenschutz können metallische (z. B. galvanische) und nichtmetallische Überzüge dienen.

Temperguss vereinigt in sich die guten Gießeigenschaften des Gusseisens EN-GJL mit einer mehr stahlähnlichen Zähigkeit. Anwendungsbeispiele für dünnwandigen EN-GJMW sind Rohrverbindungen, Tür- und Schraubenschlüssel. Beschläge, Schalthebel, Bremstrommeln. Für dickere, spanabhebend zu bearbeitende Teile wird EN-GJMB vorgezogen.

Austenitisches Gusseisen nach DIN EN 13835 ist ein hochlegierter Eisenkohlenstoff-Guss-werkstoff mit C = (2,2 ... 2,5 ... 3,0) % Gew. Zur Zeit sind 20 Gusseisensorten als Legierungen mit C, Si, Mn, Ni, Cr und Cu genormt. Ihr Grundgefüge ist durch hohe Legierungszusätze austenitisch. Der Kohlenstoff liegt zum überwiegenden Teil als Graphit vor. Man unterschei-det: Austenitisches Gusseisen mit Lamellengraphit (GGL-) und Austenitisches Gusseisen mit Kugelgraphit (GGG-), (Werkstoffkennwerte s. Bild **1.23**) Werkstoffbezeichnung z. B.: GGL-Ni Cr 20 3 und GGG-Ni Cr 20 3. Die austenitischen Gusseisenwerkstoffe besitzen je nach Zu-sammensetzung und Graphitausbildung unterschiedliche Eigenschaften, wie z. B. Korrosions-, Erosions- und Hitzebeständigkeit, gute Laufeigenschaften, kaltzähes Verhalten. Einige Sorten sind nicht magnetisierbar. Alle Sorten lassen sich gut in Formen gießen und gut bearbeiten.

Stahlguss nach DIN EN 10293 mit der Bezeichnung GE ist jeder in Formen gegossener unle-gierter oder legierter Stahl. Die Eigenschaften, Wärmebehandlungs-, Härtungs- und Legie-rungsmöglichkeiten sind für Stahlguss grundsätzlich die gleichen wie für Stahl.

Um Gasblasen beim Erstarren zu vermeiden, muss Stahlguss stets beruhigt vergossen werden. Da das Schwindmaß mit etwa 2% hoch ist, besteht die Gefahr der Lunkerbildung. Um dies zu vermeiden, ist auf richtige Gestaltung der Gussstücke zu achten. Stahlguss wird verwendet, wenn die Festigkeit von Temper- oder Grauguss nicht ausreichen sowie bei großen Maschinenteilen.

Unter den Begriff Stahlguss für allgemeine Verwendungszwecke nach DIN EN 10293, mit Kurzbezeichnungen z. B.: GE 200 (GS-38) , fallen die gegossenen unlegierten oder niedrig le-gierten Stähle mit gewährleisteter Streckgrenze und einem Kohlenstoffgehalt von (0,14 ... 0,45) % je nach Sorte. Die Sorteneinteilung beruht im Wesentlichen auf mechanischen Eigenschaf-ten. Das Herstellverfahren und die chemische Zusammensetzung der Stahlgusssorten bleibt dem Hersteller überlassen. Die Dichte beträgt ρ = 7,85 kg/dm^2, der Elastizitätsmodul beträgt E = (200 000 ... 215 000) N/mm^2 (Festigkeitswerte s. **1.25**).

Warmfester ferritischer Stahlguss nach DIN EN 10213-1 und -2 mit der Bezeichnung z. B.: GP240GH, GX23CrMoV12-1 dient zur Anfertigung von Gussstücken, die für den Einsatzbe-reich bis zu 600 °C bestimmt sind. Die Stahlsorten sind im Wesentlichen nach ihrer chemischen Zusammensetzung eingeteilt. Legierungsbestandteile sind Cr $\leq$ 12,5%, Ni $\leq$ 1,5%, Mo $\leq$ 1,2%, Si $\leq$ 0,6%, Mn $\leq$ 0,8%, V $\leq$ 0,35% und C $\leq$ (0,15 ... 0,26) %.

Stahlgussstücke dieser Norm werden vergütet oder normalgeglüht geliefert. Die Dichte beträgt ρ = (7,7 ... 7,85) kg/dm^2 und der Elastizitätsmodul E = 155 000 N/mm^2 bei 600 °C bis 210 000 N/mm^2 bei 20 °C. Schweißbarkeit nach erneutem Anlassen ist gegeben (Kennwerte s. **1.26**).

Warmfester Stahlguss wird für Gehäuse, Ventile, Lauf- und Leiträderscheiben sowie für Flansche von Heißdampf- und Gasturbinenanlagen und für Hochtemperaturanlagen der Chemie verwendet.

Nichtrostender Stahlguss nach DIN EN 10283 mit der Bezeichnung z. B.: GX12Cr12, GX5CrNi19-10 wird in Elektroöfen erschmolzen. Geliefert werden die ferritischen Stahlguss-sorten in vergütetem und die austenitischen im abgeschreckten Zustand. Legierungsbestandteile: Cr $\leq$ 20%, Ni $\leq$ 12,5%, Mo $\leq$ 2,5%, Si $\leq$ 2,0%, Mn $\leq$ 1,5%, Nb $\leq$ 1,0% und C $\leq$ (0,08 ... 0,27) %.

Die Sorten dieser Norm zeichnen sich durch hohe Warmfestigkeit, gute Korrosionsbeständigkeit, Schweißbarkeit, Schmiedbarkeit und Oberflächenhärtbarkeit aus. Das große Schwindmaß (etwa 2%) muss bei der Gestaltung der Gussstücke berücksichtigt werden. Nichtrostender Stahlguss wird u. a. im Apparate- und Turbinenbau verwendet (Werkstoffkennwerte s. **1.27**).

Leichtmetalle. Leichtmetalle sind Rein-Aluminium (DIN EN 576) und Aluminiumlegierungen (DIN EN 1706) mit der Dichte $\rho = (2,7 \ldots 2,85)$ kg/dm^3 sowie Magnesiumlegierungen (DIN 1729) mit der Dichte $\rho = 1,8$ kg/dm^3.

Für Nichteisenmetalle erfolgt derzeit eine Umstellung der Bezeichnungen von nationalen Normen auf Europäische Normen. Nichteisenmetalle werden mit den chemischen Symbolen für die Legierungsbestandteile Si, Cu, Mg, Al, Mn und Ti und Kennzahlen bzw. Kennbuchstaben bezeichnet, oder die Werkstoffbezeichnung wird durch eine Ziffernfolge verschlüsselt.

Rein-Aluminium ist tiefziehfähig. Durch Kaltverformung erhöht sich die Festigkeit, die aber bei Temperaturen über 100 °C stark abfällt. Aluminium ist schweißbar, aber wegen der Oxidhaut schwierig lötbar. Wegen der Schutzschicht ist es beständig gegen reines Wasser, Schwefeldioxyd und verschiedene Säuren, aber unbeständig gegen Seewasser, anorganische Säuren, Mörtel und Beton. Die Verbindungsstellen mit anderen Metallen müssen wegen der Gefahr elektrolytischer Korrosion mit einer Schutzschicht überzogen werden.

Festigkeitswerte von Rein-Al: Gegossen $R_m = (90 \ldots 120)$ N/mm^2; geglüht $R_m = (70 \ldots 100)$ N/mm^2; gewalzt $R_m = (100 \ldots 140 \ldots 230)$ N/mm^2. Elastizitätsmodul $E = 70\,000$ N/mm^2.

Al-Knetlegierungen (DIN EN 1706) können gepresst, gezogen, gewalzt, geschmiedet und geschweißt werden. Manche Sorten (z. B.: AlMg-, AlMgMn- und AlMn-Legierungen) sind seewasserbeständig und korrosionsbeständig. AlCuMg-Legierungen (z. B. Duraluminium) besitzen eine hohe Festigkeit, aber einen geringen Korrosionswiderstand.

Festigkeitswerte von Al-Knetlegierungen: $R_m \leq 500$ N/mm^2; $\sigma_{bw} = (140 \ldots 180)$ N/mm^2 und $E = 70\,000$ N/mm^2. Für Bleche und Bänder über 0,35 mm s. DIN EN 485-2.

Aluminium-Gusslegierungen werden hauptsächlich als Kokillenguss, in zweiter Linie als Sandguss, aber auch als Druckguss und zu einem geringen Teil als Schleuderguss verarbeitet. Mit Si legiert, bildet Al ein Eutektikum mit sehr guten Gießeigenschaften (EN AC-AlSi12(a)). Der Zusatz Mg verbessert die Warmfestigkeit und Korrosionsbeständigkeit. Die AlCuTi-Gusslegierungen erreichen hohe Festigkeit.

Festigkeitskennwerte für Al-Gusslegierungen:
$R_m = (180 \ldots 240 \ldots 440)$ N/mm^2; $R_{p0,2} = (70 \ldots 150 \ldots 380)$ N/mm^2;
$\sigma_{bw} = (60 \ldots 80 \ldots 1\,00)$ N/mm^2; $E = 70\,000$ N/mm^2.

Werkstoffkennwerte

Formelzeichen

A_5	Bruchdehnung bei	$R_{p0,2}$	0,2%-Dehngrenze	σ_{dB}	Druckfestigkeit
	$L_0 = 5 \cdot d_0$	R_m	Zugfestigkeit	σ_{Sch}	Schwellfestigkeit
E	Elastizitätsmodul	d_0	Probenstabdurchmesser	σ_w	Wechselfestigkeit
G	Schubmodul	σ_{bB}	Biegefestigkeit		(Zug–Druck)
L_0	Probenstablänge	σ_{bF}	Biegefließgrenze	τ_{tF}	Torsionsfließgrenze
R_{eH}	obere Streckgrenze	σ_{bSch}	Biegeschwellfestigkeit	τ_{tSch}	Torsionsschwellfestigkeit
R_p	Dehngrenze	σ_{bw}	Biegewechselfestigkeit	τ_{tw}	Torsionswechselfestigkeit

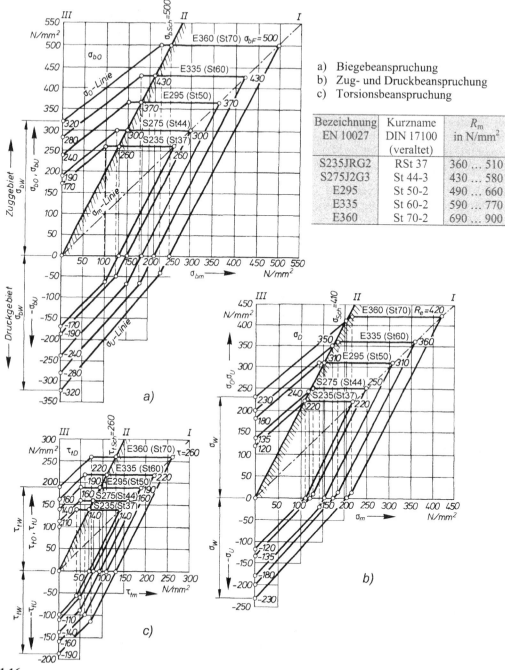

a) Biegebeanspruchung
b) Zug- und Druckbeanspruchung
c) Torsionsbeanspruchung

Bezeichnung EN 10027	Kurzname DIN 17100 (veraltet)	R_m in N/mm²
S235JRG2	RSt 37	360 … 510
S275J2G3	St 44-3	430 … 580
E295	St 50-2	490 … 660
E335	St 60-2	590 … 770
E360	St 70-2	690 … 900

1.16
Dauerfestigkeitsschaubilder der allgemeinen Baustähle

Stahlsorte			R_m in N/mm² für Nenndicken			
Bezeichnung EN 10027	Kurzname DIN 17100 (veraltet)	Wkst.-Nr. EN 10027	< 3 mm	≥ 3 mm ≤ 100 mm	≤ 100 mm ≤ 150 mm	≥ 150 mm ≤ 250 mm
S185	St 33	1.0035	310 … 510	290 … 510	-	-
S235JRG2	RSt 37-2	1.0038	360 … 510	340 … 470	340 … 470	320 … 470
S275J2G3	St 44-3	1.0144	430 … 580	410 … 560	400 … 540	380 … 540
S355J2G3	St 52-3	1.0570	510 … 680	490 … 630	470 … 630	380 … 540
E295	St 50-2	1.0050	490 … 660	470 … 610	450 … 610	440 … 610
E335	St 60-2	1.0060	590 … 770	570 … 710	550 … 710	540 … 710
E360	St 70-2	1.0070	690 … 900	670 … 830	650 … 830	640 … 830

1.17
Festigkeitswerte der Baustähle nach DIN EN 10025

Kurzname	Wkst.-Nr.	$d ≤ 16$ mm $t ≤ 8$ mm		$d ≤ 40$ mm $t ≤ 20$ mm		$d ≤ 100$ mm $t ≤ 60$ mm	
		R_e	R_m	R_e	R_m	R_e	R_m
C35	1.0501	430	630 … 780	380	600 … 750	320	550 … 700
C45	1.0503	490	700 … 850	430	650 … 800	370	630 … 780
C60	1.0601	580	850 … 1000	520	800 … 950	450	750 … 900
28Mn6	1.5065	590	800 … 950	490	700 … 850	440	650 … 800
34Cr4	1.7033	700	900 … 1100	590	800 … 950	460	700 … 850
41Cr4	1.7035	800	1000 … 1200	660	900 … 1100	560	800 … 950
34CrMo4	1.7220	800	1000 … 1200	650	1000 … 1100	550	800 … 950
42CrMo4	1.7225	900	1100 … 1300	750	1000 … 1200	650	900 … 1100
34CrNiMo6	1.6582	1000	1200 … 1400	900	1100 … 1300	800	1000 … 1200
30CrNiMo8	1.6580	1050	1250 … 1450	1050	1250 … 1450	900	1100 … 1300

[1]) R_e als Mindestwert; R_e und R_m in N/mm² für die angegebenen Nenndicken
[2]) C35, C45, C60 sind Qualitätsstähle; alle anderen sind Edelstähle.

1.18
Festigkeitswerte [1]) einiger Vergütungsstähle nach DIN EN 10083-1 im vergüteten Zustand für Erzeugnis-Durchmesser bis 100 mm

Kurzname		Wkst.-Nr.	Dicke									
			5 … 10 mm		10 … 16 mm		16 … 40 mm		40 … 63 mm		63 … 100 mm	
			$R_{p0,2}$	R_m	$R_{p0,2}$	R_m	$R_{p0,2}$	R_m	$R_{p0,2}$	R_m	$R_{p0,2}$	R_m
C10R	kaltgezogen	1.1207	350	460 … 760	300	430 … 730	250	400 … 700	200	350 … 640	180	320 … 580
C15R		1.1140	380	500 … 800	340	480 … 780	280	430 … 730	240	380 … 670	215	340 … 600
C16R		1.1208	400	520 … 820	360	500 … 800	300	450 … 750	260	400 … 690	235	360 … 620
C10R	gewalzt	1.1207	–	–	–	–	–	310 … 550	–	310 … 550	–	310 … 550
C15R		1.1140	–	–	–	–	–	330 … 600	–	330 … 600	–	330 … 600
C16R		1.1208	–	–	–	–	–	350 … 620	–	350 … 620	–	350 … 620

		R_e mind. in N/mm²	R_m in N/mm²	A_5 in %
17Cr3	1.7016	440	700	11
16MnCr5	1.7131	590	900	10
20MnCr5	1.7147	700	1200	8
18CrNiMo7-6	1.6587	785	1100	8
20MoCrS4	1.7323	590	800	10

Die Festigkeitswerte für kleinere Querschnitte liegen höher, für größere Querschnitte niedriger als angegeben

1.19
Festigkeitswerte für Einsatzstähle nach DIN EN 10084 in Abhängigkeit von der Dicke bzw. bezogen auf blindgehärtete Querschnitte mit dem Durchmesser bis 100 mm

Für nicht dargestellte Vergütungsstähle gelten folgende Zuordnungen:

$$\left.\begin{array}{l} 34CrNiMo6 \\ 36CrNiMo4 \\ 42CrMo4 \end{array}\right\} = 50CrMo4$$

$$34CrMo4 \qquad = 41Cr4$$

$$\left.\begin{array}{l} 34Cr4 \\ 34CrMo4 \\ 37Cr4 \\ 46Cr2 \end{array}\right\} = 25CrMo4$$

C45R wie C45E
C22R wie C22E

C60R, C60E und 28Mn6 liegen zwischen C45E und 25CrMo4
C35R und C35E liegen zwischen C22E und C45E

a) Zug- und Druckbeanspruchung
b) Biegebeanspruchung
c) Torsionsbeanspruchung

1.20
Dauerfestigkeitsschaubilder der Vergütungsstähle nach DIN EN 10083-1

1.21
Dauerfestigkeitsschaubilder der Einsatzstähle
nach DIN EN 10084

    a) Zug und Druckbeanspruchung
    b) Biegebeanspruchung
    c) Torsionsbeanspruchung

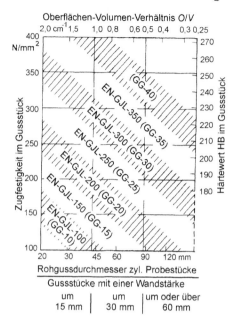

1.22

Abschätzung der Zugfestigkeit und Brinellhärte (HB30) in Gussstücken aus Grauguss mit Lamellengraphit nach DIN EN 1561

DIN	Bezeichnung	Kurzname (veraltet)	Nr.	R_m mind. N/mm²	$R_{p0,2}$ mind. N/mm²	A %	σ_{db} N/mm²	σ_{bB} N/mm²	E-Modul in 10^3 N/mm²	G-Modul in 10^3 N/mm²	Brinell-härte
EN 1561	EN-GJL-150	GG-15	0.6015	150 [1]	–	–	550	300	80..100	38	135..180
	EN-GJL-200	GG-20	0.6020	200 [1]	–	–	600	380	90..115	40	170..210
	EN-GJL-350	GG-35	0.6035	350 [1]	–	–	950	600	110..150	58	210..280
	–	GG-40	0.6040	400 [1]	–	–	1200	700	125..155	64	230..300
EN 1563	EN-GJS-400-15U	GGG-40	0.7040	400	250	15 [2]	800	800	175	63,5	150..200
	EN-GJS-600-3U	GGG-60	0.7050	600	380	3	1000	900	185	71,3	210..300
	EN-GJS-700-2U	GGG-70	0.7070	700	440	2	1100	1100	195	71,3	230..320
EN 1562	EN-GJMB-450-6	GTS-45	0.8145	450	300	7 [3]	1500	900	170	67	160..200
	EN-GJMB-650-2	GTS-65	0.8165	650	430	3	1700	1300	190	75	210..250
	EN-GJMB-700-2	GTS-70	0.8170	700	550	2	1750	1400	190	75	240..270
	EN-GJMW-450-7	GTW-45	0.8045	450	260	7	1200	900	170	67	180..200
	–	GTW-65	0.8065	650	430	3	1350	1200	190	75	240..270
EN 13835	GGL-NiMn137		0.6652	≤ 200		[2]	≤ 700		70.. 90		120..150
	GGL-NiCr203		0.6661	≤ 210		1,5	≤1000		98..113		160..250
EN 13835	GGG-NiMn137		0.7652	≤ 450	250	15 [2]			140..150		120..150
	GGG-NiCr203		0.7661	≤ 450	250	12			112..133		150..255

[1]) R_m-Werte für GG gelten für einen Rohgussdurchmesser des Probestückes von 30 mm und für einen Nenndurchmesser der Zugprobe von 20 mm.

[2]) A_5 für $L_0 = 5d_0$

[3]) A_3 für $L_0 = 3d_0$

1.23

Festigkeitskennwerte verschiedener Gusseisensorten (Auswahl)

Werkstoff Bezeichnung	Kurzname (veraltet)	R_m N/mm²	σ_w N/mm²	σ_{Sch} N/mm²	σ_{bW} N/mm²	σ_{bSch} N/mm²	τ_{tW} N/mm²	τ_{tSch} N/mm²
EN-GJL-150	GG-15	150	35	55	70	110	60	75
EN-GJL-200	GG-20	200	50	75	100	150	85	105
EN-GJL-350	GG-35	350	90	140	175	275	150	205
–	GG-40	400	100	155	200	310	170	240
EN-GJS-400-15U	GGG-40	400	130	220	180	310	100	160
EN-GJS-600-3U	GGG-60	600	180	300	250	440	150	250
EN-GJS-700-2U	GGG-70	700	210	360	300	530	170	290

1.24
Dauerfestigkeit in N/mm² für Gusseisen nach DIN EN 1561 und DIN EN 1563

Werkstoff Bezeichnung	Nr.	Kurzname (veraltet)	R_m N/mm²	R_e N/mm²	A_5 in %	KV[1] in J/cm²	σ_w N/mm²	σ_{Sch} N/mm²	σ_{bW} N/mm²	σ_{bSch} N/mm²	τ_{tW} N/mm²	τ_{tSch} N/mm²
GE200	1.0416	GS-38	380	190	25	–	150	190	150	250	85	110
	1.0420	GS-38.3				27						
GE240	1.0443	GS-45	450	230	22	–	180	230	180	300	100	130
	1.0446	GS-45.3				27						
	1.0551	GS-52	520	260	18	–	210	260	210	340	120	150
	1.0552	GS-52.3				30						
GE300	1.0553	GS-60	600	300	15	–	240	300	240	390	140	170
	1.0558	GS-60.3				27/31	200					
	1.0555	GS-62	620	350	16	–	250	350	250	460	150	200
	1.0559	GS-62.3				20						
	1.0554	GS-70	700	420	12	–	280	420	280	540	160	240

[1]) Kerbschlagarbeit für ISO-V-Proben bei Raumtemperatur (Mindestwert)

1.25
Festigkeitswerte von Stahlguss für allgemeine Verwendungszwecke nach DIN EN 10293 und DIN 1681 (zurückgezogen)

Bezeichnung	Werkstoff Kurzname (veraltet)	Nr.	Zugfestigkeit R_m in N/mm²	0,2-Grenze bei einer Temperatur von °C 100	200	300	350	400	450	500	550 $R_{p0.2}$ in N/mm² mindestens	A_5 in %	KV in J
GP240GH	GS-C25	1.0619	420 bis 600	210	175	145	135	130	125	–	–	22	27
G20Mo5	GS-22Mo4	1.5419	440 bis 590	–	190	165	155	150	145	135	–	22	27
G17CrMo5-5	GS-17CrMo5 5	1.7357	490 bis 690	–	250	230	215	200	190	175	160	20	27
G17CrMo9-10	GS-18CrMo9 10	1.7379	590 bis 740	–	355	345	330	315	305	280	240	18	40
G17CrMoV5-10	GS-17CrMoV5 11	1.7706	590 bis 780	–	385	365	350	335	320	300	260	27	27
GX8CrNi12	G-X8CrNi12	1.4107	540 bis 690	–	275	265	–	255	–	–	–	18	45
GX23CrMoV12-1	G-X22CrMoV121	1.4931	740 bis 880	–	450	430	410	390	370	340	290	15	27

[1]) Bruchdehnung ($L_0 = 5 \cdot d_0$) (Mindestwert)
[2]) Kerbschlagarbeit für ISO-V-Kerbproben (Mindestwert)

1.26
Festigkeitswerte für warmfesten Stahlguss nach DIN EN 10213-2

Werkstoff		Wärme-behandlung	R_m N/mm²	$R_{p0,2}$ N/mm²	$R_{p1,0}$ N/mm²	A in %	$KV^{1)}$ in J
Kurzname	Nr.		($\geq$)	($\geq$)	($\geq$)	($\geq$)	($\geq$)
Martensitische Stahlgusssorten							
GX12Cr12	1.4011		620	450	–	15	20
GX7CrNiMo12-1	1.4008	Nach Abschre-cken in Luft oder Flüssigkeit und Anlassen	590	440	–	15	27
GX4CrNi13-4	1.4317		700	500	–	12	35
GX4CrNiMo16-5-1	1.4405		760	540	–	15	60
GX3CrNiMo16-5-2	1.4411		760	540	–	15	60
GX5CrNiCu16-4	1.4525		900	750	–	5	20
Austenitische Stahlgusssorten							
GX2CrNi19-11	1.4309		440	185	210	30	80
GX5CrNi19-10	1.4308		440	175	200	30	60
GX5CrNiNb19-11	1.4552	Nach Lösungs-glühen und Was-serabschreckung	440	175	200	25	40
GX2CrNiMo19-11-2	1.4409		440	195	220	30	80
GX5CrNiMo19-11-2	1.4408		440	185	210	30	60
GX5CrNiMoNb19-11-2	1.4581		440	185	210	25	40
GX5CrNiMo19-11-3	1.4412		440	205	230	30	60
GX2CrNiMoN17-13-4	1.4446		440	210	235	20	50

[1]) Kerbschlagarbeit für Kerbschlagbiegeversuch

1.27
Festigkeitswerte für Nichtrostenden Stahlguss nach DIN EN 10283

Kunststoffe nach DIN EN ISO 1043-1 werden in zunehmendem Maße im Maschinen- und Apparatebau eingesetzt. Voraussetzung für die erfolgreiche Auswahl eines Kunststoffes aus der Vielzahl von Werkstoffen ist die Kenntnis ihrer Eigenschaften (z. B.: Festigkeit, Elastizitäts-modul, Zeitstandfestigkeit, optische, elektrische, thermische und chemische Eigenschaften), die stark von der Temperatur abhängen. Es ist zweckmäßig, genaue Werte über Werkstoffeigen-schaften vom Hersteller einzuholen.

Man unterscheidet folgende Kunststoffarten:

1. Thermoplaste (Plastomere). Sie werden mit zunehmender Temperatur dehnbarer, plas-tisch oder flüssig (z. B. Polyolefine).

2. Duroplaste (Duromere). Sie erweichen mit zunehmender Temperatur nicht (z. B. Ami-noplaste, Phenoplaste, Polyester und Epoxydharze).

3. Elastoplaste (Elastomere) mit elastisch-plastischem Verhalten (z. B. Buna, Neoprene und Vulkollan).

4. Schaumkunststoffe auf der Basis der Thermoplaste, Duroplaste und Elastoplaste mit Zel-lenstruktur des erstarrten Schaums (z. B. Styropor, Moltoprene und Moosgummi).

5. Mischpolymerisate (Copolymerisate). Kunststoffe aus verschiedenen monomeren Sub-stanzen.

6. Gefüllte Kunststoffe. Thermoplaste, Duroplaste oder Elastoplaste mit eingearbeiteten Füllstoffen wie Gewebe, Fasern oder Schnitzel aus Asbest, Bor, Kohlenstoff, Metall oder Synthesefasern.

2 Grundlagen der Festigkeitsberechnung

Für höher beanspruchte Bauteile ist stets der Festigkeitsnachweis zu erbringen. Hierdurch wird sichergestellt, dass die im praktischen Einsatz vorhandenen Spannungen die zulässigen Spannungen nicht überschreiten und dass die Sicherheiten nicht zu gering sind. Wegen seiner besonderen Bedeutung werden die Grundzüge des Festigkeitsnachweises und der dazu notwendigen Festigkeitsberechnung in diesem Abschnitt dargestellt. Die verwendeten Formelzeichen sind im Folgenden zusammengestellt:

Formelzeichen

A	Fläche; Querschnitt	l_K	Knicklänge	S_B	-, gegen Gewaltbruch
b	Größenfaktor	M	Moment	S_D	-, gegen Dauerbruch
d	Durchmesser	p	Flächenpressung	S_F	-, gegen Fließen
E	Elastizitätsmodul	r	Ruhegrad	S_K	-, gegen Knicken
F	Kraft	R_{eH}	Streckgrenze	S_{kD}	-, gegen Dauerbruch; Berück-
G	Schubmodul	R_m	Zugfestigkeit		sichtigung der Kerbwirkung
I	Flächenträgheitsmoment	$R_{p0,2}$	0,2%-Dehngrenze	T	Torsionsmoment
l	Länge	S	Sicherheit, allgemein	W	Widerstandsmoment
l_0	Ausgangslänge				
α	Formzahl	λ	Schlankheitsgrad	σ_1	Hauptnormalspannung
α_0	Anstrengungsverhältnis	λ_0	-, Grenzwert	σ_2	-, senkrecht zu σ_1
α_k	Formziffer	μ	Poisson-Zahl	τ	Tangentialspannung
β_k	Kerbwirkungszahl	ε	Dehnung	ϑ	Temperatur
γ	Schiebung	ε_q	Querkontraktion	φ	Proportionalitätsfaktor
δ_w	Wechselfestigkeitsverhältnis	σ	Normalspannung	χ	bezogenes Spannungsgefälle
κ	Oberflächenfaktor				

Indizes

a	für Abscher-; für außen	k	für Kerb-	Sch	für schwellend
B	für Bruch	l	für Längs-	t	für Torsion
b	für Biegung	m	für mittlere	v	für Vergleichs-
D	für Dauerfestigkeit	n	für Nenn-	W	für wechselnd
d	für Druck	P	für Proportionalitätsgrenze	x	für in x-Richtung
F	für Fließen	p	für polar	y	für in y-Richtung
G	für Grenzwert	q	für quer	z	für in z-Richtung; für Zug
i	für innen	res	für resultierend	zul	für zulässig
K	für Knicken	s	für Schub		

2.1 Spannungszustand und Beanspruchungsarten

Die Bauteile können von außen durch punktförmig angreifende Kräfte (Einzelkräfte), durch flächenhaft verteilte Kräfte (Flächenpressung, Druck) oder durch räumlich verteilte Kräfte (Massenkräfte) belastet werden.

Diese Kräfte verursachen in jedem Querschnitt Kraft- und Momentwirkungen (z. B. Normalkräfte, Schubkräfte, Biege- und Verdrehmomente), die das Bauteil verformen.

Die inneren Kräfte wirken der aufgezwungenen Verformung entgegen. Die auf die Flächeneinheit bezogenen inneren Kräfte werden Spannungen genannt. Die Spannung senkrecht zur Querschnittsfläche nennt man **Normalspannung** σ (z. B.: Zug-, Druck- oder Biegespannung), die Spannung in der Ebene des Querschnitts **Tangentialspannung** τ (z. B.: Schub- und Torsionsspannung).

Spannungszustand. In einem belasteten Bauteil wirken auf ein gedachtes würfelförmiges Körperelement im allgemeinen Fall (3-achsiger Spannungszustand) auf jede der 6 Begrenzungsebenen eine Normal- und zwei Tangentialspannungen (**2.1**). Dabei steht der erste Index für die Richtung des Flächennormalenvektors, der zweite Index für die Richtung des Tangentialspannungsvektors. Sind die Spannungen an zwei gegenüberliegenden Ebenen Null, wie es oft an Bauteiloberflächen der Fall ist, dann spricht man von einem ebenen bzw. 2-achsigen Spannungszustand. Der einachsige Spannungszustand liegt vor, wenn am würfelförmigen Element nur eine Normalspannung angreift bzw. zwei entgegenwirkende Normalspannungen; alle anderen Spannungen sind gleich Null.

2.1
Räumlicher Spannungszustand

Die Beziehungen zwischen den beim **zweiachsigen (ebenen) Spannungszustand** herrschenden Spannungen σ_x, σ_y und τ_{yx} einerseits und den in einer Schnittfläche unter dem Winkel φ zur y-Richtung auftretenden Spannungskomponenten σ_φ und τ_φ (**2.2a**) andererseits beschreibt die Gleichung des *Mohr*schen Spannungskreises (**2.2b**):

$$\left(\sigma_\varphi - \frac{\sigma_x + \sigma_y}{2}\right)^2 + \tau_\varphi^2 = \left[\left(\frac{\sigma_x - \sigma_y}{2}\right)^2 + \tau_{xy}^2\right] \tag{2.1}$$

mit dem Radius

$$r = \sqrt{\left(\frac{\sigma_x - \sigma_y}{2}\right)^2 + \tau_{xy}^2} \tag{2.2}$$

a)   b)

2.2
Ebener Spannungszustand
a) Spannungen am geschnittenen Element
b) *Mohr*scher Spannungskreis

Der Mittelpunkt M dieses Kreises ist im Schaubild mit den Koordinaten σ und τ um den Betrag $(\sigma_x + \sigma_y)/2$ aus dem Nullpunkt verschoben.

Bei einem bestimmten Schnittwinkel, dem schubspannungsfreien Hauptschnitt, nehmen die Normalspannungen Größt- bzw. Kleinstwerte an. Diese **Hauptnormalspannungen** σ_1 bzw. σ_2 ergeben sich bei der Schubspannung $\tau = 0$ zu

$$\sigma_{1,2} = \frac{\sigma_x + \sigma_y}{2} \pm \sqrt{\left(\frac{\sigma_x - \sigma_y}{2}\right)^2 + \tau_{xy}^2} \qquad (2.3)$$

In Schnittrichtungen, die unter einem Winkel von 45° zu den Hauptschnitten liegen, nehmen die **Schubspannungen** Größtwerte an (s. Radius im *Mohr*schen Spannungskreis):

$$\tau_{max} = \pm \sqrt{\left(\frac{\sigma_x - \sigma_y}{2}\right)^2 + \tau_{xy}^2} \qquad (2.4)$$

Hierbei sind die Normalspannungen der vier Flächen gleich groß, und sie betragen $\sigma_{45°} = (\sigma_x + \sigma_y)/2$ (s. Verschiebung des Mittelpunktes vom Nullpunkt im *Mohr*schen Spannungskreis).

Spannung und Verformung. Die durch äußere Belastung verursachte Verformung wird durch Angabe von Längen- und Winkeländerung beschrieben. Die Längenänderung Δl wird auf die Ausgangslänge l_0 bezogen und als Dehnung $\varepsilon = \Delta l / l_0$ bezeichnet; die Änderung eines rechten Winkels nennt man Schiebung γ. Ein runder Probestab mit dem Durchmesser d erfährt durch eine in Achsenrichtung angreifende Kraft nicht nur eine Längenänderung Δl, sondern auch eine negative Querdehnung (Querkontraktion) $\varepsilon_q = \Delta d / d$. Das Verhältnis der (negativen) Querdehnung ε_q zur Längsdehnung ε wird **Poisson-Zahl** μ genannt; $\varepsilon_q = -\mu \cdot \varepsilon$.

Zwischen Normalspannung σ und Dehnung ε sowie zwischen Schubspannung τ und Schiebung γ besteht bei metallischen Werkstoffen im elastischen Bereich bis zur Proportionalitätsgrenze ein linearer Zusammenhang (*Hooke*sches Gesetz). Es gelten mit der Volumendehnung $\varepsilon_V = \varepsilon_x + \varepsilon_y + \varepsilon_z$ die Beziehungen

$$\sigma_{x,y,z} = \frac{E}{1+\mu} \cdot \left(\varepsilon_{x,y,z} + \frac{\mu}{1-2\cdot\mu} \cdot \varepsilon_V\right) \qquad (2.5)$$

$$\varepsilon_{x,y,z} = \frac{1}{E} \cdot \left(\sigma_{x,y,z} - \mu \cdot \sigma_{y,z,x} - \mu \cdot \sigma_{z,x,y}\right) \qquad (2.6)$$

$$\tau_{xy} = G \cdot \gamma_{xy} \qquad \tau_{yz} = G \cdot \gamma_{yz} \qquad \tau_{zx} = G \cdot \gamma_{zx} \qquad (2.7)$$

Der Elastizitätsmodul E, der Schubmodul G und die *Poisson*-Zahl μ sind werkstoffabhängige Kenngrößen, die durch die Beziehung $G = E / [2 \cdot (1+\mu)]$ miteinander verknüpft sind.

Beanspruchungsarten

Zugbeanspruchung (2.3). Die an einem Stab in Längsrichtung angreifende Kraft F erzeugt in einem Querschnitt A senkrecht zur Wirklinie (Stabachse) die **Zugspannung**

$$\sigma_z = F / A \qquad (2.8)$$

Die **Festigkeitsbedingung** lautet $\sigma_{\text{vorh}} / K < 1$ bzw. $\sigma_{\text{vorh}} \leq \sigma_{\text{zul}}$ mit $\sigma_{\text{zul}} = K/S$.

Die zulässige Spannung σ_{zul} wird durch den Werkstoffkennwert K und durch die erforderliche Sicherheit S festgelegt. Für K setzt man bei ruhender Belastung R_{m}, R_{eH} oder $R_{\text{p0,2}}$ (**2.16**), bei reiner Schwellbelastung die Schwellfestigkeit σ_{Sch} und bei reiner Wechselbelastung die Wechselfestigkeit σ_{W} ein. Die Bedingung lässt erkennen, wie hoch die Werkstofffestigkeit ausgenutzt wird.

a)   **b)**

2.3

Zugstab mit geradem und schrägem Schnitt

a) Spannung im gerade geschnittenen Querschnitt A

b) Spannung im schräg geschnittenen Querschnitt A'

Je nach Schnittführung um einen Winkel φ zur Fläche A treten in der Schnittfläche A' Normal- und Tangentialspannungen verschiedener Größe auf (**2.3**):

$$\sigma_\varphi = \frac{F_N}{A_\varphi} = \frac{F \cdot \cos\varphi}{A/\cos\varphi} = \sigma_z \cdot \cos^2\varphi \quad \text{und}$$

$$\tau_\varphi = \frac{F_T}{A_\varphi} = \frac{F \cdot \sin\varphi}{A/\cos\varphi} = \frac{F}{A} \cdot \sin\varphi \cdot \cos\varphi = (\sigma_z/2) \cdot \sin 2\varphi$$

In der Lage $\varphi = 0$ wird die Schubspannung $\tau_\varphi = 0$. Die zugehörige Normalspannung $\sigma_{\varphi 1}$ ist die Hauptspannung $\sigma_1 = \sigma = F/A$; die Spannung $\sigma_{\varphi 2}$ ist $\sigma_2 = 0$.

Bei Schnittführung im Winkel $\varphi = 45°$ erreicht die Schubspannung den Größtwert $\tau_{\text{max}} = \sigma/2$, die Normalspannungen sinken dagegen auf $\sigma_\varphi = \sigma/2$.

Im *Mohr*schen Spannungskreis lässt sich der einachsige Zug als Sonderfall darstellen.
Gegeben: $\sigma_1 = \sigma = F/A$, $\sigma_2 = 0$, $\tau_{xy} = 0$.
Gesucht: τ_{max} und σ_φ.
Ergebnis: $\tau_{\text{max}} = \sigma/2$ bei $2 \cdot \varphi = 90°$ und $\sigma_\varphi = \sigma_x = \sigma_y = \sigma/2$.

Für die **Druckbeanspruchung** σ_d eines Stabes gilt analog zur Zugbeanspruchung

$$\boxed{\sigma_d = F / A} \tag{2.9}$$

und für die **Festigkeitsbedingung** $\sigma_{d\,\text{vorh}} \leq \sigma_{d\,\text{zul}} = K/S$.

Die Druck- bzw. Schubspannung in einem beliebigen Querschnitt ist $\sigma_\varphi = \sigma_d \cdot \cos^2\varphi$ und $\tau_\varphi = (\sigma_d/2) \cdot \sin 2\varphi$

Scherbeanspruchung.
Greifen zwei wenig gegeneinander versetzte Kräfte F quer zur Längsachse eines Stabes an (**2.4**), so entstehen in dem dazwischenliegenden Stabquerschnitt Schubspannungen (s. Bolzen, Stifte, Niete, Schweißverbindungen). Unter der Annahme einer über den Querschnitt A gleichmäßig verteilten Schubspannung rechnet man mit der **Abscherspannung**

2.4

Scherbeanspruchung

$$\boxed{\tau_a = F / A} \tag{2.10}$$

und mit der **Festigkeitsbedingung**

$\tau_{\text{a vorh}} \leq \tau_{\text{a zul}} = K/S.$

Für den Werkstoffkennwert K wird bei ruhender Belastung die Scherfestigkeit $\tau_{\text{a B}}$ eingesetzt; für zähen Stahl gilt $\tau_{\text{a B}} \approx 0{,}8 \cdot R_{\text{m}}$.

Biegebeanspruchung. Gerade und reine Biegung ohne Querkraft liegt vor, wenn ein gerader Balken allein durch ein konstantes Biegemoment zwischen den Einleitungsstellen der Kräfte F beansprucht wird und die Lastebene mit einer der beiden Hauptachsen des Balkenquerschnitts zusammenfällt (**2.5**). Der Biegemomentvektor, der senkrecht auf der Lastebene steht, fällt mit einer Hauptträgheitsachse des beanspruchten Querschnitts zusammen (**2.5 d, e**). Das Biegemoment verursacht im Querschnitt die Biegespannungen σ_{b} (Normalspannung), die in der neutralen Faser gleich Null sind, mit zunehmendem Abstand z von der neutralen Faser linear ansteigen und als Zug- bzw. Druckspannungen entgegengesetzt gerichtet sind (**2.5 f**). Die **größte Zug-** bzw. **Druckbiegespannung** ergibt sich **im äußersten Faserabstand** z_1 bzw. z_2 in Abhängigkeit vom Biegemoment M_{b} und vom Flächenmoment 2. Ordnung I_y zu

$$\sigma_{\text{bd}} = \frac{M_{\text{b}}}{I_y} \cdot z_1 = \frac{M_{\text{b}}}{W_{\text{b1}}} \qquad\qquad \sigma_{\text{bz}} = \frac{M_{\text{b}}}{I_y} \cdot z_2 = \frac{M_{\text{b}}}{W_{\text{b2}}} \qquad\qquad (2.11)$$

2.5

Biegebeanspruchung

a) reine Biegung M_{b} = const. zwischen den Lasten F
b) Querkraftverlauf
c) Biegemomentverlauf
d) gleichwertiger Belastungsfall wie in a)
e) Querschnitt zwischen den Lasten F mit Biegemomentvektor $M_{\text{by}} = F \cdot a$
f) Biegespannungsverlauf

Den Quotienten Flächenmoment I durch Faserabstand z bezeichnet man als Widerstandsmoment gegen Biegung W_{b}. Für Querschnitte, die zur Biegeachse symmetrisch sind, besteht ein Wert ($z_1 = z_2$), für unsymmetrische Querschnitte zwei Werte.

Festigkeitsbedingung. Die größte Biegespannung $\sigma_{\text{b max}}$ darf die zulässige Spannung $\sigma_{\text{b zul}}$ nicht überschreiten; $\sigma_{\text{b max}} = M_{\text{b}}/W_{\text{b min}} < \sigma_{\text{b zul}}$ mit $\sigma_{\text{b zul}} = K/S$. Die Wahl des Werkstoffkennwertes K richtet sich nach der Belastungsart, z. B. σ_{bB} oder σ_{bF} bei ruhender, σ_{bSch} bei Schwell- und σ_{bW} bei Wechselbelastung.

Flächenmomente 2. Ordnung, die auf die gleiche Bezugsachse bezogen sind, dürfen addiert oder voneinander subtrahiert werden. Flächenmomente 2. Ordnung (äquatoriale Flächenträgheitsmomente) beliebiger, zusammengesetzter Flächen (**2.6**) berechnet man, indem man zunächst die Schwerachse bestimmt, d. h. die Achse durch den Flächenschwerpunkt, um die das Bauteil gebogen wird:

$$z^* = \frac{\sum (b_i \cdot h_i \cdot z_i \,^*)}{\sum (b_i \cdot h_i)} \qquad y^* = \frac{\sum (b_i \cdot h_i \cdot y_i \,^*)}{\sum (b_i \cdot h_i)}$$

Nun werden die Flächenmomente der einzelnen Teilflächen bezogen auf ihre eigene Schwerachse nach dem **Satz von Steiner** auf die Schwerachse umgerechnet und die einzelnen Beträge dann addiert; z. B.: $I_y = (b_1 \cdot h_1^3)/12 + z_1^2 \cdot b_1 \cdot h_1 + (b_2 \cdot h_2^3)/12 + z_2^2 \cdot b_2 \cdot h_2$. Flächenmomente und Widerstandsmomente für verschiedene Querschnittsformen sind in den folgenden Abschnitten angegeben; s. auch [3], [10].

Biegung mit Querkraft. In den Trägerabschnitten mit veränderlichem Biegemoment $M_{by}(x)$ wirken Querkräfte $F_q(x)$ (**2.7**). Bei der Biegung mit Querkraft entstehen zusätzlich zu den Biegespannungen σ_b noch Schubspannungen τ_q quer zur Längsachse und τ_l in den Längsschnitten parallel zur Nullfaser. Das Auftreten einer Längsschubspannung lässt sich durch die Verformung aufeinander liegender Bretter unter Einwirkung eines Biegemoments veranschaulichen: Die relative Verschiebung der einzelnen Bretter zueinander lässt sich nur durch Schubkräfte verhindern; vgl. massiven Holzbalken.

2.6
Aufteilung der Winkelfläche in zwei Rechtecke zur Bestimmung der Flächenmomente 2. Ordnung nach *Steiner*

a)
2.7
Schubspannungen durch Querkraft bei der Biegung
a) Querkraft $F_q(x)$ und Biegemoment $M_{by}(x)$ sind in x-Richtung veränderlich
b) abgeschnittenes Balkenstück mit der Schubspannung τ_q quer zur Längsachse und τ_l in Richtung der Längsachse

2.8
Spannungsverteilung
a) Querschnitt des Balkens
b) Schubspannungsverteilung $\tau_q(z)$
c) Biegespannungsverteilung $\sigma_b(z)$

Berücksichtigt man, dass $\tau_l = \tau_q$ ist, ergibt sich für die durch eine in x-Richtung veränderliche Querkraft $F_q(x)$ erzeugte **Schubspannung**:

$$\tau_q = \frac{F_q(x) \cdot H_y(z)}{I_y \cdot b(z)} \tag{2.12}$$

Hierin bedeuten $H_y(z)$ das statische Flächenmoment (Flächenmoment 1. Ordnung) des Querschnitts in den Grenzen zwischen z und z_{max} (im Bild **2.8**: $z_{max} = h/2$) in Bezug auf die y-Achse (veränderlich in z-Richtung), I_y das Flächenmoment 2. Ordnung in Bezug zur y-Achse und $b(z)$ die Breite des Querschnitts (abhängig von der z-Richtung).

In einem Rechteckquerschnitt erhält man die **Schubspannungsverteilung (2.8)**:

$$\tau_q(z) = 1{,}5 \cdot \frac{F_q(x)}{A} \cdot \left[1 - \left(\frac{z}{h/2} \right)^2 \right]$$ (2.13)

Mit $z = h/2$ wird die Schubspannung $\tau_q = 0$ und mit $z = 0$ am größten: $\tau_{q\,max} = 1{,}5 \cdot F_q /A$. Demnach hat die Schubspannung ihren Größtwert in der Nulllinie und ist dort Null, wo die Biegespannung am größten ist.

Festigkeitsnachweis. Die Biegespannung σ_b und die Schubspannung τ wirken senkrecht aufeinander. Beide Spannungen werden bei zähen Werkstoffen nach der Gestaltänderungsenergiehypothese (GEH) zur Vergleichsspannung $\sigma_v = \sqrt{\sigma_b^2 + 3 \cdot \tau^2}$ oder bei spröden Werkstoffen nach der Normalspannungshypothese (NH) zu $\sigma_v = 0{,}5 \cdot \sigma_b + 0{,}5 \cdot \sqrt{\sigma_b^2 + 4 \cdot \tau^2}$ zusammengefasst. Diese Vergleichsspannungen lassen sich auch mit einem Korrekturfaktor α_0 nach *Bach* ausdrücken (s. Abschn. 2.2). Die Vergleichsspannung darf nicht größer als eine zulässige Normalspannung (Biegespannung) sein; $\sigma_v \leq \sigma_{zul}$ mit $\sigma_{zul} = K/S$. Für den Werkstoffkennwert K wird bei ruhender Belastung und Ermittlung der Vergleichsspannung nach der GEH die Biegefließgrenze σ_{bF} eingesetzt.

Bei Berechnung nach der NH ist die Grenzspannung für sprödbrechende Bauteile die Bruchfestigkeit σ_{bB} (s. Abschn. 2.2).

Bei Kreisquerschnitten hat die parabolische Schubspannungsverteilung den Größtwert $\tau_{q\,max} = (4/3) \cdot (F_q/A)$. Das Verhältnis der Schubspannung zur Biegespannung in einem Balken ist dem Verhältnis von Balkenhöhe h zur Länge l proportional; $\tau_{q\,max}/\sigma_{b\,max} = (c \cdot h)/l$. Die Konstante c ist eine von der Querschnittsform und der Balkenlagerung abhängige Zahl. Die Schubspannungen sind bei der Biegung nur dann zu berücksichtigen, wenn der Balken sehr kurz ist. Für einen kreisrunden Wellenzapfen (als Freiträger) mit dem Durchmesser d ist das Verhältnis $\tau_{q\,max}/\sigma_{b\,max} = (1/6) \cdot d/l$. Die Schubspannungen im Wellenzapfen sind geringer als 5% der Biegespannung, wenn die Länge l größer als $3{,}33 \cdot d$ ist.

Schubmittelpunkt. Voraussetzung für eine torsionsfreie Querkraftbiegung ist, dass die Lastebene durch den Angriffspunkt der Resultierenden der Schubspannungen auch durch den Schubmittelpunkt geht. Dieser liegt bei einachsig-symmetrischen Querschnitten auf der Symmetrieachse und bei zweiachsig-symmetrischen Querschnitten im Schwerpunkt. Berechnung der Koordinaten des Schubmittelpunktes s. Literatur [3], [10].

Schiefe Biegung oder allgemeine Biegung liegt vor, wenn die Lastebene nicht mit einer Hauptachse zusammenfällt bzw. wenn die Lasten in Richtung beider Hauptachsen wirken. Wird vorausgesetzt, dass die Balkenachse in der Lastebene liegt, so lässt sich die schiefe Biegung durch Zerlegen des Biegekraft- oder des Biegemomentenvektors in Richtung der beiden Hauptachsen auf die Überlagerung zweier gerader Biegungen zurückführen (s. Teil 2, Abschn. Achsen und Wellen). Die resultierende Biegespannung erhält man durch algebraisches Addieren der Einzelspannungen. Auf ähnliche Weise lässt sich die Durchbiegung berechnen:

1. Biegekraft in ihre mit den Hauptträgheitsachsen des Querschnitts zusammenfallenden Komponenten zerlegen,
2. Durchbiegung für jede der beiden Richtungen getrennt bestimmen,
3. Einzeldurchbiegungen zur Gesamtbiegung geometrisch addieren.

Die **Durchbiegung** gerader Balken und die elastische Linie werden in den Abschnitten Federn sowie Achsen und Wellen behandelt.

Biegung mit Querkraft (hier Zug und Schub) lässt sich im *Mohr*schen Spannungskreis wie folgt darstellen (**2.9**): Bekannt sind die Biegezugspannung $\sigma_{bz} = \sigma_{bx}$ und die Schubspannung τ. Die Normalspannung in y-Richtung ist $\sigma_y = 0$. Mit diesen Größen lassen sich die Lage des Kreismittelpunktes sowie der Kreis zeichnen und folgende Werte ablesen: Hauptnormalspannungen σ_1 und σ_2 sowie der Winkel φ für die Richtung der Hauptspannung σ_1. Analog hierzu lässt sich der Fall Biegedruck und Schubspannung darstellen. Die angestellten Überlegungen gelten auch für die Fälle Zug und Torsion bzw. Druck und Torsion.

2.9

Biegung mit Querkraft im *Mohr*schen Spannungskreis

a) Flächenelement mit Zugspannung σ_x = Biegespannung σ_b, Schubspannung τ durch Querkraft
b) gedrehtes Flächenelement mit der Hauptspannung σ_1 als Zug- und σ_2 als Druckspannung
c) *Mohr*scher Spannungskreis

Torsionsbeanspruchung entsteht in dem Abschnitt eines geraden Stabes (Balken, Welle, Drehstabfeder), an dessen Enden jeweils entgegengesetzte Drehmomente (oder Kräftepaare) angreifen, deren Vektoren in Richtung der Stabachse zeigen (**2.10**).

2.10

Torsionsbeanspruchung

a) Torsionsstab
b) Schubspannungsverteilung bei Torsion

In den Querschnitten entstehen in tangentialer Richtung Schubspannungen τ_t.

Ist der Querschnitt eines Torsionsstabes kreisförmig (**2.10b**), so bleiben die Kreisquerschnitte bei der Verdrehung eben, und die Schubspannung hat mit zunehmendem Radius r einen linearen Verlauf; $\tau(r) = T \cdot r / I_p$. Hierbei ist T das belastende Drehmoment und I_p das polare Flächenmoment 2. Ordnung eines Kreisquerschnittes (bezogen auf den Mittelpunkt als Pol).

Der Ausdruck für die **größte Schubspannung**, die Randschubspannung (**Torsionsspannung**) im Abstand $r = d/2$ bei einem Widerstandsmoment gegen Torsion $W_t = I_p/(d/2)$, sowie der Ausdruck für die **Festigkeitsbedingung** lauten:

$$\boxed{\tau_{t\,max} = \frac{T}{I_p} \cdot \frac{d}{2} = \frac{T}{W_t} \qquad \tau_{t\,max} \leq \tau_{t\,zul} = \frac{K}{S}}$$ (2.14)

Die größte Schubspannung τ_t darf die zulässige Spannung $\tau_{t\,zul}$, die aus einem Werkstoff-kennwert K und der Sicherheit S gebildet wird, nicht überschreiten.

Das Widerstandsmoment W_t gegen Torsion für den Kreisquerschnitt ergibt sich aus dem Quotienten von $I_p = (\pi/32) \cdot d^4$ und dem Randabstand $d/2$ zu $W_t = (\pi/16) \cdot d^3$. Für einen Hohlstab ist das polare Flächenmoment $I_p = (\pi/32) \cdot (d_a^4 - d_i^4)$ und das Widerstandsmoment $W_t = (\pi/32) \cdot [d_a^3 \cdot (1 - \alpha^4)]$ mit dem Durchmesserverhältnis $\alpha = d_a/d_i \leq 1$.

2.11
*Mohr*scher Spannungskreis für reinen Schub (Torsion)
a) Flächenelement mit Schubspannung τ = Torsionsspannung $\tau_{t\,max}$
b) gedrehtes Flächenelement mit den Hauptspannungen $\sigma_2 = -\sigma_1$. Schubspannung $\tau = 0$
c) *Mohr*scher Spannungskreis; $|\sigma_1| = |\sigma_2| = \tau = \tau_{max}$

An einem Element an der Außenfläche, dessen Seiten parallel und normal zur Stablängsachse verlaufen, greifen nur Torsionsspannungen $\tau_{t\,max}$ an (**2.11**). Wird das Element um 45° zur Stab-achse gedreht, so wirken nur die Hauptspannungen $\sigma_2 = -\sigma_1$; die Torsionsspannungen haben den Wert Null.

Für den Verdrehungswinkel gilt $\psi = (T \cdot l) / (G \cdot I_p)$. Er hängt im Wesentlichen von der Stablän-ge l und vom Schubmodul G ab, s. Abschnitt Federn, und Teil 2, Abschnitt Achsen und Wellen.

Torsionsstäbe mit beliebigem Querschnitt. Die Annahme einer linearen Spannungsverteilung gilt nur für kreisförmige Querschnitte. Bei allen anderen Querschnittsformen treten Verwöl-bungen auf, die berücksichtigt werden müssen. Die Gleichung (2.14) mit dem polaren Flä-chenmoment I_p und dem daraus gebildeten Widerstandsmoment W_t gilt daher nur für den Kreis-querschnitt.

Beim Rechteck-Querschnitt befindet sich die Stelle mit der größten Torsionsspannung in der Mitte der längeren Seiten. Von da aus fällt die Spannung bis zu den Ecken auf den Wert Null ab.

Man berechnet die Torsionsspannung τ_t bzw. den Verdrehungswinkel ψ für beliebige Quer-schnitte zwar auch nach den Gleichungen $\tau_t = T/W_t$ bzw. $\psi = (T \cdot l) / (G \cdot I_t)$, aber I_t ist hier nicht das polare Flächenmoment 2. Ordnung; auch wird das Widerstandsmoment nicht aus dem polaren Flächenmoment gebildet. Exakte Lösungen für I_t und W_t liegen nur für wenige Quer-schnitte vor (z. B. für Ellipse, Dreieck, Rechteck). Diese können der einschlägigen Literatur entnommen werden [3], [12].

Knicken und Knickbeanspruchung. Schlanke Stäbe knicken unter Druck oder Drehdruck-beanspruchung bei Erreichen der kritischen Belastung (F_K, σ_K). Bei dünnwandigen schalenartig geformten Bauteilen besteht außerdem noch die Gefahr des Beulens. Berechnungsangaben zum

Stabilitätsnachweis gegen Ausknicken oder Beulen werden in DIN 18 800 T2 u. T3 behandelt.

Um die **Stabilität** eines Druckstabes gegen Knicken zu gewährleisten, muss die vorhandene Druckspannung $\sigma_d = F/A$ kleiner als die Knickspannung $\sigma_K = F_K/A$ sein, bei der ein Knicken des Stabes auftreten würde; $\sigma_d < \sigma_K$. Die Sicherheit gegen Knicken ist somit $S_K = \sigma_K / \sigma_d = F_K/F$. Es bedeuten F die vorhandene Druckkraft und F_K die ermittelte kritische Knickkraft, die selbst vom Stabquerschnitt A, von der rechnerischen Knicklänge l_K des Stabes und vom Flächenmoment 2. Ordnung I abhängt. Die rechnerische Knicklänge l_K richtet sich nach dem *Eulerschen Knickfall*; s. 2.12. Im allgemeinen Maschinenbau rechnet man im elastischen Bereich mit der Sicherheit $S = 5 \dots 10$ und im unelastischen Bereich mit $S = 3 \dots 8$.

elastischer Bereich	elastisch-plastischer Bereich	Grundfälle der Knickbelastung. Freie Knicklänge l_k für *Euler*sche Knickformel
$\sigma_K \leq \sigma_P$ σ_K = Knickspannung σ_P = Proportionalitätsgrenze	$\sigma_P < \sigma_K < \sigma_{dF}$ σ_P = Proportionalitätsgrenze σ_K = Knickspannung σ_{dF} = Quetschgrenze	
Gültigkeitsbereich: $\lambda \geq \lambda_0 = \sqrt{\pi^2 \cdot E / \sigma_P}$	Gültigkeitsbereich: $\lambda < \lambda_0 = \sqrt{\pi^2 \cdot E / \sigma_P}$	
Schlankheitsgrad $\lambda = l_K/i$, Trägheitsradius $i = \sqrt{I_{min}/A}$, l_K rechnerische Knicklänge (s. rechts) E Elastizitätsmodul, I Trägheitsmoment, A Querschnittsfläche		
*Euler*sche Knickformel: $\sigma_K = \pi^2 \cdot E \cdot I / A \cdot l_K^2$	*Tetmajer*sche Zahlenwertgleichungen: (mit σ_K in N/mm²) S235 (St 37) $\sigma_K = 310 - 1{,}14 \cdot \lambda$ E335 (St 60) $\sigma_K = 335 - 0{,}62 \cdot \lambda$ EN-GJL (GG) $\sigma_K = 776 - 12 \cdot \lambda + 0{,}053 \cdot \lambda^2$ Nadelholz $\sigma_K = 29{,}3 - 0{,}194 \cdot \lambda$	a) Fall I, $l_K = 2 \cdot l$ b) Fall II, $l_K = l$ c) Fall III, $l_K \approx 0{,}7 \cdot l$ d) Fall IV, $l_K = l/2$
Beachte: σ_K ist hierbei unabhängig von der Festigkeit des Werkstoffes: S235 (St 37) und E335 (St 60) sind gleichwertig.	Im *Tetmajer*-Bereich wirkt sich die Werkstofffestigkeit aus. *Tetmajer* unterscheidet „Flusseisen" und „Flussstahl" (Hier ersatzweise S235 (St 37) und E335 (St 60) eingesetzt.)	

Zahlenwert für λ_0 und E				
	S235 (St 37)	E335 (St 60)	EN-GJL (GG)	Nadelholz
λ_0	100	93	80	100
E in N/mm²	$2{,}1 \cdot 10^5$		$1 \cdot 10^5$	$0{,}1 \cdot 10^5$

2.12
Ermittlung der Grenzspannung σ_K beim Knicken (Knickspannung)

Knicken im elastischen (*Euler-*)Bereich. Mit dem Trägheitsradius $i = \sqrt{I/A}$ und dem Schlankheitsgrad $\lambda = l_K/i$ berechnet man die Knickspannung $\sigma_K = (\pi^2 \cdot E \cdot I) / (A \cdot l_K^2) = (\pi^2 \cdot E) / \lambda^2$ nach *Euler*. Die Funktion $\sigma_K(\lambda)$ stellt im Knickspannungsdiagramm (**2.13**) die *Euler*hyperbel dar. Die *Euler*gleichungen gelten nur im linearen, elastischen Verformungsbereich, also für $\sigma_K \leq \sigma_{dP}$ bzw. $\lambda \geq \lambda_0$. Der Übergang aus dem elastischen in den elastisch-plastischen Bereich erfolgt bei dem Grenzschlankheitsgrad $\lambda_0 = \sqrt{\pi^2 \cdot E/\sigma_{dP}}$. Setzt man für den Werkstoff S235 (St 37) die Druck-Dehngrenze $\sigma_{dP} \approx 0{,}8 \cdot 240$ N/mm² und $E = 2{,}1 \cdot 10^5$ N/mm² ein, so wird der Grenzschlankheitsgrad $\lambda_0 = 100$ N/mm².

Knicken im unelastischen Bereich. Nach der *Euler*gleichung überschreitet σ_k für Schlankheitsgerade $\lambda < \lambda_0$ die Druck-Dehngrenze σ_{dP}. Die *Euler*gleichung trifft nicht mehr zu, und hier muss mit plastischer Verformung gerechnet werden.

Tetmajer erfasste auf Grund von Versuchen die Knickspannungen im Bereich zwischen der Druck-Dehngrenze σ_{dP} und der Quetschgrenze σ_{dF} durch eine Gerade im Knickspannungsdiagramm (Bild **2.13**); $\sigma_k = a - b \cdot \lambda$ (Werte a und b für diese Zahlenwertgleichung s. Bild **2.12**).

Johnson wählte eine Parabel, die die σ_k-Achse bei σ_{dF} trifft und bei λ_0 in die *Euler*kurve übergeht (**2.13**). Die Gleichung der *Johnson*-Parabel lautet

$$\sigma_k = \sigma_{dF} - (\sigma_{dF} - \sigma_{dP}) \cdot (\lambda / \lambda_0)^2$$

Im Kran-, Hoch- und Brückenbau ist die Berechnung der Knicksicherheit gemäß DIN 18 800 Teil 2 vorgeschrieben. Für die entsprechenden Anwendungsfälle ist Näheres dieser Norm zu entnehmen.

2.13
Knickspannungsdiagramm

Beanspruchung der Oberflächen. Zwei mit der Kraft F_n gegeneinander gedrückte ebene Oberflächen stehen unter der Flächenpressung $p = F_n/A$. Obwohl sich die Oberflächen wegen der Rauheiten nur an wenigen Stellen berühren, wird mit der gesamten senkrecht zur Kraftrichtung projizierten Fläche A gerechnet.

Die Festigkeitsbedingung lautet $p \le p_{zul}$. Die zulässige Flächenpressung p_{zul} ist vom Belastungsfall abhängig und richtet sich nach dem weicheren Bauteil. Anhaltswerte für p_{zul}: $p_{zul} \approx \sigma_{dF}/(1{,}2 \dots 2)$ für zähe Werkstoffe und $p_{zul} \approx \sigma_{dB}/(2 \dots 3)$ für spröde Werkstoffe. Hierbei werden die kleineren Sicherheitswerte bei ruhender Belastung und die größeren bei schwellender Belastung eingesetzt.

Werden zusammengepresste Oberflächen gegeneinander bewegt, so verursacht die Reibleistung Reibungswärme, die bei der Festlegung der zulässigen Flächenpressung berücksichtigt werden muss (s. Abschn. Kupplungen und Bremsen, Teil 2).

Flächenpressung zwischen gewölbten Flächen. Wird ein Wellenzapfen mit der (äußeren) Kraft F in eine halbumschließende Lagerschale gedrückt, so entsteht eine Flächenpressung, deren Verteilung und Größe von der sich berührenden Fläche, also vom Lagerspiel, abhängt. Mit wachsendem Spiel nimmt die Größe der Berührungsfläche ab, und unter der Voraussetzung konstanter Belastung steigt die Flächenpressung an.

Wellenzapfen und Lagerschale *ohne Spiel.* Angenommen wird eine über den halben Umfang des Wellenzapfens gleichmäßig verteilte, radial wirkende konstante Pressung (**2.14**). Diese Pressung wird nun in Komponenten $p \cdot \sin \varphi$ senkrecht zur äußeren Kraft und in Komponenten $p \cdot \cos \varphi$ in Richtung der äußeren Kraft zerlegt. Letztere bilden am Flächenelement $dA = b \cdot r \cdot d\varphi$ Kräfte der Größe $dF = p \cdot b \cdot r \cdot \cos \varphi \cdot d\varphi$. Durch Integration über den Bogen von 0 bis $\pi/2$ und Verdoppelung erhält man die Flächenpressung p, die notwendig ist, der Kraft F das Gleichgewicht zu halten: $p = F/d \cdot b$. Diese entspricht der Kraft F, bezogen auf die projizierte Fläche A der Bohrung mit dem Durchmesser d und der Breite b.

Wird eine Kosinusverteilung der Pressung $p = p_n$ mit $p_n = p_{max} \cdot \cos \varphi$ angenommen (**2.14**), dann ergibt die Integration der Gleichung $dF = p_{max} \cdot b \cdot d \cdot \cos^2\varphi \cdot d\varphi$ die größte Flächenpressung $p_{max} = (4/\pi) \cdot F/(d \cdot b) = (4 \cdot p) / \pi$. Ungünstige Formen und Passungen werden jedoch noch größere Pressungen mit sich bringen.

Bei Bolzen, Stiften, Nieten oder Schrauben wird die Flächenpressung $p = F/A$ als Lochleibung bezeichnet. Auch hier wird die Kraft F auf die projizierte Fläche A mit dem Durchmesser d und der Breite b bezogen.

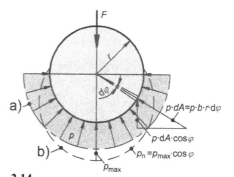

***Hertz*sche Pressung.** Zwei Körper mit gekrümmten Oberflächen, die aufeinandergepresst werden, verformen sich an der Berührungsstelle. Die Spannungen in diesen Druckstellen lassen sich nach der Theorie von *Hertz* berechnen. Die Projektion der Druckfläche zweier Zylinder ist ein Rechteck von der Breite $2 \cdot a$ und der Zylinderlänge b. Die Druckspannungen verteilen sich elliptisch über die Breite $2 \cdot a$ im Bereich der Mantellinie.

2.14
Flächenpressung zwischen Wellenzapfen und Lagerschale ohne Spiel
a) konstante Verteilung der Pressung
b) Kosinusverteilung der Pressung

In der Mitte der Flächenbreite, im **Abstand *a*** vom Rand, ist die **maximale Pressung**

$$\sigma_{H\,max} = \sqrt{\frac{F \cdot E}{2 \cdot \pi \cdot \rho \cdot b \cdot (1 - \mu^2)}} \qquad a = \sqrt{\frac{8 \cdot F \cdot \rho \cdot (1 - \mu^2)}{\pi \cdot E \cdot b}} \qquad (2.15)$$

Hierin bedeuten:
F die Anpresskraft, E der gemeinsame Elastizitätsmodul (bei unterschiedlichen Materialien der Zylinder 1 und 2 ist $E = (2 \cdot E_1 \cdot E_2)/(E_1 + E_2)$), ρ der Krümmungshalbmesser aus $\rho = (\rho_1 \cdot \rho_2)/(\rho_1 + \rho_2)$, μ die Querdehnungszahl (für Stahl $\mu = 0,3$) und b die Zylinderlänge (s. Abschn. Zahnrädergetriebe, Teil 2).

2.2   Festigkeitshypothesen

Der Festigkeitsnachweis bei den einfachen, einachsig wirkenden Grundbeanspruchungsarten (Zug, Druck, Biegung oder Torsion) sowie bei einfach zusammengesetzter Beanspruchung (z. B. Zug und Biegung) erfolgt durch Vergleich der vorhandenen Spannung mit den bei den entsprechenden Grundbeanspruchungen durch Versuch ermittelten Werkstoffkennwerten (Grenzspannungen). Für die Wahl der zulässigen Grenzspannung ist, neben der Art der Beanspruchung, die Art des möglichen Versagens maßgebend.

Das Versagen lässt sich nach der Bruchform des Bauteils beurteilen. Man unterscheidet den Trennbruch bei sprödem, wenig verformungsfähigem Werkstoff sowie den Verformungs- und den Gleitbruch bei zähem, verformungsfähigem Werkstoff. Maßgebend für die Bruchform ist entweder unter Einwirkung der größten Zug-Normalspannung die Trennfestigkeit oder infolge der Wirkung der größten Schubspannung die Gleitfestigkeit.

Für zusammengesetzte, mehrachsige Beanspruchungen (Spannungszustände) stehen entsprechende Werkstoffkennwerte zur Bildung der zulässigen Spannungen selten zur Verfügung. Um aus dem Versagen bei einachsiger Beanspruchung auf das Verhalten bei mehrachsiger Beanspruchung schließen zu können, wurden Festigkeits- oder Bruchhypothesen entwickelt. Ihr Ziel ist es, die Spannungen des mehrachsigen Spannungszustandes auf eine gleichwertige einachsige Normalspannung, die **Vergleichsspannung** σ_v, zurückzuführen. Diese Vergleichsspannung kann dann mit einer **zulässigen Spannung** verglichen werden, die aus dem bei einachsiger Beanspruchung ermittelten Werkstoffkennwert K errechnet wurde. **Die Vergleichsspannung muss stets kleiner oder darf höchstens gleich der zulässigen Spannung sein.**

Normalspannungshypothese (NH). Sie beruht auf der Überlegung, dass mit einem Trennbruch senkrecht zur Hauptzugspannung zu rechnen ist, wenn unabhängig von den anderen Spannungen die größte der Normal- oder Hauptspannungen einen Grenzwert, die Trennfestigkeit, erreicht. Die Normalspannungshypothese kommt in Betracht bei sprödem, trennbruchempfindlichem Werkstoff, aber auch bei zähen Werkstoffen, wenn der Spannungszustand die Verformungsmöglichkeit des Bauteils einschränkt (z. B. bei dreiachsigem Spannungszustand in dickwandigen Bauteilen durch Kerbwirkung oder Schweißnähte). Grenzspannung für sprödbrechende Bauteile ist die Zugfestigkeit R_m.

Für ein beliebig belastetes Bauteil mit den drei Hauptspannungen σ_1, σ_2 und σ_3 ist die größte Hauptspannung $|\sigma_{max}|$ die **Vergleichsspannung:**

$$\sigma_{v\,(N)} = \sigma_{max} = |\sigma_1| \leq \sigma_{zul} \qquad (2.16)$$

Entsprechend ist $\sigma_v = |\sigma_2|$ für $|\sigma_2| > |\sigma_1|$ und $|\sigma_2| > |\sigma_3|$ bzw. $\sigma_v = |\sigma_3|$ für $|\sigma_3| > |\sigma_1|$ und $|\sigma_3| > |\sigma_2|$. Bei der Bildung der Vergleichsspannung bleiben die beiden übrigen kleineren Hauptspannungen jeweils unberücksichtigt.

Sind die Normalspannungen σ_x, σ_y und die Schubspannung τ_{xy} bekannt, so wird für den allgemeinen zweiachsigen Spannungszustand bei $\sigma_1 > \sigma_2$ nach Gl. (2.3) die **Vergleichsspannung:**

$$\sigma_{v\,(N)} = 0{,}5 \cdot (\sigma_x + \sigma_y) + 0{,}5\sqrt{(\sigma_x + \sigma_y)^2 + 4\tau_{xy}^2} \leq \sigma_{zul} \qquad (2.17)$$

Für den allgemeinen einachsigen Spannungszustand mit der bekannten Normalspannung $\sigma_x = \sigma$ ($\sigma_y = 0$) und mit der Schubspannung $\tau_{xy} = \tau$ lautet die **Vergleichsspannung:**

$$\sigma_{v\,(N)} = 0{,}5 \cdot \sigma + 0{,}5\sqrt{\sigma^2 + 4\tau^2} \leq \sigma_{zul} \qquad (2.18)$$

Schubspannungshypothese (SH). Sie geht von der Überlegung aus, dass die größte Schubspannung bei Erreichen eines Grenzwertes, der Gleitfestigkeit oder Schubfließgrenze, Gleitverformung bzw. Gleitbruch verursacht. Als Vergleichsspannung σ_v gilt dann diejenige einachsige Spannung, bei der die gleich große maximale Schubspannung auftritt wie bei dem vorliegenden mehrachsigen Spannungszustand. Diese Hypothese wird bei verformungsfähigen Werkstoffen angewendet. Die Anwendung bei sprödem Werkstoff ist zulässig, wenn durch überwiegende Druckbeanspruchung ein Gleitbruch erwartet werden kann.

Aus den *Mohr*schen Spannungskreisen geht hervor, dass die größte Schubspannung τ_{max} unter dem Winkel von 45° zu jeder der drei Hauptspannungsebenen dem Durchmesser des betreffenden Spannungskreises proportional ist.

Die größte Schubspannung ist als halbe Differenz der größten und kleinsten Hauptspannung gegeben: $\tau_{max} = (\sigma_{max} - \sigma_{min})/2$. Die **Vergleichsspannung** und die Festigkeitsbedingung lauten:

$$\sigma_{v(S)} = 2\,\tau_{max} = \sigma_{max} - \sigma_{min} \leq \sigma_{zul} \qquad (2.19)$$

Zur Bildung der zulässigen Spannung wird die Streckgrenze R_{eH} eingesetzt.

Im zweiachsigen Spannungszustand ergibt sich für den Fall $\sigma_1 \geq 0$; $\sigma_2 \geq 0$; $\sigma_3 = 0$ (**2.15a**), für die Vergleichsspannung, $\sigma_{v(S)} = 2 \cdot \tau_{max} = \sigma_1$. Sie ist für diesen Fall identisch mit der Vergleichsspannung der Normalspannungshypothese.

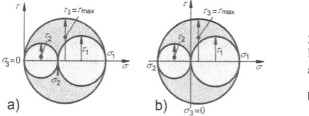

2.15
Mohr*sche* Spannungskreise
a) für $\sigma_1 > 0$; $\sigma_2 > 0$; $\sigma_3 = 0$
$\tau_{max} = \sigma_1/2$
b) für $\sigma_1 > 0$; $\sigma_2 < 0$; $\sigma_3 = 0$
$\tau_{max} = (\sigma_1 - \sigma_2)/2$

Von besonderer Bedeutung ist im zweiachsigen (ebenen) Spannungszustand der Fall $\sigma_1 \geq 0$; $\sigma_2 < 0$; $\sigma_3 = 0$ (Bild **2.15b**). Hierfür ist die **Vergleichsspannung** $\sigma_{v(S)} = 2\tau_{max} = \sigma_1 - \sigma_2$; oder auf den allgemeinen Spannungszustand bezogen mit den Normalspannungen σ_x, σ_y und mit der Schubspannung τ_{xy} (s. Gl. (2.4)):

$$\sigma_{v(S)} = \sqrt{(\sigma_x - \sigma_y)^2 + 4\tau_{xy}^2} \leq \sigma_{zul} \qquad (2.20)$$

Für den einachsigen Spannungszustand mit $\sigma_x = \sigma$, $\sigma_y = 0$ und $\tau_{xy} = \tau$ wird die **Vergleichsspannung:**

$$\sigma_{v(S)} = \sqrt{\sigma^2 + 4\,\tau^2} \leq \sigma_{zul} \qquad (2.21)$$

Gestaltänderungsenergie-Hypothese (GEH). Sie vergleicht die zur Gestaltänderung aufgrund von Gleitungen zu Beginn des Fließens erforderlichen Arbeiten beim mehrachsigen und einachsigen Spannungszustand. Die Vergleichsspannung ist demnach diejenige Normalspannung, welche die gleiche spezifische Gestaltungsänderungsarbeit hervorruft wie alle Beanspruchungen im mehrachsigen Fall zusammen. Die Gestaltänderungsenergie-Hypothese wird bei zähen Werkstoffen angewendet, die bei plastischen Deformationen versagen. Bei dynamischer Belastung mit sinusförmiger Spannungsänderung gilt in erster Näherung noch die Gestaltänderungsenergie-Hypothese. Für den zweiachsigen Spannungszustand lautet die **Vergleichsspannung:**

$$\sigma_{v(GE)} = \sqrt{\sigma_1^2 + \sigma_2^2 - \sigma_1\sigma_2} = \sqrt{\sigma_x^2 + \sigma_y^2 - \sigma_x\sigma_y + 3\tau_{xy}^2} \leq \sigma_{zul} \qquad (2.22a)$$

Für den einachsigen Spannungszustand wird für **Biegung** und **Torsion** mit $\sigma_x = \sigma_b$, $\sigma_y = 0$ und $\tau = \tau_t$:

$$\boxed{\sigma_{v\,(GE)} = \sqrt{\sigma_b^2 + 3\,\tau_t^2}} \tag{2.22b}$$

Anstrengungsverhältnis nach *Bach*. Häufig unterliegen die Normalspannungen σ und die Schubspannungen τ verschiedenen Belastungsfällen (ruhende, schwellende, wechselnde Belastung). Um diese Fallunterscheidung bei der Berechnung der Vergleichsspannungen zu berücksichtigen, wird die Schubspannung τ mit dem Anstrengungsverhältnis $\alpha = \sigma_G / (\varphi \cdot \tau_G)$ auf den Belastungsfall von σ umgerechnet. Hierbei sind σ_G und τ_G die Grenzfestigkeiten beim betreffenden Belastungsfall. Der Faktor φ ergibt sich für die jeweilige Festigkeitshypothese, wenn für $\sigma = 0$ eingesetzt wird: $\sigma_v = \tau$ zu $\varphi = 1$ für die NH; $\sigma_v = 2\tau$ zu $\varphi = 2$ für die SH und $\sigma_v = \sqrt{3}\tau$ zu $\varphi = 1,73$ für die GE-Hypothese.

Für den wichtigen Beanspruchungsfall der gleichzeitigen **Biegung und Torsion** eines Stabes oder einer Welle (s. Abschn. Achsen und Wellen, Teil 2) nehmen die **Vergleichsspannungen** folgende Form an:

Normalspannungshypothese

$$\sigma_v = 0,5\,\sigma_b + 0,5\sqrt{\sigma_b^2 + 4\,(\alpha_0 \cdot \tau_t)^2} \tag{2.23}$$

Schubspannungshypothese

$$\sigma_v = \sqrt{\sigma_b^2 + 4\,(\alpha_0 \cdot \tau)^2} \tag{2.24}$$

Gestaltänderungsenergiehypothese

$$\sigma_v = \sqrt{\sigma_b^2 + 3\,(\alpha_0 \cdot \tau)^2} \tag{2.25}$$

2.3 Grenzspannungen

Die Festigkeit der Werkstoffe wird durch Versuche mit genormten Probeformen (z. B. Stäben) ermittelt. Der Festigkeitskennwert stellt die rechnerische Beanspruchung des Probestabes an der Grenze des Versagens dar. (Bild **2.16** zeigt ein Spannungs-Dehnungs-Diagramm, wie es beim Zugversuch unter einachsiger, zügiger Beanspruchung aufgenommen wird.) Um eine Gefährdung eines Bauteils auszuschließen, darf die vorhandene Spannung eine bestimmte Grenzspannung (Festigkeitskennwert) nicht überschreiten. Eine solche Gefährdung kann eintreten durch Gewaltbruch, plastische Verformung, unzulässige elastische Verformung, Kriechen, Knicken, Dauer- oder Zeitbruch. (Man bezeichnet den Festigkeitskennwert mit K, wenn der Begriff Festigkeiten bei verschiedenen Belastungsfällen einschließt.)

Grenzspannung bei Gewaltbrüchen. Gewaltbruch wird mit Sicherheit vermieden, wenn die im Bauteil vorhandene Spannung kleiner als die Zugfestigkeit R_m (**2.16**), die Biegefestigkeit σ_{bB} oder die Torsionsfestigkeit τ_{tB} ist. Bei höherer Temperatur ϑ ist die Warmfestigkeit $R_{m/\vartheta}$ maßgebend. Bauteile aus sprödem Werkstoff (z. B. Gusseisen) werden gegen Bruch dimensioniert.

Grenzspannung bei plastischer Verformung. Plastische Verformung wird mit Sicherheit vermieden, wenn die im Bauteil vorhandene Spannung kleiner als die Streck- oder Fließgrenze der betreffenden Beanspruchungsart ist (R_{eH}; σ_{bF}; τ_{tF}). Bei Werkstoffen mit nicht ausgeprägter Fließgrenze wird hierfür die 0,2%-Dehnungsgrenze gesetzt ($R_{p0,2}$; $\sigma_{b0,2}$; $\tau_{t0,2}$) (**2.16 a, b**). Bei höherer Temperatur ist die Warmstreckgrenze $R_{p0,2/\vartheta}$ maßgebend. Die Warmstreckgrenze $R_{p0,2/\vartheta}$ wird bis zu derjenigen Temperatur ϑ benutzt, bei der sich die Kurven der Warmstreckgrenze und der Zeitdehngrenze $R_{p1/10^5/\vartheta}$ (hier z. B. 1% Dehnung nach 100 000 Stunden) schneiden; bei darüber liegenden Temperaturen ist die Zeitdehngrenze als Festigkeitswert einzusetzen (**2.17**). Bei ungleichförmiger Spannungsverteilung über den Querschnitt (Biegung, Torsion, Zug mit Kerbwirkung bei geringen Lastwechselzahlen kann die Stützwirkung in Rechnung gesetzt werden (s. Formzahl $\overline{\alpha}$ und „Spannungsgefälle").

2.16

Spannungs-Dehnungs-Diagramme aus dem Zugversuch nach EN 10291

a) mit ausgeprägter Streckgrenze 1 (z. B. normalisierter Stahl) und ohne ausgeprägter Streckgrenze 2 (z. B. Grauguss)

b) mit Dehngrenze $R_{p\,0,2}$ (z. B. Aluminium)

Es bedeuten: R_{m} Zugfestigkeit, R_{eH} obere Streckgrenze, A Bruchdehnung, σ Zugspannung, ε Dehnung, $\tan\alpha = \sigma/\varepsilon_e = E$ Elastizitätsmodul

2.17

Temperaturverhalten eines warmfesten Stahls (X8CrNiMoNb1616)

E Elastizitätsmodul

α_ϑ Wärmeausdehnungskoeffizient (linear bei höheren Temperaturen)

$R_{p\,0,2/\vartheta}$ Streckgrenze (Warmstreckgrenze)

$R_{p\,1/10^5/\vartheta}$ Zeitdehngrenze

Grenzspannung bei elastischer Verformung. Sollen bestimmte elastische Formänderungen (Längenänderungen, Durchbiegungen oder Verdrehungen) nicht überschritten werden, so müssen die Abmessungen des Bauteils so festgelegt werden, dass die Elastizitätsgrenze nicht überschritten wird. Da diese wegen ihrer schwierigen Ermittlung in den Werkstoffnormen nicht enthalten ist, muss man ersatzweise die Streckgrenze bzw. die 0,2%-Dehnungsgrenze verwenden. Ist außerdem eine Sicherheit gegen Fließen bei Überlastung gewünscht, so setzt man als Grenzspannung je nach der gewünschten Sicherheit nur einen Bruchteil der Streckgrenze in die Verformungsgleichungen der Elastizitätslehre ein. Anwendungen dieser Gleichungen befinden sich im Abschn. Federn.

Grenzspannung bei Knicken. Soll Knicken mit Sicherheit vermieden werden, so wird als Grenzspannung die Knickspannung eingesetzt, die nach Abschn. 2.1 und **2.12** bestimmt wird.

Grenzspannung bei dynamischer Beanspruchung polierter Probestäbe. Die Erfahrungen haben gezeigt, dass bei Betrieb mit ständig veränderlicher Belastung bereits Brüche auftreten können, wenn die im Bauteil vorhandenen Spannungen noch weit unter den jeweiligen Bruchfestigkeitswerten liegen. Der Vergleich der im Betrieb auftretenden Maximalspannung mit der

Bruchfestigkeit kann somit nur vor einem Gewaltbruch, nicht aber vor einem sog. Dauerbruch schützen. Die Dauerbrüche stellen aber die Mehrzahl aller auftretenden Brüche dar.

Für die Dimensionierung dynamisch belasteter Bauteile sind die Dauerschwingfestigkeit σ_D (Dauerfestigkeit) und die Zeitfestigkeit maßgebend. (Der Begriff Dauerfestigkeit schließt die Schwell- und Wechselfestigkeit mit ein.)

Die **dynamische Beanspruchung** wird durch zeitlich veränderliche äußere Belastungen hervorgerufen (**2.18**), deren zeitlicher Verlauf durch eine Fourier-Analyse in einen konstanten Anteil und in sinus- oder kosinusförmige Anteile zerlegt werden kann. Nach einem vereinfachten Verfahren entnimmt man z. B. dem Belastungsbild (**2.18**) die kleinste wiederholt auftretende Unterlast F_u bzw. die größte wiederholt auftretende Oberlast F_o und zerlegt dann die Belastung bei Annahme eines sinusförmigen Verlaufs nach **2.19** in eine **ruhende Mittellast** F_m und in einen diese überlagernden **Lastausschlag** F_a:

$$F_m = \frac{F_o + F_u}{2} \qquad F_a = \pm\frac{F_o - F_u}{2} \qquad\qquad (2.26)\quad(2.27)$$

2.18
Beispiel des Belastungsbildes eines Maschinenteiles. Kraft F in Abhängigkeit von der Zeit t. Der Belastungsablauf wiederholt sich je Periodenzeit T

2.19
Vereinfachtes Belastungsbild, aus **2.18** gewonnen
F_o Oberlast F_u Unterlast
$\pm F_a$ Lastausschlag F_m Mittellast

Aus **2.19** ist zu entnehmen, dass die Oberlast nach $F_o = F_m + F_a$, die Unterlast nach $F_u = F_m - F_a$ berechnet werden kann.

Sinngemäß erhält man bei Belastungen durch Biegemomente oder Torsionsmomente die den Indizes entsprechenden Werte. Aus den Kräften oder Momenten werden nach den Gleichungen für die Beanspruchungsarten Zug, Druck, Biegung, Schub und Torsion in **2.20** die Unterspannungen σ_u (τ_{tu}), die Oberspannungen σ_o (τ_{to}), die Mittelspannungen σ_m (τ_{tm}) und die Spannungsausschläge σ_a (τ_{ta}) berechnet. Es ergeben sich die Beziehungen $\sigma_m = (\sigma_o + \sigma_u)/2$; $\sigma_a = (\sigma_o - \sigma_u)/2$; $\sigma_o = \sigma_m + \sigma_a$; $\sigma_u = \sigma_m - \sigma_a$.

Bei reiner Wechselbelastung (Belastungsfall III) sind Ober- und Unterspannung entgegengesetzt gleich groß $\sigma_o = |\sigma_u|$; die Mittelspannung hat den Wert Null $\sigma_m = 0$, und der Spannungsausschlag ist $\sigma_a = \pm \sigma_o$.

Reine Schwellbelastung (Belastungsfall II) liegt vor, wenn die Oberspannung positiv und die Unterspannung Null ist (Zugbeanspruchung) oder wenn die Oberspannung Null und die Unterspannung negativ ist (Druckbeanspruchung). In diesem Fall wird $\sigma_a = \sigma_m$.

Dauerschwingfestigkeit. Die Haltbarkeit eines Bauteils mit oftmals wiederholter Belastungsänderung lässt sich abschätzen aus dem Spannungsausschlag σ_A bzw. τ_{tA}, den ein glatter Probestab (polierte Oberfläche, Durchmesser etwa 10 mm) aus dem zu verwendenden Werkstoff unbegrenzt lange aushält. Bei dem daraus gefertigten Bauteil wirken sich dann noch Einflüsse wie Bauform, Baugröße und Oberflächengüte auf die Haltbarkeit aus.

		Beanspruchung	vorhandene Spannung	Gleichung
Einfache Beanspruchung		Zug	$\sigma_z = F/A$	Gl. (2.8)
		Druck	$\sigma_d = F/A$	Gl. (2.9)
		Schub [1]	$\tau_{sm} = F/A$	Gl. (2.10)
		Biegung	$\sigma_b = M_b/W_b$	Gl. (2.11)
		Torsion [2]	$\tau_t = T/W_t$	Gl. (2.14)
		Knicken [3]	$\sigma_d = F/A < \sigma_K$	
Zusammengesetzte Beanspruchung	Gleichgerichtete Spannung	Zug u. Biegung	$\sigma_{res} = \sigma_z + \sigma_b$	
		Druck u. Biegung	$\sigma_{res} = \sigma_d + \sigma_b$	
		Schub u. Torsion	$\tau_{res} = \tau_s + \tau_t$	

[1] τ_{sm} mittlere Schubspannung (auch häufig als Abscherspannung τ_a bezeichnet).

[2] Bei Kreis- und Kreisringquerschnitten ist $W_t = W_p$. In allen anderen Fällen ist W_t eine Rechengröße, die nicht mit dem polaren Widerstandsmoment W_p identisch ist (s. Fachliteratur).

[3] Die Druckspannung muss kleiner als die Knickspannung σ_K sein. Die Knickspannung erhält man aus den Beziehungen in **2.12**; s. auch Abschn. 2.1.

2.20
Ermittlung der Nennspannungen für die häufigsten Beanspruchungsfälle

Der **ertragbare Spannungsausschlag** σ_A (τ_{tA}) des Probestabes ist keine feste Werkstoffkenngröße; er ist von der Größe der vorhandenen Mittelspannung σ_m (τ_{tm}) abhängig. In Folge dessen werden die ertragbaren Spannungsausschläge σ_A (τ_{tA}) in sog. Dauerfestigkeitsschaubildern in Abhängigkeit von der im Probestab vorhandenen Mittelspannung dargestellt. Als Dauerschwingfestigkeit oder kurz als Dauerfestigkeit σ_D des Werkstoffes bezeichnet man nach DIN 50 100 den Spannungsausschlag $\pm\sigma_A$ bei der Mittelspannung σ_m, den eine Probe „unendlich oft" ohne Bruch und ohne unzulässige Verformung aushält. Somit lautet die Gleichung für die **Dauerfestigkeit**:

$$\sigma_D = \sigma_m \pm \sigma_A \qquad \text{bzw.} \qquad \tau_{tD} = \tau_{tm} \pm \tau_{tA} \tag{2.28}$$

Häufig wird zur Ermittlung der Dauerfestigkeit das Diagramm von *Smith* verwendet. Es gibt auch Diagramme für fertige Bauteile, z. B. *Goodman*-Diagramme für Federn. Diese Diagramme heißen Gestaltfestigkeitsdiagramme.

Das Schaubild von *Smith* ist in **2.21** dargestellt und folgendermaßen aufgebaut: Auf der Abszisse sind die Mittelspannungen σ_m (τ_{tm}) aufgetragen. (Durch Einfügen einer 45°-Linie kann man die Werte der Mittelspannung auch auf der Ordinatenachse ablesen.) Die durch *Wöhler*versuche (Durchführung nach DIN 50 100) ermittelten ertragbaren Spannungsausschläge $\pm \sigma_A$ (τ_{tA}) sind über der jeweiligen Mittelspannung vom Punkt *A* der unter 45° geneigten Geraden aus nach oben und unten einzutragen. Auf diese Weise erhält man die einhüllenden Grenzkurven der ertragbaren Oberspannungen $\sigma_O = \sigma_m + \sigma_A$ und der zugehörigen Unterspannungen $\sigma_U = \sigma_m - \sigma_A$, entsprechend für Torsionsspannungen τ_{tO} bzw. τ_{tU}. Kleine Indizes o, u, a kennzeichnen im Werkstück vorhandene Spannungen, große Indizes O, U, A ertragbare Spannungen. Die Mittelspannung wird in der Regel mit dem Index m gekennzeichnet. Das Schaubild wird oben durch die jeweilige Fließgrenze begrenzt, weil Fließen auf jeden Fall vermieden werden soll. Die Fälle der ruhenden (I), schwellenden (II) und wechselnden (III) Beanspruchung sind im Dauerfestigkeitsschaubild (**2.22**) ebenfalls enthalten.

Die **Grenzspannung für ruhende Beanspruchung** $\sigma_O = \sigma_U$ = const ist die Fließgrenze, in **2.22** dargestellt durch den Schnittpunkt der unteren und oberen Grenzkurve (Grenzspannung bei plastischer Verformung).

2.21
Prinzip des Dauerfestigkeitsschaubildes nach *Smith* (ertragbare Spannungen)
$\pm \sigma_A$ Spannungsausschlag
σ_m Mittelspannung
σ_O Oberspannung
σ_U Unterspannung

Kleine Indizes o, u, a kennzeichnen im Werkstück vorhandene Spannungen, große Indizes (0, U, A) ertragbare Spannungen. Die Mittelspannung wird in der Regel mit dem Index m gekennzeichnet.

2.22
Dauerfestigkeitsschaubild für Biegung und Torsion (E295 (St 50-2)); $\alpha \approx 37{,}5°$

Die **Grenzspannung für die schwellende Beanspruchung** ist die Schwellfestigkeit σ_{Sch} mit den kennzeichnenden Werten $\sigma_U = 0$, $\sigma_m = \sigma_A$, $\sigma_O = \sigma_m + \sigma_A = 2\,\sigma_A$ (**2.22**). Somit ist $\sigma_{Sch} = 2 \cdot \sigma_A$.

Werkstoff	Streckgrenze	Wechselfestigkeit	Biegewechsel-festigkeit	Torsionswechsel-festigkeit
	R_{eH}	σ_W	σ_{bW}	τ_{tW}
C-Stähle	$(0{,}55 \dots 0{,}65)\,R_m$	$(0{,}3 \dots 0{,}45)\,R_m$	$(0{,}45 \dots 0{,}5)\,R_m$	$(0{,}2 \dots 0{,}35)\,R_m$
legierte Stähle	$(0{,}7 \dots 0{,}8)\,R_m$	$(0{,}3 \dots 0{,}45)\,R_m$	$0{,}25\,(R_e + R_m) + 50$	$(0{,}2 \dots 0{,}35)\,R_m$
Stahlguss	$0{,}5\,R_m$	$0{,}4\,R_m$	$(0{,}35 \dots 0{,}5)\,R_m$	$(0{,}2 \dots 0{,}3)\,R_m$
Kugelgraphitguss	$(0{,}6 \dots 0{,}7)\,R_m$	$(0{,}2 \dots 0{,}5)\,R_m$	$(0{,}4 \dots 0{,}5)\,R_m$	$(0{,}25 \dots 0{,}4)\,R_m$
Temperguss	$(0{,}5 \dots 0{,}6)\,R_m$	$0{,}4\,R_m$	$(0{,}3 \dots 0{,}4)\,R_m$	–
Cu-Legierungen	–	–	$(0{,}2 \dots 0{,}25)\,R_m$	–
Leichtmetalle	$(0{,}45 \dots 0{,}65)\,R_m$	$(0{,}2 \dots 0{,}35)\,R_m$	$(0{,}3 \dots 0{,}5)\,R_m$	$(0{,}2 \dots 0{,}3)\,R_m$

2.23
Überschlägige Ermittlung der Grenzspannungen R_{eH}, σ_W, σ_{bw}, τ_{tw} in N/mm^2 mit R_m in N/mm^2

Die **Grenzspannung für wechselnde Beanspruchung** ist die Wechselfestigkeit σ_W. Diese ist identisch mit dem ertragbaren Spannungsausschlag σ_A bei der Mittelspannung $\sigma_m = 0$. Entsprechendes gilt für Torsionsbeanspruchungen τ_{tSch} und τ_{tW}. Sofern nicht bekannt, können die Festigkeitskennwerte wie folgt ermittelt werden; damit können auch die Dauerfestigkeitsschaubilder nach **2.22** näherungsweise entwickelt werden:

Für Stähle:

$\sigma_{bF} \approx (1{,}3 \dots 1{,}4)\,R_{eH}$ Biegefließgrenze

$\tau_{tF} = (0{,}56 \dots 0{,}68)\,R_{eH}$ Torsionsstreckgrenze

$\tau_{aB} = 0{,}8\,R_m$ Abscherfestigkeit

für Baustahl und Stahlguss: $\sigma_{Sch} = R_{eH}$; $\sigma_{b\,Sch} \approx \sigma_{bF}$; $\tau_{t\,Sch} = \tau_{tF}$

für Vergütungs- und Einsatzstahl: $\sigma_{Sch} \approx R_{eH}$, $\sigma_{b\,Sch} = (0{,}7 \dots 0{,}8)\,R_e$, $\tau_{tsch} = (0{,}85 \dots 1)\,\tau_{tF}$

                                                     $\sigma_{b\,Sch} = (0{,}68 \dots 1)\,\sigma_{bF}$,

Das Dauerfestigkeitsschaubild (**2.22**) für unlegierte und legierte Stähle mit Zugfestigkeiten R_m zwischen 300 und 1200 N/mm² kann näherungsweise aus der Wechselfestigkeit der jeweiligen Beanspruchungsart (σ_W, σ_{bW}, τ_{tW}) und dem Neigungswinkel der oberen Grenzlinie $\alpha = 31{,}5° \dots$ 42°, im Mittel 37,5°, entwickelt werden. Die Wechselfestigkeitswerte können nach **2.23** errechnet werden. Die Dauerfestigkeitsversuche zeigen starke, bisher nicht eindeutig erklärbare Streuungen. Einige Schaubilder s. **1.16**; **1.20**; **1.21**.

Zeitfestigkeit. Die Festigkeitsberechnung für Bauteile, die nur einer begrenzten Anzahl von Lastspielen ausgesetzt sind, also nur eine bestimmte Lebensdauer zu erreichen brauchen, wird mit der Zugfestigkeit als Grenzspannung durchgeführt. Die Zeitfestigkeit ist die Spannung, die ein glatter, polierter Probestab von 10 mm Durchmesser bei schwingender Belastung unter konstanter Mittelspannung eine bestimmte Anzahl von Lastspielen ohne Bruch oder ohne schädigende Verformung aushält. Zeitfestigkeitswerte können aus *Wöhler*linien entnommen werden.

Spannungserhöhende und festigkeitsmindernde Einflüsse

Größeneinfluss; Größenfaktor *b*. Alle Festigkeitswerte vermindern sich bei größeren Bauteilabmessungen wegen der ungleichmäßigen Gefügeausbildung beim Gießen, durch Wärmebehandlung, Schmieden oder Walzen (s. Zugfestigkeit von Grauguss **1.22**). So ist auch bei Biegung und Torsion die Dauerfestigkeit von der Probengröße abhängig. Die Dauerfestigkeit ungekerbter Proben ist bei Zugbeanspruchung und gleichmäßiger Gefügeausbildung praktisch unabhängig von der Probendicke; bei Biegung und Torsion nimmt die Dauerfestigkeit dagegen mit wachsender Probengröße bis zu einem unteren Grenzwert ab. Da die Dauerfestigkeitsdia-

2.24
Größenbeiwert *b* in Abhängigkeit vom Wellendurchmesser *d*; Streubereich schraffiert

gramme für Probestäbe von 10 mm Durchmesser aufgestellt sind, muss bei größeren Querschnitten der festigkeitsmindernde Größeneinfluss durch den Größenfaktor oder -beiwert *b* berücksichtigt werden (**2.24**).

Kerbwirkung; Formziffer α_k, (s. **2.27** u. **2.29**). Wird ein glatter Stab (**2.25**) mit dem Querschnitt A durch die Zugkraft F belastet, so ergibt sich eine gleichmäßig über den Querschnitt verteilte Zugspannung $\sigma_z = F/A$. Wird dagegen ein gekerbter Stab (**2.26**) mit dem gleichen Querschnitt A an der gekerbten Stelle durch dieselbe Kraft F belastet, so hat die Zugspannung den in **2.26** dargestellten Verlauf: Im Kerbgrund entsteht die Spannungsspitze $\sigma_{max} = \alpha_k \cdot \sigma_n$. Hierin ist σ_n die Nennspannung: $\sigma_n = F/A$ bei Zug. (Für σ_n setzt man $\sigma_b = M_b/W_b$ bei Biegung und $\tau_t = T/W_t$ bei Torsion.)

2.25
Auf Zug beanspruchter glatter Stab: gleichmäßige Spannungsverteilung

$$\sigma_z = F/A = \frac{F}{\pi \cdot d^2 / 4}$$

2.26
Auf Zug beanspruchter gekerbter Stab: ungleichmäßige Spannungsverteilung, Spannungsspitze

$$\sigma_{max} = \alpha_k \cdot \sigma_n = \overline{\alpha} \cdot \overline{\sigma}_m$$

| | Flachstab | | | | Rundstab | | | | | |
| | gekerbt | | abgesetzt | | gekerbt | | | abgesetzt | | |
	z	b	z	b	z	b	t	z	b	t
A	0,10	0,08	0,55	0,40	0,10	0,12	0,40	0,44	0,40	0,40
B	0,70	2,20	1,10	3,80	1,60	4,00	15,00	2,00	6,00	25,00
C	0,13	0,20	0,20	0,20	0,11	0,10	0,10	0,30	0,80	0,20
k	1,00	0,66	0,80	0,66	0,55	0,45	0,35	0,60	0,40	0,45
l	2,00	2,25	2,20	2,25	2,50	2,66	2,75	2,20	2,75	2,25
m	1,25	1,33	1,33	1,33	1,50	1,20	1,50	1,60	1,50	2,00
z	Zug		b	Biegung			t	Torsion		

$$\alpha_k = 1 + \cfrac{1}{\sqrt{\left(\cfrac{A}{\left(\frac{t}{\rho}\right)^k} B \left[\cfrac{1+\frac{a}{\rho}}{\frac{a}{\rho}\sqrt{\frac{a}{\rho}}}\right]^l + C \cfrac{\frac{a}{\rho}}{\left(\frac{a}{\rho}+\frac{t}{\rho}\right)^m}\right)}}$$

2.27
Formel für die Berechnung von Formziffern an Kerbstäben

Für die **Formziffer** gilt

$$\alpha_k = \frac{\sigma_{max}}{\sigma_n} > 1 \tag{2.29}$$

Die Formziffern α_k erfassen den **geometrischen Einfluss** der Bauform auf die **Spannungserhöhung** unabhängig vom Werkstoff. Sie werden rechnerisch oder durch Spannungs-Dehnungs-Messungen bestimmt und sind stets größer als Eins (Bild **2.29**). Die Auswirkung der Bauform (Formziffer) auf die Haltbarkeit eines Bauteils ist abhängig von der Beanspruchungsart. Man unter-

2.28
Kerbwirkungszahlen $\beta_k = f(\alpha_k, \sigma_n)$ für Stähle

scheidet Formziffern bei Zug-, Druck-, Biege- und Torsionsbeanspruchung. Für gleiche Kerb-geometrie ist allgemein α_{kz} (Zug) > α_{kb} (Biegung) > α_{kt} (Torsion).

a) gelochter Flachstab unter Zug   b) abgesetzter Flachstab unter Zug   c) gekerbter Flachstab unter Zug

d) gekerbter Rundstahl unter Zug   e) abgesetzter Rundstab unter Zug

$\alpha = \alpha_k$

$\sigma_{max} = \alpha \cdot \sigma_m$

$\sigma_{max} = \alpha_k \cdot \sigma_n$

mit $\sigma_n = \sigma_m = F/A$
und $A = b \cdot s$
bzw. $A = \pi \cdot d^2/4$

f) gekerbter Rundstab unter Biegung   g) abgesetzter Rundstab unter Biegung

$\sigma_{b\,max} = \alpha_k \cdot \sigma_b$

mit

$\sigma_b = \dfrac{M_b}{\pi \cdot d^3 / 32}$

oder mit

$\alpha = 1{,}7 \cdot \alpha_k$

$\sigma_{b\,max} = \alpha \cdot \sigma_{b\,m}$

$\sigma_{b\,m} = 6 \cdot M_b / d^3$

h) gekerbter Rundstab unter Torsion   i) abgesetzter Rundstab unter Torsion

$\tau_{t\,max} = \alpha_k \cdot \tau_t$

mit $\tau_t = \dfrac{T}{\pi \cdot d^3 / 16}$

oder mit $\alpha = 1{,}33 \cdot \alpha_k$

$\tau_{t\,max} = \alpha \cdot \tau_{t\,m}$

$\tau_{t\,m} = \dfrac{12 \cdot T}{\pi \cdot d^3}$

2.29
Formziffern α_k gekerbter Stäbe

Formziffer α_k bei ruhender Beanspruchung. Im Allgemeinen kann bei ruhender Beanspru-chung und zähen Werkstoffen die Formziffer vernachlässigt werden, weil mit steigender Belas-tung das Fließen an der Stelle der Spannungsspitze durch die geringer beanspruchten Fasern aufgefangen wird.

Bei spröden Werkstoffen dagegen ist die Formziffer α_k zu berücksichtigen; die nach den Gleichungen in **2.20** ermittelte Spannung ist mit α_k zu multiplizieren.

Formziffer α_k bei veränderlicher Beanspruchung. Bei veränderlicher, oftmals wiederholter Belastung wirkt sich die Formziffer α_k stark festigkeitsmindernd aus. Die Bauteile brechen häufig bereits bei einer Beanspruchung, die weit unter der Bruchfestigkeit des Werkstoffes liegt. Die Formziffer wirkt sich aber wider Erwarten meist nicht in voller Höhe aus.

Formzahl $\overline{\alpha}$. Bei ruhender Beanspruchung ungekerbter und gekerbter Bauteile kann rechnerisch berücksichtigt werden, dass die stärkste Verformung an der am höchsten beanspruchten Stelle des Querschnitts liegt und die übrigen Stellen nicht voll ausgelastet sind. Ungleichförmige Spannungsverteilung tritt nicht nur bei Kerbwirkung (s. **2.26**), sondern, wie man z. B. aus **2.30** mit der bekannten linearen Spannungsverteilung über den Querschnitt ersehen kann, auch bei Biegung und Verdrehung kerbfreier Querschnitte auf.

(In der Literatur wird häufig für Formziffer α_k der Ausdruck Formzahl α_k benutzt, der zu Verwechselungen mit der Formzahl $\overline{\alpha}$ führen kann.)

Die Ungleichförmigkeit des Anstrengungsverlaufs gegenüber dem Anstrengungsmittelwert $\overline{\sigma}_{bm}$ wird durch die Formzahl $\overline{\alpha}$ gekennzeichnet. Die größte Spannung ist damit $\sigma_{max} = \overline{\alpha} \cdot \sigma_{bm}$. Die Formzahl $\overline{\alpha}$, die sich auf die mittlere Spannung und nicht auf die Randnennspannung bezieht, ist von der Formziffer α_k streng zu unterscheiden; nur bei Zugbeanspruchung ist $\alpha_k = \overline{\alpha}$.

2.30
Lineare Spannungsverteilung bei Biegung eines ungekerbten Rundstabes
$\sigma_{max} = M_b / W_b = \overline{\alpha} \cdot \overline{\sigma}_{bm}$

In die Gleichung $\sigma_{max} = \overline{\alpha} \cdot \overline{\sigma}_{bm}$ ist für die mittlere Spannung folgendes einzusetzen: Für den Rundstab bei Zugbeanspruchung $\overline{\sigma}_{zm} = 4 \cdot F/(\pi \cdot d^2)$, bei Biegung $\overline{\sigma}_{bm} = 6 \cdot M_b / d^3$ und bei Torsion $\overline{\tau}_{tm} = 12 \cdot T/(\pi \cdot d^3)$. Für den Balken bei Zugbeanspruchung $\overline{\sigma}_m = F/(b \cdot h)$ und bei Biegung $\overline{\sigma}_{bm} = 4 \cdot M_b / (b \cdot h^2)$. Für Verdrehrohre mit dem Innenradius r_i und dem Außenradius r_a gilt folgende Gleichung: $\overline{\tau}_{tm} = (2 \cdot T)/ [3 \cdot \pi \cdot (r_a^3 - r_i^3)]$.

Die Beziehung zwischen Formzahl $\overline{\alpha}$ und Formziffer α_k ergibt sich aus $\overline{\alpha} \cdot \overline{\sigma}_m = \alpha_k \cdot \sigma_n$ für den Rundstab bei Zugbeanspruchung zu $\overline{\alpha} = \alpha_k$, bei Biegung zu $\overline{\alpha} = 1{,}7 \cdot \alpha_k$ und bei Torsion zu $\overline{\alpha} = 1{,}33 \cdot \alpha_k$; für Rohre gilt bei Torsion $\overline{\alpha} = (1{,}1 \ldots 1{,}33) \cdot \alpha_k$. Für den Balken ist bei Zugbeanspruchung $\overline{\alpha} = \alpha_k$ und bei Biegung $\overline{\alpha} = 1{,}5 \cdot \alpha_k$. (Formziffer α_k s. Bilder **2.29** u. **2.27**. Entwicklung von $\overline{\sigma}_{bm}$ s. Abschn. Spannungsgefälle.)

Zur Berücksichtigung solcher ungleichförmiger Spannungsverteilungen kann man der Rechnung die sog. Formdehngrenze $K_{0,2}^*$ zugrunde legen. Hierunter versteht man die gedachte Spannung, die bei rein elastischem Verhalten des Werkstoffes an der höchstbeanspruchten Stelle des Querschnitts auftreten würde, an der in Wirklichkeit eine bleibende Dehnung von 0,2% unter Berücksichtigung der Kerbwirkung auftritt.

Die Formdehngrenze $K_{0,2}^*$ wird aus dem Produkt des Dehngrenzenverhältnisses $\delta_{0,2}$ und der Streckgrenze R_{eH} bzw. $R_{p0,2}$ gebildet.

$$K_{0,2}^* = \delta_{0,2} \cdot R_p \tag{2.30}$$

Die Festigkeitsbedingung für ungleichförmig beanspruchte Bauteile aus verformungsfähigen Werkstoffen lautet mit der Sicherheit S

$$\sigma_{max} = \overline{\alpha} \cdot \sigma_m \leq (\delta_{0,2} \cdot R_{eH})/S \tag{2.31}$$

Für gekerbte runde Stäbe kann bei Biegebeanspruchung das Dehngrenzenverhältnis näherungsweise nach der Zahlenwertgleichung mit R_{eH} in N/mm^2 angesetzt werden:

a) für Stähle mit ausgeprägter Fließgrenze

$$\delta_{0,2} \approx 1 + 0,95\,(\overline{\alpha} - 1)\sqrt[4]{200/R_{eH}} \tag{2.32}$$

b) für Werkstoffe mit 0,2%-Dehngrenze

$$\delta_{0,2} \approx 1 + 0,75\,(\overline{\alpha} - 1)\sqrt[4]{300/R_{p0,2}} \tag{2.33}$$

Für runde Vollstähle beträgt bei Torsion $\delta_{0,2} \approx 1,1 \dots 1,33$; für glatte Rohre $\delta_{0,2} \approx 1,1 \dots 1,3$ (die höheren Werte gelten für größere Wanddicken).

Bei **zusammengesetzter Beanspruchung** muss das Dehngrenzenverhältnis $\delta_{0,2}$ als Mittelwert aus den für die einzelnen Beanspruchungsarten geltenden Dehngrenzenverhältnissen gebildet werden. So gilt für stabförmige Bauteile, die gleichzeitig unter Zug-, Scher-, Biege- und Verdrehbeanspruchung stehen, die Beziehung

$$\delta_{0,2} = \sqrt{(k_z + k_b \cdot \delta_b)^2 + 3(k_s + k_t \cdot \delta_t)^2} \tag{2.34}$$

Es bedeuten δ_b und δ_t die Dehngrenzenverhältnisse für Biegung und Verdrehung; $k_z = \sigma_z/\sigma_v$ den Anteil der mittleren Zugspannung σ_z zur Gesamtanstrengung σ_v; $k_b = \sigma_b/\sigma_v$ den Verhältniswert für die größte Biegespannung, $k_s = \tau_s/\sigma_v$ den für die mittlere Scherspannung und $k_t = \tau_t/\sigma_v$ den Verhältniswert für die größte Torsionsspannung zum Anstrengungshöchstwert σ_v.

Beispiel 1

Ein gekerbter Rundstab (Bild **2.29f**) mit dem Außendurchmesser D = 30 mm wird durch ein Biegemoment M_b = 550 Nm ruhend belastet. Die Kerbtiefe t und der Rundungsradius ρ betragen 2 mm, der geschwächte Durchmesser d = 26 mm. Werkstoff: C-Stahl mit R_{eH} = 300 N/mm^2. Gesucht: Sicherheit S.

1. Anstrengungs-Höchstwert ist für Biegung $\sigma_{max} = \overline{\alpha} \cdot \overline{\sigma}_m = \overline{\alpha} \cdot (6 \cdot M_b/d^3)$ = 3,57 · (6 · 550000 Nmm/26^3 mm^3) = 670 N/mm^2 mit der Formzahl $\overline{\alpha}$ = 1,7·α_k = 1,7 · 2,1 = 3,57. Den Wert α_k = 2,1 s. **2.29f** für t/ρ = 1 und $d/(2\rho)$ = 26/4 = 6,5.

2. Werkstoffkennwert $K^*_{0,2}$ = $\delta_{0,2}$ · R_{eH} = 3,2·300 N/mm^2 = 960 N/mm^2 mit $\delta_{0,2} \approx 1 + 0,95 \cdot (\overline{\alpha} - 1) \cdot \sqrt[4]{200/R_{eH}}$ = 1 + 0,95 · (3,57 − 1) · $\sqrt[4]{200/300}$ = 3,2 nach Gl. (2.32).

3. Sicherheit $S = K^*_{0,2}/\sigma_{max}$ = 960/670 = 1,43.

4. Die Rechnung mit $\sigma_{max} = (\alpha_k \cdot 32 \cdot M_b)/(\pi \cdot d^3)$ = (2,1·32·550000 N/mm^2)/(π·26^3 mm^3) = 669 N/mm^2 und $S = R_{eH}/\sigma_{b\,max}$ = 300/669 = 0,48 als Vergleich ergibt eine Überbelastung des Stabes.   ■

Kerbwirkungszahl β_k. Die Auswirkung einer Kerbe wird durch die Kerbwirkungszahl β_k erfasst. Diese ist stets kleiner oder gleich α_k. Sie gibt nach DIN 50 100 das Verhältnis des ertragbaren Spannungsausschlages σ_A des glatten kerbfreien Probestabes zum ertragbaren Spannungsausschlag des gekerbten Stabes oder Bauteiles an. Es gilt

$$\beta_k = \frac{\sigma_A}{\sigma_{A\,gekerbt}} \qquad \text{bzw.} \qquad \sigma_{A\,gekerbt} = \frac{\sigma_A}{\beta_k} \qquad (2.35)$$

Am sichersten erhält man β_k durch entsprechende Dauerversuche (DIN 50 100) für bestimmte Kerbformen, Werkstoffe und Belastungen, wie Zug-Druck, Biegung, Torsion.

Der rechnerische Zusammenhang zwischen α_k und β_k wurde mehrfach untersucht. Die verschiedenen Methoden zeigen bisweilen erhebliche Abweichungen voneinander. Im Zweifelsfall sollte die Formziffer α_k verwendet werden.

β_k-Werte für die einzelnen Maschinenteile enthalten die jeweiligen Abschnitte dieses Buches.

Oberflächenfaktor κ. Der ertragbare Spannungsausschlag ist auch von der Oberflächengüte abhängig. Er sinkt mit steigender Rauheit, da jede Oberflächenriefe als Kerbe wirkt. Dies wird durch den Oberflächenfaktor κ berücksichtigt. Der Wert kann Bild **2.31** entnommen werden.

Grenzspannungen bei dynamisch beanspruchten gekerbten Bauteilen

2.31
Oberflächenfaktor κ nach *E. Lehr*

Unter Berücksichtigung der beschriebenen festigkeitsmindernden Einflüsse ergibt sich für einen gekerbten Stab der **ertragbare Grenzspannungsausschlag**

$$\sigma_{AG} = \frac{b \cdot \kappa \cdot \sigma_A}{\beta_k} \qquad (2.36)$$

Die **Sicherheit** eines rein wechselnd beanspruchten Bauteils mit dem vorhandenen Nennspannungsausschlag σ_a ist dann

$$S_D = \frac{b \cdot \kappa \cdot \sigma_W}{\beta_k \cdot \sigma_a} \qquad (2.37)$$

Als **erforderliche Sicherheit** für gekerbte Bauteile gegen Dauerbruch kann daher auch folgender Ausdruck gesetzt werden:

$$S_{k\,D\,erf} = \frac{S_{D\,glatt} \cdot \beta_k}{b \cdot \kappa} > \frac{\sigma_A}{\sigma_a} \qquad (2.38a)$$

Hierbei wird mit dem ertragbaren Grenzspannungsausschlag σ_A für ungekerbte Bauteile und dem vorhandenen Nennspannungsausschlag σ_a gerechnet. Die Kerbwirkung wird dann durch die erhöhte Sicherheitszahl S_{kD} erfasst. Häufig berücksichtigen die β_k-Werte für einzelne Bauformen bereits den Größen- und Oberflächeneinfluss. Dann vereinfacht sich Gl. (2.38a):

$$\boxed{S_{k\,D\,erf} = S_{D\,glatt} \cdot \beta_k} \tag{2.38b}$$

Anhaltswerte für die Sicherheit S sind **2.32** zu entnehmen. (s. auch Beispiel 3). Für kerbfreie Bauteile gilt $\beta_k = 1$.

Gl. (2.37) kann, abweichend von der Definition für β_k, auch folgendermaßen gedeutet werden

$$S_D = \frac{\text{ertragbarer Spannungsausschlag eines glatten Probestabes}}{\text{vorhandener Nennspannungsausschlag} \cdot (\beta_k / b \cdot \kappa)}$$

Liegt keine reine Wechselbeanspruchung mit $\sigma_m = 0$ vor, sondern eine Grundbeanspruchung mit überlagertem Beanspruchungsausschlag $\pm \sigma_a$, so ist aus dem Dauerfestigkeitsdiagramm der ertragbare Spannungsausschlag σ_A bei der bekannten Mittelspannung σ_m zu entnehmen. Die **Sicherheit** ist dann mit den Bezeichnungen von Bild **2.32** und dem Oberflächenfaktor $\kappa = 1$ (polierte Oberfläche):

$$\boxed{S_D = \frac{b \cdot \sigma_A}{\beta_k \cdot \sigma_a} = \frac{b \cdot \sigma_W}{\beta_k \cdot \sigma_a}} \tag{2.39a}$$

Hierbei ist vorausgesetzt, dass bei Überlastung die Mittelspannung σ_m konstant bleibt, also nur die Spannungsausschläge bis zum ertragbaren Grenzspannungsausschlag zunehmen. Nimmt man an, dass bei Überbeanspruchungen im Betrieb sämtliche Spannungen linear ansteigen, dann bleibt bei allen Belastungen das Verhältnis von Mittelspannung zu Oberspannung, der so genannte Ruhegrad $r = \sigma_m / \sigma_o$ konstant.

In diesem Fall wird die Grenzspannung folgendermaßen ermittelt (s. Bild **2.33**): Zunächst werden die zugehörigen Werte $b \cdot \sigma_A / \beta_k$ für die Mittelspannung $\sigma_m = 0$ und für eine andere Mittelspannung σ_m berechnet (σ_A entnimmt man dem Dauerfestigkeitsdiagramm). Die errechneten Werte werden dann nach oben und unten von der 45°-Geraden (sog. σ_m-Gerade; im Bild **2.33** mit 3 bezeichnet) abgetragen. Die Verbindungsgerade der sich ergebenden Schnittpunkte bildet die obere Grenzkurve 2 unter Berücksichtigung der festigkeitsmindernden Einflüsse.

Jetzt werden die vorhandenen Nennspannungen σ_u und σ_o bei der gegebenen Mittelspannung σ_m eingetragen. Der Proportionalitätsstrahl OA in Bild **2.33** schneidet die obere Grenzkurve für Kerbwirkung bei der Grenzspannung σ_{OG}. Die **Sicherheit** ist dann

$$\boxed{S_D = \frac{\sigma_{OG}}{\sigma_o}} \tag{2.39b}$$

Nach einer anderen Rechnungsart erhält man die obere Grenzkurve unter Berücksichtigung der Kerbwirkung, des Oberflächen- und des Größeneinflusses, indem man die zu verschiedenen Mittelspannungen gehörenden **Oberspannungen** aus der Beziehung

$$\boxed{\sigma_{O\,kerb} = b \cdot \kappa \cdot \frac{\sigma_m + \sigma_A}{\beta_k}} \tag{2.40}$$

errechnet und die so erhaltenen Punkte verbindet.

Belastungsfall	Sicherheitszahlen und Grenzspannungen	Kenn- und Richtwerte
ruhende Belastung	Sicherheit gegen Gewaltbruch $S_B = 2 \ldots 3$ Grenzspannungen R_m, σ_{dB}, σ_{bB} τ_{aB}, τ_{tB} Sicherheit gegen Fließen $S_F = 1{,}2 \ldots 1{,}5 \ldots 2$ Grenzspannungen R_{eH}, σ_{dF}, σ_{bF}, τ_{tF} oder Ersatzstreckgrenzen Sicherheit gegen Knicken [2]) $S_K \geq 5 \ldots 10$ bei Grenzspannungen Kleinmaschinen $10 \ldots 20$ bei größeren Maschinen σ_k nach Bild **2.12**	Grenzspannung s. Abschnitt 1 u. (angenähert) Bild **2.23**. β_k-Werte in Abschnitten der betreffenden Maschinenteile oder aus Bild **2.28**. Sofern β_k nicht bekannt ist, rechnet man mit α_k. α_k Bilder **2.29 a** bis **i** b Bild **2.24** κ Bild **2.31**
veränderliche Belastung Um den Leichtbau zu fördern, wird die Sicherheit von der prozentualen Häufigkeit der auftretenden Höchstlast abhängig gemacht.	Sicherheit gegen Dauerbruch Bauteil kerbfrei oder Kerbwirkung bei den vorhandenen Spannungen berücksichtigt $S_D = 1{,}5 \ldots 2{,}5$ Bauteil mit Kerbwirkung; $S_{kD} = \dfrac{(1{,}5 \ldots 2{,}5)}{b \cdot \kappa} \beta_k$ Rechnung mit Nennspannungen nach Bild **2.20**, Kerbwirkung in Sicherheitszahl berücksichtigt mit Kerbwirkungszahl β_k, Größenfaktor b Oberflächenfaktor κ	Rechnung bei dynamischer Beanspruchung s. Abschn. 2.3; Grenzspannungen und Dauerfestigkeitsdiagramme s. Abschnitt 1. Nachrechnung nach Abschnitt 2.3
	reine Schwellbeanspruchung Grenzspannungen σ_{Sch}, σ_{dSch}, σ_{bSch}, τ_{tSch}	
	reine Wechselbeanspruchung Grenzspannungen σ_W, σ_{bW}, τ_{tW}	
	Bauteile mit einer ruhenden Vorspannung und einer sich dieser überlagernden Wechselspannung	

	ruhende	dynamische	Kenn- und Richtwerte
	Belastung		
Normalspannungen [3])	$\sigma_{zul} = \dfrac{\sigma_G}{S \cdot \alpha_k}$	$\sigma_{zul} = \dfrac{\sigma_G}{S_{kD}}$	Bei zähem Werkstoff und ruhender Belastung ist $\alpha_k = 1$ zu setzen.
Tangentialspannungen [3])	$\tau_{t\,zul} = \dfrac{\tau_{tG}}{S \cdot \alpha_k}$	$\tau_{t\,zul} = \dfrac{\tau_{tG}}{S_{kD}}$	Grenzspannung σ_G und τ_{tG} s. oben und Bild **2.20**. Sicherheitszahlen S_k, S s. oben.

[1]) Die Richtwerte sollten möglichst nicht unterschritten werden; bei unsicheren Rechenansätzen und sicherheitsrelevanten Bauteilen sind sie entsprechend zu erhöhen. Gesetzliche oder andere verbindliche Vorschriften sind zu beachten. Die angegebenen Grenzspannungen (Werkstoffkennwerte) gelten nur unterhalb der Kristallerholungstemperatur.

[2]) Wenn beim Knicken die Durchbiegung rechnerisch erfasst wird, genügt die Sicherheitszahl $S_k = 1{,}5$.

[3]) In S_{kD} und damit in σ_{zul} und $\tau_{t\,zul}$ sind bereits die Kerbwirkungen sowie der Oberflächen- und Größeneinfluss enthalten. Der vorhandene Spannungsausschlag wird daher als Nennspannung nach Bild **2.20** berechnet und mit σ_{zul} bzw. $\tau_{t\,zul}$ verglichen.

2.32
Richtwerte für die Sicherheitszahl S und für die zulässigen Spannungen

Hierbei werden also die Kerbwirkungszahl, der Größenfaktor und der Oberflächenbeiwert auf die Oberspannung, also auf die Summe von Mittelspannung und Spannungsausschlag, bezogen. Nach DIN 50 100 bezieht sich die Kerbwirkung aber auf den Spannungsausschlag. Der Ansatz nach Gl. (2.40) enthält daher eine zusätzliche Sicherheit, weil die Kerbwirkung auch für die ruhende Mittelspannung in Ansatz gebracht wird. Für den Sonderfall $\sigma_m = 0$ (reine Wechselbeanspruchung) sind die Gl. (2.36) und (2.40) identisch.

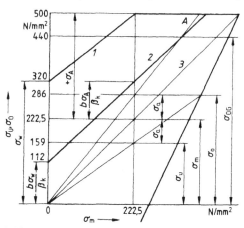

2.33
Ermitteln der Sicherheit mit Hilfe des Dauerfestigkeitsdiagramms. Obere Grenzspannungen ohne Kerbwirkung Gerade 1, mit Kerbwirkung Gerade 2, Mittelspannungen Gerade 3

Beispiel 2

Der polierte, gekerbte Rundstab aus E360 (St 70-2) nach Bild **2.29f** wird durch ein zwischen $M_{bu} = 100$ kN cm (= 1 kN m) und $M_{bo} = 180$ kN cm (= 1,8 kN m) schwellendes Biegemoment belastet. Die Sicherheit soll ermittelt werden. Außendurchmesser $D = 44$ mm, innerer Durchmesser $d = 40$ mm, Rundungsradius $\rho = 1$ mm, Kerbtiefe $t = 2$ mm. Es werden zunächst folgende Werte berechnet:

Unterspannung:
$$\sigma_u = \frac{M_{bu}}{W_b} = \frac{100\,000\ \text{N cm}}{\pi \cdot (4\,\text{cm})^3 / 32} = 15\,900\ \text{N/cm}^2 = 159\ \text{N/mm}^2$$

Oberspannung:
$$\sigma_o = \frac{M_{bo}}{W_b} = \frac{180\,000\ \text{N cm}}{6,28\,\text{cm}^3} = 28\,600\ \text{N/cm}^2 = 286\ \text{N/mm}^2$$

Mittelspannung:
$$\sigma_m = \frac{\sigma_o + \sigma_u}{2} = 222,5\ \text{N/mm}^2$$

Spannungsausschlag:
$$\sigma_a = \frac{\sigma_o - \sigma_u}{2} = 63,5\ \text{N/mm}^2$$

Diese Werte werden dann in das Dauerfestigkeitsdiagramm (**2.33**) eingetragen.

Der Formfaktor $\alpha_k \approx 3$ und die Kerbwirkungszahl $\beta_k \approx 2,3$ werden den Bildern **2.28** und **2.29** entnommen, der Oberflächenfaktor sei $\kappa = 1$.

Zur Ermittlung der Grenzspannung σ_{OG} bildet man für $\sigma_m = 0$ den Quotienten $b \cdot \sigma_A/\beta_k = b \cdot \sigma_{bW}/\beta_k = (0,8 \cdot 320\ \text{N/mm}^2)/2,3 = 112\ \text{N/mm}^2$; b entnimmt man Bild **2.24**, σ_{bW} dem Dauerfestigkeitsdiagramm. Für $\sigma_m = 222,5\ \text{N/mm}^2$ findet man mit dem zugehörigen Wert für σ_A den Grenzspannungsausschlag $[0,8 \cdot (500 - 222,5)\ \text{N/mm}^2] / 2,3 = 96$ N/mm^2. Damit erhält man nach Bild **2.33** die obere Grenzkurve 2 für σ_{OG}. Der Proporti-

Beispiel 2, Fortsetzung

onalitätsstrahl OA schneidet diese bei $\sigma_{OG} = 440$ N/mm². Damit wird die Sicherheit, bezogen auf den ertragbaren Spannungsausschlag, bei konstanter Mittelspannung

$$S_D = 96/63{,}5 = 1{,}51$$

Bezogen auf die ertragbare Oberspannung bei konstanter Mittelspannung gilt

$$S_D = (222{,}5 + 96)/286 = 1{,}11$$

und bezogen auf die ertragbare Oberspannung bei Ruhegrad $r = $ const gilt

$$S_D = 440/286 = 1{,}54$$

Die vorstehenden drei Ergebnisse für die Sicherheit desselben Bauteils zeigen deutlich, dass der Konstrukteur sich Klarheit darüber verschaffen muss, in welcher Weise sich die Belastung eines Bauteils bei Überlastung ändert. Entsprechend rechnet man bei Zug-Druck- sowie Torsionsbeanspruchung. ∎

Spannungsgefälle. Die Tatsache, dass sich die Spannungsspitze bei schwingender Belastung festigkeitsmindernd, wider Erwarten aber nicht in ihrem vollen Ausmaß mindernd auswirkt, lässt sich auf die Stützwirkung der weniger beanspruchten Querschnittstellen und auf das sog. bezogene Spannungsgefälle zurückführen. Dieser Begriff ist am einfachsten an einem glatten (polierten), kerbfreien ($\alpha_k = 1$), auf Biegung beanspruchten Rundstab zu erläutern. Für diesen ist die Randspannung $\sigma_{max} = \alpha_k \cdot \sigma_n = \alpha_k \cdot \sigma_b = \alpha_k \cdot M_b /(\pi \cdot d^3/32)$ mit der in Bild **2.30** dargestellten Spannungsverteilung. Die Entstehung der mittleren über den Querschnitt konstanten Spannung $\overline{\sigma}_{bm}$ (Bild **2.30**) kann man sich folgendermaßen vorstellen: Die Belastung der gezogenen und der gedrückten Querschnittshälfte erfolgt durch die Kraft $F_z = F_d = M_b /2 \cdot a$ mit dem Schwerpunktabstand $a = 2 \cdot d/3 \cdot \pi$ der beiden Querschnittshälften von der Nullfaser des Querschnitts. Dann gilt für die mittlere Zug- oder Druckspannung σ_m und die Formzahl $\overline{\alpha}$, bezogen auf $\overline{\sigma}_{bm}$:

$$\sigma_m = \frac{F_z}{A/2} = \frac{F_d}{A/2} = M_b \cdot \frac{2}{A \cdot 2 \cdot a} = \frac{M_b}{A \cdot a} \tag{2.41}$$

$$\overline{\alpha} = \alpha_k \cdot \overline{\sigma}_b / \overline{\sigma}_{bm} = \frac{\alpha_k \cdot 32 \cdot M_b \cdot \pi \cdot d^2 \cdot 2d}{\pi \cdot d^3 \cdot 4 \cdot 3\pi \cdot M_b} = 1{,}7 \cdot \alpha_k$$

Die Spannungsspitze hat den Wert $\sigma_{max} = \overline{\alpha}_k \cdot \overline{\sigma}_{bm} = \alpha_k \cdot \sigma_n$. Der Spannungsabfall an der Spannungsspitze ist durch den Differentialquotienten $d\sigma /dx$ an der Stelle σ_{max} (x-Achse $\perp$ Spannung angenommen) in Bild **2.30** gegeben. Bezieht man diesen Wert auf die Spannungsspitze σ_{max}, so erhält man das **bezogene Spannungsgefälle**

$$\chi = \frac{1}{\sigma_{max}} \left(\frac{d\sigma}{dx} \right)_{\sigma_{max}}$$

Für den vorliegenden Fall des gradlinigen Spannungsgefälles kann man statt des Differentialquotienten den Differenzenquotienten setzen. Damit ergibt sich als Spannungsgefälle für den glatten, auf Biegung beanspruchten Rundstab die Gleichung

$$\chi = \frac{\sigma_{max}}{\sigma_{max} \cdot d/2} = \frac{2}{d}$$

Weitere χ-Werte für verschiedene andere Bauformen enthält Bild **2.34**. Die fiktive Wechselfestigkeit eines Werkstoffes σ_W^* an der Stelle der Spannungsspitze ist abhängig von dem bezogenen Spannungsgefälle und wird als Vielfaches δ_W (Wechselfestigkeitsverhältnis) der Wechselfestigkeit σ_W des glatten, auf Zug-Druck beanspruchten Stabes angegeben. Bei dieser Betrachtungsweise entfällt der Größenfaktor b, weil das Spannungsgefälle den Größeneinfluss erfasst. Damit wird die fiktive Gestaltfestigkeit

$$\kappa \cdot \sigma_W^* = \kappa \cdot \delta_W \cdot \sigma_W \tag{2.42}$$

Bauform	Beanspruchung		
	Zug – Druck	Biegung	Torsion
a)	$\chi \approx \dfrac{2}{\rho}$	$\chi \approx \dfrac{2}{h} + \dfrac{2}{\rho}$	
b)	$\chi \approx \dfrac{2}{\rho}$	$\chi \approx \dfrac{2}{d} + \dfrac{2}{\rho}$	$\chi \approx \dfrac{2}{d} + \dfrac{1}{\rho}$
c)	$\chi \approx \dfrac{2}{\rho}$	$\chi \approx \dfrac{4}{D+d} + \dfrac{2}{\rho}$	$\chi \approx \dfrac{4}{D+d} + \dfrac{1}{\rho}$

2.34
Bezogenes Spannungsgefälle χ für verschiedene Bauformen

Die Sicherheit an der höchst beanspruchten Faser ist dann

$$S_D = \frac{\kappa \cdot \delta_W \cdot \sigma_W}{\overline{\alpha} \cdot \overline{\sigma}_{bm}} = \frac{\kappa \cdot \delta_W \cdot \sigma_W}{\alpha_k \cdot \sigma_n} = \frac{\kappa \cdot \sigma_W^*}{\alpha_k \cdot \sigma_n} \tag{2.43}$$

Bei Torsionsbeanspruchung kann man nach der Gestaltänderungsenergiehypothese setzen:

$$\tau_W^* = \sigma_W^* / 1{,}73 \tag{2.44}$$

Werte für das Wechselfestigkeitsverhältnis δ_W sind Bild **2.35** zu entnehmen.

1 EN-GJL (GG)	mit R_m	$= 150 \text{ N/mm}^2$
2 EN-GJL (GG)	mit R_m	$= 300 \text{ N/mm}^2$
3 GE (GS)	mit $R_{p0,2}$	$= 180 \text{ N/mm}^2$
4 GE (GS)	mit $R_{p0,2}$	$= 360 \text{ N/mm}^2$
5 Stahl	mit $R_{p0,2}$	$= 200 \text{ N/mm}^2$
6 Stahl	mit $R_{p0,2}$	$= 400 \text{ N/mm}^2$
7 Stahl	mit $R_{p0,2}$	$= 900 \text{ N/mm}^2$

2.35
Wechselfestigkeitsverhältnis δ_W von EN-GJL (GG), GE (GS) und Stahl

Beispiel 3

Eine Welle ist von $D = 80$ mm auf $d = 40$ mm abgesetzt. Der Übergang ist mit $\rho = 5$ mm ausgerundet und poliert ($\kappa = 1$) (vgl. Bild **2.34c**). Die Beanspruchung ist eine wechselnde Biegung. Die vorhandene Biegenennspannung in der Hohlkehle ist nach Gl. (2.11) σ_b $= \pm 40$ N/mm^2. Gesucht wird die Sicherheit, wenn als Werkstoff E295 (St 50-2) verwendet wird.

Die Höhe des Absatzes ist $t = (D{-}d)/2 = (80$ mm $- 40$ mm$)/2 = 20$ mm. Mit den Werten $t/\rho = 20/5 = 4$ und $d/(2\rho) = 40/(2{\cdot}5) = 4$ findet man in Bild **2.29g** $\alpha_k = 1,8$ bezogen auf die Randspannung $\sigma_b = M_b/W_b$.

Nach Bild **2.34** gilt für das bezogene Spannungsgefälle $\chi = 4/(D{+}d) + 2/\rho = 4/(80$ mm $+ 40$ mm$) + 2/(5$ mm$) = 0,43$ mm^{-1}. Für weiche Stähle entnimmt man hierfür Bild **2.35** das Wechselfestigkeitsverhältnis $\delta_W = 1,1$. Bei der Zug-Druck-Wechselfestigkeit $\sigma_W^* = 180$ N/mm^2 (**1.5b**) wird dann die fiktive Wechselfestigkeit an der Stelle der Spannungsspitze $\sigma_{bG} = \delta_W \cdot \sigma_W^* = 1,1 {\cdot} 180$ N/mm$^2 = 198$ N/mm^2. Folglich wird die ertragbare Grenzspannung an der Stelle der Spannungsspitze $\sigma_{bG} = \kappa \cdot \sigma_W^*/\alpha_k = 1 \cdot (198$ N/mm$^2)/1,8 = 110$ N/mm^2.

Die Sicherheit gegen Dauerbruch ist somit nach Gl. (2.43)

$$S_D = \frac{\kappa \cdot \sigma_W^*}{\alpha_k \cdot \sigma_n} = \frac{\sigma_{bG}}{\sigma_{vorh}} = \frac{110 \text{ N/mm}^2}{40 \text{ N/mm}^2} = 2,8 \qquad \blacksquare$$

Anwendung des Dauerfestigkeitsdiagramms bei zusammengesetzter Beanspruchung

Treten in einem Querschnitt gleichzeitig Normalspannungen und Schubspannungen auf, so zerlegt man jede einzelne Spannung in einen ruhenden Anteil (Mittelspannung σ_m bzw. τ_m) und einen diesem Wert überlagerten Anteil (Spannungsausschlag σ_a bzw. τ_a). Sowohl aus den Mittelspannungen als auch aus den Spannungsausschlägen ermittelt man die Hauptspannungen nach Gl. (2.3), getrennt nach Mittelspannungen und Spannungsausschlägen. Aus den Hauptspannungen bestimmt man dann die ruhende und die schwingende Anstrengung oder Vergleichsspannung σ_{vm} und σ_{va} nach Gl. (2.22a). Diese trägt man in das Dauerfestigkeitsdiagramm für die Normalbeanspruchung ein, weil die Schubspannung auf eine Normalspannung zurückgeführt worden ist. Die eingetragenen Spannungen beurteilt man nach dem im Abschn. „Grenzspannungen bei dynamisch beanspruchten gekerbten Bauteilen" angegebenen Verfahren.

Beispiel 4

Eine glatte Welle aus E335 (St 60-2) ist ruhend auf Verdrehung und wechselnd auf Biegung beansprucht. Die Torsionsspannung an der gefährdeten Stelle beträgt $\tau_t = T/W_p = 50$ N/mm^2 und die Biegespannung $\sigma_b = M_b/W_b = 80$ N/mm^2. Die ruhende Torsionsspannung entspricht der Mittelspannung, der sich die wechselnde Biegespannung als Spannungsausschlag überlagert.

Nach der Theorie des ebenen Spannungszustandes erhält man aus den vorhandenen Normalspannungen σ_x und σ_y und der Schubspannung, die beiden Hauptspannungen aus Gl. (2.3)

Beispiel 4, Fortsetzung

$$\sigma_{1,2} = \frac{\sigma_x + \sigma_y}{2} \pm \sqrt{\left(\frac{\sigma_x - \sigma_y}{2}\right)^2 + \tau^2}$$

Die Hauptspannungen werden nun getrennt ermittelt für die ruhende Mittelspannung und den Spannungsausschlag. Mittelspannung ist im vorliegenden Fall τ_t. In Folge dessen erhält man als ruhende Hauptspannungen aus Gl. (2.3) mit $\sigma_x = 0$ und $\sigma_y = 0$

$$\sigma_{1,2} = \pm\, \tau_t = \pm\, 50 \text{ N/mm}^2$$
$$\sigma_1 \;\; = 50 \text{ N/mm}^2$$
$$\sigma_2 \;\; = -\, 50 \text{ N/mm}^2$$

Hieraus ergibt sich nach der Gestaltänderungsenergie-Hypothese die ruhende Vergleichsspannung nach Gl. (2.22a)

$$\sigma_{vm} = \sqrt{\sigma_1^2 \cdot \sigma_2^2 + \sigma_1 \cdot \sigma_2}$$
$$= \sqrt{\left(50\,\text{N/mm}^2\right)^2 \cdot \left(-50\,\text{N/mm}^2\right)^2 + \left(50\,\text{N/mm}^2\right) \cdot \left(-50\,\text{N/mm}^2\right)}$$
$$= \sqrt{750\,\text{N}^2/\text{mm}^4} = 86{,}5\,\text{N/mm}^2$$

Die Hauptspannungen für den Spannungsausschlag sind nach Gl. (2.3) mit $\sigma_y = 0$ und $\tau = 0$

$$\sigma_{1,2} = \frac{\sigma_x}{2} \pm \frac{\sigma_x}{2} = 40\,\text{N/mm}^2 \pm 40\,\text{N/mm}^2$$
$$\sigma_1 = \sigma_x = 80\,\text{N/mm}^2 \qquad \sigma_2 = 0\,\text{N/mm}^2$$

Aus diesen beiden Hauptspannungen ergibt sich nach Gl. (2.22a) die schwingende Vergleichsspannung

$$\sigma_{va} = \pm\sigma_1 = \pm\, 80\,\text{N/mm}^2$$

Demnach entspricht der vorliegende Belastungsfall einem einachsigen Belastungsfall mit der ruhenden Vorspannung $\sigma_m = 86{,}5$ N/mm² und dem überlagerten Spannungsausschlag $\sigma_a = \pm\, 80$ N/mm². Diesen Fall trägt man in das Dauerfestigkeitsdiagramm für Biegung ein und beurteilt die Spannungen nach Abschn. „Grenzspannungen bei dynamisch beanspruchten gekerbten Bauteilen".

Die etwas aufwändigere Anwendung des Dauerfestigkeitsdiagramms lässt sich vermeiden, wenn man näherungsweise mit der Gestaltänderungsenergiehypothese nach Gl. (2.25) rechnet. Für das vorliegende Beispiel wird die Vergleichsspannung dann

$$\sigma_v = \sqrt{\left(80\,\text{N/mm}^2\right)^2 + 3\left(0{,}735 \cdot 50\,\text{N/mm}^2\right)^2}$$
$$= \sqrt{640\,\text{N}^2/\text{mm}^4 + 3 \cdot 37{,}2^2\,\text{N}^2/\text{mm}^4} = 100\,\text{N/mm}^2$$

Hierin ist das Anstrengungsverhältnis (α_0 nach *Bach* für E335 (St 60-2))

Beispiel 4, Fortsetzung

$$\alpha_0 = \sigma_{bW}/(1{,}73 \cdot \tau_{tF}) = (280 \text{ N/mm})^2/(1{,}73 \cdot 220 \text{ N/mm}^2) = 0{,}735$$

Die ruhende Torsionsspannung ist bei diesem Ansatz durch das Anstrengungsverhältnis α_0 auf wechselnde Beanspruchung zurückgeführt worden. In Folge dessen muss die Vergleichsspannung σ_v unterhalb der Grenzspannung $b \cdot \sigma_{bW}/\beta_k$ liegen. Dieser Ansatz ist der bisher übliche; das Anstrengungsverhältnis α_0 erfasst aber nicht die wirklichen Zusammenhänge. Ein weiteres Zahlenbeispiel für zusammengesetzte Beanspruchung mit Kerbwirkung s. Teil 2, Abschn. Wellen und Achsen.   ■

Beispiel 5

Berücksichtigung der Stützwirkung bei zusammengesetzter Beanspruchung. Ein abgesetzter, geschliffener Lagerzapfen (Bild **2.29g**) mit den Abmessungen $d = 35$ mm, $t = 10$ mm bzw. $D = 55$ mm und $\rho = 2$ mm wird mit einem ruhenden Biegemoment $M_b = 1200$ Nm und mit einem pulsierenden Drehmoment $T = 1600$ Nm belastet. Werkstoff: Vergütungsstahl, $R_{p0,2} = 600$ N/mm^2, $R_m = 900$ N/mm^2, Zugwechselfestigkeit $\sigma_W = \pm 440$ N/mm^2.

Gesucht: Sicherheit gegen Fließen S_F und Sicherheit gegen Dauerbruch S_D.

Die ruhende Biegespannung entspricht der unteren Spannung, über der sich die pulsierende Schubspannung aufbaut.

1. Ruhende Biege-Maximalspannung $\sigma_{b\,max} = \overline{\alpha} \cdot \overline{\sigma}_{bm} = (\overline{\alpha} \cdot 6 \cdot M_b)/d^3 = (3{,}7 \cdot 6 \cdot 1200 \cdot 10^3 \text{ N mm})/35^3 \text{ mm}^3 = 621$ N/mm^2. Aus Bild **2.29g** ergibt sich für $d/(2\rho) = 8{,}75$ und $t/\rho = 5$ $\alpha_k \approx 2{,}2$; damit ist die Formzahl $\overline{\alpha} = 1{,}7 \cdot \alpha_k = 1{,}7 \cdot 2{,}2 = 3{,}7$.

2. Pulsierende Schub-Maximalspannung $\tau_{t\,max} = \overline{\alpha} \cdot \overline{\tau}_{tm} = (\overline{\alpha} \cdot 12 \cdot T)/(\pi \cdot d^3) = (2{,}2 \cdot 12 \cdot 1600 \cdot 10^3 \text{ Nmm})/(\pi \cdot 35^3 \text{ mm}^3) = 312$ N/mm^2; hierin ist die Formzahl $\overline{\alpha} = 1{,}33 \cdot \alpha_k = 1{,}33 \cdot 1{,}7 = 2{,}2$ mit $\alpha_k \approx 1{,}7$ gemäß Bild **2.29i** für $d/(2\rho) = 8{,}75$ und $t/\rho = 5$.

3. Obere Grenzbeanspruchung nach der GE-Hypothese Gl. (2.22b)

$$\sigma_{vo} = \sqrt{\sigma_{b\,max}^2 + 3 \cdot \tau_{t\,max}^2} = \sqrt{621^2 + 3 \cdot 312^2} \ \text{N/mm}^2 = 823 \ \text{N/mm}^2$$

Untere Grenzbeanspruchung $\sigma_{vu} = \sigma_{b\,max} = 621$ N/mm^2. Mittlere Beanspruchung $\sigma_{vm} = 0{,}5 \cdot (\sigma_{vo} + \sigma_{vu}) = 0{,}5 \cdot (823 + 621)$ N/mm$^2 = 722$ N/mm^2. Schwingungsausschlag $\sigma_{va} = 0{,}5 \cdot (\sigma_{vo} - \sigma_{vu}) = 0{,}5 \cdot (823 - 621)$ N/mm$^2 = 101$ N/mm^2.

4. Formdehngrenze $K_{0,2}^* = \delta_{0,2} \cdot R_{p0,2} = 2{,}32 \cdot 600$ N/mm$^2 = 1392$ N/mm^2 nach Gl. (2.30) mit $\delta_{0,2} = \sqrt{(k_b \cdot \delta_b)^2 + 3 \cdot (k_t \cdot \delta_t)^2} = \sqrt{(0{,}76 \cdot 2{,}7)^2 + 3 \cdot (0{,}76 \cdot 1{,}7)^2} = 2{,}32$ nach Gl. (2.34) aus $\delta_b = 1 + 0{,}75 \cdot (3{,}7 - 1) \cdot \sqrt[4]{300/600} = 2{,}7$ nach Gl. (2.32) für Biegung sowie $\delta_t = 1 + 0{,}75 \cdot (2{,}2 - 1) \cdot \sqrt[4]{300/600} = 1{,}7$ für Torsion und mit $k_b = \sigma_{b\,max}/\sigma_{vo} = 621/823 = 0{,}76$ $k_t = \tau_{t\,max}/\sigma_{vo} = 312/823 = 0{,}37$.

5. Gestaltfestigkeit $\kappa \cdot \sigma_W^* = \kappa \cdot \delta_W \cdot \sigma_W = 0{,}9 \cdot 1{,}05 \cdot 440 \ \text{N/mm}^2 = 416 \ \text{N/mm}^2$ nach Gl. (2.42) mit dem Spannungsgefälle nach Bild **2.34** $\chi = (4/D + d) + (2/\rho) = (4/90 \text{ mm}) + (2/2 \text{ mm}) = 1{,}045 \text{ mm}^{-1}$, mit dem Wechselfestigkeitsverhältnis $\delta_W = 1{,}1$ (Bild **2.35**) und mit $\kappa = 0{,}88$ (Bild **2.31**).

Beispiel 5, Fortsetzung

6. Ergebnis: Sicherheit gegen Verformen $S_F = K_{0,2}^*/\sigma_{vo} = 1392/823 = 1,7$. Sicherheit gegen Dauerbruch $S_D = \sigma_A/\sigma_{va} = 340/101 = 3,4$.

Die Ausschlagfestigkeit $\sigma_A = 340$ N/mm^2 wird durch Konstruktion des Gestaltfestig-keits-Diagramms nach *Smith* gefunden. Sie ist kleiner als die Zugwechselfestigkeit σ_W, weil die Linien für die Ober- und Unterspannungen nicht parallel zur Mittelspannung verlaufen. ■

Sicherheitszahl. Am besten lässt sich die vorhandene Spannung beurteilen, wenn man sie auf Werkstoffkennwerte (Grenzspannungen) bezieht, die im Betrieb nicht überschritten werden dürfen. Als Sicherheit bezeichnet man das Verhältnis S von Grenzspannung zur vorhandenen Spannung; sie ist von der Art der Grenzspannung abhängig. Richtwerte für die Sicherheit S können Bild **2.32** entnommen werden. Die Grenzspannungswerte (Fließgrenze, Schwellfestig-keit und Wechselfestigkeit) kann man aus den Dauerfestigkeitsdiagrammen (**2.22** und **1.16**, **1.20** und **1.21**) ablesen. Zugfestigkeit und Streckgrenze findet man in den Werkstoffnormen. Eine überschlägige Ermittlung der verschiedenen Kennwerte aus der Zugfestigkeit ist mit Hilfe von Bild **2.36** möglich.

2.36
Näherungsweise Konstruktion (Konstruktions-schritte 1 … 7) der Dauerfestigkeitsschaubilder aus Wechselfestigkeit, Fließgrenze und Winkel $\alpha \approx 37,5°$ für Stähle mit $R_m = (300 … 1200)$N/mm^2

Auf dem Gebiet der Festigkeitsforschung sind noch viele Fragen ungeklärt. Um so wichtiger ist es, die Sicherheitszahl stets davon abhängig zu machen, ob im Ernstfall Menschenleben ge-fährdet sind oder höhere materielle Verluste eintreten. Können keine Erprobungen an Ver-suchsstücken durchgeführt werden und liegen keine Erfahrungen im Einzelfall vor, so sollte die Sicherheit eher größer gewählt werden als in Bild **2.32** angegeben. Können dagegen Versuche durchgeführt werden, so empfiehlt sich die Wahl einer kleineren Sicherheit. Treten dann im Versuch Schwierigkeiten auf, so ist man gezwungen, Konstruktionsänderungen vorzunehmen. Bei einer zu hoch gewählten Sicherheit fehlt stets der Zwang zu einer Änderung der Konstruk-tion im Sinne des Leichtbaues.

Zulässige Spannungen

Die in der Literatur und in der Praxis häufig verwendeten Werte für zulässige Spannungen be-rücksichtigen die von *Bach* geprägten drei Belastungsfälle:

I. **ruhende Belastung,** Punkt I in Bild **2.22**

II. **schwellende Belastung:** Die Last schwankt wiederholt zwischen Null und einem Höchst-wert, Senkrechte II in Bild **2.22**

III. **wechselnde Belastung:** Die Last schwankt wiederholt zwischen einem Höchstwert und ei-nem gleich großen negativen Wert (Zug-Druck und Biegung oder Torsion nach entgegenge-setzten Richtungen), Senkrechte III in Bild **2.22**.

Außerdem werden in der Praxis häufig die in bewährten Bauteilen auftretenden Spannungen als zulässige Spannung (zusätzliche Spannungsvergleichswerte) für die Berechnung ähnlicher und gleicher Belastungsart ausgesetzter Teile zugrunde gelegt. Auch in diesem Buch werden Werte für zulässige Spannungen in einzelnen Abschnitten angegeben. Diese Werte enthalten in der Regel die festigkeitsmindernden Einflüsse. Man sollte diese Werte der zulässigen Spannungen nur zur überschlägigen Ermittlung einiger Hauptabmessungen verwenden. Für die exakte Spannungsbeurteilung sind sie ungeeignet, weil sie eine nicht bekannte Sicherheit enthalten.

Da die in den Werten für die zulässigen Spannungen $\sigma_{zul} = \sigma_G/S$ enthaltene Sicherheit nicht unmittelbar erkennbar ist, sollte man es sich zum Grundsatz machen, stets die Sicherheit durch den Vergleich der vorhandenen Spannung mit der Grenzspannung nach der Gleichung $S = \sigma_G/\sigma_{vorh}$ zu ermitteln.

2.4 Ermitteln unbekannter Kräfte und Momente (Freischneiden von Bauteilen)

Voraussetzung für jede Festigkeitsrechnung ist die Kenntnis der an einem Bauteil angreifenden äußeren Kräfte. Ihre Ermittlung beginnt stets mit dem sog. „Freischneiden des Bauteils". Hierzu denkt man sich dieses zunächst von allen angrenzenden Bauteilen getrennt. An den Trennstellen (vorher Verbindungs- oder Berührungsstellen) trägt man diejenigen Kräfte und Momente an, welche die angrenzenden Teile vor der Trennung auf das zu untersuchende Maschinenteil ausgeübt haben. Für den „freigeschnittenen Körper" werden dann die Gleichgewichtsbedingungen zur Bestimmung der unbekannten Kräfte und Momente angesetzt.

Bei statisch unbestimmten Fällen reichen die zur Verfügung stehenden Gleichgewichtsbedingungen nicht aus. In diesen Fällen wird zusätzlich mit Verformungsgleichungen aus der Elastizitätslehre gerechnet. Die Summe der verfügbaren Gleichgewichtsbedingungen und Elastizitätsgleichungen muss mindestens gleich der Anzahl der zu ermittelnden unbekannten Kräfte und Momente sein.

Anwendungsbeispiel (Kurbelgetriebe)

Nach Bild **2.37** setzt die auf der Welle W sitzende Kurbel K über den Gleitstein G_1 die Schwinge S in schwingende Bewegung um den Drehpunkt 0; der an der Schwinge S drehbar gelagerte Gleitstein G_2 bewegt den horizontal geführten Tisch T. Dieser setzt der hier gerade nach links gerichteten Bewegung des Gleitsteins G_2 den Widerstand F_w entgegen. Die in den einzelnen Gliedern (Bauteilen) des Getriebes auftretenden Kräfte sind zu ermitteln. Reibungs- und Massenkräfte sollen hier vernachlässigt werden. Es sollte aber stets geprüft werden, ob die Vernachlässigung zulässig ist.

Untersucht man die Verhältnisse für verschiedene Kurbelwinkel, so kann man die ermittelten Kräfte und Momente der einzelnen Bauteile über dem Kurbelwinkel oder der Zeit darstellen.

Aus diesen sog. „Belastungs-Zeit-Bildern" lassen sich die kleinste und die größte Belastung entnehmen, die der Rechnung auf Dauerfestigkeit (Gestaltfestigkeit) zugrunde gelegt werden.

Das Freischneiden der einzelnen Bauteile des Kurbelgetriebes beginnt hier mit dem Gleitstein G_2, weil an diesem die vom Tisch herrührende Widerstandskraft F_w bekannt ist.

2.37
Kurbelgetriebe

A_1 und A_2	Grenzstellungen	K_u	Tischkulisse
F_w	Tisch-Widerstandskraft	S	Schwinge
G_1	Gleitstein	s	Hub
G_2	Gleitstein	T	Tisch
K	Kurbel	W	Welle

2.38
Freigeschnittener Gleitstein
(G_2 in Bild **2.37**)
F_W Tisch-Widerstandskraft
F_1 Bolzenkraft

Gleitstein G_2 (2.38). Bei Vernachlässigung der Reibung kann auf dieses Bauteil vom Tisch her nur die auf seiner Seitenfläche senkrecht stehende Widerstandskraft F_w wirken. Sie muss mit der vom Gleitsteinbolzen herrührenden Kraft F_1 (**2.38**) im Gleichgewicht stehen. Folglich lautet die Gleichgewichtsbedingung

$$\Sigma F = F_w - F_1 = 0 \qquad\qquad (2.45)$$

> **Hieraus ergibt sich: $F_1 = F_w$. Die Kräfte sind dem Betrag nach gleich, die Richtung von F_1 ist aber entgegengesetzt zu F_w.**

Auswirkung der Kräfte. Aus der Widerstandskraft F_w lässt sich die Flächenpressung p zwischen Tischkulisse K_u und Gleitstein G_2 ermitteln, wenn die Größe ihrer Berührungsfläche bekannt ist. Umgekehrt kann aus der zulässigen Spannung (Flächenpressung) die erforderliche Größe der Berührungsfläche bestimmt werden. (Dasselbe gilt für die Flächenpressung zwischen Gleitstein und Bolzen.)

Bolzen im Gleitstein G_2 (2.39). Auf den Bolzen wirkt vom Gleitstein her die Kraft F_2 als Gegenkraft (Reaktionskraft) von F_1. Sie steht im Gleichgewicht mit den Kräften F_3 und F_4, die die Schwinge auf den Bolzen ausübt. Somit ergibt sich die Gleichgewichtsbedingung

$$\Sigma F = F_2 - F_3 - F_4 = 0 \qquad\qquad (2.46)$$

Auswirkung der Kräfte. Die Kraft F_2 verursacht die Flächenpressung zwischen Gleitstein und Bolzen, die Kräfte F_3 und F_4 bewirken die Flächenpressungen zwischen Bolzen und Schwinge.

Bereits der vorliegende einfache Fall einer Bolzenbelastung kann Schwierigkeiten bei der Ermittlung der durch die Kräfte hervorgerufenen Biegebeanspruchung bereiten. Zu deren Bestimmung bestehen nämlich verschiedene Ansatzmöglichkeiten: Bilder **2.40** bis **2.42**.

Aus Symmetriegründen ist $F_3 = F_4$.
Somit folgt aus Gl. (2.45)

$$F_3 = F_4 = F_2/2$$

2.39
Freikörperbild Bolzen (B in Bild **2.37**)
F_2 Gleitsteinkraft
F_3, F_4 Schwingenkräfte

2.40
Kräfte- und Momentenverlauf Bolzen;
$l_2 = l_1/2$
a) Belastungsbild mit Einzelkräften
b) Querkraftverlauf
c) Biegemomentverlauf
   $M_{b\,max} = F_2/2 \cdot (l_1/4 + l_1/2) = (3/8) \cdot F_2 \cdot l_1$

Die vorstehenden drei Betrachtungen der Belastung des Bolzens im Gleitstein G_2 in Bild **2.37** ergeben demnach maximale Biegemomente, die zwischen den extremen Werten $M_b = (3/8) \cdot F_2 \cdot l_1 = (9/24) \cdot F_2 \cdot l_1$ und $M_b = (1/12) \cdot F_2 \cdot l_1 = (2/24) \cdot F_2 \cdot l_1$ liegen. Bei vollkommen fester Einspannung (Presssitz und starre Augen) und Annahme einer Streckenlast ergibt sich ein um 7/9, d. h. um 78%, kleineres Biegemoment als bei Annahme loser Lagerung mit Einzellasten. Geben bei fester Einspannung (Presssitz) die Augen der Durchbiegung des Bolzens elastisch nach, so liegt das maximale Biegemoment zwischen den beiden Extremwerten.

Es gelten also die beiden Grundsätze:
1. Je unnachgiebiger die Einspannung, desto kleiner sind die auftretenden maximalen Biegemomente.

2. Rechnen mit Einzellasten ergibt stets größere maximale Biegemomente als Rechnen mit Streckenlasten und ist daher immer sicherer.

Das vorstehende einfache Beispiel zeigt, dass die Art der Berechnung von Maschinenteilen bisweilen auf Annahmen basiert, also eine Ermessensfrage sein kann. Eine exakte Bestimmung der Kraftwirkungen und damit der in einem Bauteil auftretenden Spannungen ist häufig nur mit Hilfe der Spannungsoptik an einem Modell oder mit der Spannungs-Dehnungs-Messung am bereits ausgeführten Bauteil möglich. In vielen Fällen führt die Finite-Element-Methode zu einer Lösung. Sie beruht darauf, ein großes Problem auf kleine, einfache Teilprobleme mit fertigen allgemeinen Lösungen zurückzuführen.

2.41
Freigeschittener Bolzen (*B* in Bild **2.37**)
a) Belastungsbild mit Streckenlast F_2;
    Bolzen fest eingespannt;
    Augen der Schwinge starr angenommen
b) Querkraftverlauf
c) Biegemomentverlauf

M_E Einspannmoment $= M_{b\,max} = F_2 \cdot l_1/12$
M_F Feldmoment $= F_2 \cdot l_1/12$

2.42
Freigeschnittener Bolzen (*B* in Bild **2.37**)
a) Belastungsbild mit Einzellast F_2;
    Bolzen fest eingespannt
b) Querkraftverlauf
c) Biegemomentverlauf

M_E Einspannmoment $= M_F$ Feldmoment $= F_2 \cdot l_1/8$

Allein schon wegen der beschriebenen Unsicherheiten bei der Bestimmung der tatsächlich auftretenden Kräfte werden alle Festigkeitsrechnungen mit Sicherheitszahlen (s. Abschn. 2.3) durchgeführt.

Im oben betrachteten Beispiel (Kurbelgetriebe) ergibt sich zunächst aus dem maximalen Biegemoment und den angenommenen Bolzenabmessungen die vorhandene Biegespannung. Umgekehrt lässt sich nach Wahl des Werkstoffes der Querschnitt unter Zugrundelegen der zulässigen Spannung berechnen, s. Abschn. 2.3.

Schwinge *S* (s. Bild **2.43**). Am oberen Gabelkopf wirken die Kräfte F_5 und F_6 als Reaktionskräfte von F_3 und F_4 (s. Bild **2.39**). Folglich sind F_5 und F_6 nach Betrag und Richtung bekannt.

Der Gleitstein G_1 kann bei Vernachlässigung der Reibung nur die unbekannte Kraft F_7 senkrecht zur Schwingenberührungsfläche ausüben. Am unteren Drehpunkt 0 wirkt vom Lager her auf die Schwingen die nach Betrag und Richtung unbekannte Kraft F_8, die in ihre Komponenten F_{8x} und F_{8y} zerlegt werden kann. Die gewählte Lage des Achsenkreuzes hat den Vorteil, dass man auf einfache Weise die Längs- und Querkräfte für die Schwinge erhält, die für die Festigkeitsrechnung benötigt werden. Mit der Resultierenden $R_{5,6} = F_5 + F_6$ und dem aus Bild **2.43** entnommenen Winkel β ergeben sich folgende Gleichgewichtsbedingungen

$$\Sigma F_x = R_{5,6} \cdot \cos \beta - F_{8x} \quad\quad = 0 \tag{2.47}$$

$$\Sigma F_y = R_{5,6} \cdot \sin \beta + F_{8y} - F_7 = 0 \tag{2.48}$$

$$\Sigma M_0 = R_{5,6} \cdot \sin \beta \, l_3 - F_7 \, l_4 \quad = 0 \tag{2.49}$$

> Hieraus ergibt sich $F_7 = R_{5,6} \cdot \sin \beta \cdot l_3/l_4$; aus Gl. (2.48) folgt $F_{8y} = F_7 - R_{5,6} \cdot \sin \beta$.

Auswirkung der Kräfte. Bild **2.44** zeigt das Belastungsschema der Schwinge. Die Schwinge wird über die ganze Länge auf Zug beansprucht. Der Zugspannung überlagert ist eine Biegespannung und eine Schubspannung. Längskräfte L und Querkräfte Q werden für den jeweiligen Querschnitt der Längs- bzw. Querkraftkurve (**2.44 b** und **c**), das Biegemoment der Biegemomentkurve (**2.44d**) entnommen. Da Querschnitt und Widerstandsmoment über der Länge der Schwinge nicht konstant sind, muss zunächst der gefährdete Querschnitt überschlägig ermittelt werden: Besonders gefährdet sind die Angriffsstelle der Kraft F_7 und der Fuß des Gabelkopfes. Außerdem empfiehlt sich die Kontrolle der Flächenpressungen in den oberen und unteren Lageraugen der Schwinge.

Die an einer Stelle gleichzeitig auftretenden Spannungen werden zu einer Vergleichsspannung oder resultierenden Spannung zusammengesetzt und beurteilt (s. Abschn. 2.2 und 2.3).

2.43
a) Freikörperbild Schwinge (S in Bild **2.37**)
b) Schwingenkopf (oberer Gabelkopf)
F_5, F_6 Bolzenkräfte
F_7 Gleitsteinkraft
F_{8x}, F_{8y} Lagerkräfte

2.44
Freigeschnittene Schwinge (S in Bild **2.37**)
a) Belastungsschema
b) Längskraftverlauf, Kräfte um 90° gedreht, l_3 Zugbereich
c) Querkraftverlauf, l_3 Schubbereich
d) Biegemomentverlauf, l_3 Biegebereich

Gleitstein G_1 (2.45). Auf die Berührungsfläche zwischen Gleitstein und Schwinge wirkt die Kraft F_9 als Reaktionskraft von F_7 (**2.43**). Sie ist somit nach Betrag und Richtung bekannt. Der Kurbelzapfen der Kurbel wirkt mit der unbekannten Kraft F_{10} auf den Gleitstein. Setzt man die Gleichgewichtsbedingungen an, so erhält man nach Bild **2.45**

$$\Sigma F_y = F_9 - F_{10} = 0 \tag{2.50}$$

Folglich ist $F_{10} = F_9 = F_7$. Hierbei wird angenommen, dass der Kurbelzapfen so dimensioniert ist, dass seine Durchbiegung vernachlässigt werden kann; er wird also – wie in der Statik üb-

lich – als starrer Körper angesehen. (An sich tritt mit der Durchbiegung des Zapfens eine Ver-
kantung des Gleitsteins ein. Diese führt zu Kantenpressungen zwischen Zapfen und Gleitstein
bzw. zwischen Gleitstein und Schwinge.)

Auswirkung der Kräfte. Die Flächenpressung zwischen Schwinge und Gleitstein erhält man,
wenn man die Abmessungen der Fläche annimmt. Umgekehrt kann man wieder unter Zugrundelegen der zulässigen Flächenpressung p die erforderliche Fläche bestimmen. (Entsprechend
ergibt sich die Flächenpressung zwischen Bolzen und Gleitstein.)

2.45
Freigeschnittener Gleitstein (G_1 in Bild **2.37**)
F_9 Schwingenkraft
F_{10} Kurbelzapfenkraft

2.46
Freigeschnittene Kurbelwelle (K in Bild **2.37**)
F_{13} Gleitsteinkraft
F_{14}, F_{15} Lagerkräfte
T_a Antriebsmoment

Kurbelwelle (Bild **2.46**). An der Kurbel wirkt die Kraft F_{13} als Reaktionskraft von F_{10} (s. Bild
2.45). Unter der Annahme, dass der Kurbelzapfen starr ist, wirken an der Kurbelwelle nur noch
die Lagerkräfte bei C und D und das Antriebsmoment T_a am Wellenzapfen bei E. Mit dem
Achsenkreuz x, y, z durch D (x-Achse in der Wellenachse, y-Achse parallel zur Kraft F_{13}, z-
Achse senkrecht zu F_{13}) lauten die Gleichgewichtsbedingungen für die freigeschnittene Kurbelwelle nach Bild **2.46** mit dem bei der gezeichneten Kurbelstellung erforderlichen Antriebsmoment T_a am Wellenzapfen E, dem Kurbelradius r und dem Winkel γ zwischen Kurbelarm und
der Richtung von F_{13}:

$$\Sigma F_y \quad = F_{13} - F_{14} + F_{15} \quad = 0 \tag{2.51}$$

$$\Sigma M_z \quad = F_{13} \cdot (l_5 + l_6) - F_{14} \cdot l_6 \quad = 0 \tag{2.52}$$

$$\Sigma M_x \quad = F_{13} \cdot r \cdot \sin \gamma - T_a \quad = 0 \tag{2.53}$$

Aus Gl. (2.52) ergibt sich $F_{14} = F_{13} \cdot (l_5 + l_6) / l_6$. Aus Gl. (2.51) erhält man $F_{15} = F_{14} - F_{13} =$
$F_{13} \cdot l_5 / l_6$. Aus Gl. (2.53) lässt sich T_a ermitteln.

Auswirkung der Kräfte. In der Welle zwischen Kurbelarm und Wellenzapfen E treten Torsionsbeanspruchungen auf, Gl. (2.14). Die Drehmomentkurve zwischen den Punkten E und F
zeigt Bild **2.47a**. Zwischen D und F treten als Folge der Querkräfte Q Schubspannungen auf,
s. Gl. (2.12). Die Querkräfte für die jeweiligen Querschnitte werden dem Querkraftverlauf
(**2.47b**) entnommen. Zwischen D und F wirken außerdem als Folge der Biegemomente M_b Biegespannungen, s. Gl. (2.11). Den Biegemomentverlauf zeigt Bild **2.47c**. Die Biege- und Ver-
drehspannungen werden zu einer Vergleichsspannung zusammengesetzt, Gl. (2.25).

2.47
a) Querkraftverlauf für das Wellenstück zwischen den Querschnitten E und F
b) Biegemomentverlauf für das Wellenstück zwischen den Querschnitten E und F
c) Drehmomentverlauf für Wellenstück zwischen den Querschnitten E und F der Welle nach **2.35**

2.48
Kräfte- und Momentverlauf am Kurbelarm nach **2.50**
a) Längskraftverlauf;
b) Querkraftverlauf
c) Biegemomentverlauf
d) Biegemomentverlauf
e) Drehmomentverlauf

$Q = F_{13} \cdot \sin \gamma$
$M_{b1} = F_{13} \cdot l_7 \cdot \cos \gamma$
$M_{b2} = F_{13} \cdot x \cdot \sin \gamma$
$T = F_{13} \cdot l_7 \cdot \sin \gamma$

Der Kurbelarm wird durch die Kraft F_{13} auf Zug, Biegung, Verdrehung und Schub beansprucht (**2.50**; **2.51** u. **2.52**). Zweckmäßigerweise zerlegt man F_{13} wieder in zwei Komponenten in Richtung der Längsachse des Kurbelarms (x-Achse) und senkrecht dazu (y-Achse). Die Komponente $F_{13} \cdot \cos \gamma$ wirkt als Zugkraft auf den Kurbelarm. Diese Längskraft ist in der Längskraftkurve in Bild **2.48a** über der Längsachse des Kurbelarms dargestellt. Außerdem entsteht infolge der exzentrischen Lage von $F_{13} \cdot \cos \gamma$ gegenüber der Längs-Schwerachse des Kurbelarms ein über die Länge r des Kurbelarms konstantes Biegemoment $M_{b1} = F_{13} \cdot l_7 \cdot \cos \gamma$ (l_7 s. Bild **2.50**). Den Biegemomentverlauf zeigt Bild **2.48b**.

Die Kraft $F_{13} \cdot \sin \gamma$ verursacht als Querkraft eine Schubspannung im Kurbelarm. Die Querkraftkurve stellt Bild **2.48c** dar. In Folge des Abstandes x von den einzelnen Querschnitten des Kurbelarms verursacht die Kraft $F_{13} \cdot \sin \gamma$ ein Biegemoment $M_{b2} = F_{13} \cdot x \cdot \sin \gamma$. Die Biegemomente sind über der Länge des Kurbelarms in Bild **2.48d** aufgetragen. Infolge des Abstandes l_7 der Kraft $F_{13} \cdot \sin \gamma$ von der Längsachse des Kurbelarms entsteht außerdem ein über die Längsachse konstantes Torsionsmoment $T = F_{13} \cdot l_7 \cdot \sin \gamma$. Den Momentverlauf zeigt Bild **2.48e**.

Im vorliegenden Fall überlagern sich somit eine Zugspannung, zwei Biegespannungen, eine Abscherspannung und eine Torsionsspannung. Das Ermitteln und Zusammensetzen dieser Spannungen wird wegen der grundsätzlichen Bedeutung des Verfahrens im folgenden Abschn. „Spannungsermittlung" eingehend behandelt.

Der am Kurbelarm befindliche Kurbelzapfen (**2.46** und **2.50**) wird durch die Kraft F_{13} auf Schub und Biegung beansprucht.

Nunmehr sind alle Kräfte und deren Wirkungen an den einzelnen Maschinenteilen des Kurbelgetriebes nach Bild **2.37** bekannt. Anstelle der hier benutzten analytischen Gleichgewichtsbedingungen können zur Ermittlung der unbekannten Kräfte natürlich auch die graphischen Verfahren der Statik angewendet werden (z. B. Bild **2.49**).

2.49
Graphische Ermittlung der an der Schwinge (S in Bild **2.37**) angreifenden Kräfte. Bekannt sind Betrag und Richtung von $R_{5,6}$, Richtung von F_7 und Angriffspunkt von F_8

a) Lageplan, b) Krafteck

2.50
Freikörperbild Kurbelarmstück

a) Zerlegen der Kraft F_7 in $F_{13} \cdot \cos \gamma$ und $F_{13} \cdot \sin \gamma$
b) Verschieben der Komponente $F_{13} \cdot \cos \gamma$ nach E
c) Zugspannung σ_z und Biegespannung σ_{b1}

Spannungsermittlung

Die Ermittlung der in einem Bauteil auftretenden Spannungen erfolgt ebenfalls durch Freischneiden; in diesem Falle werden aber Bestandteile der Bauteile abgetrennt. (Spannungen in ausgeführten Bauteilen lassen sich durch Messung der Dehnung ermitteln.)

Anwendungsbeispiel (Kurbelarm). Das Freischneiden von Teilstücken der Bauteile und damit der eigentliche Ansatz für die Festigkeitsberechnung bereitet häufig Schwierigkeiten. Das Verfahren wird daher hier am Beispiel des Kurbelarms (s. Bild **2.50**) noch einmal erläutert.

Will man z. B. die Spannungen im Querschnitt *ABCD* bestimmen, so legt man durch diesen einen Trennschnitt. Dann verschiebt man alle äußeren Kräfte an demjenigen Teilstück, an dem sie leichter zu übersehen sind, in den Schwerpunkt des Querschnitts der Trennstelle, bringt im Querschnitt diejenigen Spannungen an, die vor dem Trennen von dem abgetrennten Stück auf das untersuchte Stück übertragen wurden, und setzt wieder die Gleichgewichtsbedingungen an. Die Lage der „gefährdeten", d. h. am ungünstigsten beanspruchten Querschnitte der verschiedenen Maschinenteile wird in den entsprechenden Abschnitten dieses Buches gezeigt; *ABCD* ist hier nicht der gefährdete Querschnitt.

Verschiebt man die Kraft $F_{13} \cdot \cos \gamma$ parallel zu sich selbst in die Längsachse des Kurbelarms (Punkt E in Bild **2.39**) und bringt gleichzeitig das Kräftepaar $F_{13} \cdot l_7 \cdot \cos \gamma$ (Kraftpfeile durch / gekennzeichnet) an, so hat sich an der Kraftwirkung auf den Kurbelarm nichts geändert. Es ist jedoch deutlich sichtbar, dass an ihm die Längskraft $F_{13} \cdot \cos \gamma$ und das Kräftepaar $F_{13} \cdot l_7 \cdot \cos \gamma$ wirken. Die Gleichgewichtsbedingungen für das abgeschnittene Stück lauten nunmehr

$$\Sigma F_x = F_{13} \cdot \cos \gamma - \sigma_z \cdot A = 0 \tag{2.54}$$

$$\Sigma M_y = F_{13} \cdot l_7 \cdot \cos \gamma - \sigma_{b1} \cdot W_{b1} = 0 \tag{2.55}$$

mit Querschnitt $A = b \cdot h$ und Widerstandsmoment $W_{b1} = h \cdot b^2/6$.
Hieraus ergeben sich die Zugspannung σ_z und die Biegespannung σ_{b1}

$$\sigma_z = \frac{F_{13} \cdot \cos \gamma}{A} \qquad \text{[s. Gl. (2.8)]}$$

$$\sigma_{b1} = \frac{F_{13} \cdot l_7 \cdot \cos \gamma}{h \cdot b^2/6} \qquad \text{[s. Gl. (2.11)]}$$

Verschiebt man die Kraft $F_{13} \cdot \sin \gamma$ parallel zu sich selbst in die Längsachse des Kurbelarms (Punkt E in Bild **2.51**) und bringt man gleichzeitig das Kräftepaar $F_{13} \cdot l_7 \cdot \cos \gamma$ (in Bild **2.50** durch // gekennzeichnet) an, so hat sich wiederum an der Kraftwirkung nichts geändert.

Das Kräftepaar $F_{13} \cdot l_7 \cdot \cos \gamma$ übt, bezogen auf die Querschnittsfläche $ABCD$, ein Drehmoment aus. Die Gleichgewichtsbedingung lautet $\Sigma M_x = F_{13} \cdot l_7 \cdot \sin \gamma - \tau_{t\,max} \cdot W_t = 0$. Hieraus ergibt sich die maximale Torsionsspannung

$$\tau_{t\,max} = \frac{F_{13} \cdot l_7 \cdot \sin \gamma}{W_t} \qquad \text{[s. Bild \textbf{2.52} und Gl. (2.14)]}$$

Hierin ist W_t nicht das polare Widerstandsmoment, sondern eine vom Seitenverhältnis des Rechtecks abhängige Rechengröße, die einschlägigen Taschenbüchern entnommen werden kann. Für den vorliegenden Rechteckquerschnitt z. B. ist $W_t = c_1 \cdot b \cdot h^2/c_2$; h ist die größere, b die kleinere Seite des Rechtecks, c_1 und c_2 sind vom Seitenverhältnis $h : b$ abhängige Faktoren [3], [9]; s. auch Abschn. 2.1 unter Torsionsbeanspruchung. Die maximale Torsionsspannung tritt beim Rechteckquerschnitt in der Mitte der langen Seiten auf. In der Mitte der kurzen Seiten ist die Torsionsspannung $\tau'_{t\,max} = \tau_{t\,max}$. In den Eckpunkten ist $\tau_t = 0$.

2.51
Verschieben der Komponente $F_{13} \sin \gamma$ in den Schwerpunkt 0 der Schnittfläche $ABCD$

Die in Punkt E (**2.51**) nach unten gerichtete Kraft verschiebt man parallel zu sich selbst in den Schwerpunkt 0 der betrachteten Querschnittsfläche. Um die Kraftwirkung nicht zu verändern, muss man noch ein weiteres Kräftepaar (durch /// gekennzeichnet) anbringen. Das Kräftepaar $F_{13} \cdot l_8 \cdot \sin \gamma$ übt auf den Querschnitt ein Biegemoment aus. Die Gleichgewichtsbedingung lautet

$$\Sigma M_z = F_{13} \cdot l_8 \cdot \sin \gamma - \sigma_{b2} \cdot W_{b2} = 0$$

mit dem Widerstandsmoment $W_{b2} = b \cdot h^2/6$. Hieraus ergibt sich die Biegespannung

$$\sigma_{b2} = \frac{l_8 \cdot F_{13} \cdot \sin \gamma}{b \cdot h^2/6} \qquad \text{[s. Gl. (2.11)]}$$

Die Biegespannung σ_{b2} ist in Bild **2.52b** dargestellt. Die in 0 (s. Bild **2.51**) nach unten gerichtete Einzelkraft $F_{13} \cdot \sin \gamma$ beansprucht den Querschnitt $A = b \cdot h$ auf Abscheren. Die Gleichgewichtsbedingung lautet

$$\Sigma F_y = F_{13} \cdot \sin \gamma - \tau_{sm} \cdot A = 0$$

Hieraus erhält man die mittlere Schubspannung τ_{sm} [s. Gl. (2.10)]

$$\tau_{sm} = F_{13} \cdot \sin \gamma / A$$

Diese Spannung ist in Bild **2.52c** dargestellt. Die wirkliche Verteilung der Schubspannung τ_s verläuft parabolisch über den Querschnitt. In den oberen und unteren Randfasern ist $\tau_s = 0$. In der horizontalen Schwerachse des Querschnitts $ABCD$ hat τ_s sein Maximum.

Insgesamt treten so im Querschnitt $ABCD$ (**2.50**) die Spannungen σ_z, σ_{b1}, σ_{b2}, τ_s und τ_t auf. Man muss nunmehr die Stelle ermitteln, an der das Zusammentreffen der verschiedenen Spannungen die ungünstigste Wirkung hat. Aus den Bildern **2.50** und **2.52** ist zu entnehmen, dass am Punkt B die Zugspannung σ_z, die Biegespannung σ_{b1} und die Biegespannung σ_{b2} zusammentreffen. Die Schubspannungen τ_s und τ_t sind gleich Null.

2.52
a) Torsionsspannungsverteilung in der Schnittfläche $ABCD$ von Bild **2.50a**
($\tau_{t\,max} = l_7 \cdot F_{13} \sin \gamma / W_t$)
b) Biegespannungsverteilung auf der Schnittfläche $ABCD$ von Bild **2.50a**
($\sigma_{b2} = l_8 \cdot F_{13} \cdot \sin \gamma / W_{b2}$)
c) Mittlere Schubspannung in der Schnittfläche $ABCD$ von Bild **2.39a**
($\tau_{sm} = F_{13} \cdot \sin \gamma / A$)

Die resultierende Spannung oder Vergleichsspannung in B ist

$$\sigma_{res} = \sigma_z + \sigma_{b1} + \sigma_{b2} \qquad\qquad \text{[s. Bild \textbf{2.20}]}$$

In Punkt H treffen folgende Spannungen zusammen: σ_z, σ_{b2} und $\tau'_{t\,max}$. Die Zug- und Biegespannungen wirken in gleicher Richtung; sie können daher wieder algebraisch unter Berücksichtigung des Vorzeichens addiert werden: $\sigma_{res} = \sigma_z + \sigma_{b2}$. Die resultierende Normalspannung σ_{res} und die Verdrehspannung $\tau'_{t\,max}$ wirken senkrecht zueinander. Sie werden nach der Gestaltänderungsenergiehypothese bei zähen Werkstoffen oder nach der Normalspannungshypothese bei spröden Werkstoffen (z. B. GE (GG)) zu einer Vergleichsspannung zusammengesetzt (z. B. mit α_0 nach *Bach*)

Gestaltänderungsenergiehypothese $\qquad \sigma_v = \sqrt{\sigma_{res}^2 + 3 \cdot (\alpha_0 \tau_t)^2}$ $\qquad$ [s. Gl. (2.25)]

Normalspannungshypothese $\qquad \sigma_v = 0{,}5 \cdot \sigma_{res} + 0{,}5 \cdot \sqrt{\sigma_{res}^2 + 4 \cdot (\alpha_0 \tau_t)^2}$ $\qquad$ [s. Gl. (2.23)]

Die systematische Untersuchung der Beanspruchung des Querschnitts $ABCD$ (**2.50**) in der geschilderten Weise ergibt so die am ungünstigsten beanspruchte Stelle. Die ermittelten Spannungen müssen auf ihre Größe hin beurteilt werden, z. B. durch Vergleich mit einer Grenzfestigkeit zur Feststellung der vorhandenen Sicherheit oder durch Vergleich mit einer zulässigen Spannung.

Anfänger neigen häufig dazu, alle Querschnittsabmessungen mit Hilfe der Festigkeitslehre bestimmen zu wollen. Dieses Verfahren ist jedoch nicht empfehlenswert, weil dadurch das Abstimmen der Proportionen der einzelnen Teile aufeinander und damit die Gestaltungsarbeit erschwert wird. Es ergeben sich schlecht proportionierte Konstruktionen. Auch können sich Maße ergeben, die überhaupt nicht ausführbar sind.

Besser und schneller kommt man meist zum Ziel, wenn man einige wenige Hauptabmessungen überschlägig mit Hilfe der Festigkeitslehre berechnet, im übrigen aber freizügig gestaltet und zum Schluss die vorhandenen Spannungen nachrechnet. Diese werden dann mit den Werkstoffkennwerten (s. Abschn. 1.3 und 2.3) verglichen. Gegebenenfalls wird die Konstruktion geändert. Ohne Mut zur Änderung lässt sich keine brauchbare Konstruktion erzielen. Es sollte daher immer der Grundsatz des Entwerfens und Verwerfens beachtet werden.

Literatur

[1]   Berg, S.: Gestaltfestigkeit. 3 Teile. Düsseldorf 1952.

[2]   Brauch, W.; Dreyer, H.-J.; Haacke, W.: Mathematik für Ingenieure, 9. Aufl. Stuttgart 1995.

[3]   Dubbel, H.: Taschenbuch für den Maschinenbau. 21. Aufl. Berlin-Heidelberg-New York-Tokyo 2004.

[4]   Fink, K.; Rohrbach, C.: Handbuch der Spannungs- und Dehnungsmessung. 2. Aufl. Düsseldorf 1965.

[5]   Föppl, L.; Mönch, E.: Praktische Spannungsoptik. 3. Aufl. Berlin-Heidelberg-New York 1972.

[6]   Hänchen, R.: Neue Festigkeitsberechnung für den Maschinenbau. 3. Aufl. München 1967.

[7]   Hertel, H.: Ermüdungsfestigkeit der Konstruktionen. Berlin-Heidelberg-New York 1969.

[8]   Holzmann, G.; Meyer, H.; Schumpich, G.: Technische Mechanik, Teil 1: Statik. 10. Aufl. Stuttgart 2004.

[9]   Holzmann, G.; Meyer, H.; Schumpich, G.: Technische Mechanik, Teil 2: Kinematik und Kinetik. 9. Aufl. Stuttgart 2006.

[10] Holzmann, G.; Meyer, H.; Schumpich, G.: Technische Mechanik, Teil 3: Festigkeitslehre. 9. Aufl. Stuttgart 2006.

[11] Hübner, E.: Technische Schwingungslehre in ihren Grundzügen. Berlin-Göttingen-Heidelberg 1957.

[12] Czichos, H. (Hrsg.): Hütte - Die Grundlagen der Ingenieurwissenschaften. 32. Aufl. Berlin 2004.

[13] Neuber, H.: Kerbspannungslehre. 3. Aufl. Berlin-Heidelberg-New York 1970.

[14] Schwaigerer, S.; Mühlenbeck, G.: Festigkeitsberechnung im Dampfkessel-, Behälter- und Rohrleitungsbau. 5. Aufl. Berlin-Heidelberg-New York 1997.

[15] Szabo, I.: Einführung in die technische Mechanik. 8. Aufl. (Nachdruck) Berlin-Heidelberg-New York 1984.

[16] Weber, C.: Festigkeitslehre. 2. Aufl. Hannover 1951.

[17] Wellinger, K.; Dietmann, H.: Festigkeitsberechnung. 3. Aufl. Stuttgart 1977.

3 Normen

DIN-Blatt Nr.	Ausgabe-datum	Titel
323 T 1	8.74	Normzahlen und Normzahlreihen; Hauptwerte, Genauwerte, Rundwerte
406 T 10	12.92	Technische Zeichnungen; Maßeintragung; Begriffe, allgemeine Grundlagen
620 T 2	10.99	Wälzlager; Wälzlagertoleranzen; Toleranzen für Radiallager
820 T 1	4.94	Normungsarbeit; Grundsätze
1301 T 1	10.02	Einheiten; Teil 1: Einheitennamen; Einheitenzeichen
1304 T 1	3.94	Formelzeichen; Allgemeine Formelzeichen
1313	12.98	Größen
4760	6.82	Gestaltabweichungen; Begriffe, Ordnungssystem
4764	6.82	Oberflächen an Teilen für Maschinenbau und Feinwerktechnik; Begriffe nach der Beanspruchung
4765	3.74	Bestimmen des Flächentraganteils von Oberflächen; Begriffe (2002 zurückgezogen, kein Nachfolger)
4766 T 1 T 2	3.81	Herstellverfahren der Rauheit von Oberflächen; Teil 1: Erreichbare gemittelte Rautiefe Rz nach DIN 4768 T1; Teil 2: Erreichbare Mittenrauwerte Ra nach DIN 4768 (2002 zurückgezogen, kein Nachfolger)
5425 T 1	11.84	Wälzlager; Toleranzen für den Einbau; Allgemeine Richtlinien
7154 T 1	8.66	ISO-Passungen für Einheitsbohrung; Teil 1: Toleranzfelder, Abmaße in µm
T 2	8.66	-; Teil 2: Passtoleranzen, Spiele und Übermaße in µm
7155 T 1	8.66	ISO-Passungen für Einheitswelle; Teil 1: Toleranzfelder, Abmaße in µm
T 2	8.66	-; Teil 2: Passtoleranzen, Spiele und Übermaße in µm
7157	1.66	Passungsauswahl; Toleranzfelder, Abmaße, Passtoleranzen
7178 T 1	12.74	Kegeltoleranz- und Kegelpasssystem für Kegel von Verjüngung C = 1:3 bis 1:500 und Längen von 6 bis 630 mm; Kegeltoleranzsystem
EN ISO 1101	2.06	Geometrische Produktspezifikation (GPS) – Geometrische Tolerierung – Tolerierung von Form, Richtung, Ort und Lauf
EN ISO 1302	6.02	Geometrische Produktspezifikation (GPS) – Angabe der Oberflächenbeschaffenheit in der technischen Produktdokumentation
EN ISO 3274	4.98	Geometrische Produktspezifikationen (GPS) – Oberflächenbeschaffenheit: Tastschnittverfahren – Nenneigenschaften von Tastschnittgeräten
EN ISO 4287	10.98	Geometrische Produktspezifikationen (GPS) – Oberflächenbeschaffenheit: Tastschnittverfahren – Benennungen, Definitionen und Kenngrößen der Oberflächenbeschaffenheit

DIN-Blatt Nr.	Ausgabedatum	Titel
EN ISO 4288	4.98	Geometrische Produktspezifikationen (GPS) – Oberflächenbeschaffenheit: Tastschnittverfahren – Regeln und Verfahren für die Beurteilung der Oberflächenbeschaffenheit
EN ISO 8785	10.99	Geometrische Produktspezifikation (GPS) – Oberflächenunvollkommenheiten – Begriffe, Definitionen und Kenngrößen
ISO 286 T 1	11.90	ISO-System für Grenzmaße und Passungen; Teil 1: Grundlagen für Toleranzen, Abmaße und Passungen
T 2	11.90	-; Teil 2: Tabellen der Grundtoleranzgrade und Grenzabmaße für Bohrungen und Wellen
ISO 2768 T 1	6.91	Allgemeintoleranzen; Teil 1: Toleranzen für Längen- und Winkelmaße ohne einzelne Toleranzeintragung
T 2	4.91	-; Teil 2: Toleranzen für Form und Lage ohne einzelne Toleranzeintragung
ISO 3040	9.91	Technische Zeichnungen – Eintragung der Maße und Toleranzen für Kegel
ISO 5459	1.82	-; -; Bezüge und Bezugssysteme für geometrische Toleranzen

In diesem Werk sind jedem Abschnitt die wichtigsten Normen vorangestellt. Außerdem wird an dieser Stelle wegen der allgemeinen Bedeutung für das Konstruieren und Fertigen auf die wichtigsten Grundnormen über Normzahlen, Toleranzen und Passungen und über technische Oberflächen eingegangen.

Normung ist ein Mittel zur Ordnung und Grundlage für ein sinnvolles Zusammenarbeiten und Zusammenleben. Durch sie ist Rationalisierung und Austausch von Sachen und Gedanken leichter möglich. Die Normung hat zum Ziel, im Bereich der Wissenschaft, Technik, Wirtschaft und Verwaltung Begriffe, Vorschriften, Verfahren, Abmessungen, Größenstufungen, Genauigkeitsgrade usw. zu ordnen, festzulegen und zu vereinheitlichen. Sie bietet anerkannte und bewährte Lösungen für sich wiederholende Aufgaben an.

Das Deutsche Institut für Normung (DIN) der Bundesrepublik Deutschland gibt die DIN-Normen heraus. Sie haben keine Gesetzeskraft; sie sollen sich auf Grund ihrer Zweckmäßigkeit einführen. Die Technischen Komitees der „International Organization for Standardization" (ISO) erarbeiten Empfehlungen für die nationalen Normenausschüsse oder geben die ISO-Normen heraus. Die von den Berufsgruppen VDI (Verein Deutscher Ingenieure) oder VDE (Verband der Elektrotechnik, Elektronik und Informationstechnik) aufgestellten Richtlinien sind teilweise Vorgänger von DIN-Normen. Grundlage für die Normungsarbeit ist die DIN 820.

Seit der Aufstellung der ersten Normen im „Normenprofil-Buch für Walzeisen" durch den VDI im Jahre 1869 sind z. B. folgende Normenarten entstanden: Verständigungsnormen (Begriffe, Bezeichnungen, Benennungen, Symbole, Formelzeichen, Einheiten ...); Stufungs- oder Typnormen (Typung von Erzeugnissen nach Art, Form, Größe oder sonstigen gemeinsamen Merkmalen); Planungsnormen (Grundsätze für Entwurf, Berechnung und Ausführung); Konstruktionsnormen (Hinweise für die Gestaltung technischer Gegenstände); Abmessungsnormen (Abmessungen, Maßtoleranzen); Stoffnormen (Einteilung, Eigenschaften, Verwendung); Gütenormen; Prüfnormen (Untersuchungs- und Messverfahren); Verfahrensnormen; Liefer- und Dienstleistungsnormen und Sicherheitsnormen.

3.1   Normzahlen

Normzahlen (NZ) nach DIN 323 (**3.1**) sind Vorzugszahlen für die Wahl und insbesondere für die Stufung von Größen beliebiger Art, wie Längen-, Flächen-, Raummaße, Gewichte, Kräfte, Dreh- und Biegemomente, Drücke, Temperaturen, Drehzahlen, Geschwindigkeiten, Beschleunigungen, Leistungen, Arbeitsvermögen, Spannungen usw. mit dem Ziel, die praktisch zu verwendende Zahlenmenge auf das notwendige Minimum zu beschränken. Die Anwendung der Normzahlen schafft die Voraussetzung, dass an verschiedenen Stellen gleiche Größen verwendet werden, und vermeidet z. B. eine willkürliche Abstufung bei Typungen von Bauteilen, Maschinen und Geräten.

Normzahlen sind gerundete Glieder geometrischer Reihen, die die ganzzahligen Potenzen von 10 (... 0,1; 1; 10; 100 ...) enthalten. Die Reihen werden mit dem Buchstaben R (nach *Charles Renard*) und nachfolgenden Ziffern bezeichnet, die die Anzahl der Stufen je Dezimalbereich angeben. Das Verhältnis eines Gliedes zum vorhergehenden heißt Stufensprung q. Er ist innerhalb einer Reihe konstant, von Reihe zu Reihe jedoch verschieden; z. B. für die Reihe R5: $q_5 = \sqrt[5]{10} = 1,60$ und für die Reihe R10: $q_{10} = \sqrt[10]{10} = 1,25$. Jede Normalzahl entsteht durch Multiplikation der vorhergehenden mit dem Stufensprung.

Hinsichtlich der Genauigkeit unterscheidet man bei Normzahlen fünf Arten: Theoretische Werte, Genauwerte, Hauptwerte, Rundwerte und naheliegende Werte. Für den gewöhnlichen Gebrauch dienen die etwas gerundeten Hauptwerte. Sie unterscheiden sich von den Genauwerten um höchstens +1,26% und –1,01%. Unter naheliegenden Werten werden Zahlenwerte verstanden, die selbst keine Normzahlen sind, aber in der Rechnung durch diese vertreten werden können, z. B. π durch 3,15, $\sqrt{10}$ durch 3,15 und $\sqrt{2}$ durch 1,40. Werden bei Größenreihen von Konstruktionen für bestimmte Kenngrößen Normzahlen benutzt, so ergeben vielfach auch die übrigen Kenngrößen Normzahlen, sofern zwischen den Größen multiplikative Zusammenhänge bestehen. Hat z. B. die Länge den Stufensprung q_L („Längenmaßstab"), dann ergibt sich für Querschnitte der Stufensprung q_L^2, für Volumen und Widerstandsmomente q_L^3 und für Flächenträgheitsmomente q_L^4.

Grafische Darstellungen: Werden Exponentialfunktionen $y = c \cdot a^{k \cdot x}$ im einfach-logarithmischen Netz (Abszisse linear, Ordinate logarithmisch geteilt) bzw. Potenzfunktionen $y = c \cdot x^a$ im doppelt logarithmischen Netz dargestellt, so ergeben sich Geraden. Um den Nachteil der ungleichmäßigen logarithmischen Teilung zu vermeiden, schreibt man an linear geteilte Koordinaten (kariertes oder Millimeterpapier) die Zahlenwerte von Normzahlen an. Dies ist möglich, weil beim Logarithmieren einer geometrischen Reihe sich eine arithmetische Reihe ergibt, deren Glieder gleiche Abstände aufweisen (s. verschiedene Schaubilder in den Abschnitten „Wellen", „Kupplungen" und „Gleitlager" im Teil 2).

3.2   Toleranzen und Passungen

Ein Werkstück kann nur mit Abweichungen vom Nennmaß gefertigt werden, deren Größe vom Fertigungsaufwand abhängt. Abhängig von der Funktion ist es deshalb erforderlich, zwei Grenzmaße und damit ein Toleranzfeld festzulegen, innerhalb dessen das Istmaß des Werkstückes liegen muss. Wird zwischen zu paarenden Werkstücken eine spezielle Passungsart gefordert,

$q_5 = \sqrt[5]{10}$ $= 1{,}60$	$q_{10} = \sqrt[10]{10}$ $= 1{,}25$	$q_{20} = \sqrt[20]{20}$ $= 1{,}12$	$q_{40} = \sqrt[40]{40}$ $= 1{,}06$	Mantissen	Genau-werte	Abweichung der Hauptwerte von den Genau-werten in %
R 5	R 10	R 20	R 40			
			1,00	000	1,0000	0
		1,00	1,06	025	1,0593	+0,07
	1,00		1,12	050	1,1220	−0,18
		1,12	1,18	075	1,1855	−0,71
1,00			1,25	100	1,2589	−0,71
		1,25	1,32	125	1,3353	−1,01
	1,25		1,40	150	1,4125	−0,88
		1,40	1,50	175	1,4962	+0,25
			1,60	200	1,5849	+0,95
		1,60	1,70	225	1,6788	+1,26
	1,60		1,80	250	1,7783	+1,22
		1,80	1,90	275	1,8836	+0,87
1,60			2,00	300	1,9953	+0,24
		2,00	2,12	325	2,1135	+0,31
	2,00		2,24	350	2,2387	+0,06
		2,24	2,36	375	2,3714	−0,48
			2,50	400	2,5119	−0,47
		2,50	2,65	425	2,6607	−0,40
	2,50		2,80	450	2,8184	−0,65
		2,80	3,00	475	2,9854	+0,49
2,50			3,15	500	3,1623	−0,39
		3,15	3,35	525	3,3497	+0,01
	3,15		3,55	550	3,5481	+0,05
		3,55	3,75	575	3,7584	−0,22
			4,00	600	3,9811	+0,47
		4,00	4,25	625	4,2170	+0,78
	4,00		4,50	650	4,4668	+0,74
		4,50	4,75	675	4,7315	+0,39
4,00			5,00	700	5,0119	−0,24
		5,00	5,30	725	5,3088	−0,17
	5,00		5,60	750	5,6234	−0,42
		5,60	6,00	775	5,9566	+0,73
			6,30	800	6,3096	−0,15
		6,30	6,70	825	6,6834	+0,25
	6,30		7,10	850	7,0795	+0,29
		7,10	7,50	875	7,4989	+0,01
6,30			8,00	900	7,9433	+0,71
		8,00	8,50	925	8,4140	+1,02
	8,00		9,00	950	8,9125	+0,98
		9,00	9,50	975	9,4406	+0,63
10,00	10,00	10,00	10,00	000	10,0000	0

Die Schreibweise der Normzahlen ohne Endnullen ist international ebenfalls gebräuchlich.

3.1
Normzahlen, Hauptwerte der Grundreihen und Stufensprung q nach DIN 323

dann ist es notwendig, dem Nennmaß eine Abweichung zuzuordnen, die entweder positiv oder negativ ist, um so das geforderte Spiel oder Übermaß zu erreichen.

Seit Jahrzehnten wird in nahezu allen Ländern der Erde das ISO-System für Grenzmaße und Passungen angewendet. Zur Vereinheitlichung wurden einige bisherigen DIN-Normen in der Norm DIN ISO 286 T 1 u. T 2 zusammengefasst.

Grundbegriffe. Auswahl nach DIN ISO 286 Teil 1. (Zur Verwendung in Berechnungen und Zeichnungen wurde hinter manche Begriffe ein Buchstabe als Formelzeichen gesetzt.)

Einheitswelle. Eine Welle, die als Grundlage für das Passungssystem „Einheitswelle" gewählt wurde (**3.12**). In diesem System für Grenzmaße und Passungen hat die Welle das obere Abmaß Null.

Einheitsbohrung. Eine Bohrung, die als Grundlage für das Passungssystem „Einheitsbohrung" gewählt wurde (**3.14**). In diesem System für Grenzmaße und Passungen hat die Bohrung das untere Abmaß Null.

Nennmaß N. Das Maß, von dem die Grenzmaße mit Hilfe der oberen und unteren Abmaße abgeleitet werden (**3.2**). Das Nennmaß kann eine ganze Zahl oder eine Dezimalzahl sein, z. B. 32; 15; 8,75; 0,5 usw.

Istmaß. Als Ergebnis von Messungen festgestelltes Maß.

Grenzmaße. Die beiden extremen zugelassenen Maße eines Formelementes, zwischen denen das Istmaß liegen soll einschließlich der Grenzmaße selbst.

Höchstmaß G_o. Größtes zugelassenes Maß eines Formelements (**3.2**).

Mindestmaß G_u. Kleinstes zugelassenes Maß eines Formelements (**3.2**).

Nulllinie. In einer graphischen Darstellung von Grenzmaßen und Passungen die gerade Linie, die das Nennmaß darstellt, auf das sich die Abmaße und Toleranzen beziehen (**3.2**).

3.2
Nennmaß, Höchstmaß, Mindestmaß

3.3
Übliche Darstellung eines Toleranzfeldes

Abmaß. Algebraische Differenz zwischen einem Maß (Istmaß, Grenzmaß usw.) und dem zugehörigen Nennmaß. Abmaße für Wellen werden mit Kleinbuchstaben (*es*, *ei*), Abmaße für Bohrungen mit Großbuchstaben (*ES*, *EI*) gekennzeichnet (**3.3**).

Grenzabmaße. Oberes Abmaß und unteres Abmaß.

Oberes Abmaß (*ES*, *es*, franz.: écart supérieur**).** Algebraische Differenz zwischen dem Höchstmaß und dem zugehörigen Nennmaß (**3.3**).

Unteres Abmaß (*EI, ei,* franz.: écart inférieur). Algebraische Differenz zwischen dem Mindestmaß und dem zugehörigen Nennmaß (**3.3**). Für das obere Abmaß wird das Kurzzeichen A_o und für das untere Abmaß das Kurzzeichen A_u verwendet; zwischen Außenmaßen (Wellen) und Innenmaßen (Bohrungen) wird bei der Schreibweise nicht unterschieden.

Grundabmaß. Im ISO-System für Grenzmaße und Passungen das Abmaß, das die Lage des Toleranzfeldes in Bezug zur Nulllinie festlegt (**3.3**). Dies kann entweder das obere oder das untere Abmaß sein; üblicherweise ist es das Abmaß, das der Nulllinie am nächsten liegt. Die Grundabmaße werden nach den in DIN ISO 286 T 1 angegebenen Formeln errechnet. Für die Wellen der Toleranzfeldlagen a bis h ist das Grundmaß jeweils das obere Abmaß und für die Wellen der Toleranzfeldlagen k bis zc das untere Abmaß. Ausgenommen sind die Wellen mit den Toleranzfeldlagen j und js, für die es genaugenommen kein Grundabmaß gibt. Das Grenzabmaß, das dem Grundabmaß für eine Bohrung entspricht, ist mit Bezug zur Nulllinie genau symmetrisch zu dem Grenzabmaß, das dem Grundabmaß für eine Welle mit demselben Buchstaben entspricht. Diese Regel gilt aber nicht für alle Grundabmaße.

Maßtoleranz. Die Differenz zwischen dem Höchstmaß und dem Mindestmaß, also auch die Differenz zwischen dem oberen Abmaß und dem unteren Abmaß. Die Toleranz ist ein absoluter Wert ohne Vorzeichen.

Grundtoleranz (IT). In diesem System für Grenzmaße und Passungen jede zum System gehörende Toleranz. Die Buchstaben IT bedeuten „Internationale Toleranz".

Grundtoleranzgrade. In dem System für Grenzmaße und Passungen eine Gruppe von Toleranzen (z. B. IT7), die dem gleichen Genauigkeitsniveau für alle Nennmaße zugeordnet werden.

Toleranzfeld *T*. In einer graphischen Darstellung von Toleranzen das Feld zwischen zwei Linien, die das Höchstmaß und das Mindestmaß darstellen. Das Toleranzfeld wird festgelegt durch die Größe der Toleranz und deren Lage zur Nulllinie (**3.3**).

Toleranzklasse. Die Benennung für eine Kombination eines Grundabmaßes mit einem Toleranzgrad, z. B. h9, D13 usw. Der Toleranzgrad ist die Zahl des Grundtoleranzgrades.

Toleranzfaktor (*i, I*). Im ISO-System für Grenzmaße und Passungen ein Faktor, der eine Funktion des Nennmaßes ist und als Basis für die Festlegung der Grundtoleranz des Systems dient. (Der Toleranzfaktor i gilt für Nennmaße ≤ 500 mm, der Faktor I für Nennmaße > 500 mm.)

Spiel *S*. Die (positive) Differenz zwischen dem Maß der Bohrung und dem Maß der Welle, wenn der Durchmesser der Welle kleiner ist als der Durchmesser der Bohrung (**3.4**).

3.4
Spiel S

3.5
Passung mit Spiel

Mindestspiel S_m
Höchstspiel S_h

3.6
Istspiel S_i

Mindestspiel S_m. Bei einer Spielpassung die positive Differenz zwischen dem Mindestmaß der Bohrung und dem Höchstmaß der Welle (**3.5**).

Höchstspiel S_h. Bei einer Spiel- oder Übergangspassung die positive Differenz zwischen dem Höchstmaß der Bohrung und dem Mindestmaß der Welle (**3.5**).

Istspiel S_i. Spiel zwischen dem Istmaß der Bohrung und dem Istmaß der Welle (**3.6**).

Übermaß U. Die negative Differenz zwischen dem Maß der Bohrung und dem Maß der Welle vor dem Fügen, wenn der Wellendurchmesser größer ist als der Bohrungsdurchmesser (**3.7**).

Mindestübermaß U_m. Bei einer Übermaßpassung die negative Differenz zwischen dem Höchstmaß der Bohrung und dem Mindestmaß der Welle vor dem Fügen (**3.8**).

Höchstübermaß U_h. Bei einer Übermaß- oder Übergangspassung die negative Differenz zwischen dem Mindestmaß der Bohrung und dem Höchstmaß der Welle vor dem Fügen (**3.8**).

Istübermaß U_i. Übermaß zwischen dem Istmaß der Bohrung und dem Istmaß der Welle. Das Ergebnis muss negativ sein (**3.9**).

3.7
Übermaß U

3.8
Übermaßpassung
    Mindestübermaß U_m
    Höchstübermaß U_h

3.9
Istmaß der Bohrung I_B

Istmaß der Welle I_W
Istübermaß U_i

Passung. Die Beziehung, die sich aus der Differenz zwischen den Maßen zweier zu fügender Formelemente (z. B. Bohrung und Welle) ergibt. Die zwei zu einer Passung gehörenden Passteile haben dasselbe Nennmaß.

Spielpassung. Eine Passung, bei der beim Fügen von Bohrung und Welle immer ein Spiel entsteht, d. h. das Mindestmaß der Bohrung ist größer oder im Grenzfall gleich dem Höchstmaß der Welle (**3.5**, **3.12** und **3.14**).

Übergangspassung. Eine Passung, bei der beim Fügen von Bohrung und Welle entweder ein Spiel oder ein Übermaß entsteht, abhängig von den Istmaßen der Formelemente, d. h. die Toleranzfelder überdecken sich vollständig oder teilweise (**3.10**, **3.12** und **3.14**).

Übermaßpassung. Eine Passung, bei der beim Fügen von Bohrung und Welle überall ein Übermaß entsteht, d. h. das Höchstmaß der Bohrung ist kleiner oder im Grenzfall gleich dem Mindestmaß der Welle (**3.8**, **3.12** und **3.14**).

Passtoleranz T_p. Die arithmetische Summe der Toleranzen der beiden Formelemente, die zu einer Passung gehören (**3.11**). Die Passtoleranz ist ein absoluter Wert ohne Vorzeichen.

Passungssystem Einheitswelle. Ein Passungssystem, in dem die geforderten Spiele oder Übermaße dadurch erreicht werden, dass den Bohrungen mit verschiedenen Toleranzklassen Wellen mit einer einzigen Toleranzklasse zugeordnet sind. Im Passungssystem Einheitswelle ist das Höchstmaß der Welle gleich dem Nennmaß, d. h. das obere Abmaß der Welle ist Null (**3.12** und **3.13**). Das Passungssystem Einheitswelle wird bei langen Wellen bevorzugt, die aus unbearbeiteten blanken Halbzeugen bestehen.

3.10
Übergangspassung

    Höchstspiel S_h
    Höchstübermaß U_h

3.11
Passtoleranz, Passungsarten

3.12
Passungssystem „Einheitswelle"

3.13
Lage der Toleranzfelder im Passungssystem „Einheitswelle" für gleichen Grundtoleranzgrad (schematisch, ohne Zwischenfelder)

Passungssystem Einheitsbohrung. Ein Passungssystem, in dem die geforderten Spiele oder Übermaße dadurch erreicht werden, dass den Wellen mit verschiedenen Toleranzklassen Bohrungen mit einer einzigen Toleranzklasse zugeordnet sind. Das Passungssystem Einheitsbohrung wird im Maschinenbau bevorzugt verwendet. Im Passungssystem Einheitsbohrung ist das Mindestmaß der Bohrung gleich dem Nennmaß, d. h. das untere Abmaß der Bohrung ist Null (**3.14** und **3.15**).

3.14
Passungssystem „Einheitsbohrung"

3.15
Lage der Toleranzfelder im Passungssystem „Einheitsbohrung" für gleichen Grundtoleranzgrad (schematisch, ohne Zwischenfelder)

Grundtoleranzgrade. Die Grundtoleranzgrade sind mit den Buchstaben IT und einer nachfolgenden Zahl gekennzeichnet, z. B. IT7. Wenn die Toleranzgrade im Zusammenhang mit einem Grundabmaß stehen, um eine Toleranzklasse zu bilden, entfallen die Buchstaben IT: z. B. h7. Das ISO-System gibt 20 Grundtoleranzgrade an, von denen die Grade IT1 bis IT18 allgemein gebräuchlich und im Hauptteil der Norm enthalten sind. Die Grade IT0 und IT01 sind nicht für die allgemeine Anwendung vorgesehen.

Toleranzfeldlage. Die Lage des Toleranzfeldes zur Nulllinie ist eine Funktion des Nennmaßes und wird mit Großbuchstaben für Bohrungen (A ... ZC) oder mit Kleinbuchstaben für Wellen (a ... zc) gekennzeichnet (**3.13**, **3.15** und **3.16**). Die Buchstaben kennzeichnen den kleinsten Abstand der Toleranzfelder von der Nulllinie. Um Missverständnisse zu vermeiden, werden folgende Buchstaben nicht verwendet: I, i, L, l, O, o, Q, q, W, w.

Die mit A bzw. a und Z bzw. z bezeichneten Toleranzfeldlagen haben den größten Abstand von der Nulllinie. Die Toleranzfeldlage A für die Bohrung befindet sich im Plusbereich, das Toleranzfeld liegt oberhalb der Nulllinie. Der Buchstabe A kennzeichnet somit das untere Abmaß der Bohrung. Die Toleranzfeldlage Z für die Bohrung befindet sich im Minusbereich, also unterhalb der Nulllinie. Der Buchstabe kennzeichnet somit das obere Abmaß der Bohrung. Die Toleranzfeldlage H beginnt an der Nulllinie. Ihr Toleranzfeld reicht in das Plusgebiet hinein.

Die Toleranzfeldlagen für Wellen befinden sich entsprechend auf der anderen Seite der Nulllinie. Hierbei kennzeichnen die Buchstaben a bis h die oberen Abmaße und k bis zc die unteren Abmaße.

Das J-Feld und das K-Feld liegen zu beiden Seiten der Nulllinie (**3.13** und **3.22**; s. auch Erläuterungen zu **3.20** und **3.17**).

3.16
Obere und untere Abmaße
für Bohrungen:

$$EI = ES - IT$$

und für Wellen:

$$es = ei + IT$$

Obere Abmaße. Obere Abmaße werden mit den Buchstaben „*ES*" für Bohrungen und „*es*" für Wellen gekennzeichnet (**3.16**).

Untere Abmaße. Untere Abmaße werden mit den Buchstaben „*EI* " für Bohrungen und „*ei* " für Wellen gekennzeichnet (**3.16**).

Toleranzklasse. Eine Toleranzklasse wird mit dem Buchstaben für das Grundabmaß sowie mit der Zahl des Grundtoleranzgrades bezeichnet.

Erläuterung zur Bildung der Grenzabmaße eines Toleranzfeldes. Das Grundabmaß aus **3.17** und **3.20** und das durch Addieren oder Subtrahieren der entsprechenden Grundtoleranz nach **3.19** errechnete zweite Abmaß sind die Grenzabmaße eines Toleranzfeldes. Das Grundabmaß bezeichnet die kürzeste Entfernung des Toleranzfeldes von der Nulllinie für den betreffenden Buchstaben. Durch welche Rechenart das zweite Abmaß bestimmt werden muss, ist aus den folgenden Hinweisen ersichtlich. Die in den vorstehenden Bildern nicht aufgeführten Nennmaßbereiche und Zwischentoleranzen s. DIN ISO 286 T1.

Untere Abmaße EI

Toleranzfeldlage	A	B	C	D	E	F	G
Toleranzgrad	alle Grundtoleranzgrade						
> 1 ··· 3	+ 270	+ 140	+ 60	+ 20	+ 14	+ 6	+ 2
> 3 ··· 6	+ 270	+ 140	+ 70	+ 30	+ 20	+ 10	+ 4
> 6 ··· 10	+ 280	+ 150	+ 80	+ 40	+ 25	+ 13	+ 5
> 10 ··· 18	+ 290	+ 150	+ 95	+ 50	+ 32	+ 16	+ 6
> 18 ··· 30	+ 300	+ 160	+ 110	+ 65	+ 40	+ 20	+ 7
> 30 ··· 40	+ 310	+ 170	+ 120	+ 80	+ 50	+ 25	+ 9
> 40 ··· 50	+ 320	+ 180	+ 130				
> 50 ··· 65	+ 340	+ 190	+ 140	+ 100	+ 60	+ 30	+ 10
> 65 ··· 80	+ 360	+ 200	+ 150				
> 80 ··· 100	+ 380	+ 220	+ 170	+ 120	+ 72	+ 36	+ 12
>100 ··· 120	+ 410	+ 240	+ 180				
>120 ··· 140	+ 460	+ 260	+ 200	+ 145	+ 85	+ 43	+ 14
>140 ··· 160	+ 520	+ 280	+ 210				

(Nennmaßbereich in mm)

Obere Abmaße ES

Toleranzfeldlage	J			K	M		N	Δ-Wert					
Toleranzgrad	6	7	8	bis 8	bis 8	ab 9	bis 8	3	4	5	6	7	8
1 ··· 3	+ 2	+ 4	+ 6	0	− 2	− 2	− 4	$\Delta = 0$					
> 3 ··· 6	+ 5	+ 6	+ 10	− 1 + Δ	− 4 + Δ	− 4	− 8 + Δ	1	1,5	1	3	4	6
> 6 ··· 10	+ 5	+ 8	+ 12	− 1 + Δ	− 6 + Δ	− 6	− 10 + Δ	1	1,5	2	3	6	7
> 10 ··· 18	+ 6	+ 10	+ 15	− 1 + Δ	− 7 + Δ	− 7	− 12 + Δ	1	2	3	3	7	9
> 18 ··· 30	+ 8	+ 12	+ 20	− 2 + Δ	− 8 + Δ	− 8	− 15 + Δ	1,5	2	3	4	8	12
> 30 ··· 50	+ 10	+ 14	+ 24	− 2 + Δ	− 9 + Δ	− 9	− 17 + Δ	1,5	3	4	5	9	14
> 50 ··· 80	+ 13	+ 18	+ 28	− 2 + Δ	− 11 + Δ	− 11	− 20 + Δ	2	3	5	6	11	16
> 80 ··· 120	+ 16	+ 22	+ 34	− 3 + Δ	− 13 + Δ	− 13	− 23 + Δ	2	4	5	7	13	19
>120 ··· 180	+ 18	+ 26	+ 41	− 3 + Δ	− 15 + Δ	− 15	− 27 + Δ	3	4	6	7	15	23

(Nennmaßbereich in mm)

Obere Abmaße ES

Toleranzfeldlage [1]	P	R	S	T	U	V	X	Y	Z	ZA	ZB	ZC
Toleranzgrad	ab IT 8											
1 ··· 3	− 6	− 10	− 14	−	− 18	−	− 20	−	− 26	− 32	− 40	− 60
> 3 ··· 6	− 12	− 15	− 19	−	− 23	−	− 28	−	− 35	− 42	− 50	− 80
> 6 ··· 10	− 15	− 19	− 23	−	− 28	−	− 34	−	− 42	− 52	− 67	− 97
> 10 ··· 14	− 18	− 23	− 28	−	− 33	−	− 40	−	− 50	− 64	− 90	− 130
> 14 ··· 18						− 39	− 45	−	− 60	− 77	− 108	− 150
> 18 ··· 24	− 22	− 28	− 35	−	− 41	− 47	− 54	− 63	− 73	− 98	− 136	− 188
> 24 ··· 30				− 41	− 48	− 55	− 64	− 75	− 88	− 118	− 166	− 218
> 30 ··· 40	− 26	− 34	− 43	− 48	− 60	− 68	− 80	− 94	− 112	− 148	− 200	− 274
> 40 ··· 50				− 54	− 70	− 81	− 97	− 114	− 136	− 180	− 242	− 325
> 50 ··· 65	− 32	− 41	− 53	− 66	− 87	− 102	− 122	− 144	− 172	− 226	− 300	− 405
> 65 ··· 80		− 43	− 59	− 75	− 102	− 120	− 146	− 174	− 210	− 274	− 360	− 480
> 80 ··· 100	− 37	− 51	− 71	− 91	− 124	− 146	− 178	− 214	− 258	− 335	− 445	− 585
>100 ··· 120		− 54	− 79	− 104	− 144	− 172	− 210	− 254	− 310	− 400	− 525	− 690
>120 ··· 140	− 43	− 63	− 92	− 122	− 170	− 202	− 248	− 300	− 365	− 470	− 620	− 800
>140 ··· 160		− 65	− 100	− 134	− 190	− 228	− 280	− 340	− 415	− 535	− 700	− 900

(Nennmaßbereich in mm)

[1] Für Toleranzfeldlagen P bis ZC in Grundtoleranzgraden ≤ IT7 werden die Werte für ES von IT8 um Δ erhöht: ES = ES von IT8 + Δ. Beispiel: Für ES von S6 im Bereich von 30 ... 40 mm ist Δ = 5µm bei IT6, deshalb wird für S6 das obere Abmaß ES = − 43 +5 = 38 µm.

3.17
Grundabmaße in µm für Innenpassflächen (Bohrungen); Auszug aus DIN ISO 286 T1

Toleranzfeldlage a bis h unterhalb der Nulllinie

Toleranzfeldlage j annähernd symmetrisch zu Nullinie

Toleranzfeldlage js symmetrisch zur Nulllinie

Toleranzfeldlage k bis zc oberhalb der Nulllinie

Toleranzfeldlage A bis H oberhalb der Nulllinie

Toleranzfeldlage JS symmetrisch zu beiden Seiten der Nulllinie

Toleranzfeldlage K, M, N bis Grundtoleranzgrad IT8 und P bis ZC bis Grundtoleranzgrad IT7 vorwiegend unterhalb der Nulllinie

Toleranzfeldlage K, M, N über Grundtoleranzgrad IT8 und P bis ZC über Grundtoleranzgrad IT7 unterhalb der Nulllinie

3.18
Bildung der Grenzabmaße eines Toleranzfeldes

Toleriertes Maß. Ein toleriertes Maß besteht entweder aus dem Nennmaß und dem Kurzzeichen der geforderten Toleranzklasse oder dem Nennmaß und den Abmaßen

Beispiele: 32H7, 80js15, 100g6, 100-0,034 -0,012

Passung. Eine Passung zwischen zu paarenden Formelementen erfordert die Angaben: a) das gemeinsame Nennmaß, b) das Kurzzeichen der Toleranzklasse für die Bohrung und c) das Kurzzeichen der Toleranzklasse für die Welle.

Beispiele: 52H7/g6 oder 52 $\frac{H7}{g6}$

Berechnung der Grundtoleranzgrade (IT) für Nennmaße bis 500 mm

Das ISO-System für Grenzmaße und Passungen enthält 20 Grundtoleranzgrade mit den Bezeichnungen IT01, IT0 und IT1 bis IT18 für die Nennmaßbereiche 0 bis 500 mm und 18 Grundtoleranzgrade mit den Bezeichnungen IT1 bis IT18 für die Nennmaßbereiche 500 bis 3150 mm.

Grundtoleranzgrade IT01 bis IT4. Formeln zur Berechnung der Grundtoleranzen für die Grundtoleranzgrade IT01, IT0 und IT1 s. DIN ISO 286 T 1. Die Grundtoleranzgrade IT0 und IT01 werden in der Praxis nur wenig angewendet. Es ist zu beachten, dass für IT2, IT3 und IT4 keine Formeln vorhanden sind. Die Werte für diese Grundtoleranzgrade sind ungefähr in geometrischer Reihe zwischen den Werten für IT1 und IT5 festgelegt worden.

Grundtoleranzgrade IT5 bis IT18. Die Werte der Grundtoleranzen T für die Grundtoleranzgrade IT5 bis IT18 für Nennmaße bis 500 mm sind gleich dem Produkt aus dem Toleranzfaktor i für das gegebene Nennmaß und dem jedem Grundtoleranzgrad zugeordneten Faktor f, also $T = i \cdot f$ **(3.19)**.

Der Toleranzfaktor i wird nach folgender Formel berechnet: $i = 0,45 \cdot \sqrt[3]{D} + 0,001 \cdot D$ in µm mit D in mm als geometrischer Mittelwert aus den Grenzwerten $D_1 \cdot D_2$ des Nennmaßbereiches: $D = \sqrt{D_1 \cdot D_2}$.

Berechnung von Grundtoleranzen (IT) für Nennmaße von 500 bis 3150 mm

Die Werte der Grundtoleranzen für die Grundtoleranzgrade IT1 bis IT18 werden als Funktion des Toleranzfaktors I ermittelt. Der Toleranzfaktor I in µm wird nach folgender Formel berechnet: $I = 0,004 \cdot D + 2,1$ µm, wobei D das geometrische Mittel der Bereichsgrenzen des Nennmaßbereiches in mm ist. Die Werte der Grundtoleranzen werden mit dem Toleranzfaktor I und dem zugeordneten Faktor f berechnet; s. DIN ISO 286 T 1.

Grund-toleranz-grad		Nennmaßbereich										Multi-plikator f
		1 ⋮ 3	>3 ⋮ 6	>6 ⋮ 10	>10 ⋮ 18	>18 ⋮ 30	>30 ⋮ 50	>50 ⋮ 80	>80 ⋮ 120	>120 ⋮ 180	>180 ⋮ 250	
01	IT01	0,3	0,4	0,4	0,5	0,6	0,6	0,8	1	1,2	2	–
0	IT0	0,5	0,6	0,6	0,8	1	1	1,2	1,5	2	3	–
1	IT1	0,8	1	1	1,2	1,5	1,5	2	2,5	3,5	4,5	–
2	IT2	1,2	1,5	1,5	2	2,5	2,5	3	4	5	7	–
3	IT3	2	2,5	2,5	3	4	4	5	6	8	10	–
4	IT4	3	4	4	5	6	7	8	10	12	14	–
5	IT5	4	5	6	8	9	11	13	15	18	20	7
6	IT6	6	8	9	11	13	16	19	22	25	29	10
7	IT7	10	12	15	18	21	25	30	35	40	46	16
8	IT8	14	18	22	27	33	39	46	54	63	72	25
9	IT9	25	30	36	43	52	62	74	87	100	115	40
10	IT10	40	48	58	70	84	100	120	140	160	185	64
11	IT11	60	75	90	110	130	160	190	220	250	290	100
12	IT12	100	120	150	180	210	250	300	350	400	460	160
13	IT13	140	180	220	270	330	390	460	540	630	720	250
14	IT14	250	300	360	430	520	620	740	870	1000	1150	400
15	IT15	400	480	580	700	840	1000	1200	1400	1600	1850	640
16	IT16	600	750	900	1100	1300	1600	1900	2200	2500	2900	1000
17	IT17	–	–	1500	1800	2100	2500	3000	3500	4000	4600	1600
18	IT18	–	–	–	2700	3300	3900	4600	5400	6300	7200	2500

3.19
Grundtoleranzen der Nennmaßbereiche in µm nach DIN ISO 286 T1, abhängig vom Grundtoleranzgrad bzw. vom Toleranzfaktor i; $T = i \cdot f$

Bildung von Toleranzfeldern. Das Grundabmaß (**3.17** und **3.20**) und das durch Addieren oder Subtrahieren der entsprechenden Grundtoleranz (Bild **3.19**) errechnete zweite Abmaß sind die Grenzabmaße (Nennabmaße) eines ISO-Toleranzfeldes.

Die Norm DIN ISO 286 T 2 enthält Tabellen der Grundtoleranzgrade und Grenzabmaße für Bohrungen und Wellen. Diese umfangreichen Tabellen können hier nicht wiedergegeben werden. Mit Hilfe der Bilder **3.17**, **3.19** und **3.20** lassen sich jedoch Grenzabmaße für die darin angeführten Nennmaße bzw. Grundtoleranzgrade berechnen.

Paarungsauswahl. Die beliebige Paarung der Toleranzklassen würde eine sehr große Zahl von Passungen ergeben. Eine wirtschaftliche Fertigung erfordert allein wegen der Beschränkung der

Toleranzfeldlage	a	b	c	d	e	f	g
Toleranzgrad	\multicolumn{7}{c}{alle Grundtoleranzgrade}						

Obere Abmaße *es*

Nennmaßbereich in mm	a	b	c	d	e	f	g
1 ··· 3	− 270	− 140	− 60	− 20	− 14	− 6	− 2
> 3 ··· 6	− 270	− 140	− 70	− 30	− 20	− 10	− 4
> 6 ··· 10	− 280	− 150	− 80	− 40	− 25	− 13	− 5
> 10 ··· 18	− 290	− 150	− 95	− 50	− 32	− 16	− 6
> 18 ··· 30	− 300	− 160	− 110	− 65	− 40	− 20	− 7
> 30 ··· 40	− 310	− 170	− 120	− 80	− 50	− 25	− 9
> 40 ··· 50	− 320	− 180	− 130				
> 50 ··· 65	− 340	− 190	− 140	− 100	− 60	− 30	− 10
> 65 ··· 80	− 360	− 200	− 150				
> 80 ··· 100	− 380	− 220	− 170	− 120	− 72	− 36	− 12
>100 ··· 120	− 410	− 240	− 180				
>120 ··· 140	− 460	− 260	− 200	− 145	− 85	− 43	− 14
>140 ··· 160	− 520	− 280	− 210				

Untere Abmaße *ei*

Toleranzfeldlage	j		k	m	n	p
Toleranzgrad	5 und 6	7	4 bis 7	alle Genauigkeitsgrade		
1 ··· 3	− 2	− 4	0	+ 2	+ 4	+ 6
> 3 ··· 6	− 2	− 4	+ 1	+ 4	+ 8	+ 12
> 6 ··· 10	− 2	− 5	+ 1	+ 6	+ 10	+ 15
> 10 ··· 18	− 3	− 6	+ 1	+ 7	+ 12	+ 18
> 18 ··· 30	− 4	− 8	+ 2	+ 8	+ 15	+ 22
> 30 ··· 50	− 5	− 10	+ 2	+ 9	+ 17	+ 26
> 50 ··· 80	− 7	− 12	+ 2	+ 11	+ 20	+ 32
> 80 ··· 120	− 9	− 15	+ 3	+ 13	+ 23	+ 37
>120 ··· 180	− 11	− 18	+ 3	+ 15	+ 27	+ 43

Untere Abmaße *ei*

Toleranzfeldlage	r	s	t	u	v	x	y	z	za	zb	zc
Toleranzgrad	\multicolumn{11}{c}{alle Grundtoleranzgrade}										
> 1 ··· 3	+ 10	+ 14	−	+ 18	−	+ 20	−	+ 26	+ 32	+ 40	+ 60
> 3 ··· 6	+ 15	+ 19	−	+ 23	−	+ 28	−	+ 35	+ 42	+ 50	+ 80
> 6 ··· 10	+ 19	+ 23	−	+ 28	−	+ 34	−	+ 42	+ 52	+ 67	+ 97
> 10 ··· 14	+ 23	+ 28	−	+ 33		+ 40	−	+ 50	+ 64	+ 90	+ 130
> 14 ··· 18					+ 39	+ 45	−	+ 60	+ 77	+ 108	+ 150
> 18 ··· 24	+ 28	+ 35	−	+ 41	+ 47	+ 54	+ 63	+ 73	+ 98	+ 136	+ 188
> 24 ··· 30			+ 41	+ 48	+ 55	+ 64	+ 75	+ 88	+ 118	+ 160	+ 218
> 30 ··· 40	+ 34	+ 43	+ 48	+ 60	+ 68	+ 80	+ 94	+ 112	+ 148	+ 200	+ 274
> 40 ··· 50			+ 54	+ 70	+ 81	+ 97	+ 114	+ 136	+ 180	+ 242	+ 325
> 50 ··· 65	+ 41	+ 53	+ 66	+ 87	+ 102	+ 122	+ 144	+ 172	+ 226	+ 300	+ 405
> 65 ··· 80	+ 43	+ 59	+ 75	+ 102	+ 120	+ 146	+ 174	+ 210	+ 274	+ 360	+ 480
> 80 ··· 100	+ 51	+ 71	+ 91	+ 124	+ 146	+ 178	+ 214	+ 258	+ 335	+ 445	+ 585
>100 ··· 120	+ 54	+ 79	+ 104	+ 144	+ 172	+ 210	+ 254	+ 310	+ 400	+ 525	+ 690
>120 ··· 140	+ 63	+ 92	+ 122	+ 170	+ 202	+ 248	+ 300	+ 365	+ 470	+ 620	+ 800
>140 ··· 160	+ 65	+ 100	+ 134	+ 190	+ 228	+ 280	+ 340	+ 415	+ 535	+ 700	+ 900

3.20
Grundabmaße in μm für Außenflächen (Wellen); Auszug aus DIN ISO 286 T1

Werk- und Messzeuge auf die Mindestzahl eine weitgehende Einschränkung der Zahl der Toleranzklassen. Die Norm DIN 7157 enthält eine Vorzugsreihe von Toleranzklassen für Passungen mit einem weitgehenden Anwendungsbereich (**3.24**). Diese Toleranzklassen können beliebig gepaart werden, jedoch sollte die Empfehlung der DIN 7157 für eine Paarungsauswahl nach Bild **3.21** berücksichtigt werden. Nur wenn die Eigenart des Industriezweiges oder die Funktion der Teile es erfordert, sollte auf die Normen DIN 7154 und DIN 7155 zurückgegriffen werden.

[1])	Presspassung	Übergangspassung	Spielpassung					
1	H8/x8, H8/u8 H7/r6	H7/n6	H7/h6 F8/h9	H8/h9 F8/h6	H7/f7 E9/h9	H8/f7 D10/h9	C11/h9	
2	H7/s6	H7/k6 H7/j6	H11/h9	H7/g6	H8/e8	H8/d9	D10/h11	C11/h11
3			H11/h11	H11/d9	H11/c11	H11/a11	A11/h11	

[1]) Paarungen möglichst aus 1 (Vorzugsreihe) anwenden.

3.21
Passungsauswahl nach DIN 7157

Wälzlagerpassungen. Der Einbau von Wälzlagern erfordert besondere Beachtung. Nach der Norm DIN 620 T 2 sind für Innendurchmesser des Innenringes und für Außendurchmesser des

3.22
Lage der Toleranzfelder für Wälzlagerpassungen

a) Wellentoleranzen im Vergleich zur Bohrungstoleranz des Innenringes
b) Gehäusetoleranz im Vergleich zur Außendurchmessertoleranz der Wälzlager

Außenringes eigene Toleranzklassen festgelegt, z. B. für Radiallager P0 (Normaltoleranz) sowie P6 ... P2, für Kegelrollenlager die Toleranzklasse P0 und P6X ... P4. Sie entsprechen nur annähernd den Toleranzklassen H5 ... 6 bzw. h5 ... 6 nach DIN ISO 286 T 1. Die Grenzabmaße für Innen- und Außenringe dieser Wälzlager s. DIN 620 T 2 oder Wälzlagerkataloge.

Die einwandfreie Funktion eines Wälzlagers hängt in besonderem Maße von der Einstellung des richtigen Betriebsspiels ab. Dieses ergibt sich aus der im nicht montierten Lager vorhandenen Lagerluft und deren Verminderung durch Passungswahl und Temperatureinfluss. Die Passungswahl richtet sich außerdem noch nach dem Verwendungszweck, den Einbaubedingungen und nach dem Gehäusewerkstoff.

Die erforderliche feste oder lose Passung wird dadurch erreicht, dass für Wellen und Bohrungen geeignete Toleranzklassen aus dem Passungssystem DIN ISO 286 T 1 ausgewählt werden. Für Wälzlagerpassungen kommt nach DIN 5425 nur eine beschränkte Auswahl von ISO-Toleranzklassen in Betracht (**3.22**; s. auch Teil 2 „Wälzlager"). Die für den Einbau von Wälzlagern gewünschten Grenzabmaße können zum Teil aus **3.24** entnommen oder aus den Bildern **3.17** und **3.20** in Verbindung mit Bild **3.19** berechnet werden.

3.24 Passungsauswahl DIN 7157; Abmaße in µm (Nennmaß > 200 s. Norm)

Nennmaßbereich in mm	Außenmaße (Wellen)															Innenmaße (Bohrungen)							
ISO-Kurzzeichen	x8/u8[1]	s6	r6	n6	k6	j6	h6	h9	h11	g6	f7	e8	d9	c11	a11	H7	H8	H11	G7	F8	E9	D10	C11
von 1 bis 3	+34/+20	+20/+14	+16/+10	+10/+4	+6/0	+4/−2	0/−6	0/−25	0/−60	−2/−8	−6/−16	−14/−28	−20/−45	−60/−120	−270/−330	+10/0	+14/0	+60/0	+12/+2	+20/+6	+39/+14	+60/+20	+120/+60
über 3 bis 6	+46/+28	+27/+19	+23/+15	+16/+8	+9/+1	+6/−2	0/−8	0/−30	0/−75	−4/−12	−10/−22	−20/−38	−30/−60	−70/−145	−270/−345	+12/0	+18/0	+75/0	+16/+4	+28/+10	+50/+20	+78/+30	+145/+70
über 6 bis 10	+56/+34	+32/+23	+28/+19	+19/+10	+10/+1	+7/−2	0/−9	0/−36	0/−90	−5/−14	−13/−28	−25/−47	−40/−76	−80/−170	−280/−370	+15/0	+22/0	+90/0	+20/+5	+35/+13	+61/+25	+98/+40	+170/+80
über 10 bis 14	+67/+40	+39/+28	+34/+23	+23/+12	+12/+1	+8/−3	0/−11	0/−43	0/−110	−6/−17	−16/−34	−32/−59	−50/−93	−95/−205	−290/−400	+18/0	+27/0	+110/0	+24/+6	+43/+16	+75/+32	+120/+50	+205/+95
über 14 bis 18	+72/+45	+39/+28	+34/+23	+23/+12	+12/+1	+8/−3	0/−11	0/−43	0/−110	−6/−17	−16/−34	−32/−59	−50/−93	−95/−205	−290/−400	+18/0	+27/0	+110/0	+24/+6	+43/+16	+75/+32	+120/+50	+205/+95
über 18 bis 24	+87/+54	+48/+35	+41/+28	+28/+15	+15/+2	+9/−4	0/−13	0/−52	0/−130	−7/−20	−20/−41	−40/−73	−65/−117	−110/−240	−300/−430	+21/0	+33/0	+130/0	+28/+7	+53/+20	+92/+40	+149/+65	+240/+110
über 24 bis 30	+81/+48	+48/+35	+41/+28	+28/+15	+15/+2	+9/−4	0/−13	0/−52	0/−130	−7/−20	−20/−41	−40/−73	−65/−117	−110/−240	−300/−430	+21/0	+33/0	+130/0	+28/+7	+53/+20	+92/+40	+149/+65	+240/+110
über 30 bis 40	+99/+60	+59/+43	+50/+34	+33/+17	+18/+2	+11/−5	0/−16	0/−62	0/−160	−9/−25	−25/−50	−50/−89	−80/−142	−120/−280	−310/−470	+25/0	+39/0	+160/0	+34/+9	+64/+25	+112/+50	+180/+80	+280/+120
über 40 bis 50	+109/+70	+59/+43	+50/+34	+33/+17	+18/+2	+11/−5	0/−16	0/−62	0/−160	−9/−25	−25/−50	−50/−89	−80/−142	−130/−320	−320/−480	+25/0	+39/0	+160/0	+34/+9	+64/+25	+112/+50	+180/+80	+290/+130
über 50 bis 65	+133/+87	+72/+53	+60/+41	+39/+20	+21/+2	+12/−7	0/−19	0/−74	0/−190	−10/−29	−30/−60	−60/−106	−100/−174	−140/−330	−340/−530	+30/0	+46/0	+190/0	+40/+10	+76/+30	+134/+60	+220/+100	+330/+140
über 65 bis 80	+148/+102	+78/+59	+62/+43	+39/+20	+21/+2	+12/−7	0/−19	0/−74	0/−190	−10/−29	−30/−60	−60/−106	−100/−174	−150/−360	−360/−550	+30/0	+46/0	+190/0	+40/+10	+76/+30	+134/+60	+220/+100	+340/+150
über 80 bis 100	+178/+124	+93/+71	+73/+51	+45/+23	+25/+3	+13/−9	0/−22	0/−87	0/−220	−12/−34	−36/−71	−72/−126	−120/−207	−170/−390	−380/−600	+35/0	+54/0	+220/0	+47/+12	+90/+36	+159/+72	+260/+120	+390/+170
über 100 bis 120	+198/+144	+101/+79	+76/+54	+45/+23	+25/+3	+13/−9	0/−22	0/−87	0/−220	−12/−34	−36/−71	−72/−126	−120/−207	−180/−400	−410/−630	+35/0	+54/0	+220/0	+47/+12	+90/+36	+159/+72	+260/+120	+400/+180
über 120 bis 140	+233/+170	+117/+92	+88/+63	+52/+27	+28/+3	+14/−11	0/−25	0/−100	0/−250	−14/−39	−43/−83	−85/−148	−145/−245	−200/−450	−460/−710	+40/0	+63/0	+250/0	+54/+14	+106/+43	+185/+85	+305/+145	+450/+200
über 140 bis 160	+253/+190	+125/+100	+90/+65	+52/+27	+28/+3	+14/−11	0/−25	0/−100	0/−250	−14/−39	−43/−83	−85/−148	−145/−245	−210/−460	−520/−770	+40/0	+63/0	+250/0	+54/+14	+106/+43	+185/+85	+305/+145	+460/+210
über 160 bis 180	+273/+210	+133/+108	+93/+68	+52/+27	+28/+3	+14/−11	0/−25	0/−100	0/−250	−14/−39	−43/−83	−85/−148	−145/−245	−230/−480	−580/−830	+40/0	+63/0	+250/0	+54/+14	+106/+43	+185/+85	+305/+145	+480/+230
über 180 bis 200	+308/+236	+151/+122	+106/+77	+60/+31	+33/+4	+16/−13	0/−29	0/−115	0/−290	−15/−44	−50/−96	−100/−172	−170/−285	−240/−530	−660/−950	+46/0	+72/0	+290/0	+61/+15	+122/+50	+215/+100	+355/+170	+530/+240

[1] Bis Nennmaß 24 mm: x 8; über Nennmaß 24 mm: u8

Passfederpassungen. Bei der Passungsauswahl für Passfedern wird das System der Einheitswelle zugrunde gelegt. Die Höhe der Passfedern wird mit der Toleranzklasse h11 und die Breite mit h9 gefertigt. Die Breite der Nabennut und die der Wellennut können unterschiedlich toleriert werden. Bei Übermaßpassung erhält die Nutenbreite in der Welle und in der Nabe die Toleranzklasse P9 (P8); bei Übergangspassung in der Welle N9 (N8) und in der Nabe JS9, J9 (J8); bei Spielpassung in der Welle H9 (H8) und in der Nabe D10. Die gewünschten Grenzabmessungen können entweder aus **3.17** oder aus **3.24** in Verbindung mit **3.19** berechnet werden.

Toleranzangaben in Zeichnungen. Die Eintragung von Maßtoleranzen und Passungskurzzeichen erfolgt nach der Norm DIN 406. Hierbei ist zu beachten: Maßtoleranzen und Passungskurzzeichen sind hinter der Maßzahl des Nennmaßes einzutragen. Die Abmaße werden hinter das Nennmaß geschrieben; das obere Abmaß steht über dem unteren Abmaß. Bei zusammengebaut bezeichneten Teilen ist das Maß mit der Toleranz für die Außenteile (Innenmaß, Bohrung) über dem Maß mit der Toleranz für das Innenteil (Außenmaß, Welle) anzuordnen. Die Zuordnung der Maße ist durch Wertangabe z. B. „Bohrung", „Welle", „Pos. Nr." zu kennzeichnen.

Wenn es die Deutlichkeit der Zeichnung erfordert, sind Bezugslinien und/oder zwei Maßlinien vorzunehmen. Bei Verwendung von ISO-Kennzeichen in Zeichnungen werden die Großbuchstaben und die Zahl für den Genauigkeitsgrad für Innenmaße (Bohrungen) und die Kleinbuchstaben und Zahlen für Außenmaße (Wellen) hinter das Nennmaß gesetzt.

Allgemeintoleranzen nach DIN ISO 2768 geben die werkstattüblichen Abweichungen nicht tolerierter Maße in 4 Genauigkeitsgeraden an (Bild **3.23**). Sie werden nicht in die Zeichnung geschrieben, sondern die Toleranzklasse wird in das Schriftfeld eingetragen.

Toleranzklasse		Nennmaßbereich in mm									
		0,5 ⋮ 3,0	>3 ⋮ 6	>6 ⋮ 30	>30 ⋮ 120	>120 ⋮ 400	>400 ⋮ 1000	>1000 ⋮ 2000	>0,5 ⋮ 3	>3 ⋮ 6	>6
		Grenzabmaße für Längenmaße							Grenzabmaße für Rundungshalbmesser und Fasen		
f	fein	±0,05	±0,05	±0,1	±0,15	±0,2	±0,3	±0,5	±0,2	±0,5	±1
m	mittel	±0,1	±0,1	±0,2	±0,3	±0,5	±0,8	±1,2			
c	grob	±0,2	±0,3	±0,5	±0,8	±1,2	±2	±3	±0,4	±1	±2
v	sehr grob	–	±0,5	±1	±1,5	±2,5	±4	±6			

3.23
Allgemeintoleranzen in mm (Auszug aus DIN ISO 2768). Obere und untere Abmaße für Längenmaße und für Rundungshalbmesser bzw. Fasenhöhen

Form- und Lagetoleranzen (DIN ISO 1101) können zusätzlich zu den Maßtoleranzen angegeben werden, um Funktion und Austauschbarkeit sicherzustellen. Formtoleranzen begrenzen die Abweichungen eines einzelnen Elementes von seiner geometrisch idealen Form.

Lagetoleranzen begrenzen die Abweichung der gegenseitigen Lage zweier oder mehrerer Elemente; eines davon wird in der Regel als Bezugselement für die Toleranzangaben verwendet. Das Begrenzungselement muss genügend genau sein (nötigenfalls Formtoleranz vorschreiben).

Wenn nichts anderes angegeben ist, bezieht sich die Toleranz auf die Gesamtabmessung des betreffenden Elementes; gilt die Toleranz nur auf einer Teillänge, so wird das beispielsweise wie folgt angegeben: 0,1/200. Wenn sich die Eintragung auf die Achse bezieht, wird der Hinweispfeil bzw. das Bezugsdreieck auf die Maßlinie gesetzt und nicht daneben, wie in den Fällen, wo sich der Hinweispfeil bzw. das Bezugsdreieck auf die Fläche der Mantellinie bezieht (**3.25**, **3.26** und **3.27**).

3.25
Form und Lagetoleranzen; a) Zeichnungseintragungen, b) Bezugskennzeichnung

Symbol und tolerierte Eigenschaft		Toleranzzone	Anwendungs-Beispiele	
			Zeichnungsangabe	Erklärung
Form	Geradheit			die Achse des zylindrischen Teils des Bolzens muss innerhalb eines Zylinders vom Durchmesser $t = 0{,}03$ mm liegen
	Ebenheit			die tolerierte Fläche muss zwischen zwei parallelen Ebenen vom Abstand $t = 0{,}05$ mm liegen
	Rundheit			die Umfangslinie jedes Querschnittes muss in einem Kreisring von der Breite $t = 0{,}02$ mm enthalten sein
	Zylinderform			die tolerierte Fläche muss zwischen zwei koaxialen Zylindern liegen, die einen radialen Abstand von $t = 0{,}05$ mm haben
	Linienform			das tolerierte Profil muss zwischen zwei Hüll-Linien liegen, deren Abstand durch Kreise vom Durchmesser $t = 0{,}08$ mm begrenzt wird. Die Mittelpunkte dieser Kreise liegen auf der geometrisch idealen Linie
	Flächenform			die tolerierte Fläche muss zwischen zwei Hüll-Flächen liegen, deren Abstand durch Kugeln vom Durchmesser $t = 0{,}03$ mm begrenzt wird. Die Mittelpunkte dieser Kugeln liegen auf der geometrisch idealen Fläche

3.26
Formtoleranzen nach DIN ISO 1101

Symbol und tolerierte Eigenschaft			Toleranzzone	Anwendungs-Beispiele	
				Zeichnungsangabe	Erklärung
Lage	Richtung	// Parallelität			die tolerierte Achse muss innerhalb eines zur Bezugsachse parallelliegenden Zylinders vom Durchmesser $t = 0,1$ mm liegen
					die tolerierte Fläche muss zwischen zwei zur Bezugsfläche parallelen Ebenen vom Abstand $t = 0,01$ mm liegen
		⊥ Rechtwinkligkeit			die tolerierte Achse muss zwischen zwei parallelen zur Bezugsfläche und zur Pfeilrichtung senkrechten Ebenen vom Abstand $t = 0,08$ mm liegen
		∠ Neigung (Winkligkeit)			die Achse der Bohrung muss zwischen zwei zur Bezugsfläche im Winkel von 60° geneigten und zueinander parallelen Ebenen vom Abstand $t = 0,1$ mm liegen
	Ort	⊕ Position			die Achse der Bohrung muss innerhalb eines Zylinders vom Durchmesser $t = 0,05$ mm liegen, dessen Achse sich am geometrisch idealen Ort (mit eingerahmten Maßen) befindet
		≡ Symmetrie			die Mittelebene der Nut muss zwischen zwei parallelen Ebenen liegen, die einen Abstand von $t = 0,08$ mm haben und symmetrisch zur Mittelebene des Bezugselementes liegen
		◎ Koaxialität Konzentrizität			die Achse des tolerierten Teiles der Welle muss innerhalb eines Zylinders vom Durchmesser $t = 0,03$ mm liegen, dessen Achse mit der Achse des Bezugselementes fluchtet
	Lauf	Planlauf			bei Drehung um die Bezugsachse D darf die Planlaufabweichung in jedem Messzylinder 0,1 mm nicht überschreiten
		Rundlauf			bei Drehung um die Bezugsachse AB darf die Rundlaufabweichung in jeder senkrechten Messebene 0,1 mm nicht überschreiten

3.27
Lagetoleranzen nach DIN ISO 1101

Toleranzangaben bei Kegeln (DIN ISO 3040)

a)   b)

3.28
Maße für Kegel
a) allgemein
b) Außenkegel-Bemaßung von einer Bezugskante aus

Um Größe, Form und Lage von Kegeln festzulegen, werden die folgenden Maße in verschiedenen Kombinationen angegeben (**3.28**): Die Kegelverjüngung als Verhältnis, z. B. 1:x, oder durch Angabe des eingeschlossenen Winkels α oder $\alpha/2$; der größere und der kleinere Durchmesser D bzw. d oder der Durchmesser an einem bestimmten Querschnitt; die Länge L des Kegels und bei genormten Kegeln die Benennung und die entsprechende Nummer. Die Kegelverjüngung wird ausgedrückt durch 1: $x = (D - d)/L = 2 \cdot \tan (\alpha/2)$.

Die für Kegel einzutragenden Toleranzen und deren Werte hängen vom jeweiligen Funktionsfall ab. Nach DIN ISO 3040 kann die Tolerierung nach fünf verschiedenen Methoden erfolgen (**3.29**).

3.3   Technische Oberflächen

Es ist technisch nicht möglich, Werkstücke mit einer geometrisch idealen Oberfläche herzustellen. Gestaltabweichungen, Unebenheiten und Rauheiten sind von der Art der Fertigung, vom Verschleißzustand der verwendeten Werkzeuge und Werkzeugmaschinen sowie vom Arbeitsaufwand und der Sorgfalt abhängig. Vorschriften zur Berücksichtigung der Maß- und Formabweichungen (Grobgestaltabweichungen) sind in der Norm DIN ISO 286 bzw. in DIN ISO 1101 festgelegt. Die Abhängigkeit der Rauheit vom Herstellungsverfahren ist in DIN 4766 (zurückgezogen) beschrieben, die Ermittlung der Rauheitsmessgrößen in DIN EN ISO 4287.

Einheitliche Begriffe zur Beschreibung der Oberflächengestalt weist die Norm DIN 4760 auf: Die wirkliche Oberfläche ist die Begrenzung eines festen Körpers gegenüber dem umgebenden Raum. Die Istoberfläche bezeichnet die messtechnisch erfasste Oberfläche. Sie ist das angenäherte Abbild der wirklichen Oberfläche und hängt vom Messverfahren ab. Die Solloberfläche ist die vorgeschriebene Oberfläche. In Zeichnungen ist sie durch normgemäße Angaben festgelegt. Die geometrisch-ideale Oberfläche ist die Begrenzung des geometrisch vollkommen gedachten Körpers.

Die **Gestaltabweichung** ist die Gesamtheit aller Abweichungen der Istoberfläche von der geometrisch-idealen Oberfläche. Es kann zwischen gröberen und feineren Abweichungen unterschieden werden. Zum genauen Unterscheiden sind die Gestaltabweichungen in sechs Ordnungen unterteilt.

Unter der Gestaltabweichung 1. Ordnung (Grobgestaltabweichung) versteht man die Formabweichung, z. B. Unebenheit und Unrundheit, die durch Fehler der Werkzeugmaschine, infolge der Durchbiegung der Maschine oder des Werkstückes, durch falsche Einspannung, Härteverzug oder Verschleiß entsteht.

Die Gestaltabweichung 2. Ordnung (Feingestaltabweichung) ist die Welligkeit, die z. B. bei der Herstellung der Wellen durch außermittige Einspannung oder durch Schwingungen der Werk-

Zeichnungseintragung	Erklärung	
		Festlegung des Kegelwinkels: Theoretische Maße: D, α Toleriertes Maß: Flächenform
		Festlegung der Kegelverjüngung: Theoretische Maße: D, $1:x$ Toleriertes Maß: Flächenform
		Festlegung der axialen Lage durch die Toleranzzone des Kegels: Theoretische Maße: D, L, $1:x$ Toleriertes Maß: Flächenform
		Unabhängige Tolerierung der axialen Lage des Kegels: Theoretische Maße: D, $1:x$ Tolerierte Maße: Flächenform, axiale Lage
		Zuordnung zu einem Bezugselement: Theoretische Maße: D, α Tolerierte Maße: Flächenform, bezogen auf A

3.29
Toleranzeintragungen für Kegel (DIN ISO 3040)

zeugmaschine entsteht. Die Gestaltabweichung 3. Ordnung sind z. B. Rillen und die Abweichung 4. Ordnung z. B. Riefen und Schuppen. Sie stellen Oberflächenrauheiten dar, die erst bei starker Vergrößerung feststellbar sind. Die Gestaltabweichungen 1. bis 4. Ordnung überlagern sich im Allgemeinen.

Zur Gestaltabweichung 5. Ordnung zählt z. B. die Gefügestruktur, wie sie durch Veränderung der Oberfläche nach chemischer Einwirkung (z. B. Beizen) entsteht. Die Gestaltabweichungen 3. bis 5. Ordnung werden auch als Rauheit bezeichnet. Die Gestaltabweichung 6. Ordnung, z. B. der Gitteraufbau des Werkstoffes, entsteht durch physikalische und chemische Vorgänge im Aufbau der Materie und durch Spannungen und Gleitungen im Kristallgitter. Die Gestaltabweichungen 5. und 6. Ordnung sind nicht mehr in einfacher Weise bildlich darstellbar.

Die Rauheit von Werkstücken wird entweder durch Sicht- und Tastvergleich geprüft (DIN EN ISO 4288) oder mit einem elektrischen Tastschnittgerät gemessen (DIN EN ISO 3274). Messungen der Oberflächenrauheit unterliegen einer starken Streuung. Die Sichtprüfung soll einen Gesamteindruck der zu beurteilenden Oberfläche solcher Werkstücke vermitteln, bei denen eine Rauheitsmessung unnötig ist. Sie soll Aufschluss über Oberflächenfehler (Rillen, Risse, Poren, Kratzer) geben. Der Sicht- und/oder Tastvergleich von Werkstücken ist mit Oberflächen-Vergleichsmustern durchzuführen (DIN 4769-4).

Elektrische Tastschnittgeräte (DIN EN ISO 3274) erfassen Oberflächenrauheiten, für die vom Hersteller Toleranzen angegeben sind. Die Messung geschieht durch Abtasten der technischen Oberfläche mit einer Tastspitze, die die Gestaltabweichungen in analoge elektrische Größen umwandelt. Die elektrischen Signale werden verstärkt und aufgezeichnet oder mittels Rechnerprogramm verarbeitet.

Die **Oberflächenrauheit** der Gestaltabweichung 3. und 4. Ordnung wird durch einen Profilschnitt senkrecht zur idealgeometrischen Oberfläche erfasst und durch verschiedene Messgrößen beschrieben (**3.30**). Sie entsteht durch Oberflächenunregelmäßigkeiten mit relativ kleinen Abständen, die durch das angewendete Fertigungsverfahren oder durch andere Einflüsse verursacht werden.

Die **Mittellinie** teilt das Rauheitsprofil so, dass die Summe der werkstofferfüllten Flächen A_o über ihr und die Summe der werkstofffreien Flächen A_u unter ihr gleich sind.

Als **maximale Profilhöhe $R\,max$** wird der Abstand der Linie der Profiltäler (untere Berührungslinie) von der Linie der Profilkuppen (obere Berührungslinie) bezeichnet (**3.30**) (DIN EN ISO 4287). Rz entspricht $Rmax$ (**3.31**) nach der zurückgezogenen Norm DIN 4768.

Die **maximale Profilspitzenhöhe Rp** (früher Glättungstiefe) ist der Abstand zwischen dem höchsten Punkt des Profils von der Mittellinie der Bezugsstrecke (**3.30**) (DIN EN ISO 4287).

Die **maximale Profiltaltiefe Rv** ist der Abstand des tiefsten Punktes des Profils von der Mittellinie innerhalb der Bezugsstrecke (**3.30**) (DIN EN ISO 4287).

DIN EN ISO 4288 behandelt das Messen der Oberflächenrauheit mit Tastschnittgeräten, die mit elektrischen Wellenfiltern ausgerüstet sind. Mit diesen Geräten wird durch Ausfilterung der Welligkeit erreicht, dass die Rauheitsmessgrößen nur die Rauheit und nicht die Welligkeit erfassen. Als Rauheitsmessgrößen werden hauptsächlich die gemittelte Rautiefe Rz oder der Mittenrauwert Ra angegeben.

a)

geometrisch ideales Profil
(meist Gerade oder
Kreisbogen)

obere
Berührungslinie

Mittellinie

Istprofil

untere
Berührungslinie

b)

3.30
Profilschnitt senkrecht zur geometrisch-
idealen Oberfläche

a) Gestaltabweichung 1. Ordnung
(Grobgestalt)

b) Rauheit (Gestaltabweichung 4. Ordnung), vergrößert; $\Sigma A_u = \Sigma A_o$; Rz
maximale Profilhöhe und Rp maxi-
male Profilspitzenhöhe nach DIN
EN ISO 4287. $R\,max = Rp + Rv$

Die **gemittelte Rautiefe** Rz ist das arithmetische Mittel aus den Einzelrautiefen fünf aneinander
grenzender, gleich langer Einzelmessstrecken eines gefilterten Profils (**3.31**).

Der **Mittenrauwert** Ra ist der arithmetische Mittelwert der absoluten Beträge der Abstände y
des Rauheitsprofils vom mittleren Profil innerhalb der Gesamtmessstrecke l_m nach dem Ausfil-
tern der Welligkeit. Der Mittenrauwert Ra ist gleichbedeutend mit der Höhe eines Rechtecks,
dessen Länge gleich der Gesamtmessstrecke l_m und das flächengleich mit der Summe der zwischen Rauheitsprofil und mittlerer Linie eingeschlossenen Fläche ist (**3.32**).

3.31
Gemittelte Rautiefe Rz
$Rz = 1/5 \cdot (Z_1 + Z_2 + Z_3 + Z_4 + Z_5)$
Z Einzelrautiefe, l_m Gesamtmessstrecke, l_v Vor- und l_n Nachlauf, l_t Tast-
strecke

Eine genaue Umrechnung zwischen der Rautiefe Rz und dem Mittenrauwert Ra lässt sich weder theoretisch begründen noch empirisch nachweisen. Der Ra-Wert schwankt zwischen 1/3 bis
1/7 des Rz-Wertes. Um eine Verständigung zwischen Betrieben, in denen die Rauheit nach der
Rautiefe Rz beurteilt wird, und Betrieben, die hierfür den Mittenrauwert Ra benutzen, zu ermöglichen, gab die zurückgezogene Norm DIN 4768 Richtwerte für eine gegenseitige Zuordnung dieser Rauheitsmaße für die durch Spanen erzeugten Oberflächen an (Bild **3.33**). Da die
gemittelte Rautiefe Rz messtechnisch einfacher zu erfassen ist, wird sie in Deutschland bevorzugt angewendet. Orientierungswerte über die bei verschiedenen Fertigungsverfahren erreichbaren Mittenrauwerte vermittelt das Bild **3.36**.

Werden besondere Ansprüche an die Oberfläche gestellt, wie hohe Flächenpressung, hohe
Dichtheit oder Verteilung der Reibleistung bei Festkörperreibung auf eine möglichst große
Reibfläche, so wird neben der Angabe der Rauheit auch die Angabe des Flächentraganteils er-
forderlich (DIN 4764 und DIN 4765 (zurückgezogen, kein Nachfolger)) (s. Bild **3.36**).

Die **Eintragung der Oberflächenbeschaffenheit** in technische Zeichnungen erfolgt nach
DIN EN ISO 1302 (**3.34**). Einzutragen sind am Grundsymbol jeweils nur die Angaben, die nötig sind, um die Oberfläche ausreichend zu kennzeichnen. Bevorzugt einzutragende Zahlenwer-

te für die Rauheitsmessgrößen waren den zurückgezogenen Normen ISO 4287-1 (1984) und ISO 4288 (1985) zu entnehmen. An Stelle von Rauheitswerten Ra konnten nach der zurückgezogenen Norm ISO 1302 (1992) auch die Rauheitsklassen N1 ... N12 eingetragen werden (Bild **3.35**); diese findet man teilweise in älteren Zeichnungen.

 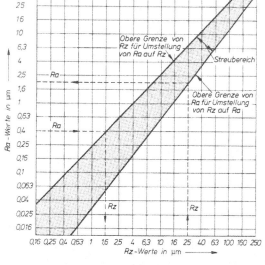

3.32
Mittenrauwert Ra nach DIN EN ISO 4287

$$Ra = \frac{1}{l_{m}} \int_{x=0}^{x=l_{m}} |y|\, dx$$

$$\Sigma A_{o} = \Sigma A_{u};\ A_{g} = \Sigma A_{o} + \Sigma A_{u}$$

3.33
Gegenseitige Zuordnung von gemittelter Rautiefe Rz und Mittenrauwert Ra für Oberflächen, die durch Spanen erzeugt werden, nach DIN 4768 T1 Bbl. 1 (zurückgezogen, kein Nachfolger)

Besondere Oberflächenangaben, wie z. B. Fertigungsverfahren, Beschichtungen, Behandlungen, werden auf die waagerechte Linie des Symbols geschrieben. Darüber hinaus können Angaben über Rillenrichtung, Bearbeitungszugaben und Bezugsstrecken (für die Rauheitsmessgröße) am Symbol eingetragen werden (**3.37** und **3.38**). Symbole mit Zusatzangaben sind so anzuordnen, dass sie von unten oder von der rechten Seite zu lesen sind (**3.39**).

3.34
Oberflächensymbole nach DIN EN ISO 1302
    a) Grundsymbol für die Kennzeichnung der Oberflächenbeschaffenheit
    b) Symbol zur Kennzeichnung einer materialabtragenden Bearbeitung
    c) Symbol zur Kennzeichnung einer Oberfläche, die nicht materialabtragend bearbeitet werden darf
    d) Symbol mit Angabe über ein bestimmtes Fertigungsverfahren

Ra / µm	Rauheitsklassen	Ra / µm	Rauheitsklassen
50,0	N 12	0,8	N 06
25,0	N 11	0,4	N 05
12,5	N 10	0,2	N 04
6,3	N 09	0,1	N 03
3,2	N 08	0,05	N 02
1,6	N 07	0,025	N 01

3.35
Rauheitsklassen nach ISO 1302 (vorige Ausgabe) für den Mittenrauwert Ra nach DIN EN ISO 1302

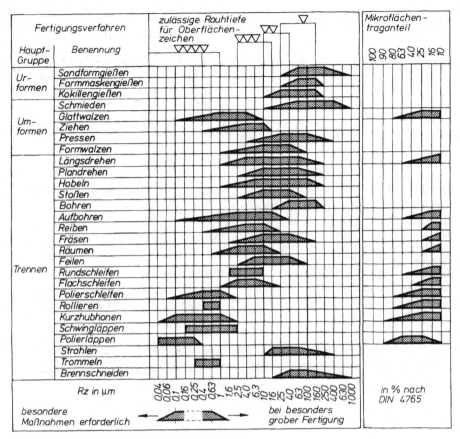

3.36
Bei den verschiedenen Fertigungsverfahren erreichbare gemittelte Rautiefe *Rz* nach DIN 4766 T1 (zurückgezogen, kein Nachfolger) und erreichbarer Mikroflächenanteil in % nach DIN 4765 (zurückgezogen, kein Nachfolger), der bei einem Anpressdruck von 10 N auf eine Fläche von 2,5 mm · 0,1 mm ermittelt wurde

	Lage der Oberflächenangaben am Symbol	Kennzeichnung der Rillenrichtung
	a = Oberflächenbeschaffenheit, Mittenrauwert *Ra* in μm, andere Rauheitsmessgrößen (z. B. *Rz*, *Rp* ...)	= parallel zur Projektionsebene verlaufend
		⊥ senkrecht zur Projektionsebenegekreuzt verlaufend
	b = Weitere Anforderungen an die Oberflächenbeschaffenheit	× in 2 Richtungen schräg zur Projektionsebene verlaufend
	c = Fertigungsverfahren, Behandlung, Beschichtung	M in mehreren Richtungen verlaufend
		C annähernd kreisförmig verlaufend
	d = Oberflächenrillen und –ausrichtung	R annähernd radial zur Oberflächenmitte verlaufend
	e = Bearbeitungszugabe	P Nichtrillige Oberfläche, ungerichtet

3.37
Zusatzangaben

a)

b)

a)

b)

3.38
Eintragungsbeispiel

a) spanend durch Schleifen hergestellte Oberfläche mit Bearbeitungszugabe 0,5 mm,
maximalem Mittenrauwert $Ra \leq 1$ µm;
maximale Rautiefe $Rzmax = 6,7$ µm bei
Übertragungscharakteristik -2,5 mm, Rillenrichtung senkrecht zur Projektionsebene

b) spanend hergestellte Oberfläche mit Mittenrauwert $Ra = 1,6$ bis 6,3 µm

3.39 Anordnung der Symbole

a) mit den Zusatzangaben b, c, d, e
b) mit der Angabe a (Mittenrauwert Ra)

Literatur

[1] Böttcher, P.; Forberg, R.: Technisches Zeichnen. 23. Aufl. Stuttgart, Leipzig 1998.

[2] Klein, M.: Einführung in die DIN-Normen. 13. Aufl. Stuttgart, Leipzig, Wiesbaden 2001.

[3] Jorden, W.: Form- und Lagetoleranzen. 3. Aufl. München, Wien 2004.

4 Nietverbindungen

DIN-Blatt Nr.	Ausgabe-datum	Titel
101	5.93	Niete; Technische Lieferbedingungen
124	5.93	Halbrundniete, Nenndurchmesser 10 bis 36 mm
302	5.93	Senkniete, Nenndurchmesser 10 bis 36 mm
660	5.93	Halbrundniete, Nenndurchmesser 1 bis 8 mm
661	5.93	Senkniete, Nenndurchmesser 1 bis 8 mm
662	5.93	Linsenniete, Nenndurchmesser 1,6 bis 6 mm
674	5.93	Flachrundniete, Nenndurchmesser 1,4 bis 6 mm
675	10.93	Flachsenkniete (Riemenniete), Nenndurchmesser 3 bis 5 mm
997	10.70	Anreißmaße (Wurzelmaße) für Formstahl und Stabstahl
998	10.70	Lochabstände in ungleichschenkligen Winkelstählen
999	10.70	Lochabstände in gleichschenkligen Winkelstählen
4113 T1	5.80	Aluminiumkonstruktionen unter vorwiegend ruhender Belastung; Teil 1: Berechnung und bauliche Durchbildung
T2	9.02	-; Teil 2: Berechnung geschweißter Aluminiumkonstruktionen
6434	11.84	Nietzieher
6435	11.84	Nietkopfmacher
7331	5.93	Hohlniete, zweiteilig
7338	8.93	Niete für Brems- und Kupplungsbeläge
7339	5.93	Hohlniete, einteilig, aus Band gezogen
7340	5.93	Rohrniete aus Rohr gefertigt
7341	7.77	Nietstifte
15018 T1	11.84	Krane; Teil 1: Grundsätze für Stahltragwerke; Berechnung
T2	11.84	-; Teil 2: Stahltragwerke; Grundsätze für die bauliche Durchbildung und Ausführung
T3	11.84	-; Teil 3: Grundsätze für Stahltragwerke; Berechnung von Fahrzeugkranen
18800 T1	11.90	Stahlbauten; Teil 1: Bemessung und Konstruktion
T2	11.90	-; Teil 2: Stabilitätsfälle; Knicken von Stäben und Stabwerken
18801	9.83	Stahlhochbau; Bemessung, Konstruktion, Herstellung
48073	2.75	Verbindungsbolzen
EN 485 T2	11.06	Aluminium und Aluminiumlegierungen – Bänder, Bleche und Platten; Teil 2: Mechanische Eigenschaften
EN 515	11.06	Aluminium und Aluminiumlegierungen; Halbzeuge; Bezeichnungen der Werkstoffzustände

DIN-Normen, Fortsetzung

DIN-Blatt Nr.	Ausgabe-datum	Titel
EN 754 T2	12.06	Aluminium und Aluminiumlegierungen – Gezogene Stangen und Rohre; Teil 2: Mechanische Eigenschaften
EN 10025 T1	2.05	Warmgewalzte Erzeugnisse aus unlegierten Baustählen – Technische Lieferbedingungen
LN 9011	6.92	Schließköpfe für Niete; Flachkopf
LN 9178	6.85	Universalniete aus Nickellegierungen
LN 9179	2.88	Senkniete 100° aus Nickellegierungen
LN 9198	6.84	Universalniete aus Aluminium und Aluminium-Legierungen
LN 9199	2.88	Senkniete 100° aus Aluminium und Aluminium-Knetlegierungen
LN 9314	12.87	Blindniete aus Aluminium-Legierungen mit Flachrundkopf
LN 9315	9.88	Blindniete aus Aluminium-Legierungen, mit Senkkopf 120°
LN 9317	3.84	C-Niete (Blindniete), aus Aluminium-Legierungen mit Senkkopf 120°
LN 9318	3.84	Füllstifte für C-Niete
LN 9320	4.84	Schraubniete mit Sechskantkopf
LN 9321	4.84	Schraubniete mit Flachsenkkopf
LN 9360	9.63	Niet-Schergeräte für zweischnittige Scherung von Nieten und Nietdrähten
LN 29761	7.70	Werkzeuge zum Walzen von Blechen für Senkniete 100° und Senkschrauben 100°; Konstruktionsrichtlinien
LN 29682	8.80	Luft- und Raumfahrt; Anniet-Mutternleisten, selbstsichernd, beweglich, für Temperaturen bis 120 °C

Das Nieten dient zur Herstellung unlösbarer Verbindungen von Bau- und Maschinenteilen aus metallischen und nichtmetallischen Werkstoffen (Leder, Fiber, Stoff, Bremsbelägen und dgl.).

Sollen Nietverbindungen lediglich Kräfte von einem zum anderen Bauteil übertragen, handelt es sich um feste Verbindungen bzw. Kraftverbindungen. Hauptanwendungsgebiet: Hochbau und Kranbau, Leichtmetallbau. Nietverbindungen zur Abdichtung von Behältern, bei denen die Kräfteübertragung eine untergeordnete Rolle spielt, nennt man dichte Vernietungen. Anwendungsbeispiele: Flache Behälter, dünnwandige Rohre, Leitungskanäle u. ä. Sind beide Aufgaben durch die Nietverbindungen zu erfüllen, dann handelt es sich um feste und dichte Vernietungen, also Verbindungen im Druckbehälter-, besonders im Dampfkesselbau, die heute allerdings zugunsten der Schweißkonstruktionen an Bedeutung verloren haben.

Die Vorteile der Nietverbindungen gegenüber dem Schweißen bestehen neben der einfachen und billigen Herstellung in erster Linie darin, dass die Festigkeitseigenschaften der Bauteile nicht durch starke Erwärmungen verringert werden und dass keine unkontrollierbaren Spannungen und Verformungen eintreten. Dies hat zu einer Bevorzugung und weiten Verbreitung der Nietverbindungen im Leichtmetallbau geführt, wobei die verwendeten Leichtmetallniete kalt geschlagen werden. Auch im Stahlbau nutzt man diese Vorteile, indem die in Werkstätten vorgearbeiteten (z. T. auch geschweißten) Teilstücke auf den Baustellen durch Nieten gefügt werden. In vielen Bereichen werden heutzutage Nietverbindungen durch Klebverbindungen ersetzt.

Formelzeichen

A	Vollquerschnitt von Blechen und Profilen, Bruchdehnung	n	Anzahl der Niete
ΔA	Querschnittsschwächung durch Nietlöcher	n_a	- -, die sich aus der Berechnung auf Abscheren ergibt
A_1	(projizierte) Lochleibungsfläche	n_1	- - -, die sich aus der Berechnung auf Lochleibung ergibt
A_1	Nietlochquerschnitt = Scherquerschnitt	p	Innendruck, Betriebsdruck = höchstzulässiger Dampfdruck
b	Breite		
c	Abnutzungszuschlag bei Wanddicken	s, s_1, s_2	Wand-, Laschen-, Steg- oder Flanschdicke
D	Kesseldurchmesser		
d_1	Rohnietdurchmesser (für Bestellung)	t	Nietteilung
d	Nietlochdurchmesser (für Berechnung)	v	Schwächungsbeiwert
e_1, e_2	Randabstände von Nieten	W_b	axiales Widerstandsmoment
F	zu übertragende Gesamtkraft	y	Ordinate von Querschnitten
F_q	Querkraft beim Biegeträger	λ	Schlankheitsgrad
H_y, H_h, H_k	Flächenmomente 1. Grades	σ oder σ_z	Zugspannung
I_{min}	kleinstes Flächenträgheitsmoment	σ_1	Lochleibungsdruck
I_0	Flächenträgheitsmoment bezogen auf Schwerachse	τ	Schubspannung in Bauteilen
i	Trägheitsradius eines Querschnitts	τ_a	Abscherspannung im Niet
l	Schaftlänge von Nieten	ψ	Ausgleichszahl
l_k	Knicklänge von Druckstäben		
M_b	Biegemoment		
m	Schnittzahl je Niet bzw. Anzahl der Berührungsflächenpaare		

4.1 Werkstoffe für Bauteile und Niete

Bei der Konstruktion und Berechnung von Nietverbindungen muss immer von den Bauteilen ausgegangen werden; ihre Abmessungen und Werkstoffe richten sich nach dem jeweiligen Verwendungszweck. Die Niete als eigentliche Verbindungselemente müssen in Anordnung, Abmessung und Werkstoff auf die Bauteile abgestimmt werden. Als Grundregel gilt, dass für Bauteile und Niete gleichartige Werkstoffe verwendet werden, um eine Lockerung durch ungleiche Wärmedehnung und um Zerstörungen durch elektrochemische Korrosion zu vermeiden. Insbesondere bei Leichtmetallnietungen muss die Potentialdifferenz der Werkstoffe möglichst niedrig gehalten werden. Außerdem soll der Nietwerkstoff weicher sein als der Werkstoff der Bauteile; leichte Verformbarkeit ist zur Bildung des Schließkopfes (s. Abschn. 4.2.1) erforderlich.

Die Werkstoffe für Bauteile und Niete im Stahlbau sind in DIN 18800 (Stahlbauten) festgelegt; es werden für die Niete die in DIN 17111 (zurückgezogen, kein Nachfolgedokument) genormten, für Warmstauchung geeigneten Nietstähle USt 36 und RSt 38 verwendet, Bild **4.1**.

Werkstoff		Streckgrenze	Zugfestigkeit
Bezeichnung	Nr.	$f_{y,b,k}$ in N/mm^2	$f_{u,b,k}$ in N/mm^2
USt36	1.0203	205	330
RSt38	1.0223	225	370

4.1
Nietwerkstoffe nach DIN 17111 (zurückgezogen, kein Nachfolgedokument)

Die Werkstoffe für Bauteile und Niete aus Aluminiumlegierungen und ihre geeignete Zuordnung sind in DIN 4113 (Aluminium im Hochbau) und in [4] zu finden, Bild **4.2**.

Bauteilwerkstoffe	Nietwerkstoffe		
	Bezeichnung	Zustand	Durchmesser
AlZn4,5Mg1	AlMgSi1 F20	kalt ausgehärtet	bis 12 mm (Drähte)
AlMgSi1	AlMgSi1 F21		bis 80 mm (Stangen)
AlMgSi0,5	AlMgSi1 F25	kalt ausgehärtet und gezogen	bis 10 mm (Drähte)
AlMg4,5Mn	AlMg5 W27	weich	bis 15 mm (Drähte)
AlMg2Mn0,8	AlMg5 F31	gezogen	bis 15 mm (Drähte)
AlMg3			

4.2
Aluminiumlegierungen für Niete (nach DIN 4113)

4.2 Herstellung von Nietverbindungen, Nietformen, Nahtformen

4.2.1 Setzkopf, Schaft, Schließkopf

Im unverarbeiteten Zustand besteht der Niet in der Regel aus dem Setzkopf und dem entweder massiven, zylindrischen bzw. leicht kegeligen oder rohrförmigen Nietschaft (**4.3**). Durch Stauchen oder Pressen des über die zu verbindenden Teile hinausragenden Endes des Nietschaftes wird dann der Schließkopf geformt (**4.4**). Die Nietlöcher sollen sauber gebohrt und aufgerieben werden. Sie sollten möglichst nicht gestanzt werden, um Anrisse in den Bauteilen zu vermeiden. Ist Stanzen unvermeidbar, müssen die Nietlöcher um mindestens 2 mm aufgebohrt und aufgerieben werden. Bei Stahlrohrnieten mit $d_1 \geq 10$ mm Schaftdurchmesser ist der Lochdurchmesser d um 1 mm größer als der Nenndurchmesser d_1.

Bei Leichtmetallnieten bis 10 mm Durchmesser beträgt dieser Durchmesserunterschied 0,1 mm, bei größeren Nieten 0,2 mm.

Die Lochränder sind zu entgraten bzw. mit Senkung auszubilden.

4.3
Niet im unverarbeiteten Zustand

4.4
Geschlagener Niet

Die gebräuchlichsten Nietformen und Schließkopfausbildungen sind in Bild **4.5** zusammengestellt.

Bild	Bezeichnung	DIN	Einsatzgebiet
	Halbrundniet	124 660	Stahlbau
	Flachrundniet	674	Karosserie- und Flugzeugbau, Feinbleche
	Linsenniet	662	Trittbleche, Leisten, Beschläge
	Senkniet	302 661	Stahlbau Fahrzeugbau
	Flachsenkniet	675	Riemen, Gurte aus Leder, Kunststoff, Gewebe
	Hohlniet, einteilig	7339	für empfindliche Werkstoffe, da nur geringe Schließkräfte
	Hohlniet, zweiteilig	7331	für empfindliche Werkstoffe
	Nietstift	7341	für große Klemmlängen, Gelenke
	Rohrniet	7340	für empfindliche Werkstoffe, hohle Bauteile
	Dornniet (nach Junkers)		der hohle Nietschaft wird durch den mit einer Sollbruchstelle versehen Dorn ausgefüllt – Fahrzeugbau, Gerätebau
	Durchziehniet (Chobert-Niet)		der Hilfsbau dient nur zur Bildung des Schließkopfes und der Schaftaufweitung – Fahrzeugbau, Gerätebau
Schließkopf-kragen Nietbolzen	Schließringbolzen (Huck-Bolt)		der aufgeschobene Schließring wird in die Schaftrillen gepresst und der Nietbolzen abgerissen

4.5
Nietformen und Einsatzgebiet

Die Schaftlänge l des Nietes (**4.3**) richtet sich nach der Klemmlänge (Summe der Blechdicken) und der Kopfform (Richtwerte in **4.6**).

Stahlbauniete (DIN 124)	$l \approx 1{,}2 \,(\Sigma s) + 1{,}2 \cdot d_1$		
Leichtmetallniete mit		Leichtmetallniete mit	
Halbrundkopf	$l \approx \Sigma s + 1{,}4 \cdot d_1$	Kegelspitzkopf	$l \approx \Sigma s + 1{,}7 \cdot d_1$
Flachrundkopf	$l \approx \Sigma s + 1{,}8 \cdot d_1$	Kegelstumpfkopf	$l \approx \Sigma s + 1{,}6 \cdot d_1$
Mit d_1 = Rohrnietdurchmesser und Σs = Summe der Blechstärken = Klemmlänge			

4.6
Richtwerte für Schaftlänge l

4.2.2 Warmnietung

Stahlniete über 10 mm Durchmesser werden warm verarbeitet, d. h. sie werden hellrot- bis weißglühend in das Nietloch eingesetzt, und dann wird der Schließkopf mit Hilfe des Schellhammers oder Schließkopfdöppers geschlagen oder gepresst. Beim Erkalten des Niets schrumpft der Schaft; die Köpfe legen sich fest an die Bauteile an und drücken diese (zwischen Schließ- und Setzkopf) mit hoher Kraft aufeinander. In den Berührungsflächen zwischen Nietkopfunterseite (am Schließ- und Setzkopf) und den zu verbindenden Bauteilen selbst herrscht eine Presskraft (Normalkraft), die der im Nietschaft durch die Schrumpfung entstehenden Zugkraft gleich ist. Die Presskraft bewirkt, dass bei Belastung durch die Kräfte F (**4.7**), welche die Bleche gegeneinander verschieben wollen, Reibungskräfte in den Berührungsflächen auftreten, die eine Verschiebung bzw. „Gleiten" verhindern. Man bezeichnet diese Reibungskräfte auch als den Gleitwiderstand, dessen Grenzwert – bei diesem tritt gerade ein Gleiten ein – nicht nur von der Zugkraft im Nietschaft, sondern auch vom Reibungsbeiwert zwischen den Berührungsflächen abhängig ist.

4.7
Warmverarbeiteter Niet, Kraftwirkung infolge Schrumpfens. Das kleine Spiel zwischen Schaft und Bohrungen infolge der Durchmesserverringerung des Schaftes ist nicht eingezeichnet.

Beim warm verarbeiteten Niet tritt infolge des Schrumpfens und durch die Querkontraktion infolge der Zugspannungen im Schaft eine Durchmesserverringerung ein, so dass der Schaft an der Lochwandung nicht anliegt. Erst wenn die Belastung F den Gleitwiderstand überschreiten würde, könnten sich die Bauteile so weit gegeneinander verschieben, dass der Nietschaftmantel zum Anliegen kommt; erst dann würde aus der Reibschluss- oder Klemmverbindung eine Scherverbindung werden, wie sie beim kaltgestauchten Niet die Regel ist.

4.2.3 Kaltnietung

Stahlniete unter 10 mm Durchmesser sowie Leichtmetall- und Kupferniete werden kalt verarbeitet. Hierbei wird der Nietschaft in Achsenrichtung gestaucht, so dass sich sein Durchmesser vergrößert. Er legt sich an der Wand des Nietloches an und presst sogar gegen diese. Beim Bilden des Schließkopfes entsteht durch die Verformung und durch die elastische Rückwirkung zwar auch eine geringe Normalkraft und damit eine Reibschlusswirkung. In erster Linie trägt jedoch der Schaft des Nietes. Bei Belastung durch die Kraft F (**4.8**) wird zwischen dem Nietschaftmantel und den Wandungen der Bohrung in den Bauteilen eine Pressung erzeugt, die sog. Lochleibung. Außerdem wird der Nietschaft in der Schnittebene auf Scherung beansprucht.

4.8
Kaltgeschlagener Niet

Das Spiel zwischen Schaft und Bohrung und die gegenseitige Verschiebung der Bleche sind übertrieben gezeichnet, um die Anlageflächen und damit den Wirkungsbereich der Lochleibung kenntlich zu machen. In Wirklichkeit wird durch den gestauchten Schaft die Bohrung satt ausgefüllt.

4.2.4 Nahtformen

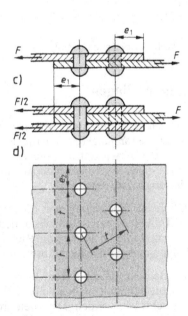

4.9 Nahtformen; Teilung und Randabstände bei Überlappungsnietungen
a) einreihig einschnittig
b) einreihig zweischnittig
c) zweireihig einschnittig
d) zweireihig zweischnittig

Nietverbindungen werden in ebenen, zylindrischen oder sphärisch gewölbten Flächen als Überlappungs- oder als Laschennietungen (meist Doppellaschen) ausgebildet, wobei jeweils die Niete ein-, zwei- oder mehrreihig in Parallel- oder Zickzackform angeordnet werden (s. Bild **4.9** und **4.14**). Nach der Zahl der Schnitt- oder Scherebenen bzw. der Zahl der Berührungsflächenpaare je Niet unterscheidet man ein-, zwei- oder mehrschnittige Niete; bei einfacher Überlappungsnietung sind die Niete einschnittig; bei Doppellaschennietung zweischnittig. Werte für die Teilung t und für die Randabstände e sind in **4.10** angegeben.

		Mindestwert	Höchstwert
Hochbau	Teilung t		
	Kraftniete und Heftniete in Druckstäben und Stegaussteifungen	$t \geq 3 \cdot d$	$t \leq 8{\cdot}d$ oder $\leq 15{\cdot}s$ [1])
	Heftniete in Zugstäben	$t \geq 3 \cdot d$	$t \leq 12{\cdot}d$ oder $\leq 25{\cdot}s$
	Randabstand in Kraftrichtung e_1	$e_1 \geq 2 \cdot d$	$e_1 \leq 3{\cdot}d$ oder $\leq 6{\cdot}s$ [2])
	senkrecht zur Kraftrichtung e_2	$e_2 \geq 1{,}5{\cdot}d$	$e_2 \leq 3{\cdot}d$ oder $\leq 6{\cdot}s$
Kranbau	Teilung t	$t \geq 3{,}5{\cdot}d$	$t \leq 6{\cdot}d$ oder $\leq 15{\cdot}s$
	in besonderen Fällen	$t \geq 3 \cdot d$	
	Radabstand in Kraftrichtung e_1	$e_1 \geq 2 \cdot d$	$e_1 \leq 4{\cdot}d$ oder $\leq 8{\cdot}s$
	senkrecht zur Kraftrichtung e_2	$e_2 \geq 1{,}5{\cdot}d$	$e_2 \leq 4{\cdot}d$ oder $\leq 8{\cdot}s$

[1]) s ist die Dicke des dünnsten, außenliegenden Teiles. Bei den von d und s abhängigen Höchstwerten ist der kleinere einzuhalten.

[2]) Bei Stab- und Formstählen darf am versteiften Rand $9{\cdot}s$ statt $6{\cdot}s$ gewählt werden.

4.10
Richtwerte für Teilung und Randabstände (s. Bild **4.9**)

4.3 Berechnungsgrundlagen

Die wirklichen Beanspruchungsverhältnisse in Nietverbindungen sind wegen räumlicher Spannungszustände, vielseitiger Spannungsüberlagerungen und vor allem wegen der unvermeidlichen Spannungsspitzen sehr verwickelt und rechnerisch nicht exakt zu erfassen. Für die Dimensionierung muss man daher vereinfachende Annahmen treffen (**4.11** und **4.12**) und sich im Wesentlichen auf Erfahrungswerte stützen.

Insbesondere hinsichtlich der Zuordnung von Nietdurchmesser und Bleckdicken sowie von Nietdurchmesser und Teilungen bzw. Randabständen bei verschiedenen Anordnungen sind Anhaltswerte zu verwenden, die in Form von Richtlinien, Näherungsformeln, Tabellen und graphischen Darstellungen in den folgenden Abschnitten zusammengestellt sind.

Die Abmessungen der Bauteile (Blechdicken, Profile und dgl.) werden wie üblich nach den Regeln der Festigkeitslehre ermittelt, wobei zu beachten ist, dass die gefährdeten Querschnitte durch die Nietlöcher geschwächt werden. Der Nietdurchmesser wird abhängig von den gefundenen Wanddicken gewählt. Die je Niet und je Schnittfläche (bzw. je Berührungsflächenpaar) übertragbare Kraft ergibt sich aus den zulässigen Werten, d. h. im Kesselbau aus dem zulässigen spezifischen Gleitwiderstand und im Hochbau aus der zulässigen Scherspannung bzw. der zulässigen Lochleibung. Aus der zu übertragenden Gesamtkraft und aus der je Niet übertragbaren Kraft folgt dann die erforderliche Nietzahl. Nach ersten Überschlagsrechnungen sind häufig genauere Nachrechnungen erforderlich.

Allen Rechnungen werden jeweils die Nietloch- und nicht die Nietschaftdurchmesser zugrunde gelegt; man nimmt also immer – auch bei Warmnietungen – an, dass die Bohrungen der Bauteile vom gestauchten Nietschaft völlig ausgefüllt werden; bei Leichtmetallnieten sind der Nietloch- und der Nietschaftdurchmesser annähernd gleich.

4.11
Zugspannungen im durch die Nietlöcher geschwächten Bauteil

a) wirklicher Spannungsverlauf im gelochten Blech bei Zugbeanspruchung; Spannungsspitzen am Lochrand
b) vereinfachende Annahme für die Berechnung: gleichmäßige Spannungsverteilung

4.12
Lochleibungsdruck an den Anlageflächen zwischen Nietschaft und Blech

a) wirklicher Verlauf des Lochleibungsdruckes: Spitzenwerte in der Nähe der Berührungsfläche der Bleche und (in der Draufsicht) in Richtung der Kraft
b) vereinfachte Annahme für die Berechnung: gleichmäßige Verteilung über die projizierte Zylindermantelfläche (Lochleibungsfläche)

4.3.1 Berechnen von Nietverbindungen im Stahlbau

4.3.1.1 Berechnen der Bauteile

Bei Nietverbindungen im Stahlbau (Hochbau, Kranbau) handelt es sich meistens um Stöße von Zug- oder Druckstäben oder ihre Anschlüsse an Knotenbleche (Fachwerkträger) oder um Nietträger und Stöße von genieteten Blechträgern. Für Entwurf, Berechnung und Ausführung von „tragenden Bauteilen aus Stahl" ist im Hochbau DIN 18800 und im Kranbau DIN 15018 maßgebend. Es wird demnach neben einem Stabilitäts- und Standsicherheitsnachweis vor allen Dingen ein allgemeiner Spannungsnachweis „zum Nachweis der Sicherheit gegen Fließen oder statischen Bruch" verlangt, d. h. es muss durch die Berechnung belegt werden, dass die auftretenden Spannungen kleiner sind als die vorgeschriebenen zulässigen Spannungen. Die letzteren werden für zwei verschiedene Lastfälle angegeben:

Lastfall H

Berücksichtigung der Summe der Hauptlasten (H), wozu ständige Last, Verkehrslast (einschl. Schnee) und freie Massenkräfte von Maschinen gehören. Da (tatsächlich vorhandene) Zusatzlasten nicht berücksichtigt werden, sind die zulässigen Spannungen zur Sicherheit geringer.

Lastfall HZ

Berücksichtigung der Summe der Haupt- und Zusatzlasten (Z), wobei zu letzteren Windlast, Bremskräfte, waagerechte Seitenkräfte und Wärmewirkungen gerechnet werden.

Für die Bemessung und den Spannungsnachweis ist jeweils der Lastfall maßgebend, der die größten Querschnitte ergibt.

Im Kranbau (DIN 15018) wird ferner noch durch eine Ausgleichszahl ψ berücksichtigt, ob die Bauteile durch die Wander- oder Verkehrslast zeitlichen Belastungswechseln (bezogene Betriebsdauer), größeren Wechseln in der Höhe der Last (bezogene Belastung) und Stößen aus der Lastbewegung ausgesetzt sind.

Zahlenwerte für die zulässigen Spannungen sind in Bild **4.13** zusammengestellt. Die zulässige Zug-, Druck- und Biegespannung ist auf die Fließgrenze σ_F bezogen, wobei der Sicherheitsbeiwert im Lastfall H gleich 1,7 und im Lastfall HZ gleich 1,5 ist.

Nach DIN 18800 sind für „Zug und Biegung, und für Biegedruck, wenn Ausweichen der gedrückten Gurte nicht möglich ist", die entsprechenden Sicherheitsbeiwerte nur 1,5 bzw. 1,33.

Die **zulässige Schubspannung** für Bauteile wird als Bruchteil von σ_{zul} angegeben, und zwar:

Stahlbauten: (Nach DIN 18800) $\tau_{zul} = 0,580 \cdot \sigma_{zul}$ bzw. $0,650 \cdot \sigma_{d\,zul}$, Kranbau (DIN 15018) $\tau_{zul} = 0,80 \cdot \sigma_{zul}$.

Bei Zugstäben muss mit dem durch die Nietlöcher geschwächten Querschnitt, also mit $A - \Delta A$, gerechnet werden, wenn A der Voll-Querschnitt des Stabes und ΔA die Summe der Flächen aller Löcher ist, die in die ungünstigste Risslinie fallen. Das Verhältnis des geschwächten zum ungeschwächten Querschnitt beschreibt das Schwächungsverhältnis v.

$$v = \frac{A - \Delta A}{A} \tag{4.1}$$

Für die (mittlere) **Zugspannung**, die aus der zu übertragenden Zugkraft F resultiert, gilt:

$$\boxed{\sigma_z = \frac{F}{A - \Delta A}} \tag{4.2}$$

Für eine erste überschlägige Dimensionierung sollte das Schwächungsverhältnis v abgeschätzt werden ($v \approx 0,7$ bis $0,85$); hiermit lässt sich mit Gl. (4.1) die Gl. (4.2) zunächst umformen:

$$\boxed{\sigma_z = \frac{F}{v \cdot A}} \tag{4.3}$$

			Lastfall			
			H	HZ	H	HZ
Stahlbauten		Bauteile aus	S235JR (St 37-2)		S355J2G3 (St 52-3)	
nach	Druck und Biegedruck für Stabi-					
DIN 18800	litätsnachweis nach DIN 18800	$\sigma_{d\,zul}$	140	160	210	240
	Zug und Biegezug, Biegedruck,					
	Druck und Biegedruck	σ_{zul}	160	180	240	270
	Schub	τ_{zul}	92	104	139	156
		Niete aus	USt 36-1		RSt 44-2	
	Abscheren	$\tau_{a\,zul}$	140	160	210	240
	Lochleibungsdruck	$\sigma_{l\,zul}$	320	360	480	540
Kranbau		Bauteile aus	S235JR (St 37-2)		S275JR (St 44-2)	
nach	Zug, Biegung, Druck	σ_{zul}	140	160	210	240
DIN 15018	Schub	τ_{zul}	92	104	138	156
		Niete aus	USt 36-1		RSt 44-2	
	Abscheren einschnittig	$\tau_{a\,zul}$	84	196	126	144
	Lochleibungsdruck	$\sigma_{l\,zul}$	210	240	315	360
	Abscheren mehrschnittig	$\tau_{a\,zul}$	113	128	168	192
	Lochleibungsdruck	$\sigma_{l\,zul}$	280	320	420	480

4.13
Zulässige Spannungen in N/mm² im Stahlbau

Wird σ_{zul} an Stelle von σ_z eingesetzt und nach A aufgelöst, gilt:

$$A \geq \frac{F}{v \cdot \sigma_{zul}} \tag{4.4}$$

Mit dem so gefundenen erforderlichen Vollquerschnitt A kann nun ein geeignetes Profil gewählt werden, nach Abschn. 4.3.1.2 der zu den Blechdicken passende Nietlochdurchmesser d bestimmt und nach Abschn. 4.3.1.3 die erforderliche Nietzahl n berechnet werden. Danach wird eine genauere Nachrechnung von v und σ_z nach den Gl. (4.1) und (4.2) vorgenommen und eventuell korrigiert.

Handelt es sich beispielsweise um die einreihige Doppellaschennietung eines Flachstabes (**4.14**) mit der Breite b und der Dicke s, gilt für die Querschnittsfläche A

$$A = b \cdot s \tag{4.5}$$

Hierbei kann s gewählt und b berechnet werden (oder umgekehrt). Ist n die Anzahl der erforderlichen Niete in einer Nietreihe (mit dem Lochdurchmesser d), t die Teilung und e_2 der Randabstand senkrecht zur Kraftrichtung, dann ergibt sich für die **Breite b**, das Schwächungsverhältnis v und die Zugspannung σ_z:

$$\boxed{b = (n-1) \cdot t + 2 \cdot e_2} \tag{4.6}$$

4.14
Einreihige Doppellaschennietung eines Flachstabes.
Werte im Beispiel 1:

$F = 140$ kN	$s = 10$ mm	$b = 160$ mm
$s_1 = s_2 = 7$ mm	$d = 17$ mm	$t = 52$ mm
$e_1 = 35$ mm	$e_2 = 28$ mm	

$$v = \frac{b - n \cdot d}{b} \tag{4.7}$$

$$\boxed{\sigma_z = \frac{F}{(b - n \cdot d) \cdot s}} \tag{4.8}$$

Die höchsten **Zug- oder Druckrandspannungen** bei auf Biegung beanspruchten Trägern sind aus dem Biegemoment und dem Widerstandsmoment zu berechnen:

$$\boxed{\sigma_b = \frac{M_b}{W_b}} \tag{4.9}$$

4.3.1.2 Wahl des Nietdurchmessers

Die nach DIN 124 gestuften Nietlochdurchmesser d und die (kleinsten) Blechdicken s sind nach den in Bild **4.15** angegebenen Erfahrungswerten einander zugeordnet. Man kann auch die im Stahlbau für den Nietdurchmesser d_1 in cm übliche Näherungsformel (Zahlenwertgleichung) verwenden, wobei für s die kleinste zu verbindende Blechdicke in cm einzusetzen ist.

$$d_1 / [\text{cm}] \approx \sqrt{5 \cdot s / [\text{cm}]} - 0{,}2 \tag{4.10}$$

Außerdem sind in den Profiltafeln für Walzprofile [21] die größtmöglichen Nietlochdurchmesser d (zusammen mit den Nietrisslinien, also den Wurzel- oder Streichmaßen w) angegeben. Kleinere Niete sind auf denselben Nietrisslinien zulässig, aber meist wegen der dann erforderlichen größeren Nietzahl unwirtschaftlich.

s in mm	4...6	5...7	6...8	7...9	8...11	10...14	13...17	16...21	20...26
d in mm	13	15	17	19	21	23	25	28	31

4.15
Zuordnung von (kleinsten) Blechdicken s und Nietlochdurchmessern d im Stahlbau

4.3.1.3 Erforderliche Nietzahl

Die eigentliche Nietberechnung erfolgt im Stahlbau (bei Warm- und Kaltnietung) auf Abscheren und auf Lochleibung. Die Werte der zulässigen Spannungen $\tau_{a\,zul}$ und $\sigma_{l\,zul}$ sind für die üblichen Werkstoffe Bild **4.13** zu entnehmen; sie werden für die in Abschn. 4.1 angegebenen Zuordnungen von Bauteil- und Nietwerkstoffen auf σ_{zul} bezogen, und zwar ist die zulässige Abscherspannung

$$
\begin{aligned}
\text{im Kranbau} &\qquad \tau_{a\,zul} = 0{,}8\cdot\sigma_{zul} \\
\text{in Stahlbauten} &\qquad \tau_{a\,zul} = 1{,}0\cdot\sigma_{d\,zul} \\
\text{und der zulässige Lochleibungsdruck} &\qquad \sigma_{l\,zul} = 2{,}0\cdot\sigma_{d\,zul}
\end{aligned}
$$

Bei der Berechnung wird angenommen, dass die Spannungen gleichmäßig verteilt sind (**4.11** und **4.12**) und dass sich alle Niete im gleichen Maß an der Kraftübertragung beteiligen.

Diese Annahme ist nur bis zu einer Nietzahl von etwa 5 Nieten in Kraftrichtung möglich. Bei einer größeren Nietzahl ergibt sich, durch die unterschiedliche Verformung des Bauteils in Kraftrichtung, eine zunehmend unterschiedliche Belastung der Niete. Dabei werden die am Rande liegenden Niete am höchsten belastet.

Es bedeuten im folgenden:

n Gesamtzahl der Niete

n_a Anzahl der Niete, die sich aus der Berechnung auf Abscheren ergibt

n_l Anzahl der Niete, die sich aus der Berechnung auf Lochleibung ergibt

m Anzahl der Scherflächen je Niet (Schnittzahl)

$A_1 = \dfrac{\pi\cdot d^2}{4}$ Scherquerschnitt (= Nietlochquerschnitt)

$A_1 = d\cdot s$ (projizierte) Lochleibungsfläche

F gesamte zu übertragende Kraft

Die **Abscherspannung** ist bei Berechnung auf Abscheren bei gegebener Nietzahl n_a:

$$
\tau_a = \frac{F}{\dfrac{\pi\cdot d^2}{4}\cdot n_a\cdot m} \tag{4.11}
$$

Setzt man $\tau_{a\,zul}$ an Stelle von τ_a ein und löst man nach n_a auf, dann erhält man die erforderliche Nietzahl:

$$
n_a = \frac{F}{\dfrac{\pi\cdot d^2}{4}\cdot m\cdot\tau_{a\,zul}} \tag{4.12}
$$

Für den **Lochleibungsdruck** gilt bei Berechnung auf Lochleibung mit der gegebenen Nietzahl n_l:

$$
\sigma_l = \frac{F}{d\cdot s\cdot n_l} \tag{4.13}
$$

Die **erforderliche Nietzahl** ergibt sich mit $\sigma_{l\,zul}$ an Stelle von σ_l:

$$n_1 = \frac{F}{d \cdot s \cdot \sigma_{1 \text{ zul}}}$$

(4.14)

In Gl. (4.14) ist für s bei Überlappungsnietung die kleinere der beiden Blechdicken, bei Doppellaschennietung (4.14) ist der kleinere der Werte s oder $(s_1 + s_2)$ einzusetzen. Man wählt die Laschendicke $s_1 = s_2 \approx 0{,}65 \cdot s$ bis $0{,}8 \cdot s$.

Von den nach Gl. (4.12) und (4.13) errechneten Nietzahlen ist für die Ausführung die größere zu wählen und aufzurunden. Zur Kontrolle können dann nach Gl. (4.11) und (4.13) die auftretenden Spannungen nachgerechnet werden.

4.3.1.4 Nietteilung, Randabstände, Gestaltungsrichtlinien

Für die Nietteilungen und Randabstände (4.9) werden in den Normblättern Richtwerte, und zwar Mindest- und Höchstwerte, angegeben, die die Gewähr dafür bieten, dass zwischen den Nietlöchern und zwischen Niet und Rand keine gefährlichen Spannungsspitzen auftreten (4.11). Eine genauere Berechnung ist daher nicht erforderlich und exakt auch kaum möglich. Die genannten Richtwerte sind in Bild 4.10 zusammengestellt. Für Winkelstähle sind Zahlenwerte in DIN 998 und 999 zu finden.

Bei Stößen und Anschlüssen sind zweischnittige Nietverbindungen (z. B. Doppellaschennietungen) den einschnittigen (Überlappungsnietungen) vorzuziehen; bei letzteren treten immer Unsymmetrien und außermittige Lastangriffe auf, die die Niete zusätzlich auf Biegung beanspruchen.

4.16
Knotenpunkt einer Fachwerkkonstruktion mit Winkelstählen. Der rechte Diagonalstab (Zugstab) ist mit Beiwinkeln angeschlossen.
Gurtstab: ⌐L 120 x 80 x 8
linker Diagonalstab und Beiwinkel: ⌐L 65 x 7
rechter Diagonalstab und Beiwinkel: ⌐L 70 x 9

Werte im Beispiel 2:
$F = 300.000$ N
$d_1 = 21$ mm
$s = 14$ mm
$t = 120$ mm
$e_1 = 45$ mm

Bei Fachwerkträgern sollen die Schwerlinien der Stäbe mit den Systemlinien (Netzlinien), die sich in den Knotenpunkten schneiden, zusammenfallen (4.16); anderenfalls treten zusätzliche Biegemomente auf, die in den Stäben Biegespannungen hervorrufen und besonders bei Druckstäben die Knickgefahr erhöhen. Die genannte Forderung bringt es jedoch mit sich, dass bei unsymmetrischen Profilen (z. B. Winkelstahl) die Schwerlinien der Niete (Nietrisslinien) nicht mit den Schwerlinien der Stäbe (und demnach nicht mit den Systemlinien) zusammenfallen, so dass hier zusätzliche Biegemomente nicht zu vermeiden sind. Bei symmetrischen Querschnitten ist es dagegen leicht möglich, die Schwerlinie des Stabes und die Schwerlinien der Niete mit den Systemlinien zur Deckung zu bringen (**4.17**).

4.17
Knotenpunkt einer Fachwerkkonstruktion mit symmetrischen Profilen;
linker Schrägstab = Druckstab aus Winkelstählen

Kraftstäbe sind mit mindestens zwei Nieten anzuschließen. Bei mehr als fünf Nieten in einer Reihe ist nicht mehr gewährleistet, dass die Niete sich einigermaßen gleichmäßig an der Kraftübertragung beteiligen. Sind rechnerisch mehr als fünf Niete erforderlich oder sollten die Knotenbleche nicht zu lang werden, dann sind Beiwinkel vorzusehen. Diese sind an das Knotenblech mit der anteiligen Kraft und an den Hauptstab mit dem 1,5fachen der anteiligen Kraft anzuschließen (Bild **4.16** und Beispiel 2).

Für die Knotenbleche sind möglichst einfache Formen zu wählen. Ihre Dicke richtet sich nach den zu übertragenden Kräften, wobei für die Berechnung der in der ungünstigsten Risslinie liegende Querschnitt und gleicher Lastanteil für jeden Niet anzunehmen sind. Die Knotenblechdicke kann etwa gleich der mittleren Dicke aller im Knotenpunkt zusammenlaufenden Stäbe gewählt werden. Bei durchgehenden Gurtstäben übernimmt das Knotenblech nur die Differenz der Stabkräfte der benachbarten Felder; der Schwerpunkt der Niete im Gurt soll etwa mit dem Schnittpunkt der Systemlinien zusammenfallen. Aus Zweckmäßigkeitsgründen werden an einem Knotenblech möglichst gleiche Nietdurchmesser verwendet.

Bei Momentenanschlüssen nach (**4.18**) müssen die Niete einer Nietgruppe die Quer- oder Längskraft und das Biegemoment aufnehmen. Die Kraft verteilt sich gleichmäßig auf die einzelnen Niete. Das Biegemoment erzeugt um den Schwerpunkt der Nietgruppe die Momente $F_1 \cdot r_1 \dots F_n \cdot r_n$.

Bezeichnet man die auf die einzelnen Niete der Gruppe von der Momentwirkung herrührenden Kräfte mit F_1, $F_2 \dots F_n$ und den zugehörigen Hebelarm (Abstand vom Nietschwerpunkt und Schwerpunkt S der Nietgruppe) mit r_1, $r_2 \dots r_n$, ergibt sich nach Bild **4.18** folgende Belastung:

	Steg	Gurt
Abstand Kraftangriff – Schwerpunkt S	a_1	a_2
Anzahl der Niete	$n_1 = 12$	$n_2 = 8$
Einzellast je Niet aus Quer- oder Längskraft	$F/n_1 = F/12$	$F/n_2 = F/8$
Momentenbelastung der Nietgruppe	$F \cdot a_1 = 4 \cdot F_1 \cdot r_1 + 4 \cdot F_2 \cdot r_2$ $+ 4 \cdot F_3 \cdot r_3$	$F \cdot a_2 = 2 \cdot F_4 \cdot r_4 + 2 \cdot F_5 \cdot r_5$ $+ 2 \cdot F_6 \cdot r_6 + 2 \cdot F_7 \cdot r_7$

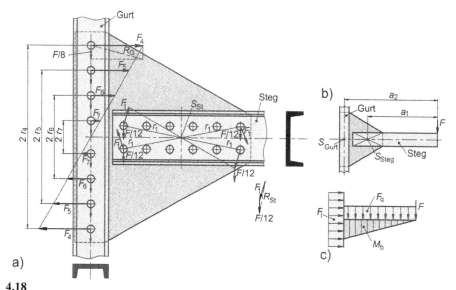

4.18

Momentenanschluss
Die Niete im Steg und Gurt werden zu Gruppen zusammengefasst; auf diese Gruppen wirken eine Einzellast F und Kräftepaare, die aus $F \cdot a_1$ bzw. $F \cdot a_2$ resultieren.

a) Verteilung der Kräfte auf die Niete
b) Schwerpunkte S der Nietgruppen, um die die Momente $F \cdot a_1$ und $F \cdot a_2$ wirken
c) Verteilung der Längskraft F_l, der Querkraft F_q und des Biegemomentes M_b

Nimmt man an, dass die Kräfte $F_1 \ldots F_n$ entsprechend der Verformung der Bauteile und somit der Spannungsverteilung bei Torsion proportional ihrem Abstand vom Schwerpunkt S sind, so gilt mit $F_1/r_1 = F_2/r_2 = \ldots = F_n/r_n$

für die Nietgruppe im Steg:

$$F \cdot a_1 = 4 \cdot F_1 \cdot r_1 + 4 \cdot F_1 \cdot r_2^2/r_1 + 4 \cdot F_1 \cdot r_3^2/r_1 \qquad (4.15)$$

für die Nietgruppe im Gurt:

$$F \cdot a_2 = 2 \cdot F_4 \cdot r_4 + 2 \cdot F_4 \cdot r_5^2/r_4 + 2 \cdot F_4 \cdot r_6^2/r_4 + 2 \cdot F_4 \cdot r_7^2/r_4 \qquad (4.16)$$

Hierbei sind die Kräfte

$$F_1 = \frac{F \cdot a_1 \cdot r_1}{4 \cdot (r_1^2 + r_2^2 + r_3^2)} \qquad F_4 = \frac{F \cdot a_2 \cdot r_4}{2 \cdot (r_4^2 + r_5^2 + r_6^2 + r_7^2)} \qquad (4.17) \quad (4.18)$$

die größten Nietlasten aus der Momentwirkung infolge des größeren Hebelarmes r_1 bzw. r_4 der betreffenden Nietgruppe. Diese setzt man mit der von der Quer- oder Längskraft herrührenden Kraft $F/12$ bzw. $F/8$ zu den Resultierenden R_{St} bzw. R_G zusammen. Sie werden der Berechnung des am stärksten belasteten Nietes der jeweiligen Nietgruppe zugrunde gelegt.

Die übrigen Niete der zugehörigen Nietgruppe erhalten den gleichen Durchmesser. Die hiermit verbundene geringere Werkstoffausnutzung wird in Kauf genommen.

Bei biegebeanspruchten genieteten Trägern nach Bild **4.19** müssen die Kopf- und Halsniete die in den Berührungsflächen auftretenden Schubkräfte infolge der Querkraft F_q übertragen, da zwischen Stegblech, Gurtwinkeln und Gurtplatten schubfeste Verbindungen hergestellt werden müssen. Für die **Schubspannung im Steg** eines Trägerquerschnittes nach Bild **4.20** gilt nach den Regeln der Festigkeitslehre (Gl. (2.12) u. Gl. (4.19)):

4.19
Biegebeanspruchter genieteter Träger. Die Kopf- und Halsniete müssen die Schubkräfte infolge der Querkraft F_q übertragen

a) Querkraftverlauf bei gleichmäßiger Streckenlast eines statisch bestimmt gelagerten Trägers

b) Querkraftverlauf bei Einzellast

c) konstruktive Ausbildung bei A von Bildteil b) in der Nähe der Stützstelle bzw. an Stellen größter Querkraft

$$\tau = \frac{F_q \cdot H_y}{I_0 \cdot s} \tag{4.19}$$

Hierin bedeuten (Bild **4.20**):
F_q Querkraft an der betrachteten Stelle des Trägers;
s Stegdicke (im Abstand y);
I_0 Trägheitsmoment des gesamten Querschnitts, bezogen auf die Schwerachse 0-0;
H_y Flächenmoment 1. Grades des oberhalb von y gelegenen (schraffierten) Querschnittsteiles, bezogen auf die Schwerachse 0-0

4.20
Schubspannungen im I–Trägerquerschnitt. Es ist das Flächenmoment 1. Grades H_y des schraffierten Teiles (oberhalb von y) bezogen auf die Schwerachse 0-0 zu ermitteln.

4.21
Flächenmoment 1. Grades (s. schraffierter Bereich)
a) H_h zur Berechnung der Halsniete (a)
b) H_k zur Berechnung der Kopfniete (b)

Für die Berechnung der Halsniete ist an Stelle von H_y der Wert H_h einzusetzen, also das Flächenmoment 1. Grades der Gurtwinkel einschließlich der Gurtplatten, bezogen auf die Schwerachse 0-0 (in Bild **4.21a** schraffiert). Auf die Länge t_h (Teilung der Halsniete; Bild **4.19**) entfällt dann nach Gl. (4.19) die folgende Schubkraft:

$$\tau \cdot s \cdot t_{\mathrm{h}} = \frac{F_{\mathrm{q}} \cdot H_{\mathrm{h}} \cdot t_{\mathrm{h}}}{I_0} \tag{4.20}$$

Diese muss von einem Niet aufgenommen werden. Die **Abscherspannung im Niet** ergibt sich mit dem Nietlochdurchmesser d und dem Wert $m = 2$ (die Halsniete sind zweischnittig):

$$\tau_{\mathrm{a}} = \frac{F_{\mathrm{q}} \cdot H_{\mathrm{h}} \cdot t_{\mathrm{h}}}{2 \cdot \dfrac{\pi \cdot d^2}{4} \cdot I_0} \tag{4.21}$$

Für den **Lochleibungsdruck** gilt entsprechend:

$$\sigma_{\mathrm{l}} = \frac{F_{\mathrm{q}} \cdot H_{\mathrm{h}} \cdot t_{\mathrm{h}}}{d \cdot s \cdot I_0} \tag{4.22}$$

Hierbei ist für s der jeweils kleinere Wert, also entweder die Stegdicke oder die Summe der anliegenden Schenkeldicken, einzusetzen. Werden nun τ_{a} und σ_{l} durch die zulässigen Werte ersetzt, erhält man für die Teilung der Halsniete die beiden Bestimmungsgleichungen:

$$t_{\mathrm{h}} \le \frac{2 \cdot I_0 \cdot \dfrac{\pi \cdot d^2}{4} \cdot \tau_{\mathrm{a\,zul}}}{F_{\mathrm{q}} \cdot H_{\mathrm{h}}} \qquad t_{\mathrm{h}} \le \frac{I_0 \cdot s \cdot d \cdot \sigma_{\mathrm{l\,zul}}}{F_{\mathrm{q}} \cdot H_{\mathrm{h}}} \tag{4.23}\quad(4.24)$$

Für die Ausführung der Nietteilung ist jeweils der kleinere der aus Gl. (4.23) und (4.24) ermittelten Werte zu nehmen, wobei die in Bild **4.10** angegebenen Werte nicht überschritten werden dürfen.

Für die Kopfniete können dieselben Gleichungen verwendet werden, da auf eine Teilung t_{k} (**4.19**) jetzt zwei einschnittige Niete kommen. An Stelle von H_{h} ist nur H_{k}, das ist das statische Moment lediglich der Gurtplatte, bezogen auf die Schwerachse 0-0 (in Bild **4.21b** schraffiert), einzusetzen. Für s ist der kleinere Wert von der Dicke der Gurtplatte oder der Dicke der waagerechten Schenkel einzusetzen.

Beispiel 1

Der Stoß eines Zug-Flachstabes für $F = 140\,000$ N (Lastfall H) soll als einreihige Doppellaschennietung (**4.14**) ausgeführt werden. Es sollen die im Stahlbau zulässigen Werte zugrunde gelegt werden (s. Bild **4.13**). Die Bauteile bestehen aus Stahl S235 (St37) mit $\sigma_{\mathrm{zul}} = 140$ N/mm², die Niete aus USt36-1 mit $\tau_{\mathrm{a\,zul}} = 113$ N/mm² und $\sigma_{\mathrm{l\,zul}} = 280$ N/mm².

Mit dem zunächst angenommenen Wert $v = 0{,}7$ ergibt sich aus Gl. (4.4) und (4.5) der erforderliche Vollquerschnitt:

$$A = b \cdot s = \frac{F}{v \cdot \sigma_{\mathrm{zul}}} = \frac{140\,000\,\mathrm{N}}{0{,}7 \cdot 140\,\mathrm{N/mm}^2} = 1430\,\mathrm{mm}^2$$

Beispiel 1, Fortsetzung

Gewählt wird s = 10 mm, also wird $b \approx$ 143 mm. Die Laschendicke ist nach Abschn. 4.3.1.3 hier s_1 = 0,65·s bis 0,8·s; es wird s_1 = 7 mm gewählt. Nach Bild **4.15** ist hierfür der Nietlochdurchmesser d = 17 mm passend. Mit der Schnittzahl m = 2 wird dann nach Gl. (4.12) die Anzahl der Niete bei Berechnung auf Abscheren:

$$n_a = \frac{F}{\dfrac{\pi \cdot d^2}{4} \cdot m \cdot \tau_{a\,zul}} = \frac{140\,000\,\text{N}}{\dfrac{\pi \cdot 17^2\,\text{mm}^2}{4} \cdot 2 \cdot 113\,\dfrac{\text{N}}{\text{mm}^2}} = 2,73$$

Dann ist mit der kleinsten Blechdicke s = 10 mm (die Summe der Laschendicken ist größer!) nach Gl. (4.14) die Nietzahl bei Berechnung auf Lochleibung

$$n_1 = \frac{F}{d \cdot s \cdot \sigma_{l\,zul}} = \frac{140\,000\,\text{N}}{17\,\text{mm} \cdot 10\,\text{mm} \cdot 280\,\text{N}\big/\text{mm}^2} = 2,94$$

Die Ausführung erfolgt demnach mit n = 3 Nieten. Mit den Richtwerten nach Bild **4.10** erhält man für die Teilung t = 3·d = 51 mm und für die Randabstände e_1 = 2·d = 34 mm und $e_2 \geq$ 1,5·d = 26 mm, so dass sich für die wirkliche Breite nach Gl. (4.6) ergibt: $b = (n - 1)\cdot t + 2 \cdot e_2 = 2 \cdot 51$ mm + 2·26 mm = 154 mm; damit wird der wirkliche Schwächungsbeiwert

$$v = \frac{b - n \cdot d}{b} = \frac{154\,\text{mm} - 51\,\text{mm}}{154\,\text{mm}} = 0,67$$

Für die tatsächliche Zugspannung im geschwächten Querschnitt gilt:

$$\sigma_z = \frac{F}{(b - n \cdot d) \cdot s} = \frac{140\,000\,\text{N}}{103\,\text{mm} \cdot 10\,\text{mm}} = 136\,\text{N}\big/\text{mm}^2$$

Zur Kontrolle werden noch τ_a und σ_l nach Gl. (4.11) und nach Gl. (4.13) berechnet:

$$\tau_a = \frac{F}{\dfrac{\pi \cdot d^2}{4}nm} = \frac{140\,000\,\text{N}}{227\,\text{mm}^2 \cdot 3 \cdot 2} = 103\,\text{N}\big/\text{mm}^2 < \tau_{a\,zul}$$

$$\sigma_l = \frac{F}{d \cdot s \cdot n} = \frac{140\,000\,\text{N}}{17\,\text{mm} \cdot 10\,\text{mm} \cdot 3} = 274\,\text{N}\big/\text{mm}^2 < \sigma_{l\,zul} \qquad \blacksquare$$

Beispiel 2

Ein Diagonalstab (**4.16**, rechts), der mit F = 300 000 N auf Zug, Lastfall H, belastet ist und aus zwei gleichschenkeligen Winkelstäben besteht, soll mit Beiwinkeln an das Knotenblech mit der Dicke s = 14 mm angeschlossen werden. Es sollen die bei Stahlbauten (DIN 18800) zulässigen Werte zugrunde gelegt werden (s. Bild **4.13**). Die Bauteile bestehen aus Stahl S235 (St 37) mit σ_{zul} = 160 N/mm^2, die Niete aus USt36-1 mit $\tau_{a\,zul}$ = 140 N/mm^2 und $\sigma_{l\,zul}$ = 320 N/mm^2. Mit v = 0,8 ergibt sich nach Gl. (4.4):

Beispiel 2, Fortsetzung

$$A = b \cdot s = \frac{F}{v \cdot \sigma_{zul}} = \frac{300\,000\,N}{0{,}8 \cdot 160\,N/mm^2} = 2344\,mm^2$$

Es werden gewählt zwei Winkelstähle 80 x 8 (DIN EN 10056-1) mit $A = 2 \cdot 1230$ mm^2 = 2460 mm^2. Nach DIN 999 ist als größter Nietlochdurchmesser $d = 21$ mm möglich. Mit $m = 2$ wird nach Gl. (4.12)

$$n_a = \frac{F}{\dfrac{\pi \cdot d^2}{4} \cdot m \cdot \tau_{a\,zul}} = \frac{300\,000\,N}{\dfrac{\pi \cdot 21^2\,mm^2}{4} \cdot 2 \cdot 140\,\dfrac{N}{mm^2}} = 3{,}1$$

und mit $s = 14$ mm erhält man nach Gl. (4.14)

$$n_1 = \frac{F}{d \cdot s \cdot \sigma_{1\,zul}} = \frac{300\,000\,N}{21\,mm \cdot 14\,mm \cdot 320\,N/mm^2} = 3{,}19$$

Es sind also für den Anschluss am Knotenblech vier Niete erforderlich, wovon zwei zwischen Beiwinkel und Knotenblech und zwei zwischen Beiwinkel und Hauptstab angeordnet werden. Für die Niete zwischen Beiwinkel und Knotenblech beträgt der Kraftanteil 150 000 N, für die Niete zwischen Beiwinkel und Hauptstab wird wegen der durch die Kraftumlenkung entstehenden Momente mit einem Zuschlag von 50% gerechnet, also $F' = 1{,}5 \cdot 150\,000$ N = 225 000 N. Es sollen dieselben Niete verwendet werden, jedoch ist die Verbindung einschnittig, somit wird

$$n_a = \frac{F'}{\dfrac{\pi \cdot d^2}{4} \cdot m \cdot \tau_{a\,zul}} = \frac{225\,000\,N}{\dfrac{\pi \cdot 21^2\,mm^2}{4} \cdot 1 \cdot 140\,\dfrac{N}{mm^2}} = 4{,}64$$

$$n_1 = \frac{F'}{d \cdot s \cdot \sigma_{1\,zul}} = \frac{225\,000\,N}{21\,mm \cdot 9\,mm \cdot 320\,N/mm^2} = 3{,}72$$

Es müssen fünf Niete verwendet werden. Aus Symmetrie- und fertigungstechnischen Gründen werden sechs Niete, d. h. drei Niete auf jeder Seite, vorgesehen. ∎

4.3.2 Nietverbindungen im Leichtmetallbau

4.3.2.1 Berechnung der Bauteile

Im Leichtmetallbau, der außer im Fahrzeugbau und in der Luftfahrt auch im Hoch- und Brückenbau immer weitere Anwendungsgebiete erobert, werden die Nietverbindungen den Schweißverbindungen vorgezogen. Beim Schweißen tritt infolge der notwendigen Schweißtemperaturen ein Festigkeitsverlust in den Schweißzonen ein. Es erweist sich als besonders vorteilhaft, dass Leichtmetallniete in der Regel (bei geeigneten Schließkopfformen bis zu Nietdurchmessern von 20 mm) kalt geschlagen werden.

Bei Leichtmetallkonstruktionen müssen insbesondere die Werkstoffbesonderheiten der Aluminiumlegierungen beachtet werden. Den Vorteilen des geringen spezifischen Gewichtes, der relativ hohen Festigkeit, die an die normaler Baustähle heranreicht, und der hohen Korrosionsbeständigkeit stehen im Vergleich zu Stahl die Nachteile des höheren Preises und des niedrigeren, nur etwa 1/3 so großen Elastizitätsmoduls gegenüber. Es muss daher den elastischen Formänderungen, also den Durchbiegungen, und bei Druckstäben den Knicklängen bzw. der günstigen Gestaltung der Querschnitte besondere Sorgfalt entgegengebracht werden. Gerade in dieser Hinsicht bieten sich aber bei Leichtmetall viele Möglichkeiten in dem Herstellverfahren „Strangpressen" (Sonderprofile, auch Hohlprofile; wirtschaftlich schon bei relativ geringen Fertigungsmengen!) und in der Anwendung von Abkantprofilen.

Bezüglich der Berechnung bestehen gegenüber Abschn. 4.3.1 im Prinzip keine Unterschiede; die angegebenen Formeln können auch auf den Leichtmetallbau angewendet werden. Es müssen nur jeweils die für die verschiedenen Aluminium-Legierungen in den Normblättern (EN 485 T2 Bänder, Bleche und Platten; EN 754 T2 und EN 755 T2 Stangen, Rohre und Profile) angegebenen Festigkeitswerte, insbesondere die zulässigen Spannungen (DIN 4113), eingesetzt werden. Die zulässigen Zug-, Druck- und Biegespannungen werden für die Bauteile auf die Zugstreckgrenze $R_{p0,2}$ bezogen, wobei auch hier für den Lastfall H mit dem Sicherheitsbeiwert 1,7 und für den Lastfall HZ mit 1,5 gerechnet wird; die zulässige Schubspannung wird auf σ_{zul} bezogen, es wird $\tau_{zul} = 0,6 \cdot \sigma_{zul}$ gesetzt. Damit ergeben sich die in Bild **4.22** zusammengestellten Werte.

Werkstoff		zulässige Spannungen in N/mm^2					
		Zug, Druck σ_{zul} Lastfall		Schub τ_{zul} Lastfall		Lochleibung $\sigma_{l\,zul}$ Lastfall	
		H	HZ	H	HZ	H	HZ
AlZn4,5Mg1 F35 (F34) [1]	Bleche	160	180	95	110	240	270
AlMgSi1 F32/F31 (F30) [2]	Rohre	145	165	90	100	210	240
AlMgSi1 F28	Profile	115	130	70	80	160	180
AlMgSi0,5 F22	Rohre, Profile	95	105	55	60	145	165
AlMg4,5Mn G31	Bleche	120	135	70	80	190	215
AlMg4,5Mn F27/W28	Bleche	70	80	45	50	115	130
AlMg4,5Mn F27	Rohre, Profile	80	90	50	55	125	140
AlMg2Mn0,8 F24/F25/G24	Bleche, Rohre	95	105	55	60	145	165
AlMg3Mn F24/F25/G24	Bleche, Rohre	95	105	55	60	145	165
AlMg2Mn0,8F20	Rohre, Profile	55	65	35	40	90	100
AlMg3 F18	Rohre, Profile	45	50	30	35	80	90
AlMg2Mn0,8 W18/W19/F19	Bleche, Rohre	45	50	30	35	80	90
AlMg3 W18/W19/F19	Bleche, Rohre	45	50	30	35	80	90

[1]) Die Werte für F34 gelten für Bleche bis 15 mm Dicke; darüber ist ein Faktor von 0,97 zu berücksichtigen
[2]) Die Werte für F30 gelten für Bleche bis 10 mm Dicke; darüber ist ein Faktor von 0,94 zu berücksichtigen

4.22
Aluminiumlegierungen für Bauteile (nach DIN 4113)

4.3.2.2 Wahl des Nietdurchmessers

Das Verhältnis von Nietdurchmesser zu (kleinster) Blechdicke ist theoretisch dann am günstigsten, wenn die bei Berechnung auf Abscheren und die bei Berechnung auf Lochleibung ermittelten übertragbaren Kräfte gleich sind. Meist sind jedoch konstruktive oder fertigungstechnische Gesichtspunkte für die Wahl des Nietdurchmessers maßgebend. Als Richtlinie können die in Bild **4.23** angegebenen Werte dienen. Man kann auch näherungsweise mit $d = (1,5 \ldots 2) \cdot s$ rechnen.

s	bis 1,3	1,2...1,8	1,4...2	1,6...2,4	1,8...2,5	2...3,2	2,5...4	3...4,5
d	2	2,6	3	3,5	4	5	6	7
s	3,2...5	4...6	4,5...7	5...8	6...9	7...10	8...11	8...12	9...14
d	8	9	10	12	14	16	18	20	22

4.23
Zuordnung von (kleinsten) Blechdicken s und Nietdurchmessern d im Leichtmetallbau (in mm)

4.3.2.3 Erforderliche Nietzahl

Die Berechnung erfolgt nach dem in Abschn. 4.3.1.3 angegebenen Verfahren. Die erforderlichen zulässigen Werte für die Abscherspannung $\tau_{a\,zul}$ und den Lochleibungsdruck $\sigma_{l\,zul}$ sind für die verschiedenen Nietwerkstoffe in Bild **4.24** (nach DIN 4113 und [4]) zusammengestellt. Die Werte für $\tau_{a\,zul}$ werden auf den $\tau_{0,5}$-Wert, eine Verformungsgrenze (analog der Streckgrenze $R_{p\,0,2}$), bezogen. Dieser Wert ist etwa gleich $0,75 \cdot \tau_B$, wenn τ_B die nach dem Schlagen und evtl. Aushärten experimentell ermittelte effektive Bruchscherfestigkeit bedeutet. Es gilt:

für Lastfall H

$$\tau_{a\,zul} = \frac{0,75 \cdot \tau_B}{1,7} = \frac{\tau_B}{2,28}$$

für Lastfall HZ

$$\tau_{a\,zul} = \frac{0,75 \cdot \tau_B}{1,5} = \frac{\tau_B}{2,0}$$

Der zulässige Lochleibungsdruck beträgt etwa $\sigma_{l\,zul} = 2,5 \cdot \tau_{a\,zul}$. Mit diesen zulässigen Werten lässt sich nach Gl. (4.12) und (4.14) die Anzahl der Niete berechnen.

Nietwerkstoff	Abscheren $\tau_{a\,zul}$ Lastfall	
	H	HZ
AlMgSi1 F20	50	55
AlMgSi1 F21	50	55
AlMgSi1 F25	60	70
AlMg5 W27	65	75
AlMg5 F31	75	85

4.24
Zul. Spannungen in N/mm^2 für die verschiedenen Nietwerkstoffe (nach DIN 4113)

4.3.2.4 Nietteilung und Randabstände

Die üblichen Nietteilungen und Randabstände sind in Bild **4.25** zusammengestellt. Die Mindestwerte betragen:

Nietteilung	$t \geq 2{,}5 \cdot d$
Randabstand in Kraftrichtung	$e_1 \geq 2 \cdot d$
Randabstand senkrecht zur Kraftrichtung	$e_2 \geq 2 \cdot d$

		Mindestwert	allgemein	Höchstwert
Teilung t	Kraftniete	$2{,}5 \cdot d$	$3 \cdot d$ bis $4 \cdot d$	$6 \cdot d$
	Heftniete			$7 \cdot d$ oder $15 \cdot s$ [1])
Randabstand	Kraft- und Heftniete in Kraftrichtung e_1		$2 \cdot d$ oder $4 \cdot s$ [2])	
	senkrecht zur Kraftrichtung e_2		$2 \cdot d$ oder $4 \cdot s$	

[1]) s ist die Dicke des dünnsten, außenliegenden Teiles.
[2]) In zweischnittigen Nietungen kann am beidseitig gehaltenen dickeren Blech e_1 = minimal $1{,}5 \cdot d$ sein.

4.25
Richtwerte für Teilung und Randabstände (s. Bild **4.9**) im Leichtmetallbau

Beispiel 3

Schnitt A–B

4.26
Druckstab eines Fachwerkes aus Leichtmetall. Einteiliges symmetrisches Sonderprofil mit gleichem Trägheitsmoment um beide Schwerachsen und der Möglichkeit der Ausnutzung zweischnittiger Nietbeanspruchung

Ein Druckstab aus AlMgSi1F32 ist mit dem Sonderprofil nach Bild **4.26** für die Maximallast $F = 8000$ N ausgelegt. Es sollen die Spannungen in der Nietverbindung für den Lastfall H nachgerechnet werden.

Für die Niete wird der Werkstoff AlMgSi1F25 gewählt (vgl. Bild **4.2**), für den sich nach Bild **4.24** der Wert $\tau_{a\,zul} = 60$ N/mm^2 ergibt. Für den Grundwerkstoff AlMgSi1F32 gilt nach Bild **4.22** $\sigma_{l\,zul} = 145$ N/mm^2. Mit $d = 8{,}1$ mm und $n = 2$, $m = 2$ ergibt sich mit Gl. (4.11) und mit $s = 4$ mm nach Gl. (4.13):

$$\tau_a = \frac{F}{\dfrac{\pi \cdot d^2}{4} \cdot n \cdot m} = \frac{8\,000\,\text{N}}{51{,}5\,\text{mm}^2 \cdot 2 \cdot 2} = 38{,}8\,\text{N}/\text{mm}^2 < \tau_{a\,zul}$$

$$\sigma_l = \frac{F}{d \cdot s \cdot n} = \frac{8\,000\,\text{N}}{8{,}1\,\text{mm} \cdot 4\,\text{mm} \cdot 2} = 123{,}5\,\text{N}/\text{mm}^2 < \sigma_{l\,zul}$$

■

Literatur

[1]   Altenpohl, D.: Aluminium von innen betrachtet. Einführung in die Metallkunde der Aluminiumverarbeitung, 5. Aufl. Düsseldorf 1994

[2]   Aluminium; Fachzeitschrift der deutschen Aluminiumindustrie. Hrsg. Aluminium-Zentrale e. V., Düsseldorf

[3]   Aluminium; Lehrheft 2: Verarbeitung. Hrsg. Aluminium-Zentrale e. V., Düsseldorf

[4]   Aluminium-Merkblätter (insbes. Nieten von Aluminium, Merkbl. V 5), Hrsg. Aluminium-Zentrale e. V., Düsseldorf

[5]   Aluminium-Sondermerkblätter für den Fahrzeugbau. Hrsg. Aluminium-Zentrale e. V., Düsseldorf

[6]   Aluminium-Taschenbuch. Hrsg. Aluminium-Zentrale e. V., 14. Aufl. 1983

[7]   Bauen mit Aluminium: Jahrbuch 1969. Hrsg. Aluminium-Zentrale e. V., Düsseldorf

[8]   Buchenau, H.; Thiele, A.: Stahlhochbau. Teil 1, 21. Aufl.; Teil 2, 17. Aufl. Stuttgart 1986/1985

[9]   www.beuth.de

[10]   Ernst, H.: Die Hebezeuge, Bd. I, II, III. Braunschweig 1973/1966/1964

[11]   Hegmann, W.: Handwerkliche Bearbeitung von Aluminium. 5. Aufl. Düsseldorf 1989

[12]   Czichos, H. (Hrsg.): Hütte - Die Grundlagen der Ingenieurwissenschaften. 32. Aufl. Berlin 2004.

[13]   Hütte: Taschenbuch der Werkstoffkunde (Stoffhütte). 4. Aufl., Hrsg. Akad. Verein Hütte e. V., Berlin. Berlin-München 1967

[14]   Kennel, E.: Das Nieten im Stahl- und Leichtmetallbau. München 1951

[15]   Klein, M.: Einführung in die DIN-Normen. 13. Aufl. Stuttgart 2001

[16]   Z. Konstruktion im Maschinen-, Apparate- und Gerätebau. Berlin-Heidelberg-Göttingen

[17]   Niemann, G.: Maschinenelemente. 3. Bd. Berlin-Heidelberg-New York. 2. Aufl. 1981, 1983

[18]   Repp, 0.: Werkstoffe. Stuttgart 1964

[19]   Rögnitz, H.; Köhler, G.: Fertigungsgerechtes Gestalten im Maschinen- und Gerätebau. 4. Aufl. Stuttgart 1968

[20]   Stahlbau, ein Handbuch für Studium und Praxis. Bd. I: Grundlagen. Hrsg. Deutscher Stahlbauverband, 2. Aufl. Köln 1971

[21]   Stahl im Hochbau. Hrsg. Verein Deutscher Eisenhüttenleute, 13. Aufl. Düsseldorf 1969

[22]   Suppus, H.: Fahrzeugkonstruktionen aus Aluminium. 2. Aufl. Düsseldorf 1962

[23]   Werkstattblätter, Bl. 158/159 (Nieten von Leichtmetall I und II). München

5 Stoffschlüssige Verbindungen

Stoffschlüssige Verbindungen dienen dazu, Teile durch Verschmelzen sowie durch intermolekulare oder chemische Bindungskräfte, gegebenenfalls über Zusatzstoffe, miteinander zu verbinden. Zu diesen Verbindungen gehören insbesondere Schweiß-, Löt- und Klebverbindungen. Zusammen mit den Niet-, Press- und Schrumpfverbindungen bilden sie die unlösbaren bzw. nicht zerstörungsfrei lösbaren Verbindungen.

5.1 Schweißverbindungen

DIN-Blatt Nr.	Ausgabe-datum	Titel
15018 T1	11.84	Krane; Teil 1: Grundsätze für Stahltragwerke; Berechnung
T2	11.84	-; Teil 2: Stahltragwerke; Grundsätze für die bauliche Durchbildung und Ausführung
T3	11.84	-; Teil 3: Grundsätze für Stahltragwerke; Berechnung von Fahrzeugkranen
18800 T1	11.90	Stahlbauten; Teil 1: Bemessung und Konstruktion
T2	11.90	-; Teil 2: Stabilitätsfälle; Knicken von Stäben und Stabwerken
EN 287 T1	6.06	Prüfung von Schweißern – Schmelzschweißen; Teil 1: Stähle
EN 756	6.04	Schweißzusätze – Massivdrähte, Fülldrähte und Drahtpulverkombinationen zum Unterpulverschweißen von unlegierten Stählen und Feinkornbaustählen – Einteilung
EN 757	5.97	Schweißzusätze – Umhüllte Stabelektroden zum Lichtbogenhandschweißen von hochfesten Stählen – Einteilung
EN 1011 T2	5.01	Schweißen – Empfehlungen zum Schweißen metallischer Werkstoffe; Teil 2: Lichtbogenschweißen von ferritischen Stählen
EN 12536	8.00	Schweißzusätze – Stäbe zum Gasschweißen von unlegierten und warmfesten Stählen – Einteilung
EN 22553	3.97	Schweiß- und Lötnähte – Symbolische Darstellung in Zeichnungen
EN ISO 544	2.04	Schweißzusätze – Technische Lieferbedingungen für metallische Schweißzusätze – Art des Produktes, Maße, Grenzabmaße und Kennzeichnung
EN ISO 2560	3.06	Schweißzusätze – Umhüllte Stabelektroden zum Lichtbogenhandschweißen von unlegierten Stählen und Feinkornstählen – Einteilung
EN ISO 5817	10.06	Schweißen – Schmelzschweißverbindungen an Stahl, Nickel, Titan und deren Legierungen (ohne Strahlschweißen) – Bewertungsgruppen von Unregelmäßigkeiten
EN ISO 9692 T1	5.04	Schweißen und verwandte Prozesse – Empfehlungen zur Schweißnahtvorbereitung; Teil 1: Lichtbogenhandschweißen, Schutzgasschweißen, Gasschweißen, WIG-Schweißen und Strahlschweißen von Stählen

DIN-Normen, Fortsetzung

DIN-Blatt Nr.	Ausgabe-datum	Titel
EN ISO 13920	11.96	Schweißen – Allgemeintoleranzen für Schweißkonstruktionen – Längen- und Winkelmaße; Form und Lage
ISO 857 T1	11.02	Schweißen und verwandte Prozesse – Begriffe; Teil 1: Metall-schweißprozesse

Besondere Vorschriften (Auswahl)

AD-Merkblätter für Druckbehälter
AD-Merkblätter der Reihe B – Berechnung
AD-Merkblätter der Reihe HP – Herstellung und Prüfung
AD-Merkblätter der Reihe W – Werkstoffe

Technische Regeln für Dampfkessel (TRD)
TRD der Reihe 300 – Berechnung
TRD der Reihe 200 – Herstellung
TRD der Reihe 100 – Werkstoffe

5.1.1 Technologie des Schweißens

Schweißen ist das Vereinigen von Grundwerkstoffen oder das Beschichten eines Grundwerk-stoffs unter Anwendung von Wärme oder von Druck oder von beidem ohne oder mit Zusatz-werkstoffen. Die Verbindung ist unlösbar. Die Grundwerkstoffe werden vorzugsweise in plas-tischem oder flüssigem Zustand der Schweißzone vereinigt. Bei gleichartigen Grundwerkstof-fen sind die Eigenschaften der Schweißverbindung denen der Grundwerkstoffe ähnlich.

Der Schweißvorgang kann durch Schweißhilfsstoffe, wie Pasten, Pulver und Schutzgase, er-möglicht oder unterstützt werden. Zu seiner Durchführung werden verschiedene Verfahren an-gewendet, die nach folgenden Kriterien unterteilt werden:

1. Nach der Art der Grundwerkstoffe: Metallschweißen, Kunststoffschweißen

2. Nach dem Zweck des Schweißens: Verbindungsschweißen, Auftragschweißen

3. Nach der Art der Fertigung: Schweißen von Hand oder maschinell

4. Nach dem Ablauf des Schweißens: Press- oder Schmelzschweißen

Verfahren

Schmelzschweißen. Die Werkstücke werden unter Wärmeeinwirkung und ohne zusätzlichen Druck gefügt. Die wichtigsten Verfahren sind folgende:

Gasschmelzschweißen, Kurzzeichen G bzw. 31, auch Autogen-schweißen genannt, arbeitet mit der Flamme eines Acetylen-Sauerstoffgemischs, deren Temperatur ca. 3150 °C beträgt. Der Zusatzwerkstoff wird in Form eines Schweißdrahtes zugeführt. Das relativ langsame Verfahren hat einen großen Wärmeein-flussbereich und erzeugt hohen Verzug. Es ist für ungleiche Wandstärken nur bedingt geeignet. Hauptanwendungsgebiete dieses Verfahrens sind das Schweißen von dünnen Blechen, von einigen NE-Metallen, von Rohrleitungen sowie die Reparatur- und Auftragschweißung.

5.1
Gasschmelzschweißen

Lichtbogenhandschweißen, Kurzzeichen E bzw. 111, ist ein Verfahren, bei dem mittels eines Schweißtransformators Ströme von bis zu mehreren hundert Ampere bei Spannungen von etwa vierzig Volt erzeugt werden. Ein Lichtbogen zwischen einer Elektrode und den Werkstücken führt zur Erwärmung und zum Abbrennen der umhüllten Stabelektrode, die als Zusatzwerkstoff dient. Die Energiekonzentration ist hoch und der Verzug damit geringer.

5.2
Lichtbogenhandschweißen

Beim **Metallschutzgasschweißen** (MIG-/MAG-Schweißen bzw. 131/135) wird eine endlose, blanke Drahtelektrode von der Rolle unter Schutzgas verschweißt. Es lassen sich hohe Abschmelzleistungen erzielen. Beim **Metall-Aktivgasschweißen** wird ein Gemisch aus CO_2 und Argon verwendet, beim **Metall-Inertgasschweißen** das Edelgas Argon. Entsprechend der Bauteildicke werden Zusatzdrähte von (0,6 ... 3,2) mm Durchmesser verwendet. Das Verfahren ist gut automatisierbar, z. B. in der Serienfertigung in Verbindung mit Schweißrobotern. Das MIG-/MAG-Schweißen stellt heute eines der wichtigsten Verfahren dar.

5.3
Metallschutzgasschweißen

Beim **WIG-Verfahren** (Wolfram-Inertgasschweißen bzw. 141) brennt der Lichtbogen zwischen einer nicht abschmelzenden Wolframelektrode und dem Werkstück in einer Atmosphäre von inertem Schutzgas (Argon, Helium). Dieses Verfahren liefert gute Ergebnisse beim Schweißen von hochlegierten Stählen, Nickel, Aluminium, Kupfer und von deren Legierungen. Bei Aluminium und Al-Legierungen muss mit Wechselstrom geschweißt werden.

5.4
Wolfram-Inertgasschweißen

Das **Unterpulverschweißen** (UP-Schweißen bzw. 12) wird mit dickeren Zusatzdrähten und höheren Schweißströmen durchgeführt; es werden hohe Abschmelzleistungen erreicht. Der Lichtbogen brennt zwischen einer endlosen, abschmelzenden, blanken Drahtelektrode und dem Werkstück unter einer Schicht von kontinuierlich zugeführtem Schweißpulver in einer Schlackenblase. Dieses Schweißpulver kann man mit der Umhüllungsmasse der Handschweißelektroden vergleichen. Das Verfahren ist bei langen, geraden Nähten in Wannenlage ab 4 mm Blechdicke sehr wirtschaftlich. Durch die Anwendung des Engspaltschweißens, einer neueren Technologie, können große Wanddicken schweißgutsparend und mit hoher Qualität geschweißt werden.

Sind aus konstruktiven Gründen oder metallurgischen Gegebenheiten kleinste Wärmeeinflusszonen erforderlich oder muss Wert auf eine absolut einwandfreie Schweißnaht gelegt werden, werden Verfahren mit hoher Leistungsdichte eingesetzt, wie das **Plasma-**, das **Elektronenstrahl-** oder das **Laser-Schweißen**; als Beispiel ist ein Getrieberad dargestellt (**5.5**), dessen Teile nach dem Fertigbearbeiten und Wärmebehandeln mittels Elektronenstrahlschweißen miteinander verbunden wurden.

5.5
Getrieberad für ein Kfz-Getriebe, in fertig bearbeitetem Zustand elektronenstrahlgeschweißt

1 Zahnrad   2 Synchronkörper

Pressschweißen

Durch **Widerstandspressschweißen** können Teile mit rundem oder quadratischem Querschnitt bis etwa 150 mm² stumpf miteinander verbunden werden, z. B. Glieder von Rundstahlketten. Bei größeren Querschnitten wird das Abbrennstumpfschweißen zum stirnseitigen Verbinden von Profilen aller Art, wie Schienen, Achsen, Wellen, Rohren, Kettengliedern und Werkzeugen, z. B. Bohrer und Reibahlen, eingesetzt. Die Erwärmung der Stirnflächen geschieht mittels kurzzeitig brennender, vagabundierender Lichtbögen. Der dabei entstehende Abbrand wird durch Nachschieben eines Fügeteils ausgeglichen. Nach dem Erwärmen werden die Fügeteile schlagartig zusammengepresst.

Rotationssymmetrische Teile werden bei größeren Stückzahlen mittels **Reibschweißen** verbunden. Die Dauerfestigkeit solcher Schweißverbindungen ist nahezu gleich der der Grundwerkstoffe. Oft werden dabei auch zwei völlig verschiedene Stahlwerkstoffe miteinander verschweißt, z. B. normal korrosionsbeständiger Stahl mit hochhitzebeständigem Werkstoff bei der Fertigung der Vorkammer eines Dieselmotors (**5.6**).

5.6
Abbrennstumpfgeschweißte Vorkammer eines Dieselmotors

1 korrosionsbeständiger Stahl
2 hochhitzebeständiger Werkstoff
3 Stauchgrat

A Rohteil   *B* Fertigteil

Im Fahrzeug-, Karosserie- und im Leichtbau wird durch Widerstandspunkt-, Buckel- und Rollennahtschweißen ein hoher Automatisierungsgrad erreicht.

Für die Schweißverfahren gelten folgende Kurzzeichen:

G: Gasschmelzschweißen; E: Lichtbogenhandschweißen mit Stabelektrode; UP: Unterpulverschweißen; WIG: Schutzgasschweißen unter Edelgas mit Wolframelektrode; MIG: Schutzgasschweißen unter Edelgas mit abschmelzender Drahtelektrode; MAG: Schutzgasschweißen unter Mischgas mit abschmelzender Drahtelektrode; SG: Schutzgasschweißen allgemein.

Die Schweißverfahren können zur Angabe auf Konstruktionszeichnungen und Fertigungsplänen auch mit einer Kennzahl nach der Norm ISO 4063/1998 bezeichnet werden; so gilt z. B. als Kennzahl für das Lichtbogenhandschweißen 111, für das MAG-Schweißen 135 und für das UP-Schweißen 12, s. dazu auch Abschn. 5.1.2, Nahtform.

Welches der zahlreichen Schweißverfahren wirtschaftlich eingesetzt werden soll, bedarf einer gründlichen Planung.

Werkstoffe

Bauteilwerkstoffe. Die Schweißbarkeit **unlegierter und niedriglegierter Baustähle** (Allgemeine Baustähle nach DIN EN 10025) wird von ihrer Neigung zu Sprödbrüchen begrenzt. Bis zu einem Kohlenstoffgehalt von 0,2% sind die unlegierten Baustähle gut schweißbar. Bei höheren Kohlenstoffgehalten besteht besonders bei größeren Werkstoffdicken die Gefahr des Aufhärtens von Zonen neben der Naht. Durch Anwärmen der Bauteile vor dem Schweißen oder durch Wärmenachbehandlung lässt sich die Aufhärtgefahr verringern. Unberuhigt vergossene Stähle sind wegen ihres ungünstigen Phosphor- und Schwefelgehalts bedingt schweißbar. Der Stahl S355J2G2 (St52.3) wurde als Stahl mit erhöhter Festigkeit speziell auf eine gute Schweißbarkeit hin entwickelt (Bild **5.57**). Kesselbleche nach DIN EN 10028 (Bild **5.58**) sind schmelzschweißbar, jedoch schreiben die Richtlinien für bestimmte Kesselbleche eine Wärmevor- und -nachbehandlung vor.

Da in **legierten Stählen** außer Kohlenstoff auch andere Elemente, wie z. B. Mn, Cr, Ni, die Aufhärtung und Gefügeveränderung der Übergangszone neben der Naht beeinflussen, wird das Kohlenstoffäquivalent (EC-Wert = equivalent carbon) ermittelt. Mit Hilfe dieses EC-Wertes können Vorwärmtemperaturen von zur Aufhärtung neigenden legierten Stählen in Abhängigkeit von der Blechdicke festgelegt werden. Hinweise dazu sind in der schweißtechnischen Literatur angegeben [15].

Bei **Feinkornbaustählen** (5.54) wird im Vergleich zu den allgemeinen Baustählen nach DIN EN 10025 eine wesentliche Festigkeitssteigerung durch Zugabe bestimmter Legierungselemente erreicht, die ein feines Korn und einen gewissen Aushärtungseffekt bewirken. Mit diesen Stählen sind bei gleicher Belastbarkeit leichtere Konstruktionen möglich. Durch geeignete Wärmeführung während des Schweißens – wichtig ist eine schnelle Erwärmung und eine in der Regel langsame Abkühlung, die durch die Abkühlzeit von 800 °C auf 500 °C beschrieben wird – sind diese Stähle schweißgeeignet. Diese Abkühlzeit $\Delta t_{8/5}$ ist aus Unterlagen der Stahlhersteller oder aus der Literatur [15] zu bestimmen.

Stahlguss ist in geglühtem Zustand in gleicher Weise schweißbar wie Walz- oder Schmiedestahl entsprechender Zusammensetzung. So sind Gussteile aus GS-38 und GS-45 gut schweißbar, Gussteile aus GS-52, GS-60 und aus GS-70 müssen je nach Wanddicke und Größe des Teils zum Schweißen vorgewärmt werden. Das Verschweißen von Stahlgussteilen mit Blechen oder Profilen zu sogenannten Verbundkonstruktionen bringt oft konstruktive und fertigungstechnische Vorteile.

Grauguss ist wegen seines hohen Kohlenstoffgehalts auf einfache Weise nicht schweißbar. Hier werden nur Instandsetzungsschweißungen, für die ein gewisser Aufwand notwendig ist, durchgeführt.

Temperguss wird bevorzugt für kleinere Gussteile in der Serienfertigung eingesetzt. Die Tempergusssorte EN-GJMW-360-12 (GTW S38-12, Werkstoff-Nr. 0.8038) ist bis 8 mm Wanddicke ohne Wärmevor- und -nachbehandlung gut schweißbar.

Chemisch beständige Stähle mit austenitischem Gefüge sind gut schweißbar, wenn mit geringer Wärmeeinbringung geschweißt wird. Um nachfolgende Korrosion in der Wärmeeinflusszone zu vermeiden, sind kohlenstoffarme (LC- und ELC-)Stähle wie z. B. X2CrNi189, Werkstoff-Nr. 1.4307, oder stabilisierte Stähle wie z. B. X6CrNiTi1810, Werkstoff-Nr. 1.4541, zu verwenden. Nach dem Schweißen ist das Bauteil – am besten durch Beizen – wieder metallisch blank zu machen.

Ferritische Chromstähle, die bevorzugt für rostbeständige Maschinenteile eingesetzt werden, wie z. B. X20CR13, Werkstoff-Nr. 1.4021, sind nur bedingt schweißbar. Die Bauteile müssen zum Schweißen vorgewärmt und nachher wieder neu vergütet oder entspannt werden.

Aluminium und Al-Legierungen sind im Allgemeinen gut schweißbar. Bevorzugt wird das WIG- oder das MIG-Schweißverfahren.

Sondermetalle, wie Titan, Zirkon, Tellur, die vorwiegend in der Luft- und Raumfahrt und im Reaktorbau Verwendung finden, werden schutzgas-, plasma- oder elektronenstrahlgeschweißt. Dabei ist unbedingt zu beachten, dass während des Abkühlens die Naht vor Sauerstoff geschützt wird.

Allgemein gilt: Metallische Werkstoffe lassen sich besser press- als schmelzschweißen.

Schweißzusatzwerkstoffe. Die Auswahl der Schweißzusatzwerkstoffe richtet sich nach dem Verfahren, der Schweißposition, der Schweißeignung des Grundwerkstoffs, der Korrosionsbeständigkeit und nach der Verformungsfähigkeit. Schweißzusatzwerkstoffe liegen für das MIG/MAG- und UP-Schweißen als endlose, auf Spulen gewickelte blanke Drahtelektroden, für das Gas- und WIG-Schweißen als blanke Stäbe und für das Lichtbogenschweißen als umhüllte Stäbe – jeweils in verschiedenen Durchmessern – vor. Umhüllte Elektroden werden nach DIN EN 499 nach ihrer Umhüllungsdicke und nach der Art der Umhüllungszusammensetzung unterschieden. Aufgabe der Elektrodenumhüllung bzw. des Schweißpulvers beim UP-Schweißen ist es, den Luftspalt zwischen Elektrodenspitze und Werkstück elektrisch leitend zu machen, den Lichtbogen zu stabilisieren, die Schmelze vor Sauerstoff zu schützen, Verunreinigungen in der Schmelze durch die Schlacke zu binden und durch Bildung einer leicht zu entfernenden Schlackenraupe eine zu schnelle Abkühlung der Naht zu verhindern.

Zusatzwerkstoffe müssen dem zu schweißenden Grundstoff und dem Schutzgas oder Schweißpulver angepasst sein, damit die Verbindung die gewünschten Eigenschaften aufweist. Aus einer normgerechten Kurzbezeichnung der Gasschweißstäbe und der Schweißelektroden werden die für die Anwendung benötigten Angaben entnommen.

5.1.2 Bezeichnung von Schweißnähten

Schweißstoß. Teile – vorwiegend Halbzeuge wie Bleche, Rohre, Profile – werden durch Schweißen am Schweißstoß zum geschweißten Bauteil verbunden, Bild **5.7**. Die Art des Schweißstoßes wird bestimmt durch die Anordnung der zu verbindenden Teile zueinander, wobei die Gestaltung des geschweißten Bauteils (z. B. dickwandig oder dünnwandig), der Kraftfluss, die Zugänglichkeit zum Schweißen und die wirtschaftliche Herstellung eine Rolle spielen.

Art	Kennzeichen	Merkmale
Stumpfstoß		Die Teile liegen in einer Ebene und stoßen stumpf gegeneinander
Parallelstoß		Die Teile liegen parallel aufeinander
Überlappstoß		Die Teile liegen parallel aufeinander und überlappen sich
T-Stoß		Die Teile stoßen rechtwinklig (T-förmig) aufeinander
Doppel-T-Stoß (Kreuzstoß)		Zwei in einer Ebene liegende Teile stoßen rechtwinklig (kreuzend, Doppel-T) gegen ein dazwischenliegendes drittes Teil
Schrägstoß		Ein Teil stößt schräg gegen ein anderes
Eckstoß		Zwei Teile stoßen unter beliebigem Winkel aneinander (Ecke)
Mehrfachstoß		Drei oder mehr Teile stoßen unter beliebigem Winkel aneinander
Kreuzungsstoß		Zwei Teile liegen kreuzend übereinander

5.7
Arten von Schweißstößen

Nahtarten. Die Nahtart ergibt sich aus der Art des Schweißstoßes. Dabei werden unterschieden: **Stumpfnaht**, Bild **5.27**. Die Teile liegen mit der Schweißfuge in einer Ebene. **Kehlnaht**, Bild **5.37**. Die Teile liegen in zwei Ebenen rechtwinklig zueinander und bilden eine Kehlfuge. **Sonstige Nähte**, z. B. Punktschweißnaht beim Überlappstoß.

Die Nahtarten werden in verschiedenen Nahtformen ausgeführt, z. B. Stumpfnähte als nicht vorbereitete I-Nähte oder als vorbereitete V- oder U-Nähte oder als andere Nähte.

Nahtform. Die Wahl der Nahtform richtet sich nach dem Werkstoff, der Dicke der Fügeteile, der Beanspruchung, dem Schweißverfahren, der Zugänglichkeit und der Lage der Naht. Die zu verschweißenden Werkstücke bedürfen einer Vorbereitung am Schweißstoß, da nur richtig vorbereitete Nähte gute Durchschweißung, einwandfreie Verbindung der Fügeteile, geringen Verbrauch an Zusatzwerkstoffen und Energie, hohe Schweißgeschwindigkeit und damit große Wirtschaftlichkeit ermöglichen. Die Vorbereitung der Fugenform beschreiben DIN EN ISO 9692 (Bild **5.13**) und DIN 8552. Nahtart, Nahtdicke und Nahtlänge sind dem Schweißer vorzuschreiben.

Darstellung von Schweißnähten: Bei der Darstellung der Schweißnähte in Zeichnungen werden Symbole und Kurzzeichen nach DIN EN 22553 verwendet. Sie kennzeichnen Form, Vorbereitung und gewünschten Endzustand der Nähte, ohne an bestimmte Verfahren gebunden zu sein. Zusatzzeichen können die Ausführung der Oberflächenform, z. B. Bearbeitung der Nähte nach dem Schweißen, kennzeichnen. Die Darstellung durch Symbole muss eindeutig sein, andernfalls sind die Nähte bildlich zu zeichnen und vollständig zu bemaßen.

Bewertung von Schweißnähten: Die Anforderungen bezüglich Ausführung und Eigenschaften an die Schweißnähte sind für die einzelnen Maschinenteile entsprechend der Lage und der Beanspruchung der Naht unterschiedlich. In DIN EN ISO 5817 sind diese Anforderungen definiert und in Bewertungsgruppen für Stumpf- und Kehlnähte definiert. Den Bewertungsgruppen liegen bestimmte Nahtbefunde zu Grunde. Dies sind Merkmale für den äußeren Befund, wie Nahtüberhöhung, Kantenversatz, Einbrand- oder Randkerben, offene Endkrater, Oberflächenporen, sichtbare Schlackeneinschlüsse, Wurzelrückfall, nicht durchgeschweißte Wurzel, und Merkmale für den inneren Befund, wie Gaseinschlüsse, feste Einschlüsse, Bindefehler und Risse. Die zulässigen Fehler werden in der Norm qualitativ und quantitativ beschrieben. Die Bewertungsgruppe A (in der zurückgezogenen Norm DIN 8563, Teil 3, genormt, in der Nachfolgenorm DIN EN ISO 5817 nicht mehr vorhanden) stellt die höchste und die Gruppe D die niedrigste Bewertung einer Schweißnaht dar.

Arbeitsposition: Die möglichen Arbeitspositionen beim Schweißen sind in DIN EN 756 durch das Arbeitspositionskurzzeichen und durch den Nahtneigungs- und Nahtdrehwinkel definiert; es bedeuten:

PA: Wannenposition, waagerechtes Arbeiten, Nahtmittellinie senkrecht
PB: Horizontalposition, horizontales Arbeiten, Decklage nach oben
PD: Horizontalposition, horizontales Arbeiten, Decklage nach unten
PF: Steigposition, Schweißen von unten nach oben
PG: Fallposition, Schweißen von oben nach unten
PC: Querposition, waagerechtes Arbeiten, Nahtmittellinie horizontal
PE: Überkopfposition, waagerechtes Arbeiten über Kopf, Decklage unten

DIN EN ISO 5817 enthält zusätzliche Angaben über die Sicherung der Güte von Schweißarbeiten; so werden hier z. B. die für bestimmte Schweißaufgaben erforderliche Qualifikation der Schweißer, der Schweißaufsichtspersonen und der Betriebe bezüglich ihrer Ausstattung geregelt.

In Bild **5.10** sind die Grund- und Zusatzsymbole für die Darstellung von Schweißnähten in Konstruktionszeichnungen aufgeführt. Die Grundsymbole bezeichnen nur die Nahtart, wogegen die Zusatzsymbole die zusätzlichen Angaben über die Ausführung der Naht enthalten. An folgenden zwei Beispielen wird die grundsätzliche Anwendung dieser Symbole dargelegt:

5.8
Stellung des Symbols für Kehlnähte
a) bildliche Darstellung der Naht
b) symbolhafte Darstellung der Naht

Bild **5.8** zeigt die Stellung des Symbols für einseitige Kehlnähte. Die Bezugsseite ist die Seite, auf die die Pfeillinie hinweist. Die Naht liegt auf der Bezugsseite, wenn das Symbol an der durchgezogenen Linie steht. Die Gegenseite ist durch die gestrichelte Linie gekennzeichnet. Die Naht liegt dort, wenn das Symbol an dieser Linie steht. So kann die Naht nach Bild **5.8a** durch unterschiedliche Stellung der Symbole (**5.8b**) beschrieben werden. Dies gilt sinngemäß auch für Stumpfnähte. (Die gestrichelte Linie darf oberhalb oder unterhalb der anderen liegen.)

In Bild **5.9** ist eine beidseitig geschweißte Stumpfnaht unter Verwendung der Grund- und Zusatzsymbole dargestellt. Die vor dem Schweißen vorzubereitenden Schweißkanten müssen z. B. in einer Einzelheitsdarstellung bemaßt werden (**5.9a** und **5.13**).

Die Bezeichnung einer Schweißnaht ist in folgender Reihenfolge vorzunehmen: Sinnbild und Zusatzzeichen; Maßangaben (Nahtdicke a und Nahtlänge l); Schweißverfahren (Kurzzeichen oder Kennzahl nach DIN ISO 857 T1); geforderte Bewertungsgruppe; Arbeitsposition.

5.9
Beidseitig geschweißte Stumpfnaht
    a) Schweißkanten; b) bildliche Darstellung; c) symbolhafte Darstellung (Ansicht in Richtung Blechdicke und auf die Nahtoberseite)
    Oberseite: V-Naht, Verfahren MAG (Kennzahl 135); Unterseite: U-Naht, Verfahren UP (Kennzahl 12); Bewertungsgruppe B nach DIN EN ISO 5817; Schweißposition PA (Wannenposition)
    Das Bauteil wird zum Schweißen der Gegenseite gewendet.

5.10
Darstellung von Schweißnähten in Zeichnungen DIN EN 22553 (Fortsetzung s. nächste Seite)

Benennung und Symbol-nummer	Darstellung		Darstellung	
	erläuternd	symbolhaft	erläuternd	symbolhaft
			Zusatzsymbole	
			Oberflächenform	Zusatzsymbol
			hohl (konkav)	⌣
Flächennaht ﹦ 17			flach (eben)	—
			gewölbt (konvex)	⌢
			Ergänzungssymbole	
Schrägnaht // 18			Ringsum verlaufende Nähte z. B. V-Nähte	
Falznaht ୨ 19			Montagenähte z. B. V-Nähte	

5.10
Darstellung von Schweißnähten in Zeichnungen (Fortsetzung)

V-Naht mit Gegenlage 3-9	∨ 3 ⌣ 9			
Doppel-HV-Naht (K-Naht) 4-4	V 4			
V-U-Naht 3-7	∨ 3 Y 7			

5.11
Darstellung von Schweißnähten in Zeichnungen nach DIN EN 22553; Anwendung der Symbole für Lage und Gegenlage

Benennung	Illustration	Symbolhafte Darstellung	
		Vorderansicht	Draufsicht
Nahtdicke *s* von Stumpfnähten, durchgeschweißte V-Naht			
Nahtdicke *s* von Stumpfnähten, nicht durchgeschweißte Y-Naht			
Nahtdicke *s* von Stumpfnähten, durchgehende Naht mit Vormaß			
Nahtdicke *s* von Stumpfnähten, unterbrochene Stumpfnaht (nicht durchgeschweißt) mit Vormaß			
Durchgehende Kehlnaht			
Doppelkehlnaht unterbrochen, gegenüberliegend ohne Vormaß (gegenüberliegende Kehlnahtmaße können verschieden sein)			
Doppelkehlnaht unterbrochen, versetzt mit Vormaß. Das Zeichen für unterbrochene, versetzte Doppelkehlnähte bei einem Vormaß ist Z			

5.12
Darstellung von Schweißnähten in Zeichnungen nach DIN EN 22553; Grundsätze für die Bemaßung (Auszug)

Naht	Symbol	Nahtvorbereitung	Naht	Symbol	Nahtvorbereitung
G-, E-, WIG-, MIG/MAG-Schweißen			Doppel-U-Naht	7-7	$\approx 8°$; $R \approx 6$; >30; ≤ 3
Bördelnaht	1	$R \approx s$; ≤ 2; $s+1$			
I-Naht	2	einseitig $0...s$; zweiseitig $0...s/2$; ≤ 4; $\approx 3...8$	HV-Naht	4	$40°...60°$; $3...16...(40)$; ≤ 3
E-, WIG-, MIG/MAG-Schweißen			Doppel-HV-Naht	4-4	$40°...60°$; $16...40$; ≤ 4
V-Naht [1], [2]	3	$\approx 60°$; $3...20$; ≤ 2			
Doppel-V-Naht	3-3	$\approx 60°$; $s/2...s/3$; $16...40$; ≤ 3	HU-Naht	8	$R \approx 8$; $\approx 20°$; >16; ≤ 2
Y-Naht	5	$\approx 60°$; ≤ 4; $10...20$; ≤ 2	**UP-Schweißen**		
			I-Naht [3]	1	beidseitig geschweißt; $3...20$; ≤ 2
U-Naht	7	$\approx 10°$; $2...3$; ≤ 3; >12	Doppel-U-Naht	4-4	$5°...15°$; $R \approx 6$; 6; >50; $\leq 1,5$

[1] Wurzel gegebenenfalls ausgearbeitet und gegengeschweißt
[2] G-Schweißen bis $s \approx 10$ wirtschaftlich
[3] Bei größeren Spaltbreiten ist eine Badsicherung (Pulverbrett, Kupferschiene o. ä.) erforderlich

5.13
Nahtarten nach DIN EN 22553; Nahtvorbereitung nach DIN EN ISO 9692 für G-, E-, WIG-, MIG/MAG- und UP-Schweißen (Auszug)

5.1.3 Gestalten von Schweißteilen

Für den Entwurf von geschweißten Konstruktionen gelten besondere Gesetzmäßigkeiten. So kann eine Gusskonstruktion nicht im Aufbau unverändert in eine Schweißkonstruktion umgewandelt und eine Niet- oder Schraubenverbindung nicht einfach durch eine Schweißnaht ersetzt werden. Vielmehr müssen schweißtechnische Konstruktionsmerkmale angewendet werden. Die Konstruktion muss in ihren Einzelheiten aus Halbzeugen aufgebaut und schweißtypisch gestaltet werden.

Bei der Gestaltung zweckmäßiger Schweißkonstruktionen sind daher die folgenden wichtigen Regeln bezüglich Werkstoffwahl, Gestaltung und Fertigung zu beachten:

1. Die Bauteilwerkstoffe müssen mit dem gewählten Verfahren und einer entsprechenden Vorbereitung schweißbar sein, s. Abschn. 5.1.1.

2. Für abnahmepflichtige Schweißkonstruktionen sind die von der Abnahmestelle vorgeschriebenen Bauteil- und Zusatzwerkstoffe mit den geforderten Abnahmezeugnissen zu verwenden.

3. Die Hohlkehlen von Profilstählen sind von Schweißnähten frei zu halten, um festigkeitsmindernde Eigenspannungen und ein Aufschmelzen der Seigerungszonen zu vermeiden.

4. Der Kraftfluss im Bauteil ist zu beachten; die Schweißnähte sind nicht in hochbeanspruchte Stellen zu legen. Es ist anzustreben, sie außerhalb der Kraftumlenkungszone zu platzieren.

5. Eindeutiger, kurzer Kraftfluss wird auch durch Verbundkonstruktionen erreicht. An hochbeanspruchten und gefährdeten Stellen können Stahlguss- oder Schmiedeteile eingeschweißt werden. Nahthäufungen, Eigenspannungen und Anrisse werden dadurch vermieden.

1 Gelenkkopf, Werkstoff C22E
2 Spalt und Zentrierung für das MAG-Schweißen
3 Rohr, Werkstoff S185 (St35)

5.14
Verbundkonstruktion, Gelenkwelle

6. An Schweißnähten sparen, z. B. durch sinnvolles Abkanten oder Abbiegen der Fügeteile oder durch Verwendung von Stahlguss- oder Schmiedeteilen in Schweißkonstruktionen (Verbundkonstruktionen), (**5.14**).

7. Die Schweißnähte sind nur so dick auszuführen, wie es die Festigkeit der Verbindung erfordert; z. B. Kehlnähte.

8. Wegen des kurzen, geradlinigen Kraftflusses sind Stumpfnähte anzustreben.

9. Unterbrochene Nähte verringern zwar wegen der geringeren Wärmeeinbringung den Verzug des Bauteiles, aber Ansatzstellen und Nahtenden ergeben Kerben. Durchlaufende dünne Nähte sind manchmal günstiger.

10. Häufungen und Kreuzungen von Schweißnähten sind zu vermeiden, da sie ein Verziehen des Bauteiles oder hohe Schrumpfspannungen zur Folge haben. Abhilfe ist z. B. durch versetzte Nähte (**5.15**) oder durch Ausnehmungen möglich (Bild **5.24**).

11. Gleichmäßige Nahtbeanspruchung wird erreicht, wenn die Schwerlinie eines anzuschließenden Stabes mit der Schwerlinie seiner Schweißnähte zusammenfällt, siehe Bild **5.16**. Es sollte gelten: $(a_1 \cdot l_1)/(a_2 \cdot l_2) = e_2/e_1$.

5.15
Behälter mit versetzten Längsnähten

5.16
Anschluss eines L-Profiles
l Nahtlänge, *a* Nahtdicke, *e* Abstand der Schwereachse

12. Zentrierungen sollen so klein wie möglich gehalten werden, wenn die endgültige Lage der Teile zueinander durch die Schweißnaht gewährleistet ist (**5.17**).

13. Bei hoher Oberflächengüte oder kleinen Toleranzen sollen Funktionsflächen (z. B. Dichtflächen) nicht durch eine Schweißnaht gestört werden (**5.17**).

5.17
Durch Schweißnaht nicht gestörter Werkzeugauslauf; Zentrierabsatz so klein wie möglich

5.18
Nahtwurzel in der Druckzone

14. Bei Biegebeanspruchungen sind Nahtwurzeln möglichst in die Druckzone zu legen; in den Wurzeln können durch örtliche Bindefehler Kerbwirkungen auftreten, die sich bei Zugbeanspruchungen ungünstiger auswirken als bei Druckbeanspruchung (**5.18**).

15. Zugbeanspruchung in Blechdickenrichtung ist zu vermeiden. Durch den Walzvorgang bei der Blechherstellung sind parallel zur Blechoberfläche schichtweise Anordnungen von nichtmetallischen Einschlüssen vorhanden. Dadurch sind Formänderungsvermögen und Trennfestigkeit in Dickenrichtung vermindert. Durch Schweißeigenspannungen treten Terrassenbrüche auf, die besonders bei schwingender Beanspruchung zur Ausweitung der Risse bis zum Dauerbruch führen, Bild **5.24**.

16. Bei Abbrennstumpfschweißungen ist eine ausreichende Zugabe für Abbrand und Stauchung vorzusehen.

17. Starres Einspannen zu schweißender Teile ist zu vermeiden.

18. Damit die Schweißeigenspannungen und die maßlichen Veränderungen, insbesondere Verformungen, möglichst klein bleiben, muss ein Schweißfolgeplan aufgestellt werden. Für Allgemeintoleranzen bei Schweißkonstruktionen gilt DIN EN ISO 13920.

19. Durch das Auftragschweißen geeigneter Werkstoffe oder durch Schweißplattieren lassen sich verschleiß- und korrosionsfeste Oberflächen erzielen, z. B. Schweißplattieren von Behältern und Flanschen (**5.19**), Panzern von Ventilen und Baggerzähnen.

5.19
Plattierte Behälter

a) angeschweißter Flansch
b) eingeschweißter Stutzen

1 korrosionsbeständiger Werkstoff
2 Stahl als Trägerwerkstoff

Die Konstruktionshinweise sind vielfach widersprüchlich, so dass im Anwendungsfall Kompromisse geschlossen werden müssen (**5.20**, **5.21**). Außerdem muss bei der Gestaltung zwischen ruhend und schwingend beanspruchten Bauteilen unterschieden werden (**5.22**).

5.20
Rohrknoten

a) mit Knotenblech
b) ohne Knotenblech

5.21 Geschweißte Fachwerkknoten (Nähte nur für einen Stab bezeichnet)
a) mit Knotenblech, b) ohne Knotenblech

Der geringste Werkstoffaufwand wird bei größeren Konstruktionen mit der Zellenbauweise erreicht, die beispielsweise im Werkzeugmaschinenbau angewendet wird. Bild **5.23** zeigt als Beispiel das Bett einer schweren Schleifmaschine. In das kastenförmige Bauteil 1-2-3-4 sind die aus dünnerem Blech bestehenden Versteifungsrippen 5 eingeschweißt, die die Zellen bilden. Diese geben dem Querschnitt eine große Steifigkeit gegen Biegung und insbesondere auch gegen Torsion und ermöglichen es, die Wände dünner auszuführen.

5.22 Trägeranschluss
a) für statische Belastung, b) für dynamische Belastung

5.23 Aufbau in Zellenbauweise

In Bild **5.24** sind Beispiele aufgeführt, bei denen unzweckmäßige und zweckmäßige Ausführungen und Anordnungen von Schweißnähten gegenübergestellt sind.

unzweckmäßig	zweckmäßig	Erläuterung
	a) b)	Zu kleiner Nahtöffnungswinkel ergibt eine schlechte Nahtwurzel. Teil abflachen (a) oder anders gestalten (b).
		Die Stumpfnaht ist der zweckmäßigste Anschluss. Bei Kehlnähten entfällt hier die Nahtvorbereitung.
		Auf gute Zugänglichkeit ist zu achten. Das Auge muss ringsum angeschweißt werden können.
		Bei Zug-, Biege- oder Torsionsbeanspruchung Durchstecken des Rohres und beidseitig verschweißen.
		Anhäufungen von Nähten ergeben eine ungünstige Ausbildung der Nahtwurzel und Anhäufungen von Schweißfehlern, insbesondere von Einschlüssen.
		Abgekantetes Bauteil bevorzugen. Es ist wirtschaftlicher herzustellen und erfordert weniger Ansatzstellen für die Schweißnähte.
	a) b) c)	Rippe a) Überstände und Abflachungen vorsehen, um Abschmelzen der Kanten zu vermeiden. b) Nahtanhäufung durch Ausnehmen der Ecken vermeiden. c) Durch Umschweißen des Bauteils wird bei Korrosionsgefahr Spaltkorrosion vermieden.
		Ecknähte sind zu vermeiden. Besonders bei dünnen Blechen Abschmelzen der Kanten. Kehlnähte sind zu bevorzugen.
		Übergang vom offenen zum geschlossenen Querschnitt. Die Änderung der Steifigkeit ist allmählich vorzunehmen.
	a) b)	Wegen guter beidseitiger Zugänglichkeit soll bei T-Stößen ein Stoßwinkel von 90° angestrebt werden (b). Bei schrägen Anschlüssen Stoßblech anschrägen (a).

5.24
Gestaltung von Schweißverbindungen (Fortsetzung s. nächste Seite)

unzweckmäßig	zweckmäßig	Erläuterung
		Aufgeschweißte Platte
		a) Die dünne Platte wölbt sich.
		b) Einschweißen einer dickeren Platte, Schweißnaht einseitig oder beidseitig.
		c) Lochschweißung verhindert Wölben.
		Verlagerung der Schweißnaht aus der Zone mit ungünstigem Kraftfluss.
		Beanspruchung des geschweißten Bleches in Dickenrichtung vermeiden. Von der Schweißnaht können Terrassenbrüche ausgehen.
		DHY-Naht verwenden. Vorteile: Geringes Nahtvolumen; geringe Exzentrizität Nachteile: Nahtvorbereitung erforderlich; schwieriger zu schweißen; bei schwingender Beanspruchung Durchschweißen ($c = 0$) erforderlich.

5.24
Gestaltung von Schweißverbindungen (Fortsetzung)

5.1.4 Nennspannungen

Die **Festigkeitsrechnung** bei Schweißnähten erfolgt entweder durch Vergleich der **Nennspannung** in der Naht mit einer zulässigen Spannung für die Naht nach dem Ansatz $\sigma_N = F/A_N \leq \sigma_{\text{zul N}}$ oder bei Annahme einer zulässigen Spannung durch Ermittlung der erforderlichen Abmessungen der Schweißnaht nach dem Ansatz $A_N = F/\sigma_{\text{zul N}}$, wobei A_N die erforderliche Fläche des Nahtquerschnitts bedeutet.

Die zulässigen Spannungen werden nach Abschn. 5.1.5 ermittelt. Bevor die der Schweißnaht berechnet wird, erfolgt die Berechnung der Anschlussteile, z. B. Stäbe bzw. Träger.

Die Nennspannungen in der Schweißnaht werden aus der Belastung (Kräfte F bzw. Momente M, T unter Berücksichtigung des Betriebsfaktors: $F_{\text{max}} = \varphi \cdot F$, $T_{\text{max}} = \varphi \cdot T$) und dem Nahtquerschnitt berechnet. Die vorhandenen Spannungen in der Naht werden mit σ_N, σ_{bN}, τ_N, τ_{tN} und im

Anschlussquerschnitt mit σ, σ_b, τ, τ_t bezeichnet. Für den Betriebsfaktor φ sind in Abhängigkeit von der Betriebsart folgende Werte einzusetzen:

Dampf- und Wasserturbinen, Schleifmaschinen, leichte Betriebsstöße $\qquad$ $\varphi = 1,0 \dots 1,1$

Kolbenmaschinen (Brennkraftmaschinen, Pumpen und Verdichter), Hobelmaschi- $\varphi = 1,2 \dots 1,5$ nen; mittelstarke Betriebsstöße

Schmiedepressen (Spindel- und Gesenkpressen), Abkantpressen, Kollergänge; starke $\varphi = 1,6 \dots 2,0$ Betriebsstöße

mechanische Hämmer, Walzwerkmaschinen, Steinbrecher; sehr starke Betriebsstöße $\varphi = 2,0 \dots 3,0$

Der **Nahtquerschnitt** ergibt sich aus der Nahtdicke a und der Nahtlänge l.

Stumpfnähte

Als Nahtdicke a wird bei Stumpfnähten die Dicke s der zu verbindenden Teile im Schweißstoß angesetzt, wenn der Querschnitt durchgeschweißt ist. Bei unterschiedlichen Dicken ist die kleinere Dicke maßgebend. Ein Nahtüberstand zählt nicht. Die Nahtlänge l ist die Länge des Schweißstoßes. Bei durchgeschweißten Stumpfnähten verläuft der Kraftfluss geradlinig. Sie haben daher von den verschiedenen Nahtarten die größte Dauerhaltbarkeit. Um eine sichere Durchschweißung des Bauteilquerschnitts zu erhalten, werden Stumpfnähte je nach Werkstoff, Bauteildicke und eingesetztem Schweißverfahren in verschiedenen Formen ausgeführt:

I-Nähte werden nur bei dünnen Blechen vorgesehen. Richtwerte für die Blechdicke bei Stahl sind für das E- und MAG-Schweißen $s \leq 4$ einseitig und $s \leq 8$ beidseitig geschweißt, für das UP-Schweißen $s \leq 8$ einseitig und $s \leq 20$ beidseitig geschweißt. Die Schweißkanten müssen parallel und senkrecht zur Blechoberfläche sein. Zur besseren Schweißung und bei dickeren Blechen werden die Schweißkanten durch Hobeln, Fräsen, Drehen, Brenn- oder Plasmaschneiden vorbereitet (Bild **5.13**).

V-Nähte (**5.25b** und **c**) werden bei den Blechdicken $s = (3 \dots 20)$ mm angewendet. Der Öffnungswinkel der Naht beträgt $\alpha = 60° \dots 70°$. Bei V-Nähten ohne Gegenlagenschweißung (**5.25b**) ist die Kerbspannung σ_k im Anschlussquerschnitt bei I besonders groß und die Dauerhaltbarkeit der Naht entsprechend gering. Bei V-Nähten mit Gegenlagenschweißung (mit oder ohne Ausarbeitung der Nahtwurzel, **5.25c**) ist die Kerbspannung σ_k bei I wesentlich kleiner als in Bild **5.25b**. Die am Schweißwulst bei II auftretende Kerbwirkung ist bei guter Ausführung der Naht ebenfalls gering. Die V-Naht mit Wurzelverschweißung und Bearbeitung hat von allen Nahtarten die größte Dauerhaltbarkeit.

Doppel-V-Nähte (X-Nähte) (5.25d). Bei guter Ausführung können für die Doppel-V-Naht dieselben Dauerhaltbarkeitswerte wie für die V-Naht mit Wurzelverschweißung angenommen werden.

HV (1/2V)- und Doppel-HV-Nähte (K-Nähte) (5.26). Diese erfordern gegenüber V- und Doppel-V-Nähten weniger Vorbereitungsarbeit, werden jedoch nur bei weniger stark beanspruchten Bauteilen angewendet.

U- oder Doppel-U-Nähte (Bild 5.13) werden bei dicken Blechen verwendet. Die eingebrachte Schweißgutmenge ist kleiner als bei V- und Doppel-V-Nähten.

Die für Stumpfnähte anzusetzenden Nennspannungen für die einzelnen Beanspruchungsarten und Nahtanordnungen sind aus Bild 5.27 zu entnehmen.

5.25 Kerbwirkung in Stumpfnähten
a) durch Schlackeneinschluss oder Poren 1
b) und c) V-Nähte ohne bzw. mit Wurzelgegenschweißung
d) und e) Doppel-V-Nähte unbearbeitet bzw. bearbeitet
A Anschlussquerschnitt σ_N Nahtspannung   I, II Kerbstellen
N Nahtquerschnitt σ_k Kerbspannung im Anschlussquerschnitt

5.26
HV-Naht (a) und
Doppel-HV-Naht (b)

Beanspruchung	Anordnung	Nahtform	Nennspannung in der Naht	Nahtfläche bzw. –widerstandsmoment
Zug Druck			$\sigma_N = \dfrac{F}{A_N}$ Gl. (5.1) $\sigma_N = -\dfrac{F}{A_N}$ Gl. (5.2)	$A_N = a \cdot l$
Schub			$\tau_N = \dfrac{F}{A_N}$ Gl. (5.3)	$A_N = a \cdot l$
Biegung			$\sigma_{bN} = \dfrac{M_b}{I_{bN}/e_N} = \dfrac{M_b}{W_{bN}}$ Gl. (5.4)	$W_{bN} = a \cdot l^2/6$ hochkant $W_{bN} = l \cdot a^2/6$ flachkant
Zug und Biegung			Resultierende Spannung $\sigma_{N\,res} = \sigma_N + \sigma_{bN}$ Gl. (5.5)	
Schub und Biegung			Vergleichsspannung aus σ_{bN} und τ_N $\sigma_{vN} = 0,5 \cdot \left(\sigma_{bN} + \sqrt{\sigma_{bN}^2 + 4\tau_N^2} \right)$ Gl. (5.6)	

5.27
Nennspannung bei Stumpfnähten (Formelzeichen s. nächste Seite)

Formelzeichen

A	Querschnitt	M	Moment	W	Widerstandsmoment. Verfahrensfaktor beim Punktschweißen
a	Kehlnahtdicke	N	Spannungsspielzahl		
C	Faktor für Bodenform	n	Zahl der Schweißpunkte		
c	Abstand, Wanddickenzuschlag	p	höchstzul. Überdruck in Kesseln und Behältern	α	Formzahl
D, d	Durchmesser, Punktdurchmesser	Q	Querkraft	α_0	Beiwert für Nahtbewertung
e	Randfaserabstand, Randabstand, Einbrand	R, r	Radius	β	Beiwert für Schrumpfspannungen. Beiwert zur Berücksichtigung des Durchmesserverhältnisses beim Behälter, der Bodenform und Ausschnitte in Böden
		R_e	Streckgrenze		
		$R_{p\,0,2}$	0,2-Grenze		
F	Kraft	R_m	Zugfestigkeit		
H	Flächenmoment 1. Grades	S	Sicherheitszahl		
		s	Blechdicke, Wanddicke		
h	Steghöhe	T	Drehmoment		
I	Flächenmoment 2. Grades (axiales Trägheitsmoment)	t	Punktabstand	ϑ_B	Berechnungstemperatur
		V	Schweißfaktor für Punktschweißung	κ	Spannungsverhältnis
				σ	Normalspannung
K	Werkstoffkennwert, Grenzspannung, Kerbfall	v	Wertigkeitszahl für Schweißnaht	τ	Schubspannung
				φ	Betriebsfaktor
l	Nahtlänge				

Indizes

A	für Anschlussquerschnitt	W	für Wechselfestigkeit (Zugdruck)	t	für Verdrehung
B	für Bruch			ü	für Überdruck
D	für Dauerfestigkeit	b	für Biegung	v	für Vergleichsspannung
F	für Fließgrenze	d	für Druck	x	in x-Richtung
G	für Grenzspannung	i	für Innen-	y	in y-Richtung
N	für Naht	k	für Kerbspannung	zul	für zulässig
Sch	für Schwellfestigkeit	n	für Nenngröße	‖	für Spannung in der Längsrichtung der Naht
Schw	für Schweißen	p	für polar		

Kehlnähte

Maßgebende Größen für die Berechnung von Kehlnähten sind die Nahtdicke a und die Nahtlänge l. Die rechnerische Nahtdicke a ist gleich der Höhe des größten im Nahtquerschnitt einbeschriebenen gleichschenkeligen Dreiecks ohne Wurzeleinbrand (**5.28**).

5.28
Formen der Kehlnähte

a) Volle Kehlnaht (Wölbnaht)
b) Flachnaht
c) Hohlnaht
d) Ungleichschenkelige Naht (30°-Naht)

Die **Wölbnaht** (**5.28a**) besitzt die für den Kraftfluss ungünstigste Form; daher sind stets Flach- oder Hohlnähte zu bevorzugen.

Die **Hohlnaht** (**5.28c**) hat wegen ihres allmählichen Übergangs zum Grundwerkstoff die geringste Kerbwirkung, aber bei gleicher Nahtdicke ein größeres Schweißvolumen als die Flachnaht. Die ungleichschenkelige Kehlnaht (**5.28d**, 30°-Naht) bewirkt besonders bei Laschenstößen (**5.36b**) einen flacheren Verlauf der Kraftlinien.

Die rechnerische Nahtlänge l ist die Länge des Schweißstoßes. Nahtanfänge und -enden, die die geforderten Nahtdicken nicht erreichen, zählen nicht zur Nahtlänge.

Ausführungen von Kehlnähten. In Kehlnahtverbindungen verläuft der Kraftlinienfluss nicht geradlinig, sondern die Kraftlinien werden im Nahtbereich umgelenkt (**5.34**, **5.35**). Daher sind Kehlnähte immer stärker beansprucht als Stumpfnähte. Kehlnähte können in verschiedener Weise und in verschiedener Anordnung der Teile zueinander ausgeführt werden.

Flankenkehlnähte (5.29). Diese liegen parallel zur Kraftrichtung. Flankenkehlnähte sind bei ruhender Belastung den Stumpfnähten fast gleichwertig. Ihre Dauerhaltbarkeit bei dynamischer Beanspruchung ist jedoch wesentlich kleiner.

5.29
a) Flankenkehlnähte unbearbeitet; A–A Anschlussquerschnitt
b) Zugspannungen; keine quantitative Darstellung
c) Schubspannung in den Nähten; keine quantitative Darstellung

Die Kraftlinien werden zweimal stark umgelenkt. Sie gehen vom Stabquerschnitt durch die schmalen Nahtquerschnitte und von diesen in den Blechquerschnitt über. Bei ausreichender Nahtbemessung treten im Anschlussquerschnitt an den Nahtenden I und II als „Kerbstellen" (**5.29a**) Kerbspannungen σ_k auf, die wesentlich höher als die Nennspannung σ_z im Stabquerschnitt sind und Ausgangsstellen für Dauerbrüche sein können. Bei schwingender Beanspruchung ist deshalb ein Glätten (Verschleifen) der Nähte bei I und II zweckmäßig.

Stirnkehlnähte. Das Kennzeichen dieser Nähte ist die zueinander senkrechte Lage von Kraft- und Nahtrichtung (**5.30**).

T-Stoß mit einseitiger Kehlnaht (5.30). In Folge des exzentrischen Kraftverlaufs ist der Stoß durch zusätzliche Biegung besonders ungünstig beansprucht. Er sollte daher nur bei Kastenquerschnitten mit umlaufender Naht benutzt werden (Beispiel 9).

Wird die Naht am T-Stoß versenkt ausgeführt (**5.31**), so erhält man einen vollwertigen Schweißanschluss.

5.30
T-Stoß mit einseitiger Kehlnaht

A – A Anschlussquerschnitt
N – N Nahtquerschnitt

5.31
T-Stoß mit versenkter Naht (a) und Spannungsverlauf im Anschlussquerschnitt (b), Kapplage gegengeschweißt (c). Rechnerische Nahtdicke $a = s$

T-Stoß mit doppelseitiger Kehlnaht (Flachnaht s. Bild **5.30**). Führt man die Stirnkehlnähte als Hohlnähte nach Bild **5.33a** aus, so liegt die Festigkeit des Anschlussquerschnittes um ≈ 25% höher als beim T-Stoß mit Flachnaht (**5.32**). Werden größere Anforderungen an die Schweißverbindungen gestellt, so werden versenkte Hohlnähte (**5.33b** und **c**) angewendet.

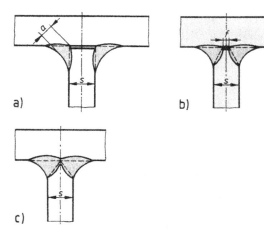

5.32 T-Stoß mit doppelseitiger Kehlnaht (Flachnaht), auf Zug beansprucht

a) Spannungsverlauf im Nahtquerschnitt N-N
b) im Anschlussquerschnitt A-A

5.33 T-Stoß mit Hohlnähten

a) Anschlussblech nicht vorbereitet
b) Doppel-HY-Naht
c) Doppel-HV-Naht

Sie sind jedoch wegen der größeren Vorbereitungsarbeit (Abschrägen der Schweißkanten am Steg) wesentlich teurer.

Die rechnerische Nahtdicke für die Ausführung (b) setzt man $a = s$, wenn $f \leq (1/5) \cdot s$ und gleichzeitig auch $f \leq 3$ mm ist.

Laschenstoß und **Kreuzstoß**. Die Festigkeitsprüfung der Stirnkehlnähte geschieht mit dem Laschenstoß (**5.34**) oder mit dem Kreuzstoß (**5.35**).

5.34 Laschenstoß mit Kraftlinienverlauf

5.35 Kreuzstoß

N–N Nahtquerschnitt
A–A Anschlussquerschnitt

Beim Nahtquerschnitt N_I–N_{II} des Laschenstoßes nach Bild **5.36** tritt der Größtwert der Nahtspannung $\sigma_{max\,N}$ an der Nahtwurzel bei I auf. Der Anschlussquerschnitt A-A ist durch den Einbrand der Schweißnähte geschwächt. Werden die Nähte des Laschenstoßes als 30°-Nähte nach Bild **5.36**b ausgeführt, so verlaufen die Kraftlinien flacher, auch ist die Kerbspannung σ_k am Anschlussquerschnitt A-A kleiner als bei der 45°-Naht nach Bild **5.36**a.

Beim Kreuzstoß (**5.35**) sind die Beanspruchungen des Naht- und Anschlussquerschnittes die gleichen wie beim Laschenstoß (**5.36**a).

5.36
Laschenstoß, Kraftlinien- und Spannungsverlauf in der Schweißnaht

a) bei der 45°-Naht
b) bei der 30°-Naht

Die Nennspannungen für Kehlnähte sind für die einzelnen Beanspruchungsarten entsprechend den in Bild **5.37** aufgeführten Nennspannungen anzusetzen. Die Schweißnähte sind zur besseren Verständlichkeit bildlich dargestellt.

Punktschweißverbindungen werden durch Widerstandsschweißen wirtschaftlich hergestellt und daher häufig im Fahrzeugbau und im Blechleichtbau verwendet. Bei Beanspruchung der Verbindung auf Scherzug kann der Schweißpunkt etwa dreimal so hoch belastet werden wie bei Beanspruchung auf Kopfzug. Torsionsbeanspruchung (nur beim Einzelpunkt) und Schälbeanspruchung sind zu vermeiden, Bild **5.38**a ... d.

Beanspru-chung	Anordnung	Nahtform	Nennspannung in der Naht	Nahtfläche bzw. -widerstandsmoment
Zug Druck			$\sigma_N = \dfrac{F}{A_N}$ $\sigma_N = -\dfrac{F}{A_N}$ Gl. (5.7)	$A_N = a \cdot l$ bzw. $A_N = \Sigma\, a \cdot l$
Schub			$\tau_N = \dfrac{F}{A_N}$ Gl. (5.8)	$A_N = a \cdot l$ bzw. $A_N = \Sigma\, a_1 \cdot l_1$ $\quad + \Sigma\, a_2 \cdot l_2$
Biegung			$\sigma_{bN} = \dfrac{M_b}{I_{bN}/e_N}$ Gl. (5.9) $= \dfrac{M_b}{W_{bN}}$	$W_b = a \cdot l^2/6$ hochkant $W_b = l \cdot a^2/6$ flachkant
Schub und Biegung			Vergleichsspannung aus σ_{bN} und τ_N $\sigma_{vN} = 0{,}5\left(\sigma_{bN} + \sqrt{\sigma_{bN}^2 + 4\tau_N^2}\right)$ Gl. (5.10) $W_{bN} = \dfrac{1}{6(h+2a)} \cdot \left[(s+2a) \cdot (h+2a)^3 - s \cdot h^3\right]$ Gl. (5.15)	
Torsion			$\tau_{tN} = \dfrac{T}{W_{pN}}$ Gl. (5.11)	$W_{pN} = \dfrac{\pi}{16} \cdot \dfrac{(d+2a)^4 - d^4}{(d+2a)}$ vgl. Gl. (5.16)
Biegung und Torsion			Vergleichsspannung aus σ_{bN} und τ_N $\sigma_{vN} = 0{,}5\left(\sigma_{bN} + \sqrt{\sigma_{bN}^2 + 4\tau_{tN}^2}\right)$ Gl. (5.12)	W_{bN} Gl. (5.14) $W_{bN} = \dfrac{\pi}{32} \cdot \dfrac{(d+2a)^4 - d^4}{(d+2a)}$

5.37
Nennspannung bei Kehlnähten

5.38 Beanspruchungen von Widerstandspunktschweißverbindungen

a) Scherzugbeanspruchung, b) Kopfzugbeanspruchung, c) Torsionsbeanspruchung,
d) Schälbeanspruchung

Anhaltswerte für die Gestaltung: Für die Wahl des vorzuschreibenden Punktdurchmessers kann die Näherungsformel (Zahlenwertgleichung) $d \approx 5 \cdot \sqrt{s}$ in mm benutzt werden, wobei für s die kleinste zu verbindende Blechdicke in mm einzusetzen ist. Für die Punktabstände und Randabstände gilt:

$t \approx 3,5 \cdot d$ bei statischer Beanspruchung $d \approx 5 \cdot \sqrt{s}$ im mm mit s in mm

$t \approx 4 \cdot d$ bei dynamischer Beanspruchung $e \approx 1,2 \cdot d$

$t \approx 5 \cdot d$ mehrreihige Verbindung

Die Berechnung einer einschnittigen Verbindungsstelle erfolgt bei Beanspruchung auf Scherzug mit der Gleichung (5.3) für die **Abscherspannung**

$$\tau_N = \frac{F}{\dfrac{\pi \cdot d^2}{4} \cdot n \cdot V \cdot W} \leq \tau_{zul\,N} \tag{5.13}$$

Hierin bedeuten

d Schweißpunktdurchmesser; n Anzahl der Schweißpunkte

V Schweißfaktor; abh. von Art und Häufigkeit der Kontrolle der Schweißparameter und Punktgeometrie
    $V = 1,0;\ 0,75;\ 0,5$ Prüfung durch Einstellversuche
    $V = 1,0;\ 0,75$ Stichproben während der Fertigung
    $V = 1,0$ laufende Überwachung der Schweißparameter

W Verfahrensfaktor; abh. von der Zuverlässigkeit des gewählten Verfahrens
    $W = 1,0$ zweiseitiges Schweißen mit stationärer Maschine
    $W = 0,9$ zweiseitiges Schweißen mit Hängezange
    $W = 0,8$ einseitiges Schweißen
    $W = 0,8$ Drei- oder Vierblechverbindungen

$\tau_{zul\,N}$ Zulässige Spannung

$\tau_{zul\,N} = \dfrac{\tau_{BN}}{S_F}$ bzw. $\dfrac{\tau_{DN}}{S_D}$ mit Sicherheit $S_F = 1,2 \ldots 1,8$ bzw. $S_D = 1,5 \ldots 2,5$
                                           und $\tau_{DN} = (0,3 \ldots 0,5)\ \tau_{BN}$
                                           Mindestscherfestigkeit τ_{BN} s. Bild **5.39**

Für **ruhende Belastung** erhält man die **zulässige Spannung** $\tau_{zul\,N} = \tau_{BN}/S_B$ aus der Mindestscherfestigkeit τ_{BN} bei statischer Beanspruchung (s. Bild **5.39**) und aus dem Sicherheitsbeiwert gegen Bruch $S_B = 1,5 \dots 2,0$. Bei dynamischer Belastung gilt $\tau_{zul\,N} = \tau_{DN}/S_D$ mit der Dauerscherfestigkeit $\tau_{DN} = (0,3 \dots 0,5)\cdot \tau_{BN}$ und mit der Sicherheit gegen Dauerbruch $S_D = 1,5 \dots 2,5$. Die Dauerfestigkeit von Punktschweißverbindungen erreicht nur $(30\dots50)\%$ der Werte bei statischer Belastung (s. Bild **5.39**). Es empfiehlt sich, die Festigkeit einer dynamisch beanspruchten Verbindung durch Versuche nachzuprüfen, da sich die Kerbwirkung und der Einfluss von Gestalt und Werkstoff nicht in jedem Fall hinreichend genau abschätzen lassen. Bei einreihigen einschnittigen Punktschweißverbindungen nimmt die Dauerfestigkeit mit zunehmender Blechdicke ab.

Blech-dicke s in mm	Punkt-durchmesser d in mm	Mindestscherfestigkeit τ_{BN} in N/mm²		Blech-dicke s in mm	Punkt-durchmesser d in mm	Mindestscherfestigkeit τ_{BN} in N/mm²	
		DC01 (St12) DC03 (RRSt13)	DC04 St14			DC01 (St12) DC03 (RRSt13)	DC04 St14
0,5	3	89	73	2,0	6	134	111
	4	65	54		7	115	95
	5	51	42		8	102	85
					9	92	76
0,8	4	110	91				
	5	80	66	2,5	8	118	98
	6	64	53		9	106	88
					10	95	78
1,0	4	115	95				
	5	89	74	3,0	8	133	110
	6	73	60		9	120	99
	7	60	50		10	109	90
					11	99	82
1,5	5	121	101				
	6	100	81				
	7	82	68				

5.39
Mindestscherfestigkeit τ_{BN} für Widerstands-Punktschweißverbindungen

Beispiele zur Ermittlung der Nennspannung

Der Spannungsansatz bei Schweißnähten ist in den folgenden Ausführungsbeispielen noch einmal zusammenfassend dargelegt.

Beispiel 1

Zug und Zugdruck. Ermittlung der Nennspannungen der Schweißnähte (Stumpf- und Kehlnähte) am Anschluss eines Gabelstücks an eine Rundstange (bzw. an ein Rohr) (**5.40**). Der Nahtquerschnitt ist

$$A_N = \pi \cdot (d + 2\cdot a)^2/4 - \pi \cdot d^2/4 \quad \text{oder} \quad A_N = l\cdot a = \pi \cdot (d+a)\cdot a$$

Beispiel 1, Fortsetzung

a) b)

5.40
Schweißanschluss eines Gabelstücks an eine Rundstahlstange
a) mit einer Kehlnaht als Rundnaht
b) durch Abbrennstumpf- oder Reibschweißen

Ist die Kraft, wie dies in Bild **5.40a** der Fall ist, eine Zugkraft, so erhält man nach Gl. (5.1) die **Nennspannung**

$$\sigma_N = F/A_N$$

Ist sie eine Wechselkraft, dann ist nach Gl. (5.1 und 5.2) die Spannung

$$\sigma_N = \pm F/A_N$$

Wird das Gabelstück durch Abbrennstumpf- oder Reibschweißen an die Stange angeschlossen (**5.40b**), so ist der Schweißquerschnitt $A_N = \pi \cdot d^2/4$. Bei der Abbrennstumpf- und Reibschweißung beträgt die Nahtfestigkeit (90 ... 100)% der Festigkeit des Werkstoffs. ∎

Beispiel 2

Biegung und Schub in einer Kehlnaht am Zapfenanschluss an eine Platte (**5.41**). Das Biegemoment ist $M_b = F \cdot c$. Das Widerstandsmoment des Nahtquerschnittes $W_{bN} = \Delta I/e$ ergibt sich nach Bild **5.41b** mit $r = d/2$ und $e = r + a$

$$W_{bN} = \frac{1}{r+a} \left[\frac{\pi}{64} \cdot (d+2a)^4 - \frac{\pi}{64} \cdot d^4 \right]$$

a) b) c) d)

5.41
An eine biegefeste Platte angeschweißter Zapfen und Verlauf des Biegemomentes M_b (a); Schweißquerschnitt (b); Nahtspannungen, Biegung (c) bzw. Schub (d)

Beispiel 2, Fortsetzung

Dann ist nach Gl. (5.9) die **Biegespannung (5.41c)**

$$\boxed{\sigma_{bN} = M_b / W_{bN}}$$

Mit der Fläche des Nahtquerschnittes **(5.41b)**

$$A_N = \frac{\pi}{4} \cdot (d + 2a)^2 - \frac{\pi}{4} \cdot d^2$$

und der Schubkraft F erhält man dann nach Gl. (5.8) die mittlere Schubspannung (Abscherspannung) $\tau_{mN} = \tau_N = F/A_N$. Für den Kreisringquerschnitt mit verhältnismäßig kleiner Wanddicke ist nach **5.41d** der Größtwert der Schubspannung $\tau_{\max N} = 2 \cdot \tau_N$. Aus Schubspannung und Biegespannung bildet man die **Vergleichsspannung** nach der beim Berechnen von Schweißverbindungen meist verwendeten Gleichung [Normalspannungshypothese Gl. (5.10)]

$$\boxed{\sigma_{vN} = 0,5 \cdot \left(\sigma_{bN} + \sqrt{\sigma_{bN}^2 + 4\tau_N^2} \right)}$$
■

Beispiel 3

Biegung und Schub in den Kehlnähten eines Konsolträgers **(5.42)**.

Für diese werden nach Bestimmung der Randfaserabstände e_1 und e_2 die Widerstandsmomente $W_{bN1} = I_{xN}/e_1$ und $W_{bN2} = I_{xN}/e_2$ mit dem axialen Trägheitsmoment der Schweißnaht I_{xN} berechnet.

5.42 Konsolträger

     Beanspruchung:
     Biegung und Schub

5.43 T-Querschnitt des Konsolträgers in Bild **5.42**

     a) Anschlussquerschnitt A
     b) Nahtquerschnitt N
     c) und d) Nahtspannungen (Biegung bzw. Schub)

Mit dem Biegemoment $M_b = F \cdot c$ sind die **Biegespannungen (5.43c)** nach Gl. (5.9)

$$\boxed{\sigma_{bN1} = M_b / W_{bN1}}$$ und $$\boxed{\sigma_{bN2} = M_b / W_{bN2}}$$

Mit der Schubkraft F und dem Nahtquerschnitt A_N ist die mittlere **Schubspannung** (Abscherspannung) $\tau_N = F/A_N$. Die **Vergleichsspannung** σ_{vN} wird nach der Gl. (5.10)

Beispiel 3, Fortsetzung

(Normalspannungshypothese) oder nach Gl. (5.23) ermittelt. Sie ist an der Stelle II am größten.

Bei der Berechnung des Nahtquerschnittes A_N werden nur die Stegnähte von Bild **5.43b** in der Befestigungsebene des T-Profils als tragend angenommen, weil nur sie im Wesentlichen die Schubkraft übertragen (s. Bild **5.43d** und DIN 18800). ∎

Beispiel 4

Rundnähte; auf Verdrehung beanspruchte Schweißverbindung zwischen Kettenrad und Hohlwelle (**5.44**).

5.44
Auf eine Hohlwelle aufgeschweißtes Kettenrad

Das Drehmoment $T = F \cdot R$ wird durch zwei Rundnähte mit der Dicke a auf die Hohlwelle übertragen und beansprucht jede Naht nach Gl. (5.11) mit der **Torsionsspannung** $\tau_{tN} = T/(2 \cdot W_{pN})$; der Faktor 2 berücksichtigt die Aufteilung des Drehmoments auf 2 Nähte. Der geringe Durchmesserunterschied durch die Zentrierung wird hierbei vernachlässigt. Für den Schweißquerschnitt ist das polare **Widerstandsmoment** $W_{pN} = I_p/e$ mit $e = r + a$ als Abstand der Randfaser von der Schwerelinie des Anschlussquerschnitts. Somit wird

$$W_{pN} \approx \frac{1}{r+a} \cdot \left[\frac{\pi(d+2a)^4}{32} - \frac{\pi d^4}{32} \right] \tag{5.16}$$

∎

5.1.5 Zulässige Spannungen und Spannungsnachweis

Die Festigkeit einer Schweißverbindung ist abhängig von der Schweißeignung des Bauteilwerkstoffes, von der Form und Lage der Schweißnaht, vom Schweißverfahren, bei Handschweißungen von der Fertigkeit der Schweißer, von der Nahtvorbereitung, von der Schweißfolge und von der Wärmevor- und -nachbehandlung der Schweißzone. Trotz Beachtung dieser Punkte bei der Ausführung muss davon ausgegangen werden, dass die Schweißnaht eine

Schwachstelle im Bauteil darstellen kann. Durch unterschiedliche Gefügezustände, Nahtüberhöhung, Einbrand, Endkrater, Einschlüsse und Poren entsteht Kerbwirkung. Diese muss besonders bei schwingend beanspruchten Bauteilen beachtet werden. Aber auch bei ruhend beanspruchten Bauteilen werden im mehrachsigen Spannungszustand Anrisse durch Kerbwirkung infolge Verformungsbehinderung gefördert.

5.1.5.1 Geschweißte Maschinenteile

Da allgemein keine Vorschriften oder Normen für die Berechnung geschweißter Maschinenteile bestehen, werden die zulässigen Spannungen in Schweißnähten aus den Grenzspannungen des Bauteilwerkstoffs, dem Sicherheitsbeiwert und aus Zuschlägen ermittelt.

Ruhende Beanspruchung. Die **zulässige** Spannung für **Zugbeanspruchung** ist $\sigma_{\text{zul N}} = R_{\text{e}}/S_{\text{F}}$ mit R_{e} als Streckgrenze des Bauteilwerkstoffs und S_{F} als Sicherheit gegen Fließen; $S_{\text{F}} = 1,5 \dots 2,0$.

Bei Biege- oder Schubbeanspruchung wird die betreffende Grenzspannung, z. B. bei Biegung σ_{bF}, bei gleichem Sicherheitswert eingesetzt.

Schwingende Beanspruchung. Bei schwingender Beanspruchung muss sowohl gegen Dauerbruch im Nahtquerschnitt als auch gegen Dauerbruch im Anschlussquerschnitt gerechnet werden:

Zulässige Spannung für den **Nahtquerschnitt**

$$\sigma_{\text{zul N}} = \frac{\sigma_{\text{D}}}{S_{\text{D}}} \cdot \alpha_0 \cdot \alpha_{\text{N}} \cdot \beta \qquad\qquad (5.17\text{a})$$

Zulässige Spannung für den **Anschlussquerschnitt**

$$\sigma_{\text{zul A}} = \frac{\sigma_{\text{D}}}{S_{\text{D}}} \cdot \alpha_0 \cdot \alpha_{\text{A}} \cdot \beta \qquad\qquad (5.17\text{b})$$

Als **Grenzspannung** σ_{D} wird die Dauerfestigkeit des Bauteilwerkstoffs eingesetzt; je nach Beanspruchung (Zug, Druck, Biegung oder Torsion) ist dies die **Schwellfestigkeit** σ_{Sch}, $\sigma_{\text{b Sch}}$ oder $\tau_{\text{t Sch}}$ bzw. die **Wechselfestigkeit** σ_{W}, $\sigma_{\text{b W}}$ oder $\tau_{\text{t W}}$ (Bild **5.45**):

Bezeichnung EN 10027	Kurzname DIN 17100 (veraltet)	R_{m} in N/mm²	σ_{Sch} in N/mm²	σ_{W} in N/mm²	$\sigma_{\text{b Sch}}$ in N/mm²	$\sigma_{\text{b W}}$ in N/mm²	$\tau_{\text{t Sch}}$ in N/mm²	$\tau_{\text{t W}}$ in N/mm²
S235JRG2	RSt 37	360 … 510	220	120	260	170	140	110
E295	St 50-2	490 … 660	310	180	370	240	190	160

5.45
Grenzspannung σ_{D} für S235JRG2 und E295

Als Sicherheit wird der für schwingend beanspruchte Bauteile übliche Wert von $S_{\text{D}} = 1,5 \dots 2,5$ gewählt, wenn Kerbwirkungen, Schweißgüte der Naht und Eigenspannungen im Bauteil abschätzbar sind und gute Schweißbarkeit des Werkstoffs gewährleistet ist. Bei unsicheren Rechenansätzen oder bei schlecht abzuschätzenden Einflüssen der Schweißung wählt man einen höheren Sicherheitswert, oder man ermittelt in einer speziellen Bauteilprüfung unter Betriebsbedingungen die Dauerfestigkeit des geschweißten Bauteiles.

Die festigkeitsmindernden Einflüsse der Schweißung werden in Gl. (5.17a und b) durch die **Formzahl** α_N für die Naht und α_A für den Anschlussquerschnitt sowie durch die Faktoren α_0 und β berücksichtigt. (Formzahlen s. Bild **5.46**).

Bezeichnet σ_D die Dauerhaltbarkeit des Bauteilwerkstoffs und σ_{DN} die Dauerhaltbarkeit der Naht, so ist die **Formzahl** für den **Nahtquerschnitt**

$$\alpha_N = \frac{\sigma_{DN}}{\sigma_D} \qquad (5.18)$$

Mit σ_{DA} als der Dauerhaltbarkeit für den Anschlussquerschnitt ist die **Formzahl** für den **Anschlussquerschnitt**

$$\alpha_A = \frac{\sigma_{DA}}{\sigma_D} \qquad (5.19)$$

Nahtart		Formzahl			
		Zug-Druck		Biegung	Schub
		Naht α_N	Anschluss α_A	α_N	
V-Naht		0,4 ... 0,5		0,4 ... 0,5	0,3 ... 0,4
V-Naht wurzelverschweißt und DV-Naht		0,7 ... 0,8		0,8 ... 0,9	0,5 ... 0,7
V-Naht bearbeitet		0,92		1,0	0,73
Flachkehlnaht		0,35	0,56	0,5 ... 0,7	0,35
Hohlkehlnaht		0,35	0,70	0,85	0,45
Doppel-HV-Naht, Doppel-HY-Naht, (K-Naht)		0,56	0,6	0,8	0,45
Doppel-HV-Naht, Doppel-HY-Naht, (K-Naht), hohl		0,7	0,7 ... 0,8	0,85	0,45
Flachkehlnaht einseitig		0,25	—	0,12	0,2
HV-Naht, hohl		0,6	—	0,7	0,5
Flankenkehlnaht ohne Bearbeitung		—	0,35	—	0,65
Flankenkehlnaht, Endkrater bearbeitet		—	0,5	—	0,7
Rundnaht		—	—	Formzahl für Verdrehungsbeanspruchung $\alpha_N \approx 0,5$	

5.46
Formzahlen für den Nahtquerschnitt und für den Anschlussquerschnitt

Der Faktor α_0 drückt die Bewertung der Schweißnaht aus. Für die Bewertungsgruppen AS und AK nach DIN 8563 (zurückgezogen) gilt $\alpha_0 = 1,0$; bezüglich der Bewertungsgruppen nach DIN EN ISO 5817 gilt für B $\alpha_0 \approx 0,8$ und für C und D $\alpha_0 \approx 0,5$. Der Beiwert β berücksichtigt die in der Schweißverbindung auftretenden Eigenspannungen, die eine Folge der Wärmewirkung beim Schweißen sind. Allgemein kann mit $\beta \approx 0,9$ gerechnet werden. Für spannungsarm geglühte Verbindungen und für Rundnähte gilt $\beta \approx 1,0$.

Ermittlung der zulässigen Spannung nach anderen Regeln der Technik

DIN 15018, T1: Krane. Entsprechend dieser Norm können zulässige Spannungen auch für schwingend beanspruchte Schweißnähte im Maschinenbau in Abhängigkeit vom Werkstoff, vom Spannungsspielbereich, vom Grenzspannungsverhältnis und vom Kerbfall ermittelt werden. Die Vorgehensweise ist dabei folgende: Die Schweißverbindung wird einer der in Bild **5.48** dargestellten Nähte zugeordnet. Aus Nahtgestalt, Ausführung und Prüfumfang wird der Kerbfall festgelegt. Aus Spannungskollektiv und Spannungsspielbereich wird die Beanspruchungsgruppe ermittelt.

Kerbfall K: Durch den Kerbfall (die Fälle K0 bis K4 sind möglich) werden Form und Ausführung der Schweißverbindung beschrieben. Verbindungen, die dem Kerbfall K0 zugeordnet sind, besitzen die geringsten Kerbeinflüsse, Verbindungen, die dem Kerbfall K4 zugeordnet sind, die größten Kerbeinflüsse, Bild **5.48**.

Spannungskollektiv S: Die im Betrieb zu erwartenden Spannungskollektive können näherungsweise den Spannungskollektiven S_0 bis S_3 zugeordnet werden. Aus den Quotienten lg N/lg N_0 und $(\sigma_o - \sigma_m)/(\sigma_{o\ max} - \sigma_m)$ wird im Diagramm nach Bild **5.49** ein Wert zwischen S_0 und S_3 abgelesen. Bei Zwischenwerten wird der Wert mit dem größeren Index gewählt.

5.47
Zeitlicher Verlauf der Beanspruchung über $N_1 = 4$ Spannungsspiele

N ist die Zahl der tatsächlich auftretenden Spannungsspiele (Lastwechsel) und N_0 die Zahl der vorgesehenen Spannungsspiele. Außerdem ist σ_o der Betrag der Oberspannung, der N-mal erreicht wird, und $\sigma_{o\ max}$ der Betrag der größten Oberspannung innerhalb des Spannungskollektivs. Die Mittelspannung wird aus $\sigma_m = 0,5 \cdot (\sigma_{o\ max} + \sigma_{u\ max})$ gebildet (**5.47**) (s. auch Abschn. 2.3).

Beanspruchungsgruppe B: Aus dem ermittelten Spannungskollektiv $S_0 \dots S_3$ und dem vorgesehenen Spannungsspiel N_0 wird die Beanspruchungsgruppe B gebildet. Die Gruppen B1 bis B6 sind möglich, Bild **5.49**.

Grenzspannungsverhältnis χ: Das jeweilige Grenzspannungsverhältnis wird durch den Faktor χ berücksichtigt. Er gibt das Verhältnis der Unterspannung σ_u zur Oberspannung σ_o im Belastungsprofil an. Für ruhende Beanspruchung bei $\sigma_o = \sigma_u$ ist das Verhältnis $\chi = 1$. Bei schwingender Beanspruchung für $\sigma_o > \sigma_u$ liegt der Verhältniswert im Bereich $-1 \leq \chi \leq +1$. Die Werte $0 \leq \chi < 1$ entsprechen dem Schwell- und $-1 \leq \chi < 0$ dem Wechselbereich; somit gilt für Schwellbeanspruchung mit $\sigma_u = 0$ das Verhältnis $\chi = 0$ und für Wechselbeanspruchung mit $\sigma_o = -\sigma_u$ der Wert $\chi = -1$.

Kerb-fall		Beschreibung
K0		*1 Stumpfnaht, gegengeschweißt; blecheben in Spannungsrichtung bearbeitet, endkraterfrei, auf 100% der Nahtlänge zerstörungsfrei geprüft; Güte A* *2 Stumpfnaht; versch. Blechdicken; sonst wie 1* *3 Stumpfnaht an Stegblechen, sonst wie 1* 4 Stumpfnaht; Güte B, sonst wie *1* 5 Stumpfnaht; Stegbleche an Profil; Güte B, sonst wie *1* 6 Doppel-HV-Naht als Kehlnaht; beidseitig; Güte B
K1		7 ... 10 Stumpfnaht; gegengeschweißt, auf 100% Nahtlänge zerstörungsfrei geprüft; Güte B *11 Doppel-HV-Naht als Kehlnaht; Übergänge bearbeitet; Güte A* *12 Doppel-Kehlnaht; Güte A* *13 Doppel-HV-Naht als Kehlnaht; Übergänge bearbeitet; Güte A*
K2		*14 Stumpfnaht; gegengeschweißt, blecheben bearbeitet, auf 100% der Nahtlänge zerstörungsfrei geprüft; Güte A* *15 Stumpfnaht; kreuzende Gurtbleche; sonst wie 14* *16 Stumpfnaht an Knotenblechen; sonst wie 14* *17 Kehlnaht; Übergänge der Endnaht bearbeitet; Güte A* *18 Doppel-Kehlnaht oder Kehlnaht, Übergänge bearbeitet; Güte A* *19 Doppel-HV-Naht als Kehlnaht; sonst wie 18* *20 Doppel-HV-Naht als Kehlnaht; sonst wie 18* 21 Stumpfnaht; verschiedene Blechdicken; Güte B, sonst wie 14 *22 Doppel-Kehlnaht; Übergänge bearbeitet; Güte A* *23 Doppel-Kehlnaht; Übergänge bearbeitet; Güte A*

5.48
Kerbfälle nach DIN 15018, T1 (Auszug) (Fortsetzung s. nächste Seite)
kursiv gedruckte Fälle nach DIN 8563 (zurückgezogen); übrige Fälle nach DIN EN ISO 5817

Kerb-fall		Beschreibung
K3		24 *Stumpfnaht; gegengeschweißt, verschiedene Blechdicken, auf 100% der Nahtlänge zerstörungsfrei geprüft; Güte A* 25 Stumpfnaht als V-Naht; hinterlegt; Güte B 26 Doppel-Kehlnaht; unterbrochen; Güte B 27 *Kehlnaht; ringsumlaufend, Übergänge bearbeitet; Güte A* 28 *Kehlnaht; Stäbe aus Rohren, Übergänge bearbeitet; Güte A*
K4		29 Stumpfnaht; gegengeschweißt, verschiedene Blechdicken, Naht zerstörungsfrei geprüft; Güte B 30 Stumpfnaht; Kreuzung von Gurtblechen; sonst wie 29 31 Kehlnähte oder HV-Naht mit Kehlnaht; Güte B 32 Stumpfnaht; rechtwinkeliger Stoß; Güte B 33 Doppel-Kehlnaht; rechtwinklig angeschweißtes Teil; Güte B 34 Kehlnaht an Gurtblechen; Güte B 35 Kehlnaht in Aussparungen (Löcher, Schlitze); Güte B 36 Doppel-Kehlnaht; Stegbleche an Gurt, Einzellasten quer zur Naht; Güte B 37 Doppel-Kehlnaht oder einseitige HV-Naht mit Kehlnaht auf Wurzelunterlage geschweißt; Güte B 38 Doppel-Kehlnaht; Güte B 39 Kehlnaht; ringsumlaufend; Güte B 40 Kehlnaht; Stäbe aus Rohren; Übergänge bearbeitet; sonst wie 39

5.48
Kerbfälle nach DIN 15018, T1 (Auszug) (Fortsetzung)
kursiv gedruckte Fälle nach DIN 8563 (zurückgezogen); übrige Fälle nach DIN EN ISO 5817

In Bild **5.51** sind für die Werkstoffe S235JRG2 (St37-2) und S355J2G2 (St52-3) die zulässigen Spannungen für Zug- und Druckbeanspruchung in Abhängigkeit vom Kerbfall, der Beanspruchungsgruppe und des Grenzspannungsverhältnisses in Diagrammform dargestellt. Aus Platzgründen wurden nur die Beanspruchungsgruppen B5 und B6 aufgeführt; die Werte der übrigen Beanspruchungsgruppen können daraus berechnet werden, s. Bild **5.51**, Fußnote.

σ_o: Betrag der Oberspannung, die N-mal erreicht wird

$\sigma_{o\,max}$: Betrag der größten Oberspannung des Spannungskollektivs

σ_m: Mittelspannung $\quad \sigma_m = 1/2 \cdot (\sigma_{o\,max} + \sigma_{u\,max})$

N: Zahl der Tatsächlich auftretenden Spannungsspiele

N_0: Zahl der vorgesehenen Spannungsspiele

5.49
Ermittlung der Spannungskollektive nach DIN 15018, T1

Spannungsspielbereich	N1	N2	N3	N4
Gesamte Anzahl der vorgesehenen Spannungsspiele N_0	über $2 \cdot 10^4$ bis $2 \cdot 10^5$ Gelegentliche, nicht regelmäßige Benutzung mit langen Ruhezeiten	über $2 \cdot 10^5$ bis $6 \cdot 10^5$ Regelmäßige Benutzung bei unterbrochenem Betrieb	über $6 \cdot 10^5$ bis $2 \cdot 10^6$ Regelmäßige Benutzung im Dauerbetrieb	über $2 \cdot 10^6$ Regelmäßige Benutzung in angestrengtem Betrieb
Spannungskollektiv	Beanspruchungsgruppe			
S_0 sehr leicht	B1	B2	B3	B4
S_1 leicht	B2	B3	B4	B5
S_2 mittel	B3	B4	B5	B6
S_3 schwer	B4	B5	B6	B6

5.50
Ermittlung der Beanspruchungsgruppen nach DIN 15018, T1

Nach DIN 15018 wird die Vergleichsspannung bei zusammengesetzter Beanspruchung nicht nach Gl. (5.6) und Gl. (5.23) ermittelt. Der Festigkeitsnachweis erfolgt vielmehr nach der in Beispiel 9 unter 4. beschriebenen Anleitung.

DS 952 der Deutschen Bundesbahn: Vorschrift für das Schweißen metallischer Werkstoffe. Hiernach schließt die zulässige Spannung ebenfalls den Kerbfall (hier A ... F) und das Grenzspannungsverhältnis χ mit ein, wogegen die Beanspruchungsgruppe und das Spannungskollektiv unberücksichtigt bleiben. Die nach dieser Vorschrift ermittelten Werte für die zulässige Spannung entsprechen etwa den Werten der Beanspruchungsgruppe B4 bis B5 nach DIN 15018.

Die Ermittlung der zulässigen Spannung für abnahmepflichtige Konstruktionen ist stets nach der neuesten Ausgabe der entsprechenden Vorschrift durchzuführen.

5.1.5.2 Geschweißte Stahlbauten

Im Stahlbau müssen für tragende Bauteile und deren Verbindungen unter Berücksichtigung einzelner Lastfälle (Lastfälle H und HZ, s. Abschn. 4, Nietverbindungen) grundsätzlich folgende Nachweise geführt werden:

– Allgemeiner Spannungsnachweis auf Sicherheit gegen Erreichen der Fließgrenze bei vorwiegend ruhender Beanspruchung, z. B. nach DIN 18800.

5.51 Zulässige Spannungen in N/mm² für Schweißnähte nach DIN 15018, T1, Krane, Stahltragwerke. S235JRG2 (St37-2) und S355J2G2 (St52-3), Zug und Druck; Beanspruchungsgruppe B5 und B6 [1]) für den Kerbfall K = 0 … 4 abhängig vom Spannungsverhältnis χ.

Fußnote zu Bild **5.51**:
[1]) Die zulässigen Spannungen der Beanspruchungsgruppen B4 ... B0 werden ermittelt, indem die zulässigen Spannungen der nächsthöheren Beanspruchungsgruppe mit dem Faktor $\sqrt{2}$ multipliziert werden: Zulässige Spannung von B5 mal $\sqrt{2}$ gibt die zulässige Spannung von B4 usw. Der Grenzwert von $\sigma_{zul\,N}$ ist bei S235JRG2 (St37-2) $\sigma_{zul\,N} = 180$ N/mm^2 für Zug und $\sigma_{zul\,N} = 160$ N/mm^2 für Druck und bei S355J2G2 (St52-3) $\sigma_{zul\,N} = 270$N/mm^2 für Zug und $\sigma_{zul\,N} = 240$ N/mm^2 für Druck. Die zulässige Schubspannung ist:

$$\tau_{zul\,N} = \frac{\sigma_{zul\,N}}{\sqrt{2}}$$

Für $\sigma_{zul\,N}$ werden hier die Werte für die zulässige Spannung nach Bild **5.51** für die jeweilige Beanspruchungsgruppe B bei dem jeweiligen Grenzspannungsverhältnis χ, jedoch für den Kerbfall K0 eingesetzt. Die Berechnungsformeln für die zulässigen Spannungen, die den Diagrammen zugrunde liegen, sind in DIN 15018, T1 Abschn. 7 angegeben.

– Stabilitätsnachweis auf Sicherheit gegen Knicken, Kippen, Beulen.
– Betriebsfestigkeitsnachweis auf Sicherheit gegen Bruch bei schwingender Beanspruchung (Dauerbruch), z. B. nach DIN 15018, s. Abschn. 5.1.5.1.

Die Bemessung und Konstruktion tragender Bauteile aus Stahl im Stahlbau ist für vorwiegend ruhende Beanspruchung in DIN 18800, Teil 1, festgelegt. Diese Norm ersetzt teilweise DIN 1050, Stahlhochbau; DIN 1073, stählerne Straßenbrücken; DIN 4101, geschweißte Straßenbrücken und DIN 4100, geschweißte Stahlbauten. Bis zur vollständigen Neuordnung der Stahlbaunormen sind die genannten Normen noch weiter zu beachten. Die noch nicht erschienene DIN 18800, Teil 6, enthält Bemessungsregeln für nicht vorwiegend ruhende Beanspruchung.

Wegen ihrer Bedeutung und Anwendung auch in anderen Fachbereichen werden die Grundsätze der DIN 18800, auszugsweise dargelegt:

1. Die **Bauteile** und **Schweißnähte** werden unter Berücksichtigung von Hauptlasten (H), Haupt- und Zusatzlasten (HZ) und Sonderlasten (S) berechnet.

2. Im geforderten Spannungsnachweis sind die im Bauteil und in den Schweißnähten errechneten Spannungen mit den zulässigen Spannungen der Norm (Bild **5.51**) zu vergleichen.

3. Als **Werkstoffe** dürfen nur die Stähle S235JRG2 (St37-2), S235J2G3 (St37-3) und S355J2G2 (St52-3) verwendet werden (zul. Spannung s. Bild **4.13** und Bild **5.51**). Andere Stähle dürfen verwendet werden, wenn ihre mechanischen Eigenschaften und Schweißeignung ausreichend belegt sind, wenn spezielle Fachnormen ihre Verwendung regeln und wenn ihre Brauchbarkeit z. B. durch eine bauaufsichtliche Zulassung besonders nachgewiesen ist. Dadurch erweitert sich der Anwendungsbereich auf Feinkornbaustähle, kaltzähe Stähle, nichtrostende Stähle u. a.

4. Nahtdicke und **Nahtlänge.** Die rechnerischen Abmessungen der Schweißnähte sind mit der Dicke a und der Länge l gegeben (**5.30, 5.32, 5.36, 5.55**). Die Nahtdicke soll für Kehlnähte mindestens $a = 2$ mm betragen, sie soll aber nicht kleiner als nach der Zahlenwertgleichung $a = \sqrt{s_{max}} - 0{,}5$ in mm sein. Die größte Nahtdicke beträgt $a = 0{,}7 \cdot s_{min}$; es bedeuten s_{max} die größte und s_{min} die kleinste Blechdicke in mm am Anschluss. Bei Verwendung von Schweißverfahren, die einen über den theoretischen Wurzelpunkt hinausgehenden Einbrand gewährleisten, wird mit der Nahtdicke $a = \bar{a} + e/2$ gerechnet (**5.52**).

5.52
Kehlnähte mit tiefem Einbrand
1 theoretischer Wurzelpunkt

Nahtart	Bild	Nahtgüte	Spannungsart	Stahlsorte S235JRG2 (St37-2) H	HZ	S235J2G3 (St52-3) H	HZ	Gleichung
Stumpfnaht Doppel-HV-Naht (K-Naht) HV-Naht	5.25 5.26 5.33c 5.31	alle Nahtgüten	Druck und Biegedruck	160	180	240	270	(5.1) (5.2) (5.4)
		Nahtgüte nachgewiesen ¹)	Zug und Biegezug					(5.5)
Doppel-HY-Naht (K-Stegnaht)	5.33			135	150	170	190	(5.7) (5.9)
Kehlnähte	5.30 5.33a	alle Nahtgüten	Druck und Biegedruck					(5.26)
			Zug und Biegezug	135	150	170	190	
Alle Nähte			Schub in Nahtrichtung					(5.3) (5.12) (5.21)
Kehlnähte			Vergleichs-spannung					(5.6) (5.23)

¹) Freiheit von Rissen, Binde- und Wurzelfehlern und Einschlüssen. Die Nahtgüte ist durch Durchstrahlungs- oder Ultraschalluntersuchung nachgewiesen.

5.53
Zulässige Spannungen in N/mm² für Schweißnähte nach DIN 18800 T1 (Auszug), Geschweißte Stahlbauten für vorwiegend ruhende Beanspruchung
Lastfall H: Summe der Hauptlasten; Lastfall HZ: Summe der Haupt- und Zusatzlasten

Nahtart	Bild	Nahtgüte	Spannungsart	Stahlsorte P460N (StE460) H	HZ	P690N (StE690) H	HZ	P885N (StE885) H	HZ
Stumpfnaht Doppel-HV-Naht (K-Naht)	5.25 5.26 5.31c	Sondergüte (Nahtgüte nachgewiesen)	Zug						
			Druck	306	345	460	518	590	665
Alle Nähte			Vergleichs-spannung						
Stumpfnaht Doppel-HV-Naht (K-Naht)	5.25 5.26 5.31c	Normalgüte	Zug	271	306	408	459	523	590
Kehlnähte				216	244	325	366	417	470
			Druck	248	280	373	421	479	540
Alle Nähte			Schub	216	244	265	299	340	384

5.54
Zulässige Spannungen in N/mm² für Schweißnähte nach DIN 15018, T3 Fahrzeugkrane. Feinkornbaustähle

Als rechnerische Nahtlänge wird die Gesamtlänge der Naht eingesetzt. Bei Stumpfnähten ist die Nahtlänge l gleich der Breite b des Bauteils, gleiche Beschaffenheit der Naht auf der gesamten Breite vorausgesetzt. Für Stabanschlüsse mit Flankenkehlnähten nach Bild **5.16** und **5.29** ist die größte Länge der Einzelnaht mit $l_{max} = 100 \cdot a$ und die kleinste Nahtlänge mit $l_{min} = 15 \cdot a$ festgelegt. Für Stirnkehlnähte und für umlaufende Nähte beträgt $l_{min} = 10 \cdot a$.

5. Beanspruchung der Naht. Die **Nennspannung** σ_N bzw. τ_N (vorhandene Spannung) muss kleiner oder gleich der zulässigen Spannung sein. Bei Beanspruchung durch eine Längskraft F bzw. durch eine Querkraft F_q, hier als Schubkraft F bezeichnet, wird nach den Gleichungen (5.1), (5.2), (5.3) gerechnet:

$$\sigma_N \quad \text{bzw.} \quad \tau_N = F / \sum (a \cdot l) \leq \sigma_{zul\,N} \quad \text{bzw.} \quad \tau_{zul\,N} \tag{5.20}$$

Werden Nähte am biegefesten Trägeranschluss (**5.65**) durch ein Biegemoment M_b und durch eine Querkraft Q beansprucht, so ist nach Gl. (5.9) die **Biegespannung** $\sigma_{bN} = M_b/W_{bN} = M_b \cdot e/I_N$ und nach Gl. (5.20) die mittlere **Schubspannung** (Abscherspannung) $\tau_N = F_q/\sum (a \cdot l)$. Hierbei ist e der Abstand der Naht von der Schwerachse der Anschlussfläche. Bei Kehlnähten sind abweichend von der bisherigen Darstellung die Abstände der Schwerachse nicht an der Außenfaser, sondern an den theoretischen Nahtwurzelpunkten anzusetzen (s. Beispiel 6). Der Ausdruck $\sum (a \cdot l)$ umfasst diejenigen Anschlussnähte, die infolge ihrer Lage vorzugsweise Schubspannungen übertragen können. Bei I- und [-ähnlichen Querschnitten kommen hierfür nur die Steganschlussnähte in Betracht (s. Beispiel 6).

Die Längsnähte an einem Träger zwischen Steg und Gurt (Halsnähte, **5.66**) nehmen Biege- und Schubspannungen auf (s. Beispiel 7). Die **Schubspannung**, in der Nahtlängsrichtung hervorgerufen durch die **Querkraft F_q**, ist

$$\tau_{II\,N} = \frac{F_q \cdot H}{I \cdot \sum a} \tag{5.21}$$

mit der Summe der angeschlossenen Schweißnahtdicken a, dem Flächenmoment 1. Grades H der anzuschließenden Querschnittsteile (Gurt, Flansch) und mit dem Trägheitsmoment I des gesamten Trägerquerschnittes [vgl. Gl. (5.21) mit Gl. (2.12)]. Alle Querschnittswerte sind auf die Schwerachse zu beziehen. Das Biegemoment M_b beansprucht die Längsnähte mit der **Biegespannung**

$$\sigma_{bN} = \frac{M_b \cdot e}{I} \tag{5.22}$$

Hierin bedeuten

e Abstand der Längsnähte von der Trägernulllinie und
I Trägheitsmoment des gesamten Trägerquerschnittes.

5.55
Idealisierte Kehlnaht; mögliche Spannungsrichtungen in geklappter rechnerischer Kehlnahtfläche 1, 2, 3, 4

σ_N; τ_N Normalspannung (Zug, Druck, Biegung) bzw. Schubspannung senkrecht zur Nahtrichtung

$\sigma_{II\,N}$; $\tau_{II\,N}$ Normal- bzw. Schubspannung in der Längsrichtung der Naht

Wirken in Kehlnähten oder in HV-Stegnähten mit Kehlnaht gleichzeitig Normal- und Schub-spannungen (**5.55**), so rechnet man nach DIN 18800 mit der empirischen **Vergleichsspannung**

$$\boxed{\sigma_{vN} = \sqrt{\sigma_{bN}^2 + \tau_N^2 + \tau_{\parallel N}^2} \leq \sigma_{zulN}}$$ (5.23)

Diese Vergleichsspannung braucht nicht ermittelt zu werden für Nähte eines biegesteifen An-schlusses mit den Schnittgrößen M_b, F_q und F, wenn die Aufnahme des größten Biegemoments M_b durch die Flanschnähte nach Gl. (5.9), der größten Querkraft F_q durch die Stegnähte und der Längskraft F durch alle Nähte nach Gl. (5.20) nachgewiesen ist (s. Beispiel 6, Punkt 2).

6. Bauliche Durchbildung. DIN 18800 schlägt für die Anordnung der Schweißnähte vor:

a) Auf Zug oder Biegezug beanspruchte Stumpfstöße sollten möglichst vermieden werden. Müssen solche Stumpfstöße ausnahmsweise ausgeführt werden, so sind sie rechtwinklig zur Längsachse anzuordnen. Auf eine sorgfältige Nahtvorbereitung ist wegen Seigerungszonen be-sonders zu achten.

b) Bei Bauwerken im Freien dürfen unterbrochene Nähte wegen der Korrosionsgefahr (z. B. Spaltkorrosion) nicht ausgeführt werden.

c) Bei unberuhigten Stählen sind Nähte in Hohlkehlen von Walzprofilen in Längsrichtung un-zulässig (Aufschmelzen von Seigerungszonen).

Darüber hinaus sind die für Schweißnähte geltenden Konstruktionshinweise nach Abschn. 5.1.3 zu beachten.

5.1.5.3 Schweißen im Kessel- und Behälterbau

Dampfkessel, Druckbehälter, Apparate für die chemische Industrie und Rohrleitungen werden vorwiegend geschweißt. Die Schweißnähte im Kessel-, Behälter- und Rohrleitungsbau müssen nicht nur Kräfte sicher aufnehmen, die sich aus Innen- oder Außendruck, Eigengewichten, Wärmespannungen und oft auch aus Eigenspannungen ergeben, sondern sie müssen auch abso-lut dicht sein.

Der Entwurf, die Berechnung und die Herstellung von Dampfkesseln und Druckbehältern er-folgen nach den „Regeln der Technik" für das Dampfkessel- und Druckbehälterwesen. Für den Dampfkesselbau sind die „Technischen Regeln für Dampfkessel" (TRD) und für Druckbehälter die „AD-Merkblätter" (AD = Arbeitsgemeinschaft Druckbehälter) verbindliche Vorschriften. Sie gelten auch für den Bau von chemischen Apparaten und Rohrleitungen.

Berechnung

Den Vorschriften für die Berechnung der Blechdicke der drucktragenden Teile liegt die „Kes-selformel" zugrunde, die sich durch Ansetzen der Gleichgewichtsbedingung am Längs- und Querschnitt des dünnwandigen Hohlzylinders ergibt.

Mit den Bezeichnungen in Bild **5.56** erhält man für den Längsschnitt (Längsnaht) die Bedingung

$$\sigma_t \cdot 2 \cdot s \cdot l = p \cdot D_i \cdot l$$

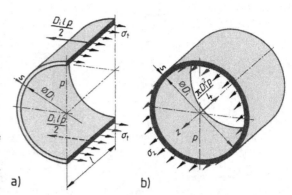

5.56
Dünnwandiger Hohlzylinder

a) Längsschnitt; Gleichgewicht der Kräfte ergibt die Spannung σ_t in der Längsnaht

b) Querschnitt; Gleichgewicht der Kräfte ergibt die Spannung σ_z in der Rundnaht

Hieraus ergibt sich für die **Spannung in der Längsnaht** (Umfangsspannung):

$$\boxed{\sigma_t = \frac{p \cdot D_i}{2 \cdot s}} \quad \text{(„Kesselformel“)} \tag{5.24}$$

Mit genügender Genauigkeit gilt für den Querschnitt (Rundnaht):

$$\sigma_z \cdot \pi \cdot D_i \cdot s = p \cdot \frac{\pi \cdot D_i^2}{4}$$

Damit ist die **Spannung in der Rundnaht** (Längsspannung):

$$\boxed{\sigma_z = \frac{p \cdot D_i}{4 \cdot s}} \tag{5.25}$$

Die mittlere **Radialspannung** beträgt

$$\boxed{\sigma_r = p/2} \tag{5.26}$$

Die Beanspruchung der Längsnaht ist demnach doppelt so groß wie die der Rundnaht, wenn beide Nähte gleich dick sind. Rohre und zylindrische Mäntel reißen daher im Schadenfall in Längsrichtung. Für ihre Auslegung ist die Umfangsspannung maßgebend.

Nach der **Schubspannungshypothese,** Gl. (2.19), ergibt sich für die **Längsnaht** die **Vergleichsspannung** $\sigma_v = \sigma_{max} - \sigma_{min} = \sigma_t - \sigma_r$ und mit Gl. (5.24) und Gl. (5.26)

$$\boxed{\sigma_v = \frac{D_i \cdot p}{2 \cdot s} + \frac{p}{2} \leq \sigma_{zul}} \tag{5.27}$$

Die zulässigen Spannungen $\sigma_{zul} = K/S$ erhält man aus dem Werkstoffkennwert K (s. Bild **5.57** und **5.58**) und dem Sicherheitsbeiwert S (s. Bild **5.59** und **5.60**).

Aufgrund praktischer Erfahrungen wurde für die Berechnung der Wanddicke von Druckbehältern und Dampfkesseln die „Kesselformel“ um Faktoren und Zuschläge erweitert.

Festigkeitskennwerte K der wichtigsten für Schweißkonstruktionen verwendeten Werkstoffe in N/mm² (s. auch Abschn. 1.3)

Stähle nach DIN EN 10222; Stähle der Güteklasse 1 nur für Bauteile mit kleinen Wanddicken und bei ruhender Beanspruchung. U-Stähle für $s \leq 16$ mm, R-Stähle und Stähle der Klasse 3 für $s \leq 40$ mm

Werkstoff	ruhende Beanspruchung — Kennwert K (Grenzspannung) bei Berechnungstemperatur				dynamische Beanspruchung — unterhalb Kristallerholungstemperatur							
	R_e 20 °C	120 °C	200 °C	250 °C	σ_{Sch} [1]	σ_W [1]	σ_{bF}	σ_{bSch} [1]	σ_{bW} [1]	τ_{tF}	τ_{tSch} [1]	τ_{tW}
S205G1T S205G2T (USt 34-2; RSt 34-2) [3]	180	170	140	130	–	–	–	–	–	–	–	–
S235JRG1 (USt 37-2) [3]	210	190	160	150	230	130	320	300	160	140	140	100
S235JRG2 (RSt 37-2; St37-2) [3]	240	220	190	180	–	–	300	190	–	160	160	110
(RSt 46-2; St46-3) [3]												
S355J2G3 (St52-3)	360	300	250	230	320	180	450	400	210	260	230	120
X5CrNi18 9 Werkstoff-Nr. 1.4301 nicht	220	160	140	130								
X10CrNiTi18 9 Werkstoff-Nr. 1.4541 rostende	270	190	170	165								
X10CrNiNb18 9 Werkstoff-Nr. 1.4550 Stähle,	270	190	170	165								
X5CrNiMo18 10 Werkstoff-Nr. 1.4401 DIN 17440	220	160	140	130								

Leichtmetall-Legierungen nach DIN EN 573-3	$R_{p0,2}$	σ_{bW} [4]	$\sigma_{Sch\,N}$ [5]	$\sigma_{W\,N}$ [5]	$\sigma_{bSch\,N}$ [5]
AlMg3 F18	80	120 … 130	50	30	90
AlMg3 F26	180	120 … 140			

[1]) polierte Rundstäbe   [2]) bei beheizten Wandungen von Druckbehältern

[3]) Für $p_{ü}$ 1,5 bar/130 °C-Kessel; als $p_{ü}$ 1,5 bar/130 °C-Kessel gelten Dampferzeuger mit dem maximalen Betriebsdruck $p_{ü}$ 1,5 bar und Heißwassererzeuger mit der maximalen Vorlauftemperatur 130 °C bei dem höchsten statischen Druck 50 m Wassersäule. Das Produkt aus Wasserinhalt (bei Dampferzeugern beim niedrigsten Wasserstand) in m³ und Betriebsdruck $p_{ü}$ in bar darf 10 nicht übersteigen; bei Heißwassererzeugern ist für $p_{ü}$ höchstens 1,5 bar, etwa entsprechend 130 °C einzusetzen (TRD 101). Für Druckbehälter sind diese Werkstoffe bis zur maximalen Wandtemperatur 300 °C zugelassen. Außerdem muss das Produkt $D \cdot p$ aus innerem Durchmesser des Behälters p in mm und Betriebsdruck p in bar kleiner als 20 000 sein (AD-Merkbl. W 1).

[4]) Umlaufbiegeprobe
[5]) an stumpfgeschweißten Flachstäben ermittelt

Weitere Kennwerte s. Bilder **5.39, 5.53** und **5.58**

5.57
Festigkeitskennwerte K der wichtigsten für Schweißkonstruktionen verwendeten Werkstoffe in N/mm² (s. auch Abschn. 1.3)

Werkstoff	P235GH (H I)	P265GH (H II)	(H III)	(H IV)	P295GH (17Mn4)	19Mn5	16Mo3 (15Mo3)	13CrMo4-5 (13CrMo44)
Zugfestigkeit in N/mm^2	350 bis 450	410 bis 500	440 bis 530	470 bis 560	470 bis 560	520 bis 620	440 bis 530	440 bis 560
Mindest-Streckgrenze bei 20 °C in N/mm^2	210	240	260	270	280	320	270	300
Festigkeitskenn- wert K in N/mm^2 bei der Berech- nungstemperatur ϑ_B in °C 250	170	190	210	220	230	250	230	260
300	140	160	180	190	210	230	200	240
350	120	140	160	170	180	210	180	220
400	100	120	125	125	160	180	170	210
450	65	65	65	65	85	85	160	200
500	33	33	33	33	40	40	120	170
550							37	50
600								20
Zeitstandfestigkeit $R_{m\,100.000}$ in N/mm^2 400	135	135	135	135	180	180		
460	60	60	60	60	77	77	213	256
500	30	30	30	30	40	49	95	140
560							32	41
1% Zeitdehngrenze $R_{p1/100.000}$ in N/mm^2 400	97	97	97	97	120	120		
460	43	43	43	43	52	52	149	179
500	21	21	21	21	30	30	75	100
560							25	31

5.58
Festigkeitskennwert K der Kesselbleche nach DIN EN 10028 T1

Die Berechnungstemperatur ϑ_B setzt sich zusammen aus Bezugstemperatur und Temperaturzuschlag

Bezugstemperatur:	Heißdampftemperatur bzw. Sättigungstemperatur bei Wasserdampfgemischen
Temperaturzuschlag:	Beheizung durch Strahlung + 50 K
	Beheizung durch Berührung; Heißdampf + 35 K
	Wasserdampfgemisch + 50 K
	gegen Feuergase abgedeckte Bauteile + 20 K

nahtlose Trommeln und Schüsse, geschweißte Trommeln, Schüsse und Böden, bei denen der Kraftlinienfluss durch die Art der Verbindung in keiner Weise gestört ist. Festigkeitswert:	Sicherheitsbeiwert S		
	Walz- und Schmiedestähle [1]		Stahlguss [1]
	innerer Überdruck	äußerer Überdruck	
R_e bzw. $R_{p\,0,2}$ bei Berechnungstemperatur	1,5	1,8	2,0
R_m bei 20 °C	2,4	2,4	3,2

[1] Mit Abnahmezeugnis nach DIN EN 10204 für den Werkstoff

5.59
Berechnungstemperatur und Sicherheitsbeiwerte für Dampfkessel; nach TRD 300 (Auszug)

Festig-keits-nennwert	Werkstoff und Ausführung	Sicherheitsbeiw. b. Berechnungstemp.	
		m. Abnahmezeugnis nach DIN EN 10204 (s. AD-Merkbl. W1)	bei Prüfdruck $p_{\text{prüf}} = 1{,}3 \cdot p$
R_e oder $R_{\text{p}\,0{,}2}$ bzw. $R_{\text{m}/100.000}$	Walz- und Schmiedestähle	1,5	1,1
	GS	2,0	1,5
	EN-GJS-700-2U (GGG70), --600-3U (GGG60)	5,0 [1])	2,5
	EN-GJS-500-(GGG 50)	4,0 [1])	2,0
	EN-GJS-400-15U (GGG40)	3,5 [1])	1,7
	EN-GJS-400-18-LT (GGG40.3), -250-22-LT (GGG35.3)	2,4 [1])	1,2
	Aluminium und Al-Legierungen (Knetwerkstoffe)	1,5	1,1
R_m	EN-GJL (GG n. DIN EN 1561)	9,0 [2])	3,5

[1]) geglüht   [2]) ungeglüht
5.60
Sicherheitsbeiwerte S für Druckbehälter nach AD-Merkblatt B0; 3.90 (Auszug)

Berechnung von Druckbehältern nach den AD-Merkblättern [1]

Für die Berechnung der **Wanddicke** von zylindrischen Mänteln und Kugeln unter innerem Überdruck bis zu einem Durchmesserverhältnis $D_\text{a}/D_\text{i} \leq 1{,}2$ schreibt das AD-Merkblatt B 1 folgende modifizierte „Kesselformel" vor:

für **zylindrische Mäntel**

$$s = \frac{D_\text{a} \cdot p}{2 \cdot \dfrac{K}{S} \cdot \upsilon + p} + c_1 + c_2 \quad \text{in mm} \tag{5.28}$$

für **Kugeln**

$$s = \frac{D_\text{a} \cdot p}{4 \cdot \dfrac{K}{S} \cdot \upsilon + p} + c_1 + c_2 \quad \text{in mm} \tag{5.29}$$

Nach AD-Merkblatt B 3 ist die **Wanddicke** für **gewölbte Böden** unter innerem und äußerem Überdruck

$$s = \frac{D_\text{a} \cdot p}{\dfrac{4 \cdot K}{\beta \cdot S} \cdot \upsilon} + c_1 + c_2 \quad \text{in mm} \tag{5.30}$$

In den Gl. (5.28) bis (5.30) bedeuten
s in mm erforderliche Wanddicke des Bauteils
D_a in mm Außendurchmesser
p in N/mm² (0,1 N/mm² = 1 bar) Berechnungsdruck; i. allg. der höchst zulässige Betriebsdruck. Statische Drücke von mehr als 0,05 N/mm² (5 m WS) sind zusätzlich zu berücksichtigen
K in N/mm² Festigkeitskennwert des Werkstoffs (Bild **5.58**)

Bei Werkstoffen mit bekannter Streckgrenze ist der niedrigste der beiden folgenden Werte einzusetzen:
1. die Streckgrenze R_e oder $R_{p\,0,2}$ bei der Berechnungstemperatur oder
2. die Zeitstandfestigkeit $R_{m\,100.000}$ bei der Berechnungstemperatur

Ist die 1%-Zeitdehngrenze $R_{p\,1/100.000}$ niedriger als die Zeitstandfestigkeit, so muss die Zeitdehngrenze eingesetzt werden.
Bei Werkstoffen ohne gewährleistete Streck- oder Dehngrenze ist die Zugfestigkeit R_m bei Berechnungstemperatur einzusetzen.

S Sicherheitsbeiwert (Bild **5.60**)

υ Bewertungsziffer der Naht. Dieser Zahlenwert berücksichtigt die Ausnutzung der zulässigen Berechnungsspannung in der Schweißnaht. Im Normalfall werden die Nähte mit $\upsilon = 0,85$ bewertet; Höherbewertungen mit $\upsilon = 1,0$ (Werkstoffersparnis) sind nur unter Berücksichtigung entsprechender Vorschriften möglich. Für nahtlose Schüsse oder nicht geschweißte Böden ist $\upsilon = 1,0$. Der Faktor υ ist u. a. abhängig vom Werkstoff, von der Werkstoffdicke und von der Prüfung der Schweißnaht (s. AD-Merkblatt HP0) und bei geschweißten Böden auch von der Lage der Schweißnähte (s. AD-Merkblatt B 3).

β Berechnungsbeiwert. Er berücksichtigt die ungleiche Spannungsverteilung in Abhängigkeit der Bodenform und der Ausschnitte in den Böden (Bild **5.61**).

c_1 in mm; Minustoleranz des Halbzeugs oder des Gussteils bei gegossenen Behältern

c_2 Abnutzungszuschlag; $c_2 = 1$ mm und bei $s < 30$ mm; bei starker Korrosion muss $c_2 > 1$ mm gesetzt werden; bei austenitischen Stählen ist $c_2 = 0$.

Bodenform	Verhältnis H/D_a	β für Vollböden a)	β für Böden mit unverstärkten ein- und ausgehalsten Ausschnitten b) und c) bei $d_A/\sqrt{D_a(s-c_1-c_2)}$ [2]								[1] β
			0,5	1,0	2,0	3,0	4,0	5,0	6,0	7,0	
Klöpperböden $R = D_a$; $r = 0,1 \cdot D_a$	0,20	2,9	2,9	2,9	3,7	4,6	5,5	6,5	7,5	8,5	2,4
tiefgewölbter Boden $R = 0,8 \cdot D_a$ $r = 0,154 \cdot D_a$	0,25	2,0	2,0	2,3	3,2	4,1	5,0	5,9	6,8	7,7	1,8
Halbkugelboden	0,5	1,1	1,2	1,6	2,2	3,0	3,7	4,3	4,9	5,4	1,1

$$b \ge \frac{d_{A1} + d_{A1}}{2},$$

wenn b nicht vollständig innerhalb des Durchmesserbereichs $0,6 \cdot D_a$ liegt.

[1]   Berechnungsbeiwert β für Kugelkalotte (ohne Ausschnitte) bei unterschiedlicher Wanddicke des Krempen- und Kalottenteils, d).
[2]   In die Zahlenwertgleichung sind d_A, D_a und die zu erwartende Wanddicke s in mm einzusetzen. Diese Wanddicke muss mit der errechneten übereinstimmen; ist dies nicht der Fall, muss s erneut geschätzt und der Rechnungsgang wiederholt werden (iteratives Vorgehen).

In den AD-Merkblättern werden die β-Werte aus Diagrammen ermittelt.

5.61
Berechnungsbeiwert β für gewölbte Behälterböden (nach AD-Merkbl. B 3)

Ausschnitte in Böden und Mänteln sind für Nippel, Rohrstutzen und Hand- oder Mannlöcher erforderlich. Ein Ausschnitt bedeutet eine örtliche Spannungserhöhung und somit eine Schwächung des Bauteils, die durch eine der folgenden Maßnahmen ausgeglichen werden muss:

1. Vergrößerung der Wanddicke des gesamten Bodens oder des gesamten Mantelschusses, in dem sich der Ausschnitt befindet (**5.62a** und **5.63**). Die Berechnung der Wanddicke erfolgt nach Gl. (5.30) mit dem Berechnungswert β aus Bild **5.61**, der die Schwächung berücksichtigt (s. Beispiel 13).

2. Scheibenförmige Verstärkungen im Ausschnitt (**5.62b**)

3. Rohrförmige Verstärkung der eingeschweißten oder ausgehalsten Stutzen (**5.62c**).

Die Berechnung und Gestaltung scheiben- und rohrförmiger Verstärkungen ist nach AD-Merkblatt B 9 durchzuführen.

5.62 Boden mit Ausschnitt
a) der ganze Boden verstärkt
b) Boden durch aufgeschweißten Ring örtlich verstärkt
c) rohrförmige Verstärkung durch aufgeschweißten Stutzen
1 nach dem Schweißen   2 nach dem Bohren

5.63 Ausgehalste Böden

Technische Regeln für Dampfkessel, TRD

Diesen Vorschriften ist der mittlere Durchmesser $D_m = D_a - s = D_i + s$ mit Außendurchmesser D_a und Innendurchmesser D_i des Kessels zugrunde gelegt. In Folge der ungleichen Verteilung der Spannung σ_t in dicken Wänden gilt die Formel für die Wanddicke s von zylindrischen Mänteln nur für ein Durchmesserverhältnis $D_a/D_i \leq 1{,}7$.

Ebene, kreisförmige Behälterböden. Der Spannungsverlauf in ebenen, kreisförmigen Behälterböden ist bei Belastung durch einseitig wirkenden Druck von der Art der Verbindung des Bodens mit dem Mantel abhängig. Die Technischen Regeln für Dampfkessel TRD 305 und das AD-Merkblatt B 5 berücksichtigen die konstruktive Gestaltung des Bodens durch den **Faktor** **C** (s. Bild **5.64**) in der Zahlenwertgleichung für die **Wanddicke**

$$s \geq C \cdot D_b \cdot \sqrt{\frac{p}{K/S}} \quad \text{in mm} \tag{5.31}$$

mit dem Berechnungsdurchmesser D_b in mm, dem Betriebsdruck p in N/mm², dem Festigkeitskennwert des Werkstoffs K in N/mm² und dem Sicherheitsbeiwert S.

Im Apparatebau müssen oft Werkstoffe verwendet werden, die auch durch aggressive Medien nicht korrodiert werden.

Apparate mit dünnen Wänden werden oft ganz aus korrosionsbeständigen Werkstoffen gefertigt. Bei größeren Wanddicken ist die Verwendung plattierter Stahlbleche wirtschaftlicher. Plattierte Bleche bestehen aus Kesselblech mit einer fest haftenden metallischen Deckschicht. Als tragende Wanddicke gilt die Wanddicke des Grundwerkstoffs mit dessen Festigkeitswerten. Bei Verwendung von Plattierungswerkstoffen, bei denen der Elastizitätsmodul und die Streckgrenze gleich oder größer als die entsprechenden Werte des Grundwerkstoffs sind (s. Bild **5.57**), kann die gesamte Wanddicke mit dem Festigkeitswert des Grundwerkstoffs als tragend in die Rechnung eingesetzt werden. Wenn es die Betriebstemperaturen zulassen, ist ein nachträgliches Auskleiden von geschweißten Apparaten mit Kunststoffen in vielen Fällen der billigste Schutz gegen Korrosion.

a) ebene Platte an einer Flanschverbindung mit durchgehender Dichtung

$C = 0,35$

b) beidseitig eingeschweißte Platte

$s \leq 3 \cdot s_1$ $C = 0,35$

$s > 3 \cdot s_1$ $C = 0,40$

c) geschmiedeter oder gepresster ebener Boden
$r_k \geq 0,33 \cdot s$; mind. $r_k = 8$ mm; $h \geq s$ $C = 0,35$

d) ebene gekrempte Vollböden $r_k = 1,3\,s$ bzw.

r_k in mm	30	35	40	45	50
D_a in mm	< 500	> 500 ≤ 1400	> 1400 ≤ 1600	> 1600 ≤ 1900	> 1900

Bordhöhe $h \geq 3,5\,s$ $C = 0,30$

e) ebene Platte mit Entlastungsnut

$s_2 \leq 0,77 \cdot s_1$; $s_2 \geq \left(\dfrac{D_b}{2} - r_k \right) \cdot \dfrac{1,3 \cdot p}{K/S}$ in mm, $s_{2\,min} = 5$ mm

mit p in N/mm², D_b in mm, r_k in mm, K in N/mm²
$r_k > 0,2 \cdot s$; $r_{k\,min} = 5$ mm $C = 0,40$

f) einseitig eingeschweißte Platte

$s \leq 3 \cdot s_1$ $C = 0,35$

$s > 3 \cdot s_1$ $C = 0,50$

g) gekrempter ebener Boden mit Einhalsung und angeschlossenem oder durchgestecktem Anker
$r_1 \geq 1,3 \cdot s$; $h \geq 3,5 \cdot s$ $C = 0,25$

h) beidseitig eingeschweißte ebene Platte

$s \leq 3 \cdot s_1$ $C = 0,30$

$s > 3,5 \cdot s_1$ $C = 0,35$

5.64
Berechnungsfaktor C für ebene, kreisförmige Behälterböden (AD-Merkbl. B 5; 3.90; Auszug)

5.1.6 Berechnungsbeispiele

Beispiel 5

Ein Stab eines Stahltragwerkes (**5.16**) besteht aus zwei Winkelprofilen, L60×40×6 DIN 1029. Sie sollen mit voller Belastbarkeit an ein Knotenblech angeschlossen werden. Werkstoff S235JRG2 (St37-2), Lastfall H, Nahtdicke a = 3 mm. Die Länge der Schweißnähte ist zu bestimmen.

1. Beanspruchung des Stabes auf Zug. Die zulässige Spannung für das Bauteil ist gemäß Bild **4.13** nach DIN 18800 σ_{zul} = 160 N/mm²; die Querschnittsfläche beträgt A = 568 mm². Damit ergibt sich die Belastbarkeit eines der beiden Profile folgendermaßen: $F = A \cdot \sigma_{zul}$ = 568 mm² · 160 N/mm² = 90900 N. Beide Profile zusammen können also die Last F_{ges} = 181800 N aufnehmen.

2. Beanspruchung der Naht auf Schub. Die erforderliche Nahtfläche eines Profils ist bei gleicher Nahtdicke a = 3 mm auf beiden Seiten und mit der zulässigen Spannung $\tau_{zul\,N}$ = 135 N/mm² (Bild **5.54**)

$$A_N = a \cdot (l_1 + l_2) = \frac{F}{\tau_{zul\,N}} = \frac{90900\,\text{N}}{135\,\text{N}/\text{mm}^2} = 673\,\text{mm}^2$$

Da die Anschlussmomente der beiden Nähte um die neutrale Linie gleich sein müssen, also $A_{N1} \cdot e_1 = A_{N2} \cdot e_2$, ergibt sich aus $l_1 + l_2 = A_N/a$ und $l_1/l_2 = e_2/e_1$ für die Nahtlänge

$$l_1 = \frac{e_2}{e_1 + e_2} \cdot \frac{A_N}{a} = \frac{40\,\text{mm}}{60\,\text{mm}} \cdot \frac{673\,\text{mm}^2}{3\,\text{mm}} = 150\,\text{mm}$$

$$l_2 = \frac{e_1}{e_1 + e_2} \cdot \frac{A_N}{a} = \frac{20\,\text{mm}}{60\,\text{mm}} \cdot \frac{673\,\text{mm}^2}{3\,\text{mm}} = 75\,\text{mm}$$

Die Nahtlängen l_1 und l_2 sind > 15·a, aber < 100·a. Sie entsprechen damit DIN 18800. ■

Beispiel 6

Der biegefeste Anschluss eines Trägers I 300 DIN 1025 nach Bild **5.65** ist nachzurechnen. An der Anschlussstelle wirken ein Biegemoment M_b = 30 kNm und eine Querkraft F_q = 150 kN, Werkstoff S235JRG2 (St37-2), Lastfall HZ.

5.65
Geschweißter Anschluss eines biegefesten Trägers; 1 ... 4 Schweißnähte

Beispiel 6, Fortsetzung

1. Nennspannung (Biegung, Schub und Vergleichsspannung). Das Widerstandsmoment des Schweißnahtanschlusses ist $W_{bN} = I_N/e$. Das Trägheitsmoment I_N erhält man mit Hilfe des Satzes von *Steiner*: $I_N = \Sigma(b \cdot h^3/12 + A_N \cdot c_N^2)$. Hierbei bedeutet c_N den Schwerpunktabstand. Abweichend von der bisherigen Darstellung schreibt DIN 18800 vor, den Abstand e der Kehlnaht nicht an der Außenfaser (Randfaserabstand), sondern im Nahtwurzelpunkt anzusetzen (s. Abschn. 5.1.5.2); somit ergibt sich $e = 15$ cm.

Die Trägheitsmomente für die einzelnen Schweißnähte sind

$$I_1 = \frac{2 \cdot 12{,}5\,\text{cm} \cdot (0{,}5\,\text{cm})^3}{12} + 2 \cdot 12{,}5\,\text{cm} \cdot 0{,}5\,\text{cm} \cdot (15{,}2\,\text{cm})^2 \approx 2890\,\text{cm}^4$$

$$I_2 = \frac{4 \cdot 0{,}5\,\text{cm} \cdot (1{,}3\,\text{cm})^3}{12} + 4 \cdot 0{,}5\,\text{cm} \cdot 1{,}3\,\text{cm} \cdot (14{,}3\,\text{cm})^2 \approx 532\,\text{cm}^4$$

$$I_3 = \frac{4 \cdot 3\,\text{cm} \cdot (0{,}5\,\text{cm})^3}{12} + 4 \cdot 3\,\text{cm} \cdot 0{,}5\,\text{cm} \cdot (13{,}6\,\text{cm})^2 \approx 1110\,\text{cm}^4$$

$$I_4 = \frac{2 \cdot 0{,}3\,\text{cm} \cdot (22{,}5\,\text{cm})^3}{12} \approx 570\,\text{cm}^4$$

Mit $I_N = \Sigma I = 5102$ cm^4 ergeben sich das Widerstandsmoment $W_{bN} = 5102$ cm^4/15 cm = 340 cm^3 und die größte Biegespannung in der Naht [Gl. (5.9)]

$$\sigma_{bN} = \frac{M_{bN}}{W_{bN}} = \frac{30\,000 \cdot 10^2\,\text{Ncm}}{340\,\text{cm}^3} = 8824\,\text{N}/\text{cm}^2 = 88{,}2\,\text{N}/\text{mm}^2$$

Die Schubspannung in den Stegnähten 4 beträgt nach Gl. (5.8)

$$\tau_{\|N} = \frac{F_q}{\Sigma a \cdot l} = \frac{150\,000\,\text{N}}{2 \cdot 3\,\text{mm} \cdot 225\,\text{mm}} = 110\,\text{N}/\text{mm}^2$$

Nach Gl. (5.23) erhält man für die Vergleichsspannung

$$\sigma_{vN} = \sqrt{\sigma_{bN}^2 + \tau_{\|N}^2} = \sqrt{88{,}2^2 + 110^2}\ \text{N}/\text{mm}^2 = 141\,\text{N}/\text{mm}^2$$

Nach Bild **5.54** ist die zulässige Spannung $\sigma_{zul\,N} = 150$ N/mm^2 > σ_{vN}. Die Schweißnähte des Trägeranschlusses sind ausreichend dimensioniert.

2. Vereinfachte Berechnung ohne Ermittlung der Vergleichsspannung unter der Annahme, dass nur die Flanschnähte 1, 2, 3 das Biegemoment und nur die Stegnähte 4 die Querkraft aufnehmen. Mit dem Trägheitsmoment $I_N \approx 4532$ cm^4 für die Nähte 1 ... 3 wird die Biegespannung

$$\sigma_{bN} = \frac{M_b \cdot e}{I_N} = \frac{30\,000 \cdot 10^2\,\text{Ncm} \cdot 15\,\text{cm}}{4532\,\text{cm}^4} = 9929\,\text{N}/\text{cm}^2 = 99{,}3\,\text{N}/\text{mm}^2$$

und damit kleiner als die zulässige Spannung $\sigma_{bzul\,N} = 150$ N/mm^2 nach Bild **5.54**. Die Schubspannung bleibt wie unter Punkt 1. Somit ist hier ebenfalls $\tau_N = 110$ N/mm^2 < $\tau_{zul\,N} = 150$ N/mm^2 ($\tau_{zul\,N}$ s. Bild **5.54**). ∎

Beispiel 7

Die Kehlnähte als Längsnähte mit der Nahtdicke $a = 5$ mm eines geschweißten voll-wandigen **I**-Trägers nach Bild **5.66** sind zu berechnen. Bauteilwerkstoff S235JRG2 (St37-2), Lastfall H; Querkraft $F_q = 600$ kN, Biegemoment $M_b = 400$ kNm an der Be-rechnungsstelle. Für das Trägheitsmoment des gesamten Trägerquerschnitts ergibt sich $I = 136.960$ cm^4 und für das Flächenmoment 1. Grades eines Gurtes (angeschlossener Flansch) $H = 30$ cm $\cdot$ 2 cm $\cdot$ 31 cm $= 1860$ cm^3. Hiermit errechnet sich die Schubspan-nung nach Gl. (5.21)

$$\tau_{\parallel N} = \frac{Q \cdot H}{I \cdot \sum a} = \frac{600\,000\,\text{N} \cdot 1860\,\text{cm}^3}{136\,960\,\text{cm}^4 \cdot 2 \cdot 0{,}5\,\text{cm}} = 8150\,\text{N}\big/\text{cm}^2 = 81{,}5\,\text{N}\big/\text{mm}^2$$

und die Biegespannung in der Naht nach Gl. (5.22)

$$\sigma_{bN} = \frac{M_b \cdot e}{I} = \frac{400 \cdot 10^5\,\text{N cm} \cdot 30\,\text{cm}}{136\,960\,\text{cm}^4} = 8760\,\text{N}\big/\text{cm}^2 = 87{,}6\,\text{N}\big/\text{mm}^2$$

5.66
Halsnähte an einem **I**-Träger
a) Verlauf der Biegespannung im Träger mit σ_{bN} für die Naht
b) Verlauf der Schubspannung im Träger mit $\tau_{\text{II N}}$ für die Naht

Nach Gl. (5.23) errechnet man die Vergleichsspannung

$$\sigma_{vN} = \sqrt{\sigma_{bN}^2 + \tau_{\parallel N}^2} = \sqrt{87{,}6^2 + 81{,}5^2}\,\text{N}\big/\text{mm}^2 = 119{,}7\,\text{N}\big/\text{mm}^2 < \sigma_{zul\,N}$$

Aus Bild **5.54** wird $\sigma_{zul\,N} = 135$ N/mm^2 abgelesen.   ∎

Beispiel 8

Geschweißter Winkelhebel nach Bild **5.67** mit $d = 70$ mm, $b = 130$ mm, c $= 50$ mm, Hebelarm $l_1 = 400$ mm, $l_2 = 250$ mm, Werkstoff S235JRG2 (St37-2), Querschnitt $h \cdot s =$ 100 mm $\cdot$ 15 mm. Nahtdicke $a = 5$ mm angenommen. Hebelkräfte $F_1 = 1050$ N, $F_2 =$ 1680 N. Betriebsfaktor $\varphi = 1{,}2$. Bewertungsfaktor für die Naht $a_0 = 0{,}8$. Belastung der Welle nach dem Krafteck in Bild **5.67** $F \approx 2000$ N.

Berechnet wird der Schweißquerschnitt N .

1. Beanspruchungsart: Biegung und Schub, schwellende Belastung.

Das Biegemoment ist

$$M_{b\,max} = \varphi \cdot M_b = \varphi \cdot F_1 \cdot \left(l_1 - \frac{b}{2}\right) = 1{,}2 \cdot 1050\,\text{N}(40 - 6{,}5)\text{cm} = 42210\,\text{Ncm}$$

Die Schubkraft $F_1 = 1050$ N wird vernachlässigt.

Beispiel 8, Fortsetzung

5.67
Geschweißter Winkelhebel

5.68
Nahtquerschnitt (a) und Nahtspannung (b) zum
Winkelhebel nach Bild **5.67**

2. Nennspannung. Das Widerstandsmoment des Nahtquerschnitts (**5.68**) ist die Differenz der äquatorialen Flächenträgheitsmomente ΔI (hier I der großen Fläche minus I der kleineren Fläche), dividiert durch den äußersten Faserabstand $e = (h/2) + a$ (s. auch Abschn. 2, Flächenmomente 2. Ordnung):

$$W_{bN} = \frac{\Delta I}{e} = \frac{1}{(h/2)+a} \cdot \left[(s+2a) \cdot \frac{(h+2 \cdot a)^3}{12} - \frac{s \cdot h^3}{12} \right] = \frac{1}{10\,\text{cm}/2 + 0,5\,\text{cm}}$$

$$\cdot \left[(1,5\,\text{cm} + 2 \cdot 0,5\,\text{cm}) \cdot \frac{(10\,\text{cm} + 2 \cdot 0,5\,\text{cm})^3}{12} - \frac{1,5\,\text{cm} \cdot (10\,\text{cm})^3}{12} \right]$$

$$\approx 27,6\,\text{cm}^3$$

Die größte Biegespannung beträgt

$$\sigma_{bN} = M_{b\,\text{max}}/W_{bN} = 42210\,\text{Ncm}/27,6\,\text{cm}^3 \approx 1529\,\text{N}/\text{cm}^2$$
$$= 15,3\,\text{N}/\text{mm}^2$$

3. Zulässige Biegespannung. Sie wird errechnet mit Hilfe der Gl. (5.17a):

$$\sigma_{b\,\text{zul}\,N} = \frac{\alpha_0 \cdot \alpha_N \cdot \beta \cdot \sigma_{b\,\text{Sch}}}{S_{\text{erf}}} = \frac{0,8 \cdot 0,6 \cdot 0,9 \cdot 300\,\text{N}/\text{mm}^2}{1,5} \approx 86,4\,\text{N}/\text{mm}^2$$

mit α_N aus Bild **5.46** für Flachkehlnaht und $\sigma_{b\,\text{Sch}}$ aus Bild **5.57**. Somit ist $\sigma_{b\,N}$ erheblich kleiner als $\sigma_{b\,\text{zul}\,N}$. Die vorhandene Sicherheit ist

$$S = \frac{\alpha_0 \cdot \alpha_N \cdot \beta \cdot \sigma_{b\,\text{Sch}}}{\sigma_{bN}} = \frac{0,8 \cdot 0,6 \cdot 0,9 \cdot 300\,\text{N}/\text{mm}^2}{15,3\,\text{N}/\text{mm}^2} \approx 8,4$$

gegenüber $S_{\text{erf}} = 1,5$.   ■

Beispiel 9

Geschweißter Lagerbock mit geteiltem Lager nach Bild **5.69** mit Zapfendurchmesser d = 70 mm, Lagerlänge l = 100 mm, h_0 = 350 mm, h_1 = 325 mm, h = 220 mm, b = 80 mm, s = 8 mm, s_1 = 25 mm, Nahtdicke a = 5 mm. Die Lagerkraft F = 20000 N ist unter 45° nach oben wirkend angenommen. Erforderliche Sicherheit S = 2, Betriebsfaktor φ = 1,2, Werkstoff S235JRG2 (St37-2), Bewertungsfaktor für die Naht α_0 = 0,8.

Die Komponenten der Lagerkraft sind eine Biegekraft F_1 = $F \cdot \cos 45° = 0{,}707 \cdot 20000$ N ≈ 14140 N und eine Zugkraft F_2 = 14000 N. Berechnet wird der Schweißquerschnitt N nach Bild **5.69b**. Beanspruchungsarten sind Biegung und Zug. Die noch auftretende Schubkraft F_1 = 14000 N wird vernachlässigt.

a)

1. Belastung. Das Biegemoment ist

$$M_{b\,max} = \varphi \cdot M_b = \varphi \cdot F_1 \cdot h_1$$
$$= 1{,}2 \cdot 14000 \text{N} \cdot 32{,}5\text{cm} = 546\,000 \text{ Ncm}$$

die Zugkraft

$$F_{2\,max} = \varphi \cdot F_2 = 1{,}2 \cdot 14\,000 \text{ N} = 16\,800 \text{ N}$$

b)

2. Nennspannungen (Biegung, Zug, Schub). Das Widerstandsmoment des Nahtquerschnitts ist (**5.69b**) (s. auch Beispiel 8)

$$W_{bN} = \frac{1}{(h/2)+a}$$
$$\cdot \left[(b+2a) \cdot \frac{(h+2a)^3}{12} - \frac{b \cdot h^3}{12} \right] = \frac{1}{22/2+0{,}5}$$
$$\cdot \left[(8+2 \cdot 0{,}5) \cdot \frac{(22+2 \cdot 0{,}5)^3}{12} - \frac{8 \cdot 22^3}{12} \right] \text{cm}^3$$
$$\approx 175 \text{ cm}^3$$

c)

Dann wird die Biegespannung $\sigma_{bN} = M_{b\,max}/W_{bN} =$ 546000 Ncm/175 cm³ = 3120 N/cm² = 31,2 N/mm² (**5.69c**). Die auf Zug beanspruchte Querschnittsfläche ist

d)

$$A_N = (b+2a) \cdot (h+2a) - b \cdot h$$
$$= [(8+2 \cdot 0{,}5) \cdot (22+2 \cdot 0{,}5)$$
$$-8 \cdot 22] \text{cm} \approx 31\text{cm}^2$$

e)

5.69
a) Geschweißter Lagerbock mit geteiltem Lager
b) Nahtquerschnitt
c) bis e) Nahtspannungen

Beispiel 9, Fortsetzung

Nach Bild **5.69d** ist die Zugspannung $\sigma_{zN} = F_{2\,max}/A_N = 1{,}2 \cdot 14000\ \text{N}/31\ \text{cm}^2 \approx 541{,}94$ N/cm^2 = 5,4 N/mm^2 und die Schubspannung $\tau_N = F_{2\,max}/A_N = 5{,}4$ N/mm^2. Die resultierenden Spannungen betragen an den Stellen I und II in Bild **5.69e**

$$\sigma_{res\,N1} = +\sigma_{bN} + \sigma_{zN} = \left(+31{,}2 + 5{,}4\right)\text{N}\big/\text{mm}^2 = +36{,}6\ \text{N}\big/\text{mm}^2$$

$$\sigma_{res\,N2} = -\sigma_{bN} + \sigma_{zN} = \left(-31{,}2 + 5{,}4\right)\text{N}\big/\text{mm}^2 = -25{,}8\ \text{N}\big/\text{mm}^2$$

Die Vergleichsspannung ist dann nach Gl. (2.18) bzw. nach Gl. (5.10)

$$\sigma_{vN} = 0{,}5 \cdot \left(\sigma_{res\,N1} + \sqrt{\sigma_{res\,N1}^2 + 4\tau_N^2}\right)$$

$$= 0{,}5 \cdot \left(36{,}6 + \sqrt{36{,}6^2 + 4 \cdot 5{,}4^2}\right)\ \text{N}/\text{mm}^2 = 37{,}3\ \text{N}/\text{mm}^2$$

3. Zulässige Spannung. Nach Gl. (5.17a) erhält man mit $\sigma_{b\,Sch}$ aus Bild **5.57**

$$\sigma_{b\,zul\,N} = \frac{\alpha_0 \cdot \alpha_N \cdot \beta \cdot \sigma_{b\,Sch}}{S_{erf}} = \frac{0{,}8 \cdot 0{,}5 \cdot 0{,}9 \cdot 300\ \text{N}/\text{mm}^2}{2{,}0} = 54\ \text{N}/\text{mm}^2$$

Die Formzahl der einseitigen Kehlnaht von Kastenquerschnitten ist wie die der zweiseitigen Flachkehlnaht bei Biegung $\alpha_N \approx 0{,}5$ (Bild **5.46**). Die vorhandene Sicherheit ist

$$S = \frac{\alpha_0 \cdot \alpha_N \cdot \beta \cdot \sigma_{b\,Sch}}{\sigma_{vN}} = \frac{108\ \text{N}/\text{mm}^2}{37{,}3\ \text{N}/\text{mm}^2} = 2{,}9 \quad \text{gegenüber}\quad S_{erf} = 2$$

Bemerkung: Eine HV-Naht würde eine unauffälligere und festere Verbindungsstelle ergeben.

4. Ermittlung der zulässigen Spannung nach DIN 15018, T1. Bei zusammengesetzten Beanspruchungen muss für das Bauteil und die Schweißnaht die Bedingung erfüllt sein:

$$\left(\frac{\sigma_x}{\sigma_{x\,zul}}\right)^2 + \left(\frac{\sigma_y}{\sigma_{y\,zul}}\right)^2 - \frac{\sigma_x \cdot \sigma_y}{|\sigma_{x\,zul}| \cdot |\sigma_{y\,zul}|} + \left(\frac{\tau}{\tau_{zul}}\right)^2 \le 1{,}1 \tag{5.32}$$

In 2. wurden ermittelt

$$\sigma_x = \sigma_{zN} = 5{,}4\ \text{N/mm}^2, \quad \sigma_y = \sigma_{bN} = 31{,}2\ \text{N/mm}^2, \quad \tau = \tau_N = 5{,}4\ \text{N/mm}^2.$$

Die Schweißnaht wird der Nahtform 38, Bild **5.48** zugeordnet. Die Kehlnaht kann hier nicht als Doppelkehlnaht ausgeführt werden. Sie ist einseitig, aber umlaufend geschweißt und daher mit einer Doppelkehlnaht vergleichbar. Damit ergibt sich der Kerbfall K4 (Bild **5.48**). Wird als Betriebsgruppe B6 gewählt (Bild **5.50**), so kann in Bild **5.51** (S235JRG2, B6, K0–K4, Zug) bei schwellender Beanspruchung ($\chi = 0$) für die am höchsten beanspruchte Stelle (Zug und Biegezug) $\sigma_{x\,zul} = \sigma_{y\,zul} = 45$ N/mm^2 abgelesen werden. Die zulässige Schubspannung ergibt sich zu $\tau_{zul\,N} = \sigma_{zul\,N}/\sqrt{2} = 140$ N/mm$^2/\sqrt{2} = 99$ N/mm^2 mit $\sigma_{zul\,N}$ für den Kerbfall K0.

Die ermittelten Werte in Gl. (5.32) eingesetzt, ergeben als Nachweis für die Schweißnaht:

$$\left(\frac{5{,}4}{45}\right)^2 + \left(\frac{31{,}2}{45}\right)^2 - \frac{5{,}4 \cdot 31{,}2}{45 \cdot 45} + \left(\frac{5{,}4}{99}\right)^2 = 0{,}41 \le 1{,}1 \qquad\blacksquare$$

Beispiel 10

Schweißanschluss einer Federkonsole nach Bild **5.70**. Die Konsole ist aus einem Stück 12 mm dicken Bleches zugeschnitten, das $\mathsf{[}$-förmig abgekantet ist. Es sind $h = 180$ mm, $b = 120$ mm, $b_1 = 130$ mm, $s = 12$ mm, $c = 70$ mm, Dicke der Schweißnaht $a = 4$ mm, Federkraft $F = 57000$ N, erforderliche Sicherheit $S = 2$, Betriebsfaktor $\varphi = 1,2$, Werkstoff S235JRG2 (St37-2), Bewertungsfaktor für die Nahtgüte $\alpha_0 = 0,8$.
Berechnet wird der Schweißquerschnitt N (**5.70b**).

Belastungen: Biegung und Schub

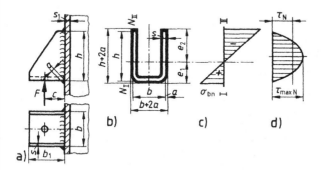

5.70 Schweißanschluss einer Federkonsole (a); Nahtquerschnitt (b); Nahtspannungen, Biegung (c) und Schub (d)

1. Belastung. Das Biegemoment ist nach Bild **5.70a**

$$M_{b\,max} = \varphi \cdot M_b = \varphi \cdot F \cdot c = 1,2 \cdot 57000\,\text{N} \cdot 7\,\text{cm} = 480\,000\,\text{N cm}$$

Die Schubkraft ist gleich der Federkraft

$$F_{max} = \varphi \cdot F = 1,2 \cdot 57000\,\text{N} = 68\,500\,\text{N}$$

2. Nennspannungen. Die Randfaserabstände des Schweißquerschnittes betragen nach Bild **5.70b**: $e_1 = 81$ mm, $e_2 = 107$ mm. Sein nach dem Satz von *Steiner* errechnetes Trägheitsmoment ist $I_x \approx 1415$ cm^4, und die Widerstandsmomente betragen $W_{bN1} = I_x/e_1 \approx 175$ cm^3 bzw. $W_{bN2} = I_x/e_2 \approx 132$ cm^3. Somit sind die maximalen Biegespannungen (**5.70c**).

$$\sigma_{bN1} = M_{b\,max}/W_{bN1} = 480\,000\,\text{N cm}/175\,\text{cm}^3 \approx 2743\,\text{N/cm}^2 = 27,5\,\text{N/mm}^2$$

$$\sigma_{bN2} = M_{b\,max}/W_{bN2} = 480\,000\,\text{N cm}/132\,\text{cm}^3 \approx 3636\,\text{N/cm}^2 = 36,4\,\text{N/mm}^2$$

Die Schubkraft wird durch die senkrechten Flankenkehlnähte übertragen. Ihr Querschnitt ist $A_N \approx 4 \cdot a \cdot h = 4 \cdot 4$ mm $\cdot 180$ mm ≈ 2900 mm^2. Dann ist nach Bild **5.70d** die mittlere Schubspannung (Abscherspannung)

$$\tau_N = \varphi \cdot F/A_N = 68500\,\text{N}/2900\,\text{mm}^2 \approx 24\,\text{N/mm}^2$$

Beispiel 10, Fortsetzung

Die größte Schubspannung beträgt $\tau_{max\,N} = 1,5 \cdot 24$ N/mm^2 = 36 N/mm^2. Das Nachrechnen der Vergleichsspannung $\sigma_{v\,N}$ nach Gl. (5.10) erübrigt sich, weil $\tau_{max\,N}$ annähernd an der Stelle $\sigma_{b\,N} = 0$ auftritt und τ_N an der Stelle $\sigma_{b\,N\,2}$ gleich Null ist.

3. Zulässige Spannungen. Nach Gl. (5.17a) folgt für Biegung mit $\alpha_N = 0,85$ (Bild **5.43**, HY-Naht, hohl) und $\beta = 0,9$

$$\sigma_{b\,zul\,N} = \frac{\alpha_0 \cdot \alpha_N \cdot \beta \cdot \sigma_{b\,Sch}}{S_{erf}} = \frac{0,8 \cdot 0,85 \cdot 0,9 \cdot 300\,\text{N}/\text{mm}^2}{2,0} \approx 91,8\,\text{N}/\text{mm}^2$$

und für Schub mit $\alpha_N = 0,45$ (Bild **5.43**, HY-Naht, hohl) und $\beta = 0,9$

$$\tau_{b\,zul\,N} = \frac{\alpha_0 \cdot \alpha_N \cdot \beta \cdot \tau_{Sch}}{S_{erf}} = \frac{0,8 \cdot 0,45 \cdot 0,9 \cdot 184\,\text{N}/\text{mm}^2}{2,0} = 29,8\,\text{N}/\text{mm}^2$$

mit $\tau_{Sch} = 0,8 \cdot \sigma_{b\,N} = 0,8 \cdot 230$ N/mm^2 = 184 N/mm^2 (Bild **5.54** oder Bild **1.7**).

Ein Nachrechnen des Anschlussquerschnittes ergibt, dass dieser niedriger beansprucht ist als der Nahtquerschnitt. Die vorhandene Sicherheit für Biegung und Schub kann entsprechend Beispiel 8 und 9 berechnet werden. ∎

Beispiel 11

5.71
a) Geschweißtes Stirnrad
b) Nahtquerschnitt der Rundnähte S_1 und S_2

Berechnung der Rundnähte eines geschweißten Stirnrades (S_1 und S_2 in Bild **5.71**). Belastung des Rades nur in einer Umlaufrichtung. Teilkreisdurchmesser $D = 800$ mm, Zahnbreite $b = 120$ mm, Bohrung $d = 90$ mm, Durchmesser $D_1 = 150$ mm, $D_2 = 740$ mm, Nahtdicken $a_1 = 10$ mm, $a_2 = 5$ mm. Umfangskomponente der Zahnkraft $F = 47500$ N, erforderliche Sicherheit $S = 1,5$, Bewertungsfaktor für die Schweißnaht $\alpha_0 = 0,8$, Betriebsfaktor $\varphi = 1,2$, Werkstoff des Zahnkranzes E295 (St50-2), der übrigen Teile S235JRG2 (St37-2).

Berechnet werden die beiden Rundnähte S_1 und S_2. Beanspruchungsart dieser Nähte:

Beispiel 11, Fortsetzung

Schwellende Belastung, Verdrehung. Die Schweißung kann auch ohne Bearbeitung (Zentrierung) von Zahnkranz und Nabe erfolgen, wenn eine Schweißvorrichtung benutzt wird oder wenn die Teile sorgfältig vor dem Schweißen ausgerichtet werden.

Rundnaht S_1

1. Belastung der Nähte durch das Drehmoment $T_{max} = \varphi \cdot F \cdot R = 1{,}2 \cdot 47500\,\text{N} \cdot 40\,\text{cm}$ = 2280 kNcm

2. Nennspannung. Das Widerstandsmoment der Naht S_1 (**5.45b**) ist nach Gl. (5.16)

$$W_{p\,N1} = \frac{\Delta I}{e} = \frac{1}{R_1 + a_1} \cdot \left[\frac{\pi \cdot (D_1 + 2 \cdot a_1)^4}{32} - \frac{\pi \cdot D_1^4}{32} \right]$$

$$= \frac{1}{(7{,}5 + 1{,}0)\,\text{cm}} \cdot \left[\frac{\pi \cdot (15\,\text{cm} + 2 \cdot 1{,}0\,\text{cm})^4}{32} - \frac{\pi \cdot (15\,\text{cm})^4}{32} \right] \approx 380\,\text{cm}^3$$

Damit wird die Verdrehungsspannung unter der Annahme, dass das Drehmoment beide Naben-Nähte gleichmäßig belastet

$$\tau_{t\,N1} = T_{max} / (2 \cdot W_{p\,N1}) = 2280\,\text{kN\,cm} / 760\,\text{cm}^3 \approx 3000\,\text{N}/\text{cm}^2 = 30\,\text{N}/\text{mm}^2$$

3. Zulässige Spannung. Die zulässige Verdrehungsspannung ist mit $\tau_{t\,Sch} = 140$ N/mm² aus Bild **5.54** nach Gl. (5.17a) mit $\alpha_N = 0{,}5$ (Bild **5.43**, Rundnaht) und $\beta \approx 1$

$$\tau_{t\,zul\,N} = \frac{\alpha_0 \cdot \alpha_N \cdot \beta \cdot \tau_{t\,Sch}}{S_{erf}} = \frac{0{,}8 \cdot 0{,}5 \cdot 1 \cdot 140\,\text{N}/\text{mm}^2}{1{,}5} \approx 37{,}3\,\text{N}/\text{mm}^2$$

Rundnaht S_2

Die Nähte S_2 sind stets nur niedrig beansprucht und können entsprechend schwach gehalten werden (Nahtdicke $a_2 = 5$ mm; besser: unterbrochen ausführen). Eine Nachrechnung der Nähte erübrigt sich daher meist. Im vorliegenden Fall ergibt sich eine Verdrehungsspannung von

$$\tau_{t\,N2} = T_{max} / (2 \cdot W_{p\,N2}) = 2280\,\text{kN\,cm} / 8400\,\text{cm}^3 = 271\,\text{N}/\text{cm}^2 = 2{,}7\,\text{N}/\text{mm}^2$$

Zulässige Verdrehungsspannung (s. Naht S_1)

Demnach ist $\tau_{t\,N1}$ bzw. $\tau_{t\,N2} < \tau_{t\,zul\,N}$.   ∎

Beispiel 12

Berechnung des auf eine Welle aufgeschweißten Hebels nach Bild **5.72**. Der Durchmesser der Welle ist mit Rücksicht auf den Einbrand der Rundnähte am Sitz des Hebels auf den Durchmesser $d = 70$ mm verstärkt. Länge des Hebelarmes $l = 150$ mm,
Dicke der Schweißnähte $a = 5$ mm, Hebelkraft $F = 5000$ N, erforderliche Sicherheit S
$= 2$, Bewertungsfaktor für die Schweißnaht $\alpha_0 = 0,8$, Betriebsfaktor $\varphi = 1,25$; Werkstoff des Hebels S235JRG2 (St37-2), der Welle E295 (St50-2). Die Schweißnähte sind
auf Verdrehung schwellend beansprucht.

5.72
a) Auf einer Welle
   aufgeschweißter
   Hebel
b) Schweißquerschnitt

1. Belastung. Das Drehmoment ist

$$T_{max} = \varphi \cdot F \cdot l = 1,25 \cdot 5000 \text{ N} \cdot 15 \text{ cm} = 93750 \text{ Ncm}$$

2. Nennspannung. Den Schweißquerschnitt der Rundnähte zeigt Bild **5.72b**. Das Widerstandsmoment der Rundnaht beträgt $W_{pN} \approx 41,5$ cm^3.

Damit ist die Verdrehungsspannung

$$\tau_N = T_{max}/(2 \cdot W_{pN}) = 93750 \text{ Ncm}/(2 \cdot 41,5 \text{ cm}^3) \approx 1126,5 \text{ N/cm}^2 = 11,3 \text{ N/mm}^2$$

3. Zulässige Spannung der Rundnähte. Sie erfolgt aus Gl. (5.17a) wie in Beispiel 11

$$\tau_{t\,zul\,N} = \frac{\alpha_0 \cdot \alpha_N \cdot \beta \cdot \tau_{t\,Sch}}{S_{erf}} = \frac{0,8 \cdot 0,5 \cdot 1 \cdot 140 \,\text{N}/\text{mm}^2}{1,5} \approx 37,3 \,\text{N}/\text{mm}^2$$

Also ist $\tau_{t\,N} < \tau_{t\,zul\,N}$. Wird der Hebel in beiden Drehrichtungen beansprucht, dann tritt
an Stelle der Torsionsschwellfestigkeit $\tau_{t\,Sch}$ die Torsionswechselfestigkeit $\tau_{t\,w}$. ∎

Beispiel 13

Ein geschweißter Membranspeicher (**5.73**), der in ein Hydrauliksystem eingebaut war, ist gerissen. Abmessungen: D_a = 165 mm, Wanddicke des nahtlosen Mantels s = 7,5 mm, Wanddicke der halbkugelförmigen Böden s_1 = 10 mm, Anschlussdurchmesser d_A = 60 mm, Werkstoff für alle Teile 19Mn5. Betriebszustand: Innerer Überdruck p = 200 bar = 20 N/mm², t = 20 °C. Wertigkeit der Schweißnaht υ = 1,0 (einteiliger Boden). Waren die Wanddicken ausreichend bemessen?

1. Wanddicke der Böden. Die Nachrechnung erfolgt nach Gl. (5.30). Eingesetzt werden c_1 = 0 und c_2 = 1 mm.

5.73
Membranspeicher. Zylindrischer Mantel mit zwei halbkugelförmigen Böden (nur eine Seite abgebildet)

Der einzusetzende Berechnungsbeiwert β = 1,9 wird für H/D_a = 0,5 und bei $d_A/\sqrt{D_a(s-c_1-c_2)}$ = $60/\sqrt{165(10-1)}$ = 1,56 aus Bild **5.61** abgelesen. Mit dem Festigkeitskennwert K = 320 N/mm² (Streckgrenze aus Bild **5.58**) für den Werkstoff 19Mn5 und mit der erforderlichen Sicherheit S = 1,5 (Bild **5.60**) errechnet man für die Wanddicke

$$s = \frac{D_a \cdot p}{\dfrac{4 \cdot K}{\beta \cdot S} \cdot \upsilon} + c_2 = \frac{165 \cdot 20}{\dfrac{4}{1,9} \cdot \dfrac{320}{1,5} \cdot 1,0} + 1 = 7,35 + 1 = 8,35 \, \text{mm}$$

Die Wanddicken der Böden waren mit s_1 = 10 mm richtig bemessen.

2. Wanddicke des Mantels. Die Nachrechnung erfolgt nach Gl. (5.28). Die Wertigkeit des nahtlosen Rohrs ist υ = 1,0, und man erhält dann für die Wanddicke des Mantels

$$s = \frac{D_a \cdot p}{2 \cdot \dfrac{K}{S} \cdot \upsilon + p} + c_2 = \frac{165 \cdot 20}{2 \cdot \dfrac{320}{1,5} \cdot 1 + 20} + 1 = 7,4 + 1 = 8,4 \, \text{mm}$$

Die Wanddicke des Mantels war mit s = 7,5 mm zu gering bemessen. Sie entspricht nicht der Berechnungsvorschrift. Dass der Membranspeicher bei der Abnahme dem Prüfdruck von $p_{\text{prüf}}$ = 1,3·p = 260 bar = 26 N/mm² dennoch standhielt, ist auf die vorhandene Sicherheit (aus Gl. (5.28)) zurückzuführen

$$S = \frac{2 \cdot K \cdot \upsilon}{\dfrac{D_a \cdot p}{s} - p} = \frac{2 \cdot 320 \, \text{N}/\text{mm}^2 \cdot 1}{\dfrac{165\,\text{mm} \cdot 26 \, \text{N}/\text{mm}^2}{7,5\,\text{mm}} - 26 \, \text{N}/\text{mm}^2} \approx 1,2$$

■

Literatur

[1] AD-Merkblätter, Hrsg. Arbeitsgemeinschaft Druckbehälter, Köln-Berlin.

[2] Auernhammer, G.; Müller, A.: Erläuterungen zu DIN 4100, 3. Aufl., Düsseldorf 1970.

[3] Dampfkesselbestimmungen. Hrsg. Techn. Überwachungsvereine e. V., Köln.

[4] Klein, M.: Einführung in die DIN-Normen. 13. Aufl. Stuttgart, Leipzig, Wiesbaden 2001.

[5] Holzmann, G.; Meyer, H.; Schumpich, G.: Technische Mechanik. Teil 3. Festigkeitslehre. 8. Aufl. Stuttgart 2002.

[6] Klöppel, K.: Sicherheit und Güteanforderungen bei den verschiedenen Arten geschweißter Konstruktionen. Z. Schweißen u. Schneiden (1954) H. 6.

[7] Neumann, A.: Schweißtechnisches Handbuch für Konstrukteure. Bd. II. 2. Aufl. Berlin 1962; Bd. III. 2. Aufl. Braunschweig-Berlin 1963.

[8] Ruge, J.: Handbuch der Schweißtechnik. Bd. II. 2. Aufl. Berlin 1980.

[9] Schimpke, P.; Horn, H. A.; Ruge, J.: Praktisches Handbuch der gesamten Schweißtechnik. Bd. III. 2. Aufl. Berlin-Göttingen-Heidelberg 1959.

[10] Schweißverbindungen im Kessel-, Behälter- und Rohrleitungsbau. Hrsg. Technischer Ausschuss des Deutschen Verbandes für Schweißtechnik e.V., Düsseldorf 1966.

[11] Technische Regeln für Dampfkessel (TRD). Hrsg. Vereinigung der Techn. Überwachungsvereine e. V., Köln-Berlin.

[12] Veit, H. J.; Scheermann, H.: Schweißgerechtes Konstruieren. Düsseldorf 1963.

[13] Wellinger, K.; Eichhorn, F.; Gimmel, P.: Schweißen. Stuttgart 1964.

[14] -; Gimmel, P.: Werkstofftabellen der Metalle. 8. Aufl. Stuttgart 2000.

[15] Boese, U.; Werner, D.; Wirtz, H.: Das Verhalten der Stähle beim Schweißen. Teil II. 2. Aufl. Düsseldorf 1984.

5.2 Lötverbindungen

DIN-Normen

DIN-Blatt Nr.	Ausgabe-datum	Titel
8505 T1	5.79	Löten; Teil 1: Allgemeines, Begriffe
T2	5.79	-; Teil 2: Einteilung der Verfahren, Begriffe
T3	1.83	-; Teil 3: Einteilung der Verfahren nach Energieträgern, Verfahrensbeschreibungen
8514 T1	5.06	Lötbarkeit; Teil 1: Begriffe
8593 T7	9.03	Fertigungsverfahren Fügen; Teil 7: Fügen durch Löten; Einordnung, Unterteilung
EN 1044	8.06	Hartlöten – Lotzusätze
EN 1045	8.97	Hartlöten – Flussmittel zum Hartlöten – Einteilung und technische Lieferbedingungen

DIN-Normen, Fortsetzung

DIN-Blatt Nr.	Ausgabedatum	Titel
EN 12797	12.00	Hartlöten – Zerstörende Prüfung von Hartlötverbindungen
EN 22553	3.97	Schweiß- und Lötnähte – Symbolische Darstellung in Zeichnungen
EN 29454 T1	2.94	Flussmittel zum Weichlöten; Einteilung und Anforderungen; Teil 1: Einteilung, Kennzeichnung und Verpackung
EN ISO 18279	4.04	Hartlöten – Unregelmäßigkeiten in hartgelöteten Verbindungen

Formelzeichen

A	Lötfläche	S	Sicherheit, Sicherheitszahl	σ	Zugspannung im Lötquerschnitt
b	–, Breite	s	Blechdicke	σ_{zul}	zulässige Zugspannung
d	–, Durchmesser	s_{Sp}	Spaltweite	τ_a	Scherspannung in der Lötfläche
F	Kraft auf die Lötfläche, Länge	R_{mL}	Zugfestigkeit der Lötverbindung	τ_{aBL}	Scherfestigkeit der Lötverbindung
				τ_{azul}	zulässige Scherspannung

5.2.1 Technologie des Lötens

Lötvorgang. Durch Löten lassen sich metallische Werkstoffe (besonders GG, St, Cu, Ms, Zn und Edelmetalle), abweichend vom Schweißen, auch im festen Zustand miteinander verbinden. In DIN 8505 ist Löten definiert als „ein Verfahren zum Vereinigen metallischer Werkstoffe mit Hilfe eines geschmolzenen Zulegemetalles (Lot s. Bild **5.74**), dessen Schmelztemperatur unterhalb derjenigen der zu verbindenden Werkstücke liegt und das die Grundwerkstoffe benetzt, ohne dass diese geschmolzen werden". Es handelt sich bei der Bindung der Metalle um einen Grenzflächenvorgang mit Adhäsion, Diffusion oder beiden Vorgängen. Um ein einwandfreies Ausbreiten, Fließen und Binden des Lotes zu erreichen, müssen die Werkstücke an der Lötstelle auf die sog. Arbeitstemperatur gebracht werden. Diese ist im Wesentlichen vom Lot abhängig und liegt zwischen seinem unteren und oberen Schmelzpunkt (Solidus- und Liquiduspunkt) oder darüber. Zu beachten sind auch Temperatureinflüsse auf die zu lötenden Werkstücke, wenn diese erhitzungsempfindlich sind. Das Lot muss nach dem Schmelzen noch einige Zeit auf der Arbeitstemperatur gehalten werden, damit das Lot die Fügeflächen benetzen, sich ausbreiten und am Grundwerkstoff binden kann. Diese Fließzeit soll betragen bei

Weichlot (15...20) s, Silberlot 30 s, Ms 63 (40...60) s, Elektrolytkupfer 60 s.

Die Lötzeiten liegen demnach im Bereich zwischen einigen Sekunden (Induktionslötung) und wenigen Minuten.

Nach der Höhe des Schmelzpunktes des Lotes unterscheidet man Weichlöten (Lotschmelztemperatur < 450 °C) und Hartlöten (Lotschmelztemperatur > 450 °C) und auch Hochtemperaturlöten (Lotschmelzpunkt > 1000 °C) als Weiterentwicklung der Hartlöttechnik, s. auch Bild **5.74**. Dieses Bild enthält auch Angaben über die Erwärmungsquellen.

Lotgruppe	Kurzzeichen DIN EN 1044 (DIN 8513, zurückgezogen)	Arbeitstemperatur in °C	zu verbindende Werkstoffe	Anwendungsbeispiele	Spaltbreiten ²) s_{Sp} in mm bei Verbindung von Leichtmetallen	Stählen	NE-Schwermetallen	Wärmequellen Lötmethoden
Hochtemperaturlote Schmelzpunkt ≥ 1000 °C Nickel-Basislote	NI (L-Ni)	980 ... 1100	Hochtemperaturwerkstoffe	Brennkammern f. Triebwerke	—	0 ... 0,01 ... 0,05		Ofen, unter Schutzgas oder im Vakuum ⁹)
Palladium-haltige Lote	L-PdAg ⁸) L-PdNi	820 ... 1250	Cr-Ni-Leg Ni-Cr-Mo-Leg Co-Leg	Reaktortechnik				
Hartlote Schmelzpunkt > 450 °C Kupferlote	CU (L-Cu)	1100	St unlegiert	Gerätebau	—	0,05 ... 0,25	0,1 ... 0,4	Brenner, Ofen, Schutzgasofen, elektr. Widerstandslöten, Induktionserhitzg, Tauchlöten
	L-Ms60 ³) L-SoMs ³)⁴)	900	St, GT, Cu, Cu-Leg., No, Ni-Leg.	Rohrleitungs- u. Fahrzeugbau Instandsetzung				
	L-Ms 42	845	Neusilber	Griffe, Hefte				
	L-Ms 54	890	St, GT, Cu, Cu-Leg.	Gerätebau				
silberhaltige Lote	AG (L-Ag) ¹)	960 ... 610¹)	St, GT, Cu, Cu-Leg., Ni, Ni-Leg., Ms, Edelmetalle je nach Lot	Lötungen mit merklichen Spannungen. Teilweise korrosionssicher, je nach Lot, Kontakte	—	0,02 ... 0,15	0,05 ... 0,25	
Leichtmetall-Lote	AL 104 (L-AlSi 12)	590	Al, Al-Leg.	Gusst. nur aus GAlSi12, Bleche, Drähte, Profile	0,15 ... 0,6 kurze bis lange Nähte	—	—	
	(L-AlSiSn)	560		Gussstücke außer GAlSi12, Bleche, Drähte, Profile				

5.74
Lotarten (Auswahl); Fußnoten und Fortsetzung s. nächste Seite

Lotgruppe	Kurzzeichen DIN EN 29453	Arbeitstemperatur in °C	zu verbindende Werkstoffe	Anwendungsbeispiele	Spaltbreiten[2] s_{Sp} in mm bei Verbindung von			Wärmequellen Lötmethoden (bevorzugte Lötmethoden)	
					Leichtmetallen	Stählen	NE-Schwermetallen		
Weichlote Schmelzpunkt ≤ 450 °C	S-Pb92Sn8	305		Kühlerbau				F^5	Gasbrenner[5],
	S-Pb78Sn20Sb2 (mit Antimon)	270	St, Cu, Cu-Leg., Zn-Leg.	Lötungen allgemeiner Art				T^6	Lötlampe[5],
	Zinn-Blei-Legierungen S-Pb60Sn40	235		Verzinnung, Zinkblechlötungen	0,2	0,1	0,1 ... 2	F	Salzbad, Tauchlöten,
	S-Sn63Pb37	190	St, Cu, Cu-Leg.	Verzinnung, Feinlötungen, Elektroindustrie				T K^7	elektrisches Widerstandslöten
	S-Sn60Pb40	190							

[1] Bezeichnung und Temperatur je nach Zusammensetzung.
[2] Beim Verlöten von Werkstoffen mit verschiedenen Wärmeausdehnungszahlen muss die Spaltweite größer gewählt werden zum Ausgleich von Schrumpfspannungen; z. B. Hartmetallschneidplättchen auf E 360 (St 70-2) mit $s_{Sp} = (0,23 ... 0,9)$ mm.
[3] Auch zum Fugenlöten geeignet
[4] Auch für GG-Fugenlöten geeignet
[5] Flammenlötung
[6] Tauchlötung
[7] Kolbenlötung
[8] nicht genormte Bezeichnung
[9] Vorschriften des Lotherstellers beachten

5.74
Lotarten (Auswahl); Fortsetzung

Zum Erzielen einer einwandfreien Bindung auf der Oberfläche der Grundwerkstoffe und der Lote müssen Oxide gelöst oder an der Bildung gehindert werden. Hierzu dienen nichtmetallische Stoffe, sogenannte Flussmittel (DIN EN 1045), deren Schmelzpunkt niedriger als der des Lotes sein muss. Sie werden i. allg. als Flüssigkeit, Paste oder Pulver aufgetragen oder in dem als Hohlstab ausgebildeten Lot (Lötstab) oder als Lotmantel der Lötstelle zugeführt.

Lötarten. Nach der Form der Lötstelle unterscheidet man Spalt-, Fugen- und Auftragslöten.

Spaltlöten. Das geschmolzene Lot wird durch Kapillarwirkung in den parallelwandigen Spalt gezogen. Jede Erweiterung des Spaltes beeinträchtigt die Kapillarwirkung; Verengungen können vorteilhaft sein (s. z. B. Bild **5.77**). Die günstigste Spaltweite s_{Sp} liegt im Regelfall zwischen (0,05...0,25) mm (**5.75**), s. Bild **5.74**. Mit größerer Spaltweite nimmt die Festigkeit der Lötverbindungen infolge schwächerer Diffusion und schlechterer Kapillarwirkung ab (s. Abschn. 5.2.2).

Raue Oberflächen erhöhen die Festigkeit nicht, weil die Bindung nicht durch mechanische Verklammerung, sondern durch atomare Bindungskräfte, wie bei Gummi-Metallfedern (s. Abschn. 8), erfolgt. Bearbeitungsriefen senkrecht zur Fließrichtung des Lotes sind zu vermeiden. Wenn dies aus konstruktiven und fertigungstechnischen Gründen nicht möglich ist, sollen sie kleiner als 10% der Spaltweite s_{Sp} sein. Bearbeitungsriefen in Richtung der Lotbewegung können die Kapillarwirkung unterstützen, wenn sie nicht zu tief sind; eine Oberflächenrauheit $Rz \approx$ (10...25) µm nach DIN 4766 T1 ist ausreichend. Bei Übermaßpassungen (s. Abschn. 3.2 und 6.1.5) empfiehlt sich Rändeln oder Einarbeiten von mindestens drei am Umfang verteilten Riefen zur Unterstützung der Kapillarwirkung, sofern nicht Kupferlot verwendet wird, das auch in Presssitze eindringt.

Fugenlöten erfordert einen Mindestabstand der zu verbindenden Flächen der Werkstücke von 0,5 mm. Häufig wird die Fuge auch V- oder X-förmig ausgebildet (**5.75b**). Sie wird mit geschmolzenem Lot gefüllt; erfolgt dies in einer dem Gasschweißen ähnlichen Arbeitsweise, so nennt man diesen Vorgang Schweißlöten.

Auftraglöten. Bei diesem Verfahren werden hochwertige Werkstoffe mit besonderen Eigenschaften, z. B. hoher Verschleißfestigkeit oder Wärmebeständigkeit, auf weniger wertvolle Werkstoffe aufgetragen, z. B. Auftraglöten an Schieberplatten bei Absperrschiebern.

Vorteile. Da beim Löten infolge der niedrigen Schmelzpunkte der Lote keine schädlichen Gefügeveränderungen und Wärmespannungen auftreten und daher Verziehen und Reißen vermieden werden, finden Lötverbindungen bevorzugt auch für Reparaturen (z. B. von Rissen in Gussgehäusen) Anwendung. Lediglich beim Verbinden von Werkstoffen mit verschiedenen Wärmeausdehnungszahlen können schädliche Wärmespannungen auftreten; dann ist die Spaltbreite zu vergrößern (s. Bild **5.74**). Das Auflöten von Hartmetallschneidplättchen auf Werkzeughalter, das Verbinden von Stahl mit Stahl, von Stahl mit Nichteisenmetallen sowie von Nichteisenmetallen miteinander sind häufige Anwendungsbeispiele. Heute findet neben dem Löten in steigendem Maße das Metallkleben (s. Abschn. 5.3) Anwendung. Ein nicht zu unterschätzender Vorteil des Lötens ist die gute elektrische Leitfähigkeit der Verbindung; um eine unzulässige Erwärmung des Lotes durch zu hohe Stromdichte zu vermeiden, müssen gegebenenfalls die Leitquerschnitte an der Lötstelle und damit auch die der Erwärmung ausgesetzten Lotquerschnitte vergrößert werden.

5.2.2 Berechnen und Gestalten

Die Festigkeit einer Lötverbindung hängt wesentlich von Größe und Oberflächenzustand der Lötflächen, von der Weite des Lötspaltes, der Lötart, den Eigenschaften des Lotes und des Flussmittels und bei Handlötung auch von der Sorgfalt des Lötenden ab. (Festigkeitswerte und Lotarten enthalten die Bilder **5.74** und **5.76**.) Um vergleichbare Festigkeitswerte für Lötverbindungen zu gewinnen, sollen diese nach DIN EN 12797 ermittelt werden. Alle Angaben über Festigkeitswerte von Lötverbindungen sind aber mit Vorsicht zu verwenden, sofern die Bedingungen, unter denen sie ermittelt worden sind, nicht bekannt sind. Es ist mindestens eine zweifache Sicherheit zu empfehlen.

Berechnen erstreckt sich nur auf die Ermittlung der Zug- und Scherbeanspruchung. Mit belastender Kraft F und Lötfläche A gelten folgende Beziehungen mit den Bezeichnungen in Bild **5.75**:

Zugbeanspruchung

$$\boxed{\sigma = F/A \le \sigma_{zul}}$$ (5.33)

mit $A = b \cdot s$

5.75
Zur Berechnung von Lötverbindungen

a) und b) Zugbeanspruchung
c) und d) Scherbeanspruchung

b Breite der Lötfläche D Durchmesser der Lötmantelfläche
l Länge der Lötfläche τ_a Abscherspannung über Länge l
s Höhe der Lötfläche und Dicke der zu verbinden- s_{Sp} Spalt- bzw. Fugenweite (Spaltweite vergrößert
den Bleche   dargestellt)

Richtwerte: $l = (3 \ldots 6) \cdot s$ mit s als kleinster Blechdicke

Scherbeanspruchung

$$\boxed{\tau_a = F/A \le \tau_{a\,zul}}$$ (5.34)

mit $A = b \cdot l$ bzw. $A = \pi \cdot d \cdot l$

Die Überlappungslänge soll für eine günstige Spannungsverteilung $l = (3 \ldots 6) \cdot s$ betragen. In langen Überlappungen sind die Mittelzonen nicht vollwertig an der Kraftaufnahme beteiligt (**5.75c**).

Lötart	zu verbindende Werkstoffe	Lot Bild **5.74**	Zug-Festigkeit R_{mL}	Scherfestigkeit $\tau_{a\,BL}$	$\tau_{a\,WL}$	Torsionsfestigk. (Nabe auf Welle) $\tau_{t\,WL}$	Biege-festigkeit $\sigma_{b\,WL}$
Fugen-löten	S275JR (St 44-3)	L-Ms60 L-Ns	230±20% 370±10%	–	–	–	–
Spalt-löten [3])	E335 (St 60-2)	L-Ms 60 L-Ns AG 304 (L-Ag40Cd)	400±10%	250±10% 290±10% 230 ± 5%	– – 30	– – 60	–[3]) –[3]) 50...150[3])
	St, Cu, Cu-Leg	S-Pb60Sn40 [2]) S-Sn60Pb40 [2])	40±10% nur bei kurzzeitiger Belastung	30 ± 10%	–	–	–[3])

Messinglot- und Kupferlotverbindungen an Schwermetallen sowie Leichtmetallverbindungen mit Lot AL 104 (L-AlSi12 DIN 8512) erreichen die Zug- und Scherfestigkeit der Grundwerkstoffe.
[1]) Z. T. nach B l a n c, G. M.: Grundlagen und Erkenntnisse der Löttechnik. Das Industrieblatt. Februar 1962.
[2]) Weichlötungen von Kräften entlasten, weil Weichlote unter Last kriechen.
[3]) Spaltlötungen sind gegenüber Schlagbiegebeanspruchung empfindlich.

5.76
Festigkeit gelöteter Verbindungen in N/mm²

Die **zulässige Spannung** ergibt sich aus der Zug- bzw. Scherfestigkeit der Lötverbindungen R_{mL} bzw. $\tau_{a\,BL}$ und der Sicherheit S, die man mit $S = 2 \dots 4$ ansetzt

$$\boxed{\sigma_{zul} = R_{mL}/S} \qquad \boxed{\tau_{a\,zul} = \tau_{a\,BL}/S} \tag{5.35}$$

Gestalten. Typische Beispiele für die konstruktive Gestaltung von Lötverbindungen zeigen die Bilder **5.75** und **5.77**.

unzweckmäßig	**zweckmäßig**	Erläuterung
		Blechverbindung a) Stumpfnähte nur bei $s \geq 1$ mm zweckmäßig, bei $s < 1$ mm aufwändige Anpassarbeit. b) Bördelnaht ergibt größere Spaltfläche als Stumpfnaht. Die Vorbereitung der Bördel ist aufwändig. c) Überlappt-, Gekröpftüberlappt- und Laschenverbindungen geben größere Nahtflächen
		Bolzenverbindung a) Steckverbindungen sind wegen größerer Nahtflächen fester. b) Bei Sacklöchern muss für Entlüftung des Lötspalts gesorgt werden.

5.77
Gestalten von Lötverbindungen; Fortsetzung s. nächste Seite

unzweckmäßig	zweckmäßig	Erläuterung
a) b)	b) c) d)	**Rohrverbindung** a) Geschäftete Verbindungen sind fester (Lötfläche), aber teurer als Stumpfstöße. Gesteckte (b) und gemuffte (c) Verbindungen schaffen ausreichend große Lötflächen. Beispiel: Rohrverbindung in der Installationstechnik. d) Durch angepasstes Rohr wird die Spaltfläche vergrößert.
a)	b)	**Bodenverbindungen, Rohrverschlüsse** a) Keinen keilförmigen Spalt vorsehen. b) Spaltlänge l vergrößern und die Spaltdicke entsprechend dem verwendeten Lot festlegen. Spaltfläche $A_{Sp} = A_L = \pi \cdot d \cdot l$
a)	b)	**Dünnblechbehälter** unter Innendruck a) Querüberlappung neigt zum Abheben. b) Bei der Falznaht ist die Lötverbindung teilweise mechanisch entlastet und übernimmt vorwiegend Dichtfunktion.
Lotring	Lotring Lot	**Löten mit Lotformstück** Der Lotring muss so eingelegt werden, dass das Lot durch Kapillarwirkung in den Lötspalt gesaugt werden kann. Bei zu breitem Spalt oder bei Spalterweiterung entsteht ein Lotstau.
		Gemuffte Verbindung Bei allen Verbindungen ist neben einer ausreichend großen Spaltfläche der Kraftfluss zu beachten. Keine schroffe Umlenkung der Kraftlinien.

5.77
Gestalten von Lötverbindungen; Fortsetzung

Weichlötverbindungen können wegen der geringen Festigkeit der Weichlote nur kleine Spannungen aufnehmen; daher müssen durch entsprechende Gestaltung große Lötflächen geschaffen werden. Dies bieten die Lötstellen mit Scherbeanspruchung (Bild **5.77**). Weichlötungen sind besonders geeignet für Abdichtungen (Konservendosen, Kühler), Verbindungen elektrischer Leiter und aufgelötete elektrische Kontakte, also Lötstellen, die von Kräften entlastet sind.

Hartlötverbindungen erfordern kleinere Spaltweiten als Weichlötverbindungen, um die Kapillarwirkung zu gewährleisten; bei der Spaltweite s_{Sp} = 0,05 mm kann beispielsweise bei Kupferlot mit einer Steighöhe (Kapillarwirkung) des Lotes bis 100 mm gerechnet werden. Beim Fugenlöten gelten die Hinweise gemäß Abschn. 5.2.1. Wegen der erheblich größeren Festigkeit der Hartlötverbindungen dürfen diese zusätzlich zu den Verbindungsformen, die beim Weichlöten verwendet werden, auch als auf Zug und Biegung beanspruchte Stumpfnähte ausgeführt werden. Trotzdem sollte Biegung wegen der ungleichmäßigen Spannungsverteilung vermieden werden.

Behälterlötungen. Wenn für Druckbehälter für besondere Werkstoffe oder Blechdicken oder aber aus Fertigungsgründen Hartlöten vorgesehen wird, sind die gleichen Regeln wie für Behälterschweißungen anzuwenden.

Maßgebend sind z. B. die AD-Merkblätter (s. Abschn. 5.1):

B 1 Zylindrische Mäntel und Kugeln unter innerem Überdruck
B 2 Kegelförmige Mäntel unter innerem und äußerem Überdruck
B 3 Gewölbte Böden unter innerem und äußerem Überdruck
B 6 Zylindrische Mäntel unter äußerem Überdruck
W1, W5, W13 Werkstoffe für Druckbehälter

Herstellen von Lötverbindungen. Beim Löten muss das Werkstück großflächig und gleichmäßig auf Arbeitstemperatur erwärmt werden; örtliche Temperaturspitzen sind schädlich. Einzelstücke werden mit dem von Hand geführten Brenner unter Zugabe von Lot als Stab (angesetztes Lot) und Flussmittel hergestellt.

Bei größeren Stückzahlen werden Lötmaschinen eingesetzt. Das Werkstück wird auf einem Rundtisch oder mit einem Transportband an den stationären Brennern vorbei bewegt.

Vorher wird das Lot als Formstück (z. B. Drahtring) auf bzw. in die vorgefügten Teile gelegt. Das Flussmittel wird vor dem Erwärmen dosiert aufgespritzt. Wenn die Zugabe oder die Entfernung von Flussmittel nach dem Löten schwierig ist, wird unter Schutzgas im Durchlaufofen gelötet. Wichtig ist, dass die zu verbindenden Teile in ihrer Lage zueinander einwandfrei fixiert werden. Werden Werkstücke z. B. ineinander gesteckt (**5.75d**), muss die Passung so gewählt werden, dass auch bei der höchsten Ofentemperatur ausreichende Kapillarwirkung auftritt und dass gleichzeitig die Passung die gegenseitige Lage der zu verbindenden Teile gewährleistet.

Sonderwerkstoffe aus der Luft- und Raumfahrt (z. B. Nimonic, Inconel) werden unter Vakuum bei etwa 10^{-3} bis etwa 10^{-5} mbar hochtemperaturgelötet. Die Teile müssen an der Lötstelle besonders sorgfältig geschliffen und gebeizt, in besonderen Fällen sogar vernickelt sein.

Beispiel
Eine Blechverbindung aus E335 (St 60-2) nach Bild **5.78** hat die Abmessungen b = 10 mm und l = 12 mm. Die zu übertragende Kraft ist F = 5000 N. Es ist zu prüfen, ob bei ruhender Beanspruchung eine Lötverbindung in Frage kommt.

5.78
Laschenverbindung

Laschenverbindung: Nach Bild **5.76** hat die Scherfestigkeit bei der Verbindung von E335 (St 60-2) mit dem Lot L-Ms60 den Wert τ_{aBL} = 250 N/mm^2 ± 10%. Rechnet man mit dem unteren Wert, kann die Kraft F_1 = 225 N/mm$^2 \cdot (10 \cdot 12)$ mm^2 = 27000 N durch die Lötfläche zwischen Blech und Lasche übertragen werden. Die vorhandene Sicherheit ist S = 27000 N / 5000 N = 5,4 und damit ausreichend.

Beispiel, Fortsetzung

Stumpfnaht: Bisher wurde nicht berücksichtigt, dass die auf Zug beanspruchte Spaltverbindung bei der Blechdicke $s = 2{,}5$ mm, der Spaltfläche $A = 2{,}5 \cdot 10$ mm$^2 = 25$ mm^2 und der Lötfestigkeit $R_{mL} = 400$ N/mm$^2 \pm 10\%$ zusätzlich die Kraft $F_2 = 360$ N/mm$^2 \cdot$ 25 mm$^2 = 9000$ N übertragen kann. Die Sicherheit erhöht sich demnach auf $S =$ $(27000 + 9000)$ N / 5000 N ≈ 7.

Zu beachten ist, dass die Bleche aus E335 (St 60-2) mit der Zugfestigkeit $R_m = 600$ N/mm^2 und einer gewählten Sicherheit von $S = 3$ nur $F = A \cdot R_m/S = 25$ mm$^2 \cdot 600/3$ N/mm$^2 = 5000$ N bis zum Bruch übertragen können. Im vorliegenden Fall sind also die Lötstellen tragfähiger als die Bleche. Die Lasche könnte daher verkleinert werden. ■

Literatur

[1]   Aluminium-Taschenbuch. Hrsg. Aluminium-Zentrale e. V. 16. Aufl. Düsseldorf 2002.

[2]   Die Verfahren der Schweißtechnik. Hrsg. Deutscher Verband für Schweißtechnik, Düsseldorf 1974.

[3]   Dubbel: Taschenbuch für den Maschinenbau. 21. Aufl. Berlin-Heidelberg-New York-Tokyo 2004.

[4]   Klein, M.: Einführung in die DIN-Normen. 13. Aufl. Stuttgart 2001.

[5]   v. Linde, R.: Das Löten. Werkstattbücher, Heft 28. Berlin 1954.

[6]   Technik die verbindet, Berichte aus Forschung und Praxis. Hrsg. Degussa, Hanau.

[7]   VDI/VDE-Richtlinie 2251, Bl. 3 Feinwerkelemente; Lötverbindungen.

[8]   Zimmermann, K. F.: Hartlöten, Regeln für Konstruktion und Fertigung. Düsseldorf 1968.

5.3   Klebverbindungen

DIN-Normen

DIN-Blatt Nr.	Ausgabedatum	Titel
8593 T8	9.03	Fertigungsverfahren Fügen; Teil 8: Kleben; Einordnung, Unterteilung, Begriffe
53281	6.06	Prüfung von Klebverbindungen – Probenherstellung
53287	1.06	-; Bestimmung der Beständigkeit gegenüber Flüssigkeiten
EN 923	1.06	Klebstoffe – Benennungen und Definitionen
EN 1464	1.95	Klebstoffe – Bestimmung des Schälwiderstandes von hochfesten Klebungen – Rollenschälversuch
EN 1465	1.95	Klebstoffe – Bestimmung der Zugscherfestigkeit hochfester Überlappungsklebungen

DIN-Normen, Fortsetzung

DIN-Blatt Nr.	Ausgabe-datum	Titel
EN 26922	5.93	Klebstoffe; Bestimmung der Zugfestigkeit von Stumpfklebungen
EN ISO 9142	5.04	Klebstoffe – Auswahlrichtlinien für Labor-Alterungsbedingungen zur Prüfung von Klebverbindungen
EN ISO 9664	8.95	Klebstoffe – Verfahren zur Prüfung der Ermüdungseigenschaften von Strukturklebungen bei Zugscherbeanspruchung
EN ISO 11339	8.05	Klebstoffe – T-Schälprüfung für geklebte Verbindungen aus flexiblen Fügeteilen

Formelzeichen

A Klebfugenfläche
b Klebfugenbreite
d Klebfugendurchmesser
F Kraft, die die Klebfuge belastet
l Klebfugenlänge
S Sicherheit, Sicherheitszahl
s Dicke der Fügeteile
s_1 Dicke der Laschen
$ü$ Überlappungsverhältnis

δ Klebfugendicke
R_e Streckgrenze des dünnsten Fügeteils
$R_{p\,0,2}$ 0,2-Streckgrenze
τ_a Schubspannungen, Scherspannungen in der Klebfuge
$\tau_{a\,BK}$ Scherfestigkeit der Klebverbindung
$\tau_{a\,Sch\,K}$ Schwellfestigkeit der Klebverbindung
$\tau_{a\,zul}$ zulässige Scherspannung der Klebfuge

5.3.1 Klebstoffe und Verfahren

Im Gegensatz zum Kleben und Leimen poröser Stoffe (z. B. Holz) hat das Kleben metallischer und unporöser nichtmetallischer Werkstoffe sich erst in neuerer Zeit durchgesetzt. Über die Gummi-Metallverbindungen (s. Abschn. 8.2.2), die als Federn und Schwingungsdämpfer Verwendung finden, und über den Flugzeugzellenbau fand das Kleben schließlich in zahlreiche andere Fabrikationszweige Eingang. Heute gibt es bewährte Klebverbindungen im Maschinen- und Apparatebau, Rohrleitungsbau, Fahrzeugbau, Stahlbau und in der Feinwerktechnik (**5.84a bis e**). Die zu fügenden Teile (Fügeteile) werden durch einen Klebstofffilm verbunden.

Klebstoffe. Als Bindemittel (Klebstoff) für das Metallkleben dienen hauptsächlich Kunstharze (Duroplaste) sowie Kunstharzmischungen und Kunstkautschuk. Die Klebstoffe werden auf die zu verbindenden Werkstücke kalt oder warm aufgetragen und härten durch Polykondensation, Polymerisation oder Polyaddition irreversibel aus. Werden beim Aushärten (Verketten der Moleküle) Gase ausgeschieden, so muss die Verkettung unter Druck bis zu 200 N/cm^2 erfolgen. Die Aushärtezeit liegt je nach Klebstoffart zwischen einigen Minuten und einer Woche; Kaltklebstoffe härten bei Raumtemperatur, Warmklebstoffe zwischen 100 und 200 °C aus. Nach ihrer Zusammensetzung unterscheidet man Einkomponenten-Klebstoffe, die alle zur Härtung erforderlichen Bestandteile enthalten, und Zweikomponenten-Klebstoffe, denen die härtende Komponente erst unmittelbar vor der Verarbeitung zugeführt wird. Zur Verbindung thermisch belastbarer metallischer Bauteile wurden die „Keramischen Klebstoffe", Bindemittel aus anorganischen Gläsern, entwickelt.

Die wichtigsten Metall-Klebstoffe sind in der VDI-Richtlinie 2229 [6] zusammengestellt; einen Auszug daraus zeigt Bild **5.85**. Die Forderung, bei Raumtemperatur und ohne Zusammenpressen während des Aushärtens eine Verbindung mit hoher Festigkeit auch bei höheren Betriebstemperaturen herzustellen, erfüllt keiner der bekannten Klebstoffe. Eine genaue Beachtung der neuesten Vorschriften der Klebstoffhersteller ist unbedingt erforderlich.

Die Bindung wird durch die sog. spezifische Adhäsion (intermolekulare Anziehungskräfte und chemische Bindungskräfte) auf glatten Flächen zwischen den Grenzschichten der Klebstoffe und der Fügeteile und durch die Kohäsion des erhärteten Klebstoffs erklärt. Beim Leimen poröser Stoffe dringt flüssiger Klebstoff in deren Poren und erhärtet dann; es liegt demnach, zumindest teilweise, auch eine mechanische Bindung vor. Diese ist beim Kleben von untergeordneter Bedeutung.

Die Haftfestigkeit des Klebstoffes an den Fügeteilen ist größer als die Festigkeit des Klebstoffes selbst, sofern die Oberflächen der Fügeteile an der Fügestelle frei von Verunreinigungen jeder Art (Staub, Fett, Oxidschichten u. a.) sind. Die Behandlung der Haftgrundflächen vor dem Kleben ist daher zur Erzielung einer einwandfreien Benetzung und somit für die Haltbarkeit der Verbindung besonders wichtig.

Als wirksame Verfahren werden angewendet:

1. Entfetten mit Dampf oder Heißwasser mit Zusätzen. Entfernen von Fett, Bearbeitungsölen oder Konservierungsmitteln.

2. Mechanische Bearbeitung mit Schleifleinen, auf Schleifmaschinen oder durch Bürsten und Sandstrahlen mit anschließendem Reinigen. Das hierbei z. T. auftretende Aufrauhen vergrößert die Haftfläche und damit die Summe der molekularen Haftkräfte.

3. Chemisches Reinigen mit Beizbädern.

4. Gründlich spülen.

Das für einen bestimmten Klebstoff geeignete Verfahren wird vom Hersteller empfohlen, s. auch VDI-Richtlinie 2229 [6].

Vor- und Nachteile. Als Vorteile der Klebverbindungen im Vergleich zu anderen Verbindungsarten, wie Schweißen, Löten oder Schrauben, sind zu nennen:

1. Die Spannungsverteilung in der Klebfuge ist annähernd gleichmäßig (**5.79**), sofern man von den Randzonen der Klebfläche absieht. Die bei Nietverbindungen vorhandenen örtlichen Spannungsspitzen treten nicht auf.

In Bild **5.79** sind die Schubspannungen, um 90° in die Senkrechte gedreht, dargestellt. Am Überlappungsende 3 und an allen anderen Blechrändern sind die Schubspannungen am größten. Die ungleichmäßige Schubspannungsverteilung erklärt sich aus der unterschiedlichen Dehnung, bedingt durch die Elastizität des Fügeteils und der Klebschicht. Unmittelbar am Ende der Schicht mit der Dicke δ (vergrößert wiedergegeben) längs der freien Klebstoffränder können keine Schubspannungen auftreten, daher erfolgt hier ein steiler Spannungsanstieg.

5.79
Schubspannungsverteilung in der Klebschicht, unmittelbar zwischen oberem Blech 1 und oberer Klebschichtfläche 2; Überlappungsende 3

2. Die zu verbindenden Werkstoffe werden nicht oder nur gering erwärmt. Dadurch werden im Vergleich zum Schweißen Gefügeänderungen und Verzug der zu fügenden Teile vermieden.

3. Es können nicht schweißbare Werkstoffe geklebt werden.

4. Dünne Bleche, bei denen Schweißen und Nieten nicht mehr anwendbar ist, können geklebt werden.

5. Es können verschiedenartige Werkstoffe verklebt werden. Häufige Kombinationen sind: Metall mit Metall, Metall mit Holz, Kunststoff, Glas oder Keramik (Bild **5.85**). Alle dort genannten Werkstoffe können auch miteinander verklebt werden.

6. Bei der Verbindung von Fügeteilen aus unterschiedlichen Werkstoffen verhindert die Klebschicht Kontaktkorrosion.

7. Die Klebschicht ist elektrisch isolierend.

8. Klebverbindungen haben glattgestaltete Oberflächen und somit gutes Aussehen (z. B. Vermeiden von Schmutzkanten o. ä.).

9. Kleben ermöglicht häufig einfachere Konstruktionen, deren Fertigungskosten niedrig gehalten werden können (z. B. durch den Einsatz angelernter Arbeitskräfte) (leichtes Ausrichten der Fügeteile, Einsparen von Passungen oder Vergrößerung von Toleranzen (5.84)).

10. Klebverbindungen können werkstoffsparend und damit gewichtsvermindernd sein.

11. Klebverbindungen sind schwingungs- und damit schalldämpfend; sie klappern und klirren nicht.

12. Klebverbindungen sind fugenfüllend und dichten ab.

13. Kleben bietet in vielen Fällen die einzige Möglichkeit, fertig bearbeitete Teile stoffschlüssig zu verbinden, z. B. auch im Reparaturfall (Bild **5.84e**).

Den zahlreichen Vorteilen stehen folgende Nachteile gegenüber:

1. Die spezifische Belastbarkeit ist relativ gering; sie kann jedoch häufig durch genügend große Klebflächen ausgeglichen werden.

2. Fügeeinrichtungen, wie Öfen und heizbare Pressen, die für das Kleben mit unter Druck und Wärme härtenden Klebstoffen benötigt werden, sind kostspielig. Hierdurch wird z. B. die Anwendung des Klebens im Blechbau erschwert.

3. Längere Aushärtezeiten können wegen ihrer Dauer den Fertigungsablauf ungünstig beeinflussen.

4. Die Vorbehandlung der Klebflächen (Reinigung, Haftgrundvorbehandlung) erfordert zusätzliche Kosten.

5. Die Temperaturfestigkeit ist z. B. gegenüber Schweiß- und Lötverbindungen gering.

6. Klebverbindungen sind korrosionsanfällig.

7. Klebverbindungen kriechen bei Dauerbelastung.

8. Zur Zeit sind keine zerstörungsfreien Prüfverfahren bekannt. Es muss aber betont werden, dass die Entwicklung der Klebstoffe weitergeht, also noch keineswegs als abgeschlossen zu betrachten ist.

5.3.2 Berechnen und Gestalten

Obwohl sich das Kleben in zahlreichen Fällen bewährt hat, werden seine Vorteile von vielen Konstrukteuren noch nicht ausgenutzt. Die Ursachen dieses Zögerns sind wohl vor allen Dingen darin zu suchen, dass die Berechnungsverfahren noch auf keiner allgemeingültigen Theorie der Adhäsion basieren, sondern empirisch ermittelt wurden. Die im Normenverzeichnis genannten Normen vereinheitlichen die Prüfbedingungen für die Ermittlung der Festigkeit von Klebverbindungen.

5.80
Stumpfstoß. Wegen hoher Zugbeanspruchung der Klebfläche ungeeignet

Da die Kohäsion des erhärteten Klebstoffes meist geringer als die Festigkeit der Fügeteile ist, sollte man eine Zugbeanspruchung nach Bild **5.80** (Stumpfstoß) stets vermeiden (s. Abschn. 5.2).

Berechnen einer auf Schub beanspruchten Verbindung. Die Berechnung dieser bevorzugten Verbindung erfolgt mit den Bezeichnungen in Bild **5.81** nach der Gleichung

$$\tau_a = F/(b \cdot l) \le \tau_{a\,zul} \qquad (5.36)$$

Mit steigender Breite b steigt die Tragfähigkeit somit proportional an. Dies gilt jedoch nicht für $b < 20$ mm, weil sich hier die Spannungserhöhung an den Seitenrändern der Klebschicht (**5.79**) ungünstig auswirkt. Das Überlappungsverhältnis

$$\ddot{u} = l/s \qquad (5.37)$$

soll 10...20 betragen. DIN 53281 bezeichnet den reziproken Wert als Gestaltfaktor. Erfahrungsgemäß wird durch Vergrößern von $\ddot{u}$ die Verbindungsfestigkeit nicht erhöht. Bei einer ausgeglichenen Konstruktion soll außerdem die Klebfläche keine größeren Kräfte übertragen können als der Werkstoff der Fügeteile. Die Überlappungslänge soll also nicht unnütz groß gehalten werden. Eine Erfahrungsregel gibt bei einfacher Überlappung für die optimale Überlappungslänge die folgende Zahlenwertgleichung an:

$$l_{opt} \approx 0,1 \cdot s \cdot R_e \quad \text{in mm} \qquad (5.38)$$

5.81
Einfache Überlappung, einschnittig
F angreifende Kraft
b Klebfugenbreite
s Dicke des aufgeklebten Fügeteils
l Klebfugenlänge

Es sind die Streckgrenze R_e oder $R_{p\,0,2}$ des dünnsten Fügeteils in N/mm^2 und der Fügeteildicke s in mm einzusetzen. Die **zulässige Schubspannung** (Scherspannung) ergibt sich bei ruhender Beanspruchung aus der Schubfestigkeit (Scherfestigkeit; in VDI 2229 als Zugscherfestigkeit bezeichnet) $\tau_{a\,B\,K}$ der Klebverbindung und der Sicherheit S, die man in der Regel mit $S = 2 ... 3$ ansetzt:

$$\tau_{a\,zul} = \frac{\tau_{a\,B\,K}}{S} = \frac{\tau_{a\,B\,K}}{2...3} \qquad (5.39)$$

Bei niedrigeren Sicherheitszahlen muss bei Dauerlast (Langzeitbeanspruchung) mit einem erheblichen Abfall der Haftkräfte gerechnet werden.

Bei dynamischer Beanspruchung verwendet man in der Rechnung statt der Schubfestigkeit $\tau_{a\,B\,K}$ die Schwellfestigkeit:

$$\tau_{a\,Sch\,K} \approx 0,3 \cdot \tau_{a\,B\,K} \qquad (5.40)$$

Gestalten. Die wichtigsten Nahtformen sind in den Bildern **5.81**, **5.82** und **5.83** zusammengestellt. Die beste Haltbarkeit weisen Klebflächen auf, die auf Schub beansprucht werden. Die Klebschicht sollte möglichst dünn sein (0,05 ... 0,25 mm) und eine ausreichend große Fläche besitzen. Der Klebstoffbedarf beträgt etwa (50...150) g/m² Klebfläche, in Sonderfällen bis zu 1000 g/m².

Dickere Teile können geschäftet werden, sofern man die für die Schäftung anfallenden Fertigungskosten in Kauf nimmt. Diese Ausführung hat gegenüber dem Stumpfstoß (**5.80**) den Vorteil

5.82
Abschälvorgang

der größeren Klebfläche und wirkt dem Nachteil von Überlappungsstößen entgegen, da sich an den Überlappungsenden der Fügeteile bei konstanter Blechdicke Zonen kleinster und größter Dehnung gegenüberliegen; durch das Schäften findet hier ein Ausgleich statt. In Folge dessen wird die an den Enden der Fügeteile auftretende Spannungserhöhung abgebaut.

Die in Bild **5.83** dargestellten Nähte der Blechverbindungen b) bis g) und die der Rohrverbindungen a) bis d) sind hinsichtlich der Spannungsverteilung zweckmäßiger als die Naht der Blechverbindung a) und die der Verbindung im Bild **5.81**, weil sie die hier auftretende zusätzliche Biegebeanspruchung infolge exzentrischen Kraftangriffs vermeiden. Aufgrund der Biegung treten in der Klebschicht senkrecht zur Klebfläche zusätzlich Zugspannungen auf; werden diese zu groß, so tritt Abschälen an den Enden der Überlappungsfläche ein (s. Bild **5.82** und „unzweckmäßige Eckverbindung" in Bild **5.83**). DIN EN ISO 11339 gibt Hinweise für Definition und Ermittlung des Schälwiderstandes von Metallklebungen gegen senkrecht zur Klebfuge angreifende Kräfte. Dem Abschälen kann man u. a. durch Verschrauben, Vernieten, Umfalten sowie durch Erhöhung des Widerstandsmomentes der Flächenenden entgegenwirken. Hierdurch erhält man gleichzeitig eine einwandfreie Fixierung der Fügeteile während des Aushärtens.

Für **Rohrverbindungen** (Bild **5.83**) gilt ebenfalls der Grundsatz, dass möglichst große Klebflächen geschaffen werden müssen. Die für die ebenen Nähte gegebenen Hinweise gelten sinngemäß auch für die Nähte der Rohrverbindungen.

Bild **5.84** zeigt einige in der Praxis bewährte Konstruktionen. Auch bei Klebverbindungen ist zu beachten, dass völliges Neukonstruieren häufig besser ist als einfaches Ersetzen z. B. einer Nietstelle durch eine Klebverbindung.

Für alle Nähte setzt man der Einfachheit halber einheitlich Gl. (5.39) für die Spannungsermittlung ein und berücksichtigt exzentrischen Kraftangriff durch Wahl der oberen Grenze der empfohlenen Sicherheitszahl S. Auch die zusätzliche Erhöhung der Tragfähigkeit der Verbindung durch Verschrauben, Vernieten oder Punktschweißen der Enden wird im Allgemeinen in der Rechnung nicht besonders erfasst.

unzweckmäßig	zweckmäßig	Erläuterung
		Blechverbindung Vergrößerung der Klebfläche erfolgt durch a) Überlappen b) Schäften c) Überlappung, gefalzt d) Überlappung, abgesetzt e) Überlappung, doppelt abgesetzt f) Laschung, einfach g) Laschung, doppelt Klebfläche $A = b \cdot l$
		Rohrverbindung Vergrößerung der Klebfläche erfolgt durch a) Schäften b) Stecken c) Stecken, ein Teil aufgeweitet d) Muffen Klebfläche $A = \pi \cdot d \cdot l$
		Stirnverbindung Vergrößerung der Klebfläche erfolgt durch a) Abbiegen b) Verwendung eines speziellen Profils c) Stecken in eine Nut
		Eckverbindung Abschälen wird vermieden durch a) Abwinkeln b) Winkelbleche c) Genutetes Eckstück d) Abwinkeln
		Blechverbindung Biegebeanspruchung der Klebfuge. Abschälen wird vermieden durch a) Überlappen b) Laschen (hier doppelt)

5.83
Gestalten von Klebverbindungen; Fortsetzung s. nächste Seite

unzweckmäßig	zweckmäßig	Erläuterung
		Falzverbindung Die Klebverbindung ist mechanisch entlastet. Der Klebstoff übernimmt vorwiegend Dichtfunktion.
		Blechverbindung Biegebeanspruchung. Abschälen wird vermieden durch a) Zusätzliches Fügemittel (Niet, Schraube, Punktschweißung) b) Umbördeln c) Vergrößern der Steifigkeit d) Örtliches Vergrößern der Fläche

5.83
Gestalten von Klebverbindungen; Fortsetzung

Da die Klebstoffverbindungen mehr oder weniger korrosionsempfindlich sind, müssen die Klebschichten gegebenenfalls durch Schutzlackanstrich vor Feuchtigkeit und anderen Korrosionserregern geschützt werden. Hierbei ist zu beachten, dass auch die Korrosion der Fügeteile sich unter die Klebschicht ausbreiten kann. Angaben über das Korrosionsverhalten der verschiedenen Klebstoffe (physikalisch-chemisches Verhalten) enthalten die Richtlinie VDI 2229 und die Empfehlungen der Klebstoff-Hersteller.

Bei der Auswahl der Klebstoffe ist zu beachten, dass Konstruktionen ähnlich der ineinander gesteckten Rohrverbindung b), Bild **5.83** und der Eckverbindung c), Bild **5.83** nur ohne Spannvorrichtung geklebt werden können; es muss also ein Klebstoff gewählt werden, der ohne Zusammenpressen aushärtet.

Beispiel

Der in Beispiel 1, Abschn. 4 „Nietverbindungen" berechnete genietete Stoß soll geklebt werden.

a) Sofern die Möglichkeit besteht, den Stoß bei etwa 200 °C aushärten zu lassen, kann für einen auf Epoxydharzbasis aufgebauten Klebstoff nach Bild **5.85** die Scherfestigkeit $\tau_{aBK} = 55$ N/mm² angenommen werden. Rechnet man mit schwellender Beanspruchung, so wird nach Gl. (5.40) die Schwellfestigkeit

$$\tau_{aSchK} = \frac{55\,\text{N}/\text{mm}^2}{3} = 18\,\text{N}/\text{mm}^2$$

Beispiel, Fortsetzung

Bei zwei Scherflächen ist die zur Verfügung stehende Klebfläche

$$A = 2 \cdot 2 \cdot e_1 \cdot b = 2 \cdot 2 \cdot 35 \text{ mm} \cdot 160 \text{ mm} = 22400 \text{ mm}^2$$

Die Sicherheit der Verbindung ist ausreichend:

$$S = \frac{\tau_{a\,\text{Sch}\,K}}{\tau_{a\,\text{vorh}}} \frac{\tau_{a\,\text{Sch}\,K}}{F/A} = \frac{18 \text{ N}/\text{mm}^2}{140\,000 \text{ N}/22400 \text{ mm}^2} = 2{,}9$$

Das Überlappungsverhältnis $ü = l/s = 2 \cdot e_1 / s = 70/10 = 7$ ist zwar kleiner als der Richtwert, von einer Vergrößerung wird aber abgesehen, weil die Sicherheit ausreicht. Die Laschen werden jedoch, da sie nicht durch Nieten geschwächt werden, nur 5 mm dick gestaltet. Die Konstruktion wird also leichter. Auch hier müsste geprüft werden, ob im Hinblick auf die gesamte Konstruktion, in der sich der Stoß befindet, der Flachstab schmaler ausgeführt werden könnte, weil der Werkstoff wegen der fehlenden Nietschwächung ebenfalls geringer belastet ist als bei der Nietkonstruktion. In diesem Fall müsste dann die Klebfläche in ihren Abmessungen, also in der Länge, geändert werden.

b) Für einen bei Raumtemperatur aushärtenden Klebstoff mit $\tau_{a\,B\,K} = 30$ N/mm^2 ergibt sich die folgende Sicherheit, die als nicht ausreichend zu bewerten ist:

$$S = 2{,}9 \cdot \frac{30 \text{ N}/\text{mm}^2}{55 \text{ N}/\text{mm}^2} = 1{,}6$$

Ausführlicher Rechnungsgang:

$$\tau_{a\,\text{Sch}\,K} = \tau_{a\text{BK}}/3 = \frac{30 \text{ N}/\text{mm}^2}{3} = 10 \text{ N}/\text{mm}^2$$

$$S = \frac{\tau_{a\,\text{Sch}\,K}}{\tau_{a\,\text{vorh}}} = \frac{10 \text{ N}/\text{mm}^2}{140\,000 \text{ N}/22400 \text{ mm}^2} = 1{,}6$$

Setzt man $ü = l/s = 2 \cdot e_1/s = 10$, also $l = 100$ mm, so ergibt sich eine ausreichende Sicherheit:

$$S = \frac{10 \text{ N}/\text{mm}^2}{140\,000 \text{ N}/(2 \cdot 100 \text{ mm} \cdot 160 \text{ mm})} = 2{,}3$$

5.84
Ausgeführte Konstruktionen [2] (Klebschichtdicke vergrößert dargestellt)

a) Absperrschieber-Gehäuse (Fa. Döring GmbH, Sinn)
   linke Bildhälfte: geklebte Ausführung
   1 Klebfuge; Reparaturen durch Lösen bei 300 °C möglich
   rechte Bildhälfte: bisherige Bauart
   2 Dichtung

b) Kurbelgehäuse eines Kompressors (Fa. Westinghouse Bremsen GmbH, Hannover)
   1 Druckgussgehäuse
   2 eingeklebter Boden

c) Schaltmuffe
   untere Bildhälfte: bisherige Ausführung
   3 Grundkörper aus St, Verzahnung auf Stoßmaschine hergestellt
   4 Gleitlagerbuchse aus GG
   obere Bildhälfte: geklebte Ausführung, Fertigungskosten um 50% gesenkt
   1 Grundkörper aus GG
   2 aufgeklebtes Ritzel aus St, Verzahnung durch Abwälzfräsen hergestellt

d) Laufrad für Gleiskettenfahrzeug (Fa. Neodyne Corp., Waukesha, WI)
   1 eingeklebte Nabe aus EN AC-AlSi6Cu4
   2 Wabenkern aus 0,8 mm dicken gewellten, miteinander verklebten Blechscheiben aus AlMg3Si
   3 auf den Kern beiderseits aufgeklebte Scheiben zum Schutz des Kerns aus AlMg3Si
   4 eingeklebte Verschleiß- und Gleiskettenführungsringe aus St gehärtet
   5 auf den Kern geklebte Felgenbänder aus AlMg3Si
   6 Gummibandagen als Lauffläche

e) Reparatur an einem Kurbelgehäuse eines Dieselmotors für ein Großfahrzeug
   1 Kurbelgehäuse, Werkstoff EN AC-AlSi10Mg
   2 Zylinderlaufbuchse
   3 Kühlwasserraum
   4 Kavitation an der Zylinderlaufbuchsenaufnahme durch Relativbewegung zwischen 1 und 2; dadurch Schwächung der Auflage und Kühlwasserverlust
   5 Eingeklebter Ring als Reparaturlösung. Werkstoff Cr-Ni-Stahl. Die schadhaften Zonen im Gehäuse wurden ausgedreht.

Chemische Basis	Härtungsbedingungen		Scherfestigkeit τ_{aBK} ¹) der Klebverbindung in N/mm²	Betriebstemperatur in °C	Fügeteil-Werkstoff
	Druck in N/mm²	Temperatur in °C			
Polyester	Kein Zusammenpressen nötig, wenn Anlegen und Fixieren	13 ...23	Al-Al 15 ... 20	-70 ... +140	Metalle, Duroplaste, Glas, Keramik
Vinyl- bzw. Methacrylharze		20 ...80	35	... +100	Metalle, Duroplaste, Keramik
Epoxydharz		20 ... 250	Al-Al 7 ... 27 ... 35 St-St 18 ... 30 ... 55	-60 ... +80 ... +110	Metalle, Verbindungen von Werkstoffen verschiedener Ausdehnung (Duroplaste, Glas, Keramik)
Kunst-kautschuk		150 ... 250	10	... +200	Metalle, Gummi, Duroplaste, Glas
Epoxydharz	0,2	100 ... 260	Al-Al 25 ... 35	-55 ... +150	Metalle, Keramik
Kunst-kautschuk	0,3 ... 0,5	100 ... 180	speziell f. Bremsbeläge bei 20 °C 10 bei 200 °C 5	...+250	Metalle, Verbindungen von Werkstoffen verschiedener Ausdehnung
	1,0	160 ... 180	3 ·· 29	-45 ... +260	Metalle, Holz-Metall
Phenolharz	0,2 ... 0,3	150 ... 200	Al-Al 38	... +90	Metalle, Keramik, Duroplaste
	0,07 ... 0,7	140 ... 155	Al-Al 20	-60 ... +350	Metalle
modifiziertes Phenolharz	0,3 ... 2,0	145 ... 165	Al-Al 14 ... 38	-50 ... +90	Metalle, Metalle-Holz Metall-Bremsbeläge
Phenol-Poly-vinyl formal	0,07 ... 1,5	145 ... 180	Al-Al 30	-60 ... +300	Metalle-Gummi, Duroplaste, Holz, Metalle-Bremsbeläge

¹) Scherfestigkeitswerte gelten für $\delta = (0,05 ... 0,25)$ mm und 20 °C Betriebstemperatur. Sie sind abhängig von Härtungstemperatur und -dauer und untereinander nur grob vergleichbar. Nähere Angaben enthalten die VDI-Richtlinie 2229 und die Schriften der Hersteller.

5.85
Klebstoffe [6]

Literatur

[1] Brockmann, W.; Draugelates, U.: Phys. und technolog. Eigenschaften von Metallklebstoffen und ihre Bedeutung für das Festigkeitsverhalten von Metallklebverbindungen. DFBO-Mitteilungen (1968) H. 14.

[2] Eichhorn, F.; Hahn, O.: Das Festigkeitsverhalten von Metallklebverbindungen mit warmfesten Klebstoffen. DFBO-Mitteilungen (1970) H. 2.

[3] Endlich, W.: Kleb- und Dichtstoffe in der modernen Technik. 3. Aufl. Essen 1990.

[4] Käufer, H.: Konstruktive Gestaltung von Klebungen zur Fertigungs- und Festigkeitsoptimierung. Z. Konstruktion 36 (1984) H. 10.

[5] Klein, M.: Einführung in die DIN-Normen. 13. Aufl. Stuttgart 2001.

[6] Muschard, W. D.: Klebgerechte Gestaltung einer Welle-Nabe-Verbindung. Z. Konstruktion 36 (1984) H. 9.

[7] VDI-Richtlinie 2229: Metallklebverbindungen. Hinweise für Konstruktion und Fertigung.

[8] VDI-Richtlinie 3821: Kunststoffkleben.

6 Reib- und formschlüssige Verbindungen

6.1 Reibschlüssige Verbindungen

DIN-Blatt Nr.	Ausgabe-datum	Titel
254	4.03	Geometrische Produktspezifikationen (GPS) – Reihen von Kegeln und Kegelwinkeln; Werte für Einstellwinkel und Einstellhöhen
268	9.74	Tangentkeile und Tangentkeilnuten für stoßartige Wechselbeanspruchungen
271	9.74	Tangentkeile und Tangentkeilnuten für gleichbleibende Beanspruchungen
748 T1	1.70	Zylindrische Wellenenden; Teil 1: Abmessungen, Nenndrehmomente
1448 T1	1.70	Kegelige Wellenenden mit Außengewinde; Teil 1: Abmessungen
1449	1.70	Kegelige Wellenenden mit Innengewinde; Abmessungen
6881	2.56	Spannungsverbindungen mit Anzug; Hohlkeile, Abmessungen und Anwendung
6883	2.56	Spannungsverbindungen mit Anzug; Flachkeile, Abmessungen und Anwendung
6884	2.56	Spannungsverbindungen mit Anzug; Nasenflachkeile, Abmessungen und Anwendung
6886	12.67	Spannungsverbindungen mit Anzug; Keile, Nuten, Abmessungen und Anwendung
6887	4.68	Spannungsverbindungen mit Anzug; Nasenkeile, Nuten, Abmessungen und Anwendung
6889	2.56	Spannungsverbindungen mit Anzug; Nasenhohlkeile, Abmessungen und Anwendungen
7190	2.01	Pressverbände; Berechnungsgrundlagen und Gestaltungsregeln

Reibschlüssige Verbindungen werden zur Einleitung von axialen Kräften in Achsen und Wellen oder zur Übertragung von Drehmomenten benutzt.

Zu den reibschlüssigen Verbindungen gehören die Klemmverbindung mit geschlitzter oder geteilter Nabe, die Hohlkeil- und Kegelpressverbindung, die „Schrumpfscheiben", der Längs- und Querpressverband sowie Verbindungen mit federnden Zwischenteilen wie die Ringfeder-Spannelemente, die Ringspann-Sternscheibe, die Spannhülse und die Toleranzringe.

Formelzeichen

A	Schenkelquerschnitt
b	tragende Nabenbreite bzw. rechnerische Breite eines Ringspannelementes
D, d	Durchmesser von Nabe bzw. Welle
D_F	Fugendurchmesser
d_m	mittlerer Durchmesser des kegeligen Wellenendes
d_s	Schraubennenndurchmesser
E	Elastizitätsmodul
F	Kraft, allgemein
F_a	Axialkraft
F'_a	– zum Erreichen der Flächenpressung
F_0	– zum Ausgleich des Einbauspiels
F_1	Einpresskraft
F_s	Sprengkraft in der Nabe
F_V	Schraubenvorspannkraft
i	Schraubenzahl
l	Breite des Ringspannelements
l_1, l_2	Hebelarm
p, p', p''	Flächenpressung, Fugendruck
Q_N, Q_H	Durchmesserverhältnis D_i/D_a bzw. d_i/d_a
R_e	Streckgrenze
R^*_e	fiktive Streckgrenze
R_m	Zugfestigkeit
R_p	maximale Profilkuppenhöhe
$R_{p\,0,2}$	0,2-Grenze bei Zug
Rz	gemittelte Rautiefe
S_B, S_F	Sicherheitswert gegen Bruch bzw. Fließen des Werkstoffs

S_k	Zuschlag zu U_h für leichtes Fügen in der Fertigung
S_{max}	Höchstspiel zwischen Ring und Welle bzw. Bohrung bei Ringspannverbindungen
T_A	Anzugsmoment einer Schraube
T, T_{Nenn}	Drehmoment, Nenndrehmoment
$U, \Delta U$	Übermaß, -Verlust
U_h, U_m	Höchst- bzw. Mindestübermaß einer ISO-Passung
Z	nutzbares Haftmaß
z	Zahl der Ringspannelemente
α	Kegelwinkel
α_ϑ	linearer Ausdehnungskoeffizient
β_{kt}	Kerbfaktor bei Torsionsspannungen
ε	Längsdehnung
ε_q	Querdehnung bzw. -kürzung
ϑ, ϑ_0	Temperatur, Raumtemperatur
μ	Querzahl $= \varepsilon_q/\varepsilon$; Reibungszahl
μ_1, μ_q	Reibungszahl für Längs- bzw. Querpresssitze
ξ	bezogenes wirksames Übermaß
ξ_N	bezogene Aufweitung des Außenteils, Nabe
ξ_H	bezogene Zusammendrückung des Innenteils, Hohlwelle, Vollwelle
σ	Normalspannung
σ_v	Vergleichsspannung
ζ	Plastizitätsdurchmesser

Indizes

H	Hohlwelle
N	Nabe
W	Vollwelle
a	für axial, außen, Außenteil, Nabe

el	elastisch
ges	gesamt
i	für innen, Innenteil, Welle
pl	plastisch

6.1
Aufgeschrumpfter Ring (a) und aus dem Vollen gedrehter Bund (b) D_F, D_B Fugenbzw. Bunddurchmesser

Die Übernahme axialer Kräfte durch Achsen oder Wellen wird z. B. durch aufgeschrumpfte Ringe (**6.1a**) bewirkt. Deren Vorteil liegt in der Werkstoffersparnis, da der Durchmesser des Halbzeugs nur wenig über dem Fugendurchmesser zu liegen braucht, wogegen bei Ausführen eines Bundes (**6.1b**) von dessen Außendurchmesser ausgehend spangebend bearbeitet werden muss.

Beispiele für Drehmomentübertragung durch Reibungsschluss zeigen die Bilder **6.2** bis **6.6**. Reibschluss zwischen Nabe und Achse sowie zwischen Radscheibe und Radkranz, jedoch ohne Drehmomentübertragung, hat sich z. B. bei Schienenfahrzeugen bewährt.

Oft ist die Aufgabe zu lösen, ein Bauteil auf einer zylindrischen Führung leicht und schnell zu verschieben, dabei aber in jeder Lage feststellen zu können (**6.6**). Hier müssen Führungs- und Feststellfunktionen in einem Bauteil vereinigt werden.

6.2
Kegeliges Wellenende 1 mit Kupplungsnabe 2; Nabenüberstand, um Kerbwirkung zu verringern

6.3
Werkzeugaufnahme 1 für den Wendelbohrer 2 in einer Bohrmaschine

6.4
Längspresssitz eines Hebels 1 auf der Welle 2

6.5
„Gebaute" Kurbelwelle; Zapfen 1, 2, 3 in Wangen 4, 5 eingeschrumpft

6.6
Klemmverbindung mit geschlitzter Nabe an einer Säule oder Welle

6.1.1 Reibungsschluss

Bei den Reibschlussverbindungen werden die Flächen, an denen sich die zu verbindenden Teile berühren, so fest zusammengepresst, dass die Reibungskraft – auch Haftkraft F_H genannt – einer Verschiebung durch die äußere Kraft (F_U Umfangskraft bzw. F_a Axialkraft) widersteht.

Unter der Annahme einer **gleichmäßig** auf den Umfang $\pi \cdot D$ der Teilfuge verteilten **Flächenpressung** p ergibt sich bei der Kraftübertragung mittels einer geschlossenen (**6.7**) oder enganliegenden geteilten Nabe (**6.8**) die Haftkraft in Umfangsrichtung wie folgt:

$$F_H = \mu \cdot F_N = \mu \cdot p \cdot A = \mu \cdot \pi \cdot D \cdot b \cdot p \qquad (6.1)$$

Hierin ist μ die Reibungszahl der Ruhereibung und b die tragende Nabenbreite. Zur Vereinfachung wird für den Fugendurchmesser D_F der Nenndurchmesser D der Welle gesetzt.

6.7
Kraftübertragung durch Reibungsschluss; alle Kräfte in einem Punkt konzentriert gedacht

$F_n = \pi \cdot D_F \cdot b \cdot p$ auf den Umfang verteilte Anpresskraft (Normalkraft)

6.8
Klemmsitz mit geteilter Nabe

F_n Anpresskraft, F_V Vorspannkraft einer Schraube, $\Sigma F_V = F_n$

Die Haftkraft F_H muss bei der Drehmomentübertragung größer als die vom äußeren Moment T_{max} herrührende Umfangskraft F_u sein (s. Teil 2 Abschn. „Kupplungen und Bremsen"). Ebenso muss bei Übertragung von Axialkräften die Haftkraft in Längsrichtung F_{aH} größer als die Axialkraft $F_{a\,max}$ sein, wenn die Verbindung nicht rutschen soll.

$$F_H \geq F_u = 2 T_{max}/D \quad \text{bzw.} \quad F_{aH} \geq F_{a\,max} \tag{6.2}$$

Die zur Drehmomentübertragung erforderliche **Anpresskraft F_n** bzw. **Flächenpressung p** ist nach Gl. (6.1) und Gl. (6.2) sowie mit $F_n = p \cdot D \cdot b$ (s. Abschn. 2.1 unter Flächenpressung zwischen gewölbten Flächen)

$$F_n = \frac{2 \cdot T_{max}}{\mu \cdot \pi \cdot D} \quad \text{bzw.} \quad p = \frac{2 \cdot T_{max}}{\mu \cdot \pi \cdot b \cdot D^2} \tag{6.3} \quad (6.4)$$

Hieraus ergibt sich das **übertragbare Drehmoment**

$$T = \frac{\pi}{2} \cdot \mu \cdot F_n \cdot D \tag{6.5}$$

Eine über den Umfang überwiegend gleichmäßig verteilte Flächenpressung ist nur durch einen genauen Sitz der Welle in der Bohrung möglich (z. B. leichte Presspassung H8/n7). Die Anpresskraft (Normalkraft) F_n muss bei geteilten Naben durch die Vorspannkraft F_V der Schrauben aufgebracht werden, wobei die Anzahl der Schrauben zu berücksichtigen ist.

Mit **punktförmigem Kraftangriff** ist bei geteilten Naben zu rechnen, wenn ein zu weites Spiel gewählt wird (**6.9**).

6.9
Klemmsitz mit geteilter Nabe und großem Spiel; punktförmiger Kraftangriff

Das übertragbare Drehmoment

$$T = \mu \cdot F_n \cdot D_F = \mu \cdot p \cdot b \cdot D^2 \qquad (6.6)$$

ist um den Faktor $\pi/2$ kleiner als bei der Annahme gleichmäßig verteilter Flächenpressung. Entsprechend wird die vorhandene Flächenpressung $p = T_{max}/(\mu \cdot p \cdot b \cdot D^2)$.

Die weiteren Ausführungen beziehen sich auf die Übertragung von Drehmomenten, gelten jedoch sinngemäß ebenfalls bei axialen Kräften. Um eine sichere Haftung im ungünstigsten Betriebsfall und insbesondere auch bei kurzzeitigen Überlastungen zu gewährleisten, ist in Gl. (6.4) nicht das Nenndrehmoment T_{Nenn}, sondern das Maximaldrehmoment $T_{max} \approx (1,2...1,5) \cdot T_{Nenn}$ eingeführt. Sind besondere Bedingungen der Betriebsart, z. B. starke Momentstöße oder dynamische Zusatzkräfte (z. B. bei Zahnrädern) im Nenndrehmoment nicht erfasst, so wählt man $T_{max} \approx (2...4) \cdot T_{Nenn}$ bzw. berücksichtigt die Betriebsart durch den Betriebsfaktor φ (s. unten) und setzt $T_{max} = \varphi \cdot T_{Nenn}$. Als Ruhereibungszahl wird, je nach Art des Fügens, μ_l (Längspresssitz) oder μ_q (Querpresssitz) eingesetzt (Bild **6.10**).

Dampf- und Wasserturbinen, Schleifmaschinen, leichte Betriebsstöße $\varphi = 1,0 ... 1,1$
Kolbenmaschinen (Brennkraftmaschinen, Pumpen und Verdichter), Hobelmaschi- $\varphi = 1,2 ... 1,5$
nen; mittelstarke Betriebsstöße
Schmiedepressen (Spindel- und Gesenkpressen), Abkantpressen, starke Betriebsstöße $\varphi = 1,6 ... 2,0$
mechanische Hämmer, Walzwerkmaschinen, Steinbrecher; sehr starke Betriebsstöße $\varphi = 2,0 ... 3,0$

In der Praxis sind für Gl. (6.1) T_{max} und D meist vorgegebene Werte, wogegen μ, p und b zunächst noch frei wählbar sind; μ hängt von der Werkstoffpaarung sowie vom Schmierzustand und der Rautiefe der Fugenoberfläche ab. Günstig sind trockene Oberflächen (evtl. chemisch entfetten) und kleine Rautiefen (durch Feindrehen, Schleifen usw. erzielbar). Die größte zulässige Flächenpressung p_{max} erhält man nach Gl. (6.44), (6.57) und (6.62) aus der zulässigen Spannung für die Wanddicken von Nabe und Welle (evtl. Hohlwelle). Da bei Klemm- und Kegelverbindungen die Flächenpressung mittelbar durch Anziehen von Schrauben erzeugt wird, sind diese Werte von p_{max} nur dann zuverlässig erzielbar, wenn Drehmomentschlüssel verwendet werden. Im Allgemeinen verzichtet man aber hierauf und setzt kleinere p_{zul}-Werte ein (Richtwerte für μ und p_{zul} s. Bild **6.10**). Die Mindestnabenbreite ergibt sich dann aus Gl. (6.4) mit D als Fugen- bzw. Nenndurchmesser der Welle bei gleichmäßig verteilter Flächenpressung

$$b_{min} = \frac{2 \cdot T_{max}}{\mu \cdot \pi \cdot D^2 \cdot p_{zul}} \quad \text{mit} \quad \mu = \mu_q \ \text{bzw.} \ \mu_l \qquad (6.7)$$

Werkstoffpaarung	St/St und St/GS			St/GG		St/Al und Mg	St/CuZn
Behandlungsart	Öl	trocken	unterkühlt	Öl	trocken	trocken	trocken
μ_q; [$\mu_l \approx (2/3) \cdot \mu_q$]	0,1 ... 0,2	0,15 ... 0,2	0,1 ... 0,15	0,08	0,1 ... 0,18	0,10 ... 0,15	0,17 ... 0,2
p_{zul} [2]) in N/mm^2		50 ... 90 (... 130)			30 ... 50 (... 70)		

[1]) μ_l nur für Längspresssitze und Kegelverbindungen.
[2]) Bei Ringspannverbindungen ist p_{zul} nach den Gl. (6.53) bis (6.56) aus den p'_{zul} Werten für Pressverbindungen unter Berücksichtigung eines Verspannungsfaktors c (s. Abschn. 6.1.4) zu bestimmen.

6.10
Reibungszahlen μ (reibschlüssige Verbindungen) und zulässige Flächenpressung für Klemm- und Kegelsitze

6.1.2 Klemmverbindung

Beim Klemmsitz mit geschlitzter Nabe (**6.6**) wird die Anpresskraft durch Schrauben und beim Klemmsitz mit geteilter Nabe (**6.8**) durch Schrauben, Kegelringe oder Schrumpfringe erzeugt.

Welle-Naben-Verbindungen mit geschlitzter, durch Schraubenkraft verspannter Nabe werden häufig im Kleinmaschinenbau und in der Feinwerktechnik verwendet. Vorteilhaft sind die einfache Herstellung und Montage und die Eignung für dynamische Belastung.

Die Auslegung von Klemmverbindungen mit einer geschlitzten Nabe kann anhand zweier Modellvorstellungen vorgenommen werden.

1. Ein-Gelenkpunktmodell (6.11): Der Schlitzgrund wird als Gelenk, die beiden Schenkel werden als starre Hebel gedacht. Über die Längen l_1 und l_2 und aus der für die Übertragung des Moments T_{max} erforderlichen Normalkraft bei punktförmigem Kraftangriff $F_n = T_{max}/\mu \cdot D$, s. Gl. (6.6), wird die notwendige **Schraubenkraft** F_V berechnet:

$$F_v = \frac{l_2}{l_1} \cdot F_n = \frac{l_2}{l_1} \cdot \frac{T_{max}}{\mu \cdot D}$$

(6.8)

6.11
Klemmsitz mit geschlitzter Nabe

l gedachter Gelenkhebel
F_V Schraubenkraft
F_n Normalkraft

Für den Fall $l_1 = 2 \cdot l_2$ ist $F_V = T_{max}/(2 \cdot \mu \cdot D)$ bzw. das übertragbare Moment

$$T = 2 \cdot \mu \cdot D \cdot F_V$$

(6.9)

Bei gleichmäßig auf den Umfang verteilter Flächenpressung erhält man mit Gl. (6.8) die **Schraubenkraft**

$$F_v = \frac{l_2}{l_1} \cdot F_n = \frac{l_2}{l_1} \cdot \frac{2 \cdot T_{max}}{\pi \cdot \mu \cdot D}$$

(6.10)

und mit $F_H = \pi \cdot \mu \, F_V \, l_1/l_2$ das **übertragbare Moment**

$$T = \frac{\pi \cdot l_1}{2 \cdot l_2} \cdot \mu \cdot D \cdot F_v$$

(6.11)

und für $l_1 = 2 \cdot l_2$

$$T = \pi \cdot \mu \cdot D \cdot F_V$$

(6.12)

Auf Grund der Eingelenk-Modellvorstellung ergibt sich im engsten Schenkelquerschnitt $A = [(h - D)/2]\cdot b$ eine **Biegespannung** $\sigma_b = M_b/W_b$ mit $M_b = F_V\cdot l_3$ und $W_b = (b/6)\cdot[(D/2)\cdot((h/D) - 1)]^2 = (A/6)\cdot(D/2)\cdot[(h/D) - 1]$ zu

$$\sigma_b = \frac{12\cdot l_3\cdot F_V}{A\cdot D\cdot\left(\dfrac{h}{D}-1\right)} \qquad (6.13)$$

In diese Gleichung kann die Schraubenkraft F_V nach Gl. (6.8) oder Gl. (6.10) eingesetzt werden. Ist der Schraubendurchmesser bereits gewählt oder vorgegeben, dann wird in die Gleichungen (6.9), (6.11), (6.12) und (6.13) für F_V die zulässige Schraubenvorspannung eingesetzt, wobei die Anzahl der Schrauben zu berücksichtigen ist. Die Größe der Spannung bzw. auch des übertragbaren Momentes werden durch die Wahl des Gelenkpunktes beeinflusst. Unsicher ist seine Lage insbesondere dann, wenn der Schlitz über die andere Seite der Bohrung hinausgeht. Die zulässige Biegespannung wird daher allgemein mit einem hohen Sicherheitsfaktor $S = 2$ festgelegt. Auf Grund folgender Überlegungen ist ein solch hoher Sicherheitsfaktor aber nicht erforderlich, wenn nach Gl. (6.13) gerechnet wird.

Für $l_3 = D$ und $h/D = 1,6...2,0$ ergibt Gl. (6.13) $\sigma_b = (12...20)\cdot F_V/A$. Nach *Eberhard* [7] liefert diese Gleichung (3, 4...5, 7 mal) höhere Spannungen als die am Nabenrand gemessenen. Es wird daher ein Anhaltswert für die **größte Randspannung** vorgeschlagen, der sich aus der Vorspannkraft F_V und dem Schenkelquerschnitt A ermitteln lässt:

$$\sigma_{max} \approx 3,5\cdot\frac{F_V}{A} \qquad (6.14)$$

6.12
Kräfte in der Klemmverbindung als Zwei-Gelenkpunktmodell

G_1, G_2 Gelenkpunkte, $B_1 ... B_3$ Berührungspunkte, F_K Kontaktkraft zur Verformung der Schenkel, F_V Schraubenkraft, $F_A = F_V - F_K$

Diese Gleichung (6.14) gilt für Abmessungen $h/D = 1,6...2$; $b/D = 0,8...1$ und $l_3/D = 0,8...1$. Vorausgesetzt ist ein mittleres Spiel bei H7/g6, maximale Belastung durch das äußere Moment T_{max}, eine Reibungszahl $\mu = 0,15$ und Nabe sowie Welle aus Stahl. Der mögliche Fehler muss mit ± 30% in Rechnung gesetzt werden. Zur Bemessung der Nabenschenkel muss $\sigma_{max} \leq R_e/S$ sein, mit dem Sicherheitsfaktor $S \approx 1,1...1,5$.

2. Zwei-Gelenkpunktmodell (6.12) [7]: Zur Erzielung leichter Verschieblichkeit der geschlitzten Nabe bei gelöster Klemmschraube kommt nur Spielpassung in Betracht. Das Spiel muss durch Verformung der Schenkel beim Anziehen der Schrauben überwunden werden, wodurch ein Teil der Vorspannung der Schrauben erforderlich ist. Spannungsoptische Untersuchungen sowie die Auswertung von Druckmarken auf den Kontaktflächen ausgeführter Klemmschlitznaben zeigten, dass sich die Flächenpressung auf drei Berührungspunkte $B_1 ... B_3$ konzentriert (**6.12**). Auf Grund dieser Feststellung wurde für die Berechnung der Spannung am Nabenrand sowie der Normalkräfte F_n in den Berührungspunkten das Zweigelenkpunktmodell eingeführt. Die Punkte G_1 und G_2 sind hierbei die Gelenkpunkte, um die sich beide Nabenschenkel bei der Überwindung des Spiels bis zur Anlage frei drehen können. Das übertragbare Drehmoment ergibt sich aus der Summe der drei Normalkräfte $F_{n1} ...F_{n3}$, multipliziert mit dem halben Bohrungsdurchmesser $D/2$ und der Reibungszahl μ.

$$T = \mu \cdot (D/2) \cdot (F_{n1} + F_{n2} + F_{n3}) \tag{6.15}$$

Die Normalkräfte F_{n1} und F_{n2} ergeben sich aus der Gleichung $F_n = [F_A \cdot (k + l_3)/a]$ mit der Kraft F_A aus der Differenz von Schraubenvorspannung F_V und Kontaktkraft F_K: $F_A = F_V - F_K$. Die Kontaktkraft wird zur Verformung der Schenkel benötigt. Sie ist vom Spiel und vom Nabenquerschnitt abhängig (Angaben s. [7]). Die Normalkraft F_{n3} berechnet man mit dem Berührungswinkel α nach der Gleichung $F_{n3} = (F_{n1} + F_{n2}) \cdot \cos \alpha$.

Ohne Berücksichtigung der Kontaktkraft F_K ergeben sich in Abhängigkeit der Schraubenvorspannung F_V aus dem Momentengleichgewicht um G_1 und G_2 für die Normalkräfte (**6.11**) F_{n1} = $[F_V \cdot (k + l_3)/(a + \mu \cdot c)]$ und $F_{n2} = [F_V \cdot (k + l_3)/(a - \mu \cdot c)]$ mit $k = \sin \alpha_g \cdot r_g$; $a = \cos(\alpha - \alpha_g) \cdot r_g$ und $c = (D/2) - \sin(\alpha - \alpha_g) \cdot r_g$.

Wegen des aufwändigen Berechnungsganges, der zur Ermittlung der Gelenkpunkte G notwendig ist, wird folgende **überschlägige Berechnung** für das übertragbare Drehmoment empfohlen [7]. Sie gilt für Werte $h/D = 1,4...2$; $k \approx (0,05...0,2) \cdot D$ und $l_3 \approx 0,9 \cdot D$ sowie für die dafür ermittelten Normalkräfte $F_{n1,2} \approx 1,5 \cdot F_V$. Unter Berücksichtigung kleiner Winkel α ist die dritte Normalkraft $F_{n3} = F_{n1} + F_{n2}$ und damit $\Sigma F_n \approx 6 \cdot F_V$. Das übertragbare Drehmoment beträgt somit

$$T = \mu \cdot (D/2) \cdot \Sigma F_n = 3 \cdot \mu \cdot D \cdot F_V \tag{6.16}$$

Vergleiche Gl. (6.5) mit Gl. (6.9) und Gl. (6.11). Unberücksichtigt ist dabei der Verlust durch Überwindung des Spiels. Überschlägig kann dieser Verlust mit 10% der Vorspannung in Rechnung gesetzt werden. Dann beträgt das **übertragbare Drehmoment**

$$\boxed{T = 2{,}7 \cdot \mu \cdot D \cdot F_V} \tag{6.17}$$

und unter der Annahme einer gleichmäßigen Verteilung über den Umfang mit $F_V = (l_2/l_1) \cdot F_n$ nach Gl. (6.8) die **Flächenpressung**

$$\boxed{p = \frac{l_1}{l_2} \cdot \frac{T}{2{,}7 \cdot \mu \cdot b \cdot D^2}} \tag{6.18}$$

Beispiel 1

Der Hebel aus S275J2G3 (St44-3) eines Steuergestänges soll mittels Klemmverbindung (**6.11**) auf einer Welle mit Spielpassung befestigt werden.

Gegeben: Welle aus E335 (St60-2) mit $D = 20$ mm; Nabenhöhe $h = 40$ mm, Breite $b = 25$ mm, die Längen $l_3 = 0,9 \cdot D = 18$ mm, $l_2 = 1,2 \cdot (D/2) = 12$ mm, $l_1 = l_2 + l_3 = 30$ mm; eine Schraube M8 der Festigkeitsklasse 6.9 mit $F_{V\,zul} = 14200$ N (s. Abschnitt 7).

Fragen

1. Wie groß ist das übertragbare Drehmoment T bei voller Ausnutzung der zulässigen Schraubenvorspannung $F_{V\,zul}$?
2. Ist die vorhandene Schenkelspannung zulässig?
3. Ist die vorhandene Flächenpressung zulässig?
4. Ist die Torsionsspannung in der Welle zulässig?

Lösung

1. **Ohne** Berücksichtigung von 10% Vorspannungsverlust zur Überwindung des Spiels ist nach Gl. (6.17) mit $\mu = 0,15$ das übertragbare Drehmoment

$$T = 2,7 \cdot \mu \cdot D \cdot F_V = 2,7 \cdot 0,15 \cdot 20 \text{ mm} \cdot 14\,200 \text{ N} = 115\,020 \text{ Nmm}.$$

2. In dem engsten Schenkelquerschnitt $A = [(h - D)/2] \cdot b = [(40 - 20) \text{ mm}/2] \cdot 25 \text{ mm} = 250 \text{ mm}^2$ ist nach Gl. (6.14) $\sigma_{max} \approx 3,5 \cdot F_V/A = 3,5 \cdot 14\,200 \text{ N}/250 \text{ mm}^2 = 199 \text{ N/mm}^2$. Bei Berücksichtigung eines Fehlers von $\pm 30\%$ wird $\sigma_{max} = (139 \dots 259) \text{ N/mm}^2$. Mit der Streckgrenze $R_e = 265 \text{ N/mm}^2$ aus der Bild **1.7** für S275J2G3 (St44-3) ist die Sicherheit $S = R_e/(\sigma_{max} = 265/(139\dots259) = 1,9\dots1,02$. Die vorhandene Schenkelspannung ist somit noch zulässig.

3. Die Flächenpressung ergibt sich mit Gl. (6.18)

$$p = \frac{l_1}{l_2} \cdot \frac{T}{2,7 \cdot \mu \cdot b \cdot D_2} = \frac{30}{12} \frac{115\,020 \text{ N/mm}}{2,7 \cdot 0,15 \cdot 25 \text{ mm} \cdot 20^2 \text{ mm}^2} = 71 \text{ N/mm}^2$$

Die zulässige Flächenpressung $p_{zul} = 75 \text{ N/mm}^2$ nach Bild **6.10** wird damit nicht überschritten.

4. Die Torsionsspannung ist nach Gl. (2.14)

$$\tau_t = T / W_t = 16 \cdot 115020 \text{ Nmm} / (\pi \cdot 20^3 \text{ mm}^3) = 73,22 \text{ N/mm}^2$$

Legt man für E335 (St60-2) als Grenzspannung die Schwellfestigkeit $\tau_{tsch} = 220 \text{ N/mm}^2$ aus dem Bild **1.7** zugrunde, so erhält man als ausreichende Sicherheit

$$S = \tau_{tsch} / \tau_t = 220 / 73,22 \approx 3. \qquad \blacksquare$$

6.1.3 Kegelverbindung

Ersetzt man den Fugendurchmesser D_F (**6.7**) durch den mittleren Kegeldurchmesser d_m (**6.13**), so gelten die Gl. (6.3) bis (6.7) auch für Kegelverbindungen. Allerdings steht jetzt die Normalkraft F_n nicht mehr senkrecht zur Wellenachse, sondern zur Kegelmantellinie. Die Flächenpressung wird durch eine in axialer Richtung auf die Nabe wirkende Kraft F_a erzeugt. Aus (6.13) ergibt sich mit $F_w = F_n/\cos \rho = F_u/(\mu_1 \cdot \cos \rho)$

$$F_a = \frac{F_u}{\mu_1 \cdot \cos\rho} \cos\left[\left(90 - \frac{\alpha}{2}\right) - \rho\right] \tag{6.19}$$

Nach Umformen und Einsetzen von $F_u = 2 \cdot T/d_m$ erhält man die **Mindest-Axialkraft**

$$F_{a\,min} = \frac{2T_{max}}{d_m} \cdot \frac{\sin\alpha/2 + \mu_1 \cdot \cos\alpha/2}{\mu} \tag{6.20}$$

Für den Normkegel 1:10 (DIN 254) und $\mu_1 = 0,1$ errechnet man die durch Schrauben zu erzeugende Axialkraft nach der Zahlenwertgleichung

$$F_{a\,min} = \frac{20 \cdot T_{max}}{d_m} \cdot 1,4987$$
$$\approx 30 \cdot \frac{T_{max}}{d_m} \tag{6.21}$$

in N mit T_{max} in Ncm und d_m in mm.

Der Spannungsnachweis erfolgt wie bei Querpressverbindungen (Gl. (6.35)) mit $Q_N = d_m/D_a$ und $p = p_{zul}$

$$\sigma_{vi\,N} = 2 \cdot p \cdot \frac{1}{1 - Q_N^2} \le \sigma_{zul} \tag{6.22}$$

Aus Gl. (6.7) wird mit d_m die Nabenlänge b_{min} bestimmt. Sie entspricht hier der tragenden Nabenbreite b bzw. der Höhe des tragenden Kegels. Wegen der Kerbwirkung muss die Nabe über das Kegelende hinausstehen. (Kegelwinkel α siehe Bild 6.14).

Die Einleitung der axialen Kraft F_a bei kegeligen Wellenenden (6.13) geschieht meist über Gewindezapfen mit Feingewinde. Als Mutter wird wegen ihrer geringen Höhe häufig eine

6.13
Kräfte an einem kegeligen Wellenende, in einem Punkt konzentriert gedacht. Nabe unter der Mittelinie nicht dargestellt; α Kegelwinkel, $F_H = F_U = \mu \cdot F_n = \tan \rho \cdot F_n = \mu_1 \cdot F_n$. Dabei wirkt $F_u \perp$ zur Zeichenebene am Umfang von d_m. Annahme: Reibungszahlen der Längs- und Querrichtung sind gleich groß, $\mu_1 = \mu_q$

Nutmutter nach DIN 1804 mit Sicherungsblech (DIN 462) benutzt. Oft ist eine Druckscheibe notwendig, um die Flächenpressung zu begrenzen. Der Gewindezapfen des Wellenendes wird am Gewindeende hinterdreht. Das zur Erzeugung der axialen Kraft F_a erforderliche Anziehdrehmoment an der Mutter kann nach Gl. (7.15) bestimmt werden (s. Abschn. „Schraubenverbindungen"). Die Verwendung einer Passfeder im reibschlüssigen Kegel-Wellenende ist in der Regel nicht sinnvoll, da die Nabennut eine scharfe Kerbe darstellt. Außerdem soll im Sinne einer eindeutigen Konstruktion das Drehmoment entweder durch Kraft- oder aber durch Form-schluss übertragen werden.

Kegel-Steigung	Kegelwinkel α		Anwendung
7:24 (1:3,429)	16°35'40''	16,594°	Steilkegel für Frässpindelköpfe DIN 2079 und Fräswerkzeuge DIN 2080
1:5	11°25'16''	11,421°	leicht abnehmbare Maschinenteile bei Beanspruchung quer zur Achse und auf Verdrehung; Spurzapfen, Reibungskupplungen, Bohrung von Keilriemenscheiben, Schleifscheibenbefestigungen, Absperrkegel für Ventile im Schiffbau, Kegeldichtungen zu Tankanlagen, Schlauchanschlussteile für Druckluftwerkzeuge, Glaskegelschliffe.
1:10	5°43'30''	5,725°	Maschinenteile bei Beanspruchung quer zur Achse, auf Verdrehung und längs der Achse; kegelige Wellenenden, nachstellbare Lagerbuchsen, Gesenkfräser, Nietlochreibahlen, Glaskegel-schliffe, Injektionsgeräte
1:20	2°51'52''	2,864°	metrische Kegel, Werkzeugkegel nach DIN 228, Werkzeug-schäfte u. Aufnahmekegel der Werkzeugmaschinenspindeln; metrisches, kegeliges Feingewinde für Lötgeräte. Reibahlen: DIN 205, DIN 1896, Lehren: DIN 234, DIN 235, DIN 2221, DIN 2222

6.14
Kegel mit kreisförmigem Querschnitt nach DIN 254

6.1.4 Spannverbindung

Reibschlüssige, lösbare Spannverbindungen werden auf glatten, ungenuteten Wellen und in durchgehend glatten Nabenbohrungen eingesetzt und verspannt. Sie können große Drehmo-mente und Axialkräfte spielfrei bei Wechselbeanspruchung mit hoher Rundlaufgenauigkeit übertragen. Diese Art der Welle-Nabe-Verbindung wurde in vielen Varianten entwickelt, die ein schnelles Wechseln von Teilen auf Wellen und Einstellen der Teile an jeder gewünschten Stelle ermöglichen. Auch wegen der geringen Kerbwirkung und der Materialersparnis bietet sich ihr Einsatz dort an, wo bisher Schrumpfsitze, Keil-, Passfeder- und Polygonverbindungen sowie Vielkeilprofile angewendet wurden.

Ringspann-Verbindung. Diese reibschlüssige Verbindung beruht auf dem Prinzip der Ringfe-der. Durch gegenseitiges axiales Verspannen der beiden geschlossenen Ringe in Bild **6.15** ent-stehen in diesen hauptsächlich tangentiale Zug- und radiale Druckspannungen, die Erweiterun-gen bzw. Verengungen der Durchmesser bewirken. Setzt man ein Ringpaar oder mehrere derar-tige Ringpaare zwischen glatte zylindrische Wellen und Bohrungen, so lässt sich mit der Axi-alkraft F_a eine hohe Flächenpressung in den Fugen erzielen, die die Übertragung großer und auch ungleichförmiger Drehmomente ermöglicht.

6.15
Kräfte an einer Ringspann-Verbindung mit einem Spannelement

Nabenseitige Verspannung

1 Achse oder Welle	4 Spannschraube
2 Nabe	5 Spannelement
3 Spannring	

(Indizes: a Außen- bzw. Axial-, i Innen-, H Haft-, n Normal-)

6.16
Vier-Element-Ringspann-Verbindung mit wellenseitiger Verspannung, vereinfacht dargestellt.
Moment je Element $T = c \cdot T_1$

Verspannungsfaktor c:
Wellenseitige Verspannung $c = 0{,}6$
Nabeseitige Verspannung $c = 0{,}8$

Die Höhe des übertragbaren Drehmoments ist durch die ertragbare Flächenpressung des Wellen- und Nabenwerkstoffes, also durch R_e bzw. R_m, und durch die Torsionswechselfestigkeit τ_{tW} bzw. die Torsionsschwellfestigkeit τ_{tSch} der Welle begrenzt. Wegen der geringen Kerbwirkung ($\beta_{kt} = 1{,}1...1{,}3$) erreicht diese Verbindung 75 bis 90% der Torsionswechselfestigkeiten glatter Wellen. Bei Verwendung von z hintereinander geschalteten gleichen Ringpaaren (Bild **6.16**) übertragen diese die Kraft nicht gleichmäßig; infolge der Reibungsverhältnisse tritt eine Abnahme der Flächenpressung und somit des Kraftschlusses ein, die etwa gemäß der Normreihe R40/12 mit dem Stufensprung 2 verläuft. Eine Erhöhung der Zahl der Elemente über $z = 4$ bringt dem gemäß keinen nennenswerten Gewinn.

Das durch das erste Ringelement (Bild **6.16**) übertragbare Drehmoment ist

$$T_1 = T_{max} \cdot (1\text{-}0{,}5)/(1\text{-}0{,}5^z) \tag{6.23}$$

Die erforderliche tragende Innenringbreite eines Elementes wird

$$b = \frac{2 \cdot T_1}{\mu_q \cdot \pi \cdot d_a^2 \cdot p_{zul}} \leq l \tag{6.24}$$

Hierin ist l die wahre Breite des Elements, s. Bild **6.17**. Ist die gesamte Nabenbreite gleich der Breite eines Elements, so gelten für p_{zul} die Werte von p'_{zul} in Gl. (6.53) bis (6.55). Da die Nabenbreite jedoch praktisch meist größer ist, verringern sich die auftretenden Spannungen, so dass die Flächenpressung höher gewählt werden kann: $p_{zul} \approx p'_{zul}/c$ mit $c \approx 0{,}6$ bei wellenseitiger (Bild **6.16**) und $c \approx 0{,}8$ bei nabenseitiger Verspannung (Bild **6.15**). Diese Werte gelten auch bei mehreren Elementen, da sich p_{zul} auf das erste Element als das höchstbelastete bezieht. Für die Reibungszahl bei trockenen Oberflächen und $Rz \leq 6$ μm gilt $\mu_q \leq 0{,}15$. Den Verlauf der Druckspannung σ_d in Folge der Flächenpressung, der Torsionsspannung τ_t und der für den qualitativen Vergleich durch Addition zusammengesetzten Spannung σ_v in der Welle einer Vier-Elemente-Verbindung zeigt Bild **6.16**. Bemerkenswert ist die hohe Flächenpressung am ersten Ringelement sowie der allmähliche Abfall bis zum letzten Element, also der günstige Spannungsübergang zur Welle hin als der Stelle des Drehmomenteintritts in die Nabe (s. auch Abschn. 10.3.1, Kräfte in einer Weichpackungsstopfbuchse).

Im Gegensatz zur Kegelverbindung muss hier die Axialkraft $F_{a\,ges}$ unterteilt werden in einen Anteil F_0 zum Ausgleich des Einbauspiels der Ringe und eine Kraft F'_a, die die Flächenpressung bewirkt:

$$F_{a\,ges} = F_0 + F'_a \tag{6.25}$$

Nach Angaben des Herstellers gilt für den Spielausgleich die Zahlenwertgleichung

$$F_0 \approx 277000 \cdot l \cdot S_{max} \cdot (D_i - d_a)/(D_i + d_a) \quad \text{in N} \tag{6.26}$$

mit l, D_i, d_a in mm und S_{max} in mm als Höchstspiel zwischen Ring und Welle bzw. Bohrung (s. Abschn. 3). Die Kraft F'_a ergibt sich aus der Größengleichung

$$F'_a = \mu_q \cdot \pi \cdot d_a \cdot l \cdot p_{vorh}/0,36 \tag{6.27}$$

Das Schlüsselanzugsmoment für i Schrauben mit dem Durchmesser d_s ist

$$T_A \approx 0,26\, F_{a\,ges} \cdot d_s/i \tag{6.28}$$

Für die Auslegung der Schrauben setzt man $F_{a\,ges}/i = F_V = F_{max}$ (s. Abschn. 7) und wählt als Festigkeitsklasse der Schrauben 8.8 oder 10.9.

Bei der Ringfederspannverbindung unterscheidet man wellen- und nabenseitige Verspannung. Bei der ersteren, Bild **6.16**, darf in Folge der geringeren Spannung des letzten Elements der Wellenbund sehr klein sein oder auch durch einen Sicherungsring (DIN 471) ersetzt werden. Bei der vorzugsweise zu verwendenden nabenseitigen Verspannung (**6.15**, **6.18a**) erfolgt die Verspannung durch mehrere Schrauben, die kreuzweise mit einem Drehmomentschlüssel angezogen werden. Auch hier kann das letzte Element durch einen Bund oder einen Sicherungsring (DIN 472) festgelegt werden. Bei längeren Naben ist ein Distanzstück (**6.18b**) für symmetrische Auflage zweckmäßig. Es ist darauf zu achten, dass der Druckflansch stets am Außenring des ersten Elements angreift und dass der Drehmomenteintritt am letzten Element mit der kleinsten Flächenpressung erfolgt. Als Passungen werden empfohlen: Zwischen Welle und Innenring bzw. Außenring und Bohrung für $d_a \leq 38$ mm E7/h6 bzw. H7/f7, für $d_a > 38$ mm E8/h8 bzw. H8/e8. Bild **6.17** zeigt eine Auswahl von Ringfeder-Spannelementen.

Eine Vielzahl verschiedenartig gestalteter Fertig-Spannsätze (**6.19**) und (**6.20**) ermöglicht wirtschaftliche Anwendungen. Beim Spannsatz nach Bild (**6.19**) werden geschlitzte Innen- und Außenringe mit Hilfe der Spannschrauben und Druckringe nach außen gegen die Nabe und nach innen gegen die Welle gedrückt.

Ringfeder-Spannelemente												Ringfeder-Spannsätze							
d	D	L	l	d	D	L	l	d	D	L	l	d	D	L	l	d	D	L	L
9	12	4,5	3,7	40	45	8	6,6	70	79	14	12,2	30	55	20	17	90	130	28	24
⋮	⋮	⋮	⋮	42	48	8	6,6	71	80	14	12,2	35	60	20	17	95	135	28	24
20	25	6,3	5,3	45	52	10	8,6	75	84	14	12,2	40	65	20	17	100	145	30	26
22	26	6,3	5,3	48	55	10	8,6	80	91	17	15	45	75	24	20	110	155	30	26
25	30	6,3	5,3	50	57	10	8,6	85	96	17	15	50	80	24	20	120	165	30	26
28	32	6,3	5,3	55	62	10	8,6	90	101	17	15	60	90	24	20	130	180	38	34
30	35	6,3	5,3	56	64	12	10,4	95	106	17	15	65	95	24	20	140	190	38	34
32	36	6,3	5,0	60	68	12	10,4	100	114	21	18,7	70	110	28	24	150	200	38	34
35	40	7,0	6,0	63	71	12	10,4	110	124	21	18,7	75	115	28	24	160	210	38	34
36	42	7,0	6,0	65	73	12	10,4	120	134	21	18,7	80	120	28	24	170	225	44	38
38	44	7,0	6,0									85	125	28	24	180	235	44	38

d in mm	Toleranzen			
	Welle	Nabe	Spannelement innen	außen
≤ 38	h 6	H 7	E 7	f 7
> 38	h 8	H 8	E 8	e 8

Rautiefen: $Rz ≤ 6$ μm
Ringwerkstoff: Sonderstahl, vergütet

Spannring-paar   Spannsatz

L Einbaulänge; l Anlagebreite des Ringspannelementes (Werksnormen Ringfeder GmbH, Krefeld-Uerdingen)

6.17
Ringfeder-Elemente (Auswahl; Maße in mm)

6.18
Nabenseitige Ringspannverbindung

a) für normale Nabenlängen
b) für längere Naben mit Distanzstück 1

6.19
Verbindung mit Hilfe eines Spannsatzes
(Fertig-Einbauteil)

6.20
Schrumpfscheiben-Verbindung

1 Spannring   3 Spannschrauben
2 Scheiben   4 Dichtung

„Schrumpfscheiben"-Verbindung (6.20). Der ungeteilte, bei manchen Ausführungen auch geteilte, doppelkegelige Spannring (1) wird durch die beiden Außenscheiben (2), die mittels Spannschrauben (3) gegeneinander angezogen werden und sich dabei auf die kegeligen Flächen schieben, gegen die Nabe gedrückt. Die Verformung der Nabe überbrückt das Passungsspiel zwischen Nabe und Welle und ermöglicht das Aufbringen des zur Drehmomentübertragung notwendigen Fugendrucks. Der Dichtungsring (4) verhindert das Eindringen von Feuchtigkeit und Schmutz in den Innenraum des Spannsatzes.

Ringspannscheiben. Die reibschlüssige Verbindung wird durch radiale Verspannung zwischen Welle und Bohrung mittels dünnwandiger, flachkegeliger, elastischer Ringscheiben (Ringspann Albrecht Maurer KG, Bad Hornburg) (6.22) bewirkt. Beim Flachdrücken des Kegels durch eine axiale Betätigungskraft vergrößert sich der Außendurchmesser unter gleichzeitiger Verkleinerung des Innendurchmessers. Die Radialkraft wird hierbei fünf- bis zehnmal größer als die Axialkraft. Durch Anordnung mehrerer Scheiben hintereinander lassen sich große Drehmomente oder Längskräfte übertragen. Die Verbindung ist spielfrei und verursacht keine Unwucht. Sie wird vorteilhaft zur Befestigung u. a. von Riemenscheiben, Kettenrädern, Zahnrädern, Kupplungen, Handrädern, zur winkelgenauen Einstellung von Kurvenscheiben und Hebeln sowie besonders auch bei Spannwerkzeugen für Fertigungszwecke benutzt, Bild **6.23** und **6.24** (s. auch Teil 2 Reibscheibenkupplungen). Maße siehe Bild **6.21**. In der Bohrung festverspannter Werkzeuge, Bild **6.24**, sitzen Ringspannscheiben 1 unter Spannung auf dem Grunddorn 2. Sie dürfen sich weder beim Spannen noch beim Lösen des Werkstücks 3 auf ihrem inneren Sitz verschieben. Die umgekehrte Bauart führt zu einer Spannvorrichtung für ein Werkzeug mit zylindrischem Schaft.

d	D	s	T'_{max}	F'_{ax}	d	D	s	T'_{max}	F'_{ax}	d	D	s	T'_{max}	F'_{ax}
3	14	0,5	4	60	40	62		4000	4000	70	90		13800	7900
⋮	⋮	⋮	⋮	⋮	45	62		5300	4700	75	100		16300	8600
20	37	0,9	830	1660	50	70	1,15	6450	5200	80	100	1,15	18500	9200
25	42	0,9	1270	2040	55	70		8800	6400	85	110		21000	9900
30	52	1,15	2200	2940	60	80		9800	6400	90	110		23800	10600
35	52	1,15	3140	3620	65	90		12000	7400	100	120		30000	12000

übertragbares Gesamtmoment $\quad T_{max} = n \cdot T'_{max}$ $\qquad$ n Scheibenzahl/Paket $\qquad$ $n_{max} = 16$
notwendige axiale Verspannkraft $F_{ax} = n \cdot F'_{ax}$ $\qquad$ d – f 6 bis h 9 $\qquad$ D – H 9 bis G 7

6.21
Ringspann-Sternscheiben (Werksnorm der Ringspann Albrecht Maurer KG, Bad Homburg, Auswahl; Maße, Kräfte und Momente in mm, Ncm, N), s. (**6.23**)

6.22
Flachkegelige Ring-
spannsternscheibe

6.23
Befestigung einer Nabe
mit Ringspannstern-
scheiben ($n = 4$)

6.24
Festspannen von Werkstücken in ihrer Bohrung

Druckhülsen (**6.25**) sind durch radiale Ausnehmungen besonders ausgebildete Drehteile aus federhartem Stahl mit zylindrischer Außenfläche und Bohrung sowie ebenen Planflächen. Sie dienen als Kraftschluss-Elemente der genauen und lösbaren Verbindung von Maschinenteilen, beispielsweise Nabe und Welle bei Riemenscheiben, Kupplungen und Zahnrädern. Eine Schwächung des Wellenquerschnitts z. B. durch Nut oder Verzahnung wird vermieden.

6.25
Druckhülsen

a) Außen-Druckhülse
b) Innen-Druckhülse

(Spieth-Maschinenelemente,
Esslingen-Zell)

Unter der Einwirkung einer Axialkraft verformt sich die Druckhülse radial nach außen und innen und verspannt die Anschlussteile genau mittig zur Drehachse. Das Drehmoment wird durch Reibung zwischen den verspannten Teilen übertragen.

Je nach Art der Spannungseinleitung unterscheiden sich:

1. Außen-Druckhülse (Spanneinleitung vom Gehäuse ausgehend): (**6.25a**), (**6.26**),
2. Innen-Druckhülse (Spanneinleitung von der Welle ausgehend): (**6.25b**), (**6.26**) und
3. Druckhülsen mit eingebauten Spannschrauben: (**6.27**).

Druckhülsen werden auch zur Rollspieleinstellung bei Zylinderrollenlagern oder mit kunststoffbeschichteter Bohrungsseite als Führungsbuchse axialbeweglicher Wellen, Säulen, Pinolen usw. sowie in Verbindung mit Innenbuchsen aus Lagerbronze als Gleitlager verwendet.

Abmessung in mm				Spann-kraft	Übertragbare Kräfte und Momente			
					ADK und IDK		ADL und IDL	
d_1	d_2	K	L	F	T	F_a	T	F_a
H 6	h 5			N	Nm	N	Nm	N
10	15	12	19	18000	10	2350	18	4200
14	20	12	19	18000	18	3300	32	5900
16	22	12	19	18000	24	3750	43	6750
20	32	16	26	22000	65	7000	110	12600
25	37	16	26	22000	100	8700	180	15600
30	42	16	26	22000	150	10400	270	18700
35	52	21	35	32500	230	14100	410	25300
40	56	21	35	32500	290	15850	520	28500
45	68	26	42	60000	430	20800	770	37400
50	72	26	42	60000	520	22600	930	40600

Toleranzfeld der
Anschlussteile:
Bohrung H 6 ... H 7
Welle h 5 ... h 6

Reihe ADK   Reihe ADK   Reihe IDK   Reihe IDL

6.26
Druckhülsen (Auswahl aus Werksnorm der Spieth-Maschinenelemente GmbH, Esslingen-Zell)

Abmessungen in mm			Spannschrauben				Übertragbare Kräfte		Wellenenden [2])	
d_1	d_2	L		An-zahl	h	T_A	T oder F_a		d	l
			DIN EN							
[1])	h 5		ISO 4762		mm	Nm	Nm	N	mm	mm
16	32	36	M 4 × 35	6	4	5	130	16 300	16	40
22	42	46	M 5 × 45	5	5	10	290	26 400	22	50
28	48	52	M 5 × 50	6	5	10	550	39 300	28	60
32	55	62	M 6 × 60	5	6	17	800	50 000	32	80
42	72	92	M 8 × 90	5	8	40	2000	95 200	42	110
55	85	92	M 8 × 90	6	8	40	3100	118 000	55	110
60	90	122	M 8 × 120	6	8	40	3550	119 000	60	140
70	100	122	M 8 × 120	6	8	40	4500	129 000	70	140
75	105	122	M 8 × 120	7	8	40	5000	133 000	75	140

Reihe DSM

[1]) Die Toleranz der Druckhülsenbohrung d_1 ist abgestimmt auf die
Wellentoleranz k6 bzw. m6 nach DIN 748. Die Bohrung des aufzu-
nehmenden Teiles ist im Toleranzfeld H6 ... H7 auszuführen.
[2]) Toleranzfeld nach DIN 748: bis 48 = k6, ab 55 = m6.

6.27
Druckhülse mit eingebauten Spannschrauben (Auswahl aus Werksnorm der Spieth-Maschinenelemente
GmbH, Esslingen-Zell)

Hydraulische Dehnhülse. Eine zum Einbau zwischen Welle und Nabe vorgesehene Hülse hat
mehrere innen liegende ringförmige Kammern, die über Durchtrittsöffnungen in den Zwi-

schenwänden miteinander verbunden sind. Die Hülse besteht aus einzelnen Ringsegmenten, die mit Epoxidharz miteinander verklebt sind. Werden die Kammern bei der Montage über einen Hochdrucknippel mit Fett gefüllt, so dehnt sich die Hülse aus und verbindet Welle und Nabe kraftschlüssig miteinander.

Toleranzringe aus Federstahl dienen außer zur Drehmomentübertragung auch zum Ausgleich von Fertigungstoleranzen, Fluchtfehlern und von Wärmedehnungen. Sie werden zur Herstellung einer Pressverbindung zwischen Nabe und Welle entweder direkt auf die glatte Welle gesetzt (**6.28a**) oder in eine Welleneinsparung gelegt (**6.28b**). Eine besondere Toleranzring-Ausführung ist für die Lagerung von Wälzlagern geeignet, z. B. für den Einbau zwischen Wälzlageraußenring und Gehäuse.

6.28
Toleranzring

a) freier Einbau für System Einheitswelle
b) zentrierter Einbau für System Einheitsbohrung

6.1.5 Pressverbindung

Pressverbände können bei richtiger Auslegung sehr große Drehmomente bzw. Längskräfte zwischen Welle und Nabe übertragen. Sie sind einfach herzustellen.

Je nach Art des Fügens unterscheidet man zwischen Quer- und Längspresssitzen. Längspressverbände (**6.29**) werden durch kaltes Aufpressen der Nabe auf die Welle hergestellt, wobei die Spitzen der Oberflächenrauheiten gewaltsam abgetrennt werden.

Beim Querpressverband (**6.30**) wird die Nabe so weit erwärmt oder die Welle so stark unterkühlt, dass die Teile sich ohne Zwang fügen lassen; die Verformung der Rauheiten tritt hier allmählich in radialer Richtung ein, ohne dass ein Abtrennen erfolgt.

6.29   **6.30**
Längspressverband Querpressverband im
vor dem Fügen   Fügezustand, schema-
(schematisch)   tisch (Nabe erwärmt)

$d_a = D_i + U$ S_k Zuschlag, s. Gl. (6.72)

Die unterschiedlichen Verhältnisse nach dem Fügen werden durch verschiedene Werte für μ berücksichtigt. Es ist $\mu_l \approx (2/3) \cdot \mu_q$ mit dem Index l für längs und q für quer, Bild **6.10**.

6.31
Übermaßpassung eines Pressverbandes vor dem Fügen (schematisch)

$R_{pi} = \Delta U_i/2$, $R_{pa} = \Delta U_a/2$

Die durch Pressung zu verbindenden Teile (Welle und Nabe) müssen vor dem Fügen ein Übermaß U aufweisen (**6.31**). Nach dem Fügen ist die Welle zusammengedrückt und die Bohrung aufgeweitet, so dass sich ein neuer Fugendurchmesser D_F einstellt. Seine Größe hängt von der Elastizität bzw. auch von der Plastizität der beiden Werkstoffe der Verbindungsteile ab.

Hauptaufgaben beim Auslegen von Pressverbänden. Üblicherweise geht man vom zu übertragenden Drehmoment oder von der geforderten Haftkraft in axialer Richtung aus. Bei bekannter Reibungszahl μ in der Fugenfläche und einer geforderten Sicherheit S gegen Durchrutschen lässt sich der erforderliche Mindest-Fugendruck p_{min} ermitteln, s. Gl. (6.51) und Gl. (6.52). Mit dem erforderlichen Fugendruck p_{min} wird dann das Mindest-Übermaß U_{min} festgelegt, das die Presspassung vor dem Fügen haben muss.

Zur Festlegung der Toleranzen für Welle und Nabe bzw. zur Wahl der Passung (s. Abschn. 6.1.5.2) wird außer U_{min} noch das größte zulässige Übermaß U_{max} benötigt, das von der zulässigen Fugenpressung $p_{zul} < p'$ abhängt; p' ist der Fugengrenzdruck, der sich beim Erreichen der Streckgrenze in Nabe oder Welle einstellt. Der Berechnung für elastische Verformung liegt demnach die Bedingung $p_{min} < p_{zul} < p'$ zugrunde.

Für den vorhandenen Fugendruck ist jedoch nicht allein das Übermaß U vor dem Fügen maßgeblich. Es müssen auch die Rauheiten der Oberflächen berücksichtigt werden (über Rauheiten s. Abschn. 3.3). Je nach Art der Verbindung stellt sich beim oder nach dem Fügen eine gewisse Glättung der Oberflächen ein. Die Rauheiten werden dabei größtenteils plastisch verformt (**6.32**). Die maximale Profilhöhe (Rautiefe) R_y der Oberflächen wird durch die Flächenpressung um die Kuppenhöhe (Glättungstiefe) R_p vermindert. Das bedeutet für Pressverbindungen, dass sich das durch Messen festgestellte Übermaß U um die Summe der Kuppenhöhe (Glättungstiefe) des Außen- und Innenteils auf das wirksame Übermaß Z vermindert. Die Summe aller Glättungstiefen wird als Übermaßverlust ΔU (meist in μm gemessen) bezeichnet (**6.32**). Im gefügten Zustand beträgt das wirksame Übermaß

6.32
Plastische Deformation der Oberflächenrauheiten von der maximalen Profilhöhe (Rautiefe) R_y (oben) in Folge der Flächenpressung p (unten); R_p maximale Kuppenhöhe (Glättungstiefe)

$$Z = U - \Delta U \quad \text{mit} \quad \Delta U = \Delta U_a + \Delta U_i = 2 \cdot (R_{pa} + R_{pi}) \tag{6.29}$$

Mit dem Erfahrungswert $R_p \approx 0,4\ R_z$ erhält man den Übermaßverlust

$$\Delta U \approx 0,8\ (Rz_a + Rz_i) \tag{6.30}$$

Die Indizes a und i beziehen sich auf Außen- und Innenteil; Rz ist die gemittelte Rautiefe. Beim Auslegen eines Pressverbandes ohne Berücksichtigung der Rotation stellen sich zwei Hauptaufgaben:

Die erste Hauptaufgabe besteht darin, bei vorgegebenem **Fugendruck** das erforderliche wirksame Übermaß Z zu berechnen. Mit dem Übermaßverlust ΔU lässt sich dann das Übermaß U vor dem Fügen ermitteln.

In der zweiten Hauptaufgabe wird bei vorgegebenem wirksamem **Übermaß Z** der sich in der Fugenfläche einstellende Fugendruck p berechnet. Der Rechengang für diese zweite Aufgabe ist aufwändiger als für die erste; einen Rechengang s. [3] und DIN 7190.

Das in den folgenden Ausführungen behandelte Berechnungsverfahren nach Kollmann [3] u. [6] gilt für rein elastisch und elastisch-plastisch beanspruchte Pressverbände ohne Berücksichtigung der Rotation. Erhöhte Umfangsgeschwindigkeiten bewirken aber über die Zentrifugalkraft größere Beanspruchungen der rotierenden Bauteile und über die Zentrifugalbeschleunigung eine radiale Aufweitung von Innen- und Außenteil. Dadurch sind in einem rotierenden Pressverband der Fugendruck und damit das übertragbare Drehmoment gegenüber dem Zustand bei Stillstand kleiner. Eine Berechnungsmethode für rotierende Pressverbände bei rein elastischer Beanspruchung s. [8] und [4] sowie DIN 7190 Ausgabe 2.2001.

6.1.5.1 Berechnungsverfahren für elastisch-plastisch beanspruchte Querpressverbände

In dem folgenden Berechnungsverfahren für das Auslegen elastisch-plastisch beanspruchter Querpressverbindungen wird die Vergleichsspannung, Gl. (6.35), nach der Schubspannungshypothese (SH) [3] ermittelt. Die Gestaltänderungsenergie-Hypothese (GEH) beschreibt zwar das im Experiment gemessene Verhalten zäher Werkstoffe genauer, jedoch ist die Berechnung schwieriger durchzuführen.

Um die einfacher zu handhabende SH der zutreffenderen GEH anzunähern, wurde die modifizierte Schubspannungshypothese (MSH) eingeführt [5], [6]; s. auch DIN 7190. Bei der MSH wird die Streckgrenze R_e um den Faktor $2/\sqrt{3} = 1{,}155$ erhöht. In die Berechnungsgleichungen ist die fiktive Streckgrenze $R_e^* = (2/\sqrt{3}) \cdot R_e$ einzusetzen.

6.1.5.1.1 Beanspruchung und Verformung im elastischen Bereich ($\sigma_v < R_e^*$). Hohlwelle und Nabe werden in der Berechnung als "dickwandige Rohre" unter Außen- bzw. Innendruck behandelt (**6.33**). Da an den Schnittflächen des Segmentes keine Schubspannungen wirken, sind die **Radialspannungen** σ_r und die **Tangentialspannungen** σ_t zugleich auch Hauptspannungen, wenn man den ebenen Spannungszustand zu Grunde legt (s. Abschn. 2.1). Das Gleichgewicht der Kräfte in radialer Richtung lässt sich durch eine Differentialgleichung ausdrücken, deren Lösung für die Radialspannung σ_r und für die Tangentialspannung σ_t mit den Bezeichnungen $Q_N = D_i/D_a$ und $Q_H = d_i/d_a$ folgende Gleichungen ergibt [2], [12], [9]:

1. Nabe (Rohr) unter Innendruck p_i (rein elastisch), Bild **6.33b**

$$\sigma_r = -p_i \cdot \frac{\left(\dfrac{r_i}{r}\right)^2 - Q_N^2}{1 - Q_N^2} \qquad \sigma_t = -p_i \cdot \frac{\left(\dfrac{r_i}{r}\right)^2 + Q_N^2}{1 - Q_N^2} \qquad \text{(6.31)} \quad \text{(6.32)}$$

Die größte Beanspruchung in der Nabe (bzw. im Rohr) tritt demnach am Innendurchmesser $r = r_i = D_F/2$ auf (Spannungsverteilung s. Bild **6.34**):

$$\sigma_{riN} = -p \quad \text{und} \quad \sigma_{tiN} = p \cdot \frac{1 + Q_N^2}{1 - Q_N^2} \qquad \text{(6.33)} \quad \text{(6.34)}$$

Hierbei sind σ_{riN} bzw. σ_{tiN} die Radial- bzw. Tangentialspannungen am Innendurchmesser der Nabe. Die Flächenpressung oder der Fugendruck p ist gleichbedeutend mit dem Innendruck p_i.

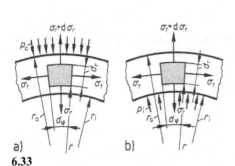

6.33
Beanspruchung eines dickwandigen
Rohres an den Schnittflächen

a) unter Außendruck p_a
   $r_a = D_a/2$, $r_i = D_i/2 = D_F/2$
b) unter Innendruck p_i
   $r_a = d_a/2 = D_F/2$, $r_i = d_i/2$

6.34
Spannungsverteilung bei einem Presssitz

σ_t tangentiale Zugspannungen
σ_r radiale Spannungen (um 90° gedreht)
p Flächenpressung in der Fuge (um 90° gedreht)
σ_v Vergleichsspannung
D_a Nabenaußendurchmesser
d_i Hohlwellen-Innendurchmesser
D_F Fugendurchmesser
$D_i \approx D_F \approx d_a$ Nabeninnen- bzw. Wellenaußen-
   durchmesser

Für Werkstoffe mit ausgeprägtem Fließverhalten werden die Radial- und Tangentialspannungen nach der Schubspannungshypothese (SH) zu einer Vergleichsspannung zusammengesetzt
(**6.34**) (s. auch Abschn. 2.2). Die **größte Vergleichsspannung** ist mit Gl. (6.34) und Gl. (6.33)

$$\sigma_{viN} = \sigma_1 - \sigma_2 = \sigma_{tiN} - \sigma_{riN} = 2 \cdot p \cdot \frac{1}{1 - Q_N^2} \qquad (6.35)$$

Bei Verwendung von sprödem Werkstoff (GG) kann nach der Hypothese der größten Normalspannung gerechnet werden. Danach ist für die Nabe

$$\sigma_{viN} = \sigma_{tiN} = p \cdot (1 + Q_N^2)/(1 - Q_N^2) \qquad (6.36)$$

und mit Gl. (6.35) für die Hohlwelle

$$\sigma_{viH} = \sigma_{tiH} = -2p/(1 - Q_H^2) \qquad (6.37)$$

zu setzen.

Der Innendruck p_i im Rohr ist gleichbedeutend dem Druck p in der Fuge. Unter diesem Druck
weitet sich der **Innendurchmesser der Nabe** d_i um die auf den Innendurchmesser **bezogene**

elastische Aufweitung $\xi_{N\,el} = (1/E_N) \cdot (\sigma_{ti\,N} - \mu \cdot \sigma_{ri\,N})$ auf. Mit den Spannungen nach Gl. (6.33) und (6.34) wird

$$\xi_{N\,el} = \frac{\Delta d_i}{d_i} = \frac{p}{E_N} \cdot \left(\frac{1+Q_N^2}{1-Q_N^2} + \mu_N \right) \tag{6.38}$$

Sie ist eine dimensionslose Zahl und vom Elastizitätsmodul E_N des Außenteils (Nabe) sowie von der Querzahl $\mu_N = \varepsilon_q / \varepsilon$ des Außenteils abhängig (Querzahl s. Abschn. 2.1).

2. Hohlwelle (Rohr) unter Außendruck p_a (rein elastisch) **(6.33a)**

$$\sigma_r = -p_a \cdot \frac{1 - \left(\dfrac{r_i}{r}\right)^2}{1 - Q_N^2} \qquad \sigma_t = -p_a \cdot \frac{1 + \left(\dfrac{r_i}{r}\right)^2}{1 - Q_H^2} \tag{6.39} \quad (6.40)$$

Die größte **Radialspannung** σ_r tritt demnach im Außenmantel bei $r = r_a = D_F/2$ und die größte **Tangentialspannung** σ_t im inneren Mantel bei $r = r_i$ auf **(6.33)**.

$$\boxed{\sigma_{ra\,H} = -p} \qquad \boxed{\sigma_{ti\,H} = -2p \cdot \frac{1}{1-Q_H^2}} \tag{6.41} \quad (6.42)$$

Im inneren Mantel der Hohlwelle ist $\sigma_{ri\,H} = 0$ und $\sigma_{ti\,H} > \sigma_{ta\,H}$. Demnach ist $\sigma_{ti\,H} = \sigma_{vi\,H}$ auch die größte Spannung in der Hohlwelle **(6.34)**.

> **Beachte: Die höchste Beanspruchung tritt am Innendurchmesser der Nabe**, Gl. (6.35), **bzw. der Hohlwelle**, Gl. (6.42), **auf**. Sie ist maßgebend für die weitere Rechnung.

Die auf den Außendurchmesser der Hohlwelle **bezogene elastische Zusammendrückung** des Außendurchmessers ist $\xi_{N\,el} = (1/E_H) \cdot (\sigma_{ta\,H} - \mu_H \cdot \sigma_{ra\,H})$ und mit Gl. (6.40) und (6.41)

$$\xi_{H\,el} = \frac{\Delta d_a}{d_a} = \frac{p}{E_H} \cdot \left(\frac{1+Q_H^2}{1-Q_H^2} - \mu_H \right) \tag{6.43}$$

Mit dem Elastizitätsmodul E_H und mit der Querzahl μ_H der Hohlwelle.

3. In der **Vollwelle unter Außendruck $p_a = p$** (rein elastisch) herrscht ein **gleichförmiger** (hydrostatischer) **Spannungszustand**

$$\boxed{\sigma_{rw} = \sigma_{tw} = -p} \tag{6.44}$$

Die Spannungen sind hier im Gegensatz zur Hohlwelle unabhängig vom Radius r, weil der Spannungszustand für $r = 0$ nicht singulär werden darf, Gl. (6.39) und Gl. (6.40), [9]. Festigkeitsbedingung für die Vollwelle: $p \leq R_e^*$.

In der Vollwelle ist die höchste Beanspruchung so groß wie der Fugendruck p.

Die **bezogene elastische Zusammendrückung** der Vollwelle beträgt nach Gl. (6.43) mit $Q_W = d_i/d_a = 0$

$$\xi_{W\,el} = -(p/E_W)\cdot(1-\mu_W) \tag{6.45}$$

Hierin sind E_W der Elastizitätsmodul und μ_W die Querzahl der Welle.

Erforderliches Übermaß. Für die Aufstellung der Beziehungen zwischen den Durchmesseränderungen und der Fugenpressung benutzt man nicht das wirksame Übermaß Z, sondern die dimensionslose Größe, das **bezogene wirksame Übermaß** $\xi = Z/D_F$. Die gesamte bezogene Verformung der Pressverbindung als Folge der Flächenpressung ist die Differenz aus der Aufweitung des Außenteils (Nabe) am Innendurchmesser $\xi_{N\,el}$ nach Gl. (6.38) und der Zusammendrückung des Innenteils (Hohlwelle) am Außendurchmesser $\xi_{H\,el}$ nach Gl. (6.43)

$$\xi_{ges} = \frac{Z}{D_F} = \xi_{N\,el} - \xi_{H\,el} = \frac{p}{E_N}\cdot\left(\frac{1+Q_N^2}{1-Q_N^2}+\mu_N\right) + \frac{p}{E_H}\cdot\left(\frac{1+Q_H^2}{1-Q_H^2}-\mu_H\right) \tag{6.46}$$

Handelt es sich um die Verbindung mit einer Vollwelle, so wird in die Gleichung (6.46) für $\xi_{H\,el}$ die bezogene Zusammendrückung der Vollwelle $\xi_{W\,el}$ nach Gl. (6.45) oder $Q_H = 0$ eingesetzt. Somit ergibt sich für die Vollwelle-Nabenverbindung das **bezogene wirksame Übermaß**

$$\xi_{ges} = \frac{p}{E_N}\cdot\left(\frac{1+Q_N^2}{1-Q_N^2}+\mu_N\right) + \frac{p}{E_W}\cdot(1-\mu_W)$$

Für den Sonderfall, dass bei einer Vollwelle die Elastizitätsmoduln mit denen des Außenteils übereinstimmen ($E_W = E_N = E$ und $\mu_W = \mu_N = \mu$), ist das bezogene wirksame Übermaß

$$\xi_{ges} = \frac{p}{E}\cdot\frac{2}{1-Q_N^2}$$

Das **wirksame Übermaß** ist

$$Z = \xi_{ges}\cdot D_F \tag{6.47}$$

und das gesamte **notwendige Übermaß** nach Gl. (6.29)

$$U = Z + \Delta U \tag{6.48}$$

Drehmomenteinfluss auf die Spannungen in der Nabe. Das Drehmoment erzeugt am inneren Mantel der Nabe in Folge der Reibung in der Ebene senkrecht zur Radialrichtung eine Schubspannung $\tau_{rti\,N} = \mu\cdot p$ in tangentialer Richtung und die entgegengesetzt gerichtete, gleich große Schubspannung $\tau_{tri\,N}$ in der Ebene senkrecht zur Tangentialrichtung; $\tau_{rti\,N} = \tau_{tri\,N}$. Im ebenen Spannungszustand ist $\tau_{zti\,N} = \tau_{zri\,N} = 0$ (vgl. Bild **2.1**). Somit ist die Radialschnittebene eine Hauptspannungsebene mit $\sigma_{zi\,N} = 0$.

Wegen der vorhandenen Schubspannungen $\tau_{rti\,N} = \tau_{tri\,N} \neq 0$ können jedoch $\sigma_{ri\,N}$ und $\sigma_{ti\,N}$ keine Hauptspannungen sein (s. Abschn. 2.1). Somit folgt für die Vergleichsspannung nach der GEH, (s. Gl. (2.22a)), mit $\sigma_x \triangleq \sigma_{ti\,N} = p \cdot (1 + Q_N^2)/(1 - Q_N^2)$, $\sigma_y \triangleq \sigma_{ri\,N} = -p$ und $\tau_{yx} \triangleq \tau_{rti\,N} = \mu \cdot p$

$$\sigma_{vi\,N} = \sqrt{\sigma_x^2 + \sigma_x^2 - \sigma_x \sigma_y + 3\tau_{xy}^2} = p \sqrt{\left(\frac{1 + Q_N^2}{1 - Q_N^2}\right) + 1 + \frac{1 + Q_N^2}{1 - Q_N^2} + 3\mu^2} \qquad (6.49)$$

(In vorstehenden Gleichungen bedeutet μ Reibungszahl.)

Bleibt das Drehmoment unberücksichtigt, dann treten keine Schubspannungen auf, und die Radial- sowie Tangentialspannung sind Hauptspannungen $\sigma_{ti\,N} = \sigma_1$; $\sigma_{ri\,N} = \sigma_2$. Nach der GEH (Gl. (2.22a)) ist dann die Vergleichsspannung

$$\sigma_{vi\,N} = \sqrt{\sigma_1^2 + \sigma_2^2 - \sigma_1 \cdot \sigma_2} = p \sqrt{\left[\frac{1 + Q_N^2}{1 - Q_N^2}\right]^2 + 1 + \frac{1 + Q_N^2}{1 - Q_N^2}} \qquad (6.50)$$

Die Gleichung (6.49) und (6.50) unterscheiden sich durch den Wert $+3\mu^2$ unter dem Wurzelzeichen. Mit $Q_N = 0,5$ und $\mu = 0,15$ wird nach Gl. (6.49) $\sigma_{vi\,N} = 2,35 \cdot p$ und nach Gl. (6.50) $\sigma_{vi\,N} \approx 2,34 \cdot p$.

Der Drehmomenteinfluss auf die Vergleichsspannung für die Nabe ist vernachlässigbar, wenn das Drehmoment radial nach außen abgeführt wird.

Mindest-Fugenpressung. Um das Drehmoment T_{max} mit einer Querpressverbindung übertragen zu können, muss in der Fuge eine genügend große Flächenpressung herrschen. Nach Gl. (6.4) beträgt diese Mindest-Fugenpressung

$$p_{min} = \frac{2 T_{max}}{\pi \cdot \mu \cdot b \cdot D_F^2} \qquad (6.51)$$

Wird die Pressverbindung mit der Axialkraft $F_{a\,max}$ auf Zug belastet, dann ist

$$p_{min} = \frac{F_{a\,max}}{\pi \cdot \mu \cdot b \cdot D_F} \qquad (6.52)$$

mit μ Reibungszahl, b Nabenbreite, D_F Fugendurchmesser.

Zulässige Spannungen für elastisch beanspruchte Pressverbindungen. Die vorhandenen Maximalspannungen in Nabe sowie Welle dürfen nicht höher als die zulässigen Spannungen sein; $\sigma_{zul} = \sigma_G/S$. Als Grenzspannung σ_G wird bei Verwendung zäher Werkstoffe die Streckgrenze R_e bzw. die Dehngrenze $R_{p0,2}$ und bei spröden Werkstoffen die Bruchfestigkeit R_m eingesetzt. Die Sicherheit S wird hierbei verhältnismäßig klein gewählt, da eine weitere Spannungserhöhung im Allgemeinen nicht zu erwarten ist und es nur darauf ankommt, dass die Beanspruchung außerhalb des plastischen Verformungsbereichs bleibt. (Richtwerte für Sicherheit gegen Fließgrenze $S_F \approx 1,1...1,5$ und für Sicherheit gegen Bruchfestigkeit $S_B \approx 2...3$.)

Beim Auftreten von nennenswerten Zentrifugalkräften am Nabenteil sind die höheren Sicherheiten zu wählen, falls die hierdurch auftretenden zusätzlichen Spannungen nicht rechnerisch erfasst werden können.

Zulässiger Fugendruck (rein elastisch). Ein Spannungsvergleich $\sigma_{vorh} \leq \sigma_{zul}$ braucht nicht durchgeführt zu werden, wenn mit dem zulässigen Fugendruck gerechnet wird. Aus Gl. (6.35), (6.36), (6.42) und (6.44) ergeben sich mit der fiktiven Streckgrenze R_e^* oder $R_{p\ 0,2}^*$ und mit der Sicherheit S die **zulässigen Flächenpressungen in der Fuge** bezogen auf den **inneren Mantel der Nabe bei zähem Werkstoff** (nach der MSH)

$$p'_{zul\,N} = \frac{p'_N}{S} = \frac{R_{eN}^*}{2 \cdot S} \cdot \left(1 - Q_N^2\right) \qquad (6.53)$$

für eine **Nabe aus sprödem Werkstoff** (nach der NH)

$$p'_{zul\,N} = \frac{p'_N}{S} = \frac{R_{mN}}{S} \cdot \left(\frac{1 - Q_N^2}{1 + Q_N^2}\right) \qquad (6.54)$$

bezogen auf den **inneren Mantel der Hohlwelle aus zähem Werkstoff** (für R_e bei sprödem Werkstoff R_m einsetzen)

$$p'_{zul\,H} = \frac{p'_H}{S} = \frac{R_{eH}^*}{2 \cdot S} \cdot \left(1 - Q_H^2\right) \qquad (6.55)$$

für die **Vollwelle**

$$p'_{zul\,W} = \frac{R_{eW}^*}{S} \quad bzw. \quad \frac{R_{mW}}{S} \qquad (6.56)$$

Für die weitere Rechnung ist der kleinere Wert von p'_{zul} zu verwenden. (Über den Fugengrenzdruck p' siehe folgenden Abschn. 6.1.5.1.2).

6.1.5.1.2 Beanspruchung und Verformung im elastisch-plastischen Bereich. Die Berechnung der Pressverbindungen im elastisch-plastischen Bereich beruht auf der modifizierten Schubspannungshypothese (MSH) und gilt für ideal plastische Werkstoffe [3], [6].

Bei ideal plastischen Werkstoffen steigt im Zugversuch die Dehnung mit zunehmender Spannung konstant bis zur Streckgrenze R_e an. Ab da beginnt ohne Übergang die plastische Verformung; die Dehnung wächst bei konstanter Spannung.

Die rein elastische Formänderung einer zylindrischen Pressverbindung ist bei einem Fugengrenzdruck p' beendet, bei dem die in der Nabe oder in der Welle vorhandene Spannung die Streckgrenze R_e^* erreicht. Wird p' überschritten, so breitet sich vom Innendurchmesser der Nabe bzw. der Hohlwelle ausgehend eine plastisch verformte Ringzone mit dem wachsenden Durchmesser D_s bzw. d_s aus (Bild **6.35**), bis bei einem Fugendruck p'' uneingeschränktes und deshalb unzulässiges Fließen eintritt. Für eine Vollwelle ist $p' = p'' = R_{ed}^*$ und somit keine Teilplastizierung möglich. (R_{ed}^* Elastizitätsgrenze bei Druck.)

6.35

Plastische Formänderung der Pressverbindung

1 Nabe
2 Hohlwelle
3 plastizierte Zonen

d_s, D_s plastizierte Durchmesser der Welle bzw. der Nabe

D_F Fugendurchmesser

Hohlwelle (elastisch-plastisch). Der Werkstoff an der Bohrung wird plastisch beansprucht, wenn die Vergleichsspannung nach Gl. (6.42) die fiktive Streckgrenze erreicht, $\sigma_{vi\,H} = R^*_e$. Hieraus ergibt sich der **vorhandene Fugengrenzdruck**

$$p'_H = (R^*_{eH}/2)\cdot(1-Q_H^2) \tag{6.57}$$

(Index H bezieht sich auf die Hohlwelle.)

Erreicht der **Fugendruck** den **Größtwert**

$$\boxed{p''_H = R^*_{eH} \cdot (1 - Q_H)} \tag{6.58}$$

so ist der gesamte Querschnitt der Hohlwelle plastisch beansprucht und seine Tragfähigkeit erschöpft. Falls die Ungleichung $p'_H < p < p''_H$ erfüllt ist, d. h. wenn gilt

$$(R^*_{eH}/2) \cdot (1-Q_H^2) < p < R^*_{eH} \cdot (1-Q_H) \tag{6.59}$$

dann liegt ein elastisch-plastischer Beanspruchungszustand vor. Der plastische Bereich erstreckt sich von der Bohrung bis zum Plastizitätsdurchmesser d_s. Der auf den Fugendurchmesser D_F bezogene dimensionslose Plastizitätsdurchmesser ist

$$\xi_H = d_S/D_F = (1/Q_H)\cdot\left(1-(p/R^*_{eH}) -\sqrt{\left[1-(p/R^*_{eH})\right]^2 - Q_H^2}\right) \tag{6.60}$$

und die **bezogene teilplastische Zusammendrückung** in der Hohlwelle

$$\boxed{\xi_{H\,pl} = \frac{R^*_{eH}}{E_H}\left[\left(\frac{1-\xi_H^2}{1+\xi_H^2}\right)\cdot\frac{p}{R^*_{eH}} + \frac{2\xi_H^2}{1+\xi_H^2}\right]} \tag{6.61}$$

Vollwelle. Nur elastische Beanspruchung zulässig: $p < p'' = p' = R^*_{eW}$ (Index W bedeutet Welle).

Nabe (elastisch-plastisch). An der Bohrung der Nabe wird der Werkstoff **plastisch** beansprucht, wenn der **Fugendruck** folgenden Wert erreicht:

$$\boxed{p'_N = \left(R^*_{eN}/2\right)\cdot\left(1-Q_N^2\right)} \tag{6.62}$$

Bei weiterer Steigerung des Fugendrucks stellt sich im Außenteil ein elastisch-plastischer Spannungszustand ein.

Zwei Fälle sind zu unterscheiden:

1. Eine „**dünnwandige**" **Nabe** mit dem Durchmesserverhältnis $Q_N \geq 0{,}368$ kann über den gesamten Querschnitt $D_S = D_a$ plastisch beansprucht werden. Diese als „**vollplastisch**" bezeichnete Beanspruchung tritt ein, wenn der **Fugendruck** folgenden Wert erreicht:

$$p'' = -R^*_{eN} \cdot \ln Q_N \tag{6.63}$$

2. Bei einer „**dickwandigen**" **Nabe** mit $Q_N < 0{,}368$ ist der größte erreichbare **Fugendruck** gleich der Streckgrenze

$$p''_N = R^*_{eN} \tag{6.64}$$

Bei einem dickwandigen Außenteil ist kein vollplastischer Beanspruchungszustand möglich. Eine außenliegende Ringzone bleibt auch bei maximalem Fugendruck elastisch.

Der dimensionslose **Plastizitätsdurchmesser** für die Nabe

$$\zeta_N = D_S / D_F \tag{6.65}$$

ergibt sich nach iterativem Auflösen der folgende transzendenten Gleichung

$$2 \cdot \ln \zeta_N - (Q_N \cdot \zeta_N)^2 = 2 \cdot (p/R^*_{eN}) - 1 \tag{6.66}$$

Mit dem Wert ξ_N ist die bezogene teilplastische Aufweitung

$$\zeta_{N\,pl} = (R^*_{eN}/E_N) \cdot [\zeta^2_N - (1 - \mu_N) \cdot (p/R^*_{eN})] \tag{6.67}$$

Zur iterativen Lösung der Gl. (6.66) wird zunächst die rechte Seite ausgewertet, danach mit schrittweise verbesserten Werten von ξ_N die linke Seite berechnet, bis sie auf drei Stellen genau mit der rechten übereinstimmt. Damit die erste Schätzung leichter wird, sind in Bild **6.36** Werte für ξ_N in Abhängigkeit vom Durchmesserverhältnis Q_N und vom Parameter p/R^*_{eN} angegeben.

Q_N	0,1	0,2	0,3	0,4	0,5	0,6	0,7	0,8	0,9
p''_{max}/R^*_e	1,000	1,000	1,000	0,916	0,693	0,511	0,357	0,223	0,105
p/R^*_e	–	–	–	–	–	–	–	–	–
0,100									1,031
0,150									
0,200			Rein elastischer Bereich					1,065	
0,250									
0,300						1,104			
0,350						1,050	1,314		
0,400					1,035	1,147			
0,450				1,037	1,110	1,274			
0,500	1,006	1,022	1,051	1,103	1,196	1,497			
0,550	1,058	1,076	1,112	1,174	1,298				
0,600	1,113	1,134	1,177	1,254	1,425				
0,650	1,170	1,196	1,246	1,342	1,600				
0,700	1,231	1,261	1,322	1,443					
0,750	1,295	1,331	1,403	1,561					
0,800	1,363	1,405	1,493	1,702		Voll plastischer Bereich			
0,850	1,434	1,483	1,591	1,887					
0,900	1,509	1,567	1,699	2,189					
0,950	1,589	1,657	1,821						
1,000	1,672	1,754	1,960						

6.36
Plastizitätsdurchmesser ξ_N der Nabe (Außenteil): $2 \cdot \ln \xi_N - (Q_N \cdot \xi_N)^2 = 2 \cdot (p/R^*_{eN}) - 1$; als Ansatz zur Lösung der Gl. (6.66) durch Iteration

Der **zulässige Fugendruck** (elastisch-plastisch) zur Festlegung der Passung nach Bestimmung des größten wirksamen Übermaßes Z_{max} für die maximal zulässige Beanspruchung ist mit dem Sicherheitsfaktor $S = 1,1...1,5$

nach Gl. (6.63) für die **„dünnwandige" Nabe** ($Q_N \geq 0{,}368$)

$$p''_{zul\,N} = (R^*_{eN} \cdot \ln Q_N)/S \tag{6.68}$$

nach Gl. (6.64) für die **„dickwandige" Nabe** ($Q_N < 0{,}368$)

$$p''_{zul\,N} = (R^*_{eN}/S) \tag{6.69}$$

und nach Gl. (6.58) für die **Hohlwelle**

$$p''_{zul\,H} = R^*_{eH} \cdot (1 - Q_H)/S \tag{6.70}$$

6.1.5.2 Festlegen der Passung

Für die Fertigung soll eine ISO-Passung angegeben werden (s. Abschn. 3.2). Es muss also eine Übermaßpassung bestimmt werden, die folgende Bedingungen erfüllen soll: Das Mindestübermaß U_m muss gleich oder größer als das erforderliche Mindestübermaß U_{min} und das Höchstübermaß U_h muss gleich oder kleiner als das größte zulässige Höchstübermaß U_{max} sein.

$$U_m \geq U_{min} \qquad U_h \leq U_{max}$$

Bezüglich der Passtoleranz T_p, des Toleranzfeldes der Bohrung T_B und des Toleranzfeldes der Welle T_w (**6.37**) gilt

$$T_B + T_w \leq T_p \leq U_{max} - U_{min}$$

6.37
Passtoleranz beim Pressverband

6.38
Toleranzfeldermittlung für einen Pressverband bei berechneten Übermaßen U_{min} und U_{max}

Für das im allgemeinen Maschinenbau meist gebräuchliche System der Einheitsbohrung liegt für die Bohrungstoleranz das H-Feld mit H6, H7 oder H8 bereits fest.

Da die Toleranzfeldgröße der Welle vom gleichen Grundtoleranzgrad oder um einen Grundtoleranzgrad besser sein soll, ist $T_B \geq T_p/2$ und $T_W \leq T_p/2$. Damit wird zunächst der Grundtoleranzgrad des H-Feldes bestimmt. Für die Welle sind dann die maximale Toleranzfeldgröße und das obere und untere Abmaß nach Bild **6.38**:

$$T_W \leq T_p - T_B \qquad es \leq |U_{max}| \qquad ei \geq ES + |U_{min}|$$

6.1.5.3 Einpresskraft und Schrumpftemperatur

Die für einen Längspressverband (Index l) notwendige maximale **Einpresskraft** ist (s. auch Gl. (6.1))

$$F_{t\,max} = \mu_l \cdot F_n = \mu_l \cdot \pi \cdot D_F \cdot b \cdot p'_{zul} \tag{6.71}$$

Sie ist bei Beginn des Fügens geringer (b klein) und steigt während des Einpressens an. Da zur Erleichterung des Fügens vielfach Öl benutzt wird, ist der entsprechende μ_l-Wert zu Grunde zu legen (**6.10**).

Für einen Querpressverband muss die Temperatur ermittelt werden, auf die die Nabe zu erwärmen oder die Welle abzukühlen ist, um ein leichtes Überschieben zu ermöglichen. Das Teil muss sich dabei mindestens so weit dehnen, dass das Übermaß U ausgeglichen wird ($U = 0$). Zum Ausgleich von Ungenauigkeiten sieht man einen Zuschlag S_k zum Übermaß vor: $U = U_h + S_k$ (**6.30**), (**6.39**). Die notwendige **Erwärmungstemperatur** ϑ_a des Außenteils mit der Ausgangstemperatur ϑ_0 erhält man mit dem linearen Ausdehnungskoeffizienten α_ϑ (**6.40**) wie folgt:

$$\pi[D_i + (|U_h| + S_k)] = \pi \cdot D_i + \pi \cdot \alpha_{\vartheta a} \cdot D_i \cdot \Delta \vartheta$$
$$|U_h| + S_k = \alpha_{\vartheta a} \cdot D_i \cdot \Delta \vartheta \qquad \Delta \vartheta = \vartheta_a - \vartheta_0$$

$$\vartheta_a = \frac{|U_h| + S_k}{\alpha_{\vartheta a} \cdot D_i} + \vartheta_0 \tag{6.72}$$

a)   b)

6.39
Schematische Darstellung der Erwärmung der Nabenbohrung (a) und der Abkühlung der Welle (b)

Werkstoff	α_ϑ in 1/K	
	Erwärmung	Unterkühlung
St, GS	$11 \cdot 10^{-6}$	$8{,}5 \cdot 10^{-6}$
GG, GT	$10 \cdot 10^{-6}$	$8{,}0 \cdot 10^{-6}$
CuSn	$17 \cdot 10^{-6}$	$15 \cdot 10^{-6}$
CuZn	$18 \cdot 10^{-6}$	$16 \cdot 10^{-6}$
Al-Leg.	$23 \cdot 10^{-6}$	$18 \cdot 10^{-6}$
Mg-Leg.	$26 \cdot 10^{-6}$	$21 \cdot 10^{-6}$

6.40
Lineare Wärmeausdehnungskoeffizienten α_ϑ verschiedener Werkstoffe

Entsprechend ergibt sich für das Innenteil aus der Beziehung $\pi \cdot [d_a - (|U_h| + S_k)] = \pi \cdot d_a - \pi \cdot \alpha_{\vartheta i} \cdot d_a \cdot \Delta \vartheta$ durch Vereinfachen $|U_h| + S_k = \alpha_{\vartheta i} \cdot d_a \cdot \Delta \vartheta$ und mit $\Delta \vartheta = \vartheta_0 - \vartheta_i$ die notwendige **Abkühlungstemperatur** ϑ_i.

$$\vartheta_i = \vartheta_0 - \frac{|U_h| + S_k}{\alpha_{\vartheta i} \cdot d_a}$$

$$(6.73)$$

Im Allgemeinen wird auch hier $D_i \approx d_a \approx D_F \approx$ Nenndurchmesser gesetzt. Bei größeren Durchmessern ist jedoch D_i bzw. d_a auszumessen.

6.1.5.4 Rechnungsgang

Im Regelfall ist gegeben: Drehmoment T_{max} oder Axialkraft $F_{a\,max}$; daraus wird unter Berücksichtigung einer Sicherheit S der Wellendurchmesser $d = D_F$ und nach Gl. (6.51) oder (6.52) der erforderliche **Mindestfugendruck** p_{min} bestimmt.

Gesucht ist das wirksame **Übermaß** Z_{min} bei p_{min} zur sicheren Übertragung von T_{max} (bzw. $F_{a\,max}$). Gesucht wird außerdem das maximale wirksame Übermaß Z_{max} bei maximal zulässiger Beanspruchung p'_{zul} nach Gl. (6.53), (6.55), (6.56) (rein elastisch) oder p''_{zul} nach Gl. (6.68), (6.69), (6.70). Hieraus soll die erforderliche Passung ermittelt werden.

Vorgehensweise:

1. Prüfen, ob der **Mindestfugendruck** eine elastische oder elastisch-plastische Beanspruchung hervorruft (in Bild **6.41** sind vier mögliche Fälle zusammengestellt): Die **Hohlwelle**, Gl. (6.57) und (6.59), ist elastisch beansprucht, wenn $p_{min} \leq p'_H$; sie ist elastisch-plastisch beansprucht, wenn $p'_H \leq p_{min} \leq p''_H$, und sie ist durch uneingeschränktes Fließen unzulässig beansprucht, wenn $p_{min} \geq p''_H$ wird.

Die **Vollwelle**, Gl. (6.44) und (6.56), wird elastisch beansprucht bei Werten $p_{min} < R^*_{eW}$ und durch uneingeschränktes Fließen unzulässig beansprucht bei $p_{min} \geq R^*_{eW}$.

Die **Nabe**, Gl. (6.62), (6.63), (6.64), ist elastisch beansprucht für Werte $p_{min} < R^*_{eW}$, elastisch-plastisch beansprucht für $p'_H \leq p_{min} \leq p''_H$ und durch uneingeschränktes Fließen unzulässig beansprucht für $p_{min} \geq p''_H$.

2. Sind **Welle und Nabe elastisch** beansprucht, wird zunächst der zulässige Fugendruck p'_{zul} für Nabe und Welle nach Gl. (6.53) und (6.55) oder (6.56) festgelegt. Mit dem kleineren Wert von p'_{zul} und mit p_{min} wird dann mit Gl. (6.46) das bezogene wirksame Übermaß $\xi_{ges\,min}$ und $\xi_{ges\,max}$ ausgerechnet (Bild **6.41**, Fall 1).

3. Sind Welle und/oder Nabe **elastisch-plastisch** beansprucht, wird für p_{min} und p''_{zul} der bezogene Plastizitätsdurchmesser ζ nach Gl. (6.60) iterativ mit Gl. (6.66) berechnet und je nach Beanspruchungszustand nach Gl. (6.61) die bezogene Zusammendrückung $\xi_{H\,pl}$ und nach Gl. (6.67) die bezogene Aufweitung $\xi_{N\,pl}$ bestimmt (**6.41**). Mit diesen Werten werden dann die bezogenen wirksamen Übermaße $\xi_{ges\,min}$ und $\xi_{ges\,max}$ nach der Gleichung $\xi_{ges} = Z/D_F = \xi_N - \xi_H$ berechnet.

4. **Übermaß** U_{min} und U_{max} nach Gl. (6.29), (6.48) ausrechnen und die Passung festlegen.

5. **Fügetemperatur** bestimmen, Gl. (6.72), (6.73).

Fall	Welle elastisch	Nabe elastisch	
1	$p_{min} \leq p'_H$ bzw. p'_W Gl. (6.51) $p_{min} \leq \dfrac{R^*_{eH}}{2}(1-Q^2_H)$ Gl. (6.57) $p_{min} \leq R^*_{eW}$ Gl. (6.44)	$p_{min} \leq p'_N$ Gl. (6.51) $p_{min} \leq \dfrac{R^*_{eN}}{2}(1-Q^2_N)$ Gl. (6.62)	$Q_H = \dfrac{d_i}{d_a} = \dfrac{d_i}{D_F}$ $Q_N = \dfrac{D_i}{D_a} = \dfrac{D_F}{D_a}$
2	Welle elastisch $p_{min} \leq p'_H$ bzw. p'_W $p_{min} \leq \dfrac{R^*_{eH}}{2}(1-Q^2_H)$ Gl. (6.57) $p_{min} \leq R^*_{eW}$ Gl. (6.44)	Nabe elastisch-plastisch Gl. (6.62) $p_N < p_{min} \leq p''_N$ $\dfrac{R^*_{eN}}{2}\left(1-Q^2_N\right) < p_{min}$ $< \begin{cases} R^*_{eN} & \text{für } Q_N \leq 0,368 \quad \text{Gl. (6.64)} \\ R^*_{eN}\ln Q_N & \text{für } Q_N \geq 0,368 \quad \text{Gl. (6.63)} \end{cases}$	
3	Welle elastisch-plastisch $p'_H < p_{min} \leq p''_H$ $\dfrac{R^*_{eH}}{2}\left(1-Q^2_H\right) < p_{min} < R^*_{eH}(1-Q_H)$ Gl. (6.59)	Nabe elastisch $p_{min} \leq p'_N$ $p_{min} \leq \dfrac{R^*_{eN}}{2}(1-Q^2_N)$ Gl. (6.62)	
4	Welle elastisch-plastisch $p'_H < p_{min} \leq p''_H$ $\dfrac{R^*_{eH}}{2}\left(1-Q^2_H\right) < p_{min} < R^*_{eH}(1-Q_H)$ Gl. (6.59)	Nabe elastisch-plastisch Gl. (6.62) $p'_N < p_{min} \leq p'_N$ $\dfrac{R^*_{eN}}{2}\left(1-Q^2_N\right) < p_{min}$ $< \begin{cases} R^*_{eN} & \text{für } Q_N \leq 0,368 \quad \text{Gl. (6.64)} \\ R^*_{eN}\ln Q_N & \text{für } Q_N \geq 0,368 \quad \text{Gl. (6.63)} \end{cases}$	

Fall	für Vollwelle ersetze $\xi_{H\,el}$ durch $\xi_{W\,el} = -(p/E_W)\cdot(1-\mu_W)$ Gl. (6.45)	
1	$\xi_{ges} = \xi_{N\,el} - \xi_{H\,el} = \dfrac{p}{E_N}\cdot\left(\dfrac{1+Q^2_N}{1-Q^2_N}+\mu_N\right) + \dfrac{p}{E_H}\cdot\left(\dfrac{1+Q^2_H}{1-Q^2_H}-\mu_H\right)$	Gl. (6.46)
2	$\xi_{ges} = \xi_{N\,pl} - \xi_{H\,el} = \dfrac{R^*_{eN}}{E_N}\left[\xi^2_N-(1-\mu_N)\cdot\dfrac{p}{R^*_{eN}}\right] + \dfrac{p}{E_H}\cdot\left(\dfrac{1+Q^2_H}{1-Q^2_H}-\mu_H\right)$	Gl. (6.67) Gl. (6.43)
	$2\cdot\ln\xi_N - (Q_N\cdot\xi_N)^2 = 2\cdot(p/R^*_{eN})-1$	Gl. (6.66)
	Ansatz zur Lösung der Gl. (6.66) für ξ durch Iteration Bild **6.36**	
3	$\xi_{ges} = \xi_{N\,el} + \xi_{H\,pl} = \dfrac{p}{E_N}\cdot\left(\dfrac{1+Q^2_N}{1-Q^2_N}+\mu_N\right) + \dfrac{R^*_{eH}}{E_H}\left[\left(\dfrac{1-\xi^2_H}{1+\xi^2_H}-\mu_H\right)\cdot\dfrac{p}{R^*_{eH}}+\dfrac{2\xi^2_H}{1+\xi^2_H}\right]$	Gl. (6.38) Gl. (6.61)
	$\xi_H = (1/Q_H)\cdot\left(1-(p/R^*_{eH})-\sqrt{[1-(p/R^*_{eH})]^2-Q^2_H}\right)$	Gl. (6.60)
4	$\xi_{ges} = \xi_{N\,pl} + \xi_{H\,pl} = \dfrac{R^*_{eN}}{E_N}\cdot\left[\xi^2_N-(1-\mu_N)\cdot\dfrac{p}{R^*_{eN}}\right] + \dfrac{R^*_{eH}}{E_H}\cdot\left[\left(\dfrac{1-\xi^2_H}{1+\xi^2_H}-\mu_H\right)\cdot\dfrac{p}{R^*_{eH}}+\dfrac{2\xi^2_H}{1+\xi^2_H}\right]$	Gl. (6.38) Gl. (6.61)
	ξ_H wie Gl. (6.60) im Fall 3 und ξ_N wie Gl. (6.66) im Fall 2	

6.41
Pressverbindung. Beanspruchung von Nabe und Welle bei gegebenem Mindestfugendruck p_{min} und Berechnung des bezogenen wirksamen Übermaßes ξ

	Werkstoff		Werkstoff	Elastizitätsmodul E_N, E_H, E_W
Querzahl $\mu = \varepsilon_q/\varepsilon$	St, GS	GG	St	210 000 N/mm²
μ_N bzw. μ_H, μ_W	0,3	0,24 … 0,26	GS	(200 000 … 215 000) N/mm²
			GG	(90 000 … 155 000) N/mm²

6.42
Querzahl und Elastizitätsmodul

Beispiel 1

Für eine Welle-Naben-Verbindung ist ein Querpressverband nachzurechnen. Gegeben: Zu übertragende Leistung $P = 35,6$ kW, Drehzahl $n = 1447$ min⁻¹; Betriebsfaktor $\varphi = 2,3$. Aus der Beziehung $P = T \cdot \omega$ ergibt sich das Nennmoment $T_{Nenn} \approx 23\,500$ Ncm, $T_{max} = 2,3 \cdot T_{Nenn} = 54\,050$ Ncm. Durchmesser der Vollwelle $d_a = D_F = 40$ mm; Nabenabmessung $D_a = 80$ mm, $D_i = D_F = 40$ mm, $b = 70$ mm; damit ergibt sich $b/D_i = 70$ mm/40 mm = 1,75. Welle aus E295 (St50-2) mit $R_e = 295$ N/mm² (Bild **1.16** und **1.17**), $R^*_{ew} = 1,155 \cdot R_e = 340,725$ N/mm², $E_W = 2,1 \cdot 10^5$ N/mm² und $\mu_W = 0,3$ (Bild **6.42**); Nabe aus GS-60 mit $R_e = 300$ N/mm² (Bild **1.25**), $R^*_{eN} = 1,155 \cdot R_e = 346$ N/mm², $E_N = 2,05 \cdot 10^5$ N/mm² und $\mu_N = 0,3$ (**6.42**). Oberflächengüte: Welle $Rz_i \approx 5$ μm, Nabe $Rz_a \approx 10$ μm (Rz gemittelte Rautiefe). Reibungszahl: St auf GS, trocken $\mu_q = 0,15$ (**6.10**).

Zur Erleichterung der Rechnung werden folgende Werte ermittelt: $Q_N = D_F/D_a = 40/80 = 0,5$; $1-Q_N^2 = 0,75$; $1+Q_N^2 = 1,25$; $Q_W = d_i/d_a = 0$; $1-Q_W^2 = 1+Q_W^2 = 1$.

Rechnungsgang:

1. Welche **Beanspruchung** liegt vor? Der **Mindestfugendruck** ist nach Gl. (6.51)

$$p_{min} = \frac{2T_{max}}{\pi \cdot \mu_q \cdot b \cdot D_F^2} = \frac{2 \cdot 540\,500\,\text{N mm}}{\pi \cdot 0,15 \cdot 70\,\text{mm} \cdot 1600\,\text{mm}^2} = 20,5\,\text{N}/\text{mm}^2$$

Gl. (6.62)

Nabe $\quad p'_N = \frac{R^*_{eN}}{2}\left(1 - Q_N^2\right) = \frac{346\,\text{N}/\text{mm}^2}{2} \cdot 0,75 = 129,7\,\text{N}/\text{mm}^2$

$p_{min} = 20,5$ N/mm² $< p'_N = 129,7$ N/mm², also liegt elastische Verformung vor.

Welle $\quad p_W = R^*_{ew} = 335$ N/mm² $> p_{min}$, also liegt elastische Verformung vor.

Es handelt sich also um Fall 1 nach Bild **6.41**.

2. Bestimmung von p'_{zul}, ξ_{ges}, Z und U

Nabe $\quad p'_{zul\,N} = p'_N/S = 129,7$ N/mm²/1,5 = 86,46 N/mm² Gl. (6.53)

Welle $\quad p'_{zul\,W} = R^*_{ew}/S = 335$ N/mm²/2 = 167 N/mm² Gl. (6.56)

da $p'_{zul\,N} < p'_{zul\,W}$ wird $p'_{zul\,N}$ gerechnet.

Die Rechnung wird für den erforderlichen Mindestdruck p_{min} und für den maximal zulässigen Fugendruck $p'_{zul\,N}$ durchgeführt; Fall 1, Bild **6.42**.

Beispiel 1, Fortsetzung

Minimum (mit p_{min})

$$\xi_{\text{ges min}} = \xi_{\text{N el}} - \xi_{\text{H el}} = \frac{20,5\,\text{N}/\text{mm}^2}{2,05\cdot10^5\,\text{N}/\text{mm}^2}\left(\frac{1,25}{0,75}+0,3\right)+$$

$$\frac{20,5\,\text{N}/\text{mm}^2}{2,1\cdot10^5\,\text{N}/\text{mm}^2}\left(1-0,3\right)=0,265\cdot10^{-3}$$

$$Z_{min} = \xi_{\text{ges min}}\cdot D_F = 0,265\cdot10^{-3}\cdot40\,\text{mm}\approx11\,\mu\text{m} \qquad\qquad \text{Gl. (6.47)}$$

$$U_{min} = Z_{min}+\Delta U = (11+12)\,\mu\text{m}=23\,\mu\text{m}$$

$$\text{mit }\Delta U = 0,8\cdot(5+10)\,\mu\text{m}=12\,\mu\text{m} \qquad\qquad \text{s. Gl. (6.29) und (6.48)}$$

Maximum (mit $p'_{\text{zul N}}$)

$$\xi_{\text{ges max}} = \frac{86,46\,\text{N}/\text{mm}^2}{2,05\cdot10^5\,\text{N}/\text{mm}^2}\cdot\left(\frac{1,25}{0,75}+0,3\right)+\frac{86,46\,\text{N}/\text{mm}^2}{2,1\cdot10^5\,\text{N}/\text{mm}^2}\cdot\left(1-0,3\right)$$

$$=1,1177\cdot10^{-3}$$

$$Z_{max} = \xi_{\text{ges max}}\cdot D_F = 1,1177\cdot10^{-3}\cdot40\,\text{mm}=44,71\,\mu\text{m}$$

$$U_{max} = Z_{min}+\Delta U = (44,71+12)\,\mu\text{m}=56,7\,\mu\text{m}$$

3. Festlegen der **Passungen** (s. Bild **6.37** und **6.38**).

$$T_p \le U_{max}-U_{min}=(56,7-23)\,\mu\text{m}=33,7\,\mu\text{m}$$

$$T_B \ge T_p/2 = 33,7\,\mu\text{m}\,/\,2 = 17\,\mu\text{m}$$

Für die Bohrung kommt nach Bild **3.19** in Frage H6 mit $ES = +16\,\mu\text{m}$ und $EI = 0\,\mu\text{m}$. Entsprechend erhält man für die Welle

$$T_w \le T_p - T_B = (33,7-16)\,\mu\text{m}=17,7\,\mu\text{m}$$

$$ei \ge U_{min}+ES = (23+16)\,\mu\text{m}=39\,\mu\text{m} \qquad\qquad es \le U_{max}=56,7\,\mu\text{m}$$

Gewählt wird für die Welle nach Bild **3.19** und Bild **3.20** s5 mit $ei = +43\,\mu\text{m}$ und $es = 54\,\mu\text{m}$.

Die Passung H6/s5 genügt somit den Forderungen. Die Übermaße sind
$U_h = 0-(+54\,\mu\text{m})=(-)54\,\mu\text{m} < U_{max}=56,7\,\mu\text{m}$ und
$U_m = +16\,\mu\text{m}-(43\,\mu\text{m})=(-)27\,\mu\text{m} > U_{min}=23\,\mu\text{m}$ (s. **6.38**)

4. Erwärmungstemperatur der Nabe bei $\vartheta_0 = 298$ K. Für GS ist nach Bild **6.40** $\alpha = 11\cdot10^{-6}/\text{K}$; entsprechend IT9...IT10 ist $S_k = 62...100\,\mu\text{m}$, gewählt wird $S_k \approx 70\,\mu\text{m}$. Mit Gl. (6.72) ist die erforderliche **Fügetemperatur** der Nabe

$$\vartheta_a = \frac{(54+70)\cdot10^{-3}\,\text{mm}}{40\,\text{mm}\cdot11\cdot10^{-6}/\text{K}}+298\,\text{K}$$

$$=(218,8+298)\,\text{K}\approx580\,\text{K}\approx310\,°\text{C} \qquad\qquad\qquad ■$$

6.1.6 Gestalten und Fertigen

In einer Pressverbindung darf keine zusätzliche Passfedernut angeordnet sein. Die Nut würde die Bildung der Tangentialspannung in der Nabe beeinträchtigen und einen vollen Fugendruck verhindern. Außerdem würde die Nabe empfindlich gekerbt werden.

Die Gestaltung der Welle wird auch im Teil 2, Abschnitt „Achsen und Wellen", behandelt. Am Übergang zwischen Nabe und Welle tritt ein starker Spannungsanstieg auf, der zu einem Dauerbruch führen kann. Ursache ist Kerbwirkung in Folge örtlich konzentrierter Flächenpressung (**6.43a**); sie kann durch einen Kerbfaktor β_{kt} bzw. β_{kb} berücksichtigt werden (s. Abschn. 2.3 und Abschnitt 6.2: „Formschlüssige Verbindungen"). Um die Kerbwirkung zu beheben, ist durch zweckmäßige Formgebung der Nabe ein allmählicher Spannungsanstieg anzustreben. Die Naben sollen daher konisch ausgebildet werden, damit die schwächeren Nabenenden eine kleinere Flächenpressung verursachen (**6.43b**). Auch Abrunden der Einspannkanten (nicht Abfasen mit 45°) oder ringförmige Einstiche (Entlastungskerben) beiderseits in der Nabe sind zweckmäßig.

Oft wird auch die Welle an der Einspannstelle auf $(1{,}1 \ldots 1{,}3) \cdot d$ verstärkt oder durch Oberflächenbehandlung (Brennhärten, Oberflächendrücken usw.) auf eine höhere Festigkeit gebracht.

Reibkorrosion. Die Weiterleitung von Drehmoment-Anteilen in den hinteren Bereich der Pressfuge ist nur unter Verdrehung der Welle möglich. Da diese Verdrillung durch die drehsteifere Nabe behindert ist, wird der Hauptanteil des Wellenmomentes am Anfang der Pressfuge unter entsprechend hoher Schubspannung übertragen. Überschreitet die Umfangskraft (Schubspannung) die Haftkraft an dieser Stelle, so verdrillt sich die Welle unter örtlichem Mikrogleiten stärker als die Nabe. Ist dem mittleren Drehmoment ein Wechselmoment überlagert, so kommt es zum Wechselgleiten und damit zur Reibkorrosion, die eine erhöhte Dauerbruchgefahr durch zusätzliche Reibbeanspruchung darstellt. Die Gefahr der Reibkorrosion ist zu vermindern durch Verkleinern der Drehmomentausschläge (z. B. durch Einbau einer drehnachgiebigen Kupplung), durch Wahl eines elastischen Nabenwerkstoffes oder durch Gestaltung einer torsionselastischen Nabenform (**6.43b**).

6.43
Einfluss der Nabenform auf die Spannungsverteilung in der Welle (Vereinfachte Darstellung); σ_v ergibt sich aus τ_t und p

a) steife Nabe: fast konstante Flächenpressung, starker Anstieg von σ_v, Dauerbruchgefahr bei 1 oder 2

b) stark kegelige, randelastische Nabenform; allmählicher Anstieg der Flächenpressung, geringe Dauerbruchgefahr ($D_a \approx$ mittlere Nabendurchmesser)

Bei **Längspressverbänden** empfiehlt es sich, das Naben- oder Wellenende auf eine Länge von 2...5 mm mit einer Anfassung von 5° zu versehen (**6.30**), um ein Wegschaben des Werkstoffs beim Fügen zu verhindern und die Einebnung der Rauheiten zu begünstigen. Außerdem ist auf eine nicht zu hohe Einpressgeschwindigkeit zu achten. Sie soll nicht höher als 2 mm/s sein. Bei mehrmaligem Lösen der Verbindung tritt eine Verminderung der Haftkraft bis zu 25% ein.

Beim Entwurf stützt man sich zunächst auf Erfahrungswerte. Die Rechnung dient dann der Nachprüfung der gewählten Dimensionierung bzw. der Auswahl des Werkstoffs. Für Außendurchmesser bzw. Höhe und Breite der Nabe sind folgende Richtwerte üblich, wobei die kleineren Werte bei höherer Werkstoffgüte zu wählen sind:

$$h/D \approx 1{,}8 \ldots 2{,}0 \quad \text{(Klemmverbindung)} \qquad\qquad b/D_i \approx 1{,}0 \ldots 2{,}0 \quad \text{(Pressverbindung)}$$

Die DIN-Normen für Wellenenden (DIN 748) gelten für alle Achsen und Wellen, die aus einer Maschine herausragen und mit einer handelsüblichen Kupplung, Riemenscheibe oder dgl. verbunden werden sollen. Sie gelten nicht für Verbindungen in Maschinen oder Geräten, die vom Hersteller speziell entwickelt werden. Hier sind lediglich Normdurchmesser und Normkegel (DIN 254, Bild **6.14**) einzuhalten. Richtwerte für die Länge zylindrischer Wellenenden nach DIN 748: $l = (1{,}4 \ldots 1{,}8) \cdot d$ für kurze und $l = (1{,}8 \ldots 2{,}7) \cdot d$ für lange Wellenenden.

Fertigen. Als Werkstoff wird für Wellen meist S235J2G2 (St37-2) und E295 (St50-2) verwendet, für Naben EN-GJL (GG) und GS, daneben – meist für Gesenkschmiedeteile – auch St. Da eine Erhöhung der Nennspannung bzw. der Flächenpressung durch Steigerung des Drehmoments oder der axial zu übertragenden Kräfte nicht eintreten kann, ist es möglich, die Sicherheit knapp zu bemessen ($S_F = 1{,}1 \ldots 1{,}5$ bzw. $S_B \approx 2 \ldots 3$). Bei Klemm- und Kegelsitzen mit unkontrollierbarem Schraubenanzugsmoment wählt man zweckmäßig die höheren Werte. Werte für p_{zul} und μ sind Bild **6.10** zu entnehmen.

Für die Herstellung der Nabenbohrung kommen im Wesentlichen die gleichen Fertigungsverfahren wie bei Wellen in Betracht, hier außerdem noch das Räumen, das bei kürzester Bearbeitungszeit sehr kleine Rautiefen ergibt, sowie das Honen. Bild **3.36** gibt die erreichbaren Rautiefen an.

Bei der Erwärmung der Naben von Querpressverbänden ist zu beachten, dass im Ofen oder in offener Flamme oberhalb von $\vartheta_a = 250 \ldots 300\,°C$ Verzundern der Oberfläche eintritt. Bei lösbaren Pressverbänden ist eine Verzunderung unzulässig, so dass die maximale Erwärmungstemperatur im Ofen auf $\vartheta_a \approx 250\,°C$ begrenzt werden muss; im Ölbad können auch höhere Temperaturen zugelassen werden. Falls die erzielbare Temperatur nicht ausreicht, muss gleichzeitig die Welle unterkühlt werden. Bei der Unterkühlung wie mitunter auch bei der Erwärmung werden größere Teile durch Isoliermaterial (Glaswolle) und umhüllende Bleche geschützt. Durch Unterkühlung des Innenteils werden vor allem Laufbuchsen, Ventilsitze und bearbeitete Zahnräder aufgeschrumpft (erreichbare Temperaturen sowie α_ϑ-Werte siehe Bild **6.45** und **6.40**). Als Zuschlag S_K (**6.39**) genügen im Allgemeinen Werte entsprechend IT9 oder IT10, auch IT8 kann ausreichend sein. Das Lösen von Längspressverbindungen geschieht mittels Pressen oder, bei größeren Teilen, durch Öldruck (**6.44**).

6.44
Lösen eines Pressverbandes mit Hilfe von Öldruck zur Aufweitung der Nabe. In der Welle sind mehrere Bohrungen (1), (2) und Ringnuten (3), (4) vorgesehen. Jede Bohrung wird durch eine eigene hydraulische Presse mit Öl beschickt. Durch das in die Bohrungen gedrückte Öl wird die Nabe geweitet und lässt sich mit geringem Kraftaufwand lösen

Werkstoff	Temperatur in °C	Bemerkung
Wärmeplatte	+ 100	für Wälzlager
Mineralöl	+ 360	
Ofen	+ 700	Temperatur begrenzt durch Gefügeänderung des Werkstoffs
Tiefkühltruhe	− 20	nur bei kleineren Teilen
Trockeneis	− 72	mit Kältemischungen (Alkohol, Aceton) bis −100 °C
flüssige Luft	− 190	

6.45
Erwärmungs- und Abkühlungsmittel mit erreichbaren Werkstücktemperaturen

6.1.7 Keilverbindung

Der Keil ist je nach Ausführung eine reibschlüssige (Längskeil) oder eine vorgespannte formschlüssige Verbindung (Querkeil).

Beim Längskeil wird die Seite zum Nabengrund hin bezüglich der Seite zum Wellengrund mit
einer bestimmten Neigung (Anzug) ausgeführt.

Die **Längskeilverbindung** (6.46), auch „Spannungsverbindung mit Anzug" genannt, überträgt
das Drehmoment durch Reibungsschluss zwischen der Welle und der dem Keil gegenüberliegenden Nabenseite. Wegen der auftretenden einseitigen Verspannung sind diese Verbindungen nur für kleine bis mittlere Drehzahlen anwendbar, weil stets eine gewisse Unwucht auftritt.
Es können stoßhafte oder wechselnde Drehmomente gut übertragen werden, wogegen die Passfederverbindung nur gleichförmigen Drehmomenten ausgesetzt werden soll. Bei großen
Durchmessern, geteilten Schwungrädern usw. finden vielfach auch Tangentkeile Verwendung;
neben dem Reibungsschluss tritt hier eine Verspannung in Umfangsrichtung auf (Bild **6.48** und
6.51), so dass insbesondere große stoßhafte und wechselnde Drehmomente übertragen werden
können.

Die Aufgabe der **Querkeilverbindung** besteht in der Übertragung von Längskräften. Sie wird
als Stangenschloss ausgeführt (**6.47**), wobei durch den Keil 1 die Stange 3 in die Hülse 2 hi-
neingezogen wird. Es entsteht somit eine formschlüssige Verbindung, bei der das Verbin-
dungselement, der Keil, durch Reibungsschluss gesichert ist.

Schnitt A-B

6.46
Verspannungskräfte an einer Längskeilverbindung
(Nasenkeil)

6.47
Stangenschloss
1 Querkeil, rundstirnig
2 Hülse
3 Stange

Berechnen. Bei Keilverbindungen wird die Flächenpressung p und damit der Reibungsschluss
durch die Eintreibkraft des Keils erzeugt. Da diese nicht messbar ist, ist auch eine exakte Be-

rechnung nicht möglich. Es gilt die Erfahrung, dass bei Längskeilen das gesamte Drehmoment zwischen Welle und Nabe übertragen werden kann, wenn die tragende Keillänge $l = 1,5 \cdot d$ mit d als Wellendurchmesser beträgt. Ist nicht das gesamte Drehmoment der Welle zu übertragen, dann können Flach- oder Hohlkeile (Bilder **6.48**, **6.50**) verwendet werden. Hierdurch wird die Bearbeitung der Welle am Keilsitz vereinfacht oder erspart. Bezüglich der Lage der Tangentkeile bei geteilten Naben s. Bild **6.51**.

Bei Querkeilverbindungen treten ungünstige und rechnerisch schwer erfassbare Spannungsverhältnisse auf. Ihre Verwendung ist daher beschränkt.

6.48
Verschiedene Keilformen, an einer Wellen-Naben-Verbindung dargestellt

1 Hohlkeil
2 Nasen-, Treib- und Einlegekeil
3 Flachkeil
4 Tangentkeil

6.49
Einlegekeil

	b	r	Keil DIN 6886			Nasenkeil DIN 6887		Flachkeil DIN 6883			Hohlkeil DIN 6881	Längenabstufung l	
	D 10											14	16
über	bis	h 9	h	t_1	t_2	h_1	h_2	h	t_1	t_2	h	18	20
10	12	4	0,2	4	2,5	1,2	4,1	7	–	–	–	–	22	25
12	17	5		5	3,0	1,7	5,1	8	–	–	–	–	28	32
17	22	6		6	3,5	2,2	6,1	10	–	–	–	–	36	40
22	30	8	0,4	7	4,0	2,4	7,2	11	5	1,3	3,2	3,5	45	50
30	38	10		8	5,0	2,4	8,2	12	6	1,8	3,7	4	56	63
38	44	12		8	5,0	2,4	8,2	12	6	1,8	3,7	4	70	80
44	50	14	0,5	9	5,5	2,9	9,2	14	6	1,4	4,0	4,5	90	100
50	58	16		10	6,0	3,4	10,2	16	7	1,9	4,5	5	110	125
58	65	18		11	7,0	3,4	11,2	18	7	1,9	4,5	5	140	160
65	75	20		12	7,5	3,9	12,2	20	8	1,9	5,5	6	180	200
75	85	22	0,6	14	9,0	4,4	14,2	22	9	1,8	6,5	7	220	250
85	95	25		14	9,0	4,4	14,2	22	9	1,9	6,4	7		
95	110	28	0,8	16	10	5,4	16,2	25	10	2,4	6,9	7,5		
110	130	32		18	11	6,4	18,3	28	11	2,3	7,9	8,5		
130	150	36	1,0	20	12	7,1	20,4	32	12	2,8	8,4	9		

Nutausbildung

Einlegekeil Form A   Treibkeil Form B   Nasenkeil   Keil   Flachkeil   Hohlkeil

6.50
Längskeile (Auswahl aus den DIN Normen; alle Maße in mm)

$r = 1$ für D bis 150 mm
a = Abschrägung des Keils
$\quad$ = 1,5 mm für $D \leq 150$ mm

Wellendurchmesser D	60	70	80	90	100	110	120	130	140	150
Tiefe t	7	7	8	8	9	9	10	10	11	11
Maß b (errechnet)	19,3	21,0	24,0	25,6	28,6	30,1	33,2	34,6	37,7	39,1

6.51
Tangentkeilnuten DIN 271 (alle Maße in mm)

Gestalten. Die Nutenlänge muss dem nötigen Raum für das Ausziehen des Keils angepasst sein (**6.46**). Eine Ausnahme bildet der Einlegekeil, der schon in der Wellennut liegt, wenn die Nabe aufgeschoben wird (**6.49**). Empfehlenswert ist bei allen Längskeilen eine Übergangspassung von Welle und Nabe (z. B. H7/k6). Genormte Ausführungen mit einem Anzug von 1:100 zeigen (**6.50**) und (**6.49**). Als Werkstoff ist E335 (St60) oder St80 (sog. Keilstahl) vorzusehen. Für Querkeile (**6.48**) wird eine stärkere Neigung von 1:20 (für häufigeres Lösen) bis 1:40 (für dauernde Verbindungen) vorgesehen. Richtwerte (Bedeutung der Formelzeichen s. Bild **6.47**):

$$h_{m}/s \approx 4 \ldots 5 \qquad s/d' \approx 0{,}25 \qquad D/d' \approx 2{,}5 \ldots 2{,}7$$

Literatur

[1] Beitz, W.: Berechnung von Wellen-Naben-Passfederverbindungen. Z. Antriebstechnik 16 (1977) Nr.10.

[2] Brauch, W.; Dreyer, H.-J.; Haacke, W.: Mathematik für Ingenieure. Teil 3 Differentialgleichungen. 9. Aufl. Stuttgart 1995.

[3] Kollmann, F. G.: Neues Berechnungsverfahren für elastisch-plastisch beanspruchte Querpressverbände. Z. Konstruktion 30 (1978) H.7 und (1978) H. 8.

[4] -; Rotierende Pressverbände bei rein elastischer Beanspruchung. Z. Konstruktion 33 (1981), H. 6.

[5] -; Welle-Nabe-Verbindungen. Berlin-Heidelberg-New York-Tokyo 1984.

[6] Kollmann, F. G.; Önöz, E.: Ein verbessertes Auslegungsverfahren für elastisch-plastisch beanspruchte Querpressverbände. Z. Konstruktion 35 (1983) H. 11.

[7] Eberhard, G.: Theoretische und experimentelle Untersuchungen an Klemmverbindungen mit geschlitzter Nabe. Diss. Uni. Hannover 1980.

[8] Findeisen, D.: Verspannungsschaubild der Welle-Nabe-Verbindung „rotierender Querpressverband"; Analogie zur Schraubenverbindung unter axialer Zugkraft mit Querkraftschub. Z. Konstruktion 30 (1978), H. 11.

[9] Lehmann, Th.: Elemente der Mechanik II: Elastostatik. Braunschweig 1975.

[10] Lundberg, G.: Die Festigkeit von Presssitzen. Das Kugellager 19 (1944), H. 1 u. 2.

[11] Galle, G.: Fügen von Querpressverbindungen. Z. Konstruktion 31 (1979), H. 8.

[12] Holzmann, G.; Meyer, H.; Schumpich, G.: Technische Mechanik, Teil 3: Festigkeitslehre. 9. Aufl. Stuttgart 2006.

6.2   Formschlüssige Verbindungen

DIN-Blatt Nr.	Ausgabe-datum	Titel
471	9.81	Sicherungsringe (Halteringe) für Wellen; Regelausführung und schwere Ausführung
472	9.81	Sicherungsringe (Halteringe) für Bohrungen; Regelausführung und schwere Ausführung
983	9.81	Sicherungsringe mit Lappen (Halteringe) für Wellen
984	9.81	Sicherungsringe mit Lappen (Halteringe) für Bohrungen
5417	12.76	Befestigungsteile für Wälzlager; Sprengringe für Lager mit Ringnut
5464	2.06	Passverzahnungen mit Keilflanken – Schwere Reihe
5466 T1	10.00	Tragfähigkeitsberechnung von Zahn- und Keilwellen-Verbindungen; Teil 1: Grundlagen
5472	12.80	Werkzeugmaschinen; Keilwellen- und Keilnaben-Profile mit 6 Keilen, Innenzentrierung, Maße
5480 T1	3.06	Passverzahnungen mit Evolventenflanken und Bezugsdurchmesser; Teil 1: Grundlagen
T2	5.06	Passverzahnungen mit Evolventenflanken und Bezugsdurchmesser; Teil 2: Nennmaße und Prüfmaße
T15	3.06	-; Teil 15: Qualitätsprüfung
T16	3.06	-; Teil 16: Werkzeuge
6799	9.81	Sicherungsscheiben (Haltescheiben) für Wellen
6885 T1	8.68	Mitnehmerverbindungen ohne Anzug; Passfedern, Nuten, hohe Form
T2	12.67	-; Passfedern, Nuten, hohe Form für Werkzeugmaschinen, Abmessungen und Anwendung
T3	2.56	-; Passfedern, niedrige Form, Abmessungen und Anwendung
6888	8.56	Mitnehmerverbindungen ohne Anzug; Scheibenfedern, Abmessungen und Anwendungen
7993	4.70	Runddraht-Sprengringe und Sprengringnuten für Wellen und Bohrungen
32711	3.79	Antriebselemente; Polygonprofile P3G
32712	3.79	-; Polygonprofile P4C
ISO 14	12.86	Keilwellen-Verbindungen mit geraden Flanken und Innenzentrierung; Maße, Toleranzen, Prüfung

Bolzen- und Stiftverbindungen

DIN-Blatt Nr.	Ausgabe-datum	Titel
1445	2.77	Bolzen mit Kopf und Gewindezapfen
1469	11.78	Passkerbstifte mit Hals

DIN-Blatt Nr.	Ausgabe-datum	Titel
EN 22340	10.92	Bolzen ohne Kopf
EN 22341	10.92	Bolzen mit Kopf
EN 28736	10.92	Kegelstifte mit Innengewinde, ungehärtet
EN 28737	10.92	Kegelstifte mit Gewindezapfen, ungehärtet
EN 28738	10.92	Scheiben für Bolzen; Produktklasse A
EN ISO 8733	3.98	Zylinderstifte mit Innengewinde aus ungehärtetem Stahl und austenitischem nichtrostendem Stahl
EN ISO 8735	3.98	Zylinderstifte mit Innengewinde aus gehärtetem Stahl und martensitischem nichtrostendem Stahl
EN ISO 8739	3.98	Zylinderkerbstifte mit Einführende
EN ISO 8740	3.98	Zylinderkerbstifte mit Fase
EN ISO 8741	3.98	Steckkerbstifte
EN ISO 8742	3.98	Knebelkerbstifte mit kurzen Kerben
EN ISO 8744	3.98	Kegelkerbstifte
EN ISO 8745	3.98	Passkerbstifte
EN ISO 8752	3.98	Spannstifte (-hülsen), geschlitzt, schwere Ausführung
EN ISO 13337	2.98	Spannstifte (-hülsen), geschlitzt, leichte Ausführung

Formelzeichen

b	tragende Breite des Mitnehmers; Größenfaktor	S_D	Sicherheitswert bei dynamischer Beanspruchung
c	Beiwert für Polygonprofile		
D, d	Durchmesser des um- bzw. eingeschriebenen Kreises bei Polygonprofilen	s	Nabenwanddicke, Ringdicke
D_M	Messweite des Polygonprofils P 3	T_{max}	zu übertragendes maximales Drehmoment
D	Durchmesser der Welle	t'	tragende Höhe des Mitnehmers
d_1	–; bzw. der Bohrung	W_p	polares Widerstandsmoment der Welle
d_2	Durchmesser der Nut	z	Anzahl der Mitnehmer
d_a	–; des Kopfkreises	α	Eingriffswinkel
d_f	–; des Fußkreises	β_{kt}, β_{kb}	Kerbfaktor der Wellennut bei Torsion bzw. Biegung
d_m	Durchmesser, an dem Umfangskraft F_u am Mitnehmer angreift	β_{max}	maximaler Winkel zwischen Tangente an das Polygonprofil und Umfangskraft F_u
e	Exzentrizität des Polygonprofils		
F_a	Axialkraft	κ	Oberflächenfaktor
g	Hebellänge (Sicherung)	φ	Minderungsfaktor für $z > 1$
h	Hebellänge, Flankenhöhe	ψ	Umstülpwinkel
k	Beiwert für Polygonprofile	σ_b	Biegespannung
l	tragende Länge des Mitnehmers bzw. des Polygonprofils	σ_G	Grenzspannung
		σ_{Sch}	Schwellfestigkeit
p	Flächenpressung	τ_a	Abscherspannung
$\overline{q}$	Beanspruchungszahl	τ_t	Torsionsspannung
R_e	Streckgrenze	τ_{tG}	Grenzspannung (Torsion)
R_m	Zugfestigkeit	τ_{tSch}	Schwellfestigkeit

6.2.1 Sicherungen gegen axiales Verschieben

Formschlüssige Verbindungen übertragen Kräfte oder Drehmomente durch ihre Form. Für die Aufnahme axialer Kräfte werden neben Wellenbunden auch Querstifte, Sicherungsringe, Sicherungsscheiben, Stellringe und Stellmuttern vorgesehen, siehe Bild **6.52** und **6.56**. Zur Übertragung von Drehmomenten muss die Nabe mit der Welle drehfest verbunden sein. Sie kann in Längsrichtung fest, Bild **6.57**, aber auch verschiebbar angeordnet werden, Bild **6.60**; z. B. bei Schaltgetrieben, Torsionsfedern, längsbeweglichen Kardanwellen und austauschbaren „Steckachsen" als Zahnwellen-Verbindung.

Sicherungsringe (6.52). Wegen der großen Zahl verschiedener Ausführungen werden sie in folgende Gruppen unterteilt:

1. Gruppe. Sie umfasst alle ebenen axial montierbaren Ringe, die nach dem Prinzip des gekrümmten Balkens gleicher Festigkeit aufgebaut sind und in Nuten angewendet werden.

Sicherungsringe, DIN 471/472, Regelausführung für Wellen und Bohrungen (**6.52a, b**) übertragen große Axialkräfte von dem andrückenden Maschinenteil auf die Nutwand. Als Wellenringe können sie bei hohen Drehzahlen verwendet werden. Nach DIN 471 und DIN 472 sind Ringe bis 300 mm Nabendurchmesser genormt (Auszug aus den DIN-Normen siehe Bild **6.53**).

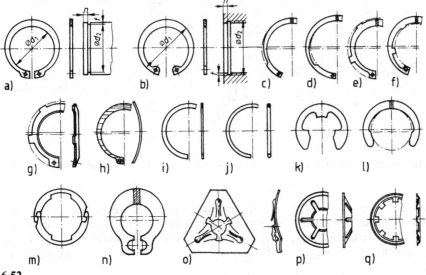

6.52
Sicherungen

a) Sicherungsring DIN 471 für Wellen
b) Sicherungsring DIN 472 für Bohrungen
c) Seeger-V-Ringe für Wellen
d) Seeger-V-Ringe für Bohrungen
e) K-Ring DIN 983 für Wellen
f) K-Ring DIN 984 für Bohrungen
g) Seeger-L-Ring für Wellen
h) Seeger-W-Ring für Wellen
i) Sprengring DIN 5417

j) Runddrahtsprengring DIN 7993
k) Sicherungsscheibe DIN 6799
l) Seeger-Halbmondring
m) Schließring
n) Greifring
o) Dreieckring
p) Klemmscheibe
q) Zackenring für Bohrung

für Wellen, DIN 471										für Bohrungen, DIN 472									
d_1 h11	s	a ≤	b ≈	d_2	d_1 h11	s	a ≤	b ≈	d_2	d_1 h11	s	a ≤	b ≈	d_2	d_1 h11	s	a ≤	b ≈	d_2
10	1	3,3	1,8	9,6	50	2	6,9	5,1	47	10	1	3,2	1,4	10,4	50	2	6,5	4,6	53
12	1	3,3	1,8	11,5	55	2	7,2	5,4	52	12	1	3,4	1,7	12,5	55	2	6,8	5	58
14	1	3,5	2,1	13,4	60	2	7,4	5,8	57	14	1	3,7	1,9	14,6	60	2	7,3	5,4	63
16	1	3,7	2,2	15,2	65	2,5	7,8	6,3	62	16	1	3,8	2	16,8	65	2,5	7,6	5,8	68
18	1,2	3,9	2,4	17	70	2,5	8,1	6,6	67	18	1	4,1	2,2	19	70	2,5	7,8	6,2	73
20	1,2	4	2,6	19	75	2,5	8,4	7	72	20	1	4,2	2,3	21	75	2,5	7,8	6,6	78
22	1,2	4,2	2,8	21	80	2,5	8,6	7,4	76,5	22	1	4,2	2,5	23	80	2,5	8,5	7	83,5
24	1,2	4,4	3	22,9	85	3	8,7	7,8	81,5	24	1,2	4,4	2,6	25,2	85	3	8,6	7,2	88,5
25	1,2	4,4	3	23,9	90	3	8,8	8,2	86,5	25	1,2	4,5	2,7	26,2	90	3	8,6	7,6	93,5
26	1,2	4,5	3,1	24,9	95	3	9,4	8,6	91,5	26	1,2	4,7	2,8	27,2	95	3	8,8	8,1	98,5
28	1,5	4,7	3,2	26,6	100	3	9,6	9	96,5	28	1,2	4,8	2,9	29,4	100	3	9	8,4	103,5
30	1,5	5	3,5	28,6	110	4	10,1	9,6	106	30	1,2	4,8	3	31,4	110	4	10,4	9,2	114
32	1,5	5,2	3,6	30,3	115	4	10,6	9,8	111	32	1,2	5,2	3,2	33,7	115	4	10,5	9,3	119
35	1,5	5,6	3,9	33	120	4	11	10,2	116	35	1,5	5,4	3,4	37	120	4	10,5	9,7	124
38	1,75	5,8	4,2	36	125	4	11,4	10,4	121	38	1,5	5,5	3,7	40	125	4	11	10	129
40	1,75	6	4,4	37,5	130	4	11,6	10,7	126	40	1,75	5,8	3,9	42,5	130	4	11	10,2	134
42	1,75	6,5	4,5	39,5	140	4	12	11,2	136	42	1,75	5,9	4,1	44,5	140	4	11,2	10,7	144
48	1,75	6,9	5	45,5	145	4	12,2	11,5	141	48	1,75	6,4	4,5	50,5	145	4	11,4	10,9	149

H13 für Maß $m = s + 0,1$ bei $s ≤ 1,75$
H13 für Maß $m = s + 0,15$ bei $s = (2...4)$
$$n ≥ 3\frac{\pm d_1 \mp d_2}{2}$$

Bild 6.53
Sicherungsringe, Regelausführung (Auswahl aus den DIN-Normen, alle Maße in mm. Schwere Ausführung s. Normblätter)

In der schweren Ausführung, DIN 471/472, besitzen Sicherungsringe eine größere Dicke, und bei den kleineren Abmessungen auch eine größere Breite, als die normalen Ringe nach DIN 471/472. Sie sind dadurch in der Lage, bedeutend höhere Axialkräfte aufzunehmen. Für den Einsatz auf Zahnwellen-Verbindungen sind Sicherungsringe in der schweren Ausführung ganz besonders geeignet.

V-Ringe (Seeger-Orbis GmbH, 61454 Königstein/Taunus) (**6.52c, d**) für Wellen und Bohrungen besitzen eine kleinere radiale Bauhöhe als die normalen Sicherungsringe und bilden eine zur Achse der Welle bzw. des Gehäuses zentrisch begrenzte Schulter. Sie sind dadurch in der Lage, neben der Axialkraftübertragung als radiale Führung zu dienen. Die zur kreisartigen Verformung erforderlichen Ausnehmungen liegen nutseitig, also umgekehrt als bei den normalen Ringen nach DIN 471/472 (daher die Bezeichnung V-Ring = verkehrter Ring). Die verkleinerte Nutanlagefläche hat eine Verkleinerung der Tragfähigkeit der Nut zur Folge. Das Hauptanwendungsgebiet liegt dort, wo in radialer Richtung nur wenig Platz zur Verfügung steht, z. B. bei dem Einbau von Nadellagern.

K-Ringe (6.52e, f) für Wellen und Bohrungen, DIN 983/984, besitzen am Umfang gleichmäßig verteilt mehrere Lappen, um damit Maschinenteile mit großen Fasen, Abrundungen oder Kantenabständen festlegen zu können. Sie eignen sich gut für den überdeckten Einbau und zur Festlegung von Wälzlagern mit großen Kantenabständen.

Mit Hilfe von ebenen Sicherungsringen ist es nicht möglich, Maschinenteile axial spielfrei einzubauen. Die Fertigungstoleranzen der Nut, des festzulegenden Teiles und des Ringes führen immer zum Axialspiel. Die tellerfederartig geprägten K-Ringe, L-Ringe genannt (**6.52g**), und die gebogenen W-Ringe (**6.52h**) gleichen Axialspiel aus. Sie werden vorteilhaft für die axiale Vorspannung von Wälzlagern vorgesehen. (W-Ringe werden aus Sicherungsringen DIN 471/472 durch Biegen um eine Achse gefertigt!).

2. Gruppe. Sprengringe mit konstanter, radialer Breite, verformen sich unter Spannung nicht rund und sind nicht immer leicht zu montieren, weil Montagelöcher für einen Zangeneingriff fehlen.

Sprengringe für Wellen, DIN 5417 (**6.52i**), dienen u. a. zur Festlegung von Wälzlagern, in deren äußerem Laufring eine Nut eingestochen ist. Eine besondere Ausführung mit kleiner radialer Breite, die Sprengringe SW / SB (Seeger-Orbis), eignet sich besonders für die Festlegung von Nadellagern, Nadelkäfigen und Dichtungsringen.

Sprengringe für Wellen und Bohrungen, DIN 7993 (**6.52j**), werden aus patentgehärteten Drähten mit rundem Querschnitt gefertigt. Ihr Einsatz erfolgt vorzugsweise in halbrunden Nuten in Verbindung mit einer viertelkreisförmigen Überdeckung des andrückenden Maschinenteils. Sprengringe nach DIN 73130 dienen besonders zur Festlegung von Kolbenbolzen.

3. Gruppe. Radialmontierbare Sicherungen werden radial in die Nut gedrückt. Zur Montage und Demontage wird keine Zange benötigt. Zu dieser Gruppe zählen u. a. die Sicherungsscheiben DIN 6799 (**6.52k**), die Halbmondringe (**6.52 l**) und die Schließringe (**6.52m**) (Seeger-Orbis).

4. Gruppe. Selbstsperrende Sicherungsringe übertragen Axialkräfte entweder nur durch Reibungsschluss, oder durch Reibungs- und Formschluss. Die selbstsperrenden Ringe werden auf glatten, nicht genuteten Wellen oder in Gehäusen eingesetzt. Es besteht die Möglichkeit einer axialspielfreien Festlegung bzw. der Einstellung ohne Bindung an einen Nuteinstich oder an ein Splintloch. Bei ihrer Anwendung ist zu berücksichtigen, dass Stöße und Schwingungen Massenkräfte hervorrufen können, die höher als die Haltekräfte sind.

Zu den selbstsperrenden Sicherungsringen zählen der Greifring (**6.52n**), der Dreieckring (**6.52o**), die Klemmscheibe (**6.52p**) und der Zackenring (**6.52q**) (alle Seeger-Orbis).

Berechnung der Ringverbindungen. Entscheidend für die Anwendung der Sicherungsringe nach DIN 471/472 (**6.52a, b**) oder ähnliche ist die axiale Tragfähigkeit. Sie hängt von der Festigkeit des Werkstoffes, in den die Nut eingestochen ist, und von der Form des andrückenden Maschinenteiles (scharfkantig, gerundet, Fase, Kantenabstand) ab. Außerdem ist auch die zulässige Wellendrehzahl zu beachten.

Somit sind zu berechnen:

1. die Tragfähigkeit der Nut,

2. die Tragfähigkeit des Ringes,

3. die axiale Verschiebung und

4. die Ablösedrehzahl.

Tragfähigkeit der Nut. Die Berechnung erfolgt bei gegebener Axialkraft F_a auf **Flächenpressung**

$$p = (q \cdot F_a)/A \leq p_{zul} = \sigma_G / S \tag{6.74}$$

mit der Nutfläche $A = \pi \cdot (d_1^2 - d_2^2)/4$ und mit der Beanspruchungszahl q, die vom Bundlängenverhältnis n/t abhängt; für $n/t \geq 3$ setzt man $q = 1{,}2$; für $n/t = 2$ setzt man $q = 2$ und für $n/t = 1$ setzt man $q = 4{,}5$.

Es bedeuten n Bundbreite (Randabstand der Nut) (**6.53**) und t Nuttiefe.

Voraussetzung für die Berechnung auf Flächenpressung ist, dass die Wanddicke des Gehäuses (Bohrungsringe) bzw. der Hohlwelle (Wellenringe) mindestens dreimal größer als die Nuttiefe ist.

Die Nut kann auf der Lastseite immer nur zügig oder schwellend beansprucht werden. Aus diesem Grunde wird in die Gl. (6.74) als Grenzspannung σ_G die Streckgrenze oder die Schwellfestigkeit σ_{Sch} eingesetzt. Die Wahl der Sicherheit S richtet sich nach der Konstruktion und Belastung. Bei Bundeslängenverhältnissen $n/t > 5$ ist gegen Gewaltbruch ($\sigma_G = R_m$) bei ruhender Belastung die Sicherheit $S = 2...3$ üblich.

Nach Umstellung der Gl. (6.74) erhält man für die zulässige Axialkraft die Bedingung

$$F_{a\,zul} = (A \cdot \sigma_G)/(q \cdot S) < F_{aN}$$

wobei F_{aN} die in den Maßlisten der Hersteller verzeichnete zulässige Axialkraft auf Grund der Tragfähigkeit der Nut bedeutet. Sie ist auf die Streckgrenze $R_e = (200...300)$ N/mm^2 bezogen, ohne die Sicherheit gegen Dauerbruch bzw. gegen Fließen zu berücksichtigen ($S = 1$).

Tragfähigkeit des Ringes. Das Berechnungsverfahren geht von der Annahme aus, dass sich der Ring bei dem Andruck eines Maschinenteiles infolge eines Biegemomentes $F_a \cdot h$ konisch verformt und um den Winkel ψ umstülpt, s. Bild **6.55**. Dieser Umstülpwinkel $\psi = f / h$ darf nicht größer als ein zulässiger Winkel ψ_{zul} (**6.54**) werden:

$$\psi = (F_a \cdot h \cdot s)/K \leq \psi_{zul} \tag{6.75}$$

Der Rechnungswert $K = C \cdot h^2$ in kNmm, siehe Bild **6.54**, wird aus der Federsteifigkeit C des Ringes abgeleitet und ergibt sich zu $K = [(\pi \cdot E \cdot s^2)/6] \cdot \ln(1 + 2b_m/y)$ mit E als Elastizitätsmodul, s Ringdicke, b_m mittlere Ringbreite; mit $y = d_2$ für Wellenringe und mit $y = d_2 - 2b_m$ für Bohrungsringe. Für die Hebellänge setzt man bei scharfkantiger Anlage $h = 0{,}3 + 0{,}002 \cdot d_1$ in mm mit d_1 in mm und bei Anlage mit Fase, Rundung oder Kantenabstand $h = 0{,}05 + g$ in mm mit g in mm (**6.55**).

In Maßlisten der Hersteller (Seeger-Orbis) sind im Allgemeinen der Rechenwert K bezogen auf Federstahl und die für den entsprechenden zulässigen Umstülpwinkel ψ_{zul} berechnete Axialkraft F_{aR} ohne Berücksichtigung einer Sicherheit angegeben. Werden Ringe aus anderem Material, z. B. aus Walzbronze oder Hartmessing, verwendet, so sind die angegebenen Werte nach Angaben der Hersteller zu berichten.

Axiale Verschiebung f des Ringes ist durch den Andruck des Maschinenteils bedingt (**6.55**). Die Größe der Verschiebung ist für manche Konstruktionen von Bedeutung. Sie lässt sich aus der Beziehung $f = (F_a \cdot h^2 / K) + V$ ermitteln. $V = (0{,}02 \ldots 0{,}05)$ mm berücksichtigt die Anfangsverschiebung.

d_1		10	20	30	40	50	60	70	80	90	100	120	130	140	250
DIN 471	F_{aN}	1	5	11	25	38	46	54	72	81	90	123	134	144	388
	F_{aR}	4	17	32	51	73	69	134	128	217	206	425	395	376	504
	$n_{abl} \cdot 10^{-3}$	84	32	19	13	10	7,6	6,5	6,1	5	4,2	3,7	3,2	2,7	1,2
	K	28,2	36,3	64,2	97	133	126	241	236	401	397	882	852	840	1155
	ψ_{zul}	0,1	0,15	0,17	0,2	0,22	0,23	0,24	0,25	0,26	0,26	0,26	0,26	0,26	0,26
DIN 472	F_{aN}	1	5	11	27	40	48	56	75	84	93	127	138	148	396
	F_{aR}	4	7	14	45	61	61	119	120	199	188	396	374	350	504
	K	19,6	16,9	26,6	80,1	111	113	218	219	364	359	818	801	775	1155
	ψ_{zul}	0,1	0,15	0,17	0,2	0,22	0,23	0,24	0,25	0,26	0,26	0,26	0,26	0,26	0,26

Tragfähigkeit der Nut F_{aN} bei $R_e = 200$ N/mm^2 des genuteten Werkstoffes und Tragfähigkeit des Sicherungsringes F_{aR} bei scharfkantiger Anlage des andrückenden Teiles. Durchmesser d_1 in mm, Kraft [1]) in kN, Ablösedrehzahl $n_{abl} \cdot 10^{-3}$ in min^{-1}, Rechnungswert K in kN mm, Umstülpwinkel ψ_{zul} im Bogenmaß

[1]) Die Werte enthalten keine Sicherheit gegen Fließen bei zügiger Beanspruchung und gegen Dauerbruch bei schwellender Beanspruchung. Gegen Bruch bei zügiger Beanspruchung ist eine 2- bis 3fache Sicherheit gegeben.

6.54
Zulässige Axialkraft und Drehzahl für Sicherungsringe in Regelausführung nach DIN 471 und DIN 472

Ablösedrehzahl. Sie ist die Drehzahl, bei der die Vorspannung des Ringes durch die Fliehkraft aufgehoben wird und der Ring beginnt, sich von dem Sitz auf dem Nutgrund zu lösen. Die Ablösedrehzahlen für kleine Ringe nach DIN 471 sind sehr hoch, fallen aber ab $d_1 = 100$ mm auf Werte unter $4 \cdot 10^3$ min^{-1}; sie müssen daher in vielen Fällen beachtet werden.

a)   b)

6.55
Verformung eines Sicherungsringes

a) scharfkantige Anlage ohne nennenswerte Fase oder Rundung, Hebelarm $h = 0{,}3$ mm $+ 0{,}02 \cdot d_1$; für $d_1 \geq 150$ mm $\Rightarrow h = 0{,}6$ mm
b) Anlage mit Fase, Rundung oder Kantenabstand, Hebelarm $h = 0{,}05$ mm $+ g$

6.56
Stellmutter

1 Spannteil
2 Konterteil
3 Konterschraube

(Spieth, Esslingen-Zell)

Mit der **Stellmutter (6.56)** kann eine Schraubenverbindung gespannt, ein Wälz- oder Gleitlager-Laufspiel eingestellt oder z. B. in Verbindung mit einer Feder eine beliebige Längslage frei auf dem Gewinde fixiert und jeweils zuverlässig gesichert werden. Dabei sind keinerlei Sicherungsbleche oder Splinte und deshalb auch keine Nuten, Ausfräsungen oder Bohrungen an den Anschlussteilen nötig. Stellmuttern werden u. a. an Stelle von Kreuzloch-, Nut- oder Kronenmuttern eingesetzt. Sie sind besonders für den Rüttelbetrieb geeignet.

Die Stellmutter ist aus einem Stück gefertigt. Die membranartige Querschnittsform verleiht der Mutter eine axiale Elastizität. Der Inneneinstich teilt die Stellmutter in einen Spannteil (1) und in einen Konterteil (2). Sechs bis acht Schrauben (3) bringen beim Anziehen Spannteil und Konterteil in Längsrichtung einander näher. So wird das zwischen Spindel- und Muttergewinde bestehende Flankenspiel beseitigt und die Stellmutter auf der Spindel (Welle) festgelegt.

6.2.2 Passfederverbindungen

Passfedern übertragen im Vergleich zum Keil die Umfangskraft des Drehmomentes nur durch Formschluss. Sie besitzen parallele Flächen. Ein Keilanzug ist nicht vorhanden (vgl. Abschn. 6.1.7). Ihre Flanken müssen mit enger Passung (P9, P8, N9, N8, J9, JS9 / h9) fest in der Wellen- und Nabennut sitzen, wogegen zwischen Nutgrund der Nabe und Passfeder ein Rückenspiel bleibt (**6.57**). Für längsverschiebbare Naben oder Schiebemuffen (**6.58**) muss zwischen den Flanken der Passfedern und der Nabennut eine Spielpassung (D10/h9) vorgesehen werden, um leichtes Gleiten zu gewährleisten. (Maße hoher und flacher Passfedern DIN 6885 s. Bild **6.60**). Passfederpassungen s. auch Abschn. 3.2.

6.57
Über eine Passfeder 1 (Mitnehmer) nach DIN 6885 (Form A) mit der Welle 2 fest verbundene Nabe 3, tragende Länge *l*

6.58
Beispiel einer verschiebbar angeordneten „Nabe": Schiebemuffe einer Klauenkupplung

1 Klaue   2 Nabe
3 Gleitfeder (DIN 6885)
4 Welle

tragende Länge *l*

6.59
Halte- und Abdrückschraube an Pass- und Gleitfedern

1 Passfeder
2 Zylinderschraube (DIN EN ISO 1207)
3 Abdrückgewinde

Die Passfedern DIN 6885 sind in folgenden Formen genormt: Form A rundstirnig (**6.57**); Form B geradstirnig; Form C rundstirnig mit Bohrung für 1 Halteschraube; Form D geradstirnig mit Bohrung für 1 Halteschraube; Form E rundstirnig mit Bohrungen für 2 Halteschrauben (**6.58**) und ab 12 x 8 zusätzlich mit Gewindebohrung für 1 oder 2 Abdrückschrauben (**6.59**); Form F geradstirnig – sonst wie unter Form E; Form G geradstirnig mit Schrägung und Bohrung für 1 Halteschraube; Form H geradstirnig mit Schrägung und Bohrung für 2 Halteschrauben; Form I geradstirnig mit Schrägung und Bohrung für 1 Spannhülse.

Passfedern nach DIN 6885 (Auszug)

d_1 über	bis	b	h flach	hoch	t_1 flach	hoch	t_2 flach	hoch	r
6	8	2	2,9		2,0		1,0		0,2
⋮	⋮								
22	30	8	5	7	3,1	4,0	2,0	3,3	0,4
30	38	10	6	8	3,7	4,5	2,4	3,3	0,4
38	44	12	6	8	3,9	4,5	2,2	3,3	0,5
44	50	14	6	8	4,0	5,5	2,1	3,8	0,5
50	58	16	7	10	4,7	6,0	2,4	4,3	0,5
⋮	⋮								
440	500	100	50		31		19,5		2,5

Scheibenfedern [1]) nach DIN 6888 (Auszug)

d_1 über	bis	b	h flach	hoch	d_2 flach	hoch	t_1 flach	hoch	t_2	r
3	4	1	1,4		4		1		0,6	0,2
4	6	1,5	2,6		7		2		0,8	0,2
6	8	2	2,6	3,7	7	10	1,8	2,9	1,0	0,2
8	10	3	3,7	5,0	10	13	2,5	3,8	1,4	0,2
10	12	4	5,0	6,5	13	16	3,5	5,0	1,7	0,2
12	17	5	6,5	7,5	16	19	4,5	5,5	2,2	0,2
17	22	6	7,5	9,0	19	22	5,1	6,6	2,6	0,4
22	30	8	9,0	11	22	28	6,2	8,2	3,0	0,4
30	38	10	11	13	28	32	7,8	9,8	3,4	0,4

Zul. Abweichung der Rundungshalbmesser r: für Feder +0,1 ... 0,5 mm; für Nutgrund −0,1 ... 0,5 mm

Für das Nachrechnen wählt man:
$\varphi = 1$, $t' = h - (t_1 + r)$, $d \approx d_1$, $\varphi = 0,75$ bei $z = 2$

Scheibenfedertoleranzen: Für Maß b: h 9, für Maß h: h 12; Passfedertoleranzen für b

Nutherstellung	β_{kt}	β_{kb}		Wellennut	Nabennut gefräst	geräumt
Scheibenfräser	1,5 ... 1,8	1,3	Festsitz	P 9	P 9	P 8
Fingerfräser	1,7 ... 2,1	1,8	leichter Sitz	N 9	J 9	J 8

[1]) Anwendung wie Passfeder, d. h. meist zur Übertragung eines Drehmomentes. Dienen die Scheibenfedern nicht zur Drehmomentübertragung, sondern nur zur Festlegung der Lage, so ist die Zuordnung der Durchmesser: (6 ... 8) mm zu $b = 1$ mm, (8 ... 10) mm zu $b = 1,5$ mm usw.

Bild **6.60**
Pass- und Scheibenfedern nach den DIN-Normen (Auswahl; alle Maße in mm)

Zur Übertragung kleinerer Drehmomente, z. B. im Kleinmaschinen- und Kraftfahrzeugbau oder als zusätzliche Sicherung bei Kegelverbindungen, wird die Scheibenfeder DIN 6888 verwendet, siehe Bild **6.60**.

Berechnung. Maßgebend für die Berechnung der Passfederverbindung sind die Flächenpressung p an den Flanken (**6.61**) sowie die Biege- und Torsionsspannung in der Welle unter Berücksichtigung der Kerbwirkung. Unter der Annahme gleichmäßig über die Wirkflächen verteilt angreifender Umfangskräfte $F_u = 2 \cdot T_{max}/d$ muss die **vorhandene Flächenpressung p** kleiner als die zulässige Pressung sein.

$$p = \frac{2 \cdot T_{max}}{\varphi \cdot z \cdot t' \cdot l \cdot d} \leq p_{zul} \qquad (6.76)$$

Hierin bedeuten:

T_{max} das größte vorhandene Drehmoment, φ der Minderungsfaktor, der den Traganteil bei einer Anzahl von z Federn berücksichtigt (bei $z = 1 \to \varphi = 1$; bei $z = 2 \to \varphi = 0{,}75$), t' die tragende Passfederhöhe, l die tragende Länge der Passfeder (**6.57**) und d der Wellendurchmesser.

Die zulässige Flächenpressung kann aus der Streckgrenze R_e des an der Übertragung beteiligten weicheren Werkstoffes unter Berücksichtigung eines Sicherheitsfaktors S berechnet werden. Eine genügende hohe Sicherheit bieten die Erfahrungswerte für die zulässige Flächenpressung nach Bild **6.62**. Durch Umstellung der Gl. (6.76) und Einsetzen von p_{zul} kann die erforderliche Länge l ermittelt werden. Passfedern brauchen im Allgemeinen dann nicht berechnet zu werden, wenn beispielsweise genormte Wellenenden nach DIN 748 verwendet werden.

6.61
Passfeder mit gleichmäßig verteilter Flächenlast bei Drehmomentübertragung

p Flächenpressung
t' tragende Passfederhöhe
(Bild **6.54**)

Welle	Nabe	p_{zul}	
		Drehmoment	
		stoßhaft ... konstant	
S275J2G3, E295	GG	45 ...	65
E295	St, GS	75 ...	115
harter Stahl	St, GS	75 ...	115

6.62
Zulässige Flächenpressung in N/mm² einiger Wellen- und Nabenwerkstoffe

Untersuchungen [1] haben ergeben, dass die an der Passfeder bzw. an der Wellen- und Nabennut angreifenden Umfangskräfte nicht gleichmäßig über die Wirkflächen, insbesondere auch nicht gleichmäßig in Längsrichtung verteilt sind. Die Ursache dafür sind die Nachgiebigkeit der Welle, der Passfeder und Nabe vor allem bei zu langen Passfedern sowie die Passungstoleranzen und die Lastein- bzw. -ableitung. Es wird vorgeschlagen [1], die Passfederlänge nicht wesentlich größer als den Wellendurchmesser zu wählen. Die Berechnung nach Gl. (6.76) mit der Annahme gleichmäßig verteilter Kräfte führt zu falschen Beanspruchungswerten. Sie kann daher nur als Näherungslösung gelten. Eine Programmbeschreibung für die exakte Berechnung von Wellen-Naben Passfederverbindungen siehe [1].

Berechnung der Welle s. auch Abschnitt 2 und Teil 2, Abschnitt „Achsen und Wellen". Die Welle wird auf Torsionsbeanspruchung berechnet, wenn keine nennenswerte Biegebelastung vorhanden ist. Bei einer Vollwelle mit dem Durchmesser d und dem polaren Widerstandsmoment $W_p = \pi \cdot d^3 / 16$ ist somit die Festigkeitsbedingung für die Torsionsspannung $\tau_t = T_{max} / W_p = 16 \cdot T_{max} /(\pi \cdot d^3) \leq \tau_{tzul}$ zu erfüllen.

Die Kerbwirkung durch die Nut wird durch den Kerbfaktor β_{kt} in der zulässigen Spannung $\tau_{t\,zul} = b \cdot \tau_{tSch}/(\beta_{kt} \cdot S)$ berücksichtigt (b Größenbeiwert, τ_{tSch} Schwellfestigkeit, S Sicherheit). Um die Unsicherheit klein zu halten, kann der Durchmesser des Restquerschnittes in die Rechnung eingesetzt werden, ohne dabei die Kerbwirkung zu berücksichtigen. Untersuchungen [2] ergaben aber, dass diese Rechnung nur für relative Nuttiefen $t_1/d > 0,13$ gilt. Wird die Welle unmittelbar neben der Nabe durch Torsion, Biegemomente und Schubkräfte beansprucht, so muss mit der Vergleichsspannung gerechnet werden (s. Abschnitt 2 und Teil 2, Abschnitt „Achsen und Wellen").

Die notwendige Berücksichtigung der Kerbwirkung bei Passfederverbindungen führt zu großen Wellendurchmessern und dadurch zu teuren Gesamtkonstruktionen. Dieser Nachteil wird durch die Wahl einer Wellen-Naben-Verbindung mit geringerer Kerbwirkung vermieden (s. Spannverbindungen).

6.2.3 Profilwellenverbindungen

Profilwellenverbindungen können im Vergleich zu Passfederverbindungen größere und auch schwellende bzw. wechselnde Drehmomente übertragen. Die Kraftverteilung über dem Umfang ist gleichmäßiger. Zu diesen formschlüssigen Wellen-Naben-Verbindungen zählen Keilwellen, (Kerbzahnwellen), Zahnwellen mit Evolventenflanken und Polygonprofilwellen. (Kerbzahnwellen sollen laut Norm in Neukonstruktionen nicht mehr verwendet werden.)

Keilwellen nach DIN ISO 14, siehe Bild **6.62**, DIN 5464 und DIN 5472 bestehen aus einer Anzahl am Umfang herausragender Mitnehmer mit parallelen Seitenflächen (vgl. Passfedern). Die Bezeichnung „Keil" ist hier irreführend, weil die Mitnehmer keine Keil-Neigung besitzen. Es handelt sich um reinen Formschluss mit senkrecht zur Übertragungskraft liegenden Flächen, Bild **6.64**.

Die Form des Nutengrundes wird durch das Herstellungsverfahren bestimmt. Damit sind auch die Zentriermöglichkeiten (**6.65**) gegeben (siehe auch Zahnwellenverbindung mit Evolventenflanken).

Für genauen Rundlauf eignet sich die Innenzentrierung, zur Übertragung stoßartiger oder wechselnder Drehmomente die Flankenzentrierung. Mit Scheibenfräsern hergestellte Keilwellen weisen wegen der scharfkantigen Übergänge zwischen Welle und Flanken eine höhere Kerbwirkung auf als Keilwellen mit abgerundeten Profilformen, Bild **6.65a**.

Zentrierung	leichte Reihe			mittlere Reihe			
	Nennmaße			Nennmaße			
	$z \times d_1 \times d_2$		b	t'	$z \times d_1 \times d_2$		b	t'

Zentrierung	z	d_1	d_2	b	t'	z	d_1	d_2	b	t'
Innen-zentrierung						6	11	14	3	0,9
						6	13	16	3,5	0,9
						6	16	20	4	1,4
						6	18	22	5	1,4
						6	21	25	5	1,4
	6	23	26	6	0,9	6	23	28	6	1,9
	6	26	30	6	1,4	6	26	32	6	2,2
	6	28	32	7	1,4	6	28	34	7	2,2
Innen- oder Flanken-zentrierung	8	32	36	6	1,2	8	32	38	6	2,2
	8	36	40	7	1,2	8	36	42	7	2,2
	8	42	46	8	1,2	8	42	48	8	2,2
	8	46	50	9	1,2	8	46	54	9	3,0
	8	52	58	10	2,0	8	52	60	10	3,0
	8	56	62	10	2,0	8	56	65	10	3,5
	8	62	68	12	2,0	8	62	72	12	4,0
	10	72	78	12	2,0	10	72	82	12	4,0
	10	82	88	12	2,0	10	82	92	12	4,0
	10	92	98	14	2,0	10	92	108	14	4,0
	10	102	108	16	2,0	10	102	112	16	4,0
	10	112	120	18	3,0	10	112	125	18	5,5

Die Flanken jedes Mitnehmers müssen bis zum Schnittpunkt mit dem Innendurchmesser d_1 parallel sein.

Bezeichnung durch die Nennmaße z. B.
$6 \times 23 \times 26$

z Anzahl der Mitnehmer

Für die Berechnung wähle man

$\varphi = 0{,}75 \dots 0{,}8$
$\beta_{kt} = 2{,}5 \dots 3{,}5$
$d_m = 1/2 \cdot (d_1 + d_2)$

6.63
Keilwellenverbindungen mit geraden Flanken (aus DIN ISO 14; alle Maße in mm)

6.64
Nabenverbindung mit einer Keilwelle

1 Nabe
2 Sicherungsring (DIN 471)
3 Keilwelle
4 Fräser zur Herstellung der Keilnut

6.65
Profilformen und Zentrierung von Keilwellen

Herstellung durch
a) Abwälzfräser (Innenzentrierung)
b) Scheibenfräser im Teilverfahren (Flankenzentrierung)
c) Nabenherstellung durch Räumen

Schlangenlinien: durch Kerbwirkung gefährdete Stellen

Zahnwellen-Verbindungen mit Evolventenflanken DIN 5480 T1 bis T16 mit 30°, 37,5° und 45° Eingriffswinkel dienen zur leicht lösbaren, verschiebbaren oder festen Verbindung von Welle und Nabe. Sie besitzen sowohl die zur Drehmomentübertragung und Zentrierung erforderlichen Eigenschaften als auch die Bedingungen für wirtschaftliche Herstellbarkeit.

Die Norm DIN 5480 berücksichtigt folgende Grundsätze:

1. Jeweils gleiches Bezugsprofil für alle Teilungen, deshalb jeweils ein einheitliches Bildungsgesetz für alle Profile (s. Teil 2, Abschn. „Zahnräder");
2. Zentrierung durch Flankenanlage als Normfall, Durchmesserzentrierung nur bei $30°$ Eingriffswinkel;
3. Anwendung von Profilverschiebungen für Zahnwellen-Verbindungen mit $30°$ Eingriffswinkel, um günstige Nennmaße zu erreichen, und
4. ein ähnlich den DIN-Verzahnungstoleranzen gebildetes Passsystem, das den für Zahnwellen-Verbindungen eigentümlichen Einfluss der Verzahnungsabweichungen auf das Flankenspiel sowie unterschiedliche Verzahnungsqualitäten berücksichtigt (Abmessungen s. Bild **6.66**).

Eingriffswinkel $30°$. Die Verzahnung von Welle und Nabe einer Zahnwellenverbindung ist durch das Bezugsprofil, den Bezugsdurchmesser d_B und die Zähnezahl z bestimmt. Die in der Norm DIN 5480 angegebenen Zähnezahlen wurden so gewählt, dass die durch den Bezugsdurchmesser bedingten Profilverschiebungen auf den Bereich $x_1 \cdot m = -0{,}05 \cdot m$ bis $+0{,}45 \cdot m$ beschränkt bleiben (x_1 Profilverschiebungsfaktor, m Modul; s. auch Teil 2. Abschn. „Zahnräder"). Dadurch liegen die mittleren Pressungswinkel in dem für Selbstzentrierung, genaue Herstellbarkeit und für geringe Normaldrücke zweckmäßigen Bereich um $30°$.

Flankenzentrierung (6.68a). Bei flankenzentrierten Verbindungen dienen die Zahnflanken sowohl zur Mitnahme als auch zur Zentrierung. Kopf- und Fußkreisdurchmesser der Welle sind um das Kopfspiel c von den betreffenden Durchmessern der Nabe entfernt.

Passung und Zentriergenauigkeit werden durch die Lückenweiten- und Zahndickenabmaße und die erreichte oder vorgeschriebene Verzahnungsqualität bestimmt.

Passungsmerkmal ist das Spiel der Flankenpassung, das Flankenspiel. Die Grundsätze des Passsystems Einheitsbohrung sind maßgebend.

Durchmesserzentrierung bei $30°$ Eingriffswinkel (6.68b, c). Durchmesserzentrierte Verbindungen zentrieren sich in den äußeren Durchmessern (Naben-Fußkreisdurchmesser und Wellen-Kopfkreisdurchmesser, Außenzentrierung) oder in den inneren Durchmessern (Naben-Kopfkreisdurchmesser und Wellen-Fußkreisdurchmesser, Innenzentrierung). Die Verzahnung dient nur zur Mitnahme; sie muss deshalb ausreichendes Flankenspiel erhalten, um eine Überbestimmung der Zentrierung zu verhindern.

Passung und Zentriergenauigkeit werden durch die gewählten Toleranzklassen der Zentrierdurchmesser bestimmt.

Die Zentrierdurchmesser-Nennmaße der durchmesserzentrierten Verbindungen sind der Bezugsdurchmesser d_B bzw. der Naben-Kopfkreisdurchmesser d_{a2}.

Tragfähigkeitsberechnung. Die Norm DIN 5466 behandelt die Grundlagen zu einer einheitlichen Tragfähigkeitsberechnung flankenzentrierter Zahn- und Keilwellen-Verbindungen. Die Berechnung erfasst folgende Einflüsse: Größe und Lage der äußeren Belastung durch Drehmoment, Biegemoment, Quer- und Axialkräfte; Flankenspiel, Teilungs- und Dickenabweichungen durch Wahl der Toleranzen und Passungen; Lasteinteilung über der Länge der Verbindung und das elastische Verhalten der Verbindung [3].

Bezugs-durch-messer d_B	Zähne-Zahl z	Teil-kreis d	Grundkreis-durch-messer d_b	d_{a2}	d_{f2}	d_{a1}	d_{f1}	Modul m	Wellen-Profilver-schiebung $x_1 \cdot m$	$e_2 = s_1$
16	14	14	12,124	14	16,3	15,8	13,5	1	+0,45	2,090
17	15	15	12,990	15	17,3	16,8	14,5	1	+0,45	2,090
18	16	16	13,856	16	18,3	17,8	15,5	1	+0,45	2,090
20	12	18	15,588	17	20,45	19,7	16,25	1,5	+0,175	2,558
22	13	19,5	16,887	19	22,45	21,7	18,25	1,5	+0,425	2,847
24	14	21	18,187	21	24,45	23,7	20,25	1,5	+0,675	2,558
25	15	22,5	19,486	22	25,45	24,7	21,25	1,5	+0,425	3,658
26	16	24	20,785	23	26,45	25,7	22,25	1,5	+0,175	2,792
28	14	24,5	21,218	24,5	28,52	27,65	23,62	1,75	+0,788	2,937
30	16	28	24,249	26,5	30,52	29,65	25,62	1,75	+0,037	3,603
32	17	29,75	25,764	28,5	32,525	31,65	27,62	1,75	+0,162	3,603
35	16	32	27,713	31	35,6	34,6	30	2	+0,4	3,026
37	17	34	29,445	33	37,6	36,6	32	2	+0,4	4,181
38	18	36	31,117	34	38,6	37,6	33	2	–0,1	3,026
40	18	36	31,117	36	40,6	38,6	35	2	+0,9	3,603
42	20	40	34,641	38	42,6	40,6	37	2	–0,1	3,603
45	21	42	36,373	41	45,6	42,6	40	2	+0,4	4,181
47	22	44	38,105	43	47,6	45,6	42	2	+0,9	3,602
48	22	44	38,105	44	48,6	47,6	43	2	–0,1	5,226
50	24	48	41,569	46	50,6	49,6	45	2	+1,125	5,226
55	20	50	43,301	50	55,75	54,5	48,75	2,5	+1,125	5,226
60	22	55	47,631	55	60,75	59,5	53,75	2,5	+1,125	5,226
65	24	60	51,962	60	65,75	64,5	58,75	2,5	+1,125	5,226
70	26	65	56,292	65	70,75	69,5	63,75	2,5	+1,125	5,226
75	28	70	60,622	70	75,75	74,5	67,75	2,5	+1,125	5,226
80	30	75	64,952	75	80,75	79,5	73,75	2,5	+1,125	5,226
85	32	80	69,282	80	85,75	84,5	78,75	2,5	+1,125	5,226

6.66
Zahnwellen-Verbindungen mit Evolventenflanken, Eingriffswinkel 30°, nach DIN 5480 (Auswahl; alle Maße in mm); $\varphi \approx 0,8$ $\beta_{kt} \approx 1,5 \dots 2$

Bezeichnungsbeispiel:

Bezugsdurchmesser	$d_B = 70$ mm
Modul	$m = 2,5$ mm
Eingriffswinkel	$\alpha = 30°$
Zähnezahl	$z = 26$
Flankenpassung nach DIN 5480	9 H/8 f

Bezeichnung der Zahnwellen-Verbindung	DIN 5480 – 70 × 2,5 × 30 × 26 × 9 H 8 f
Bezeichnung der Zahnnabe:	DIN 5480 – N 70 × 2,5 × 30 × 26 × 9 H
Bezeichnung der Zahnwelle:	DIN 5480 – W 70 × 2,5 × 30 × 26 × 8 f

6.67
Bezeichnung einer flankenzentrierten Zahnwellen-Verbindung

a)

b)

c)

6.68

Zentrierung und Passung bei Zahnwellen-Verbindungen mit Evolventenzähnen, dargestellt im Bezugsprofil

a) Flankenzentrierung
b) Außenzentrierung
c) Innenzentrierung

Eine überschlägige Berechnung kann wie für Passfedern nach Gl. (6.76) erfolgen. Die Normalkraft $F_n = F_u / \cos \alpha = 2 \cdot T_{max} / (\cos \alpha \cdot d_m)$ (Bild **6.69**) verursacht die **Flächenpressung p**, die mit der **zulässigen Pressung** verglichen werden muss

$$p = \frac{2 \cdot T_{max}}{\cos \alpha \cdot \varphi \cdot z \cdot h \cdot l \cdot d_m} \leq p_{zul} \qquad (6.77)$$

Es bedeuten:
T_{max} größtes vorhandenes Drehmoment, α Eingriffswinkel ($\alpha = 20°$ bei Evolventenzähnen, $\alpha = 0°$ bei Keilwellen), $\varphi = 0,75...0,8$ Traganteilfaktor, z Zähnezahl, $h = (d_{a1} - d_{a2})/2$ wirksame Berührungshöhe der Flanken in Radialrichtung (bei Keilwellen ist t' nach Bild **6.62** einzusetzen), l die tragende Länge der Zähne, $d_m = (d_{a1} + d_{a2}) / 2$ mittlerer Flankendurchmesser (Bild **6.62** und **6.66**), p_{zul} zulässige Flächenpressung (Bild **6.62**).

Durch die Zahnform entsteht am Evolventenzahn eine radiale Kraftkomponente (Bild **6.69**), die nachteilig sein kann. Sie weitet zu schwache Naben auf.

Die Berechnung der Welle kann wie im Abschnitt über Passfedern angegeben durchgeführt werden (s. auch Abschnitt 2 und Teil 2, Abschnitt „Achsen und Wellen").

6.69
Kräfte an einem Evolventenzahn

$\alpha = 30°$ Eingriffswinkel, F_n, F_r, F_u Normal-, Radial- und Umfangskraft

6.70
Kräfte, Biegemomente und Flächenpressung am Drei-Seiten-Polygon

F_n Normal-, F_u Umfangs-, F_r Radialkraft

Polygonprofilwellen (DIN 32711). Beim Polygonprofil verteilt sich die Mitnahmewirkung kontinuierlich auf drei Stellen des Wellenumfangs; da scharfkantige Nuten fehlen, ist die Kerbwirkung gering. An den „Ecken" des „Gleichdicks" entsteht eine entsprechende höhere Normalkraft und damit auch Flächenpressung, die zu einer Zug- und Biegebeanspruchung der Nabe führt. Den Verlauf der auftretenden Kräfte zeigt Bild **6.70**. Das übertragbare Drehmoment wird durch die tangentialen Umfangskräfte F_u bestimmt, die vom Winkel β_{max} abhängen. Dieser Winkel lässt sich durch das Maß $e = (D - d)/4$ in gewissen Grenzen verändern (**6.71**).

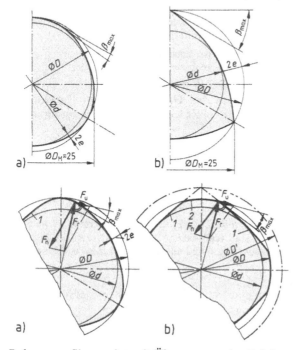

6.71
Grenzformen des Drei-Seiten-Polygonprofils für die Messweite $D_M = 25$ mm (für den Kreisquerschnitt ist $e = 0$)

a) schwaches Polygonprofil, $e = 0{,}25$ mm
b) stärkstes Profil mit Spitzenbildung, $e_{max} = 1{,}56$ mm

Es ergeben sich dabei verschiedene Wellendurchmesser D

6.72
Kräfte an den Polygonprofilen P3G (a) und P4C (b) bei gleicher Umfangskraft F_u

1 Polygonkurve
2 Ersatz des Polygonprofils durch Kreisbogenstück beim Profil P4C

Polygonprofile werden mit Übergangs- oder Spielpassung angefertigt. Das Profil P3G weist innerhalb der vorgesehenen Toleranzen eine völlige Gleichheit von Wellen- und Nabenprofil auf. Als Übergangspassung ist H6, H7 / k6, m6 vorgesehen. Der Winkel β_{max} ist verhältnismäßig klein, und die Radial- und Normalkomponenten F_r und F_n der Umfangskraft F_u sind entsprechend groß (**6.72**).Die Bilder **6.73** und **6.74** zeigen auszugsweise die Abmessungen für die Ausführungen P3G (DIN 32711) und P4C (DIN 32712). Für die Verbindungslänge l, die Nabenwanddicke s und die Torsionsnennspannung τ_t in der Welle gilt:

$$l \approx \frac{T_{max}}{p'_{zul} \cdot (c \cdot \pi \cdot D_M \cdot e + (D_M^2 / 20))} \tag{6.78}$$

$$s \approx k \cdot \sqrt{\frac{T_{max}}{l \cdot \sigma_{b\,zul}}} \tag{6.79}$$

$$\tau_t = \frac{T_{max}}{W_p} \leq \tau_{t\,zul} \tag{6.80}$$

Es bedeuten:

T_{max} größtes vorhandenes Drehmoment, p'_{zul} zulässige Flächenpressung (Gl. (6.53) bis (6.56)), c Traganteilfaktor ($c = 0,75$ für P3G und $c = 1$ für P4C), D_m mittlerer Durchmesser (Bild **6.73**, $D_m = d$ für P4C), e Exzentrizität (Bild **6.73** und **6.74**), k Korrekturfaktor ($k = 1,44$ für P3G mit $D \leq 35$ mm, $k = 1,2$ für P3G mit $D > 35$ mm, $k = 0,7$ für P4C), W_p Torsionswiderstandsmoment (Bild **6.73** und **6.74**), zulässige Spannungen $\sigma_{b\,zul} = R_e / (1,5 \ldots 2)$ bzw. $\sigma_{b\,zul} = R_m / (2 \ldots 3)$, $\tau_{t\,zul}$ s. Mitnehmerverbindungen.

| D_M | D | d | e | W_p | a | D_M | D | d | e | W_p | a |
mm	mm	mm	mm	mm³	mm	mm	mm	mm	mm	mm³	mm
14	14,88	13,12	0,44	450	3,3	40	42,8	37,2	1,4	10450	10,5
16	17	15	0,5	670	3,8	45	48,2	41,8	1,6	14790	12
18	19,12	16,88	0,56	960	4,2	50	53,6	46,4	1,8	20260	13,5
20	21,26	18,74	0,63	1310	4,7	55	59	51	2	27000	17,5
						65	69,9	60,1	2,45	44200	18,4
22	23,4	20,6	0,7	1750	5,3						
25	26,6	23,4	0,8	2560	6	75	81,3	68,7	3,15	68430	23,6
28	29,8	26,2	0,9	3600	6,8	80	86,8	73,2	3,4	82450	25,5
32	34,24	20,76	1,12	5300	8,4	90	98	82	4	118070	30
35	37,5	32,5	1,25	6900	9,4	100	109	91	4,5	161430	34,0

Näherungskonstruktion des Profils mit dem Maß a bzw. mit

$$r = \frac{d_1}{2} - 6,5 \cdot e \quad \text{und} \quad R = \frac{d_1}{2} + 6,5 \cdot e \qquad \tan \beta_{max} = 6 \cdot e / D_m$$

Bohrung räumen oder innenschleifen
Kerbfaktor für Torsion: $\beta_{kt} = 1,2 \ldots 1,5$

Bezeichnungsbeispiel:
Messweite $D_M = 50$ mm, Exzentrizität $e = 1,8$ mm, Passung H7/k6: „Polygonprofil P3G 50H7/k6 / 1,8"

6.73
Polygonprofile P3G; Maße Auszug aus DIN 32 711 für Übergangs- und Spielpassung

| D | d | e | β_{max} | W_p | R | D | d | e | β_{max} | W_p | R |
mm	mm	mm	°	mm³	mm	mm	mm	mm	°	mm³	mm
14	11	1,6	33,7	270	31	40	35	6	26,3	8580	113
16	13	2	31,8	440	38	45	40	6	24,5	12800	116
18	15	2	29,5	680	40	50	43	6	27	15900	118
20	17	3	28,8	980	56	55	48	6	25,7	22120	120
22	18	3	31,6	1170	57	60	53	6	24,3	29780	123
25	21	5	30,7	1850	90	70	60	6	26,2	43200	126
28	24	5	28,6	2760	92	80	70	8	25,1	68600	163
30	25	5	30,9	3130	93	90	80	8	23,4	102400	168
35	30	5	28,1	5400	95	100	90	8	21,7	145800	173

Näherungskonstruktion des Profils mit dem Maß $R = d/2 + 6,5 \cdot e$
Bohrung kann nur geräumt werden
Kerbfaktor für Torsion: $\beta_{kt} = 1,2 \ldots 1,5$

Bezeichnungsbeispiel:
Außendurchmesser $D = 45$ mm, Polygonmaß $d = 40$ mm, Exzentrizität $e = 6$ mm, Passung H7/g6: „Polygonprofil P4C 45×40H7/g6 / 6"

Passung für D i. allg. H11/e9.

6.74
Polygonprofile P4C; Maße Auszug aus DIN 32 712 für Übergangs- und Spielpassungen

Für Spielpassungen (H6, H7 / h6, g6, f7) soll der Verschiebewiderstand $F_H = \mu \cdot F_n = \tan \vartheta \cdot F_n$ und damit also die Normalkraft F_n sowie die Flächenpressung p möglichst klein werden. Eine Verringerung von F_n ist für konstantes F_u jedoch nur erreichbar durch Vergrößern des „Anlagewinkels" β_{max}. Eingehende Untersuchungen ergaben, dass dieser mindestens den Wert des doppelten Reibungswinkels ($\beta_{max} \geq 2 \cdot \vartheta$) haben muss. Diese Bedingung ist durch die geschlossene Polygonkurve des Profils P3 nicht ausreichend erfüllbar, so dass das 4-Seiten-Polygonprofil P4C entwickelt wurde. Es entsteht aus einem echten 4-Seiten-Polygon mit Außendurchmesser D' (**6.72b**), das zylindrisch überdreht wird (D), so dass die Polygonkurve 1 an den vier Profilecken durch Kreisbogenstücke 2 geschlossen ist. Dadurch wird ein ausreichender Winkel β_{max} erreicht. Die Naben sind jetzt allerdings nicht mehr innen schleifbar, sondern müssen durch Räumen bearbeitet werden; eine vorhergehende Oberflächenhärtung ist bis zu $R_m = 850...900 \ N/mm^2$ zulässig. Da F_n kleiner ist als bei einem P3-Profil für gleiches Drehmoment T, kann die Nabenwanddicke ebenfalls kleiner sein.

6.2.4 Bolzen- und Stiftverbindungen

Bolzen (mit oder ohne Kopf) und Stifte dienen u. a. zur formschlüssigen Verbindung von zwei oder mehr Teilen. Bei Bolzenverbindungen bleibt ein Teil meist beweglich, so z. B. der Gelenkbolzen bei Laschenverbindungen (**6.75**) und Gliederketten, der Gabelbolzen bei Stangenverbindungen, der Achsbolzen (**6.76**) bei der Lagerung von Laufrollen (s. Teil 2, Abschn. „Achsen und Wellen"). Als sog. Brechbolzen übernehmen Bolzen die Funktion einer Überlastungssicherung (Sollbruchstelle).

6.75
Laschenverbindung durch
einen Bolzen

6.76
Achsenbolzen einer Seilrolle (unten) und
Aufhängebolzen (oben)

1 Bolzen	4 Distanzscheibe
2 Scheibe	(CuZn, CuSn)
3 Bolzensicherung (Zylinder-	5 Achshalter
stift, Kerbstift, Spannhülse)	6 Schmierloch
	S Seilkräfte

Die Bolzen sind genormt als glatte Bolzen und Bolzen mit Kopf, jeweils mit oder ohne Splintloch, sowie als Bolzen mit Kopf und Gewindezapfen; als Werkstoffe werden insbesondere E295 (St50-2), E335 (St60-2), C35 und 9SMnPb28K benutzt. Es können jedoch andere Werkstoffe (gehärtet, vergütet usw.) und andere Toleranzen vorgesehen werden. Oft ergeben Hohlbolzen günstigere Verhältnisse, insbesondere bei wechselnder Biegebeanspruchung (Fortfall der gering belasteten Zone um die neutrale Faser, bessere Materialausnutzung), z. B. bei Kolbenbolzen. Hier werden hochlegierte Werkstoffe wie Cf53, 17Cr3, 16MnCr5 oder 20MnCr5 verwendet. Außerdem ist Flammen-, Induktions- oder Einsatzhärtung als Außen- und Innenhärtung zweckmäßig. Das Durchmesserverhältnis ist meist $d_a/d_i \geq 1{,}5$.

Abmessungen von Bolzen sind Bild **6.79** zu entnehmen. Die Berechnung der Bolzen (**6.53**) auf Flächenpressung und Biegung entspricht derjenigen für Achsen und Wellen (Teil 2, Abschn. 1), wobei hier noch eine Kontrolle der Schubspannung erfolgen sollte:

$$\tau_{a\,zul} \approx (2/3)\cdot\sigma_{zul}.$$

Stifte dienen als feste Verbindung u. a. zur Festlegung von Naben und Ringen auf Achsen oder Wellen (**6.77a**), zur Halterung oder als Anschlag für Federn, Riegel usw., zur Lagesicherung (Zentrierstifte, Bild **6.77b**) oder auch zur Bewegungssicherung von Bolzen. In manchen Fällen bleibt ein Teil beweglich.

6.77
Zylinderstift nach DIN EN 22338

a) Hebelfestigung
b) Zentrieren eines Deckels

6.78
Kegelstift mit Gewindezapfen zum Ausziehen nach DIN EN 28737

Zylinderstifte sind in den Toleranzen m6 und h8 genormt. Ein Aufreiben der Bohrung auf Passmaß ist meist notwendig. Als Werkstoffe wird Stahl mit einer Härte von 125 HV30 bis 245 HV30 oder austenitischer nichtrostender Stahl mit einer Härte von 210 HV30 bis 280 HV30 verwendet.

Zylinderstifte brauchen im Allgemeinen keine nennenswerten Kräfte zu übertragen, so dass sich ein Spannungsnachweis erübrigt. Für eine Nachrechnung gelten die Formeln und Richtwerte in Bild **6.84**, wobei alle c-Werte mit dem Wert 1 einzusetzen sind.

Kegelstifte (Kegel 1:50) sind überall da, wo höchste Präzision verlangt wird, zur Zentrierung unentbehrlich (u. a. im Werkzeugmaschinenbau). Genormt sind einfache Kegelstifte und solche mit Gewindezapfen bzw. Innengewinde zum Ausziehen der Stifte (**6.78**). Die kegelige Form der Bohrung wird hier durch mehrmaliges Reiben bzw. Vorbohren mit mehreren Durchmessern und anschließendes Reiben erreicht.

Kerbstifte. Werden an die Verbindung keine oder nur mäßige Zentrieransprüche gestellt, jedoch fester Sitz verlangt, so ist die Verwendung von Kerbstiften angebracht. Hier genügen Bohrungen mit den Toleranzklassen H9 bzw. H11 oder H12, wie sie sich mit Spiralbohrern ohne Nacharbeit ergeben. Als Werkstoff wird u. a. 9SMnPb28K, aber auch Kunststoff verwendet.

Bauform	DIN EN	Maß															
Bolzen ohne Kopf	DIN EN 22340	d h11	3	5	8	10	12	14	16	20	24	30	36	40	45	50 … 100	
		l von	6	10	16	20	24	28	32	40	50	60	70	80	90	100	
		l bis	30	50	80	100	120	140	160	200	200	200	200	200	200	200	
Bolzen mit Kopf	DIN EN 22341	d h11	3	5	8	10	12	14	16	20	24	30	36	40	45	50 … 100	
		l von	6	10	16	20	24	28	32	40	50	60	70	80	90	100	
		l bis	30	50	80	100	120	140	160	200	200	200	200	200	200	200	
		D h14	5	8	14	18	20	22	25	30	36	44	50	55	60	66	
		k j14	1	1,6	3	4	4	4	4,5	5	6	8	8	8	9	13	
blanke Scheiben für Bolzen	DIN EN 28738	d H11	3	5	8	10	12	14	16	20	24	30	36	40	45	50 … 100	
		D	6	10	15	18	20	22	24	30	37	44	50	56	60	66	
		s	0,8	1	2	2,5	3	3	3	4	4	5	6	6	6	8	
Kegelstifte	DIN EN 22339	d h10	0,6	1	1,5	2	3	5	8	10	12	16	20	25	30	40	
		l von	4	6	8	10	12	18	22	26	32	40	45	50	55	60	
		l bis	8	16	24	35	45	60	120	160	180	200	200	200	200	200	
Zylinderstifte Ungehärtet	DIN EN ISO 2338	d	0,8	1	1,5	2	3	5	8	10	12	16	20	25	30	40	
		l von	2	4	4	6	8	10	14	18	22	26	35	50	60	80	
		l bis	10	16	16	20	30	50	80	95	140	180	200	200	200	200	
Zylinderkerbstifte mit Fase	DIN EN ISO 8740	d	1,5	2	2,5	3	4	5	6	8	10	12	16	20	25		
		l von	8	8	10	10	10	14	14	14	14	18	22	26	26		
		l bis	20	30	30	40	60	60	80	100	100	100	100	100	100		
Spannstifte (-hülsen), schwer	DIN EN ISO 8752	d' [1]	2,5	3	3,5	4	4,5	5,0	6,0	8	10	12	13	14	16	18	20
		d_1	2,8	3,3	3,8	4,4	4,9	5,4	6,4	8,5	10,5	12,5	13,5	14,5	16,5	18,5	20,5
		s	0,5	0,6	0,75	0,8	1,0	1,0	1,2	1,5	2	2,5	2,5	3	3	3,5	4
		l von	4	4	4	4	5	5	10	10	10	10	10	10	10	10	10
		l bis	30	40	40	50	50	80	100	120	160	180	180	200	200	200	200
Kegelkerbstifte	DIN EN ISO 8744	d	1,5	2	2,5	3	4	5	6	8	10	12	16	20	25		
		l von	8	8	8	8	8	8	10	12	14	14	24	26	26		
		l bis	20	30	30	40	60	60	80	100	120	120	120	120	120		
Passkerbstifte	DIN EN ISO 8745	l von	8	8	8	8	10	10	10	14	14	18	26	26	26	26	
		l bis	20	30	30	40	60	60	80	100	200	200	200	200	200	200	

6.79
DIN-Normen für Bolzen und Stifte (Auswahl; alle Maße in mm)
Fortsetzung, Bilder und Fußnote s. nächste Seite

Steckkerbstifte DIN EN ISO 8741	d	1,5	2	2,5	3	4	5	6	8	10	12	16	20	25
	l von	8	8	8	8	10	10	12	14	18	26	26	26	26
	l bis	20	30	30	40	60	60	80	100	160	200	200	200	200
Knebelkerbstifte DIN EN ISO 8742	l von	8	12	12	12	18	18	22	26	32	40	45	45	45
	l bis	20	30	30	40	60	60	80	100	160	200	200	200	200
Halbrund-Kerbnägel DIN EN ISO 8746	d	1,4	1,6	2	2,5	3	4	5	6	8	10	12	16	20
	D	2,4	2,8	3,5	4,4	5,2	7	8,8	10,5	14	15	18,5	24,5	31,5
	k	0,8	1	1,2	1,5	1,8	2,4	3	3,6	4,8	7	8	10,5	13,5
	l von	3	3	3	3	4	5	6	8	10	12	16	20	25
	l bis	6	8	10	12	16	20	25	30	35	40	40	40	40
Senkkerbnägel DIN EN ISO 8747	d	1,4	1,6	2	2,5	3	4	5	6	8	10	12	16	20
	D	2,5	2,8	3,5	4,4	5,2	7	8,8	10,5	14	16	18,5	25	31
	k	0,4	0,5	0,6	0,8	0,9	1,2	1,5	1,8	2,4	3	3,6	4,8	6
	l von	3	3	3	3	4	5	6	8	10	12	16	20	25
	l bis	6	8	10	12	16	20	25	30	35	40	40	40	40

Abbildungsbeschriftungen:

- Bolzen ohne Kopf (pØ, Ød, l) — Bolzen mit Kopf (pØ, ØD, k, l)
- Scheibe für Bolzen (ØD, Ød, s) — Spannhülse (pØ, l)
- Zylinderkerbstift (pØ, l) — Knebelkerbstift (pØ, 1/3 l, l)
- Steckkerbstift (pØ, 1/2 l, l)
- Zylinderstifte (Ød m6, Ød h8, l)
- Kegelstift (1:50, pØ) — Kegelkerbstift (pØ, ØD, k, l)
- Passkerbstift (1/2 l) — Halbrundkerbnagel (pØ, ØD, k, l)
- Senkkerbnagel (pØ, d, k, l, ØD)

1) Nenndurchmesser d der Spannhülse zugleich Nenndurchmesser der zugehörigen Aufnahmebohrung mit der Toleranz H12.

6.79
DIN-Normen für Bolzen und Stifte (Auswahl; alle Maße in mm); Fortsetzung

Bei Kerbstiften treten teils plastische, teils elastische Verformungen ein, so dass die Flächenpressung in der Teilfuge ungleichmäßig verteilt ist. Deshalb ist eine Nachrechnung sinnvoll; Berechnungsformeln mit Korrekturwerten c für nichtlineare Spannungsverteilung siehe Bild **6.84**.

Die **Abmessungen** der Bolzen und Stifte werden nach Erfahrungswerten gewählt; danach wird der Spannungsnachweis geführt. Hierfür ist in erster Linie die Flächenpressung maßgebend; p_{zul} hängt nicht nur vom Belastungsfall (ruhend, schwellend usw.), sondern auch von der Relativbewegung zwischen Bolzen und Bolzenauflager ab. Ist diese gleich Null, kann $p_{zul} \le \sigma_{d\,zul}$ gesetzt werden; mit wachsendem Ausschlagwinkel der bewegten Teile (z. B. Laschenkette) und steigender Zahl der Ausschläge pro Zeiteinheit nimmt p_{zul} stark ab. Des weiteren ist p_{zul} auch von der Werkstoffpaarung abhängig, wobei der Augenwerkstoff bestimmend ist, da das Material der Bolzen und Stifte stets härter sein soll als dieser. Als Anhaltswerte gelten für feste Verbindungen $p_{zul} \approx 40...110$ N/mm^2 (Bild **6.62**) und bei bewegten Teilen $p_{zul} \approx 5 ... 15$ N/mm^2.

Spannhülsen. Um die bei Zylinderstiften notwendige Passungsarbeit zu vermeiden, wurden Spannhülsen entwickelt, die in Bohrungen mit normalen Bohrungstoleranzen (z. B. H8, H9, H11) ausreichende Haltekräfte ergeben. Spannhülsen bestehen aus Federstahl 55Si7 und haben vor dem Einbau einen größeren Durchmesser als die Bohrungen. Im eingebauten Zustand tritt durch elastische Verformung an der Bohrungswandung eine Flächenpressung auf, die bei größer werdendem Abmaß der Bohrung geringer wird. Eine Spannungskontrolle ist nicht möglich. Bei Spannhülsen ist die Lage des Schlitzes zur Kraftrichtung zu beachten (**6.80**). Spannhülsen treten vielfach an die Stelle von Bolzen. Eine zweckmäßige Anwendungsmöglichkeit stellt ihre Verwendung in Verbindung mit einer Schraube dar (**6.81**): Die Spannhülse übernimmt hier die Zentrierung sowie die radialen Kräfte, wogegen die Schraube die für die Verspannung der Verbindung erforderliche Zugkraft aufbringt.

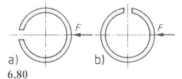

6.80
Schlitzlage bei Spannhülsen
a) für starke Belastung
b) für schwache Belastung (kleine Federwege
    in Richtung der Kraft F möglich)

6.81
Schraubverbindung mit Spannhülse zur Aufnahme
der Schubkräfte

An Stelle von Schrauben können auch Kerbnägel verwendet werden (Befestigung von Schildern, Blechdeckeln usw., Bild **6.82**) sowie Kerbstift-Spreizniete für Blindnietung (Bild **6.83**; s. a. Abschn. 4). Die Maße der Blindniete entsprechen DIN 660 (Halbrundniete).

6.82
Befestigung eines Blechteils 1 auf einem
Pressstoffstück 2 durch einen Kerbnagel

6.83
Blindnietung von Rohren oder Blechen
Nietstelle   a) vor und   b) nach dem Nieten

Berechnung von Bolzen- und Stiftverbindungen

In Bild **6.84** sind verschiedene Möglichkeiten zur Verwendung bzw. Anordnung von Bolzen und Stiften gezeigt. Darüber hinaus sind die entsprechenden Berechnungsformeln und Kenn- und Richtwerte zusammengestellt. Die Abmessungen gemäß Bild **6.79** sind zu beachten. Werden die zulässigen Werte überschritten, sind die gewählten Abmessungen der Bolzen und Stifte, u. U. auch der Nabe, Welle usw., entsprechend zu ändern, und der Spannungsnachweis ist zu wiederholen.

Formelzeichen

A	Querschnitt des Stiftes	l	Stift- bzw. Bolzenlänge
a	Klemmlänge des Stiftes	M_b	Biegemoment
b	Gabeldicke	p	Flächenpressung, allgemein
c_b, c_p, c_s, c_z	Kerbstiftfaktoren für Biegung,	p_b	– aus dem Biegemoment $F \cdot (h + a/2) = M_b$
	Flächenpressung, Abscheren und Zug	p_d	– aus der Zugkraft F
D	Nabenaußendurchmesser, Augendurch-	R_e	Streckgrenze
	messer der Lasche	s	Nabenwanddicke
d	Stift bzw. Bolzendurchmesser	T	Drehmoment
d_w	Wellen- bzw. Achsendurchmesser	W_b	Widerstandsmoment gegen Biegung
F	Zug- bzw. Biegekraft	σ	Zugspannung
F_u	Umfangskraft	σ_b	Biegespannung
h	Hebelarm der Biegekraft	τ_a	Abscherspannung

Gabelkopf mit Knebelkerbstift	Stift als Anschlag oder Federhalterung	Nabenverbindung durch Längsstift	durch Querstift

Formel	Kenn- und Richtwerte		
Gabelkopf		Kerbstift-Faktoren [1]	geometrische Proportionen
Flächen-pressung	$p = \dfrac{c_p \cdot F}{d \cdot a}$ $p = \dfrac{F}{2 \cdot b \cdot d}$ Gl. (6.81) Gl. (6.82) $p \leq p_{zul}$	Nabenwerkstoff GG GT,GS St	Bolzen Stifte
		c_p 1,4 1,0 1,0	a/d 1,5 ... 1,7 2 ... 3
		c_s – – 1,2	a/b 2 ...3,5 ≈ 2
Abscheren	$\tau_a = \dfrac{c_s \cdot F}{2 \cdot A} \leq \tau_{a\,zul}$ Gl. (6.83)	c_z 1,4 1,4 1,0	D/d 2,5 ... 3,5 2 ... 3
Zugspannung in der Stange	$\sigma = \dfrac{c_z \cdot F}{(D - d) \cdot a} \leq \sigma_{zul}$ Gl. (6.84)		

[1]) Bohrungstoleranzen für Kerbstifte: $\varnothing 0{,}8 \ldots 1{,}2$ mm – H8 $\varnothing 1{,}5 \ldots 3{,}0$ mm – H9 $\varnothing > 3$ mm – H11

6.84
Berechnung von Bolzen- und Stiftverbindungen; Fortsetzung s. nächste Seite

Formel	Kenn- und Richtwerte	
Stift als Anschlag u. dgl.	Kerbstift-Faktoren [1])	geometrische Proportionen

			Kerbstift-Faktoren [1])			geometrische Proportionen

Stift als Anschlag u. dgl.

Flächen-pressung
$$M_b = F \cdot (h + a/2)$$
$$= (p_b \cdot d \cdot a/2) \cdot (2 \cdot a/6) \qquad \text{Gl. (6.85)}$$
$$p_b = \frac{6 \cdot F \cdot (h + a/2)}{a^2 \cdot d}$$
$$= (h/a + 0,5) \cdot \frac{6 \cdot F}{a \cdot d} \qquad \text{Gl. (6.86)}$$
$$p_d = F/(a \cdot d)$$
$$p_{max} = p_b + p_d = (1,5 \cdot h/a + 1) \cdot c_p \cdot \frac{4F}{a \cdot d} \qquad \text{Gl. (6.87)}$$

für Bolzen und Zylinderstifte:
c-Werte = 1

Kerbstiftwerkstoff:
St mit $R_e = 480$ N/mm²
$\sigma_{zul} = R_e/(1,2 \dots 1,5)$
$\tau_{a\,zul} = (2/3) \cdot \sigma_{zul}$
p_{zul} Bild **6.62**

Biegung
$$\sigma_b = \frac{c_b \cdot F \cdot h}{W_b} \le \sigma_{b\,zul} \qquad \text{Gl. (6.88)}$$

Nabenwerkstoff	GG	GT,GS	St
c_p	1,7	1,7	1,4
c_b	–	–	1,2

Nabenverbindung durch Längsstift

Flächen-Pressung
$$l = \frac{c_p \cdot 2 \cdot T_{max}}{d/2 \cdot d_w \cdot p_{zul}} = \frac{c_p \cdot 2 \cdot F_u}{d \cdot p_{zul}} \qquad \text{Gl. (6.89)}$$

Abscheren
$$\tau_a = \frac{c_s \cdot 2 \cdot T_{max}}{l \cdot d \cdot d_w} \le \tau_{a\,zul} \qquad \text{Gl. (6.90)}$$

Nabenwerkstoff	GG	GT,GS	St	Stifte	
c_p	1,2	1,2	1,0	d/d_w	0,15 … 0,2
c_s	–	–	≈1,2	l/d_w	1 … 1,5

Nabenverbindung durch Querstift

Flächenpressung

in der Nabe
$$p = \frac{c_p \cdot T_{max}}{d \cdot s \cdot (d_w + s)} \le p_{zul} \qquad \text{Gl. (6.91)}$$

in der Welle
$$p = \frac{c_p \cdot 6 \cdot T_{max}}{d \cdot d_w^2} \le p_{zul} \qquad \text{Gl. (6.92)}$$

Abscheren
$$\tau_a = \frac{c_s \cdot T_{max}}{A \cdot d_w} \le \tau_{a\,zul} \qquad \text{Gl. (6.93)}$$

Nabenwerkstoff	GG	GT,GS	St	Stifte, Kerbstifte	
c_p	1,4	1,4	1,2	d/d_w	0,2 … 0,3
c_s	–	–	1,4		GG GS, St
				D/d_w	2,5 2,0

6.84
Berechnung von Bolzen- und Stiftverbindungen; Fortsetzung; Fußnote s. vorige Seite

Literatur

[1] Beitz, W.: Berechnung von Wellen-Naben-Passfederverbindungen. Z. Antriebstechnik 16 (1977) Nr. 10.

[2] Baier, R.; Schug, R.: Berechnung von Torsionsspannungen in einer Welle mit Passfedernut. Z. Antriebstechnik 42 (1990) Nr. 11.

[3] Dietz, P.: Lastaufteilung und Zentrierverhalten von Zahn- und Keilwellenverbindungen. Konstruktion 31 (1979) H. 7 und H. 8.

7 Schraubenverbindungen

DIN-Blatt Nr.	Ausgabe-datum	Titel
Gewindenormen		
13 T1	11.99	Metrisches ISO-Gewinde allgemeiner Anwendung; Teil 1: Nennmaße für Regelgewinde; Gewinde-Nenndurchmesser von 1 bis 68 mm
T2	11.99	-; Teil 2: Nennmaße für Feingewinde mit Steigungen 0,2 mm, 0,25 mm und 0,35 mm; Gewinde-Nenndurchmesser von 1 bis 50 mm
76 T1	6.04	Gewindeausläufe, Gewindefreistiche; Teil 1: Für Metrisches ISO-Gewinde nach DIN 13-1
103 T1	4.77	Metrisches ISO-Trapezgewinde; Gewindeprofile
T4	4.77	-; Nennmaße
202	11.99	Gewinde; Übersicht
405 T1	11.97	Rundgewinde allgemeiner Anwendung; Teil 1: Gewindeprofile, Nennmaße
513 T1	4.85	Metrisches Sägengewinde; Gewindeprofile
2244	5.02	Gewinde – Begriffe und Bestimmungsgrößen für zylindrische Gewinde
2781	9.90	Werkzeugmaschinen; Sägengewinde 45°, eingängig, für hydraulische Pressen
3858	8.05	Whitworth-Rohrgewinde für Rohrverschraubungen – Zylindrisches Innengewinde und kegeliges Außengewinde – Maße
20 400	1.90	Rundgewinde für den Bergbau; Gewinde mit großer Tragtiefe
20 401 T1	12.04	Sägengewinde – Steigung 0,8 mm bis 2 mm – Maßangaben
40 430	2.71	Stahlpanzerrohr-Gewinde; Maße
EN 10226 T1	10.04	Rohrgewinde für im Gewinde dichtende Verbindungen; Teil 1: Kegelige Außengewinde und zylindrische Innengewinde; Maße, Toleranzen und Bezeichnung
EN ISO 228 T1	5.03	Rohrgewinde für nicht im Gewinde dichtende Verbindungen – Teil 1: Maße, Toleranzen und Bezeichnung
ISO 6410 T1	12.93	Technische Zeichnungen; Gewinde und Gewindeteile; Allgemeines
Schraubennormen		
478	2.85	Vierkantschrauben mit Bund
479	2.85	Vierkantschrauben mit Kernansatz
480	2.85	Vierkantschrauben mit Bund und Ansatzkuppe
561	2.95	Sechskantschrauben mit Zapfen und kleinem Sechskant

DIN-Normen, Fortsetzung

DIN-Blatt Nr.	Ausgabe-datum	Titel
564	2.95	Sechskantschrauben mit Ansatzspitze und kleinem Sechskant
609	2.95	Sechskant-Passschrauben mit langem Gewindezapfen
653	8.06	Rändelschrauben, niedrige Form
835	2.95	Stiftschrauben; Einschraubende (ca.) 2·d
931 T2	9.87	Sechskantschrauben mit Schaft; Gewinde M 42 bis M 160 x 6, Produktklasse B
938	2.95	Stiftschrauben; Einschraubende (ca.) 1·d
939	2.95	Stiftschrauben; Einschraubende (ca.) 1,25·d
940	2.95	Stiftschrauben; Einschraubende (ca.) 2,5·d
962	11.01	Schrauben und Muttern; Bezeichnungsangaben; Formen und Ausführungen
2509	9.86	Schraubenbolzen
2510 T1	9.74	Schraubenverbindungen mit Dehnschaft; Übersicht, Anwendungsbereich und Einbaubeispiele
T2	8.71	-; Metrisches Gewinde mit großem Spiel, Nennmaße und Grenzmaße
T3	8.71	-; Schraubenbolzen
T4	8.71	-; Stiftschrauben
6912	12.02	Zylinderschrauben mit Innensechskant; niedriger Kopf, mit Schlüsselführung
7968	6.06	Sechskant-Passschrauben mit Sechskantmutter für Stahlkonstruktionen
7990	6.06	Sechskantschrauben mit Sechskantmutter für Stahlkonstruktionen
EN 14 399 T4	6.06	Hochfeste planmäßig vorspannbare Schraubenverbindungen für den Metallbau; Teil 4: System HV-Garnituren aus Sechskantschrauben und -muttern
EN 20 273	2.92	Mechanische Verbindungselemente; Durchgangslöcher für Schrauben
EN 24 766	10.92	Gewindestifte mit Schlitz und Kegelkuppe
EN 27 434	10.92	Gewindestifte mit Schlitz und Spitze
EN 27 435	10.92	Gewindestifte mit Schlitz und Zapfen
EN ISO 1207	10.94	Zylinderschrauben mit Schlitz - Produktklasse A
EN ISO 4014	3.01	Sechskantschrauben mit Schaft - Produktklassen A und B
EN ISO 4017	3.01	Sechskantschrauben mit Gewinde bis Kopf - Produktklassen A und B
EN ISO 4026	5.04	Gewindestifte mit Innensechskant mit Kegelstumpf
EN ISO 4762	6.04	Zylinderschrauben mit Innensechskant
EN ISO 10 644	10.98	Kombi-Schrauben mit flachen Scheiben – Härteklassen der Scheiben 200 HV und 300 HV

DIN-Normen, Fortsetzung

DIN-Blatt Nr.	Ausgabe-datum	Titel
Mutternnormen		
935 T1	10.00	Kronenmuttern; Teil 1: Metrisches Regel- und Feingewinde; Produktklassen A und B
981	2.93	Wälzlager; Nutmuttern
1804	3.71	Nutmuttern; Metrisches ISO-Feingewinde
1816	3.71	Kreuzlochmuttern; Metrisches ISO-Feingewinde
7967	11.70	Sicherungsmuttern
EN ISO 4032	3.01	Sechskantmuttern, Typ 1 – Produktklassen A und B
EN ISO 8673	3.01	Sechskantmuttern, Typ 1, mit metrischem Feingewinde – Produktklassen A und B
EN ISO 8674	3.01	Sechskantmuttern, Typ 2, mit metrischem Feingewinde – Produktklassen A und B
EN ISO 10511	2.98	Sechskantmuttern mit Klemmteil – Niedrige Form (mit nichtmetallischem Einsatz)
Scheiben, Schraubensicherungen		
435	1.00	Scheiben, vierkant, keilförmig für I-Träger
436	5.90	Scheiben, vierkant, vorwiegend für Holzkonstruktionen
462	9.73	Werkzeugmaschinen; Sicherungsbleche mit Innennase, für Nutmuttern nach DIN 1804
EN ISO 7089	11.00	Flache Scheiben – Normale Reihe, Produktklasse A
EN ISO 7090	11.00	Flache Scheiben mit Fase – Normale Reihe, Produktklasse A
EN ISO 7091	11.00	Flache Scheiben – Normale Reihe, Produktklasse C
EN ISO 7092	11.00	Flache Scheiben – Kleine Reihe, Produktklasse A

Formelzeichen

A	Querschnitt, Bruchdehnung	d_{Sch}	Schaftdurchmesser
A_{ers}	Querschnitt des Ersatzzylinders	E	Elastizitätsmodul
A_K	Kopfauflagefläche	F_B	Betriebskraft
A_S	Spannungsquerschnitt	F_E	Ersatzkraft
A_{Sch}	Schaftquerschnitt	$F_{K\,erf}$	erforderliche Mindestklemmkraft
A_3	Kernquerschnitt	F_{KR}	Restklemmkraft
c	Federsteifigkeit	F_n	Normalkraft
D_A	Außendurchmesser des Ersatzzylinders	F_P	Klemmkraftverlust
D_B	Bohrungsdurchmesser	F_Q	Querkraft
D_m	Wirkdurchmesser der Reibungskraft	F_R	Reibungskraft
d, D	Gewinde-Nenndurchmesser	F_S	Schraubenkraft
d_2, D_2	-Flankendurchmesser	F_t	Drehkraft
d_3	-Kerndurchmesser	F_V	Vorspannkraft
d_K	Durchmesser der Schraubenkopfauflage	F_Z	Vorspannkraftverlust
d_s	mittl. Durchmesser beim Spannungsquerschnitt	F_{zd}	Zug- bzw. Druckkraft

f	elastische Formänderung	μ_A	– an der Schraubenauflagefläche
f_Z	Setzbetrag	μ_{ges}	– für Gewinde und Auflage
H_1	Gewindetragtiefe	μ_R	– der Ruhereibung für die Trennfugen
i	Schraubenzahl	ρ	Reibungswinkel
l_e	Einschraublänge	ρ'	– für Spitzgewinde
l_F	federnde Länge	σ_a	Spannungsausschlag
l_K	Klemmlänge	σ_A	Dauerhaltbarkeit
m	Mutterhöhe	σ_l	Lochleibung
n	Faktor für Krafteinleitung	σ_m	Mittelspannung
α_ϑ	Wärmeausdehnungskoeffizient	σ_{red}	Vergleichsspannung
δ	elastische Nachgiebigkeit	σ_v	Vorspannung
δ_p	– der verspannten Teile	σ_{zd}	Zug- bzw. Druckspannung
δ_e	– des eingeschraubten Gewindes	τ_t	Verdrehspannung
δ_S	– der Schraube	τ_a	Abscherspannung
ε	Dehnung	Φ	Kraftverhältnis
μ	Reibungszahl	φ	Gewinde-Steigungswinkel
μ'	– für Spitzgewinde		

7.1 Allgemeines

Unter einem Gewinde versteht man eine besonders profilierte Einkerbung (**7.1**), wenn diese entlang einer Schraubenlinie (**7.2**) um einen Zylinder verläuft. Mit der Steigung P der Schraubenlinie ergibt sich nach Bild **7.2** für den **Steigungswinkel** φ

$$\tan \varphi = \frac{P}{\pi \cdot d_2} \qquad (7.1)$$

Zu einer Schraubenverbindung gehören ein mit Außengewinde versehener Bolzen, die Schraube, ein Gegenstück mit entsprechendem Innengewinde, die Mutter oder das Sacklochgewinde, und die zu verspannenden Teile. Schrauben werden nicht nur als Befestigungsschrauben für lösbare Verbindungen, sondern auch als Bewegungsschrauben zum Umwandeln von Dreh- in Längsbewegungen verwendet.

7.1.1 Gewindenormen

Die genormten Gewinde haben maßlich festgelegte Gewindeprofile; Form und Maße werden in einem durch die Schraubenachse gelegten Axialschnitt dargestellt. Bei jedem Gewinde wird zwischen Gewinde-Nenndurchmesser d bzw. D, Flankendurchmesser d_2 bzw. D_2 und Kerndurchmesser d_3 bzw. D_3 unterschieden.

Die gebräuchlichsten Gewinde (**7.1**) sind:
1. Metrisches ISO-Gewinde: Spitzgewinde mit einem Flankenwinkel von 60°. Je nach Größe der Steigung unterscheidet man Regel- und Feingewinde. Regelgewinde (DIN 13 T 1; s. Bild **7.3**): Jedem Gewindedurchmesser ist eine bestimmte Steigung zugeordnet. Bezeichnung eines Regelgewindes für $d = 30$ mm und $P = 3,5$ mm: Metrisches ISO-Gewinde M 30. Feingewinde (DIN 13 T 2 bis T 11): Gleichen Gewindedurchmessern können verschiedene Steigungen zugeordnet werden. Bezeichnung eines Feingewindes für $d = 30$ mm und $P = 2$ mm nach DIN 13 T 7: Metrisches ISO-Gewinde M 30 × 2.

7.1

Grundformen der gebräuchlichsten Gewinde
(gezeichnet ohne Spiel)

a) Whitworth-Gewinde
b) metrisches ISO-Gewinde
c) Flachgewinde
d) Trapezgewinde
e) Sägengewinde
f) Rundgewinde

7.2

Entstehung der Schraubenlinie

d_2 Flankendurchmesser des Gewindes
P Steigung
φ Steigungswinkel

2. Rohrgewinde: Spitzgewinde mit einem Flankenwinkel von 55°. Rohrgewinde für nicht im Gewinde dichtende Verbindungen nach DIN EN ISO 228. Die Gewindebezeichnung bezieht sich auf die Nennweite (Innendurchmesser) des Rohres in Zoll, auf welches das Gewinde als Außengewinde geschnitten wird. Bezeichnung eines Gewindes für ein Rohr mit der Nennweite 1/2": Rohrgewinde G 1/2. Whitworth-Rohrgewinde nach DIN EN 10226-1 und DIN 3858 hat ein zylindrisches Innengewinde und ein kegeliges Außengewinde. Es wird für druckdichte Verbindungen bei Rohren, Fittings, Armaturen usw. eingesetzt. Bezeichnung eines Gewindes für ein Rohr mit der Nennweite 1/2": Whitworth-Rohrgewinde R 1/2.

3. Metrisches ISO-Trapezgewinde (DIN 103; s. Bild **7.4**): Gewinde mit einem Flankenwinkel von 30°. Jedem Durchmesser bis 20 mm sind zwei, über 20 mm drei Steigungen zugeordnet. Das Gewinde kann ein- oder mehrgängig sein. Bezeichnung eines Trapezgewindes für $d = 48$ mm und $P = 8$ mm: Tr 48 × 8. Anwendung als Bewegungsgewinde (z. B. Leitspindeln von Drehmaschinen, Spindeln von Pressen, Schraubstöcken, Ventilen usw.).

4. Metrisches Sägengewinde (DIN 513): Eine Flanke bildet mit der Senkrechten zur Schraubenachse den Winkel 30°, die andere weicht um 3° von der Senkrechten ab. Bezeichnung eines Sägengewindes für $d = 48$ mm und $P = 8$ mm: S 48 × 8. Anwendung als Bewegungsgewinde, wenn hiermit größere Längskräfte in einer Richtung übertragen werden sollen (z. B. Hub- und Druckspindeln für Pressen).

5. Sondergewinde. Weitere Gewindearten, wie Rundgewinde (DIN 405, DIN 20 400), Elektrogewinde (DIN 40 400), Stahlpanzer-Rohrgewinde (DIN 40 430) u. dgl., sollen als Sondergewinde bezeichnet werden, da ihre Anwendung auf besondere Fälle beschränkt bleibt. Sämtliche Gewinde werden zu Sondergewinden, wenn sie als mehrgängige, gas- und dampfdichte oder als linksgängige Gewinde ausgeführt werden. Bezeichnungsbeispiel für ein Linksgewinde: M 30-LH (LH = Left Hand).

Gewindetiefe $h_3 = 0,6134 \cdot P$
Gewindetiefe $H_1 = 0,5413 \cdot P$
Rundung $r = 0,1433 \cdot P$
Spannungsquerschnitt

$$A_S = \frac{\pi}{4} \cdot \left(\frac{d_2 + d_3}{2} \right)^2$$

Nenn-durchmesser $d = D$	Steigung P	Flanken-durchmesser $d_2 = D_2$	Kerndurchmesser		Spannungs-querschnitt A_s in mm²
			d_3	D_1	
3	0,5	2,675	2,387	2,459	5,03
3,5	0,6	3,110	2,764	2,850	6,78
4	0,7	3,545	3,141	3,242	8,78
4,5	0,75	4,013	3,580	3,688	11,3
5	0,8	4,480	4,019	4,134	14,2
6	1	5,350	4,773	4,917	20,1
7	1	6,350	5,773	5,917	28,9
8	1,25	7,188	6,466	6,647	36,6
9	1,25	8,188	7,466	7,647	48,1
10	1,5	9,026	8,160	8,367	58
11	1,5	10,026	9,160	9,367	72,3
12	1,75	10,863	9,853	10,106	84,3
14	2	12,701	11,546	11,835	115
16	2	14,701	13,546	13,835	157
18	2,5	16,376	14,933	15,294	192
20	2,5	18,376	16,933	17,294	245
22	2,5	20,376	18,933	19,294	303
24	3	22,051	20,319	20,752	353
27	3	25,051	23,319	23,752	459
30	3,5	27,727	25,706	26,211	561
33	3,5	30,727	28,706	29,211	694
36	4	33,402	31,093	31,670	817
39	4	36,402	34,093	34,670	976
42	4,5	39,077	36,479	37,129	1120
⋮					
68	6	64,103	60,639	61,505	3060

7.3
Metrisches ISO-Gewinde; Regelgewinde, Nennmaße DIN 13 T 1 (Maße in mm)

7.1.2 Gewindetolerierung

Die Gewindetoleranzen (DIN EN 20865) sollen folgendes sicherstellen:
1. Austauschbarkeit der Gewinde
2. Einhaltung einer gewünschten Passung
3. Güte der Gewindeverbindungen
4. Festigkeit und Tragfähigkeit der Gewindeverbindungen
5. Wirtschaftliche Fertigung der Gewinde

Für das Bolzengewinde sind die Toleranzlagen e, f, g und h, für das Muttergewinde die Toleranzlagen G und H festgelegt worden. Die Toleranzlagen e bis g und G sind für das Aufbringen eines galvanischen Schutzes geeignet. Sie gelten für das Gewindeprofil vor der Aufbringung des Oberflächenschutzes.

Das ISO-System für Gewindetoleranzen unterscheidet drei Toleranzklassen: fein (f), mittel (m) und grob (g). Die folgenden Regeln gelten für die Wahl der Toleranzklassen:
1. fein (f): nur für Gewinde von großer Genauigkeit
2. mittel (m): für allgemeine Anwendung
3. grob (g): wenn keine besonderen Anforderungen an die Genauigkeit gestellt werden.

Die empfohlenen Vorzugs-Toleranzfelder siehe Bild **7.5**.

Gewinde-Nenn-durchmesser d	Steigung P[1]			Flanken-durchmesser [2]) $d_2 = D_2$	Kern-Durchmesser [2]) d_3	Trag-tiefe [2]) $H_1 = 0{,}5 \cdot P$	Kern-Querschnitt [2]) A_3 in mm
8		1,5		7,25	6,2	0,75	30,2
10	1,5	2		9	7,5	1	44,2
12	2	3		10,5	8,5	1,5	56,7
16	2	4		14	11,5	2	104
20	2	4		18	15,5	2	189
24	3	5	8	21,5	18,5	2,5	269
28	3	5	8	22,5	22,5	2,5	398
32	3	6	10	29	25	3	491
36	3	6	10	33	29	3	661
40	3	7	10	36,5	32	3,5	804
44	3	7	12	40,5	36	3,5	1018
48	3	8	12	44	39	4	1195
52	3	8	12	48	43	4	1452
60	3	9	14	55,5	50	4,5	1963

7.4
Metrisches ISO-Trapezgewinde, Nennmaße nach DIN 103 (Auszug), Maße in mm

[1]) Mittlere Reihe bevorzugen
[2]) Angegebene Werte gelten für Gewinde mit den zu bevorzugenden Steigungen.

Toleranzklassen		Toleranz-felder	Oberflächenzustand
fein (f)	Mutter	4H 5H	blank oder dünn phosphatiert
	Bolzen	4h	
mittel (m)	Mutter	6H	
	Bolzen	6g	blank, phosphatiert oder für dünne galvanische Schutzschicht
grob (g)	Mutter	7H	
	Bolzen	8g	

7.5
Vorzugs-Toleranzfelder (nach DIN EN 20865) für Metrisches ISO-Gewinde [1])

[1]) Toleranzfeldangabe in Anlehnung an die ISO-Empfehlung für Toleranzen und Passungen; da aber die Zahlenwerte für Toleranzgröße und Toleranzlage anders sind, wird die Zahl vor den Buchstaben gesetzt.

7.1.3 Schraubenwerkstoffe

Schrauben und Muttern aus unlegiertem oder niedrig legiertem Stahl, die keinen speziellen Anforderungen unterliegen, wie z. B. Schweißbarkeit, Korrosionsbeständigkeit, Warmfestigkeit über 300 °C und Kaltzähigkeit unter 50 °C, werden nach ihrer Festigkeit bezeichnet. DIN EN ISO 898-1 unterscheidet die verschiedenen Festigkeitsklassen von Schrauben (**7.6** bis **7.10**). Analog hierzu weist DIN EN 20898-2 den Muttern die Festigkeitsklassen zu (**7.9** bis **7.10**).

Die Bezeichnung für Schrauben (DIN EN ISO 898-1) besteht aus zwei Zahlen, die durch einen Punkt getrennt sind. Die erste Zahl kennzeichnet die Mindestzugfestigkeit in N/mm^2, die zweite das 10fache Verhältnis der Mindeststreckgrenze zur Mindestzugfestigkeit (Streckgrenzenverhältnis) (**7.6**).

erste Zahl	3	4	5	6	8	10	12	14
Mindestzugfestigkeit R_m N/mm^2	340	400	500	600	800	1000	1200	1400
zweite Zahl					.6	.7	.8	.9
$\dfrac{\text{Mindeststreckgrenze } R_e}{\text{Mindestzugfestigkeit } R_m}\cdot 10$ oder $\dfrac{R_{p0,2}}{R_m}\cdot 10$					6	7	8	9

7.6
Bezeichnungssystem für Festigkeitsklassen von Schrauben

Die den Festigkeitsklassen zugeordneten mechanischen Eigenschaften (**7.6**) gelten für fertige Schrauben. Da bei der Schraubenherstellung die zum Einsatz kommenden Fertigungsverfahren die mechanischen Eigenschaften der Werkstoffe erheblich verändern können (z. B. durch Kaltverfestigung bei der Kaltformung), wählt der Hersteller den geeigneten Ausgangswerkstoff aus. Angaben hierüber s. DIN EN ISO 898-1, angenäherte Richtwerte s. Bild **7.8**.

Festigkeitsklasse		3.6	4.6	4.8	5.6	5.8	6.6	6.8	6.9	8.8	10.9	12.9	14.9
Zugfestigkeit R_m	min.	340	400		500			600		800	1000	1200	1400
N/mm^2	max.	490	550		700			800		1000	1200	1400	1600
Brinellhärte HB	min.	90	110		140			170		225	280	330	390
	max.	150	170		215			245		300	365	425	–
Rockwellhärte HRB	min.	47	63		78			88		–	–	–	–
	max.	82	88		97			102		–	–	–	–
HRC	min.	–	–	–				–		18	27	34	40
	max.	–	–	–				–		31	38	44	49
Vickershärte $HV\,30$	min.	90	110		140			170		225	280	330	400
	max.	150	170		215			245		300	370	440	510
Streckgrenze R_e	N/mm^2	200	240	320	300	400	360	480		–	–	–	–
0,2-Dehnungsgrenze $R_{p0,2}$	N/mm^2	–	–	–	–	–	–	–	540	640	900	1080	1260
Bruchdehnung A_5	% min.	25	25	14	20	10	16	8	12	12	9	8	7

7.7
Festigkeitswerte von Schrauben (nach DIN EN ISO 898 T1)

Die Festigkeitsklassen von Muttern (DIN EN 20898-2, **7.9**) werden mit einer Zahl gekennzeichnet, die eine Prüfspannung ausdrückt. Diese Prüfspannung σ_L entspricht der Mindestzugfestigkeit einer Schraube, mit der die Mutter gepaart werden kann. Die Muttern sind für diejenige Festigkeitsklasse der Schrauben geeignet, deren Mindestzugfestigkeit sie aufnehmen können, ohne dass ihr eigenes Gewinde abgestreift wird (**7.10**).

Für Schrauben und Muttern aus nichtrostenden Stählen sind Werkstoffe, mechanische Eigenschaften und Prüfverfahren in DIN EN ISO 3506 angegeben.

	Werkstoffe zum Herstellen von Schrauben und Muttern durch			Festigkeitskl
	Warmformen	Kaltformen	Zerspanen	
Schrauben	St34	St34	St34KG	3.6
	St37, C15	St34, St37	St37KG, 9S20KG	4.6
	St50, C35	Cq22, Cq35	C35KG, 35S20KG	5.6
			St50K, C35K	6.8
	C35, C45	Cq34, Cq45	C35, C45	8.8
	41Cr4	41Cr4		10.9
	42CrMo4	42CrMo4		12.9
Muttern	St37		St37KG, 9S20KG	4
	St50, C35		St50KG, 35S20KG	5
		Kaltpressmutterstahl	St50K, C35K	6
	C35, C45		C35, C45, 35S20	8

7.8
Werkstoffe für Schrauben (angenäherte Richtwerte)

Festigkeitsklasse der Mutter	4	5	6	8	10	12	14
Prüfspannung σ_L N/mm^2	400	500	600	800	1000	1200	1400
Brinellhärte HB	302	302	302	302	353	353	375
Rockwellhärte HRC	30	30	30	30	36	36	39

7.9
Festigkeitswerte von Muttern (nach DIN EN 20898 T2)

	Festigkeitsklasse									
Schraube	3.6	4.6	4.8	5.6	5.8	6.8	8.8	10.9	12.9	14.9
Mutter	4			5		6	8	10	12	14

7.10
Zuordnung der Festigkeitsklassen von Schrauben und Muttern

Bezeichnungsbeispiel für die Festigkeitsklasse einer Schraube aus nichtrostendem CrNi-Stahl: M 10 × 50 EN ISO 4762 – A2–70; A bedeutet austenitischer CrNi-Stahl, die Ziffer 2 gibt die Stahlgruppe an, innerhalb der verschiedene Werkstoffe möglich sind, z. B. Werkstoff 1.4541. Die Zahl 70 bezeichnet die Festigkeitsklasse; sie ergibt mit 10 multipliziert die Zugfestigkeit des Werkstoffs in N/mm^2. Die Stahlgruppen 1, 2 und 4 mit den Festigkeitsklassen 50, 70 und 80 sind möglich. Bei den Stahlgruppen 2 und 4 ist die Festigkeitsklasse 70 der Regelfall.

Für Schrauben und Muttern aus kaltzähen und warmfesten Stählen enthält DIN 267 T 13 Angaben über Werkstoffe und Festigkeitsklassen. Für den Betriebs-Temperaturbereich > 300 °C bis 540 °C sind die in Bild **7.11** angegebenen Werkstoffe nach DIN EN 10269 zu verwenden. Im Betriebs-Temperaturbereich > 540 °C bis ≈ 650 °C werden hochlegierte Stähle empfohlen: für Schrauben z. B. X22CrMoV121 und X8CrNiMoBNb1616K, für Muttern X19CrMo121.

Zu beachten ist, dass sich bei höheren Temperaturen der Elastizitätsmodul der Werkstoffe, die zulässigen Spannungen und die Wärmeausdehnungszahlen α_9 ändern (**2.17**), dass also auch die Federsteifigkeit bei entsprechenden Temperaturen kleiner als die Federsteifigkeit bei Raumtemperatur (20 °C) ist.

Streckgrenze R_e in N/mm², Elastizitätsmodul E in 10^5 N/mm², Wärmeausdehnungskoeffizient α_ϑ in 10^{-6}/K — jeweils bei der Temperatur in °C.
Bruchdehnung $(L_0 = 5 \cdot d_0)$ bei 20 °C in %: $\geq$ 12000/Zugfestigkeit, mindestens aber (angegebener Wert).

Stahlsorte Kurzname Nach DIN V 17006-100.	R_m bei 20 °C N/mm²	R_e 20	R_e 200	R_e 250	R_e 300	R_e 350	R_e 400	R_e 450	R_e 500	E 300	E 400	E 500	E 600	α_ϑ 300	α_ϑ 400	α_ϑ 500	α_ϑ 600	Bruchdehnung bei 20 °C % $\geq$	Kerbschlagzähigkeit bei 20 °C Nm/cm² $\geq$
C35	500…600	280	220	210	190	170	150											22	–
Ck35	500…600	280	220	210	190	170	150											22	60
C45	600…720	360	290	270	250	220	190											18	–
Ck45	600…720	360	290	270	250	220	190											18	50
24CrMo5	600…750	450	420	400	370	340	310	280	240									18	80
24CrMoV5-5	700…850	550	500	480	460	440	410	380	350	1,85	1,75	1,65	1,55	12,9	13,5	13,9	14,1	17	80
21CrMoV5-11	700…850	550	520	510	490	470	440	410	380									17	80
X22CrMoV12-1		650	590		530		460			2,0	1,9	1,8	1,65	11,5	11,8	12	12,3		
X8CrNiMoVNb16-13		270	250	250		245		230		1,89	1,78	1,7	1,6	17,1	17,4	17,6	17,8		

7.11
Warmfeste Stähle für Schrauben und Muttern (nach DIN EN 10269, T1)

Zur Berechnung von Schraubverbindungen, die mit Temperaturen über 350 °C beansprucht werden, darf nicht mehr die Warmstreckgrenze $R_{p\,0,2/\vartheta}$ der Werkstoffe benutzt werden (2.17). Es ist zweckmäßig, eine geeignete „Zeitstandkriechgrenze $R_{p\,1/100\,000}$" zu berücksichtigen.

7.1.4 Schrauben- und Mutternarten

Kopfschrauben (7.12) unterscheiden sich durch die Kopfform (Sechskant-, Vierkant-, Zylinderkopf- usw.) und die Bedienungsform (Innensechskant-, Schlitz-, Kreuzschlitz-, Rändel- usw.).

Bild	Benennung	DIN	Bild	Benennung	DIN
	Sechskantschraube (mit Schaft)	EN ISO 4014 EN ISO 4016 EN ISO 8765		Vierkantschraube	479
	Sechskantschraube (mit Gewinde bis Kopf)	EN ISO 4017 EN ISO 4018 EN ISO 8676		Vierkantschraube mit Bund	478
	Sechskantschraube mit Mutter	7990 EN ISO 4016		Vierkantschraube mit Bund und Ansatzkuppe	480
	Sechskant-Passschraube	609 7968		Zylinderschraube mit Innensechskant	EN ISO 4762 6912 7984
	Sechskantschraube mit Zapfen	561		Zylinderschraube mit Schlitz	EN ISO 1207
	Sechskantschraube mit Ansatzspitze	564		Kreuzlochschraube mit Schlitz	404
	Linsenzylinderschraube (großer Kopf)	921		Linsenzylinderschraube mit Schlitz	EN ISO 1580
	Linsenzylinderschraube mit Kreuzschlitz	EN ISO 7045		Linsensenkschraube mit Schlitz (großer Kopf)	EN ISO 2010
	Senkschraube mit Schlitz	EN ISO 2009		Linsensenkschraube mit Kreuzschlitz	EN ISO 7047
	Senkschraube mit Kreuzschlitz	EN ISO 7046		Sechskant-Schneidschraube	7513
	Senkschraube mit Schlitz (für Stahlkonstruktionen)	7969		Zylinder-Blech-Schraube mit Schlitz	ISO 1481
	Senkschraube mit Innensechskant	EN ISO 10642		Senk-Blechschraube mit Schlitz	ISO 1482
	Senkschraube mit Nase	604		Linsensenk-Blechschraube mit Schlitz	ISO 1483
	Sechskant-Blechschraube	ISO 1479			

7.12
Genormte Kopfschrauben, Auswahl

Stift- und Schaftschrauben (**7.15**) werden für Verbindungen von Gehäuseteilen verwendet. Das in dem Gehäuse befindliche Einschraubende, dessen Länge sich nach dem verwendeten Gehäusewerkstoff richtet (**7.13**), soll nach dem Einschrauben nicht mehr gelöst werden.

Schraubenfestigkeitsklasse	8.8	8.8	10.9	10.9
Gewindefeinheit d/P	< 9	≥ 9	< 9	≥ 9
	Einschraubtiefe			
Al-Legierungen AlCuMg1F40	$1,1\,d$	$1,4\,d$		–
Grauguss EN-GJL-200 (GG-20)	$1,0\,d$	$1,2\,d$		$1,4\,d$
Stahl S235JRG (St37-2)	$1,0\,d$	$1,25\,d$		$1,4\,d$
Stahl E295 (St50-2)	$0,9\,d$	$1,0\,d$		$1,2\,d$
Stahl C45V	$0,8\,d$	$0,9\,d$		$1,0\,d$

7.13
Empfohlene Mindesteinschraubtiefe für Grundlochgewinde

Verschlussschrauben (**7.14**) werden in verschiedenen Ausführungsformen für Öleinfüll-, Überlauf- und Ölablassöffnungen verwendet. Die Abdichtung erfolgt über einen Bund und einen Dichtring nach DIN 7603 oder über kegeliges Gewinde.

Bild	Benennung	DIN	Bild	Benennung	DIN
	Verschlussschraube mit Bund und Außensechskant	910 7604		Verschlussschraube mit Innensechskant und kegeligem Gewinde	906
	Verschlussschraube mit Bund und Innensechskant	908		Verschlussschraube mit Außensechskant und kegeligem Gewinde	909

7.14
Genormte Verschlussschrauben

Bild	Benennung	DIN	Bild	Benennung	DIN
	Stiftschraube	835 938 939 940		Schaftschraube mit Schlitz und Kegelkuppe	EN ISO 2342
	Stiftschraube mit Rille	835		Gewindestift mit Schlitz und Kegelkuppe	EN 24766
	Schraubenbolzen mit Vollschaft	2509		Gewindestift mit Innensechskant und Kegelkuppe	EN ISO 4026
	Schraubenbolzen mit Dehnschaft	2510			

7.15
Genormte Stift- und Schaftschrauben, Auswahl

Die gebräuchlichsten Mutternarten sind in Bild **7.16** dargestellt. Sechskant- und Vierkantmuttern werden mit den üblichen Schraubenschlüsseln angezogen. Bei beengten Raumverhältnissen können Schlitz-, Nut-, Kreuzloch- oder Zweilochmuttern verwendet werden. Für häufig zu lösende Verbindungen (z. B. im Vorrichtungsbau) sind Flügel- und Rändelmuttern geeignet. Ringmuttern werden wie Ringschrauben als Transportösen verwendet.

Bild		Benennung	DIN	Bild		Benennung	DIN
		Sechskantmutter	EN ISO 4034 EN ISO 8673 EN ISO 4032			hohe Rändelmutter	466
		flache Sechskantmutter	EN ISO 4035			Nutmutter	981 1804
		Hutmutter, hohe Form	1587			Kreuzlochmutter	548 1816
		Zweilochmutter	547			Ringmutter	582
		Kronenmutter	935			Flügelmutter	315
		Vierkantmutter	557				

7.16
Genormte Muttern

7.2 Kräfte in der Schraubenverbindung

7.2.1 Kräfte im Gewinde

Wird eine Gewindeverbindung mit der Längskraft F belastet, so wirkt auf jedes kleine, gleich große Teilchen eines tragenden Gewindeganges der Kraftanteil ΔF (**7.17a**, für Flachgewinde dargestellt). Um die Schraube (oder auch die Mutter) drehen zu können, sind entsprechend viele kleine Drehkräfte ΔF_t erforderlich (**7.17b**). Wird die Reibung in den Gewindegängen zunächst vernachlässigt, so sind Längs- und Drehkräfte mit der Normalkraft ΔF_n zwischen Schraube und Mutter im Gleichgewicht, wenn nach Bild **7.17c**

$$\Delta F_t = \tan \cdot \varphi \cdot \Delta F \qquad (7.2)$$

gilt. Das zum Drehen von Schraube und Mutter erforderliche Drehmoment ergibt sich dann aus

$$\Delta T = \Delta F_t \cdot d_2/2 = \tan \varphi \cdot \Delta F \cdot d_2/2 \qquad (7.3)$$

und man erhält

$$T = \Sigma \, \Delta F_t \cdot d_2/2 = \Sigma \tan \varphi \cdot \Delta F \cdot d_2/2. \qquad (7.4)$$

Mit $\Sigma \, \Delta F = F$ wird das **erforderliche Drehmoment im Gewinde** zu

$$T = \tan\varphi \cdot \Delta F \cdot d_2/2$$

(7.5)

Denkt man sich alle Kraftanteile ΔF_t und ΔF_n in einem Punkt vereinigt, so kann man $\Sigma\Delta F_t = F_t$ und $\Sigma\Delta F_n = F_n$ setzen.

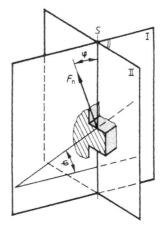

7.17
Kräfte am Flachgewinde ohne Reibung
a) Schnitt
b) Kräfte an einem Gewindeteilchen
c) Krafteck

7.18
Flachgewinde, Lage der Normalkraft F_n zur Schraubenachse S

Da die Normalkraft F_n senkrecht auf der Gewindeflanke steht, ergibt sich für Flachgewinde, dass F_n in der Ebene I (**7.18**) liegt und um den Steigungswinkel φ gegen die in der Ebene II senkrecht liegende Schraubenachse und damit auch gegen die Schnittlinie S der Ebene I und II geneigt ist.

7.19
Kräfte am Flachgewinde mit Reibung (Ebene I, Bild **7.18**) für Heben einer Last (a) und Senken einer Last bei nicht selbsthemmendem (b) und selbsthemmendem (c) Gewinde.

Bei der Berücksichtigung der Reibung ist zu beachten, dass die Reibungskraft $F_R = \mu \cdot F_n$ stets der Bewegung entgegenwirkt und in derselben Ebene (**7.18**) wie die Kräfte F und F_t liegt. Die äußeren Kräfte F und F_t müssen mit der Ersatzkraft F_E – der Resultierenden aus F_n und F_R – im Gleichgewicht sein (**7.19**). Da F_E gegen F_n um den Reibungswinkel ρ geneigt ist, ergibt sich für das **Heben einer Last F** (**7.19a**) die **Drehkraft**

$$F_t = \tan(\varphi + \rho) \cdot F \tag{7.6}$$

und für das **Absenken einer Last F** bei nicht selbsthemmenden Bewegungsschrauben (**7.19b**)

$$F_t = \tan(\varphi - \rho) \cdot F \tag{7.7}$$

7.20
Kräfte am Spitzgewinde
a) Schnitt   b) äußere Kräfte

7.21
Spitzgewinde. Lage der Normalkraft
F_n zur Schraubenachse S

Bei allen selbsthemmenden Befestigungsgewinden ist jedoch $\varphi < \rho$ und somit nach Bild **7.19c** die **Drehkraft** für das **Absenken einer Last**

$$F_t = \tan(\rho - \varphi) \cdot F \tag{7.8}$$

Beim Spitzgewinde (**7.20**) liegt F_n nicht in der Ebene I, sondern ist gegen diese um den halben Flankenwinkel $\alpha/2$ und gegen die Ebene II um den Steigungswinkel φ geneigt (**7.21**). Dementsprechend steht F_E – die Resultierende aus F_{nI} und F_R – unter dem Winkel ρ zur Kraft F_{nI} (**7.22**). Für **Spitzgewinde** wird daher die **Drehkraft zum Anziehen** zu

$$F_t = \tan(\varphi + \rho') \cdot F \tag{7.9}$$

und die **Drehkraft zum Lösen** zu

$$F_t = \tan(\rho' - \varphi) \cdot F \tag{7.10}$$

Da $\tan \rho = \mu$ ist, kann auch $\tan \rho' = \mu'$ gesetzt werden. Mit $\tan \rho' = \mu \cdot (F_n/F_{nI})$ (**7.22**) folgt aus Bild **7.21** die Reibungszahl für Spitzgewinde

$$\mu' = \tan \rho' = \mu \cdot \frac{\sqrt{(a/\cos\varphi)^2 + (a \cdot \tan(\alpha/2))^2}}{a/\cos\varphi} = \mu \cdot \sqrt{1 + \cos^2\varphi \cdot \tan^2\frac{\alpha}{2}}$$

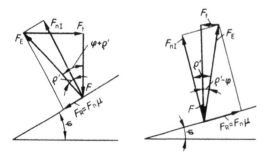

7.22
Kräfte am selbsthemmenden Spitzgewinde mit Reibung (Ebene I in Bild **7.21**) für Heben (links) und Senken (rechts) einer Last. F_{nI} steht senkrecht auf F_R

Für alle normalen Spitzgewinde, deren Steigungswinkel sehr klein sind (cos $\varphi \approx 1$), ergibt sich dann die **Reibungszahl für Spitzgewinde**

$$\mu' \approx \mu \cdot \sqrt{1 + \tan^2 \frac{\alpha}{2}} = \mu \cdot \sqrt{\frac{1}{\cos^2 \dfrac{\alpha}{2}}} = \frac{\mu}{\cos \dfrac{\alpha}{2}} \tag{7.11}$$

So wird z. B. für metrisches ISO-Gewinde mit $\alpha/2 = 30°$ und $\mu = 0,1$ die Reibungszahl $\mu' = 0,1/0,866 \approx 0,12$. Wegen der größeren Reibungskräfte in Spitzgewinden werden diese zum Befestigen von Maschinenteilen verwendet. Für Bewegungsschrauben werden wegen der geringeren Reibungskräfte Trapez- und Flachgewinde bevorzugt (z. B. Transportspindeln an Werkzeugmaschinen).

7.2.2 Anziehdrehmoment

Zum Anziehen einer Schraubenverbindung ist das Anziehmoment $T_A = T + T_R$ aufzubringen. Es setzt sich aus dem Drehmoment T im Gewinde und dem Reibungsmoment T_R an der Auflagefläche des Schraubenkopfes bzw. der Mutter zusammen. Nach Bild **7.22** und mit Gl. (7.9) und (7.10) ergibt sich zum Heben bzw. Senken einer Last unter Berücksichtigung der Reibung im Gewinde das erforderliche Drehmoment $T = F_t \cdot (d_2/2) = \tan (\varphi \pm \rho') \cdot F \cdot (d_2/2)$. Soll eine Schraube mit der Kraft F_V vorgespannt werden, so ist hierfür das Drehmoment im Gewinde

$$T = \tan(\varphi + \rho') \cdot F_v \cdot \frac{d_2}{2} \tag{7.12}$$

und zum Lösen (Entspannen) selbsthemmender Befestigungsgewinde das Drehmoment

$$T = \tan(\rho' - \varphi) \cdot F_v \cdot \frac{d_2}{2} \tag{7.13}$$

aufzubringen. Nach dem Anziehen wirkt T weiter und belastet die Befestigungsschraube auf Verdrehung.

Das Reibungsmoment an der Auflagefläche des Schraubenkopfes bzw. der Mutter, das **Auflagereibungsmoment** T_R, ergibt sich zu

$$T_R = \mu_A \cdot F_v \cdot \frac{D_m}{2} \tag{7.14}$$

mit μ_A als den Reibungsbeiwert an der Auflagefläche und mit $D_m/2 = (d_k + D_B)/4$ als den Hebelarm der Reibungskraft nach Bild **7.23** (d_k größter Auflagedurchmesser, D_B Durchmesser der Durchgangsbohrung). Die Summe aus dem Drehmoment im Gewinde und dem Auflagereibungsmoment ist das **Anziehdrehmoment**

$$T_A = F_v \cdot \left[\tan(\varphi + \rho') \cdot \frac{d_2}{2} + \mu_A \cdot \frac{D_m}{2} \right] \tag{7.15}$$

und das **Losdrehmoment**

$$T_L = F_v \cdot \left[\tan(\rho' - \varphi) \cdot \frac{d_2}{2} + \mu_A \cdot \frac{D_m}{2} \right] \tag{7.16}$$

7.23
Zur Berechnung des Auflagereibungsmomentes

Welcher Reibungszustand, ob Grenzreibung oder Mischreibung mit vorwiegendem Grenzreibungsanteil, sich im Gewinde und zwischen Schraubenkopf bzw. Mutter und Auflage ausbildet, hängt u. a. von der Flächenpressung, von der Werkstoffpaarung, von der Oberflächenbeschaffenheit und von der Schmierung ab. Die Reibwerte μ und μ_A sind unterschiedlich und weisen große Streuungen auf. In Versuchen wurde eine Gesamtreibungszahl μ_{ges} ermittelt, welche die Reibung im Gewinde und an der Kopf- bzw. Mutterauflagefläche einschließt. Wenn die Reibungszahlen getrennt nicht abgeschätzt werden können, empfiehlt es sich, zur Berechnung des Anziehmoments sowohl für μ in Gl. (7.11) als auch für μ_A die entsprechende **Reibungszahl** μ_{ges} aus Bild **7.24** einzusetzen. Um beim Schraubenanzug den Einfluss der Reibung zu minimieren bzw. auszuschalten, werden in besonderen Fällen z. B. das drehwinkelgesteuerte bzw. das streckgrenzengesteuerte Anziehverfahren eingesetzt [5], [12].

7.2.3 Verspannungsschaubild

Beim Verbinden zweier Platten mit einer Durchsteckschraube (**7.25**) werden beim Anziehen der Schraube die Platten auf Druck und der Schraubenbolzen auf Zug beansprucht. Solange die Spannungen unterhalb der Proportionalitätsgrenze der Werkstoffe bleiben, ergeben sich nur elastische Verformungen, so dass die verspannte Schraubenverbindung auch als Federsystem aufgefasst werden kann. Trägt man die Formänderungen f in Abhängigkeit von der Schraubenkraft F_V (**7.26**) auf, so erhält man dem *Hooke*schen Gesetz entsprechende „Verformungsdreiecke", die sich zum Verspannungsschaubild [10] zusammensetzen lassen. Die durch das Drehmoment T (Gl. (7.12)) im Schraubenbolzen verursachte Torsionsspannung wird bei diesen Überlegungen nicht berücksichtigt (s. z. B. Bild **7.63**).

Werkstoff/Oberflächenzustand		μ_{ges} bei Schmierzustand		
Schraube Stahl	Mutter Stahl	ungeschmiert	geölt	Molybdän-Disulfid (MoS$_2$)-Paste
Mn-phosphat.		0,14...0,18	0,14...0,15	0,10...0,11
Zn-phosphat.	ohne Nach-behandlung	0,14...0,21	0,14...0,17	0,10...0,12
galv. verzinkt ≈ 7 μm		0,12...0,18	0,12...0,17	
galv. verkadm. ≈ 8 μm		0,08...0,12	0,08...0,11	
galv. verzinkt ≈ 8 μm	galv. verzinkt ≈ 5 μm	0,23...0,17	0,14...0,19	
galv. verkadm. ≈ 7 μm	galv. verkadm. ≈ 6 μm	0,23...0,12	0,10...0,15	

Werkstoff/Oberflächenzustand		μ_{ges} bei Schmierzustand		
Schraube CrNi-Stahl	Mutter CrNi-Stahl	ungeschmiert	geölt	Paste auf Chlorparaffin-Basis
A 2	A 2	0,23...0,5	0,23...0,45	0,12...0,23

Auflageflächen Stahl

Auflageflächen CrNi-Stahl

7.24
Reibungszahlen für verschiedene Oberflächen- und Schmierzustände
[1]) Die Streuung der Reibungszahlen um den Nennwert (hier Fettdruck) wird durch den Anziehfaktor α_A (**7.35**) berücksichtigt.

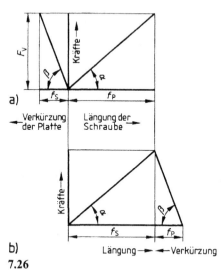

a)

b)

7.26
Entwicklung des Verspannungsdreieckes
a) Verformung nach dem *Hooke*schen Gesetz
b) Verformungsdreiecke zusammengesetzt

7.25
Einfache Schraubenverbindung mit angreifender Zugkraft F_B

Greift eine Betriebskraft F_B außen an den Platten (Flanschen) einer verspannten Schraubenverbindung an (**7.25**), so wird die Schraube weiter um Δf gedehnt, wobei die Zugkraft in der Schraube von F_V um ΔF_S auf $F_{S\,max}$ anwächst, während die Verkürzung der Platten teilweise aufgehoben wird und die Vorspannkraft in den Flanschen von F_V auf einen Restbetrag, die Klemmkraft F_K, abnimmt (**7.27**). Eine bestimmte Restvorspannkraft (Klemmkraft) muss erhalten bleiben, wenn die verspannten Teile abdichten, nicht abheben oder Kräfte durch Reibungsschluss senkrecht zur Schraubenachse aufgenommen werden sollen. Bei schwellender Betriebskraft F_B schwankt die Schraubenkraft zwischen F_V und $F_{S\,max}$. Der Kraftanteil $\Delta F_S = 2F_a$ beansprucht die Schraube schwellend um die Mittelkraft F_{Sm} (s. auch Abschn. 7.3.1).

Werden die verspannten Platten durch die schwellende Betriebskraft F_B auf Druck beansprucht (**7.28**), so wird auch die Schraube durch den Kraftanteil ΔF_S schwellend beansprucht (**7.29**).

7.27
Vollständiges Verspannungsdreieck für eine am äußeren Plattenrand angreifende schwellende Zugkraft (Betriebskraft F_B in Bild **7.25**) und deren Einfluss auf die Schraubenbelastung

7.28
Einfache Schraubenverbindung mit angreifender Druckkraft F_B

7.29
Verspannungsdreieck für angreifende Druckkraft nach Bild **7.28**

7.2.4 Elastische Nachgiebigkeit

Für einen mit der Kraft F auf Zug beanspruchten Stab mit dem Querschnitt A folgt nach dem *Hooke*schen Gesetz für die Dehnung (**2.16**)

$$\varepsilon = \frac{\sigma}{E} = \frac{f}{l} = \frac{F}{A \cdot E} \tag{7.17}$$

Hierin bedeuten σ die Spannung, E den Elastizitätsmodul, f die Längenänderung und l die ursprüngliche Länge. Aus Gl. (7.17) folgt für die elastische Formänderung (Längenänderung)

$$f = \frac{\sigma \cdot l}{E} = \frac{F \cdot l}{A \cdot E} \qquad (7.18)$$

Mit dem Kehrwert der Federsteifigkeit c als **elastische Nachgiebigkeit**

$$\delta = \frac{1}{c} = \frac{f}{F} = \frac{l}{A \cdot E} \qquad (7.19)$$

wird die elastische Formänderung

$$f = \delta \cdot F \qquad (7.20)$$

Schrauben bestehen aus einer Anzahl hintereinandergeschalteter zylindrischer Teile. Die gesamte federnde Länge l_F setzt sich aus der Klemmlänge l_K bzw. aus den elastischen Einzellängen $l_1 + l_2 + \dots$ und aus dem federnden Anteil l_e zusammen (**7.30a** bis **c**). Durch Addition der Nachgiebigkeit eines jeden Zylinders erhält man die **Nachgiebigkeit** δ_S der gesamten Schraube; z. B. ist für die Schraube nach Bild **7.30c**

$$\delta_S = \delta_e + \delta_1 + \delta_2 + \delta_3 + \delta_4 + \delta_e \qquad (7.21)$$

7.30
Federnde Länge einer Schraube
a) Schraube nach EN ISO 4017; b) Schraube nach EN ISO 4014; c) Dehnschraube mit Bund; für a) bis c) ist $l_e = 0{,}4 \cdot d$

Erfahrungsgemäß ist die elastische Nachgiebigkeit des Kopfes δ_e von genormten Sechskant- und Innensechskantschrauben sowie die elastische Nachgiebigkeit des an der Verformung beteiligten eingeschraubten Gewindes δ_e etwa gleich groß wie die von Zylindern mit dem Gewindeaußendurchmesser d und mit einer Länge $l_e = 0{,}4 \cdot d$, so dass gilt

$$\delta_e = \frac{0{,}4 \cdot d}{A \cdot E} \qquad (7.22)$$

Demnach ist nach Bild **7.30c** die **elastische Nachgiebigkeit einer Schraube**

$$\delta_S = \frac{1}{E} \cdot \left(\frac{0{,}4 \cdot d}{A} + \frac{l_1}{A_1} + \frac{l_2}{A_2} + \frac{l_3}{A_3} + \frac{l_4}{A_S} + \frac{0{,}4 \cdot d}{A} \right) \qquad (7.23)$$

Hierbei sind die Querschnitte $A = \pi \cdot d^2/4$ und $A_{1\dots3} = \pi \cdot d_{1\dots3}^2/4$ einzusetzen.

Für das Gewinde rechnet man mit dem **Spannungsquerschnitt (7.3)**

$$A_S = \frac{\pi}{4} \cdot \left(\frac{d_2 + d_3}{2} \right)^2 \qquad (7.24)$$

Die Bestimmung der **elastischen Nachgiebigkeit verspannter Teile** (Hülsen, Platten)

$$\delta_P = \frac{l_K}{A_{ers} \cdot E}$$ (7.25)

ist problematisch, da nicht eindeutig festzulegen ist, welcher Werkstoffanteil an der Verformung teilnimmt. In Gl. (7.25) bedeuten l_K Klemmlänge, A_{ers} Ersatzquerschnitt und E Elastizitätsmodul.

Entsprechend der konstruktiven Gestaltung der verspannten Teile (**7.31a** bis **c**) wirkt die Spannkraft in einer Zone mit unterschiedlichem Durchmesser D_A. Aus Messungen wurde für verschiedene Bereiche des Durchmessers D_A ein Ersatzquerschnitt festgelegt.

7.31
Ersatzzylinder für die Berechnung der elastischen Nachgiebigkeit von verspannten Platten für verschiedene Druckeinflusszonen (nach Junker)

a) $D_A \leq d_K$
b) $D_A > d_K < 3\,d_K$
c) $D_A \geq 3\,d_K$

Für zentrisch verspannte Teile nach Bild **7.31b, c** ergibt sich der **Ersatzquerschnitt**

$$A_{ers} = \frac{\pi}{4} \cdot \left(d_K^2 - D_B^2 \right) + \frac{\pi}{8} \cdot d_K \cdot \left(D_A - d_K \right) \cdot \left[(x+1)^2 - 1 \right]$$ (7.26)

mit der Hilfsgröße

$$x = \sqrt[3]{\frac{l_K \cdot d_K}{D_A^2}}$$ (7.27)

In diese Zahlenwertgleichung sind alle Abmessungen in mm einzusetzen.

Die Beziehung nach Gl. (7.27) gilt im Bereich $D_A \geq d_K$ und $D_A \leq d_K + l_K$. Im Bereich $D_A > d_K$ und $D_A \leq 1{,}5 \cdot d_K$ ist sie auf eine Klemmlänge von $l_K/d = 10$ begrenzt. Im Bereich $D_A > d_K + l_K$ ändert sich der Ersatzquerschnitt A_{ers} nur noch unwesentlich. Für diesen Bereich ist für D_A die Grenzbedingung $D_A = d_K + l_K$ in Gl. (7.27) einzusetzen.

Für zentrisch gedrückte Hülsen mit einem Außendurchmesser $D_A < d_K$ (**7.31a**) ist der **Querschnitt des Ersatzzylinders**

$$A_{ers} = \frac{\pi}{4} \cdot \left(D_A^2 - D_B^2 \right)$$ (7.28)

Exakt zentrisch belastete Schraubenverbindungen lassen sich konstruktiv nur selten verwirklichen. Die Nachgiebigkeit exzentrisch gedrückter Platten wird außer von der Längsverformung des Ersatzzylinders noch von dessen Biegeverformung durch den außermittigen Kraftangriff beeinflusst. Bereits kleine Außermittigkeiten der Krafteinteilung können erhebliche Biegespannungen und Biegeverformungen bewirken. Ein allgemeiner Berechnungsansatz für exzentrisch belastete Schraubenverbindungen ist bisher noch nicht bekannt. Jedoch zielen einige Arbeiten auf diesem Gebiete darauf hin, diese Berechnungsgrundlagen zu schaffen [11].

7.2.5 Krafteinleitung

Die in den Bildern **7.27** und **7.29** dargestellten Verspannungsdreiecke gelten nur für den seltenen Fall, dass die Betriebskraft an der gleichen Stelle eingeleitet wird wie die Vorspannkraft, nämlich an der Schraubenkopf- bzw. Mutterauflagefläche (**7.32a**). Im Normalfall wird sie irgendwo zwischen Auflage und Trennfuge über die verspannten Teile eingeleitet (**7.32b**); dadurch werden Teile der verspannten Platten zusätzlich gedrückt, und nur ein kleiner Bereich der Platten wird entlastet. Man unterscheidet drei mögliche Fälle der Krafteinleitung (**7.32 a** bis **c**). Fall I und III sind die Grenzfälle, zwischen denen sich die Krafteinleitungsebenen befinden können. Ihre Lage muss in der Konstruktionspraxis abgeschätzt werden. Angenommen, F_B greift in den Ebenen $2 - 2$ und $4 - 4$ an (**7.32b**, Fall II), so bewirkt F_B eine Entlastung der zwischen diesen Ebenen liegenden gedrückten Teile um ΔF_P, wogegen die zwischen den Ebenen $1 - 1$ und $2 - 2$ bzw. $4 - 4$ und $5 - 5$ liegenden Teile zusätzlich um ΔF_S belastet werden. Die elastische Nachgiebigkeit der Teile zwischen den Ebenen $2 - 2$ und $4 - 4$ kann, da hier nur ein Teil n der elastischen Länge l_K in Gl. (7.25) berücksichtigt werden darf, als Teil von δ_P zu $n \cdot \delta_P$ angesetzt werden, wobei $n < 1$ ist. Dadurch erscheinen die verspannten Teile starrer, und die Federkennlinie der Platte verläuft steiler (gestrichelte Linie in Bild **7.32b**, Winkel δ). Für die Teile zwischen den Ebenen $1 - 1$ und $2 - 2$ sowie $4 - 4$ und $5 - 5$ verbleibt dann die elastische Nachgiebigkeit $\delta_P - n \cdot \delta_P = (1 - n) \cdot \delta_P$.

Die um ΔF_S zusätzlich belasteten Teile der Platte sind den spannenden Teilen der Schraube zuzurechnen, die damit elastischer werden. An Stelle von δ_S allein tritt nun die Nachgiebigkeit $\delta_S + (1 - n) \cdot \delta_P$. Dadurch verläuft die Verformungskennlinie der Schraube flacher (gestrichelte Linie in Bild **7.32b**, Winkel γ).

Aus den geometrischen Beziehungen für den Fall I nach Bild **7.32a** ergibt sich unter Berücksichtigung der Gleichgewichtsbedingung $\Delta F_S + \Delta F_P = F_B$

$$x = \delta_S \cdot \Delta F_S = \delta_P \cdot \Delta F_P = \delta_P \cdot (F_B - \Delta F_S)$$

Hieraus folgt die **Differenzkraft für die Schraube**

$$\boxed{\Delta F_S = F_B \cdot \frac{\delta_P}{\delta_S + \delta_P} = F_B \cdot \Phi}$$
(7.29)

und die **Differenzkraft für die Platten**

$$\boxed{\Delta F_P = F_B \cdot \left(1 - \frac{\delta_P}{\delta_S + \delta_P}\right) = F_B \cdot (1 - \Phi)}$$
(7.30)

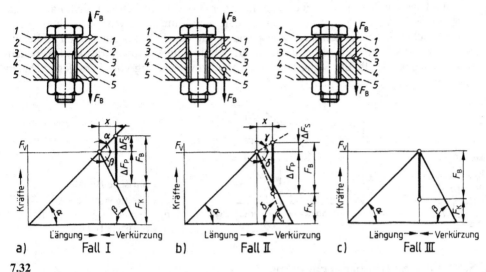

7.32
Einfluss der Krafteinleitung auf die Schraubenbelastung

a) Fall I $n = 1$ Krafteinleitung an der Außenfläche
b) Fall II $n = 0,5$ Krafteinleitung zwischen Auflage und Trennfuge
c) Fall III $n = 0$ Krafteinleitung an der Trennfuge

Zur Vereinfachung wird in Gl. (7.29) und (7.30) der Ausdruck $\delta_P/(\delta_S + \delta_P)$ mit Φ als das Kraftverhältnis bezeichnet. Nach Gl. (7.29) ist das **Kraftverhältnis**

$$\Phi = \frac{\Delta F_S}{F_B} = \frac{\delta_P}{(\delta_S + \delta_P)} \tag{7.31}$$

Für den allgemeinen Fall II ergibt sich mit den Winkeln γ und δ analog

$$\Delta F_S = F_B \cdot \Phi_n \qquad \text{und} \tag{7.32}$$
$$\Delta F_P = F_B \cdot (1 - \Phi_n) \quad \text{mit} \tag{7.33}$$
$$\Phi_n = n \cdot \Phi \tag{7.34}$$

Für den Fall III wird der Winkel $\gamma = 0°$ und $\delta = 90°$. Somit ist $\delta_S = \infty$ und $\delta_P = 0$.
Daraus folgt

$$\Delta F_S = F_B \cdot \Phi_n = 0 \qquad \text{und} \tag{7.35}$$
$$\Delta F_P = F_B \cdot (1 - \Phi_n) = F_B \tag{7.36}$$

Je nach Lage der Krafteinleitungsebenen ($n = 0 \dots 1$) kann also bei einer Schraubenverbindung die Differenzkraft ΔF_S zwischen 0 und $\Phi \cdot F_B$ schwanken. Für den dargestellten Fall II ist z. B. $\Phi_n = n \cdot \Phi = 0,5 \cdot \Phi = 0,5 \cdot \delta_P/(\delta_S + \delta_P)$.

Exzentrisch belastete Schraubenverbindungen [3] neigen zum einseitigen Abheben an der Trennfuge, wenn F_B einen von F_V und der Außermittigkeit des Kraftangriffs abhängigen Wert überschreitet. Einseitiges Abheben bedeutet eine Zunahme der Schraubenbeanspruchung durch

Längskraft und Biegung (**7.33a**). Die Federkennlinie der verspannten Teile ist nicht mehr linear (**7.33b**), sobald die Verbindung zu klaffen beginnt. Die gekrümmte Kurve nähert sich asymptotisch einer gestrichelt gezeichneten Ursprungsgeraden, die den Fall des einseitigen Abhebens repräsentiert. Der Abknickpunkt A liegt umso tiefer, je höher die Vorspannkraft ist. Das bedeutet, dass hohe Vorspannkräfte die Sicherheit der Schraubenverbindung vor allem gegen Dauerbruch erhöhen.

7.33
Exzentrische Belastung
a) einseitiges Abheben
b) Verspannungsdreieck für exzentrische Belastung

7.2.6 Setzen der Schraubenverbindung

In der Schraubenverbindung werden die Rauheiten der Auflageflächen durch die Vorspannkraft plastisch verformt. Da sich dieses Einebnen der Rauheitsspitzen über eine gewisse Zeit hin erstreckt, spricht man vom Setzen einer Schraubenverbindung. Durch die plastische Verformung wird die Rautiefe einer Oberfläche um die Glättungstiefe verkleinert. Der Setzbetrag f_Z (die Summe aller Glättungstiefen) vermindert die elastische Längung der Schraube.

Dadurch geht die ursprüngliche Vorspannkraft F_V um den Betrag F_Z zurück (**7.34**). In der Schraube bleibt nur noch die kleinere Vorspannkraft F_V bestehen, die so hoch angesetzt werden muss, dass beim Wirken einer Betriebskraft F_B die Klemmkraft F_K den Anforderungen noch genügt. Die **Kraftabnahme beim Setzen** ergibt sich aus der Beziehung (s. Gl. (7.19))

$$\frac{F_Z}{F_V} = \frac{f_Z}{\delta_S \cdot F_V + \delta_P \cdot F_V} \tag{7.37}$$

$$\boxed{F_Z = \frac{f_Z}{\delta_S + \delta_P}} \tag{7.38}$$

Mit dem Kraftverhältnis $\Phi = \dfrac{\delta_P}{\delta_S + \delta_P}$ wird der

Vorspannkraftverlust beim Setzen

$$\boxed{F_Z = \frac{f_Z \cdot \Phi}{\delta_P}} \tag{7.39}$$

Die Setzbeträge können in der Rechnung berücksichtigt werden [8]. Für den verspannten Gesamtblock einschließlich Gewinde beträgt nach folgender Zahlenwertgleichung der **Setzbetrag**

$$f_Z \approx 3{,}29 \cdot \left(\frac{l_K}{d}\right)^{0{,}34} \cdot 10^{-3} \text{ in mm} \tag{7.40}$$

mit der Klemmlänge l_K in mm und dem Gewindeaußendurchmesser d in mm. Voraussetzungen für die Gültigkeit dieser Gleichung sind voller Flächenkontakt in den Trennfugen und kein Überschreiten der Grenzflächenpressung.

7.34
Zusammenhang zwischen Setzbetrag f_Z und Vorspannungsabfall F_Z
Die Nachgiebigkeit und die Betriebskraft F_B bleiben konstant. Die Klemmkraft F_K ist nach dem Setzen kleiner geworden.

Während des Betriebes muss die Maximalkraft $F_{S\,max}$ über die Fläche übertragen werden, mit der der Schraubenkopf oder die Mutter auf dem verspannten Teil aufliegt. Um ein Kriechen der Werkstoffe durch Überbelastung und damit Vorspannkraftverluste zu vermeiden, sollte weder die Quetschgrenze der verspannten Teile noch die der Schraube oder Mutter überschritten werden. Da sich bereits beim Anziehen die Auflageflächen unter dem Flächendruck deformieren und kaltverfestigen [7], kann auch eine höhere Flächenpressung als die Quetschgrenze, die experimentell ermittelte Grenzflächenpressung p_G, zugelassen werden (**7.36**).

Die Zulassungsbedingung für die größte **Flächenpressung** an der Kopf- bzw. Mutterauflagefläche A_K (**7.37**) beträgt

$$p = \frac{F_{S\,max}}{A_K} \leq p_G \tag{7.41}$$

α_A	Anziehen mit	Oberflächenzustand der Paarung		Schmierzustand
		Schraube	Mutter	
1,25	Drehmomentschlüssel	Mn-phosph.		
1,4	Drehmomentschlüssel Kraftbegrenzungsschlüssel	ohne Nachbehandlung oder phosphatiert		geölt oder MoS$_2$-Paste
1,6	Schlagschrauber Drehschrauber			
	Längenmessung	alle		alle
1,8	Drehmomentschlüssel Kraftbegrenzungsschlüssel	ohne Nachbehandlung oder phosphatiert	ohne Nachbehandlung	ungeschmiert
2	Schlagschrauber Drehschrauber	gal. verzinkt od. gal. verkadmet	ohne Nachbehandlung	ungeschmiert oder geölt
		galv. verkadmet		
		galv. verzinkt		
	Winkelmethode	alle		
4	Handanziehen mit verlängertem Schlüssel	alle		

7.35
Anziehfaktor α_A.

Anziehfaktor. Die Unsicherheit in der Berechnung der Vorspannkraft einer Schraubenverbindung lässt sich durch den Anziehfaktor $\alpha_A = 1,25 \ldots 3$ weitgehend ausgleichen (**7.35**), [7]. Mit ihm werden Einflüsse auf die Spannkraft berücksichtigt, z. B. die Anziehmethode, der Ablesefehler, die Schmierung und der Oberflächenzustand.

Werkstoff	S235 (St 37)	E295 (St 50)	C45V	EN-GJL-200 (GG-20)	GD-MgAl9	GK-MgAl9	GK-AlSi6Cu4
Grenzflächen-pressung p_G in N/mm²	260	420	700	750	200	200	200

7.36
Grenzflächenpressung für verschiedene Werkstoffe

Nenn-größe	Schraubenmaße				Durchgangsloch D_B [1])		Kopfauflagefläche A_K in mm²	
d	d_k	k	l [4])	b [5])	fein	mittel	[2])	[3])
M 5	8	3,5	25 ⋯ 50	16	5,3	5,5	13,6	22,8
M 6	10	4	30 ⋯ 60	18	6,4	6,6	27	32,3
M 8	13	5,3	35 ⋯ 80	22	8,4	9	42	50
M 10	16	6,4	40 ⋯ 100	26	10,5	11	72,4	82,4
M 12	18	7,5	45 ⋯ 120	30	13	13,5	73,3	84,6
(M 14)	21	8,8	50 ⋯ 140	34	15	15,5	113	120,1
M 16	24	10	55 ⋯ 160	38	17	17,5	160,6	168,8
(M 18)	27	11,5	65 ⋯ 180	42	19	20	188,6	209,8
M 20	30	12,5	65 ⋯ 200	46	21	22	244,5	272,7
(M 22)	34	14	70 ⋯ 220	50	23	24	336,8	332,4
M 24	36	15	80 ⋯ 240	54	25	26	355,7	409,9
(M 27)	41	17	90 ⋯ 260	60	28	30	427,2	464
M 30	46	18,7	90 ⋯ 300	66	31	33	576,7	638,4

[1]) entspricht d_h nach DIN EN 20273.
[2]) für Sechskantschrauben nach DIN EN ISO 4014, EN ISO 4017 und Muttern nach DIN EN ISO 8673.
[3]) für Innensechskantschrauben nach DIN EN ISO 4762 und DIN EN ISO 6912.
[4]) Stufung: 18, 20, 22, 25, 28, 30, 40, 45, 50 usw.
[5]) für Längen $l \leq 125$ mm.

7.37
Hauptabmessungen von Sechskantschrauben nach DIN EN ISO 4014 und Kopfauflageflächen (Klammergrößen vermeiden)

7.2.7 Selbsttätiges Lösen

Die Theorie über die Mechanik des selbsttätigen Lösens von Schraubenverbindungen beruht auf einem physikalischen Gesetz der Reibung: Wird die Reibungskraft zwischen zwei Körpern in einer Richtung durch eine äußere Kraft überwunden, so kann eine zusätzliche Bewegung in anderer Richtung durch Kräfte, die kleiner als die Reibungskraft sind, erzwungen werden [6].

Ein Körper mit der Gewichtskraft F_G (**7.38a**), der auf einer schiefen Ebene liegt, bewegt sich so lange nicht, wie der Neigungswinkel φ kleiner als der Reibungswinkel ρ ist. Die schiefe Ebene soll das Gewinde, die waagerechte Ebene die Schraubenkopf- oder Mutterauflage darstellen. Die resultierende Querkraft F_Q ist

$$F_Q = \tan(-\varphi + \rho)\cdot F_G + \tan \rho\cdot F_G \qquad (7.42)$$

7.38
Kräfte an der schiefen Ebene
a) in Ruhelage, b) unter Vibration, $\pm s$ = Schwinghub

Das System bleibt in Ruhe, solange F_Q größer als Null ist. Bewegung tritt jedoch ein, sobald die schiefe Ebene so heftig vibriert (**7.38b**), dass die Massenkraft die Reibungskraft übersteigt. Der Körper verhält sich nun so, als sei er in Neigungsrichtung der schiefen Ebene reibungsfrei:

$$F_Q = -\tan \varphi\cdot F_G \qquad (7.43)$$

Wie bei dem Körper auf der ruhenden schiefen Ebene nach Bild **7.38a** liegt bei einer Schraubenverbindung Selbsthemmung vor, solange keine Relativbewegungen zwischen den Berührungsflächen der spannenden und der verspannten Teile auftreten (**7.39a**). Zum Losdrehen der Schraube muss von außen das Losdrehmoment aufgebracht werden, s. Gl. (7.16)

$$T_L = F_V \cdot \left[\tan(-\varphi + \rho')\cdot \frac{d_2}{2} + \mu_A \cdot \frac{D_m}{2} \right] \qquad (7.44)$$

Das Losdrehmoment T_L setzt sich aus den folgenden Teilmomenten zusammen: Dem Reibmoment $T_{RK} = \mu_A\cdot F_V\cdot(D_m/2)$ in der Mutter- bzw. Kopfauflage, dem Reibmoment $T_{RG} = \tan \rho'\cdot F_V\cdot(d_2/2)$ im Gewinde und dem Einschraubmoment $T_{SG} = \tan(-\varphi)\cdot F_V \cdot (d_2/2)$.

7.39
Kräfte und Momente an einer Schraubenverbindung
a) in Ruhelage
b) unter Vibration,
$\pm s$ = Schwinghub

Da ρ' selbst bei bester Schmierung nicht kleiner als 6° und der Steigungswinkel bis herunter zu M 5 nicht größer als 3°20' ist, kann der Klammerausdruck niemals Null werden, d. h. das Produkt kann nur Null werden, wenn F_V auf Null absinkt.

Wenn durch das Einwirken äußerer Kräfte Relativbewegungen zwischen den Gewindeflanken und den Kopfauflageflächen auftreten, so wird das verschraubte System in Umfangsrichtung reibungsfrei, so dass unter der auf die schiefe Ebene des Gewindes wirkenden Vorspannkraft eine Komponente in Umfangsrichtung – und zwar in Losdrehrichtung – entsteht. Es wirkt ein inneres Losdrehmoment

$$T_{Li} = -\tan\varphi \cdot F_V \cdot \frac{d_2}{2} \tag{7.45}$$

Relativbewegungen zwischen den Gewindeflanken und Auflageflächen entstehen bei axialer Belastung dadurch, dass unter Zugbelastung in der Schraube Querkontraktion und in der Mutter elastische Aufweitung unter der Radialkomponente der Schraubenkraft entstehen.

Bei dynamisch querbelasteten Schraubenverbindungen können die Relativbewegungen bedeutend größer werden. Diese Schraubenverbindungen müssen daher gegen selbsttätiges Losdrehen wirksam gesichert werden, s. Abschn. 7.4.

7.3   Berechnen von Schrauben

7.3.1 Bemessungsgrundlagen

In Achsrichtung beanspruchte Schrauben-verbindung. Bei der Montage wird die Schraube auf die Vorspannkraft F_V angezogen (in Bild **7.40** gestrichelt gezeichnet). Im Betrieb wird die Schraubenverbindung zusätzlich durch die Betriebskraft F_B beansprucht. (Dadurch ändert sich die Form des Verspannungs-schaubildes; in Bild **7.40** ausgezogen dargestellt.) Die Betriebskraft bewirkt in der Schraube die zusätzliche Kraft ΔF_S und entlastet die verspannten Teile um ΔF_P. Die Summe dieser beiden Kräfte ist immer gleich der **Betriebs-kraft**

7.40
Verspannungsschaubild für eine über die ver-spannten Teile eingeleitete Betriebskraft F_B (durchgezogene Striche). Die gestrichelten Li-nien beziehen sich auf die Verhältnisse vor dem Einleiten der Betriebskraft

$$\boxed{F_B = \Delta F_S + \Delta F_P} \tag{7.46}$$

oder mit Gl. (7.32) und (7.33)

$$\boxed{F_B = \Phi_n \cdot F_B + (1 - \Phi_n) \cdot F_B} \tag{7.47}$$

Nach der Belastung ist die **maximale Schraubenkraft** ohne Berücksichtigung des Setzens

$$\boxed{F_{S\,max} = F_V + \Delta F_S} \tag{7.48}$$

und die **Klemmkraft**

$$F_K = F_V - \Delta F_P$$ (7.49)

Die Restklemmkraft F_{KR}, die sich nach dem Setzen bei ungünstigsten Montageverhältnissen und nach Belastung der Verbindung durch F_B einstellt, darf nicht kleiner als die erforderliche Klemmkraft $F_{K\,erf}$ sein, die zur Erfüllung der gestellten Anforderungen (z. B. Dichten, Verhindern des Abhebens, Reibschluss) notwendig ist; $F_{KR} \geq F_{K\,erf}$.

Aus diesen Forderungen ergibt sich die erforderliche theoretische Vorspannkraft bei der Montage (**7.40**)

$$F_{V\,th} = F_{K\,erf} + F_Z + \Delta F_P \qquad \text{bzw.} \quad F_{V\,th} = F_{K\,erf} + (1 - \Phi_n) \cdot F_B + F_Z$$ (7.50)

und mit dem Anziehfaktor α_A die für die Bemessung maßgebliche **erforderliche Vorspannkraft** bei der Montage

$$F_{S\,max} = \alpha_A \cdot \left[F_{K\,erf} + (1 - \Phi_n) \cdot F_B + F_Z \right]$$ (7.51)

Die nach der Belastung durch F_B vorhandene **maximale Schraubenkraft** ist mit $F_{KR} \geq F_{K\,erf}$

$$F_{S\,max} = \alpha_A \cdot \left[F_{KR} + (1 - \Phi_n) \cdot F_B + F_Z \right] + \Phi_n \cdot F_B$$ (7.52)

Querbelastete Schraubenverbindung. Für eine Schraubenverbindung, die durch eine Kraft F_Q quer zur Achse beansprucht wird (**7.41**), ergibt sich mit dem Beiwert μ_R die für Kraftschluss zwischen den Platten **notwendige Vorspannkraft**

$$F_V = \alpha_A \cdot \left(\frac{F_Q}{\mu_R} + F_Z \right)$$ (7.53)

7.41
Quer zur Achse beanspruchte Schraubenverbindung

Dauerhaltbarkeit. Die Schraube erfährt durch eine schwingende Betriebskraft auch eine schwingende Beanspruchung (**7.42 a** bis **c**). Aus der oberen Grenzlast $F_{B\,o}$ und der unteren Grenzlast $F_{B\,u}$ bestimmt man nach Gl. (7.29) den **Schwingkraftausschlag** in der Schraube zu

$$F_a = \pm \Phi_n \cdot \frac{F_{Bo} - F_{Bu}}{2}$$ (7.54)

und die dazugehörige **Mittelkraft** zu

$$F_{Sm} = F_V + \Phi_n \cdot \frac{F_{Bo} - F_{Bu}}{2}$$ (7.55)

7.42
Mögliche schwingende Beanspruchung einer
Schraubenverbindung

a) $F_{Bo} = F_B$ $\quad$ $F_{Bu} = 0$ $\qquad$ $F_{Bu} < F_B < F_{Bo}$
b) $F_{Bu} > 0$ $\qquad$ $F_{Bu} < F_B < F_{Bo}$
c) $F_{Bu} < 0$ $\qquad$ $F_{Bu} < F_B < F_{Bo}$

Der **Spannungsausschlag** im Gewinde mit dem Kernquerschnitt A_3 ist somit

$$\sigma_a = \pm \Phi_n \cdot \frac{F_{Bo} - F_{Bu}}{2 A_3}$$

(7.56)

und bei einer von Null auf F_B schwellenden Betriebskraft

$$\sigma_a = \pm \Phi_n \cdot \frac{F_B}{2 A_3}$$

(7.57)

Der vorhandene Spannungsausschlag σ_a wird bei Schaftschrauben auf den Kernquerschnitt und bei Dehnschrauben auf den dünneren Dehnschaftquerschnitt bezogen. Er darf den in Versuchen unter Wirkung der Verdrehbeanspruchung ermittelten dauerfest ertragbaren Spannungsausschlag σ_A der Schraube nicht überschreiten (**7.44** und **7.45**). Es muss sein $\sigma_a \leq \sigma_{a\,zul} = \sigma_A/S$, mit der Sicherheit $S \geq 1{,}5$. Da der ertragbare Spannungsausschlag σ_A, der u. a. von der Gewindeherstellung abhängt, klein ist ($\sigma_A = 40...60...80$ N/mm^2), muss dementsprechend auch σ_a klein bleiben. Dies wird durch Verwendung von elastischen Dehnschrauben (**7.30c**) bei möglichst starren Bauteilen (Flansche, Platten) erreicht (**7.43**).

Um bleibende Dehnung in der Schraube zu vermeiden, darf die Vergleichsspannung max σ_{red} aus der Summe der Mittelspannung $\sigma_m = F_{Sm}/A_S$ und dem Spannungsausschlag σ_a unter Berücksichtigung der Verdrehung beim Anziehen die Streckgrenze R_e bzw. $R_{p\,0,2}$ nicht überschreiten (s. Gl. (7.63)).

7.43
Einfluss der Schraubensteifigkeit auf die Schwellkraft $\pm F_a$ bei gleicher Nachgiebigkeit der Platten

a) starre Schraube
b) Dehnschraube

Die Dauerhaltbarkeit der Schraubenverbindung lässt sich auch durch die Lage des Kraftangriffes beeinflussen. Es ist vorteilhaft, den Kraftangriff in das Innere der verspannten Teile, möglichst nahe der Trennfuge zu verlegen (s. Bild **7.32**, Fall III, und Bild **7.69**).

Gewinde	Dauerhaltbarkeit $\pm\sigma_A$ N/mm²	Gültigkeitsbereich (Richtwerte)	Vorspannkraft- abhängig
Schlussvergütet (SV)	$\pm\sigma_{ASV} \approx 0{,}75 \cdot \left(\dfrac{180}{d} + 52\right)$	$0{,}2 \cdot F_{0,2} < F_V < 0{,}8 \cdot F_{0,2}$	nein
Schlussgewalzt (SG)	$\pm\sigma_{ASG} \approx \left(2 - \dfrac{F_V}{F_{0,2}}\right) \cdot \sigma_{ASV}$		ja

7.44
Dauerhaltbarkeit des Gewindes von Schrauben der Festigkeitsklasse 8.8, 10.9, und 12.9 [12]

7.45
Dauerhaltbarkeit des Gewindes von Schrauben nach **7.44**

a) schlussvergütete Gewinde,
b) schlussgerollte Gewinde, wenn $F_V \approx 0{,}7 \cdot F_{0,2}$, was bei planmäßiger Vorspannung etwa zutrifft

Beanspruchung der Schraube auf Verdrehung und Zug. Die Schraube wird beim Anziehen durch die erzeugte Vorspannung auf Zug, $\sigma_V = F_V/A_S$, und zusätzlich durch das Drehmoment im Gewinde, Gl. (7.12), auf Verdrehung beansprucht. Die Torsion wirkt auch nach dem Anziehen weiter und beansprucht die Schraube nach dem Aufbringen der Betriebskraft zusätzlich zur größten Zugspannung σ_{max}. Mit dem Widerstandsmoment gegen Verdrehen $W_t = W_p$ ist die Torsionsspannung in der Schraube

$$\tau_t = \frac{T}{W_p} \tag{7.58}$$

Setzt man die beim Anziehen gleichzeitig wirkende Zug- und Torsionsbeanspruchung nach der Gestaltänderungsenergie-Hypothese zu einer Vergleichsspannung σ_{red} zusammen, so erhält man (vgl. Gl. (2.22b))

$$\sigma_{red} = \sqrt{\sigma_V^2 + 3\tau_t^2} = \sigma_V \sqrt{1 + 3\left(\frac{\tau_t}{\sigma_V}\right)^2} \tag{7.59}$$

Lässt man für diese Vergleichsspannung 90% der Mindeststreckgrenze der Schraube zu, $\sigma_{red\,zul} = 0{,}9 \cdot R_{p\,0,2}$, so folgt

$$\frac{\sigma_{\text{red}}}{\sigma_{\text{V}}} = \sqrt{1 + 3\left(\frac{\tau_{\text{t}}}{\sigma_{\text{V}}}\right)^2} = \frac{\sigma_{\text{red zul}}}{\sigma_{\text{V}}} = \frac{0{,}9 \cdot R_{\text{p0,2}}}{\sigma_{\text{V}}} \tag{7.60}$$

und daraus die zulässige Vorspannung

$$\sigma_{\text{V zul}} = \frac{0{,}9 \cdot R_{\text{p0,2}}}{\sqrt{1 + 3\left(\dfrac{\tau_{\text{t}}}{\sigma_{\text{V}}}\right)^2}} = \frac{0{,}9 \cdot R_{\text{p0,2}}}{\sqrt{1 + 3\left(\dfrac{\tan(\varphi + \rho') \cdot d_2 \cdot A_{\text{S}}}{2 \cdot W_{\text{t}}}\right)^2}} \tag{7.61}$$

und schließlich die **zulässige Vorspannkraft**

$$\boxed{F_{\text{V zul}} = \frac{0{,}9 \cdot R_{\text{p0,2}} \cdot A_{\text{S}}}{\sqrt{1 + 3\left(\dfrac{\tan(\varphi + \rho') \cdot d_2 \cdot A_{\text{S}}}{2 \cdot W_{\text{t}}}\right)^2}}} \tag{7.62}$$

Hierin bedeuten

A_{S} bei Schaftschrauben den Spannungsquerschnitt (Gl. (7.24)) mit dem mittleren Durchmesser $d_{\text{S}} = (d_2 + d_3)/2$ und bei Dehnschrauben den Schaftquerschnitt $A_{\text{Sch}} = \pi\, d_{\text{Sch}}^2 /4$, sowie das Widerstandsmoment gegen Torsion des Spannungs- bzw. Schaftquerschnitts $W_{\text{t}} = \pi\, d_{\text{S}}^3 /16$ bzw. $\pi\, d_{\text{Sch}}^3 /16$.

Messungen an Schrauben mit der axialen Vorspannung $\sigma_{\text{V}} = 0{,}7 \cdot R_{\text{p 0,2}}$ (als reiner Zugspannung) ergaben je nach Reibung für die Vergleichsspannung $\sigma_{\text{red}} = (0{,}85...0{,}95) \cdot R_{\text{p0,2}}$. Um Schraubenverbindungen optimal auszunutzen, soll daher $\sigma_{\text{red zul}} = 0{,}9\, R_{\text{p 0,2}}$ betragen.

Eine Zusammenstellung der zulässigen Vorspannkraft $F_{\text{V zul}}$ nach Gl. (7.62) für verschiedene Schrauben in Abhängigkeit vom Werkstoff und bei verschiedenen Reibungszahlen μ_{ges}, unter Ausnutzung von 90% der $R_{\text{p 0,2}}$-Grenze, siehe Bild **7.46** und **7.47**.

Es muss sein F_{V} bzw. $F_{\text{V erf}} \leq F_{\text{V zul}}$.

Unter Wirkung der größten Zugspannung $\sigma_{\text{max}} = F_{\text{S max}}/A_{\text{S}} = (F_{\text{V}} + \Delta F_{\text{S}})/ A_{\text{S}} = \sigma_{\text{m}} + \sigma_{\text{a}}$ und der Torsionsspannung τ_{t} beim Anziehen bis zur Vorspannung ist die größte **Vergleichsspannung**

$$\boxed{\max \sigma_{\text{red}} = \sqrt{\sigma_{\text{max}}^2 + 3\tau_{\text{t}}^2} = \sqrt{(\sigma_{\text{m}} + \sigma_{\text{a}})^2 + 3\tau_{\text{t}}^2}} \tag{7.63}$$

Diese Vergleichsspannung darf die Streckgrenze R_{e} bzw. $R_{\text{p 0,2}}$ nicht überschreiten; max $\sigma_{\text{red}} \leq R_{\text{p 0,2}}/S$. Die Erfahrung hat gezeigt, dass hierbei die Sicherheit $S \approx 1$ noch zulässig ist. Die Spannung max σ_{red} bzw. die Schraubenkraft $F_{\text{S max}}$ bleibt in ertragbaren Grenzen, wenn für die Vorspannkraft $F_{\text{V zul}}$ die Werte aus Bild **7.46** und **7.47** eingesetzt werden und die **Differenzkraft**

$$\boxed{\Delta F_{\text{S}} = \Phi_{\text{n}} \cdot F_{\text{B}} \leq 0{,}1 \cdot R_{\text{p 0,2}} \cdot A_{\text{S}} = 0{,}1 \cdot F_{0,2}} \tag{7.64}$$

ist. (Die Kraft an der Mindeststreckgrenze ist $F_{0,2} = R_{\text{p 0,2}} \cdot A_{\text{S}}$ (**7.48**).)

Durch besondere konstruktive Maßnahmen (**7.69**) oder mittels besonderer Vorrichtungen, z. B. Vorspannen des Schaftes mit Öldruck [13] (**7.63**), lassen sich Schrauben ohne Verdrehbeanspruchung des Schaftes auf die gewünschte Vorspannung bringen. In manchen Fällen (**7.69**) wird nur das Stück zwischen feststehendem Schaft und Mutter zusätzlich durch die Verdrehung beansprucht. Erfährt die Schraube keine Verdrehbeanspruchung, dann vereinfacht sich die Berechnung.

Einschraubtiefe. Die Schraubenverbindung soll so ausgelegt werden, dass die volle Tragkraft der Schraube ohne Ausreißen der ineinandergreifenden Gewindegänge übertragen wird. Bei Überlastung soll der Bruch im freien Gewindeteil oder im Schaft eintreten.

Die Mindesteinschraubtiefe ist vom Werkstoff, von der Werkstoffpaarung Schraube-Mutter und von der Gewindefeinheit abhängig (**7.13**). Feingewinde erfordert größere Einschraubtiefen. Nach DIN EN 20898-2 ist die geeignete Festigkeitszuordnung dann gegeben, wenn die Ziffer für die Festigkeitsklasse der Mutter der ersten Ziffer in der Festigkeitsklasse der Schraube entspricht (z. B. Mutter 6 für Schraube 6.9)

7.3.2 Rechnungsgang [11]

Im Allgemeinen sind folgende Kräfte und Größen bekannt:

1. die Betriebskraft F_B, in Richtung der Schraubenachse wirkend bzw.

2. die Querkraft F_Q, senkrecht zur Schraubenachse wirkend

3. die konstruktiv bedingte Klemmlänge l_K

4. der Setzbetrag f_Z

5. der Anziehfaktor α_A aufgrund der gewählten Anziehmethode

Die erforderliche Mindestklemmkraft $F_{K\,erf}$ wird ermittelt:

1. aus der Querkraft F_Q und dem Reibungsbeiwert μ_R für Trennfugen bei gefordertem Reibungsschluss

2. aus den Betriebsdrücken und Flächen bei geforderter Dichtfunktion

Man darf annehmen, dass in den einfachsten Fällen axialer Verspannung die Betriebskraft F_B in halber Höhe der verspannten Teile eingeleitet wird (Fall II in Bild **7.32**). Hierfür ist das Kraftverhältnis $\Phi_n = n \cdot \Phi = (0{,}75...0{,}5) \cdot \Phi$. In manchen Fällen ist aufgrund der geometrischen Form der verspannten Teile eine Abschätzung der Krafteinleitungsebene notwendig. Den von der Betriebskraft entlasteten Anteil der verspannten Teile setzt man $n \cdot l_K$ und $\Phi_n = n \cdot \Phi$.

Die Schraubenberechnung kann in nachstehender Reihenfolge durchgeführt werden:

1. Erforderlichen Schraubendurchmesser (Bild **7.50**) und Klemmlängenverhältnis l_K/d überschlägig wählen.

2. Anziehfaktor α_A (Bild **7.35**) wählen.

3. Bestimmung der Verlustkraft beim Setzen $F_Z = f_Z \cdot \Phi/\delta_P$ nach Gl. (7.39) mit dem Setzbetrag f_Z (Gl. 7.40) oder Bild **7.49**, mit dem Kraftverhältnis Φ, Gl. (7.31), und mit der elastischen Nachgiebigkeit der verspannten Teile, Gl. (7.25).

Schaftschrauben metr. Regelgewinde, DIN ISO 262 $\mu_{ges} = 0{,}12$

Abmessung	Vorspannkraft $F_{V\,zul}$ in N				Anziehdrehmoment T_A in Nm			
	6.9	8.8	10.9	12.9	6.9	8.8	10.9	12.9
M 4	3 500	4 050	6 000	7 000	2,4	2,8	4,1	4,8
M 5	5 700	6 600	9 700	11 400	4,7	5,5	8,1	9,5
M 6	8 000	9 400	13 700	16 100	8,0	9,5	14,0	16,5
M 8	14 700	17 200	25 000	29 500	20	23	34	40
M 10	23 500	27 500	40 000	47 000	39	46	68	79
M 12	34 500	40 000	59 000	69 000	67	79	117	135
M 14	47 000	55 000	80 000	94 000	107	125	185	215
M 16	65 000	75 000	111 000	130 000	115	195	280	330
M 18	78 000	94 000	135 000	157 000	230	280	390	460
M 20	100 000	121 000	173 000	202 000	320	390	560	650
M 22	125 000	152 000	216 000	250 000	440	530	750	880
M 24	145 000	175 000	249 000	290 000	560	670	960	1120
M 27	192 000	230 000	330 000	385 000	820	1000	1400	1650
M 30	232 000	280 000	400 000	465 000	1120	1350	1900	2250

Dehnschrauben ($d_{Sch} \approx 0{,}9\,d_3$) metr. Regelgewinde, DIN ISO 262 $\mu_{ges} = 0{,}12$

Abmessung	Vorspannkraft $F_{V\,zul}$ in N				Anziehdrehmoment T_A in Nm			
	6.9	8.8	10.9	12.9	6.9	8.8	10.9	12.9
M 4	–	–	–	–	–	–	–	–
M 5	3 900	4 500	6 600	7 800	2,3	3,8	5,5	6,5
M 6	5 400	6 300	9 300	10 900	5,5	6,5	9,5	11,1
M 8	10 000	11 800	17 300	20 200	13,5	16	23	27,1
M 10	16 200	18 900	27 500	32 500	27	32	47	55
M 12	23 700	27 500	40 500	47 500	47	55	81	95
M 14	32 500	38 000	56 000	65 000	75	88	130	150
M 16	46 000	53 000	79 000	92 000	117	135	200	235
M 18	55 000	66 000	94 000	110 000	160	195	280	320
M 20	72 000	86 000	123 000	144 000	230	280	400	460
M 22	91 000	109 000	155 000	182 000	310	380	540	630
M 24	103 000	124 000	177 000	207 000	400	480	680	800
M 27	137 000	166 000	236 000	275 000	590	720	1020	1190
M 30	167 000	200 000	285 000	335 000	800	970	1400	1600

7.46
Zul. Vorspannkraft nach [12][1] bei $\sigma_{red\,zul} = 0{,}9 \cdot R_{p0{,}2}$ und das hierfür notwendige Anziehdrehmoment bei $\mu_{ges} = 0{,}12$ für Schrauben mit metrischem Gewinde und Kopfauflageflächen nach Bild **7.37**

[1]   Die vorstehenden Vorspannkräfte wurden in der VDI-Richtlinie 2230 (6.86) nach einer modifizierten Gl. (7.62) berechnet. Sie sind geringfügig (max. $\approx$ 5 %) größer, als wenn sie genau nach Gl. (7.62) berechnet werden.

Schaftschrauben metr. Regelgewinde, DIN ISO 262									Dehnschrauben ($d_{\text{Sch}} \approx 0{,}9\,d_3$) metr. Regelgewinde, DIN ISO 262								
	$\mu_{\text{ges}} = 0{,}14$									$\mu_{\text{ges}} = 0{,}14$							
Abmessung	Vorspannkraft $F_{V\,\text{zul}}$ in N				Anziehdrehmoment T_A in Nm				Abmessung	Vorspannkraft $F_{V\,\text{zul}}$ in N				Anziehdrehmoment T_A in Nm			
	6.9	8.8	10.9	12.9	6.9	8.8	10.9	12.9		6.9	8.8	10.9	12.9	6.9	8.8	10.9	12.9
M 4	3 350	3 900	5 700	6 700	2,6	3,1	4,5	5,3	M 4	–	–	–	–	–	–	–	–
M 5	5 400	6 400	9 300	10 900	5,2	6,1	8,9	10,4	M 5	3 700	4 300	6 300	7 400	3,5	4,1	6,0	7,0
M 6	7 700	9 000	13 200	15 400	9,0	10,4	15,5	18,0	M 6	5 100	6 000	8 800	10 300	6,0	7,0	10,3	12,0
M 8	14 200	16 500	24 200	28 500	21	25	37	43	M 8	9 600	11 200	16 400	19 200	15	17	25	30
M 10	22 500	26 000	38 500	45 000	43	51	75	87	M 10	15 500	18 000	26 500	31 000	30	35	51	60
M 12	33 000	38 000	56 000	66 000	75	87	130	150	M 12	22 500	26 500	38 500	45 000	51	60	88	103
M 14	45 000	53 000	77 000	90 000	120	140	205	240	M 14	31 000	36 000	53 000	62 000	82	96	140	165
M 16	62 000	72 000	106 000	124 000	185	215	310	370	M 16	44 000	51 000	75 000	88 000	130	150	220	260
M 18	75 500	91 000	129 000	151 000	255	300	430	510	M 18	52 000	63 000	89 000	105 000	170	210	300	350
M 20	97 000	117 000	166 000	194 000	360	430	620	720	M 20	68 000	82 000	117 000	137 000	250	300	430	510
M 22	121 000	146 000	208 000	243 000	480	580	830	970	M 22	86 500	104 000	148 000	173 000	340	420	590	690
M 24	140 000	168 000	239 000	280 000	620	740	1060	1240	M 24	98 500	118 000	168 000	197 000	430	520	740	870
M 27	185 000	221 000	315 000	370 000	920	1100	1550	1850	M 27	132 500	158 000	225 000	265 000	650	790	1120	1300
M 30	225 000	270 000	385 000	450 000	1250	1500	2100	2500	M 30	160 000	191 000	270 000	320 000	870	1060	1500	1750

7.47
Zul. Vorspannkraft nach [12] [1]) bei $\sigma_{\text{red zul}} = 0{,}9 \cdot R_{\text{p0,2}}$ und das hierfür notwendige Anziehdrehmoment bei $\mu_{\text{ges}} = 0{,}14$ [2]) für Schrauben mit metrischem Gewinde und Kopfauflageflächen nach Bild 7.37

[1]) Die vorstehenden Vorspannkräfte wurden in der VDI-Richtlinie 2230 (6.86) nach einer modifizierten Gl. (7.62) berechnet. Sie sind geringfügig (max. ≈ 5 %) größer, als wenn sie genau nach Gl. (7.62) berechnet werden.
[2]) Für andere Reibungsbeiwerte oder für Feingewinde sind die zul. Schraubenvorspannkraft $F_{V\,\text{zul}}$ und das Anziehdrehmoment T_A nach Gl. (7.62) und Gl. (7.15) zu berechnen oder aus der VDI-Richtlinie 2230 (6.86), S. 70 ... 75, zu entnehmen. Bei Verwendung von Sicherungsmuttern, die durch Klemmen im Gewinde sichern (7.67), sind erhöhte Reibungsbeiwerte für das Gewinde anzusetzen.

Abmessung	Spannungsquerschnitt A_S in mm²	Kernquerschnitt A_3 in mm²	1. Kraft an der Mindeststreckgrenze $F_{0.2}$ für Schaftschrauben [1] in N				Dehnschaftquerschnitt [2] A_{Sch} in mm²	2. Kraft an der Mindeststreckgrenze $F_{0.2}$ für Schaftschrauben [2] in N			
			6.9	8.8	10.9	12.9		6.9	8.8	10.9	12.9
M 4	8,78	7,75	4 750	5 600	7 900	9 500	6,28	3 400	4 000	5 900	6 900
M 5	14,2	12,7	7 650	9 100	12 800	15 300	10,3	5 600	6 600	9 700	11 300
M 6	20,1	17,9	10 900	12 900	18 100	21 700	14,5	7 800	9 300	13 600	15 900
M 7	28,9	26,2	15 600	18 500	26 000	31 200	21,2	11 400	13 600	19 900	23 300
M 8	36,6	32,8	19 800	23 400	32 900	39 500	26,6	14 400	17 000	25 000	29 500
M 9	48,1	43,8	26 000	30 800	43 300	52 000	34,9	18 800	22 300	31 400	37 700
M 10	58,0	52,3	31 300	37 100	52 000	62 500	42,4	22 900	27 000	40 000	46 500
M 12	84,3	76,2	45 500	54 000	76 000	91 000	61,8	33 500	39 500	58 000	68 000
M 14	115	105	62 000	73 500	103 500	124 000	84,8	46 000	54 000	80 000	93 000
M 16	157	144	85 000	100 000	141 000	170 000	117	63 000	75 000	110 000	128 000
M 18	192	175	104 000	123 000	173 000	207 000	142	76 500	94 000	133 000	156 000
M 20	245	225	132 000	157 000	220 000	265 000	182	98 000	12 000	171 000	201 000
M 22	303	282	164 000	194 000	273 000	327 000	228	123 000	151 000	214 000	250 000
M 24	353	324	191 000	226 000	318 000	381 000	263	142 000	173 000	247 000	290 000
M 27	459	427	248 000	294 000	413 000	496 000	346	190 000	228 000	325 000	380 000
M 30	561	519	303 000	359 000	505 000	606 000	420	227 000	275 000	395 000	460 000

7.48
Kraft an der Mindeststreckgrenze für Schaft- und Dehnschrauben

[1] ermittelt mit dem Spannungsquerschnitt A_S,

[2] mit dem Dehnschaftquerschnitt $A_{Sch} = \dfrac{\pi}{4}(0{,}9 \cdot d_3)^2$

7.49
Richtwerte für Setzbeträge f_Z massiver Verbindungen, s. auch Gl. (7.40)

4. Ermittlung von $\Phi_n = n \cdot \Phi$ (s. Abschn. 7.2.5)

5. erforderliche Vorspannkraft $F_{V\,erf} = \alpha_A \cdot [F_{K\,erf} + (1 - \Phi_n) \cdot F_B + F_Z]$ ermitteln, Gl. (7.51)

6. Schraube für die erforderliche Vorspannkraft aus Bild **7.46** oder **7.47** wählen und Anziehmoment T_A ablesen. Es muss sein: $F_{V\,erf} \leq F_{V\,zul}$ [s. Gl. (7.62)]

7. Klemmlängenverhältnis l_K/d erneut festlegen und Φ und δ_P überprüfen; ggf. Rechenschritte 4. und 5. wiederholen

8. Die größte Schraubenkraft $F_{S\,max}$ nach Gl. (7.52) ist zulässig, wenn folgende Bedingung gilt: $\Delta F_S = \Phi_n \cdot F_B \leq 0,1 \cdot R_{p\,0,2} \cdot A_S$ [s. Gl. (7.64) und Bild **7.7**, **7.48**]. $F_{S\,max}$ braucht hier nicht bestimmt zu werden, da die Werte für $F_{V\,zul}$ mit $\sigma_{red\,zul} = 0,9 \cdot R_{p\,0,2}$ festgelegt wurden und $F_{S\,max} = F_V + \Delta F_S$ ist. In anderen Fällen wird die Vergleichsspannung $\max \sigma_{red} = \sqrt{\sigma_{max}^2 - 3\tau_t^2}$ nach Gl. (7.63) mit $\sigma_{max} = F_{S\,max}/A_{Sch}$ und mit $\tau_t = T/W_p$ nach Gl. (7.58) bestimmt, wobei $\max \sigma_{red} \leq R_{p\,0,2}$ sein muss (s. Beispiel 3)

9. Ausschlagspannung σ_a der Schraube auf Zulässigkeit prüfen; $\sigma_a \leq \sigma_{a\,zul} = \sigma_A/S$ mit Gl. (7.56) und Bild **7.44** und **7.45**

10. Flächenpressung auf Zulässigkeit prüfen, Gl. (7.41) und Bild **7.36**.

Betriebskraft pro Schraube in N					Vor-spann-kraft	Nenndurchmesser d in mm		
statisch		dynamisch		Statisch und/oder dynamisch senkrecht zur Achsrichtung				
	in Achsrichtung							
zentrisch	exzentrisch	zentrisch	exzentrisch			Festigkeitsklasse		
F_B in N				F_Q in N	F_V in N	8.8	10.9	12.9
1 600	1 000	1 000	630	320	2 500	4	–	–
2 500	1 600	1 600	1 000	500	4 000	5	4	4
4 000	2 500	2 500	1 600	800	6 300	6	5	5
6 300	4 000	4 000	2 500	1 250	10 000	7[1]	6	5
10 000	6 300	6 300	4 000	2 000	16 000	8	7[1]	7[1]
16 000	10 000	10 000	6 300	3 150	25 000	10	9[1]	8
25 000	16 000	16 000	10 000	5 000	40 000	14	12	10
40 000	25 000	25 000	16 000	8 000	63 000	16	14	12
63 000	40 000	40 000	25 000	12 500	100 000	20	16	16
100 000	63 000	63 000	40 000	20 000	160 000	24	20	20
160 000	100 000	10 000	63 000	31 500	250 000	30	27	24
250 000	160 000	16 000	100 000	50 000	400 000	–	30	30

7.50
Abschätzen des Durchmesserbereiches von Schrauben   [1]) M 7 und M 9 nur in Sonderfällen verwenden.

7.51
Pfad zur Berechnung einer zentrisch belasteten Schraubenverbindung

7.3.3 Berechnen im Stahlbau

Scher-/Lochleibungsverbindungen (SL- und SLP-Verbindungen). Die Berechnung querbeanspruchter Schrauben im Stahlbau erfolgt, wie bei Nieten (s. Abschn. 4), auf Abscheren und Lochleibungsdruck. Für die Berechnung der übertragbaren Kräfte wird ausschließlich die Beanspruchung auf Abscheren in der Schraube sowie auf Lochleibung zwischen der Schraube und der Lochwand des zu verbindenden Bauteiles beachtet. Hochfeste Schrauben (Festigkeitsklasse 10.9) dürfen dabei ohne Vorspannung oder mit teilweiser Vorspannung $\geq 0,5 \cdot F_V$ (F_V s. Bild **7.52**), im Folgenden mit „nicht planmäßiger Vorspannung" bezeichnet, verwendet werden.

	1	*2*	*3*	*4*	*5*	*6*
	Schrauben-größe	Vorspannkraft F_V s. DIN 18 800 Tabelle 1, Spalte 2	$F_{GV\,zul}$ (GV-Verbindungen) Lochspiel 0,3 mm $< \Delta d \leq 2$ mm		$F_{GVP\,zul}$ (GVP-Verbindungen) Lochspiel $\Delta d \leq 3$ mm	
			Werkstoff der zu verbindenden Bauteile			
			S235JRG2 (St 37-2), S355J2G3 (St 52-3)		S235JRG2 (St 37-2), S355J2G3 (St 52-3)	
			Lastfall		Lastfall	
		10.9	H	HZ	H	HZ
		kN	kN	kN	kN	kN
1	M 12	50	20,0	22,5	38,5	43,5
2	M 16	100	40,0	45,5	72,0	82,0
3	M 20	160	64,0	72,5	112,5	128,0
4	M 22	190	76,0	86,5	134,0	153,0
5	M 24	220	88,0	100,0	156,5	178,5
6	M 27	290	116,0	132,0	202,0	230,5
7	M 30	350	140,0	159,0	245,5	280,0
8	M 36	510	204,0	232,0	354,5	404,0

Für GV-Verbindungen mit Lochspiel 2 mm $< \Delta d \leq 3$ mm sind die Werte der Spalte 3 und 4 auf 80% zu ermäßigen.

7.52
Vorspannkraft F_V und zulässige übertragbare Kräfte $F_{GV\,zul}$ und $F_{GVP\,zul}$ je Schrauben und Reibfläche (Scherfläche)

Durch nicht planmäßiges Vorspannen der Schrauben lässt sich durch Ausnutzen des dadurch hervorgerufenen räumlichen Spannungszustandes unter Nutzlast das Verformungsverhalten in Folge des Lochleibungsdruckes verbessern, was durch eine Erhöhung des zulässigen Lochleibungsdruckes in Rechnung gestellt werden kann (s. Bild **7.53**, Zeile 5 und 7).

Scher-/Lochleibungsverbindungen dürfen mit einem Lochspiel $\Delta d \leq 2$ mm (SL-Verbindungen) und $\Delta d \leq 0,3$ mm, unter Verwendung von Passschrauben (SLP-Verbindungen), ausgeführt werden.

Der **Lochleibungsdruck** σ_l zwischen Schraube und Lochwand des zu verbindenden Bauteiles, die **Abscherspannung** τ_a in der Schraube und die **zulässige Scherkraft** (Querkraft) $F_{Q\,zul}$ sind wie folgt zu berechnen:

$$\sigma_l = \frac{F}{d \cdot n \cdot s} \qquad \tau_a = \frac{F}{n \cdot m \cdot A_{Sch}} \qquad F_{Q\,zul} = \tau_{a\,zul} \cdot A_{Sch} \qquad (7.65)\ (7.66a)\ (7.66b)$$

Es bedeuten

A_{Sch} Schaftquerschnitt der Schraube, F zu übertragende Schnittkraft, n Anzahl der Schrauben in der Verbindung, m Anzahl der Scherfugen (Schnittigkeit), d Schaftdurchmesser der Schraube, s kleinste Summe der Bauteildicken mit in gleicher Richtung wirkendem Lochleibungsdruck.

Die $\sigma_{l\,zul}$-Werte für das Bauteil siehe Bild **7.53** und für die Schraube Bild **7.54**. Bei unterschiedlichen Werkstoffen für Bauteil und Schraube ist der kleinere Wert der Bemessung zugrunde zu legen. Die Werte für $\tau_{a\,zul}$ sowie $F_{Q\,zul}$ der gängigen Schrauben sind dem Bild **7.54** zu entnehmen.

		1		*2*	*3*	*4*	*5*
				Werkstoff			
				S235JRG2 (St 37-2)		S355J2G3 (St 52-3)	
		Spannungsart		Lastfall			
				H	HZ	H	HZ
				N/mm²	N/mm²	N/mm²	N/mm²
1		Druck und Biegedruck ($\sigma_{d\,zul}$) für Stabilitätsnachweis nach DIN 18 800		140	160	210	240
2		Zug und Biegezug Druck und Biegedruck (σ_{zul})		160	180	240	270
3		Schub (τ_{zul})		92	104	139	156
4	Lochleibungsdruck ($\sigma_{l\,zul}$) für Materialdicken ≥ 3 mm bei Verbindung durch	SL	rohe Schrauben (DIN 7990), hochfeste Schrauben (DIN 7969) Lochspiel 0,3 mm < Δd ≤ 2 mm ohne Vorspannung	280	320	420	480
5		SL	hochfeste Schrauben (DIN 6914) Lochspiel 0,3 mm < Δd ≤ 2 mm nicht planm. Vorspannung: ≥ 0,5·F_V (F_V n. Bild **7.52**, Spalte 2)	380	430	570	645
6		SLP	Niete (DIN 124 und DIN 302) oder Passschrauben (DIN 7968) Lochspiel Δd ≤ 0,3 mm ohne Vorspannung	320	360	480	540
7		SLP	hochfeste Passschrauben (Lochspiel Δd ≤ 0,3 mm) nicht planm. Vorspannung: ≥ 0,5·F_V (F_V n. Bild **7.52**, Spalte 2)	420	470	630	710
8		GV, GVP	hochfeste Schraube (Lochspiel 0,3 mm < Δd ≤ 2 mm) hochfeste Passschraube (Lochspiel Δd ≤ 0,3 mm) Vorspannung: 1,0·F_V (F_V n. Bild **7.52**, Spalte 2)	480	540	720	810

7.53
Zulässige Spannungen für Bauteile

1	2	3	4	5	6	7	8	9	10	11	12	13	14	15
Schrauben-größe	SL-Verbindungen Rohe Schrauben (DIN 7990), hochfeste Schrauben(DIN 6914), Senkschrauben (DIN 7969) Lochspiel 0,3 mm < $\Delta d \leq 3$ mm [1])								SLP-Verbindungen Passschrauben (DIN 7968), Niete (DIN 124 und DIN 302) Lochspiel $\Delta d \leq 0,3$ mm					
	Scher-Fläche	DIN 7990 DIN 7969 4.6 [2])		DIN 7990 DIN 7969 5.6 [2])		DIN 6914 10.9 [2])		Scher-fläche	Passschrauben 4.6 [2]) Niete St 36		Passschrauben 5.6 [2]) Niete St 44		Passschrauben 10.9 [2])	
	$\frac{\pi \cdot d^2}{4}$	Lastfall		Lastfall		Lastfall		$\frac{\pi \cdot d^2}{4}$	Lastfall		Lastfall		Lastfall	
		H	HZ	H	HZ	H	HZ		H	HZ	H	HZ	H	HZ
	mm^2	kN	kN	kN	kN	kN	kN	mm^2	kN	kN	kN	kN	kN	kN
1 M 12	113	12,7	14,2	19,2	21,5	27,0	30,5	133	18,6	21,3	27,9	31,9	37,0	42,5
2 M 16	201	22,5	25,3	34,1	38,2	48,5	54,5	227	31,8	36,3	47,7	54,5	63,5	72,5
3 M 20	314	35,2	39,6	53,4	59,7	75,5	85,0	346	48,4	55,4	72,2	83,0	97,0	111,0
4 M 22	380	42,6	47,9	64,6	72,2	91,0	102,5	415	58,1	66,4	87,2	99,6	116,5	133,0
5 M 24	452	50,6	57,0	76,8	85,9	108,5	122,0	491	68,7	78,6	103,1	117,8	137,5	157,0
6 M 27	573	64,2	72,2	97,4	108,9	137,5	154,5	616	86,2	98,6	129,4	147,8	172,5	197,0
7 M 30	707	79,2	89,1	120,2	134,3	169,5	191,0	755	105,7	120,8	158,6	181,2	211,5	241,5
8 M 36	1018	114,0	128,3	173,1	193,4	244,5	275,0	1075	150,6	172,0	225,8	258,0	301,1	344,0
9 Abscheren $\tau_{a\,zul}$ (N/mm^2)	112	126	168	192	240	270	–	140	160	210	240	280	320	
10 Lochleibungs-druck $\sigma_{l\,zul}$ (N/mm^2)	280	320	420 [3])	470 [3])	[4])	[4])	–	320	360	480 [3])	540 [3])	[4])	[4])	

7.54
Zulässige übertragbare Scherkraft $F_{Q\,zul}$ je Schraube und je Scherfläche, zulässige Spannungen für Schrauben

[1]) Bei Anschlüssen und Stößen seitenverschieblicher Rahmen ist $\Delta d \leq 1$ mm einzuhalten.
[2]) Festigkeitsklassen der Schrauben gemäß DIN EN ISO 898 Teil 1.
[3]) Bei Verwendung in Bauteilen aus S235JRG2 (St 37-2) sind die dafür zugelassenen kleineren Werte nach Bild **7.53**, Zeilen 4 bis 8, anzusetzen.
[4]) Es sind hier die $\sigma_{l\,zul}$-Werte des zu verbindenden Bauteils maßgebend.

Gleitfeste Verbindungen mit hochfesten Schrauben (GV- und GVP-Verbindungen). Zur Herstellung dieser Verbindungen sind die Schrauben planmäßig vorzuspannen (s. Bild **7.52**, Spalte 2). Damit lassen sich in den besonders vorbehandelten Berührungsflächen der zu verbindenden Bauteile Kräfte senkrecht zur Schraubenachse durch Reibung übertragen (GV-Verbindungen). Bei Verbindungen mit hochfesten Passschrauben (GVP-Verbindungen) wird zusätzlich die Abscher- und Lochleibungsfestigkeit zur Kraftübertragung ausgenutzt. Gleitfeste Verbindungen dürfen mit einem Lochspiel $\Delta d \leq 2$ mm (GV-Verbindungen) und $\Delta d \leq 0,3$ mm (GVP-Verbindungen) ausgeführt werden.

In gleitfesten Verbindungen mit hochfesten Schrauben (GV-Verbindungen) beträgt die **zulässige übertragbare Kraft** einer Schraube je Reibfläche senkrecht zur Schraubenachse

$$F_{GV\,zul} = \mu \cdot F_V / S \qquad (7.67)$$

Hierin sind F_V die Vorspannkraft der Schraube nach Bild **7.52**, Spalte 2; $\mu = 0,5$ die Reibungszahl für die Berührungsflächen bei einer der folgenden Flächenvorbereitungen: Stahlgusskiesstrahlen, 2 × Flammstrahlen, Sandstrahlen oder gleitfeste Beschichtung; S die Sicherheit gegen Gleiten (Lastfall H: $S_H = 1{,}25$; Lastfall HZ: $S_{HZ} = 1{,}10$).

Die Werte $F_{G\,V\,zul}$ sind in Bild **7.52**, Spalten 3 und 4, angegeben. In gleitfesten Verbindungen mit hochfesten Passschrauben (GVP-Verbindungen) beträgt die **zulässige übertragbare Kraft** einer Schraube je Reibfläche (Scherfläche) senkrecht zur Schraubenachse

$$F_{GVP\,zul} = 0{,}5 \cdot F_{SLP\,zul} + F_{GV\,zul} \tag{7.68}$$

Die Werte $F_{GVP\,zul}$ können dem Bild **7.52**, Spalten 5 und 6, entnommen werden. Der Lochleibungsdruck σ_l in den zu verbindenden Bauteilen ist nach Gl. (7.65) nachzuweisen; dabei ist der Einfluss von Reibungskräften unberücksichtigt zu lassen ($\sigma_{l\,zul}$ s. Bild **7.53**, Zeile 8).

Verbindungen mit Zugbeanspruchung aus äußerer Belastung. Die Zugbeanspruchung wird rechnerisch ausschließlich den Schrauben zugewiesen. Der tatsächlich eintretende Abbau der Klemmkraft in den Berührungsflächen der Bauteile sowie die Vergrößerung der Pressung in den Auflageflächen von Schraubenkopf und Mutter werden nicht berücksichtigt. Die auf eine einzelne Schraube oder Passschraube entfallende Zugkraft F_z darf die im Bild **7.55** angegebenen Werte $F_{z\,zul}$ nicht überschreiten.

In GV- und GVP-Verbindungen ist bei gleichzeitiger Beanspruchung aus äußerer Belastung in Richtung und senkrecht zur Schraubenachse die zulässige übertragbare Kraft wie folgt abzumindern

$$F_{GV,z} = \left(0{,}2 + 0{,}8 \cdot \frac{F_{z\,zul} - F_z}{F_{z\,zul}} \right) \cdot F_{GV\,zul} \tag{7.69}$$

$$F_{GVP,z} = 0{,}5 F_{SLP\,zul} + \left(0{,}3 + 0{,}8 \cdot \frac{F_{z\,zul} - F_z}{F_{z\,zul}} \right) \cdot F_{GV\,zul} \tag{7.70}$$

Es bedeuten F_z die in Richtung der Schraubenachse wirkende Zugkraft je Schraube und $F_{z\,zul}$ die zulässige übertragbare Kraft einer Schraube in Richtung der Schraubenachse.

Für den zulässigen Lochleibungsdruck σ_l sind die Werte aus Bild **7.53**, Zeile 5 (SL-Verbindungen) bzw. Zeile 7 (SLP-Verbindungen) zu wählen.

Bei Verbindungen mit Zugbeanspruchung ist die Verwendung hochfester Schrauben ohne Vorspannung oder mit nicht planmäßiger Vorspannung nur unter bestimmten Voraussetzungen möglich. Näheres s. DIN 18 800 T 1 von 11.90.

Die zulässigen Spannungen für Schraubenverbindungen im Kranbau sind in DIN 15018 festgelegt.

1	2	3	4	5	6	7	8	9	10
Schrauben-größe	Spannungs-querschnitt A_S	Schrauben ohne Vorspannung						Schrauben mit planmäßiger Vorspannung [3]) 10.9 [4])	
		4.6 [4])		5.6 [4])		10.9 [2]), [4])			
		Lastfall							
		H	HZ	H	HZ	H	HZ	H	HZ
	mm²	kN	kN	kN	kN	kN	kN	kN	kN
1	M 12	84,3	9,3	10,5	12,6	14,3	30,5	34,6	35,0	40,0
2	M 16	157	17,3	19,6	23,6	26,7	56,5	64,4	70,0	80,0
3	M 20	245	27,0	30,6	36,8	41,7	88,2	100,5	112,0	128,0
4	M 22	303	33,3	37,9	45,5	51,5	109,0	124,2	133,0	152,0
5	M 24	353	38,8	44,1	53,0	60,0	127,0	144,7	154,0	176,0
6	M 27	459	50,5	57,4	68,9	78,0	165,2	188,2	203,0	232,0
7	M 30	561	61,7	70,1	84,2	95,4	202,0	230,0	245,0	280,0
8	M 36	817	89,9	102,1	122,6	138,9	294,0	335,0	357,0	408,0
9	$\sigma_{z\,zul}$ (N/mm²):	110	125	150	170	360	410	$0{,}7{\cdot}F_V/A_S$	$0{,}7{\cdot}F_V/A_S$

7.55
Zulässige übertragbare Zugkraft $F_{z\,zul}$ je Schraube bzw. Passschraube [1])

[1]) In SL- und SLP-Verbindungen sind bei gleichzeitiger Beanspruchung auf Abscheren und Zug alle Einzelnachweise (F_Q, σ_l, F_z) unabhängig voneinander zu führen. Dabei dürfen die zulässigen Werte für die einzelnen Beanspruchungsarten nach den Bildern **7.54**, **7.55** und **7.53** ohne Nachweis einer Vergleichsspannung voll ausgenutzt werden. Für den zulässigen Lochleibungsdruck σ_l sind in planmäßig vorgespannten Verbindungen (1,0·F_V) die Werte nach Bild **7.53**, Zeile 5 (SL-Verbindungen) bzw. Zeile 7 (SLP-Verbindungen), in nicht planmäßig vorgespannten Verbindungen ($\geq 0{,}5{\cdot}F_V$) die Werte nach Bild **7.53**, Zeile 4 (SL-Verbindungen) bzw. Zeile 6 (SLP-Verbindungen) in Rechnung zu stellen. Diese Werte gelten nur für $F_z = F_{z\,zul}$. Für kleinere Werte F_z kann zwischen den Werten des Bildes **7.53**, Zeilen 5 und 4 bzw. 7 und 6 geradlinig interpoliert werden.
[2]) Nur in Sonderfällen.
[3]) F_V nach Bild **7.52**, Spalte 2.
[4]) Festigkeitseigenschaften der Schrauben nach DIN EN ISO 898 Teil 1.

7.3.4 Berechnen im Druckbehälterbau

Die Berechnung von Schrauben für Druckbehälter ist nach den Richtlinien der „Arbeitsgemeinschaft Druckbehälter" (AD) durchzuführen. Das AD-Merkblatt B 7 [1] bezieht sich auf kraftschlüssige Verbindungen, deren Schrauben durch den Behälterdruck vorwiegend ruhend auf Zug beansprucht werden. Es wird empfohlen, besonders wenn es sich um hohe Temperaturen (> 300 °C) und um hohen Druck (> 40 bar) handelt, Dehnschrauben nach DIN 2510 zu verwenden. Eine ausreichende Klemmlänge lässt sich durch zusätzliche Dehnhülsen (**7.56**) erreichen. Die Dehnschaftlänge soll mindestens das Doppelte des Gewindedurchmessers betragen. Schrauben mit kleinerem Gewinde als M10 sind nur in besonderen Fällen, z. B. bei Armaturen, zulässig. Um das Dicht-

7.56
Schraubenbolzen (DIN 2510) mit Sechskantmutter und Dehnhülse zur Vergrößerung der Dehnschaftlänge

halten der Flansche zu gewährleisten, soll die Teilung möglichst klein, d. h. die Anzahl der Schrauben möglichst groß gewählt werden [4]. Über Werkstoffe für Schrauben und Muttern, Festigkeitskennwerte und Art der Werkstoffnachweise s. AD-Merkblatt W7 [2].

7.3.5 Bewegungsschrauben

Schrauben zur Umwandlung einer Drehbewegung in eine Längsbewegung heißen Spindeln. Bewegungsschrauben werden schwellend (z. B. Spindeln von Hubwerken oder Pressen) oder wechselnd (z. B. Spindeln von Werkzeugmaschinen) beansprucht. Da Spitzgewinde (siehe **7.1a**) zu kleine Steigungen haben, erhalten Bewegungsschrauben meistens Trapezgewinde (siehe Bild **7.1d** und Bild **7.4**). Sägengewinde eignen sich hervorragend zur Aufnahme einseitiger Druckkräfte. Anwendung von Spindeln s. Rohrleitungsschalter, Abschn. 9.4.

Schnelle Längsbewegungen sind mit mehrgängigen Gewinden erreichbar, bei denen n Gänge mit der Teilung P nebeneinander um den Kern umlaufen. Ihre Steigung (Bild **7.57**) ist

$$P_h = n \cdot P \tag{7.71}$$

7.57
Trapezgewinde

a) eingängig
b) fünfgängig

a)   b)

Die Belastung mit einer Zug- oder Druckkraft F_{zd} verursacht im Kernquerschnitt A_3 der Spindel die Zug- oder Druckspannung

$$\sigma_{zd} = F_{zd}/A_3 \tag{7.72}$$

Das zum Heben oder Senken einer Last erforderliche Drehmoment errechnet man nach Gl. (7.12) bzw. (7.13) und das gesamte aufzubringende Drehmoment $T_A = T + T_R$ nach Gl. (7.15) bzw. (7.16), wobei T_R das Reibungsmoment im Axiallager der Spindel ist. Hiermit ergibt sich die **Verdrehspannung**

$$\boxed{\tau_t = T_A / W_p} \tag{7.73}$$

mit W_p als dem polaren Widerstandsmoment des Kerndurchmessers d_3. Beide Beanspruchungen werden zusammengefasst zur Vergleichsspannung nach der Gestaltänderungsenergie-Hypothese, Gl. (2.22a),

$$\sigma_V = \sqrt{\sigma_{zd}^2 + 3\tau_t^2} \tag{7.74}$$

Die zulässigen Vergleichsspannungen sind $\sigma_{v\,zul} \approx 0{,}2 \cdot R_m$ bei schwellender, bzw. $\approx 0{,}13 \cdot R_m$ bei wechselnder Beanspruchung für Trapezgewinde, und $\sigma_{v\,zul} \approx 0{,}25 \cdot R_m$ bzw. $\approx 0{,}16 \cdot R_m$ für Sägengewinde.

Die Kraft F_{zd} beansprucht die Flanken des Gewindes zwischen Mutter und Spindel mit der Flächenpressung

$$p = \frac{F_{zd} \cdot P}{\pi \cdot d_2 \cdot m \cdot H_1} \tag{7.75}$$

Hierbei ist P die Teilung (Steigung eingängiger Gewinde, Bild **7.57**), m die tragende Mutterhöhe, d_2 der Flankendurchmesser und H_1 die Gewindetragtiefe.

Die zulässige Flächenpressung beträgt $p_{zul} = (3 \ldots 8)$ N/mm² für Gusseisenmuttern und $p_{zul} = (5 \ldots 15)$ N/mm² für Bronzemuttern (kleinere Werte für Dauerbetrieb, größere bei seltenem Betrieb).

Druckbeanspruchte Spindeln müssen auf Knicksicherheit nachgerechnet werden (s. Abschn. 2). Fast ausschließlich kommen die Knickfalle I und II nach *Euler* vor (7.58), (s. auch Bild **2.12**). Die Knicksicherheit hängt ab vom Schlankheitsgrad λ, der aus dem Quotienten der rechnerischen Knicklänge l_K und dem Trägheitsradius i gebildet wird; $\lambda = l_K/i$. Für eine Spindel (nicht hohl) ergibt sich mit

$$i = \sqrt{I/A_3} = \sqrt{\left(4\pi \cdot d_3^4\right)/\left(64\pi \cdot d_3^2\right)} = d_3/4$$

die Schlankheit

$$\lambda = 4 \cdot l_K/d_3 \tag{7.76}$$

Die Knicksicherheit S_K für Stahlspindeln ist im Bereich $\lambda \geq 90$ nach *Euler*

$$S_K = (\pi^2 \cdot E)/(\lambda^2 \cdot \sigma) \geq 3 \ldots 6 \tag{7.77}$$

und im Bereich $\lambda < 90$ nach *Tetmajer*

$$S_K = (\sigma_0 - \lambda \cdot k)/\sigma \geq 2 \ldots 4 \tag{7.78}$$

Fall I   **Fall II**

7.58
Knickfälle nach *Euler* für Schraubenspindeln
Für Fall I ist die freie Knicklänge $l_K = 2l$ und für Fall II $l_K = l$ (s. Bild **2.12**)

In diese Gleichungen werden eingesetzt: σ nach Gl. (7.72): die ideale Druckfestigkeit $\sigma_0 \approx 350$ N/mm² für E295 (St 50) und für E335 (St 60); die Knickspannungsrate $k \approx 0{,}6$ N/mm² für E295 (St 50) und E335 (St 60) (vgl. Bild **2.13**). Die kleinere Knicksicherheit wählt man bei seltenem Betrieb, die größere bei Dauerbetrieb, zunehmend mit steigender Schlankheit. Für den Bereich $\lambda < 20$ ist eine Berechnung auf Knicksicherheit nicht erforderlich.

Wirkungsgrad. Bei einer Spindelumdrehung wird eine Last F um die Steigung P gehoben, also eine Nutzarbeit $F \cdot P$ verrichtet. Aufgewendet wird hierzu die Arbeit $\pi \cdot d_2 \cdot F_t$ oder mit Gl. (7.6) $\pi \cdot d_2 \cdot \tan(\varphi + \rho') \cdot F$. Das Verhältnis von Nutzarbeit zum Arbeitsaufwand bezeichnet man als Wirkungsgrad. Für das **Heben einer Last** ergibt sich der **Wirkungsgrad** einer Bewegungsschraube zu

$$\eta_{\text{heben}} = \frac{F \cdot P}{\pi \cdot d_2 \cdot \tan(\varphi + \rho') \cdot F} = \frac{\tan\varphi}{\tan(\varphi + \rho')} \tag{7.79}$$

Bei nicht selbsthemmenden Schrauben (s. Abschn. 7.2.1) kann eine Längskraft in eine Drehbewegung umgewandelt werden. In diesem Fall ist der Arbeitsaufwand $F \cdot P$ und die Nutzarbeit $\pi \cdot d_2 \cdot F_t$ oder mit Gl. (7.7) $\pi \cdot d_2 \cdot \tan(\varphi - \rho') \cdot F$. Für das **Absenken einer Last** ergibt sich der **Wirkungsgrad** zu

$$\eta_{\text{senken}} = \frac{\pi \cdot d_2 \cdot \tan(\varphi - \rho') \cdot F}{F \cdot P} = \frac{\tan(\varphi - \rho')}{\tan\varphi} \qquad (7.80)$$

7.4 Ausführungen von Schraubenverbindungen

Außengewinde werden spanlos durch Kalt- und Warmwalzen hergestellt. Zur Herstellung sowohl von Außen- als auch von Innengewinden eignen sich Gewindedrücken, Druckgießen und spanende Verfahren, wie Gewindedrehen mit Formstählen, Gewindeschneiden mit Schneidwerkzeugen (Gewindebohrern, Schneideisen), Gewindefräsen, Gewindewirbeln und Gewindeschleifen. Durch Nitrieren, Einsatzhärten oder Gewinderollen nach dem Vergüten der Schraube (schlussgerollt) lässt sich die Dauerfestigkeit steigern, Bild **7.45b**. Kurze Einschraubtiefen in weiche Werkstoffe, wie Grauguss, Leichtmetall, Plastik oder Holz, sind durch Verwendung von Ensat-Einsatzbuchsen (Hersteller: Kerb-Konus-Vertriebs-GmbH, 92206 Amberg) möglich. Diese Stahl- oder Messingbuchsen schneiden sich beim Eindrehen in ein gebohrtes oder gepresstes Loch mit den äußeren Schneidkanten ihr Gewinde selbst, sitzen dann fest und ergeben haltbare, verschleißfeste Innengewinde (**7.59**). Auch können Reparaturen ausgerissener Innengewinde durch Aufbohren und Eindrehen von Ensat-Buchsen oder von Heli Coil-Gewinde-Einsätzen (Hersteller: Heli Coil-Werk Böllhof GmbH, 33649 Bielefeld) leicht durchgeführt werden. Der Heli Coil-Gewinde-Einsatz besteht aus einer Drahtspule aus CrNi-Stahl mit rhombischem Querschnitt, die in ein vorgebohrtes Sondergewinde eingeschraubt wird (**7.60**). Das auf diese Weise entstandene Innengewinde hängt von der vorgefertigten Form des Drahtquerschnittes ab; z. B. metrisches Regel- oder Feingewinde. Diese Gewindeeinsätze ergeben hochbelastbare Gewinde in metallischen Werkstoffen und sind abriebfest sowie korrosions- und hitzebeständig.

7.59
Anwendung von Einsatzbuchsen
„Ensat"

7.60
Heli Coil-Gewindeeinsatz
a) *1* Kerbe, *2* Mitnehmerzapfen, *3* Drahtquerschnitt
b) eingebaut mit Schraube; Mitnehmerzapfen entfernt

Die Gewindegänge einer Mutter in üblicher Ausführung (**7.61a**) werden nicht gleichmäßig beansprucht. Durch die Zugkraft wird das Gewinde des Bolzens gedehnt, das der Mutter dagegen zusammengedrückt. Dies hat eine ungleiche elastische Verformung und ungleichmäßige Kraftverteilung über die Verschraubungslänge zur Folge. Fast 50% der Gesamtlast entfallen auf die beiden ersten tragenden Gewindegänge, deren Haltbarkeit dadurch besonders gefährdet ist. Die einzelnen Gewindegänge einer Mutter werden gleichmäßiger beansprucht, wenn man Entlastungskerben anbringt, sofern der Durchmesser (bzw. die Schlüsselweite) dies zulässt (**7.61b**), oder Zugmuttern verwendet, bei denen die Zugkraft sowohl das Bolzen- als auch das Muttergewinde dehnt (**7.61 c** und **d**). Sonderschrauben (nicht genormte Dehnschrauben) und Sondermuttern werden den jeweiligen Bedingungen entsprechend gestaltet.

7.61
Verschiedene Mutterformen
a) Druckmutter; b) Mutter mit eingedrehter „Entlastungskerbe"; c) Mutter mit zugbeanspruchtem erstem Gewindegang; d) Zugmutter

Aus wirtschaftlichen Gründen werden meist die genormten Formen verwendet (s. DIN-Normen-Auswahl und Bilder **7.13** bis **7.16**).

Einige Ausführungen von Schraubenverbindungen s. Bild **7.62** bis **7.67** und **7.70**.

7.62
Einfache Schraubenverbindungen
a) billigste Ausführung (DIN EN ISO 4014)
b) Ausführung nach DIN EN ISO 4014, geringe Dauerhaltbarkeit bei Schwellbelastung
c) Ausführung nach DIN EN ISO 4017, erhöhte Dauerhaltbarkeit
d) Sechskantschraube mit Dehnschaft für höhere Dauerhaltbarkeit

7.64
Querbelastete Schraubenverbindung
Die Kraftaufnahme erfolgt durch
a) Scherbuchsen   b) Passschrauben

7.63
Schraubenverbindung für Hoch-
druckanlagen

Die Schraube wird mittels einer
hydraulischen Spannvorrichtung
ohne Verdrehbeanspruchung des
Schaftes auf die Vorspannung gebracht und dann die Grundmutter
mit einem Stift gedreht.

1 Grundmutter mit Gucklöchern
2 Druckzylinder
3 Druckkolben

7.65
Sperrzahnschraube

7.66
Bauer-Optal Sperrzahnschraube
mit Sperrzahnmutter

7.67
Sicherungsmuttern

a) Klemmscheibenmutter zur Sicherung gegen Lockern
b) Sicherungsmutter mit Kunststoffring
c) Sicherungsmutter mit definiert verengtem Kragen

Unterlegscheiben (DIN EN ISO 7089, EN ISO 7091, EN ISO 7092, 435, 436) werden benötigt, wenn die Oberflächen der verschraubten Teile nicht beschädigt werden sollen (z. B. bei
weichem Werkstoff, polierter Oberfläche oder durch häufiges Lösen), ferner bei weiten (gegossenen) Durchgangslöchern und bei Langlöchern.

Sichern von Schraubenverbindungen. Schraubenverbindungen können versagen durch Lockern und/oder Losdrehen. Gegen diese Versagensfälle müssen Schraubenverbindungen gesichert sein. Sicherungselemente s. Bild **7.69**.

Lockern wird verursacht durch Verlust an Vorspannung durch Kriechvorgänge an Kopf- und Mutterauflage und in den Trennfugen z. B. durch weiche Dichtungen. Solange dabei die sich einstellende Klemmkraft $F_K \geq F_{K \text{ erf}}$ bleibt, ist Lockern bei nur statischer Beanspruchung unbedenklich.

Losdrehen wird verursacht durch Verlust an Vorspannung in Folge vorausgegangenem Lockern und anschließendem Verdrehen der Schraube oder Mutter durch schwingende Beanspruchung. Das selbsttätige Losdrehen kann trotz Selbsthemmung der Befestigungsschrauben und trotz wirkender Vorspannkraft bis zum völligen Verlust der Vorspannkraft fortschreiten und zum Herausfallen der Schraube führen (s. Abschn. 7.2.7).

Sicherung gegen Lockern. Die Sicherung ist gewährleistet, wenn die Verbindung eine hohe Vorspannung ermöglicht und diese auch dauernd behält. Um diese Forderung zu erfüllen, werden hochfeste Schrauben (ab Festigkeitsklasse 8.8 und höher) oder lange, dünne Schrauben (mit dem Klemmlängenverhältnis $l_K/d \geq 5$) sowie steife Fügeteile verwendet. Die Fügeteilwerkstoffe müssen hohe Flächenpressungen zulassen. Die Auflage- und Trennflächen müssen eben sein und dürfen nur eine kleine Rauheit aufweisen. Das Mitverspannen elastischer Elemente, die bei den geforderten hohen Kräften noch wirksam sind, sowie die Verwendung von Federkopfschrauben sind ebenfalls zweckmäßig.

Sichern gegen Losdrehen. Zunächst gelten die gleichen Bedingungen und Lösungsmöglichkeiten wie für das Sichern gegen Lockern. Bei kurzen Schrauben ($l_K/d < 5$) oder bei nur wenig vorgespannten Schrauben sind jedoch andere Lösungen erforderlich. Man kann z. B. Muttern mit kugelig oder kegelig ausgebildeter Auflagefläche verwenden. Diese wirken durch radiales und axiales elastisches Verformen so auf die Gewindegänge, dass die Reibungskraft im Gewinde erhöht wird. Andere Konstruktionselemente zur Sicherung gegen Losdrehen sind Sicherungsmuttern verschiedener Art (**7.67**), Sperrzahnschrauben (**7.65, 7.66**) und Blechkontermuttern nach DIN 7967. In vielen Fällen (nicht bei hochfesten Schrauben) werden die Drahtsicherung, das Sicherungsblech oder eine zweite Mutter als Kontermutter eingesetzt. Als stoffschlüssige Sicherung ist das Verkleben des Gewindes bekannt.

Die Verwendung der Federscheibe (DIN 128), der Zahn- und Fächerscheibe (DIN 6797 und 6798), des Federringes (DIN 128) sowie der Kronenmutter mit Splint (z. B. DIN 935) erfordert besondere Aufmerksamkeit. Es ist darauf zu achten, dass beim Zusammenbau der Verbindung (z. B. nach Reparaturen) nicht vergessen wird, das separate Sicherungselement einzubauen. Außerdem ist zu bedenken, dass sich diese Elemente bei schwingender Beanspruchung so stark verformen können, dass die Vorspannkraft erheblich sinkt. In Verbindung mit hochfesten Schrauben können diese Sicherungselemente völlig versagen (z. B. Abscheren des Splints bei Verwendung zur Sicherung einer Kronenmutter).

Bei Durchsteckschrauben müssen stets Schraube und Mutter gesichert werden (**7.66**), wenn sich beide im Gewinde frei drehen können und nicht infolge erhöhter Reibung im Gewinde (z. B. durch eine Sicherungsmutter) am Losdrehen gehindert werden.

7.4.1 Gestaltung von Gewindeteilen

Das fertigungsgerechte Gestalten von Gewindeteilen erfordert die Beachtung einiger Grundsätze, die in Bild **7.68** dargestellt sind.

unzweckmäßig	**zweckmäßig**	Erläuterungen
		Beim Gewindeschneiden mit Formstählen sind Freistiche nach DIN 76 erforderlich, um den Werkzeugauslauf zu sichern. Eine Kegelkuppe ist wirtschaftlicher herzustellen als eine Linsenkuppe.
		Beim Fertigen des Gewindes durch Fräsen, Walzen oder Drücken ist kein Freistich erforderlich. Er wäre in diesem Fall unwirtschaftlich und würde die Festigkeit herabsetzen.
		Gerollte Gewindeteile sind an den Stirnseiten anzuschrägen, da sonst durch den einseitigen Axialdruck das Werkzeug brechen kann. Der Schrägungswinkel sollte 15° ... 20° betragen.
		Bohrungen und Gewinde an einem Werkstück sollen möglichst den gleichen Durchmesser haben. Erforderliche Anschraubteile können mit entsprechend erhöhter Anzahl von Schrauben kleineren Durchmessers befestigt werden.
		Freistiche für Innengewinde sind nach DIN 76 ausreichend lang vorzusehen, um den Werkzeugauslauf zu sichern.
		Bei Gewindegrundlöchern kann das Gewinde nicht bis zum Ende der Bohrung geschnitten werden, da Gewindebohrer einen Anschnitt haben. Der Grundlochüberhang e ist nach DIN 76 zu wählen.
		Bohrungen, die sich an ein Gewinde anschließen, sollten immer gleich oder kleiner als der Kerndurchmesser des Gewindes ausgeführt werden, da sonst die Bearbeitung von beiden Seiten des Werkstücks erfolgen muss.
		Gewindedurchgangsbohrungen für Stiftschrauben müssen in ausreichendem Abstand von Wandungen angeordnet werden, da sonst der Gewindebohrer einseitig beansprucht wird und verläuft (Bruchgefahr).

7.68
Gestaltung von Gewindeteilen

7.4.2 Gestaltung von Schraubenverbindungen

Schraubenverbindungen müssen sicher sein und dabei einfach und wirtschaftlich ausgeführt werden. Die Ausführung richtet sich dabei weitgehend nach den Platzverhältnissen und der Montagemöglichkeit; einige Gestaltungsbeispiele s. Bild **7.69**.

unzweckmäßig	zweckmäßig	Erläuterungen
		Die Gewindelänge der Schrauben ist ausreichend zu bemessen, da sonst das Anziehen und damit ein Verspannen der Teile nicht möglich ist.
		Stiftschrauben können nicht bis zum Ende eines Grundloches eingeschraubt werden, da der Gewindebohrer einen gewissen Anschnitt hat. Die Befestigung der Stiftschrauben erfolgt durch kräftiges Verspannen des Einschraubendes.
		Um das Gewinde von Druckschrauben nicht zu beschädigen, sollten hier Schrauben mit zylindrischem Zapfen (nach DIN 78) verwendet werden.
	a) b)	Schraubenköpfe und Muttern müssen eine senkrecht zur Schraubenachse befindliche Auflagefläche haben. a) Es sind daher bei Gussstücken einformbare Augen vorzusehen. b) Zum Ausgleich der Schrägflächen an Profilen (U- bzw. I-Trägern) dienen Vierkantscheiben nach DIN 435.
a) M18	b) M10	Einsparung von Werkstoff und Fertigungszeit: a) Sechskantschrauben (DIN EN ISO 4014) geringerer Festigkeit (Güte 5.6) werden ersetzt durch b) hochfeste Zylinderschrauben (DIN EN ISO 4762, Güte 10.9).

7.69
Gestaltung von Schraubenverbindungen (Fortsetzung s. nächste Seiten)

unzweckmäßig	**zweckmäßig**	Erläuterungen
		Die Befestigung von Einbauten soll so gestaltet sein, dass auch beim Versagen der Befestigungsschrauben die Teile nicht wandern können und eine eingeschränkte Funktionsfähigkeit erhalten bleibt.
		Deckelkonstruktion für pulsierenden Innendruck: a) Ursprüngliche Konstruktion mit ungenügender Dauerhaltbarkeit, $n \approx 0{,}75$. b) Verbesserte Ausführung durch Dehnschrauben und Verlagerung der Krafteinleitungsebene durch höheren Deckel und Versenken des Gewindes in die Nähe der Trennfuge, $n \approx 0{,}5$.
		Die Verdrehung des Schraubenschaftes beim Anziehen von Dehnschrauben wird verhindert durch a) Vierkantansatz zum Gegenhalten, b) Kerbverzahnung an Bund und Scheibe, c) Kerbverzahnung an Bund und Hülse. Bei Dehnschrauben $d_{\mathrm{Sch}} \approx 0{,}9 \cdot d_3$
		Befestigungsschrauben benötigen einen ausreichenden Abstand a von den Wänden, damit sie mit Schraubenschlüsseln angezogen werden können und nicht von den Gussrundungen R behindert werden.

7.69
Gestaltung von Schraubenverbindungen (Fortsetzung)

unzweckmäßig	zweckmäßig	Erläuterungen
		Befestigungsschrauben dürfen nicht an unzugänglichen Stellen, z. B. zwischen Rippen, sondern nur auf freiliegenden Augen oder Flanschen angeordnet werden. Auge oder Ansenken (sog. Anspiegeln) erforderlich.
		Zylinderschrauben haben einen geringeren Raumbedarf als Sechskantschrauben.

		a) Federnde Zahnscheibe DIN 6797
		b) Federring DIN 128
		c) Sicherungsblech z. B. DIN 93
		  a) bis c) nicht für hochfeste Schrauben (ab Festigkeitsklasse ≥ 8.8) und in der Regel nicht für $d \geq$ M8
		d) Kontermutter DIN EN ISO 4035
		  Teile können vertauscht bzw. ein Teil kann vergessen werden
		e) Federkopfschraube und -mutter
		f) Sicherungsmutter DIN 7967
		g) Kegelbundmutter an einem Kfz
		  Elastische (vorspannungserhaltende) Auflage; erhöhte Reibung im Gewinde durch axiale und radiale elastische Verformung
		h) Sicherungsmuttern
		i) Sicherungsringe System Nord-Lock, Hersteller NOBEX, Mattmar (Schweden). Wirksam. Nachteil: Vergessen und verkehrter Einbau der Teile möglich

7.69
Gestaltung von Schraubenverbindungen (Fortsetzung)

7.5 Berechnungsbeispiele

Beispiel 1

Eine einfache Schraubenverbindung nach Bild **7.32** mit der Klemmlänge l_K = 60 mm soll mit einer Betriebskraft F_B = 15 000 N dynamisch in Achsrichtung der Schraube belastet werden. Der Werkstoff der verspannten Teile ist E295 (St 50). Für den Kraftangriff wird der Fall I (siehe Bild **7.32a**) angenommen. Es soll eine unbehandelte, geölte Schraube nach DIN EN ISO 4017 mit der Festigkeitsklasse 8.8 verwendet werden, die mit einem Drehmomentschlüssel angezogen wird. Die Klemmkraft soll $F_{K \text{ erf}}$ = 1000 N betragen. Das Gewinde geht annähernd bis an den Schraubenkopf.

1. Aus Bild **7.50** wird vorläufig d = M 14 gewählt. Damit ist das Klemmlängenverhältnis l_K/d = 60 mm/14 mm ≈ 4,3.

2. Aus Bild **7.35** ergibt sich für eine unbehandelte, geölte Schraube, angezogen mit einem Drehmomentschlüssel, der Anziehfaktor α_A = 1,4.

3. Aus den bekannten Schrauben- und Plattenmaßen werden nach Gl. (7.21) und Gl. (7.25) die elastischen Nachgiebigkeiten von Schraube δ_S und Platte δ_P berechnet.

Nachgiebigkeit der Schraube: Aus $\delta_S = \delta_e + \delta_1 + \delta_e$ folgt

$$\delta_S = \frac{1}{E_S}\left(\frac{0{,}4d}{A} + \frac{l_K}{A_S} + \frac{0{,}4d}{A}\right) = \frac{1}{2{,}1\cdot 10^5\,\text{N}/\text{mm}^2}$$

$$\left(\frac{0{,}4\cdot 14\text{mm}}{\frac{\pi}{4}\cdot(14\text{mm})^2} + \frac{60\text{mm}}{115\text{mm}^2} + \frac{0{,}4\cdot 14\text{mm}}{\frac{\pi}{4}\cdot(14\text{mm})^2}\right) = 2{,}83\cdot 10^{-6}\,\text{mm/N}$$

mit d = 14 mm, A_S = 115 mm² (Bild **7.3**), E_S = 2,1 · 105 N/mm².
Nachgiebigkeit der Platten:

$$\delta_P = \frac{l_K}{A_{\text{ers}}\cdot E}$$

mit l_K = 60 mm, E_P = 2,1 · 10⁵ N/mm² und mit A_{ers} nach Gl. (7.26)

$$A_{\text{ers}} = \frac{\pi}{4}\cdot\left(d_K^2 - D_B^2\right) + \frac{\pi}{8}\cdot d_K\cdot\left(d_A - d_K\right)\cdot\left[(x+1)^2 - 1\right]$$

Mit d_K = 22 mm; D_B = 16 mm, $D_B \approx d_K + l_K$ = 22 mm + 60 mm = 82 mm und mit der Hilfsgröße nach der Zahlenwertgleichung Gl. (7.27)

$$x = \sqrt[3]{\frac{l_K\cdot d_K}{D_A^2}} = \sqrt[3]{\frac{60\cdot 22}{82^2}} = 0{,}58$$

ergibt sich der Ersatzquerschnitt

Beispiel 1, Fortsetzung

$$A_{\text{ers}} = \frac{\pi}{4} \cdot \left(22^2 - 16^2\right) \text{mm}^2 + \frac{\pi}{8} \cdot 22 \,\text{mm} \cdot (82 - 22) \,\text{mm} \cdot \left[(0{,}58 + 1)^2 - 1\right]$$

$$= 955 \,\text{mm}^2$$

und damit die Nachgiebigkeit der Platten

$$\delta_P = \frac{60 \,\text{mm}}{955 \,\text{mm}^2 \cdot 2{,}1 \cdot 10^5 \,\text{N}/\text{mm}^2} = 0{,}299 \cdot 10^{-6} \,\text{mm/N}$$

4. Das Kraftverhältnis Φ (Gl. (7.31)) und der Kraftangriff Gl. (7.34):

$$\Phi = \frac{\delta_P}{\delta_S + \delta_P} = \frac{0{,}299 \cdot 10^{-6} \,\text{mm/N}}{(2{,}83 + 0{,}299) \cdot 10^{-6} \,\text{mm/N}} = 0{,}096$$

$$\Phi_n = n \cdot \Phi = 1 \cdot 0{,}096 = 0{,}096 \qquad \text{nach Fall I ist } n = 1, \text{ s. Abschn. 7.2.5}$$

5. Nach Gl. (7.51) wird die erforderliche Vorspannkraft

$$F_{\text{V erf}} = \alpha_A \cdot [F_{\text{K erf}} + (1 - \Phi_n) \cdot F_B + F_Z]$$

Eingesetzt werden $\alpha_A = 1{,}4$; $F_{\text{K erf}} = 1000 \,\text{N}$; $\Phi_n = 0{,}096$; $F_B = 15\,000 \,\text{N}$; und der Vorspannkraftverlust $F_Z = 1715 \,\text{N}$.

F_Z wird nach Gl. (7.38) ermittelt, wobei der Setzbetrag f_Z aus Bild **7.49** mit $f_Z = 5{,}4 \cdot 10^{-3}$ mm abgelesen wird, s. auch Gl. (7.40).

$$F_Z = f_Z \cdot \frac{1}{\delta_S + \delta_P} = 5{,}4 \cdot 10^{-3} \,\text{mm} \cdot \frac{1}{(2{,}83 + 0{,}299) \cdot 10^{-6} \,\text{mm}/\text{N}} = 1726 \,\text{N}$$

Mit diesen Werten ergibt sich die erforderliche Vorspannkraft

$$F_{\text{V erf}} = 1{,}4 \cdot [1000 \,\text{N} + (1 - 0{,}096) \cdot 15\,000 \,\text{N} + 1726 \,\text{N}] = 22\,800 \,\text{N}$$

6. Für $\mu_{\text{ges}} = 0{,}14$ würde nach Bild **7.47** die Abmessung M 10 mit $F_{\text{V zul}} = 26000 \,\text{N}$ und $T_A = 51 \,\text{Nm}$ an Stelle der vorläufig gewählten Abmessung M 14 mit $F_{\text{V erf}} = 22\,800 \,\text{N}$ ausreichen.

7. Wiederholung der Rechenschritte 3., 4. und 5. mit den Werten für eine Schraube M10: $l_K/d = 60/10 = 6$; $D_B = 11$ mm; $d_K = 17$ mm; $D_A \approx d_K + l_K = 17$ mm $+ 60$ mm $= 77$ mm

Nachgiebigkeit der Schraube:

$$\delta_S = \frac{1}{2{,}1 \cdot 10^5 \,\text{N}/\text{mm}^2} \cdot \left(\frac{0{,}4 \cdot 10 \,\text{mm}}{\frac{\pi}{4} \cdot (10 \,\text{mm})^2} + \frac{60 \,\text{mm}}{58 \,\text{mm}^2} + \frac{0{,}4 \cdot 10 \,\text{mm}}{\frac{\pi}{4} \cdot (10 \,\text{mm})^2} \right)$$

$$= 5{,}41 \cdot 10^{-6} \,\text{mm/N}$$

Beispiel 1, Fortsetzung

Nachgiebigkeit der Platten:

$$A_{\text{ers}} = \frac{\pi}{4} \cdot \left(17^2 - 11^2\right) \text{mm}^2 + \frac{\pi}{8} \cdot 17 \text{ mm}$$
$$\cdot \left(77 - 17\right) \text{mm} \cdot \left[\left(0,56 + 1\right)^2 - 1\right] = 706 \text{ mm}^2$$

Mit $x = \sqrt[3]{\dfrac{60 \cdot 17}{77^2}} = 0,56$

$$\delta_{\text{p}} = \frac{60 \text{ mm}}{706 \text{ mm}^2 \cdot 2,1 \cdot 10^5 \text{ N}/\text{mm}^2} = 0,405 \cdot 10^{-6} \text{ mm}/\text{N}$$

Kraftverhältnis, Kraftangriff, Setzbetrag, erforderliche Vorspannkraft:

$$\Phi = \frac{0,405 \cdot 10^{-6} \text{ mm}/\text{N}}{\left(5,41 + 0,405\right) \cdot 10^{-6} \text{ mm}/\text{N}} = 0,07$$

$$\Phi_{\text{n}} = 1 \cdot 0,07 = 0,07$$

$$f_Z = 6,1 \cdot 10^{-3}$$

und damit

$$F_Z = 6,1 \cdot 10^{-3} \text{ mm} \cdot \frac{1}{\left(5,41 + 0,405\right) \cdot 10^{-6} \text{ mm}/\text{N}} = 1050 \text{ N}$$

$$F_{\text{V erf}} = 1,4 \cdot [1000 \text{ N} + (1 - 0,07) \cdot 15\,000 \text{ N} + 1050 \text{ N}] = 22\,400 \text{ N}$$

Damit ergibt sich aus Bild **7.47** die endgültige Schraubenabmessung M 10 mit $F_{\text{V zul}} = 26\,000$ N und $T_A = 51$ Nm.

8. Die größte zulässige Schraubenkraft $F_{\text{S max}}$ wird nicht überschritten, wenn nach Gl. (7.64) ist $\Delta F_{\text{S}} = \Phi_{\text{n}} \cdot F_{\text{B}} \le 0,1 \cdot R_{\text{p 0,2}} \cdot A_{\text{S}}$. Mit dem Wert für $R_{\text{p 0,2}} \cdot A_{\text{S}} = 37\,100$ N aus Bild **7.48** wird

$$0,07 \cdot 15\,000 \text{ N} \le 0,1 \cdot 37\,100 \text{ N} \qquad \text{bzw.} \qquad 1050 \text{ N} < 3710 \text{ N}$$

9. Der Spannungsausschlag der Schraube ist nach Gl. (7.57)

$$\sigma_{\text{a}} = \pm \Phi_{\text{n}} \cdot \frac{F_{\text{B}}}{2A_3} = \pm 0,07 \cdot \frac{15\,000 \text{ N}}{2 \cdot 52,3 \text{ mm}^2} = \pm 10 \text{ N}/\text{mm}^2$$

Da nach Bild **7.44** und **7.45** die Dauerhaltbarkeit von Schrauben der Festigkeitsklasse 8.8 im Durchmesserbereich M 10 $\sigma_A \approx \pm 52$ N/mm^2 beträgt, ist die Sicherheit gegen Dauerbruch

$$S = \frac{\sigma_A}{\sigma_{\text{a}}} \approx 5$$

Beispiel 1, Fortsetzung

10. Die Flächenpressung errechnet sich nach Gl. (7.41) mit

$$F_{S\,max} = F_V + \Phi_n \cdot F_B = 26\,000\ N + 1050\ N = 27\,050\ N$$

und mit $A_K = 72,4\ mm^2$ aus Bild **7.37** zu

$$p = \frac{F_{S\,max}}{A_K} = \frac{27\,050\ N}{72,4\ mm^2} \approx 374\ N/mm^2$$

Dieser Wert ist nach Bild **7.36** für E295 (St 50) zulässig. ∎

Beispiel 2

Eine Kupplung nach Bild **7.64b** hat einen Lochkreisdurchmesser von $D = 130$ mm, auf welchem $i = 12$ Schrauben M 10 nach DIN EN ISO 4017 mit einer Klemmlänge $l_K = 40$ mm angeordnet sind. Welche Festigkeitsklasse ist erforderlich, wenn das maximale Drehmoment der Kupplung, das allein durch den Reibungsschluss übertragen werden soll, auf $T_K = 2300$ Nm festgelegt wird?

Die Belastungsart ist dynamisch. Der Reibungswert für Ruhereibung in den glatten Teilfugen beträgt $\mu_R = 0,16$. Die unbehandelten, geölten Schrauben werden mit einem Drehschrauber angezogen.

1. Mit $d = $ M 10 und $l_K = 40$ mm wird $l_K/d = 4$.

2. Aus Bild **7.35** ergibt sich für eine unbehandelte, geölte Schraube, angezogen mit einem Drehschrauber der Anziehfaktor $\alpha_A = 1,6$.

3. Aus den bekannten Maßen der Schrauben und der verspannten Teile werden wie in Beispiel 1 die elastischen Nachgiebigkeiten der Schraube nach Gl. (7.21) und der Platten nach Gl. (7.25) berechnet. Das Gewinde reicht fast bis an den Schraubenkopf, daher wird der Spannungsquerschnitt als über die ganze Klemmlänge wirkend angesetzt.

Nachgiebigkeit der Schraube:

$$\delta_S = \delta_e + \delta_1 + \delta_e = \frac{1}{E_S}\left(\frac{0,4\,d}{A} + \frac{l_K}{A_S} + \frac{0,4\,d}{A}\right) = \frac{1}{2,1 \cdot 10^5\ N/mm^2}$$

$$\cdot \left(\frac{0,4 \cdot 10\ mm}{\frac{\pi}{4} \cdot (10\ mm)^2} + \frac{40\ mm}{58\ mm^2} + \frac{0,4 \cdot 10\ mm}{\frac{\pi}{4} \cdot (10\ mm)^2}\right) = 3,77 \cdot 10^{-6}\ mm/N$$

Mit $d = 10$ mm; $l_K = 40$ mm; $A_S = 58\ mm^2$ (siehe Bild **7.3**) und $E_S = 2,1 \cdot 10^5\ N/mm^2$.

Nachgiebigkeit der Platten:

$$\delta_P = \frac{l_K}{E_P \cdot A_{ers}} \qquad E_P = 2,1 \cdot 10^5\ N/mm^2\ und\ A_{ers}\ nach\ Gl.\ (7.26)$$

$$A_{ers} = \frac{\pi}{4}\left(d_K^2 - D_B^2\right) + \frac{\pi}{8} \cdot d_K \cdot (D_A - d_K) \cdot \left[(x+1)^2 - 1\right]$$

$$= \frac{\pi}{4} \cdot \left(17^2 - 11^2\right) mm^2 + \frac{\pi}{8} \cdot 17\ mm \cdot (57 - 17) \cdot \left[(0,59 + 1)^2 - 1\right] = 540\ mm^2$$

Beispiel 2, Fortsetzung

mit $d_K = 17$ mm; $D_B = 11$ mm (Bild **7.37**); $D_A \approx d_K + l_K = 17$ mm $+ 40$ mm $= 57$ mm und nach Gl. (7.27) wird

$$x = \sqrt[3]{\frac{l_K \cdot d_K}{D_A^2}} = \sqrt[3]{\frac{40 \cdot 17}{57^2}} = 0,59$$

damit wird

$$\delta_P = \frac{40\,\text{mm}}{2,1 \cdot 10^5\,\text{N}/\text{mm}^2 \cdot 540\,\text{mm}^2} = 0,353 \cdot 10^{-6}\,\text{mm}/\text{N}$$

4. Der Vorspannkraftverlust durch Setzen F_Z ist besonders bei kleinen Klemmlängen, $l_K/d \leq 5$ (hier $l_K/d = 40/10 = 4$), zu berücksichtigen. Nach Gl. (7.39) ist

$$F_Z = f_Z \cdot \frac{\Phi}{\delta_P}$$

Der Setzbetrag wird aus Bild **7.49** mit $f_Z \approx 5,5 \cdot 10^{-3}$ mm abgelesen.

Das Kraftverhältnis Φ ist nach Gl. (7.31)

$$\Phi = \frac{\delta_P}{\delta_S + \delta_P} = \frac{0,353 \cdot 10^{-6}\,\text{mm}/\text{N}}{(3,77 + 0,353) \cdot 10^{-6}\,\text{mm}/\text{N}} = 0,09$$

und damit wird der Vorspannkraftverlust

$$F_Z = 5,5 \cdot 10^{-3}\,\text{mm} \cdot \frac{0,09}{0,353 \cdot 10^{-6}\,\text{mm}/\text{N}} = 1402\,\text{N}$$

5. Aus dem Drehmoment T_K errechnet sich der senkrecht zur Schraubenachse wirkende Querkraftanteil

$$F_Q = \frac{2\,T_K}{i \cdot D} = \frac{2 \cdot 2300 \cdot 10^3\,\text{Nmm}}{12 \cdot 130\,\text{mm}} = 2950\,\text{N}$$

und damit die erforderliche Vorspannkraft nach Gl. (7.53)

$$F_V = \alpha_A \cdot \left(\frac{F_Q}{\mu_R} + F_Z \right) = 1,6 \cdot \left(\frac{2950\,\text{N}}{0,16} + 1402\,\text{N} \right) = 31743\,\text{N}$$

6. Für die Schraube M 10 ist nach Bild **7.47** bei $\mu_{ges} = 0,14$ die Festigkeitsklasse 10.9 mit $F_{V\,zul} = 38\,500$ N und $T_A = 75$ Nm erforderlich.

7. Die Flächenpressung errechnet sich mit $A_K = 72,4$ mm^2 aus Bild **7.37** zu

$$p = \frac{F_V}{A_K} = \frac{38500\,\text{N}}{72,4\,\text{mm}^2} = 532\,\text{N}/\text{mm}^2$$

Dieser Wert ist nach Bild **7.36** für EN-GJL-200 (GG-20) zulässig. ∎

Beispiel 3

Eine nicht genormte Pleuelschraube M 8 nach Bild **7.70** wird dynamisch in Achsrichtung mit einer Betriebskraft F_B = 10 000 N belastet. Werkstoff der verspannten Teile: 25CrMo4. Festigkeitsklasse der Schraube 10.9, phosphatiert und geölt. Die Verbindung wird mit einem Drehmomentschlüssel angezogen, μ_{ges} = 0,14. Krafteinleitung geschätzt: zwischen Fall I und Fall II liegend (**7.32**). Die erforderliche Klemmkraft ist $F_{K\,erf}$ = 800 N.

7.70
Verschraubung am Pleuel eines Verbrennungsmotors

l_K	= 50 mm	l_3	= 14 mm
l_1	= 6 mm	l_4	= 6 mm
l_2	= 2 mm	l_5	= 20 mm
l_6	= 2 mm	d_K	= 12 mm
D_B	= 8 mm	d	= M 8
d_{Sch}	= 5,6 mm		

1. Aus Bild **7.35** ergibt sich der Anziehfaktor für eine geölte Schraube, Schraube phosphatiert, angezogen mit einem Drehmomentschlüssel, zu α_A = 1,4.

2. Das Kraftverhältnis gemäß Gl. (7.31) beträgt

$$\Phi = \frac{\delta_P}{\delta_S + \delta_P}$$

und die elastische Nachgiebigkeit der Schraube nach Bild **7.70** und Gl. (7.21)

$$\delta_S = \delta_e + \delta_1 + \delta_2 + \delta_3 + \delta_4 + \delta_5 + \delta_6 + \delta_e$$

Werden hierbei gleiche Durchmesser zusammengefasst, so wird

$$\delta_S = \frac{1}{E}\left(\frac{0,4\,d}{A} + \frac{l_1 + l_3 + l_5}{A_{ers}} + \frac{l_2 + l_4}{A_B} + \frac{l_6}{A_S} + \frac{0,4\,d}{A}\right)$$

Mit A_S = 36,6 mm² nach Bild **7.48**, mit $A_{Sch} = (\pi/4)\cdot d_{Sch}^2$ = 24,6 mm² und mit $A_B = (\pi/4)\cdot D_B^2 = A$ = 50,3 mm² folgt

$$\delta_S = \frac{1}{2,1\cdot 10^5\,\text{N}/\text{mm}^2}\cdot\left(\frac{0,4\cdot 8\,\text{mm}}{50,3\,\text{mm}^2} + \frac{(6+14+20)\,\text{mm}}{24,6\,\text{mm}^2} + \frac{(2+6)\,\text{mm}}{50,3\,\text{mm}^2}\right.$$

$$\left. + \frac{2\,\text{mm}}{36,6\,\text{mm}^2} + \frac{0,4\cdot 8\,\text{mm}}{50,3\,\text{mm}^2}\right) = 9,37\cdot 10^{-6}\,\text{mm}/\text{N}$$

Für $D_A = d_K$ ergibt sich nach Gl. (7.28) die Querschnittsfläche des Ersatzzylinders

$$A_{ers} = \frac{\pi}{4}\left(D_A^2 - D_B^2\right) = \frac{\pi}{4}\left(12^2 - 8^2\right)\text{mm}^2 = 62,8\,\text{mm}^2$$

Beispiel 3, Fortsetzung
und damit nach Gl. (7.25)

$$\delta_P = \frac{l_K}{A_{ers} \cdot E} = \frac{50\,\text{mm}}{62{,}8\,\text{mm}^2 \cdot 2{,}1 \cdot 10^5\,\text{N}/\text{mm}^2} = 3{,}79 \cdot 10^{-6}\,\text{mm}/\text{N}$$

Mit den Werten für δ_S und δ_P folgt nun das Kraftverhältnis

$$\Phi = \frac{\delta_P}{\delta_S + \delta_P} = \frac{3{,}79 \cdot 10^{-6}\,\text{mm}/\text{N}}{9{,}37 \cdot 10^{-6}\,\text{mm}/\text{N} + 3{,}79 \cdot 10^{-6}\,\text{mm}/\text{N}} = 0{,}288$$

Nach Gl. (7.39) ist der Vorspannkraftverlust durch Setzen

$$F_Z = f_Z \cdot \frac{\Phi}{\delta_P} = \frac{6 \cdot 10^{-3}\,\text{mm} \cdot 0{,}288}{3{,}79 \cdot 10^{-6}\,\text{mm}/\text{N}} = 456\,\text{N}$$

mit dem aus Bild **7.49** für $l_K/d = 6{,}3$ ermittelten Setzbetrag $F_Z \approx 6 \cdot 10^{-3}$ mm.

3. Die Krafteinleitung liegt zwischen Fall I und II. Dabei ist der von der Betriebskraft entlastete Anteil der verspannten Teile $n \cdot l_K = 0{,}75 \cdot l_K$ und somit

$$\Phi_n = n \cdot \Phi = 0{,}75 \cdot 0{,}288 = 0{,}216$$

4. Die erforderliche Vorspannkraft ist nach Gl. (7.51)

$$F_{V\,erf} = \alpha_A \cdot [F_{K\,erf} + (1 - \Phi_n) \cdot F_B + F_Z]$$
$$= 1{,}4 \cdot (800\,\text{N} + 0{,}784 \cdot 10\,000\,\text{N} + 456\,\text{N}) = 12\,734\,\text{N}$$

5. Nach Gl. (7.52) wird mit dieser Vorspannung die maximale Schraubenkraft

$$F_{S\,max} = F_{V\,erf} + \Phi_n \cdot F_B = 12\,734\,\text{N} + 0{,}216 \cdot 10\,000\,\text{N} = 14\,894\,\text{N}$$

und damit die größte Zugspannung im Schraubenschaft

$$\sigma_{max} = \frac{F_{S\,max}}{A_{Sch}} = \frac{14\,894\,\text{N}}{24{,}6\,\text{mm}^2} \approx 605\,\text{N}/\text{mm}^2$$

6. Mit dem Drehmoment im Gewinde nach Gl. (7.12), ρ' aus μ' nach Gl. (7.11),

$$T = \tan(\varphi + \rho') \cdot F_{V\,erf} \cdot \frac{d_2}{2} = \tan(3{,}1° + 9{,}2°) \cdot 12\,734\,\text{N} \cdot \frac{7{,}2\,\text{mm}}{2} = 9\,995\,\text{Nmm}$$

und mit dem Widerstandsmoment

$$W_p = \frac{\pi \cdot d_{Sch}^3}{16} = \frac{\pi \cdot 5{,}6^3\,\text{mm}^3}{16} = 34{,}5\,\text{mm}^3$$

ergibt sich die Verdrehspannung

$$\tau_t = \frac{T}{W_p} = \frac{9\,995\,\text{mm}}{34{,}5\,\text{mm}^3} = 290\,\text{N}/\text{mm}^2$$

Beispiel 3, Fortsetzung

7. Zug- und Verdrehspannung werden nach Gl. (7.63) zur Vergleichsspannung zusammengesetzt

$$\max \sigma_{red} = \sqrt{\sigma_{max}^2 + 3\,\tau_t^2} = \sqrt{600^2\,(N/mm)^2 + 3 \cdot 290^2\,(N/mm)^2} \approx 780\,N/mm^2$$

Da für die Festigkeitsklasse 10.9 die Streckgrenze $R_{p\,0,2} = 900$ N/mm² beträgt, ist die vorhandene Sicherheit $S = R_{p\,0,2}/\sigma_{red} = 1{,}15$.

8. Der Spannungsausschlag der Schraube durch die Schwellbelastung ist nach Gl. (7.57)

$$\sigma_a = \pm \frac{\Phi_n \cdot F_B}{2A_3} = \pm \frac{0{,}216 \cdot 10\,000\,N}{2 \cdot 32{,}8\,mm^2} = \pm 32{,}9\,N/mm^2$$

Nach Bild **7.44** bzw. **7.45** ist die Dauerhaltbarkeit schlussgerollter Schrauben bei $F_V \approx$ $0{,}7 \cdot F_{0,2}$ der Festigkeitsklasse 10.9 im Durchmesserbereich M 8

$$\sigma_A \approx \pm 70 \text{ N/mm}^2.$$

Somit beträgt die Sicherheit gegen Dauerbruch $S = \sigma_A/\sigma_a \approx 2$.

9. Da der Schraubenkopf eine größere Auflagefläche als die Mutter besitzt, ist die Flächenpressung unter der Mutter mit A_K aus Bild **7.37** maßgebend

$$p = \frac{F_{S\,max}}{A_K} = \frac{14\,894\,N}{42\,mm^2} = 355\,Nmm^2$$

Dieser Wert ist für 25CrMo4 zulässig (vgl. Bild **7.36**).

10. Das Anziehdrehmoment $T_A = T + T_R$ ist mit dem Reibungsmoment zwischen Mutter und Auflage nach Gl. (7.14)

$$T_R = \mu_{ges} \cdot F_{V\,erf} \cdot \frac{D_m}{2} = 0{,}14 \cdot 12\,734\,N \cdot 5{,}25\,mm = 9\,360\,Nmm \approx 9{,}4\,Nm$$

für $\quad \dfrac{D_m}{2} = \dfrac{d_K + D_B}{4} = \dfrac{13\,mm + 8\,mm}{4} = 5{,}25\,mm$

und mit $T = 9\,995$ Nmm

$$T_A = 9\,995 \text{ Nmm} + 9\,360 \text{ Nmm} = 19\,355 \text{ Nmm} \approx 19{,}4 \text{ Nm.} \qquad \blacksquare$$

Beispiel 4

Ein Zugstab als Bauteil aus dem Stahlbau ist mit $i = 6$ Schrauben der Festigkeitsklasse 10.9 an ein Knotenblech angeschlossen, Bild **7.71**. Welche Kraft kann die Schraubenverbindung übertragen, wenn sie als SL-, SLP-, GV- oder GVP-Verbindung ausgeführt wird?

Beispiel 4, Fortsetzung

Daten: Schrauben M 16; Blech: Werkstoff S235JRG2 (St 37-2); Breite b = 150 mm, Dicke s = 20 mm, einschnittig; Randabstände e = e_3 = 70 mm, e_1 = e_2 = 40 mm, Lastfall H.

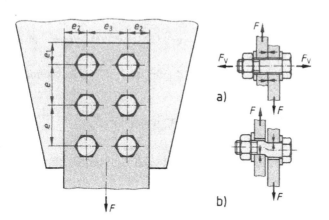

7.71
Stabanschluss aus dem Stahlbau, ausgeführt als

a) GV-Verbindung
b) SL-Verbindung

1. Verbindung: Übertragbare Kräfte

1.1 Scher-Lochleibung (SL); Scherkraft:

$$F_{SL} = i \cdot F_{Q\,zul} = 6 \cdot 48,5 \text{ kN} = 291 \text{ kN}$$

mit $F_{Q\,zul}$ = 48,5 kN aus Bild **7.54**, Spalte 7.

$$F_{SLP} = i \cdot F_{Q\,zul} = 6 \cdot 63,5 \text{ kN} = 381 \text{ kN}$$

mit $F_{Q\,zul}$ = 63,5 kN aus Bild **7.54**, Spalte 14.

Lochleibung: Bei Schrauben 10.9 ist für den zulässigen Lochleibungsdruck der zulässige Wert des Bauteilwerkstoffs maßgebend, s. Bild **7.54**, Fußnote [4]). Für die SL-Verbindung gilt z. B. $\sigma_{l\,zul} \approx 280$ N/mm², also wird

$$F_{SL} = i \cdot A \cdot \sigma_{l\,zul} = 6 \cdot 20 \text{ mm} \cdot 16 \text{ mm} \cdot 280 \text{ N/mm}^2 = 537\,600 \text{ N}$$
$$= 537,6 \text{ kN}.$$

Dies bedeutet, dass für die Bemessung die Scherkraft maßgebend ist, da 537,6 kN > 291 kN.

1.2 Reibschluss (GV)

$$F_{GV} = i \cdot F_{GV\,zul} = 6 \cdot 40 \text{ kN} = 240 \text{ kN}$$

mit $F_{GV\,zul}$ = 40 kN aus Bild **7.52**, Spalte 3 (Lochspiel $\Delta d \geq 0,3$ mm und ≤ 2 mm).

$$F_{GVP} = i \cdot F_{GVP\,zul} = 6 \cdot 72 \text{ kN} = 432 \text{ kN}$$

mit $F_{GVP\,zul}$ = 72 kN aus Bild **7.52**, Spalte 5.

Beispiel 4, Fortsetzung

2. **Bauteil:** Übertragbare Kraft

$$F = (A - \Delta A) \cdot \sigma_{zul} = (3\ 000\ mm^2 - 2 \cdot (20 \cdot 16)\ mm^2) \cdot 160\ N/mm^2$$
$$= 377,6\ kN\ mit\ \sigma_{zul} = 160\ N/mm^2\ aus\ Bild\ \mathbf{7.53},\ Spalte\ 2,\ Lastfall\ H,$$

$$A = b\ s \quad und \quad \Delta A = 2 \cdot s\ d$$

Die Verbindung muss mindestens als SLP-Verbindung mit Passschrauben (DIN 7968 – 10.9) ausgeführt werden, wenn der Stab mit 377,6 kN voll belastet werden soll. Die Schrauben brauchen nicht planmäßig vorgespannt zu werden, s. Bild **7.53**, Spalte 7, „quer".

Wird die Verbindung als GVP-Verbindung ausgeführt, müssen die Schrauben (DIN 7968 – 10.9) mit $F_V = 100$ kN planmäßig vorgespannt werden (Bild **7.52**, Spalte 2). Dies entspricht bei einer angenommenen Reibungszahl für die Schrauben von μ_{ges} = 0,14 einem Schraubenanziehmoment von $T_A \approx 310$ Nm (Bild **7.47**).

Eine SL- oder GV-Verbindung kommt bei voller Stabbelastbarkeit nicht in Frage, da F_{SL} bzw. $F_{GV} < 377,6$ kN. ∎

Literatur

[1] AD-Merkblatt B 7 (Feb. 1977): Berechnung von Druckbehälterschrauben.

[2] AD-Merkblatt W 7 (Sept. 1981): Schrauben und Muttern aus ferritischen Stählen.

[3] Boenick, U.: Untersuchungen an Schraubenverbindungen. Dissertation TU Berlin 1966.

[4] DIN V 2505 (1.86): Berechnung von Flanschverbindungen.

[5] Junker, G.; Boys, I.P.: Moderne Steuerungsmethoden für das Anziehen von Schraubenverbindungen. VDI-Bericht 220 (1974) S. 87.

[6] Illgner, K.-H.; Blume, D.: Schrauben-Vademecum. 6. Aufl.; Bauer & Schauerte Karcher GmbH, Neuss 1985.

[7] Junker, G.: Flächenpressung unter Schraubenköpfen. Z. Maschinenmarkt (1961) Nr. 38, S. 29/39.

[8] Junker, G.; Blume, D.; Leusch, F.: Neue Wege einer systematischen Schraubenberechnung. Düsseldorf.

[9] Junker, G.; Strehlow, D.: Untersuchungen über die Mechanik des selbsttätigen Lösens und die zweckmäßige Sicherung von Schraubenverbindungen. Z. Drahtwelt (1966), H. 3.

[10] Kübler, K.-H.; Mages, W.: Handbuch der hochfesten Schrauben. Essen 1986.

[11] VDI-Richtlinie VDI 2230 (Okt. 1977): Systematische Berechnung hochbeanspruchter Schraubenverbindungen.

[12] VDI-Richtlinie VDI 2230 Bl. 1 (6.1986): Systematische Berechnung hochbeanspruchter Schraubenverbindungen; zylindrische Einschrauben-Verbindungen.

[13] Fabry, Ch. W.: Untersuchungen an Dehnschrauben. Z. Konstruktion (1963) H. 15.

8 Federn

DIN-Blatt Nr.	Ausgabe-datum	Titel
2090	1.71	Zylindrische Schraubendruckfedern aus Flachstahl; Berechnung
2091	6.81	Drehstabfedern mit rundem Querschnitt; Berechnung und Konstruktion
2092	3.06	Tellerfedern; Berechnung
2093	1.92	Tellerfedern – Qualitätsanforderungen – Maße
2094	9.06	Blattfedern für Straßenfahrzeuge; Anforderungen, Prüfung
2095	5.73	Zylindrische Schraubenfedern aus runden Drähten; Gütevorschriften für kaltgeformte Druckfedern
2096 T1	11.81	Zylindrische Schraubendruckfedern aus runden Drähten und Stäben; Güteanforderungen bei warmgeformten Druckfedern
T2	1.79	-; Güteanforderungen für Großserienfertigung
2097	5.73	Zylindrische Schraubenfedern aus runden Drähten; Gütevorschriften für kaltgeformten Zugfedern
2098 T1	10.68	Zylindrische Schraubenfedern aus runden Drähten; Baugrößen für kaltgeformte Druckfedern ab 0,5 mm Drahtdurchmesser
2099 T1	11.02	Zylindrische Schraubenfedern aus runden Drähten und Stäben – Angaben für kaltgeformte Druckfedern; Teil 1: Vordruck A
T2	9.02	-; Teil 2: Angaben für kaltgeformte Zugfedern; Vordruck B
4621	12.95	Geschichtete Blattfedern – Federklammern
4626	2.86	Geschichtete Blattfedern – Federschrauben
5542	6.75	Blattfederenden für Schienenfahrzeuge
11747	2.92	Landmaschinen und Traktoren; Blattfedern für Transportanhänger; Maße
34016	5.80	Blattfedern; Federgrundplatten für Federaufhängung
43801 T1	8.76	Elektrische Messgeräte; Spiralfedern, Maße
EN 13906 T1	7.02	Zylindrische Schraubendruckfedern aus runden Drähten und Stäben; Berechnung und Konstruktion – Teil 1: Druckfedern
T2	7.02	-; Berechnung und Konstruktion; Teil 2: Zugfedern
T3	7.02	-; Berechnung und Konstruktion; Teil 3: Drehfedern
EN 14200	5.04	Bahnanwendungen – Federungselemente – Parabelfedern aus Stahl

DIN-Normen, Fortsetzung

DIN-Blatt Nr.	Ausgabe-datum	Titel
ISO 2162 T1	8.94	Technische Produktdokumentation – Federn; Teil 1: Vereinfachte Darstellung

Werkstoffe (Halbzeug)

53504	5.94	Prüfungen von Kautschuk und Elastomeren; Bestimmung von Reißfestigkeit, Zugfestigkeit, Reißdehnung und Spannungswerten im Zugversuch
53505	8.00	Prüfung von Kautschuk und Elastomeren – Härteprüfung nach Shore A und Shore D
EN 1654	3.98	Kupfer und Kupferlegierungen – Bänder für Federn und Steckverbinder
EN 10089	4.03	Warmgewalzte Stähle für vergütbaren Federn – Technische Lieferbedingungen
EN 10132 T4	4.03	Kaltband aus Stahl für eine Wärmebehandlung – Technische Lieferbedingungen; Teil 4: Federstähle und andere Anwendungen
EN 10218 T2	8.96	Stahldraht und Drahterzeugnisse – Allgemeines; Teil 2: Drahtmaße und Toleranzen
EN 10270 T1	12.01	Stahldraht für Federn; Teil 1: Patentiert-gezogener unlegierter Federstahldraht
T2	12.01	-; Teil 2: Ölschlussvergüteter Federstahldraht
T3	8.01	-; Teil 3: Nichtrostender Federstahldraht
EN 12166	4.98	Kupfer und Kupferlegierungen – Drähte zur allgemeinen Verwendung

Formelzeichen

A, A_a, A_i	Schubfläche, Druckfläche, äußere bzw. innere		I_p	Trägheitsmoment, polares
a	lichter Abstand zwischen den Windungen		I_t	-; -; Rechengröße
			I	Trägheitsmoment, axiales
b, b_0	Federbreite		i	Anzahl der federnden Windungen
C	Federsteife, Federrate		K, K_1, K_2, K_3	Konstante (Biegefeder, Tellerfeder)
D	mittlerer Windungsdurchmesser		k, k_1, k_2, k_3	Formfaktoren
D_e, D_i	Außen- und Innendurchmesser		L_c	Blocklänge
d	Draht-, Stab-, Gummifederdurchmesser		L_{KO}	Federkörper-Länge
			L_o	Federlänge, unbelastet
E	Elastizitätsmodul		l	federnde Länge
F	Federkraft		M	Moment
G	Schubmodul (Gleitmodul)		M_b	Biegemoment
h	Federhöhe		N	Lastspiele
h_0	Federweg bis zur Planlage		R	Hebelarm Bild **8.1d**; **8.19**
			R_m	Zugfestigkeit

Formelzeichen, Fortsetzung

r	Halbmesser in Bild **8.15** sowie in	σ_{bH}	Biegehubfestigkeit
	Bild **8.49**	τ	Schubspannung
S_a	Sicherheitsabstand	τ_A	ertragbarer Schubspannungsausschlag
s	Federweg	τ_{tA}	-; bei Verdrehung
t	Federdicke	τ_G	Schubgrenzspannung
T	Dreh-, Torsionsmoment	τ_{tG}	-; bei Verdrehung
W_b	Widerstandsmoment, axiales	τ_t	Torsionsspannung,
W_p	Widerstandsmoment, polares		ideelle Torsionsspannung
W_t	-; -; Rechengröße		(Drahtkrümmung unberücksichtigt)
w	Wickelverhältnis	τ_{tV}	Verdrehvorspannung
x	Faktor beim Mindestabstand	τ_{tc}	Torsionsspannung bei Blocklast
α	Formfaktor	τ_{tk}	Torsionsspannung unter Berück-
γ	Verschiebungswinkel		sichtigung der Drahtkrümmung
ε	Federungsfaktor	τ_{tkh}	Hubspannung
η	Ausnutzungsfaktor	τ_{tkH}	Hubfestigkeit
σ	Normalspannung	τ_{tko}	Oberspannung der Belastung
σ_A	ertragbarer Normalspannungsausschlag	τ_{tkO}	Oberspannung der Dauerfestigkeit
σ_G	Normalgrenzspannung	τ_{tku}	Unterspannung der Belastung
σ_b, σ_d	Biege- bzw. Druckspannung	τ_{tkU}	Unterspannung der Dauerfestigkeit
	ideelle Biegespannung	φ_b	Breitenverhältnis = b/b_0
	(Drahtkrümmung unberücksichtigt)	ψ, ψ°	Verdrehwinkel in rad, in ° (Grad)

8.1 Allgemeine Berechnungsgrundlagen

Federn verformen sich unter Belastung elastisch. Nach Entlastung nehmen sie wieder ihre Ausgangsform an. Sie dienen zur Energiespeicherung (Federmotor, Türschließer), zum Kraftschluss (Ventilfeder) sowie zur Stoßminderung (Fahrzeugfeder) und Aufnahme von Formänderungen (Wärmeausdehnungen); ihre zahlreichen Bauformen lassen sich, besonders im Hinblick auf ihre Berechnung, gut nach der jeweiligen Beanspruchungsart ordnen: Biege-, Torsions-, Zug-, Druck- und Schubfedern. Die durch eine Zugkraft gedehnte Schraubenfeder (Bild **8.1a**) ist z. B. nach ihrer Beanspruchung eine Torsionsfeder.

8.1
Federwege s
a) Verlängerung, b) Verkürzung, c) Durchbiegung, d) Verdrehung
Bogen $s = R \cdot \psi$ bzw. Drehwinkel (Verdrehungsbogenmaß in rad) $\psi = s/R$

In der Praxis sind tabellarische und graphische Hilfsmittel der Federhersteller für fast alle Federformen bzw. -bauarten in Gebrauch. Die Berechnung und das Ermitteln der Federabmessungen setzt jedoch vor allem die Kenntnis einiger Grundbegriffe voraus, die zunächst erläutert werden. Eine besondere Federgruppe, deren Federkennlinien eigenen Gesetzen unterliegen, bilden die Luft- und Hydraulikfedern.

Kraftwirkung und Verformung. Die Auslenkung des Kraftangriffspunktes einer Feder heißt **Federweg** (Bild **8.1**). Die Beziehung zwischen Kraft F und Federweg s wird im **Federdiagramm** (Bild **8.2**) dargestellt. Reibungsfreie Federn, deren Werkstoff dem *Hooke*schen Gesetz folgt, haben fast ausnahmslos eine gerade Kennlinie. Die Zunahme der Federkraft F mit dem Federweg s bezeichnet man als **Federsteife $c = dF/ds$** (Bild **8.2** und **8.3**).

8.2
Federdiagramme für gerade (a), degressive (b) und progressive (c_1 und c_2) Kennlinien. Federsteife $c = dF/ds$. Bei den Kennlinien b, c_1 und c_2 ist c nicht konstant; je größer der Winkel α, desto härter die Feder

8.3
Federdiagramm (lineare Federkennlinie)

D mittlerer Windungsdurchmesser
s_h Arbeitsweg (Hub)
L_0 Länge der unbelasteten Feder
L_c Länge der zusammengedrückten (geblockten) Feder; Blocklänge

S_a Sicherheitsabstand = Federlänge bei Höchstlast = Blocklänge
α Anstiegswinkel der Kennlinie
γ Steigungswinkel der Windungen

Sie ist bei gerader Kennlinie in vorstehender Gleichung – Differenzenquotient statt Differentialquotient eingeführt – identisch mit der **Federrate** (früher Federkonstante genannt)

$$c = \frac{\Delta F}{\Delta s} = \frac{F_2 - F_1}{s_2 - s_1} = \frac{F_2}{s_2} = \frac{F_1}{s_1} = \frac{F_n}{s_n}$$

(8.1)

Hierin bedeuten F_1 bis F_n die den Federwegen s_1 bis s_n zugeordneten Kräfte (Bild **8.3**). Der Kehrwert der Federsteife c ist die **spezifische Federung** (der spezifische Federweg) $1/c$.

Parallel- und Hintereinanderschaltung (Bild **8.4**). Federn können parallel oder hintereinander geschaltet werden. Auch eine Kombination beider Schaltungen ist möglich.

Parallelschaltung: Hierbei werden Federn derart miteinander gekoppelt, dass sich die angreifende Kraft F anteilmäßig auf die einzelnen Federn verteilt. Die auf die einzelnen Federn entfallenden Teilkräfte addieren sich, nicht aber die Federwege. Für die in Bild **8.4 a** und **b** dargestellten Anordnungen gilt die Gleichgewichtsbedingung

$$F - c_1 \cdot s - c_2 \cdot s = 0 \qquad\qquad F = (c_1 + c_2) \cdot s = \sum (c \cdot s) \tag{8.2}$$

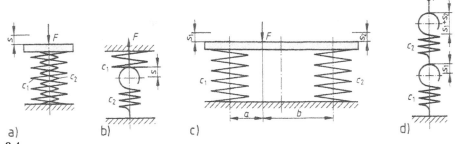

8.4
a) ... c) Parallelschaltung von zwei Federn
a), b) Schachtelung, Kombination von zwei Druckfedern (a) sowie von Zug- und Druckfedern (b),
c) Nebeneinanderreihung,   d) Hintereinanderschaltung von zwei Zugfedern

Die resultierende **Federsteife** ist somit bei **Parallelschaltung**

$$c_{\text{res}} = F/s = c_1 + c_2 = \sum c \tag{8.3}$$

Bei der Anordnung nach Bild **8.4c** gelten unter der Voraussetzung, dass $s_1 = s_2 = s$ ist, die Gleichgewichtsbedingungen

$$\frac{F \cdot b}{a+b} - c_1 \cdot s = 0 \qquad \frac{F \cdot a}{a+b} - c_2 \cdot s = 0 \qquad F \cdot \left(\frac{a}{a+b} + \frac{b}{a+b} \right) = F = c_1 \cdot s + c_2 \cdot s = \sum (c \cdot s)$$

Die resultierende Federsteife ist wieder

$$c_{\text{res}} = F/s = c_1 + c_2 = \sum c$$

Hintereinanderschaltung: Hier werden Federn derart miteinander gekoppelt, dass die angreifende Kraft in voller Größe (also nicht anteilmäßig) an allen Federn angreift. Die Federwege addieren sich, nicht aber die Kräfte. Nach Bild **8.4d** gilt für den resultierenden Federweg

$$s_{\text{res}} = s_1 + s_2 = \frac{F}{c_1} + \frac{F}{c_2} = F \cdot \sum (1/c) \tag{8.4}$$

Die resultierende **Federsteife** ist bei **Hintereinanderschaltung**

$$c_{\text{res}} = \frac{F}{s_{\text{res}}} = \frac{F}{s_1 + s_2} = \frac{F}{F/c_1 + F/c_2} = \frac{1}{1/c_1 + 1/c_2} = \frac{c_1 \cdot c_2}{c_1 + c_2} \tag{8.5}$$

Entsprechend ergibt sich für i Federn die **Federsteife** bei **Hintereinanderschaltung**

$$s_{res} = s_1 + s_2 + \dots s_i = \Sigma s \qquad \boxed{1/c_{res} = 1/c_1 + 1/c_2 + \dots 1/c_1 = \Sigma(1/c)} \qquad (8.6)$$

Anwendungen dieser Beziehungen zeigt Bild **8.25 c** und **d**.

Beispiel 1

Es soll das Federdiagramm einer Feder mit gerader Kennlinie (Bild **8.3**) entwickelt werden, die im eingebauten Zustand die Kraft $F_1 = 200$ N aufnimmt und sich im Betrieb um $\Delta s = s_h = 25$ mm verkürzt. Hierbei soll die Kraft auf $F_2 = 1400$ N steigen.

Für gerade Kennlinien ist nach Gl. (8.1) $c = \Delta F/\Delta s = (1400 - 200)\,\text{N}/25\,\text{mm} = 48$ N/mm. Damit ergibt sich die Kennlinie nach Bild **8.3**. Der Federweg bis zur Vorlast $F_1 = 200$ N (nach Abschn. 2.3, Unterlast F_u) im eingebauten Zustand ist

$$s_1 = \frac{F_1}{c} = \frac{200\ \text{N}}{48\ \text{N/mm}} = 4,17\ \text{mm}$$

Der Federweg bei der Betriebslast $F_2 = 1400$ N (Oberlast F_0 nach Abschn. 2.3) ist

$$s_2 = \frac{F_2}{c} = \frac{1400\,\text{N}}{48\,\text{N/mm}} = 29,17\,\text{mm}$$

Aus diesen Werten ermittelt man die Abmessungen der Feder je nach Bauart (s. Abschn. 8.2). ∎

Spannungs- und Verformungsgleichungen. Die **Spannungsgleichungen** beschreiben die Beziehungen zwischen Belastung, Spannung und Abmessungen einer Feder. Die Abmessungen müssen außerdem den gewünschten Verformungen entsprechend gewählt werden. Diese Beziehungen werden durch die **Verformungsgleichungen** erfasst. Die Berechnung einer Feder hat also stets beiden Gesichtspunkten Rechnung zu tragen. Spezielle Konstruktionsbedingungen werden im Abschn. 8.2 bei den einzelnen Federbauarten behandelt.

Arbeitsvermögen der Feder. Allgemein ist die Arbeit bzw. Energie $W = \int F\,\mathrm{d}s$ mit F als der in Richtung des Weges s wirkenden Kraft. Die Energie, die eine Feder aufnehmen kann, ist im Federdiagramm als Fläche unter der Kennlinie darstellbar, weil dieses die Kraft in Abhängigkeit vom Federweg darstellt. Bei gerader Kennlinie ist nach Bild **8.3** die **Federungsarbeit**

$$\boxed{W = \frac{F \cdot s}{2} = \frac{c \cdot s^2}{2} = \frac{F^2}{2 \cdot c}} \qquad (8.7)$$

Beispiel 2

Alle Federn, welche die gerade Kennlinie nach obigem Beispiel 1 besitzen, speichern bei dem Federweg $s_2 = 29,17$ mm die Energie $W = 1400\ \text{N} \cdot 29{,}17\ \text{mm}/2 = 20\ 419$ Nmm. Beim Entlasten auf 200 N geben sie die Arbeit
$\Delta W = 20\ 419\ \text{Nmm} - 200\ \text{N} \cdot 4{,}17\ \text{mm}/2 = 20\ 000\ \text{Nmm}$ ab. ∎

Ausnutzungsfaktor (Raumzahl) η. Der Ausdruck $W = F \cdot s/2$ nach Gl. (8.7) lässt sich mit Hilfe der Spannungs- und Verformungsgleichungen (Bild **8.13** und **8.49**) in eine andere, allen Federn mit gerader Kennlinie gemeinsame Form bringen. Demnach ist die **Federungsarbeit**

$$W = \frac{\eta \cdot \sigma_{max}^2 \cdot V}{2 \cdot E} \qquad \text{mit \textbf{Normalspannung} } \sigma \qquad (8.8)$$

oder

$$W = \frac{\eta \cdot \tau_{max}^2 \cdot V}{2 \cdot G} \qquad \text{mit \textbf{Schubspannung} } \tau \qquad (8.9)$$

Hierin bedeuten η den Ausnutzungsfaktor, σ_{max} bzw. τ_{max} die Spannungen bei Höchstlast, V das Werkstoffvolumen des federnden Teiles der Feder, E den Elastizitätsmodul und G den Schubmodul des Werkstoffes (Zahlenwerte in Bild **8.14** und Bild **8.16**).

Für eine **Blattfeder** (Bild **8.9a**) ergibt sich mit Gl. (8.15) und Gl. (8.24) aus Bild **8.13** sowie mit den in Bild **8.9** erläuterten Formelzeichen

$$F_{max} = \frac{b \cdot h^2 \cdot \sigma_{max}}{6 \cdot l} \qquad s_{max} = \frac{F_{max} \cdot l^3}{3 \cdot E \cdot I} = \frac{F_{max} \cdot l^3 \cdot 12}{3 \cdot b \cdot h^3 \cdot E} = \frac{4 \cdot F_{max} \cdot l^3}{E \cdot b \cdot h^3}$$

(E Elastizitätsmodul, I axiales Trägheitsmoment). Das Arbeitsvermögen ist mit der Höchstlast F_{max} und dem zugehörigen Federweg s_{max}

$$W = \frac{F_{max} \cdot s_{max}}{2} = \frac{b \cdot h \cdot l \cdot \sigma_{max}^2}{2 \cdot 9 \cdot E} = \frac{1}{9} \cdot \frac{\sigma_{max}^2 \cdot V}{2 \cdot E}$$

mit dem federnden Volumen $V = b \cdot h \cdot l$. Der Ausnutzungsfaktor ist demnach für eine Biegefeder mit rechteckigem Querschnitt $\eta = 1/9$. Bisweilen findet man in der Literatur anstatt Gl. (8.8) auch den Ausdruck $W = \eta \cdot (\sigma_{max}^2 \cdot V/E)$; dann wird im vorliegenden Fall $\eta = 1/18$. Der Ausnutzungsfaktor gibt einen Anhalt für die Güte der Werkstoffausnutzung verschiedener Federformen bei gleicher Spannung, aber keinen eindeutigen Hinweis für den Raumbedarf einer Federbauart, weil Form und Befestigungsart der Feder für den Raumbedarf eine entscheidende Bedeutung haben.

Resonanz schwingender Systeme. Jedes aus einer Masse m und einer Feder bestehende System ist schwingungsfähig (s. a. Teil 2: Abschn. Achsen und Wellen; Kupplungen). Unter Vernachlässigung der Eigenmasse der Feder sind für das Einmassensystem (Bild **8.5**) die **Eigenkreisfrequenz** ω_e in rad/s und die **Schwingungsdauer** T (Bild **8.6**) bei **Längsschwingungen**

$$\omega_e = \sqrt{c/m} \qquad T = 2\pi \cdot \sqrt{m/c} \qquad (8.10) \quad (8.11)$$

bei **Drehschwingungen**

$$\omega_e = \sqrt{c'/J} \qquad T = 2\pi \cdot \sqrt{J/c'} \qquad (8.12) \quad (8.13)$$

Hierin bedeuten m die mit der Feder verbundene schwingende Masse, c die Federrate, J das Massenträgheitsmoment der mit der Feder verbundenen und Drehschwingungen ausübenden Masse, c' das spezifische Federrückstellmoment (Einheitsmoment, Drehsteife), $c' = T/\psi$ mit dem Drehmoment T bei dem Drehwinkel ψ in rad (**8.1d**) (Schwingungsdauer und Drehmoment haben hier gleiches Formelzeichen!).

8.5

Ein-Massen-Schwingungssystem

a) für Längsschwingungen

b) für Drehschwingungen

8.6

Harmonische Schwingung,
Weg-Zeit-Funktion

T Schwingungsdauer

Beispiel 3

Es sollen die **Schwingungszeit** und die **Eigenfrequenz** des in Bild **8.7** dargestellten Systems berechnet werden. Bekannt sind die Masse m_K des Kolbens K und m_S der Schubstange S, das Massenträgheitsmoment J_H des Hebels H, bezogen auf den Drehpunkt I und die Federsteife c.

Reduziert man die schwingenden Massen auf den zusammen mit der Feder Längsschwingungen ausübenden Punkt 2, so kann man die Schwingungszeit nach Gl. (8.11) berechnen. Die zunächst auf Punkt 3 reduzierte Masse des Kolbens und der Schubstange ist $m_{red} = m_K + m_S$. Die auf Punkt 2 reduzierte Masse ist dann $m_{red\,2} = (m_K + m_S) \cdot a^2/b^2$. Hinzu kommt noch die auf Punkt 2 reduzierte Masse des Hebels $m_{H\,red} = J_H/b^2$. Damit erhält man die Schwingungszeit und die Eigenfrequenz

8.7

Schwingendes System

$1, 2, 3$ Drehpunkte

$$T = 2\pi \sqrt{\frac{(m_K + m_S) \cdot a^2/b^2 + J_H/b^2}{c}} \quad \text{und} \quad \omega_e = \frac{2\pi}{T}$$
∎

Resonanz tritt ein, wenn äußere Impulse auf das schwingende System einwirken, deren zeitlicher Abstand gleich oder angenähert gleich der Schwingungszeit T des Systems ist, wenn also die Erregung im Takt der Eigenfrequenz erfolgt ($\omega = \omega_e$). Wegen der Bruchgefahr muss durch entsprechende Wahl der Abmessungen Resonanz vermieden werden, oder man hält durch eine ausreichende Dämpfung die Resonanzausschläge klein.

Grenzspannungen. Da Federn sich nicht bleibend verformen dürfen, muss als Grenzspannung (s. Abschn. 2.3) die Elastizitätsgrenze gesetzt werden. Wenn diese nicht bekannt ist, wird sie allerdings häufig durch die Streckgrenze ersetzt (DIN EN 10002-1). Die Normen geben zulässige Spannungen an, die das Material gut ausnutzen, z. B. für die Blockspannung bei Schraubendruckfedern $\tau_{t\,c\,zul} = 0{,}56 \cdot R_m$. Sie beziehen sich auf die Bruchfestigkeit und liegen unter der Streckgrenze. Federn, die im Betrieb ständigen Beanspruchungsänderungen ausgesetzt sind, müssen außerdem auf ihre Gestaltfestigkeit nachgerechnet werden. In diesem Fall ist als Grenzspannung der ertragbare Spannungsausschlag σ_A, $\tau_{t\,A}$ bzw. die Dauerhubfestigkeit $\tau_{t\,H} = 2\tau_{t\,A}$ zur Beurteilung zu benutzen (s. Abschn. 2.3). Spannungen werden bei Berücksichtigung von

Spannungsspitzen (z. B. infolge der Drahtkrümmung) bei Schraubenfedern (**8.1 a** und **b**) mit dem Index k bezeichnet.

In den Bildern **8.14**, **8.16** und **8.36** bis **8.39** sind die zulässigen Spannungen σ_{zul} und $\tau_{t\,zul}$ angegeben, die bei ruhender Belastung nicht überschritten werden dürfen, wenn bleibende Verformungen vermieden werden sollen. Die Bilder **8.14**, **8.23**, **8.40** und **8.41** bis **8.44** enthalten die **ertragbaren Spannungsausschläge** fertiger Federn (Gestaltfestigkeitswerte) σ_A, $\tau_{t\,A}$ bzw. die Hubfestigkeiten σ_H, $\tau_{t\,k\,H}$, die bei im Betrieb ständig schwankender Belastung nicht überschritten werden dürfen, wenn Dauerbrüche vermieden werden sollen. Den Bildern ist zu entnehmen, dass mit größer werdenden Querschnitten die Gestaltfestigkeit abnimmt.

Ermitteln der Federabmessungen. Die verschiedenen unbekannten Größen in den Spannungs- und Verformungsgleichungen (Bild **8.13** und **8.49**) zwingen zunächst zu Annahmen, wobei die aus dem für die Feder verfügbaren Raum sich ergebenden, oft unabänderlichen Bedingungen zu beachten sind. Man soll sich vor dem Berechnen Klarheit darüber verschaffen, welche Auswirkungen die Änderung einzelner Einflussgrößen in den Gleichungen auf andere Größen haben.

Ein nachträgliches Anpassen der Konstruktion einer Maschine oder eines Gerätes an die benötigte Federlänge wird sich nicht immer vermeiden lassen. Deshalb sollen Federberechnungen zu Beginn der Entwurfsarbeiten durchgeführt werden. Die Ausführung einer Feder hat also in vielen Fällen Einfluss auf die Abmessungen der Gesamtkonstruktion.

8.2 Bemessen und Gestalten der verschiedenen Bauformen

8.2.1 Metallfedern

Biegefedern, Tellerfedern

Für die als Federwerkstoff in Frage kommenden Stahlsorten ist, von nichtrostenden Stählen abgesehen, der Elastizitätsmodul E und der Schubmodul G von der Stahlsorte sowie von der Wärmebehandlung praktisch unabhängig (Zahlenwerte s. Bild **8.14**). In Folge dessen lässt sich die Federsteife durch Wahl verschiedener Stahlsorten oder durch Vergüten der Federn nicht beeinflussen. Lediglich die zulässige Belastung ist von der Stahlsorte und der Wärmebehandlung abhängig. Werte für E bzw. G von Nichteisenmetallen enthält Bild **8.16**. Die Federberechnung ist weitgehend genormt.

8.8
Ringfedern

1 auf Zug beanspruchter
  Außenring
2 auf Druck beanspruchter
  Innenring

Zug- und druckbeanspruchte Federn

Federn, die nur Zug- oder Druckspannungen aufnehmen, sind die sog. Ringfedern, bestehend aus geschlossenen Innen- und Außenringen, die sich gegenseitig an ihren kegeligen Mantelflächen abstützen (Bild **8.8**). Sie werden als Pufferfedern [3], [4] und als Spannelemente (s. Abschn. 6) verwendet.

Biegefedern. Diese können je nach ihrer Bauart Zug- und Druckkräfte sowie Momente aufnehmen. Die Spannungs- und Verformungsgleichungen lassen sich auf einheitliche Grundformeln nach Bild **8.13** zurückführen.

Einfache Blattfeder. Die Federblätter haben konstante Dicke h und Breite b (**8.9a** und **8.1c**). Der Werkstoffausnutzungsfaktor η einer rechteckigen Blattfeder mit konstanter Dicke ist klein. Günstiger sind Federblätter mit zur Kraftangriffsstelle hin abnehmender Dicke (Körper gleicher Festigkeit). Derartige Blätter sollen andererseits vermieden werden, weil sie neuzeitlichen Fertigungsgesichtspunkten widersprechen. Leichter herstellbar sind Blätter in Trapezform mit konstanter Dicke (**8.9b**).

Ihre Verwendung führt zu beachtlichen Gewichtsersparungen, und die Ausnutzungszahl ist größer.

Alle fest eingespannten Federn sind an den Einspannstellen in Folge der Kerbwirkung dauerbruchgefährdet. Daher empfiehlt es sich, die Kanten der Einspannstelle zu runden, mindestens zu brechen oder Beilagen aus weicheren Werkstoffen (Papier, Kunststoff, Messing u. a.) vorzusehen. Eine starke Kerbwirkung haben auch Befestigungsbohrungen in der Einspannung. Sie sollten daher mindestens einen Abstand von der Einspannkante der Feder haben, der der vierfachen Blattdicke entspricht.

8.9
a) Einfache Biegefeder (Blattfeder) mit Rechteckquerschnitt
b) Trapezfeder mit Rechteckquerschnitt, Breitenverhältnis $\varphi_b = b/b_0$

φ_b	0	0,1	0,2	0,3	0,4	0,5	0,6	0,7	0,8	0,9	1,0
ε	1,500	1,390	1,315	1,250	1,202	1,160	1,121	1,085	1,054	1,025	1,000

8.10
Breitenverhältnis φ_b und Federungsfaktor ε von Trapezfedern

Geschichtete Blattfeder. Im Fahrzeugbau wurden früher vorwiegend geschichtete Blattfedern (Bild **8.11**) verwendet. Ihre Bedeutung geht jedoch, vom Lastkraftwagenbau abgesehen, wegen der schlecht erfassbaren und meist unerwünschten Reibung ständig zurück.

8.11
Geschichtete Blattfeder

8.12
Formfedern
a) Flachformfeder
b) und c) Drahtformfeder

Federart	**Bild**	Spannungsgleichung	Verformungsgleichung	Kenn- und Richtwerte
Biegefedern	—	$\sigma_b = \dfrac{F \cdot l}{W_b}$ (8.14)	$s = \dfrac{F \cdot l^3}{K \cdot E \cdot I}$ (8.23)	
einfache Blattfeder	8.9a	$\sigma_b = \dfrac{6 \cdot F \cdot l}{b \cdot h^2}$ (8.15)	$s = \dfrac{4 \cdot F \cdot l^3}{E \cdot b \cdot h^3}$ (8.24)	$\eta = 1/9$
Trapezfeder	8.9b	$\sigma_b = \dfrac{6 \cdot F \cdot l}{b_0 \cdot h^2}$ (8.16)	$s = \dfrac{4 \cdot \varepsilon \cdot F \cdot l^3}{E \cdot b_0 \cdot h^3}$ (8.25)	$\eta = \dfrac{\varepsilon}{4,5 \cdot (1 + \varphi_b)}$ $\varphi_b = b/b_0$ s. **8.9b** ε nach Bild **8.10**
Flach- und Draht-Formfeder	8.12	überschlägig nach (8.14)	überschlägig nach (8.20)	$\sigma_{max} = k_3 \cdot \sigma_b$ r_i und k_3 Bild **8.15**
ebene Spiralfeder [1])		$\sigma_b = \dfrac{M}{W_b}$ (8.17)	$\psi = \dfrac{M \cdot l}{E \cdot I}$ (8.26)	DIN 43 801
Rechteck- querschnitt	8.17 8.18	$\sigma_b = \dfrac{6 \cdot M}{b \cdot h^2}$ (8.18)	$\psi = \dfrac{12 \cdot M \cdot l}{E \cdot b \cdot h^3}$ (8.27)	$\eta = 1/3$
Kreis- querschnitt	8.17 8.18 a bis c	$\sigma_b = \dfrac{32 \cdot M}{\pi \cdot d^3}$ (8.19)	$\psi = \dfrac{64 \cdot M \cdot l}{E \cdot \pi \cdot d^4}$ (8.28)	$\eta = 1/4$ r_i und k_3 Bild **8.15**
zylindrische Schrauben- biege- bzw. Schenkelfeder	8.19	$\sigma_b = \dfrac{F \cdot R}{W_b}$ (8.20)	$s = R \cdot \psi = \dfrac{F \cdot l \cdot R^2}{E \cdot I}$ (8.29)	$\sigma_{max} = k_3 \cdot \sigma_b$ $L_{KO} = i \cdot (a+d)+d$ $w = D_m/d \approx 4 \dots 15$
Rechteck- querschnitt		$\sigma_b = \dfrac{6 \cdot F \cdot R}{b \cdot h^2}$ (8.21)	$s = R \cdot \psi = \dfrac{12 \cdot F \cdot l \cdot R^2}{E \cdot b \cdot h^3}$ (8.30)	$l = \pi \cdot D_m \cdot i$ $\eta = 1/3$ r_i und k_3 Bild **8.15** $\eta = 1/4$
Kreis- querschnitt		$\sigma_b = \dfrac{32 \cdot F \cdot R}{\pi \cdot d^3}$ (8.22)	$s = R \cdot \psi = \dfrac{64 \cdot F \cdot l \cdot R^2}{E \cdot \pi \cdot d^4}$ (8.31)	$\sigma_{max} = k_1 \cdot \sigma_b$ k_1 Bild **8.32**

[1]) Gültigkeit der Gleichungen: Federenden fest eingespannt, berühren sich nicht

8.13
Spannungs- und Verformungsgleichungen für Biegefedern; Richtwerte; zulässige Spannung s. Bild **8.14**

Federbauart	Werkstoff	Festigkeitswerte [1]) in N/mm^2	
		$\sigma_{b\,zul}$	$\sigma_{b\,H}$
einfache Blattfeder	Federstahl DIN EN 10089, DIN EN 10132-4		
	Walzhaut und Oxidhaut erhalten	≤ 750	≤ 240
	Walzhaut entfernt, vergütet, verdichtet	≤ 800	≤ 600
Flachformfeder, Drahtformfeder	Federstahl DIN EN 10132-4, DIN EN 10270, DIN EN 10218	Angaben beim Federhersteller erfragen	
Schenkelfeder	kaltgeformt DIN EN 10270	$\sigma_{b\,zul} \leq 0{,}7 \cdot R_m$ **8.44**	
kaltgezogene Drähte	(DIN EN 10270)	$G = 81\,500$ N/mm^2	$E = 206\,000$ N/mm^2
kaltgewalzte Stahlbänder	(DIN EN 10132-4)	$G = 78\,500$ N/mm^2	$E = 206\,000$ N/mm^2
warmgeformte Stähle	(DIN EN 10089)	$G = 78\,500$ N/mm^2	$E = 196\,200$ N/mm^2
nichtrostende Stähle	(DIN EN 10270-3)	$G = 71\,500$ N/mm^2	$E = 176\,600$ N/mm^2

[1]) Ruhend: Querschnittstelle I; schwingend: Querschnittstelle II und III (s. Gl. (8.36) bis Gl. (8.38)).

8.14
Zulässige Spannung, Elastizitätsmodul E und Schubmodul G, für Biegefedern

r_i	0,5·h	0,75·h	1,00·h	1,25·h	1,50·h	2,00·h	3,00·h	4,00·h	d in mm	< 4	4 ... 7	7 ... 10	> 10
k_3	2,00	1,75	1,50	1,40	1,30	1,25	1,20	1,15	r_i in mm	1,0·d	1,2·d	1,4·d	1,6·d

8.15
Formfaktor k_3 für innere Rundungshalbmesser r_i von Flachform- und gewundenen Biegefedern; Rundungshalbmesser r_i für Drahtabbiegungen; d Drahtdurchmesser $\sigma_{max} = k_3 \cdot \sigma_b$ (zu Bild **8.11**, **8.18**, **8.19**)

Werkstoff		DIN	E-Modul ± 5%	G-Modul	Biegung $\sigma_{b\,zul}$[1]			Torsion $\tau_{b\,zul}$[1]		
					I	II	III	I	II	III
CuZn37	(früher Ms 63)	EN 12166; DIN EN 1654	110 000	42 000	250	180	70	-	-	- B
				35 000	280	210	100	190	120	60 D
CuSn6	(früher Sn Bz 6)	EN 12166; DIN EN 1654	115 000	41 000	420	300	130	-	-	-B B
					500	420	230	300	230	110 D
CuNi18Zn20	(früher Ns 6512)	DIN EN 1652	140 000	≈ 42 000	350	300	110	-	-	- B
					430	350	160	260	160	95 D

8.16
Richtwerte in N/mm^2 für Elastizitätsmodul E und Schubmodul G sowie zulässige Spannung von Nichteisenmetallen, B = Band, D = Draht; genaue Angaben beim Federhersteller erfragen, weil stark vom Kaltziehen bzw. Kaltwalzen und Anlassen abhängig.
[1] Für die Belastungsfälle I ruhend, II schwellend, III wechselnd.

Sonstige Formfedern. Außer den oben bereits beschriebenen Blattfedern gibt es – vor allem in der Feinwerktechnik – noch viele andere Bauformen (Bild **8.12**). Ihre exakte Berechnung ist oft nicht möglich; gute Näherungsverfahren enthält die einschlägige Fachliteratur. Es empfiehlt sich, nach überschläger Ermittlung der Hauptabmessungen nach den Gl. (8.14), (8.15), (8.23) und (8.24) für einfache **Blattfedern** stets die Federcharakteristik an einer Musterfeder zu überprüfen. Bei **Formfedern aus Draht** ist in Gl. (8.14) $W_b = \pi \cdot d^3/32$ und in Gl. (8.23) $I = \pi \cdot d^4/64$, für l die Drahtlänge und $K = 3$ zu setzen. Zu kleine Halbmesser r_i (Bild **8.12**) führen zu Spannungsspitzen, die durch den Formfaktor k_3 berücksichtigt werden. Faktor k_3 und Rundungshalbmesser r_i für Drahtbiegungen ist Bild **8.15** zu entnehmen. Den Abmessungen der Federn sind auch die Werkstoff-Normen zu Grunde zu legen.

Ebene gewundene Biegefeder (Spiralfeder DIN 43801). Die Spiralfeder wird im Allgemeinen nach einer archimedischen Spirale gewickelt (**8.17**); hierbei haben die Windungen gleichen Abstand voneinander. Federn mit rechteckigem Querschnitt haben eine bessere Werkstoffausnutzung als solche mit rundem Querschnitt. Die **Spannungs**- und **Verformungsgleichungen** (8.17) bis (8.19) bzw. (8.26) bis (8.28) gelten nur, wenn die Federenden fest eingespannt sind oder ein Kräftepaar aufnehmen (Bild **8.20**). In diesem Fall kann das Biegemoment M_b, das gleich dem an der Welle wirkenden Drehmoment T ist, als über die ganze Federlänge konstant angenommen werden. Weitere Voraussetzungen für die Gültigkeit dieser Gleichungen ist, dass die Windungen sich nicht gegenseitig berühren. Selbst dann stellen aber die Gleichungen in Bild **8.13** nur Näherungen dar [3], [4]. Bei der Spannungskontrolle ist zu beachten, dass Abbiegungen starke Spannungsspitzen ergeben können. Der Formfaktor k_3 kann Bild **8.15** entnommen werden. Bild **8.18** zeigt Möglichkeiten zur Ausbildung der Federenden von ebenen gewundenen Biegefedern. DIN 43801 enthält die Abmessungen kleiner Bronze-Federn für Messinstrumente in Abhängigkeit vom Drehmoment.

8.17
Ebene gewundene Biegefeder (archimedische Spirale): Spiralfeder mit Rechteck- oder Kreisquerschnitt und mit fest eingespannten Enden; *l* federnde Drahtlängen

a)   b)   c)   d)   e)

8.18
Gestaltung der Federenden von Spiralfedern nach Bild **8.17** bei fester Einspannung

Zylindrische Schraubenbiegefeder (Schenkelfeder, DIN EN 13906). Die wichtigsten Ausführungen zeigt Bild **8.19**. Die Feder soll möglichst so belastet werden, dass sich die Schenkel einander nähern und die Windungen sich zusammenziehen. Die umgekehrte Bewegungsrichtung führt zu ungünstigen Beanspruchungen (nähere Einzelheiten s. DIN EN 13906).

Die Spannungs- und Verformungsgleichungen (8.20) bis (8.22) bzw. (8.29) bis (8.31) gelten unter der Voraussetzung, dass die Federenden fest eingespannt sind oder ein Kräftepaar aufnehmen (Bild **8.20**).

Ist die Feder auf einen Dorn geschoben, so nähern sich die Befestigungsbedingungen für die Federenden bereits der festen Einspannung, wenn ihre Schenkel nur gegen Mitnehmer drücken. Die Länge der unbelasteten Feder ohne Schenkel bezeichnet man als Körperlänge L_{KO} (**8.19**).

8.19
Schenkelfedern DIN EN 13906

a)   Federkennlinie
b)   längs abgekröpfte Federenden (Schenkel)
a   Windungsabstand
α Drehwinkel, $\alpha_h = \alpha_2 - \alpha_1$ Hubwinkel
δ Schenkelwinkel, δ_0 Schenkelwinkel bei unbelasteter Feder
M   Federmomente
$F = M / R$ Federkräfte am Hebelarm *R*

Aus dem zur Verfügung stehenden Raum und der Körperlänge L_{KO} kann die unterzubringende Windungszahl *i* ermittelt werden. Die Schenkellänge soll möglichst kurz gehalten werden, um unerwünschte und in der Rechnung nicht erfassbare Verformungen zu vermeiden. Der Rundungshalbmesser r_i, mit dem die Schenkel oder Befestigungsösen usw. angebogen werden, sollen möglichst groß sein, um den Formfaktor k_3 klein zu halten. Bewährte Richtwerte für r_i enthält Bild **8.15**.

8.20

Schenkeleinspannungen DIN EN 13906

a) fest eingespannte Schenkel (zweckmäßig)

b) in einem Dorn fest eingespannter Schenkel (zweckmäßig)

c) einseitig nicht fest eingespannt, bewegter Schenkel fest eingespannt (zweckmäßig, umgekehrt unzweckmäßig)

8.21

Tellerfeder

links: ohne Auflageflächen

rechts: mit Auflageflächen

I, II, III Querschnittsstellen der rechnerischen Spannung

h_0 unbelastete Höhe t Tellerdicke

Tellerfeder (DIN 2092, 2093). Die in Bild **8.21** dargestellte Tellerfeder ist eine kegelförmige Ringschale. Man kann ihr durch entsprechende Wahl des Verhältnisses der unbelasteten Höhe zur Schalendicke annähernd gerade oder degressive Kennlinien geben (Bild **8.22** und **8.24**).

Die Teller können zu Feder-Paketen (**8.25b**) und Feder-Säulen (**8.25 c** und **d**) zusammengesetzt werden. Durch entsprechendes Kombinieren mehrerer Teller erhält man progressive Kennlinien (c_1 und c_2 in Bild **8.2**, Bild **8.26**). Maße von Tellerfedern s. Bild **8.28**.

Kennlinienverlauf	h_0 / t	Bild
annähernd gerade	$\leq 0{,}6$	**8.2a, 8.24**
degressiv	$0{,}6 \ldots \sqrt{2}$	**8.2b, 8.24**
mit waagerechtem Kurventeil	$\sqrt{2} \approx 1{,}4$	**8.24**
Kurventeil mit absinkender Last	$> 1{,}4$	**8.24**
progressiv (Polygonzug)	Federpaket aus verschieden dicken Tellern oder mit verschiedener Schichtung	**8.2**: c_2 **8.20**

8.22

Kennlinienverlauf von Tellerfedern

Im Allgemeinen bevorzugt man Tellerfedern, wenn große Kräfte bei kleinen Federwegen aufgenommen werden sollen. Die Tellerfedern finden aber auch in anderen Fällen ständig weitere Anwendungsgebiete. Federn mit Kennlinien, die abschnittsweise eine annähernd konstante Federkraft haben, werden als Schraubensicherungen verwendet, wenn durch Schrumpfen von Dichtungen oder aus anderen Gründen ein Vorspannungsverlust eintreten kann. Nach dem gleichen Prinzip kann man trotz des eintretenden Verschleißes auch die Anpresskräfte in Reibungskupplungen (s. Teil 2: Abschn. Kupplungen und Bremsen) konstant halten. Auch für einen Spiel- und Toleranzausgleich (z. B. zur axialen Befestigung von Wälzlagern) sind diese Federn geeignet. In diesem Falle verwendet man auch radial geschlitzte Federn.

8.23
Dauer- und Zeitfestigkeitsschaubild für Tellerfedern nach DIN 2093. Dauerfestigkeit bei $N \geq 2 \cdot 10^6$ Lastspiele

8.24
Kennlinien von Tellerfedern; Federkraft F bezogen auf Federkraft F_h (Kraft bei flachgedrückter Feder) in Abhängigkeit vom Federweg s und dem Verhältnis h_0/t. Nach DIN 2093 ist für Federn der Reihe A $h_0/t = 0,4$, der Reihe B $h_0/t = 0,75$, der Reihe C $h_0/t = 1,3$

a)   b)

c)   d)

e)   Federweg s ⟶

8.25
Tellerfederkombinationen mit gleich dicken Tellern
Unter Vernachlässigung der Reibung gilt, s. auch Gl. (8.2) bis (8.6)

a) Einzelteller $n = 1$, $i = 1$
$F_{ges} = n \cdot F_1 = 1 \cdot F_1$ $\qquad$ $s_{ges} = i \cdot s_1 = 1 \cdot s_1$ $\qquad$ $L_0 = i \cdot [l_0 + (n-1) \cdot t]$ $\qquad$ $L_0 = l_0$

b) einfache Schichtung (Parallelschaltung)
$n = 2$, $i = 1$ $\qquad\qquad$ $F_{ges} = 2 \cdot F_1$ $\qquad$ $s_{ges} = 1 \cdot s_1$ $\qquad$ $L_0 = l_0 + t$

c) Federsäule (Hintereinanderschaltung)
$n = 1$, $i = 4$ $\qquad\qquad$ $F_{ges} = 1 \cdot F_1$ $\qquad$ $s_{ges} = 4 \cdot s_1$ $\qquad$ $L_0 = 4 \cdot l_0$

d) Federsäule (kombinierte Parallel- und Hintereinanderschaltung)
$n = 2$, $i = 4$ $\qquad\qquad$ $F_{ges} = 2 \cdot F_1$ $\qquad$ $s_{ges} = 4 \cdot s_1$ $\qquad$ $L_0 = 4 \cdot [l_0 + (1 \cdot t)]$

e) Kennlinien zu a) bis d) als Geraden dargestellt (beachte jedoch Bild **8.24**)

n Anzahl der geschichteten Teller je Paket $\qquad\qquad$ i Anzahl der Pakete
F_1 Kraft für den Einzelteller, F_{ges} Gesamtkraft $\qquad$ L_0 Länge der unbelasteten Tellerkombination
$l_0 = h + t$ Länge des unbelasteten Einzeltellers

Die Tellerpakete besitzen eine bestimmte **Eigendämpfung**, die Eigenschwingungen rasch abklingen lässt (s. Abschn. 8.1). Legt man mehrere Teller ineinander („Federpaket" mit sog. gleichsinniger Schichtung), so führen die in den Berührungsflächen entstehenden Reibungskräfte durch die beachtliche, in Wärme umgewandelte Reibungsarbeit zu einer erhöhten Dämpfung. In Folge dessen eignen sich Federpakete sehr gut zur Vernichtung von Stoßenergie. Die Reibungsarbeit je Berührungsfläche beträgt etwa 6% der von dem Paket aufgenommenen Arbeit bei normalen bzw. 3% bei geschliffenen Berührungsflächen. **Tellerfederkombinationen** zeigen die Bilder **8.25** und **8.26**. Die Form ihrer Kennlinie kann nach den unter Gl. (8.35) angegebenen Konstruktionsbedingungen beeinflusst werden (**8.26** und **8.24**).

8.26
Tellerfeder-Kombinationen mit progressiven Kennlinien
a) mit gleich dicken Tellern
   $n = 1 ... 3, i = 4$
b) mit verschieden dicken Teller
   $n = 1, i = 6$

Die **Berechnung** der Tellerfeder ohne Auflagefläche erfolgt nach dem Näherungsverfahren von *Almen* und *László*. Hiernach ist die **Federkraft**

$$F = \frac{4 \cdot E}{1 - \mu^2} \cdot \frac{t^4}{K_1 \cdot D_e^2} \cdot \frac{s}{t} \cdot \left[\left(\frac{h_0}{t} - \frac{s}{t} \right) \cdot \left(\frac{h_0}{t} - \frac{s}{2 \cdot t} \right) + 1 \right] \tag{8.32}$$

mit s als Federweg, μ als Poisson-Zahl (Querzahl) und K_1 als Kennwert nach Bild **8.27**. Die Maßbezeichnungen s. Bild **8.21**. Tellerfedern werden im Allgemeinen aus Stahl mit dem Elastizitätsmodul $E = 206\,000$ N/mm^2 und $\mu \approx 0{,}3$ hergestellt. Die **Federrate** ist

$$c = \frac{4 - E}{1 - \mu^2} \cdot \frac{t^3}{K_1 \cdot D_e^2} \cdot \left[\left(\frac{h_0}{t} \right)^2 - 3 \cdot \frac{h_0}{t} \cdot \frac{s}{t} + \frac{3}{2} \cdot \left(\frac{s}{t} \right)^2 + 1 \right] \tag{8.33}$$

Näherungsweise gilt für σ in N/mm^2 und s in mm mit D_e und t in mm und F in N:

$$\sigma \approx \frac{K_3 \cdot F}{t_2} \qquad s \approx \frac{F \cdot D_a^2 \cdot K_1}{923\,000 \cdot t^3} \tag{8.34} \tag{8.35}$$

Die Gleichungen (8.34) und (8.35) sind nur gültig für Stahlfedern und wenn $h_0/t \leq 0{,}6$ (gerade Kennlinie). $D_e/D_i \approx 2$ für beste Werkstoffausnutzung. $D_e/t \approx 18$ für härtere, $D_e/t \approx 28$ für weichere Federn, $s_{max} = 0{,}75\,h_0$.

D_e/D_i	K_1	K_2	K_3	D_e/D_i	K_1	K_2	K_3
1,2	0,29	1,02	1,05	2,2	0,73	1,26	1,45
1,4	0,46	1,07	1,14	2,4	0,75	1,31	1,53
1,6	0,57	1,12	1,22	2,6	0,77	1,35	1,60
1,8	0,65	1,17	1,30	2,8	0,78	1,39	1,67
2,0	0,69	1,22	1,38	3,0	0,79	1,43	1,74

8.27
Kennwerte K_1, K_2 und K_3 zur Tellerfederberechnung

D_e in mm h12	D_i in mm H12	Reihe A; $h_0/t \approx 0,4$				Reihe B; $h_0/t \approx 0,75$			
		t bzw. t' [2] in mm	h_0 in mm	F in N	σ [1] in $\frac{N}{mm^2}$	t bzw. t' [2] in mm	h_0 in mm	F in N	σ [1] in $\frac{N}{mm^2}$
8	4,2	0,4	0,2	210	1220*	0,3	0,25	119	1330
10	5,2	0,5	0,25	329	1240*	0,4	0,3	213	1300
12,5	6,2	0,7	0,3	673	1420*	0,5	0,35	291	1120
14	7,2	0,8	0,3	813	1340*	0,5	0,4	279	1100
16	8,2	0,9	0,35	1000	1290*	0,6	0,45	412	1120
18	9,2	1	0,4	1250	1300*	0,7	0,5	572	1130
20	10,2	1,1	0,45	1530	1300*	0,8	0,55	745	1110
22,5	11,2	1,25	0,5	1950	1320*	0,8	0,65	710	1080
25	12,2	1,5	0,55	2910	1410*	0,9	0,7	868	1030
28	14,2	1,5	0,65	2850	1280*	1	0,8	1110	1090
31,5	16,3	1,75	0,7	3900	1310*	1,25	0,9	1920	1190
35,5	18,3	2	0,8	5190	1330*	1,25	1	1700	1070
40	20,4	2,25	0,9	6540	1340*	1,5	1,15	2620	1150
45	22,4	2,5	1	7720	1300*	1,75	1,3	3660	1150
50	25,4	3	1,1	12000	1430*	2	1,4	4760	1140
56	28,5	3	1,3	11400	1280*	2	1,6	4440	1090
63	31	3,5	1,4	15500	1300*	2,5	1,75	7180	1090
71	36	4	1,6	20500	1330*	2,5	2	6730	1060
80	41	5	1,7	33700	1460*	3	2,3	10500	1140
90	46	5	2	31400	1300*	3,5	2,5	14200	1120
100	51	6	2,2	48000	1420*	3,5	2,8	13100	1050
112	57	6	2,5	43700	1240*	4	3,2	17800	1090
125	64	8 (7,5)	2,6	85900	1330*	5	3,5	30000	1150
140	72	8 (7,5)	3,2	85200	1280*	5	4	27900	1110

8.28
Tellerfedern (8.21), Maße und Belastungen. Auswahl aus DIN 2093
Belastung F und Spannung σ gelten für $s \approx 0,75 \cdot h_0$ und E = 206 000 N/mm², μ = 0,3

[1]) Angegeben sind die jeweils größten rechnerischen Zugspannungen an der Unterseite des Einzeltellers. Bei den mit * versehenen Zahlenwerten errechnet sich diese größte Zugspannung für die Stelle II, bei den Zahlenwerten ohne * für die Stelle III. Eine Spannungskontrolle bei zusammengedrückter Feder erübrigt sich, wenn diese Federn nur ruhen und mit den angegeben Belastungen beansprucht werden.

[2]) Angegeben sind jeweils die Nenngrößen der Tellerdicke t. Bei Tellerfedern der Gruppe 3 werden diese Tellerdicken auf die Dicken t' verringert.

Die größte Beanspruchung tritt am oberen Innenrand des Tellers (Stelle I in Bild **8.21**) als **Druckspannung** σ_I auf. Sie wird der Berechnung von ruhend oder selten wechselnd beanspruchten Federn zu Grunde gelegt. Für wechselnd beanspruchte Federn sind die **Zugspannungen** σ_{II} **und** σ_{III} an den unteren Innen- und Außenrändern maßgebend. Die entsprechenden Spannungsgleichungen lauten

$$\sigma_I = \frac{4 \cdot E}{1 - \mu^2} \cdot \frac{t^2}{K_1 \cdot D_e^2} \cdot \frac{s}{t} \left[-K_2 \left(\frac{h_0}{t} - \frac{s}{2 \cdot t} \right) - K_3 \right] \qquad \text{oberer Innenrand} \qquad (8.36)$$

$$\sigma_{II} = \frac{4 \cdot E}{1 - \mu^2} \cdot \frac{t^2}{K_1 \cdot D_e^2} \cdot \frac{s}{t} \left[-K_2 \cdot \left(\frac{h_0}{t} - \frac{s}{2 \cdot t} \right) + K_3 \right] \qquad \text{unterer Innenrand} \qquad (8.37)$$

$$\sigma_{III} = \frac{4 \cdot E}{1 - \mu^2} \cdot \frac{t^2}{K_1 \cdot D_e^2} \cdot \frac{s}{t} \cdot \frac{1}{\delta} \left[(2 \cdot K_3 - K_2) \cdot \left(\frac{h_0}{t} - \frac{s}{2 \cdot t} \right) + K_3 \right] \qquad \text{unterer Außenrand} \qquad (8.38)$$

mit dem Durchmesserverhältnis $\delta = D_e / D_i$ und den Kennwerten K_2 und K_3 aus Bild **8.27** sowie mit s als Federweg und μ als Querzahl. Maßbezeichnungen s. Bild **8.21**.

Die Norm DIN 2092 hat u. a. die Gleichungen (8.32) ... (8.38) auf die Berechnung von Tellerfedern mit Auflageflächen erweitert und berücksichtigt den Reibungseinfluss auf die Kennlinie bei Einzelfedern, Paketen und Säulen.

Bei Tellerfedern aus Edelstahl nach DIN EN 10089 und DIN EN 10132 (aus den Werkstoffen Ck67, 67SiCr5 oder 50CrV4) mit ruhender bzw. selten schwellender Beanspruchung soll die rechnerische Spannung σ_I am oberen Innenrand die Streckgrenze des verwendeten Werkstoffes nicht überschreiten ($R_e = 1400 \ldots 1600 \ldots 2000$ N/mm²). Maße und Belastungen nach DIN 2093 s. Bild **8.28**.

Außer einer Kontrolle der oben genannten Spannungen muss bei schwellender Beanspruchung noch die Hubspannung $\sigma_h = \sigma_0 - \sigma_u$ für die Stellen II und III überprüft werden (s. Abschn. 2.3 und Schraubenfeder). Die ertragbare Dauerhubfestigkeit kann den Dauerfestigkeitsschaubildern in DIN 2092 und Bild **8.23** entnommen werden. Man unterscheidet Tellerfedern mit praktisch unbegrenzter Lebensdauer, die ohne Bruch $2 \cdot 10^6$ Lastspiele und mehr ertragen, und Tellerfedern mit begrenzter Lebensdauer. Diese sollen im Bereich der Zeitfestigkeit $10^4 \leq N < 2 \cdot 10^6$ eine begrenzte Anzahl von Lastspielen bis zum Bruch ertragen. Um Anrisse am oberen Innenrand zu vermeiden, soll bei dynamisch beanspruchten Federn der Vorspannfederweg $s_v \geq 0,15 \cdot h$ sein.

Für Tellerfedern DIN 2093 bzw. DIN EN 13906 aus dem Werkstoff 50CrV4, DIN EN 10089, gilt:

$\sigma_{I\,zul} \leq 1200$ N/mm² für $s_{max} = 0,75 \cdot h_0$ schwingend und
$\sigma_{I\,zul} \leq 2400$ N/mm² für $s_{max} = 0,75 \cdot h_0$ ruhend; $\sigma_H \leq 700$ N/mm²

Beispiel 4
Es soll geprüft werden, ob die Tellerfeder A40 DIN 2093 für eine schwellende Belastung zwischen $F_1 = 2850$ N und $F_2 = 5400$ N dauerfest ist. Gegeben nach DIN 2093: $D_e = 40$ mm; $D_i = 20,4$ mm; $D_e/D_i = 40/20,4 = 1,96$; $h_0 = 0,9$ mm; $t = 2,25$ mm; $h_0/t = 0,9/2,25 = 0,4$; aus Bild **8.27** $K_1 = 0,69$; $K_2 = 1,22$; $K_3 = 1,38$. Für $s = h_0$ ist nach Gl. (8.32) $F_h = 8408$ N. Aus Bild **8.24** ist zu entnehmen für $F_1/F_h = 0,339$ das Federwegverhältnis $s_1/h_0 = 0,3$ und für $F_2/F_h = 0,642$ das Wegverhältnis $s_2/h_0 = 0,6$. Somit ergibt

sich s_1 = 0,27 mm und s_2 = 0,54 mm. Mit diesen Werten erhält man für die Stellen II und III der Feder aus den Gleichungen (8.37) und (8.38) die Spannungen $\sigma_{o\,II}$ = 1035 N/mm², $\sigma_{u\,II}$ = 481 N/mm², $\sigma_{o\,III}$ = 920 N/mm², $\sigma_{u\,III}$ = 484 N/mm². Die Hubspannungen sind σ_{hII} = 554 N/mm² und σ_{hIII} = 436 N/mm². Aus dem Dauerfestigkeitsschaubild **8.23** ist zu entnehmen, dass die Feder an der Stelle II nicht dauerfest ist. Sie kann aber mit Sicherheit bis zu 10^5 Lastspiele ertragen.

Alle Tellerfedern mit annähernd gerader Kennlinie können als ebene Kreisringplatte aufgefasst werden, die auf Biegung beansprucht wird. Unter dieser Voraussetzung vereinfachen sich die Gl. (8.32) und (8.37); es gelten dann Gl. (8.34) und (8.35). Aus Gründen der Wirtschaftlichkeit sollte stets versucht werden, mit den in DIN 2093 aufgeführten **Normfedern** die gestellte Aufgabe zu lösen (Bild **8.28**). Als Höchstlast sind dort die Federkräfte für den Federweg s = 0,75·h_0 angegeben. Für überschlägige Berechnungen kann die Kennlinie für die Normfeder noch als Gerade gezeichnet werden, weil der Wert h_0/t höchstens 0,75 beträgt. Eine Spannungskontrolle der genormten Federn erübrigt sich, wenn sie nur auf 0,75·h_0/t zusammengedrückt und ruhend beansprucht werden. Bei im Betrieb veränderlichen Beanspruchungen muss eine Spannungskontrolle mit Hilfe eines Dauerfestigkeitsschaubildes durchgeführt werden. ■

Drehfedern
Sie werden auf Verdrehung beansprucht. Die Spannungs- und Verformungsgleichungen für Drehfedern s. Gl. (8.39) bis Gl. (8.47).

Einfache Drehstabfeder (DIN 2091)
Die einfachste Form der Drehfeder ist die gerade Drehstabfeder nach Bild **8.1d** und **8.29**. Sie wird meist mit rundem Querschnitt hergestellt, weil in diesem Fall die Werkstoffausnutzung am günstigsten ist. Ihre Enden werden zweckmäßig verstärkt, um die Spannungsspitzen an den Einspannstellen abzubauen. Die Federköpfe (Enden) werden als Vierkant, Sechskant oder Zylinder mit Profilverzahnung nach DIN 5480 ausgebildet.

Rein schwellend beanspruchte Drehstabfedern mit rundem Querschnitt werden häufig nach dem Vergüten über ihre Fließgrenze hinaus in Richtung der späteren Betriebsbeanspruchung verformt, d. h. vorgesetzt. Nach der Entspannung bleiben Eigenspannungen im Stab zurück, die eine günstigere Verteilung der Betriebsspannung im Stabquerschnitt und eine Entlastung der Randzone bewirken. Vorgesetzte Drehstäbe dürfen nur in ihrer Vorsetzrichtung beansprucht werden.

8.29
Drehstabfederkombinationen

Einfache Stabfedern *1* in Rohrfedern *2* mittels Kerbverzahnung *4*, *5* eingesetzt, hierdurch Vergrößerung der wirksamen federnden Länge *l* auf $l_1 + l_2$. *3* festes Bauteil, *6*, *7*, *8*, *9* Köpfe der Stab- bzw. Rohrfeder mit Kerbverzahnung, *10* abgefederter Hebel

Versieht man die Verzahnung der beiden Köpfe mit unterschiedlichen Zähnezahlen, so ergibt sich eine besonders gute Einstellbarkeit der Feder. Als federnde Länge kann der Abstand von Kopf zu Kopf der Rechnung zugrunde gelegt werden; die Durchmesserveränderungen in den

Kopfübergängen darf man vernachlässigen. Zur genaueren Bestimmung der Verdrehung wird die Länge des zylindrischen Schaftes und zusätzlich als Ersatzlängen 70% ... 75% der Längen an den Kopfübergängen (Hohlkehlenlänge) in die Rechnung eingesetzt. DIN 2091 berücksichtigt auch Relaxation (Setzen) und Kriechen, ausgedrückt in Prozenten vom Ausgangszustand. Relaxation ist hierbei ein Drehmomentverlust bei konstantem Drehwinkel und Kriechen eine Vergrößerung des Drehwinkels bei konstantem Drehmoment.

Schraubendrehfeder; Druckfeder, Zugfeder (DIN EN 13906). Dies sind mit Steigung gewickelte Drahtfedern mit rundem Drahtquerschnitt (gute Werkstoffausnutzung), seltener mit rechteckigem Querschnitt (Flachstahl). Allerdings kann bei rechteckigem Querschnitt die Raumausnutzung (Raumbedarf) besser sein. Die Federn werden als **Zugfedern (8.1a)** und als **Druckfedern (8.3)** ausgebildet. Sie sind auf Zug bzw. Druck und gleichzeitig auf Schub, Biegung und Torsion beansprucht. Wegen des kleinen Steigungswinkels der Windungen γ kann die Zug- bzw. Druckspannung sowie die Schub- und Biegespannung jedoch gegenüber der Torsionsspannung vernachlässigt werden. Die Feder wird mit genügender Genauigkeit wie eine gerade Drehstabfeder mit der federnden Länge $l = \pi \cdot D \cdot i$ berechnet (D mittlerer Windungsdurchmesser nach Bild **8.3**, i Anzahl der federnden Windungen).

8.30
Verteilung der Torsionsspannung τ_t an einer Schraubenfeder. Maximalwert τ_{tk} am Innendurchmesser

Die Drahtkrümmung hat eine **Spannungserhöhung** an der Innenseite der Krümmung zur Folge (**8.30**). Diese Erhöhung wird durch den bei Schraubenfedern mit k_2 bezeichneten Formfaktor erfasst. Gl. (8.39) nimmt damit die Form nach Gl. (8.40) an. Bei ruhender Belastung kann die Spannungserhöhung vernachlässigt werden, weil sie sich nicht nachteilig auswirkt (s. Abschn. 2.3). Zahlenwerte für k_2 sind Bild **8.32** zu entnehmen. Die seltener verwendeten Federn aus Flachstahl mit rechteckigem Querschnitt behandelt DIN 2090.

Im Allgemeinen ist der Federdurchmesser D über die Federlänge konstant. Der Einbauraum soll möglichst groß gehalten werden, damit das zur Aufnahme der Federarbeit erforderliche Werkstoffvolumen untergebracht werden kann, ohne hochwertige Werkstoffe verwenden zu müssen (s. DIN 2099). Zur Vereinfachung der Rechnung dienen Nomogramme, Federtabellen und Rechenprogramme.

Zylindrische Schraubendruckfedern aus runden Drähten und Stäben (DIN EN 13906-1). Bei beschränktem Einbauraum kann bisweilen die Verwendung von **Federsätzen** (ineinander geschachtelte Federn; s. Bild **8.4a**) die Unterbringung des erforderlichen Werkstoffvolumens ermöglichen [3], [4]. Andernfalls muss ein besserer, d. h. höher belastbarer und damit teurerer Werkstoff verwendet werden. In manchen Fällen wird die Vergrößerung des ursprünglich vorgesehenen Einbauraumes wirtschaftlicher. Baugrößen für Schraubendruckfedern s. Bild **8.31**.

Die **Berechnung** und **Konstruktion** nach DIN EN 13906-1 gilt für zylindrische Schraubenfedern mit konstantem Durchmesser und mit linearer Kennlinie, bei denen die Hauptlast in Richtung der Federachse aufgebracht wird und deren Gütevorschriften in DIN 2096 T1 und T2 festgelegt sind (**8.3**).

Vor der Berechnung einer Feder ist festzulegen, welchen Anforderungen sie genügen soll; insbesondere müssen festgelegt und beachtet werden:

d	D	Dorn D_d max.	Hülse D_h min.	F_n in N	$i=3{,}5$ L_0	L_n	s_n	c in N/mm	$i=5{,}5$ L_0	L_n	s_n	c in N/mm	$i=8{,}5$ L_0	L_n	s_n	c in N/mm	$i=12{,}5$ L_0	L_n	s_n	c in N/mm
0,5	6,3	5,3	7,5	6,70	13,5	4,3	9,2	0,74	20*)	6,0	14,0	0,47	30*)	8,7	21,3	0,31	44*)	12,2	31,8	0,21
	5	4,0	6,2	8,20	9,4	3,9	5,5	1,49	14	5,4	8,6	0,95	20,5*)	7,6	12,9	0,62	30*)	10,6	19,4	0,42
	4	3,1	5,0	9,50	7	3,7	3,3	2,89	10	5,1	4,9	1,85	15	7,1	7,9	1,19	21,5*)	9,8	11,7	0,81
0,8	10	8,6	11,6	15,7	20	6,9	13,1	1,22	30*)	9,8	20,2	0,77	45,5*)	14,3	31,2	0,50	66*)	19,9	46,1	0,34
	8	6,6	9,6	19,9	14,5	6,1	8,4	2,37	21,5	8,4	13,1	1,51	32*)	12,0	20,0	0,98	47*)	16,7	30,3	0,66
	6,3	5,0	7,7	24,5	10,5	5,6	4,9	4,86	15,5	7,7	7,8	3,09	23	10,9	12,1	2,00	33*)	15,1	17,9	1,36
1	12,5	10,8	14,4	22,4	24	9,4	14,6	1,52	36,5	13,4	23,1	0,97	55,5*)	19,4	36,1	0,62	80,5*)	27,4	53,1	0,42
	10	8,4	11,8	27,9	17,5	8,0	9,5	2,96	26	11,2	14,8	1,89	39	16,0	23,0	1,22	56*)	22,4	33,6	0,83
	8	6,5	9,6	33,8	13	7,3	5,7	5,79	19	10,1	8,9	3,68	28,5	14,3	14,2	2,38	40,5*)	19,9	20,6	1,62
1,6	20	17,5	22,6	86,5	48*)	12,4	35,6	2,43	73,5*)	17,6	55,9	1,85	110*)	25,5	84,5	1,01	165*)	36,0	129	0,68
	16	13,7	18,5	108	34	11,0	23,0	4,74	51,5*)	15,5	36,0	3,02	77,5*)	22,2	55,3	1,96	110*)	31,2	78,8	1,33
	12,5	10,3	14,7	138	24	10,0	14,0	9,95	36	14,1	21,9	6,35	53,5*)	20,1	33,4	4,12	78*)	28,0	50,0	2,78
2	25	22,0	28,0	130	58*)	15,0	43,0	3,04	88,5*)	21,4	67,1	1,94	135*)	31,0	104	1,25	195*)	43,8	151	0,85
	20	17,1	22,9	162	41	13,6	27,4	5,94	62*)	19,2	42,8	3,78	94*)	27,6	66,4	2,44	135*)	38,8	96,2	1,66
	16	13,4	18,6	202	30	12,5	17,5	11,6	45	17,7	27,3	7,38	68*)	25,5	42,5	4,78	98*)	35,9	62,1	3,25
3,2	40	35,6	44,6	294	82*)	21,2	60,8	4,85	125*)	29,7	95,3	3,09	190*)	42,3	148	2,00	275*)	59,2	216	1,36
	32	27,6	36,5	368	58,5	19,8	38,7	9,49	88,5*)	27,4	61,1	6,04	135*)	38,8	96,2	3,90	190*)	54,1	136	2,66
	25	21,1	28,9	470	42,5	19,1	23,4	19,8	63,5	26,3	37,2	12,6	94,5*)	37,1	57,4	8,18	135*)	51,6	83,4	5,56
	20	16,1	23,9	588	33,5	18,5	15,0	38,9	49,5	25,9	23,6	24,7	74	37,1	36,9	16,0	105*)	51,6	53,4	10,9
4	50	44,0	56,0	435	99*)	27,4	71,6	6,07	150*)	38,6	111	3,86	230*)	55,4	175	2,50	335*)	77,8	257	1,70
	40	34,8	45,2	543	71	25,2	45,8	11,9	105*)	35,1	69,9	7,55	160*)	50,0	110	4,88	235*)	69,8	165	3,32
	32	27,0	37,0	679	53,5	24,0	29,5	23,2	79,5	33,3	46,2	14,7	120	47,2	72,8	9,53	170*)	65,8	104	6,48
	25	20,3	29,7	869	41	22,9	18,1	48,6	60,5	32,2	28,3	30,9	89,5	46,0	43,5	20,0	130*)	64,5	65,5	13,6
5	63	56,0	70,0	635	120*)	32,3	87,7	7,41	180*)	45,3	135	4,72	275*)	64,8	210	3,05	395*)	90,8	304	2,07
	50	43,0	57,0	800	85	30,9	54,1	14,8	130	43,2	86,8	9,43	195*)	61,6	133	6,10	280*)	86,1	194	4,15
	40	34,0	46,0	1000	64	29,6	34,4	28,9	95,5	41,1	54,4	18,4	140	58,4	81,6	11,9	205*)	81,4	124	8,10
	32	26,0	38,0	1250	51	28,7	22,3	56,5	75	40,2	34,8	36,0	110	57,5	52,5	23,3	160*)	80,5	79,5	15,8
8	100	89,0	111,0	1440	170	52,0	118	12,1	260*)	73,0	187	7,73	390*)	104	286	5,00	570*)	147	423	3,40
	80	69,0	91,0	1800	125	49,0	76,0	23,7	180	69,0	111	15,1	285*)	99,0	186	9,77	410*)	139	271	6,64
	63	53,0	73,0	2280	95	47,0	48,0	48,6	140	66,0	74,0	30,9	205	93,5	112	20,0	300*)	131	169	13,6
	50	40,5	60,0	2880	75	45,0	30,0	97,2	110	63,2	46,8	62,0	160	90,0	70,0	40,0	230	127	103	27,2
10	100	87,0	114,0	2650	150	63,0	87,0	29,6	230	89,0	141	18,9	345	128	217	12,2	500*)	180	320	8,30
	80	67,5	93,0	3310	115	59,0	56,0	57,9	175	83,0	92,0	36,9	255	119	136	23,9	370	167	203	16,2
	63	51,0	75,0	4200	96	56,3	39,7	118	135	79,0	56,0	75,4	200	112	88,0	48,8	285	157	128	33,2

8.31
Baugrößen für kaltgeformte zylindrische Schraubendruckfedern aus runden Drähten. (Auswahl aus DIN 2098, Maße in mm. Endwindungen angelegt und geschliffen. Gesamtzahl der Windungen $i_g = i + 2$. Patentiert gezogener Federstahldraht Sorte C. Beanspruchungsart ruhend, selten wechselnd.) L_0 Länge der unbelasteten Feder, L_n Länge bei F_n *)Diese Druckfedern können seitlich ausknicken, wenn sie nicht in einer Hülse oder auf einem Dorn geführt werden.

Eine Federkraft und der zugehörige Federweg oder zwei Federkräfte und der zugehörige Differenzfederweg, der Hub, die Federrate, der zeitliche Verlauf der Beanspruchung (bei dynamischer Beanspruchung die Mindestlastspielzahl bis zum Bruch), die Arbeitstemperatur, die zulässige Relaxation, Querfederung, Knickung, Stoßbeanspruchung, Resonanzschwingung und die Korrosion.

Berechnungsgleichungen für Schraubendruckfedern

Spannungsgleichung; Torsionsspannung (Schubspannung)

$$\tau_t = \frac{T}{W_t} = \frac{F \cdot D}{2 \cdot W_t} = \frac{8 \cdot D \cdot F}{\pi \cdot d^3} \quad \text{oder} \quad \tau_t = \frac{G \cdot d \cdot s}{\pi \cdot i \cdot D^2} \tag{8.39}$$

bei Berücksichtigung der **Drahtkrümmung**

$$\tau_{tk} = k_2 \cdot \tau_t \tag{8.40}$$

Für die Auslegung statisch bzw. quasistatisch beanspruchter Federn ist mit τ_t zu rechnen, wogegen bei dynamisch beanspruchten Federn die Spannungserhöhung an der Innenseite der Krümmung durch den Formfaktor k_2 (**8.32**) berücksichtigt werden muss.

8.32
Formfaktoren k_1 und k_2 von Federn mit rundem Drahtquerschnitt

Federkraft   **Draht- oder Stabdurchmesser**

$$F = \frac{\pi \cdot d^3 \cdot \tau_{t\,zul}}{8 \cdot D} \qquad\qquad d = \sqrt[3]{\frac{8 \cdot F \cdot D}{\pi \cdot \tau_{t\,zul}}} \tag{8.41}\ (8.42)$$

Die zulässige Spannung $\tau_{t\,zul}$ ist entsprechend dem vorliegenden Konstruktionsfall festzulegen.

Verformungsgleichung

Federweg   **federnde Drahtlänge**

$$s = \frac{F \cdot D^2 \cdot l}{4 \cdot G \cdot I_t} = \frac{8 \cdot i \cdot D^3 \cdot F}{G \cdot d^4} \qquad\qquad l = \pi \cdot D \cdot i \tag{8.43}\ (8.44)$$

Federkraft   **Federrate**

$$F = \frac{G \cdot d^4 \cdot s}{8 \cdot i \cdot D^3} \qquad\qquad c = \frac{F}{s} = \frac{G \cdot d^4}{8 \cdot i \cdot D^3} \tag{8.45}\ (8.46)$$

Anzahl der federnden Windungen

$$i = \frac{G \cdot d^4 \cdot s}{8 \cdot D^3 \cdot F} \tag{8.47}$$

In den vorstehenden Gleichungen bedeuten:

T Torsionsmoment, $W_t = \pi \cdot d^3/16$ Widerstandsmoment, $D = (D_e + D_i)/2$ mittlerer Windungsdurchmesser (**8.3**), G Schubmodul (Bild **8.14**) und $I_t = \pi \cdot d^4/32$ polares Flächenmoment 2. Ordnung.

Gesamtanzahl der Windungen. Die Anzahl der erforderlichen, nicht wirksamen Endwindungen hängt von der Ausführung der Federenden und vom Herstellungsverfahren ab. Man benötigt nach DIN 2095 für kaltgeformte Federn 2 und nach DIN 2096 T1 und T2 für warmgeformte Federn 1,5 Windungen. Somit beträgt die Gesamtzahl der Windungen für kaltgeformte Federn $i_g = i + 2$ und für warmgeformte Federn $i_g = i + 1,5$.

Mindestabstand zwischen den wirksamen Windungen. Die Windungen dürfen sich auch bei der Höchstbelastung nicht berühren. Die Summe der Mindestabstände aller Windungen bezeichnet man mit S_a (Sicherheitsabstand, s. Bild **8.3**). Die Zahlenwertgleichung für den **Sicherheitsabstand S_a** in mm mit D in mm und d in mm lautet für **kaltgeformte Federn** nach DIN 2095

$$S_a = \left(0,0015 \cdot \frac{D^2}{d} + 0,1 \cdot d \right) \cdot i \tag{8.48}$$

und für **warmgeformte Federn** nach DIN 2096

$$S_a = 0,02 \cdot (D + d) \cdot i \tag{8.49}$$

Bei dynamischer Beanspruchung ist S_a bei warmgeformten Federn zu verdoppeln, bei kaltgezogenen Federn muss er das 1,5fache betragen.

Längenabmessungen (8.3). Die **Länge L_0 der unbelasteten Feder** ist gleich der Summe aus Blocklänge L_c, dem Mindestabstand bei Höchstlast S_a und dem Federweg s

$$L_0 = L_c + S_a + s \tag{8.50}$$

Die **Blocklänge L_c** ist abhängig von der Ausbildung der Federenden, die sich nach dem Fertigungsverfahren richtet. Sie beträgt mit i_g als Gesamtzahl der Windungen und d als dem Drahtdurchmesser für:

kaltgeformte Federn mit angelegten, geschliffenen Federenden

$$L_c \leq i_g \cdot d \tag{8.51}$$

kaltgeformte Federn mit angelegten, unbearbeiteten Federenden

$$L_c \leq (i_g + 1,5) \cdot d \tag{8.52}$$

warmgeformte Federn mit angelegten, planbearbeiteten Federenden

$$L_c \leq (i_g - 0,3) \cdot d \tag{8.53}$$

warmgeformte Federn mit unbearbeiteten Federenden

$$L_c \leq (i_g + 1,1) \cdot d \tag{8.54}$$

Vergrößerung des Windungsdurchmessers ΔD_e. Beim Zusammendrücken einer Schraubendruckfeder wird der Windungsdurchmesser geringfügig größer. Die Vergrößerung des Windungsdurchmessers ΔD_e errechnet sich bei Blocklänge L_c und freier Lagerung der Federenden aus

$$\Delta D_e = 0,1 \cdot \frac{m^2 - 0,8 \cdot m \cdot d - 0,2 \cdot d^2}{D} \tag{8.55}$$

mit $m = (L_0 - d)/i$ für Federn mit angelegten, planbearbeiteten Federenden und mit $m = (L_0 - 2,5d)/i$ für Federn mit unbearbeiteten Federenden.

Resonanzschwingungen. Eine Schraubendruckfeder ist aufgrund der trägen Masse ihrer wirksamen Windungen und der Elastizität des Werkstoffes zu Eigenschwingungen fähig. Man unterscheidet die Schwingungen 1. Ordnung (Grundschwingung) und Schwingungen höherer Ordnung, sogenannte Oberschwingungen. Die Frequenz der Grundschwingung bezeichnet man als Grundfrequenz; die Frequenzen der Oberschwingungen sind ganzzahlige Vielfache davon. Bei der Berechnung von Federn, denen Schwingungen aufgezwungen werden, muss darauf geachtet werden, dass die Frequenz dieser Schwingung (Erregerfrequenz) nicht mit einer der Eigenfrequenzen der Feder in Resonanz kommt. Bei bekannten, mechanischen Erregungen (z. B. durch Nocken) kann Resonanz auch dann eintreten, wenn ein harmonischer Anteil der Erregerfrequenz mit einer der Eigenfrequenzen der Feder übereinstimmt. Im Resonanzfall treten an einzelnen Stellen der Feder, den Schwingungsknoten, erhebliche Spannungserhöhungen auf. Um diese Spannungserhöhungen durch Resonanz zu vermeiden, sind folgende Maßnahmen zu empfehlen: ganzzahlige Verhältnisse zwischen Erregerfrequenzen und Eigenfrequenzen vermeiden; Eigenfrequenz 1. Ordnung der Feder möglichst hoch wählen; Resonanz mit niedrigen Harmonischen der Erregung ausschließen; Verwendung von Federn mit progressiver Kennlinie (veränderliche Federrate); günstige Gestaltung des Nockens (kleine Scheitelwerte der Erreger-Harmonischen); Dämpfung durch Beilagen.

Eigenschwingungen. Die **Eigenfrequenz f_e** 1. Ordnung einer Schraubendruckfeder, die an beiden Federenden fest geführt ist und bei der ein Federende im Bereich des Arbeitshubs periodisch erregt wird, beträgt

$$f_e = \frac{1}{2\pi} \cdot \frac{d}{i \cdot D^2} \cdot \sqrt{\frac{G}{2 \cdot \rho}} \tag{8.56}$$

mit dem mittleren Windungsdurchmesser D, der Windungszahl i, dem Schubmodul G und der Dichte ρ.

Querfederung. Wird eine zylindrische Schraubendruckfeder mit parallel geführten Enden unter der gleichzeitigen Wirkung von Kräften längs und quer zur Federachse verformt, so entstehen zusätzlich Spannungen, die durch eine korrigierte Schubspannung berücksichtigt werden können (s. DIN EN 13906-1).

Knickung. Schraubendruckfedern können ausknicken. Um der Knickgefahr entgegenzuwirken, sollen die beiden Windungsenden sich um 180° versetzt gegenüberliegen, weil hierdurch der zentrische Kraftangriff unterstützt wird.

Die im Augenblick des Knickens gemessene Federlänge wird als Knicklänge L_K und der bis dahin zurückgelegte Federweg als **Knickfederweg** s_K bezeichnet. Der Einfluss der Federendenlagerung wird durch den Lagerungsbeiwert ν berücksichtigt (**8.33**). Der Knickfederweg wird nach folgender Gleichung berechnet

$$s_K = L_0 \cdot \frac{0,5}{1 - \dfrac{G}{E}} \cdot \left[1 - \sqrt{1 - \frac{1 - \dfrac{G}{E}}{0,5 + \dfrac{G}{E}} \cdot \left(\frac{\pi \cdot D}{\nu \cdot L_0} \right)^2} \right] \tag{8.57}$$

Die Knicksicherheit ist theoretisch gegeben für imaginären Wurzelwert und für $s_K/s > 1$. In der Gleichung (8.57) bedeuten: L_0 Länge der unbelasteten Feder, D mittlerer Windungsdurchmesser, G Schubmodul, E Elastizitätsmodul und ν Lagerungsbeiwert.

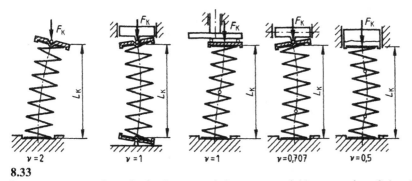

8.33
Lagerungsarten und zugehörige Lagerungsbeiwerte von axial beanspruchten Schraubendruckfedern

Zulässige Beanspruchungen

Zulässige Torsionsspannung bei Blocklänge (Bild **8.36** bis **8.37** und **8.45**). Aus fertigungstechnischen Gründen müssen kalt- und warmgeformte Schraubendruckfedern auf Blocklänge zusammengedrückt werden können. Die zulässige Torsionsspannung bei Blocklänge $\tau_{c\,zul}$ darf dabei weder bei ruhender noch bei dynamischer Beanspruchung überschritten werden. Die vorhandene Torsionsspannung bei Blocklänge wird ohne Berücksichtigung des Spannungsbeiwertes k_2 ermittelt. Als zulässige Spannung wird bei **kaltgeformten** Schraubendruckfedern $\tau_{c\,zul} = 0,56 \cdot R_m$ eingesetzt.

Die Mindestzugfestigkeit R_m kann den entsprechenden Normen entnommen werden. Die Festigkeitswerte sind für den angelassenen bzw. warm ausgelagerten Zustand einzusetzen. (Anhaltswerte für $\tau_{tc\,zul}$ s. Bild **8.36**).

Die zulässigen Blockspannungen für **warmgeformte** Schraubendruckfedern sind vom Stab- oder Drahtdurchmesser abhängig, s. Bild **8.37**.

Zulässige Schubspannung bei statischer oder quasistatischer Beanspruchung. Die statische Beanspruchung ist eine zeitlich konstante Beanspruchung (ruhende Beanspruchung). Zur quasistatischen Beanspruchung bei Federn zählt man zeitlich veränderliche Beanspruchungen mit vernachlässigbar kleinen Hubspannungen bis 10% der Dauerhubfestigkeit und zeitlich veränderliche Beanspruchungen mit zwar größeren Hubspannungen, aber mit Lastspielzahlen bis zu 10^4.

Relaxation. Bei statisch oder quasistatisch beanspruchten Federn wird die zulässige Betriebsspannung durch die vertretbare Relaxation $R_{el} = \Delta F/F_{An}$ in % begrenzt. Die Relaxation ist ein temperatur- und zeitabhängiger Kraftverlust ΔF bei konstantem Federweg, ausgedrückt in Prozent in Abhängigkeit von der Anfangskraft F_{An} bzw. deren Spannung (s. DIN EN 13906-1). Sie ist nur dann zu überprüfen, wenn eine bestimmte Federkraft möglichst genau eingehalten werden soll.

Die Betriebsspannung wird ohne Berücksichtigung des Spannungsbeiwertes k_2 errechnet. Die Relaxation beträgt je nach Werkstoff, Belastung und Temperatur $(0,5...15)\%$; für Ventilfederdraht s. Bild **8.35**.

Die **zulässige Hubspannung bei dynamischer Beanspruchung** wird durch die geforderte Mindestlastspielzahl und den vorgegebenen Stab- oder Drahtdurchmesser begrenzt. Bei der Berechnung ist der Spannungsbeiwert k_2 zu berücksichtigen und, wegen der Gefahr zusätzlicher Belastung in Folge Eigenschwingungen, die zulässige Blockspannung $\tau_{tc\,zul}$ zu überprüfen.

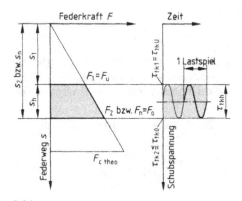

8.34
Schwingungsschaubild einer schwingend beanspruchten Schraubendruckfeder

τ_{tkh} Hubspannung
(Schwingbreite der Spannung)

Als dynamische Beanspruchungen bei Federn gelten zeitlich veränderliche Beanspruchungen mit Lastspielzahlen über 10^4 und Hubspannungen über $0,1 \times$ Dauerhubfestigkeit bei a) konstanter Hubspannung, b) veränderlicher Hubspannung.

Je nach der verlangten Mindestlastspielzahl N ohne Bruch unterscheidet man: a) den Bereich der Dauerfestigkeit mit Lastspielzahlen $N \geq 10^7$ für kaltgeformte Federn, $N \geq 2 \times 10^6$ für warmgeformte Federn, hierbei ist die Hubspannung kleiner als die Dauerhubfestigkeit; b) den Bereich der Zeitfestigkeit mit Lastspielzahlen $N < 10^7$ für kaltgeformte Federn, $N < 2 \times 10^6$ für warmgeformte Federn, hierbei ist die Hubspannung größer als die Dauerhubfestigkeit und kleiner als die Zeithubfestigkeit.

Die **vorhandene Hubspannung** $\tau_{t\,c\,zul}$ ist die Differenz zwischen $\tau_{t\,k1}$ und $\tau_{t\,k2}$ (s. Bild **8.34**). Sie darf die **Dauerhubfestigkeit** $\tau_{t\,k\,H}$ nicht überschreiten.

Ist eine im Betrieb ständig schwankende Belastung gegeben, so berechnet man nach Abschn. 2.3 die Unterlast $F_u = F_1$ (Bild **8.34**), die Oberlast $F_o = F_2$, die Mittellast F_m, den Lastausschlag F_a und daraus die entsprechenden Spannungen, die kleiner als die zulässigen Spannungen sein müssen (s. Dauerfestigkeitsschaubilder für Schraubendruckfedern Bild **8.40** bis **8.43**; s. auch ertragbaren Spannungsausschlag σ_A ($\tau_{t\,A}$) und Entwicklung des Dauerfestigkeitsschaubildes nach *Smith* (**2.21**) Abschn. 2.3).

Bei gegebenem $\tau_{t\,k\,u} = \tau_{t\,k\,U}$ darf die Oberspannung $\tau_{t\,k\,o}$ nicht größer als der Dauerfestigkeitswert für die Oberspannung $\tau_{t\,k\,O}$ sein, d. h. die Hubspannung $\tau_{t\,k\,h}$ darf den Wert der Dauerhubfestigkeit $\tau_{t\,k\,H}$, der den Schaubildern zu entnehmen ist, nicht überschreiten. Da sich die Spannungen wie die Lasten verhalten, gilt die Beziehung

$$\frac{\tau_{t\,k\,o}}{\tau_{t\,k\,u}} = \frac{F_o}{F_u} \quad \text{und somit} \quad \tau_{t\,k\,u} = \tau_{t\,k\,o} \cdot \frac{F_u}{F_o} \tag{8.58}$$

Aus $\tau_{t\,k\,a} = (\tau_{t\,k\,o} - \tau_{t\,k\,u})/2$ [entsprechend Gl. (2.26)] und aus der Beziehung $\tau_{t\,k\,a\,zul} = \tau_{t\,k\,A}/S_D$ mit der Sicherheit S_D (für Federn etwa 1,1...1,2) erhält man dann die **Festigkeitsbedingung**

$$\boxed{\tau_{t\,k\,o} - \tau_{t\,k\,u} \le \frac{2 \cdot \tau_{t\,k\,a}}{S_D}} \tag{8.59}$$

Führt man für den doppelten Spannungsausschlag $2 \cdot \tau_{t\,k\,a}$ den Begriff der Schwingbreite ein und bezeichnet diese entsprechend der Normung für Federn als Hubspannung $\tau_{t\,k\,h}$, so nimmt Gl. (8.59) für die **Festigkeitsbedingung** folgende Form an

$$\boxed{\tau_{t\,k\,o} - \tau_{t\,k\,u} = \tau_{t\,k\,h} \le \frac{2 \cdot \tau_{t\,k\,H}}{S_D}}$$

mit der Dauerhubfestigkeit $\tau_{t\,k\,H}$. Diese ist für einige Federarten in den Normen in Dauerfestigkeitsschaubildern (*Goodman*-Diagramm) angegeben. Abweichend von den in Abschn. 2 erläuterten Schaubildern (*Smith*-Diagramm) enthalten diese die Hubfestigkeit in Abhängigkeit von der Unterspannung (Bild **8.23**, **8.40** bis **8.44**).

Fasst man Gl. (8.58) und (8.59) zusammen, so ergibt sich für die **zulässige Oberspannung**

$$\tau_{t\,k\,o} - \tau_{t\,k\,u} = \tau_{t\,k\,o} \cdot \left(1 - \frac{F_u}{F_o}\right) \le \frac{\tau_{t\,k\,H}}{S_D} \quad \text{oder} \quad \boxed{\tau_{t\,k\,o\,zul} = \frac{\tau_{t\,k\,H}}{S_D \cdot (1 - F_u/F_o)}} \tag{8.60}$$

Die für die zulässige Hubspannung aufgestellten Gleichungen gelten sinngemäß auch für andere Federn. Man setzt bei Biegefedern statt der Torsionsspannung die Normalspannung σ_b und statt des Kräfteverhältnisses das Momentenverhältnis M_u/M_o und bei Drehstabfedern die Torsionsspannung und das Verhältnis T_u/T_o ein.

Arbeitstemperatur. Die Angaben über die zulässigen Beanspruchungen der verwendeten Werkstoffe gelten allgemein für Raumtemperatur. Die Verminderung der Festigkeit und Steifigkeit mit zunehmender Temperatur ist besonders bei Schraubendruckfedern mit eng tolerierten Federkräften zu berücksichtigen (Relaxation). Bei Arbeitstemperaturen unter -30 °C ist die Kerbschlagzähigkeit zu beachten. Elastizitäts- und Schubmodul nehmen bei der Temperaturerhöhung von 20 °C auf 250 °C um 8% ab und werden bis -30 °C um 1,5% größer als bei $+20$ °C.

Die **Gedankengänge bei Federberechnungen** sind z. B. folgende:

Eine Schraubendruckfeder soll bei ruhender Belastung eine Kraft F aufnehmen. Der Federweg sei nicht vorgeschrieben. Aus der Spannungsgleichung $F = \pi \cdot d^3 \cdot \tau_{t\,zul}/(8 \cdot D)$ [Gl. (8.41)] ist unter Vernachlässigung der durch die Drahtkrümmung vorhandenen Spannungsspitze zu entnehmen, dass der Drahtdurchmesser d um so kleiner werden darf, je größer die Schubspannung $\tau_{t\,zul}$ gewählt wird, d. h. je besser der Werkstoff ist. Die zulässige Spannung $\tau_{t\,zul}$ für die Kraft F muss kleiner als die zulässige Spannung $\tau_{t\,c\,zul}$ für die Blockkraft F_c gewählt werden. Nimmt man den mittleren Windungsdurchmesser D aufgrund des zur Verfügung stehenden Raumes an, so ergibt sich der Drahtdurchmesser d. Damit die Feder die gewünschte Kraft F aufnehmen kann, muss sie sich entsprechend zusammendrücken. Es muss also der **Federweg s** bestimmt werden. Die Verformungsgleichung Gl. (8.43) lautet

$$s = \frac{8 \cdot F \cdot D^2 \cdot l}{\pi \cdot G \cdot d^4} = \frac{8 \cdot i \cdot D^3 \cdot F}{G \cdot d^4}$$

mit der federnden **Drahtlänge**

$$l = \pi \cdot D \cdot i$$

Die Verformungsgleichung zeigt, dass nach Festlegen von D und d die Federung nur noch von der wirksamen Drahtlänge l abhängt. Es kann also nur noch die Anzahl der federnden Windungen i angenommen werden. Ist der für die Feder verfügbare Platz nicht vorgeschrieben, so kann i frei gewählt und damit der Federweg s bestimmt werden.

Nach DIN 2095 erhält man aus der Baulänge der gänzlich zusammengedrückten Feder (der Blocklänge) und einem Sicherheitsabstand zwischen den einzelnen Windungen die Baulänge, welche die Feder unter der Höchstlast F einnimmt. Selbstverständlich muss noch geprüft werden, ob die ungespannte Feder auch ohne Schwierigkeiten in der Maschine oder dem Gerät gespannt werden kann.

Ist die Länge des Einbauraumes der Feder vorgeschrieben, so muss man die Federlänge und damit die Windungszahl diesem Raum anpassen und die Größen D und d entsprechend abstimmen.

Soll eine bestimmte Kraft oder ein bestimmter Federweg bei ruhender Belastung dauernd genau eingehalten werden, so empfiehlt es sich, das Setzen (Relaxation) bzw. das Kriechen der Feder zu überprüfen.

Bei dynamischer Beanspruchung ist die vorhandene Hubspannung mit der zulässigen Hubspannung zu vergleichen.

Soll die Federsteife für eine vorhandene Feder nachgerechnet werden, so dividiert man die Last F durch den zugehörigen Federweg s, der sich aus der Verformungsgleichung Gl. (8.43) ergibt, und erhält die Federsteife c aus den Abmessungen der Feder mit Gl. (8.46). Entsprechendes gilt auch für andere Federarten.

8.35
Relaxation nach 48 Stunden von kaltgeformten Schraubendruckfedern der Drahtsorte VDC (Ventilfederdraht) nach DIN EN
10270-2 vorgesetzt bei Raumtemperatur, in Abhängigkeit von
der Anfangs-Schubspannung bei verschiedenen Temperaturen in
°C und Drahtdurchmessern:

Drahtdurchmesser 1 mm, Zugfestigkeit 1725 N/mm²
Drahtdurchmesser 6 mm, Zugfestigkeit 1560 N/mm²

8.36
Zulässige Verdrehspannung $\tau_{t\,c\,zul}$ bei Blocklän-
ge für kaltgeformte Schraubendruckfedern nach
DIN EN 13906 aus patentiert-gezogenem Feder-
stahldraht der Klassen SL, SM, SH und DH nach
DIN EN 10270-1 sowie aus vergütetem Feder-
draht FDC und vergütetem Ventilfederdraht
VDC nach DIN EN 10270-2

8.37
Zulässige Verdrehspannung $\tau_{t\,c\,zul}$ bei Blocklänge
für **warmgeformte** Schraubendruckfedern nach
DIN EN 13906 aus Edelstahl nach DIN EN 10089

8.38
Zulässige Verdrehspannung $\tau_{t\,zul}$ für **kaltgeformte** Zugfedern nach DIN EN 13906 aus patentiert-gezogenem Federstahldraht der Klassen
SL, SM, SH und DH nach DIN EN 10270-1 sowie aus vergütetem Federdraht FDC nach DIN
EN 10270-2

8.39
Zulässige innere Verdrehspannung $\tau_{t\,V\,zul}$ für **kaltgeformte** Zugfedern nach DIN EN 13906 aus patentiert-gezogenem Federstahldraht der Klassen
SM, SH und DH nach DIN EN 10270-1 beim Wickeln auf der Wickelbank

8.40
Dauerfestigkeitsschaubild (*Goodman*-Diagramm) für **warmgeformte** Schraubendruckfedern nach DIN EN 13906 aus Edelstahl nach DIN EN 10089 mit geschliffenen oder geschälter Oberfläche, **kugelgestrahlt**

8.41
Dauerfestigkeitsschaubild (*Goodman*-Diagramm) für **kaltgeformte** Schraubendruckfedern nach DIN EN 13906 aus patentiert-gezogenem Federstahldraht der Klasse SH nach DIN EN 10270-1, **kugelgestrahlt**

8.42
Dauerfestigkeitsschaubild (*Goodman*-Diagramm) für **kaltgeformte** Schraubendruckfedern nach DIN EN 13906 aus vergütetem Federdraht nach DIN EN 10270-2, **kugelgestrahlt**

8.43
Dauerfestigkeitsschaubild (*Goodman*-Diagramm) für **kaltgeformte** Schraubendruckfedern nach DIN EN 13906 aus vergütetem Ventilfederdraht nach DIN EN 10270-2, **kugelgestrahlt**

8.44
Dauerfestigkeitsschaubild für **kaltgeformte**, nicht oberflächenverdichtete Schenkelfedern nach DIN EN 13906-3 aus Federdraht nach DIN EN 10270

Federbauart	Werkstoff	Festigkeitswerte in N/mm²	
Torsionsfedern			
Drehstabfeder, DIN 2091 $d \leq 40$mm	50CrV 4, DIN EN 10089 vergütet, geschliffen	$\tau_{t\,zul}$ ≤ 700	$\tau_{t\,A}$ $\leq \pm 200$
$d > 40$mm	geschält, vergütet, verdichtet 51CrMoV4	≤ 700	$\leq \pm 300$
Schraubendruckfedern DIN EN 13906 DIN 2095, warm geformt DIN 2098, 2099 (σ_B abhängig von d)	Federstahldraht Klasse SH / DIN EN 10270 Bl. 1; DIN EN 10218-2 $d = 1...12$ mm	**8.41** $\tau_{t\,c\,zul}$ $\leq 1250...650$	$\tau_{t\,k\,H}$ $\leq 400...500$
	vergüteter Federdraht DIN EN 10270-2 $\quad d = 1$ mm **8.36** $\quad\quad\quad\quad d = 3$ mm **8.41** $\quad\quad\quad\quad d = 9$ mm	$\tau_{t\,c\,zul} \leq 0{,}56{\cdot}R_m$ ≤ 980 ≤ 860 ≤ 730	$\tau_{tk\,H}$ $\begin{cases} \text{Oberfläche nicht verdichtet} \\ \leq 300 \\ \text{Oberfläche verdichtet} \\ \leq 400 \end{cases}$
Schraubendruckfeder DIN EN 13906-1 DIN 2096, warm geformt DIN 2099 T1	vergüteter Ventilfederdraht DIN EN 10270-2 $\quad d = 1$ mm **8.36** $\quad\quad\quad\quad d = 2$ mm **8.43** $\quad\quad\quad\quad d = 6$ mm	$\tau_{tc\,zul} \leq 0{,}56{\cdot}R_m$ ≤ 950 ≤ 860 ≤ 740 **8.37**	$\begin{cases} \text{Oberfläche nicht verdichtet} \\ \leq 400 \\ \text{Oberfläche verdichtet} \\ \leq 600 \end{cases}$ **8.40**
Schraubenzugfeder DIN EN 13906-2 DIN 2097, kalt geformt DIN 2099 T2	Federstahldraht DIN EN 10270, DIN 17224; DIN EN 10218 Vorspannung $\tau_{tV} \leq 0{,}15{\cdot}\tau_{t\,max}$, abhängig vom Herstellungsverfahren s. DIN EN 13906-2 **8.39**	$\tau_{t\,zul} \leq 0{,}45{\cdot}R_m = 450 ... 1200$ N/mm² je nach Stahlsorte und Drahtdurchmesser. Schwingungsbeanspruchung vermeiden **8.38**	
warm geformt		≤ 600	

8.45
Werkstoffe und zulässige Spannungen der wichtigsten Stahlfedern

Es ist zu beachten, dass sämtliche Werte **Richtwerte** sind. Grundsätzlich muss bei ruhender oder fast ruhender Beanspruchung die größte Spannung (Oberspannung) in der Feder kleiner als σ_{zul} bzw. $\tau_{t\,zul}$ sein. Bei kalt- und warmgeformten Schraubendruckfedern wird die Spannung bei Blocklast $\tau_{t\,c}$ ohne Berücksichtigung des Spannungsbeiwertes k_2 ermittelt. Sie darf nicht größer sein als $\tau_{t\,c\,zul}$ (s. Bild **8.36** und **8.37**). Bei veränderlicher Beanspruchung darf die Summe der Mittelspannung und des Spannungsausschlages $\sigma_m + \sigma_a$ bzw. $\tau_{tm} + \tau_{tk\,a}$ den Grenzwert σ_O bzw. $\tau_{t\,k\,O}$ im Dauerfestigkeitsschaubild nach *Smith* nicht überschreiten. Im Dauerfestigkeitsschaubild nach *Goodman* darf die Summe der Unterspannung und der Hubspannung $\sigma_u + \sigma_h$ bzw. $\tau_{t\,k\,u} + \tau_{t\,k\,h}$ nicht größer als die Grenzfestigkeit σ_O bzw. $\tau_{t\,k\,O}$ sein (s. Bild **8.23** und **8.41** bis **8.44**). Bei dynamischer Belastung sind die Spannungen stets unter Berücksichtigung etwaiger Formfaktoren zu ermitteln.

8.46

Leitertafeln zur überschlägigen Ermittlung der Abmessungen von Schrauben-Zug- und Druckfedern

a) für die Konstruktionspunkte 1 bis 5 s. Beispiel 4
b) für die Konstruktionspunkte 1 bis 4 s. Beispiel 8

Bei dynamischer Beanspruchung muss die Spannungserhöhung in Folge der Drahtkrümmung durch Multiplikation von F bzw. τ_t mit dem Formfaktor k_2 berücksichtigt werden.

Beispiel 5

Mit den Werten in Beispiel 1 erhält man für eine auf Verdrehung beanspruchte Schraubendruckfeder das Spannungsverhältnis $R = \tau_{tku}/\tau_{tko} = F_u/F_a = 200\,\mathrm{N}/1400\,\mathrm{N}$ $= 1/7$. Die ertragbare Oberspannung lässt sich aus dem Dauerfestigkeitsschaubild für Federstahldraht der Klasse SH (Bild **8.41**) mit dem Spannungsverhältnis $R = 1/7 \approx$ 0,15 bei einem geschätzten Drahtdurchmesser von 8 bis 10 mm zu $\tau_{tko} = 470\,\mathrm{N/mm^2}$ und die Dauerhubfestigkeit zu $\tau_{tkH} = 400\,\mathrm{N/mm^2}$ ablesen. Mit der Sicherheit $S_D =$ 1,2 ergibt sich dann die zulässige Oberspannung nach Gl. (8.60)

$$\tau_{tkozul} = \frac{400\,\mathrm{N/mm^2}}{1,2\cdot(1-1/7)} \approx 390\,\mathrm{N/mm^2}$$

Mit dieser Spannung bestimmt man aus der Spannungsgleichung (8.42) mit der Oberlast $F_o = 1400\,\mathrm{N}$ die Abmessungen der Feder. Mit dem geschätzten Wickelverhältnis $w = D/d = 5$ bzw. $D = w \cdot d$ und $k_2 = 1,3$ nach Bild **8.32** ergibt sich aus Gl. (8.42)

$$d = \sqrt{\frac{8 \cdot k_2 \cdot F \cdot D}{\pi \cdot d \cdot \tau_{tkozul}}} = \sqrt{\frac{8 \cdot k_2 \cdot w \cdot F}{\pi \cdot d \cdot \tau_{tkozul}}} = \sqrt{\frac{8 \cdot 1,3 \cdot 5 \cdot 1400\,\mathrm{N}}{\pi \cdot 390\,\mathrm{N/mm^2}}} = 7,7\,\mathrm{mm}$$

Beispiel 5, Fortsetzung

Die Windungszahl i folgt aus Gl. (8.47)

$$i = \frac{s_0 \cdot G \cdot d^4}{8 \cdot D^3 \cdot F_0} = \frac{29{,}2\,\text{mm} \cdot 81500\,\text{N/mm}^2 \cdot 8^4\,\text{mm}^4}{8 \cdot 40^3\,\text{mm}^3 \cdot 1400\,\text{N}} \approx 14$$

Überschlägig erhält man aus Bild **8.46a**, mit $F_{o\,k} = F_o \cdot k_2 \approx 1820$ N, $D = 40$ mm und $\tau_t = 390$ N/mm^2, den Durchmesser $d \approx 7{,}6$ mm.

Schließlich werden mit den endgültigen Maßen der Feder die vorhandene Oberspannung und der vorhandene Spannungsausschlag noch einmal überprüft und die vorhandene Blockspannung mit der zulässigen Spannung bei Blocklast $\tau_{t\,c\,zul}$ verglichen (Bild **8.36**). ∎

Beispiel 6

Druckfeder mit **ruhender** bzw. selten **schwellender** Belastung (**8.3**). Zu bestimmen sind die Federdaten τ_t, i, L_0. Gegeben: Höchste zulässige Federkraft $F_n = 1850$ N bei $s_n = 90$ mm, $D = 60$ mm. Angenommen $d = 8$ mm, kalt geformter Federstahldraht der Klasse SM nach DIN EN 10270 T 1 mit $\tau_{t\,c\,zul} = 670$ N/mm^2 (s. Bild **8.36**).

Mit Gl. (8.39) und ohne Berücksichtigung des Formfaktors k_2 erhält man $\tau_{t\,n} = 8\,F_n \cdot D/(\pi d^3) = 8 \cdot 1850\,\text{N} \cdot 60\,\text{mm}/(\pi \cdot 512\,\text{mm}^3) = 552$ N/mm$^2 < \tau_{t\,c\,zul}$.

Nach Gl. (8.47) ist mit $G = 81\,500$ N/mm^2 die Anzahl der federnden Windungen $i = G \cdot d^4 \cdot s_n / (8 \cdot D^3 \cdot F_n) = (81\,500\,\text{N/mm}^2 \cdot 8^4\,\text{mm}^4 \cdot 90\,\text{mm})/(8 \cdot 60^3\,\text{mm}^3 \cdot 1850\,\text{N}) = 9{,}4$. Da die Federenden um 180° zueinander versetzt sein sollen, wird $i = 9{,}5$ gewählt. Gesamtzahl der Windungen $i_g = i + 2 = 9{,}5 + 2 = 11{,}5$. Summe der Mindestabstände zwischen den einzelnen federnden Windungen nach Gl. (8.48) $S_a = [(0{,}0015 \cdot D^2/d) + 0{,}1 \cdot d] \cdot i = 14$ mm.

Die Blocklänge bei angeschliffenen Federenden ist $L_c = i_g \cdot d = 11{,}5 \cdot 8$ mm $= 92$ mm. Gespannte Länge $L_n = L_c + S_a = 92$ mm $+ 14$ mm $= 106$ mm. Länge der unbelasteten Feder $L_0 = L_n + S_n = 106$ mm $+ 90$ mm $= 196$ mm.

Nachrechnung der Torsionsspannung bei der theoretischen Blocklast $F_c = s_c \cdot F_n / s_n$. Mit $s_c = s_n + s_a = 90$ mm $+ 14$ mm $= 104$ mm wird $F_c = 2138$ N und $\tau_{t\,c} = 638$ N/mm^2. Diese Torsionsspannung liegt deutlich unter $\tau_{t\,c\,zul} = 670$ N/mm ∎

Beispiel 7

Kaltgeformte **Druckfeder** mit **schwingender Belastung**. Gewünscht wird eine Druckfeder mit unbegrenzter Lebensdauer ($N > 10^7$) für $F_1 = 300$ N und $F_n = 650$ N bei einem Schwinghub $s_h = 14$ mm. Einbauraum-Durchmesser 37 mm. Zu bestimmen sind die erforderlichen Federdaten d, i, L_0, $\tau_{t\,k\,b}$ und der Werkstoff.

Die dem Schwinghub s_h zugehörige Hubspannung $\tau_{t\,k\,b}$ darf nicht größer als die Dauerhubfestigkeit $\tau_{t\,k\,H}$ des gewählten Werkstoffes sein. Außerdem muss $\tau_{t\,k\,n} < \tau_{t\,k\,O}$ sein. Gewählt wird eine kugelgestrahlte Feder aus vergütetem Ventilfederdraht.

Beispiel 7, Fortsetzung

Da der Drahtdurchmesser noch unbekannt ist, wird dem Dauerfestigkeitsschaubild **8.42** für $\tau_{tknzul} = \tau_{tkO}/S_D$ ein geschätzter Wert entnommen, z. B. $\tau_{tkO} = 715$ N/mm^2. Damit ergibt sich mit der Sicherheit $S_D = 1,1$ für die Kraft F_n die zulässige Spannung $\tau_{tknzul} = 650$ N/mm^2 ($\hat{=} \tau_{tkn}$). Die Proportion $F_1/s_1 = (F_n - F_1)/s_h$ liefert den Federweg

$$s_1 = \frac{F_1 \cdot s_h}{F_n - F_1} = \frac{300\,\text{N} \cdot 14\,\text{mm}}{350\,\text{N}} = 12\,\text{mm}$$

Der Federweg ist $s_n = s_1 + s_h = (12 + 14)$ mm = 26 mm.

Mit der Proportion $\tau_{tk1} = s_1 \cdot \tau_{tk1} / s_n = (12$ mm $\cdot 650$ N/mm$^2)/26$ mm = 300 N/mm^2 ergibt sich $\tau_{tkh} = \tau_{tkn} - \tau_{tk1} = (650 - 300)$ N/mm^2 = 350 N/mm^2, hierbei bedeuten $\tau_{tkn} = \tau_{tkO}$ und $\tau_{tk1} = \tau_{tku}$. Diese Spannungen liegen im Dauerfestigkeitsschaubild innerhalb der zulässigen Grenzen (s. Bild **8.43**).

Der mittlere Windungsdurchmesser D ist durch den Einbauraum mit 37 mm Durchmesser annähernd festgelegt. Er wird bei einem geschätzten Drahtdurchmesser von 4,5 mm mit $D = 31$ mm angenommen. Aus Bild **8.32** entnimmt man vorläufig für $w = D/d = 31/4,5 = 6,9$ den Formfaktor $k_2 = 1,2$.

Somit ergibt sich aus Gl. (8.42) mit $\tau_{tkozul} = \tau_{tknzul}$ der Drahtdurchmesser

$$d = \sqrt[3]{\frac{8 \cdot k_2 \cdot F_n \cdot D}{\pi \cdot \tau_{tkozul}}} = \sqrt[3]{\frac{8 \cdot 1,2 \cdot 650\,\text{N} \cdot 31\,\text{mm}}{\pi \cdot 650\,\text{N/mm}^2}} = 4,56\,\text{mm}$$

gewählt wird $d = 4,6$ mm.

Anzahl der federnden Windungen nach Gl. (8.47)

$$i = \frac{G \cdot d^4 \cdot s_n}{8 \cdot D^3 \cdot F_n} = \frac{81500\,\text{N/mm}^2 \cdot (4,6\,\text{mm})^4 \cdot 26\,\text{mm}}{8 \cdot (31\,\text{mm})^3 \cdot 650\,\text{N}} \approx 6,125$$

Gesamtzahl der Windungen $i_g = i + 2,25 = 8,5$, damit die Federenden gegenüber liegen. Summe der Mindestabstände $S_a^* = [(0,0015 \cdot 31^2$ mm$^2/4,6$ mm$) + 0,1 \cdot 4,6$ mm$] \cdot 6,25 \approx 5$ mm, Gl. (8.48).

Bei dynamischer Belastung kaltgeformter Federn wird S_a^* um den Faktor 1,5 vergrößert, gewählt $S_a = 7,5$ mm. Blocklänge $L_c = i_g \cdot d = 8,5 \cdot 4,6$ mm = 39,1 mm; Länge $L_n = L_c + S_a = (39,1 + 7,5)$ mm = 46,6 mm; Länge $L_1 = L_n + s_h = (50,1 + 14)$ mm = 64,1 mm; Länge $L_0 = L_1 + s_1 = (64,1 + 12)$ mm = 76,1 mm; Federweg bei Blocklast $s_c = s_n + S_a = (26 + 7,5)$ mm = 33,5 mm.

Bei der theoretischen Blocklast $F_c = F_n \cdot s_c / s_n = 650$ N $\cdot 33,5$ mm $/ 26$ mm = 838 N ist $\tau_{tc} = 8 \cdot D \cdot F_c/(\pi \cdot d^3) = 8 \cdot 31$ mm $\cdot 838$ N $/ (\pi \cdot 4,6^3$ mm$^3) = 680$ N/mm^2. Nach Bild **8.36** ist für vergüteten Ventilfederdraht $\tau_{tczul} = 770$ N/mm^2 bei $d = 4,6$ mm und damit größer als τ_{tc}. Eine Nachrechnung der Spannungen τ_{tk1}, τ_{tkn} und τ_{tkb} ergibt keine bedeutende Abweichung von vorstehenden Werten. ∎

Zugfeder (DIN EN 13906, DIN 2097). Die Federn werden im Allgemeinen mit eng aneinanderliegenden Windungen gewickelt. Bei Verwendung federharten Drahtes oder vergüteten

Drahtes nach DIN EN 10218 bzw. DIN EN 10270 können die Federn mit **Vorspannung** gewickelt werden. Nach dem Wickeln vergütete Federn lassen sich nur ohne Vorspannung herstellen.

8.47
Federenden von Schraubenzugfedern nach DIN 2097 (s. auch Bild **8.1a**)

Die Höhe der Vorspannkraft F_V ist proportional der Wickelvorspannung; sie ist überschlägig $\tau_{tV} = 0{,}15 \cdot \tau_{t\,zul}$ mit $\tau_{t\,zul} = 0{,}45 \cdot R_m$ (s. Bild **8.45** und **8.39**, s. auch DIN EN 13906). Durch die Vorspannung werden Baulängen und Federweg verringert. Die eingesparte Länge beträgt F_V/c mit c als Federrate nach Gl. (8.1).

Die Federenden erhalten die verschiedensten Formen. Einige Ausführungen zeigen die Bilder **8.1a** und **8.47** (DIN 2097). Die Aufhängeösen sollen mit Halbmessern angebogen werden, welche die Werte nach Bild **8.15** nicht unterschreiten. Wegen der Bruchgefahr in den Federenden sollen Zugfedern bei Schwingungsbeanspruchung möglichst vermieden werden.

Beispiel 8

Gesucht sind die Hauptabmessungen einer **ruhend beanspruchten Zugfeder** mit innerer Vorspannung. Gegeben $F_1 = 5000$ N bei $s_1 = 210$ mm, $L_1 \approx 600$ mm, $D_e \approx 200$ mm, Lösung mit Hilfe der Leitertafel (Bild **8.46b**): Nach Wahl von $D \approx 150$ mm erhält man durch Verbinden der Punkte 1 und 2 den Zapfenpunkt 0. Durch Schwenken der Geraden G um 0 findet man durch Probieren die einander zugeordneten Werte $\tau_t = 500$ N/mm² (Punkt 3) und $d = 16$ mm (Punkt 4). Nach DIN EN 13906 und Bild **8.38**, **8.45** ist für Federstahldraht Klasse SH nach DIN EN 10270 T1 = 520 N/mm² zulässig; $d = 16$ mm ist nach DIN EN 10218 ein gängiger Durchmesser. Kontrollrechnung: Die **Schubspannung** ist nach Gl. (8.39)

$$\tau_{t1} = \frac{8 \cdot D \cdot F_1}{\pi \cdot d^3} = \frac{8 \cdot 150\,\text{mm} \cdot 5000\,\text{N}}{\pi \cdot (16\,\text{mm})^3} = 466\,\text{N/mm}^2$$

Bei Federn mit innerer Vorspannung beim Wickeln kann die Anzahl der federnden Windungen zunächst aus der gewünschten Länge der unbelasteten Feder bestimmt werden, weil die Windungen dicht an dicht liegen. Abweichungen von den Vorbedingungen der Verformungsgleichung werden durch die innere Vorspannung ausgeglichen.

Die Länge der unbelasteten Feder ist $L_0 = L_1 - s_1 = (600 - 210)$ mm $= 390$ mm, die Länge des unbelasteten Federkörpers ohne Öse (Bild **8.47** rechts) wird $L_K = [390 - 1{,}6 \cdot (150 - 16)]$ mm $= 175{,}6$ mm und die Anzahl der federnden Windungen

$$i = \frac{L_K}{d} - 1 = \frac{175{,}6\,\text{mm}}{16\,\text{mm}} - 1 \approx 10$$

Aus der Beziehung für die Federrate $c = \Delta F/\Delta s = (F_1 - F_V)/s_1$ ergibt sich mit Gl. (8.46) die erforderliche innere Vorspannkraft $F_V = F_1 - c \cdot s_1$;

Beispiel 8 (Fortsetzung)

$$F_V = F_1 - \frac{G \cdot d^4 \cdot s_1}{8 \cdot D^3 \cdot i} = 5000\,\text{N} - \frac{81\,500\,\text{N}/\text{mm}^2 \cdot (16\,\text{mm})^4 \cdot 220\,\text{mm}}{8 \cdot (150\,\text{mm})^3 \cdot 10} = 648\,\text{N}$$

In Folge dessen muss die Feder nach Gl. (8.39) mit der inneren Vorspannung

$$\tau_{tV} = \frac{8 \cdot D \cdot F_V}{\pi \cdot d^3} = \frac{8 \cdot 150\,\text{mm} \cdot 648\,\text{N}}{\pi \cdot (16\,\text{mm})^3} \approx 60\,\text{N}/\text{mm}^2$$

gewickelt werden. Nach DIN EN 13906 (s. Bild **8.39**) beträgt für Federdraht Klasse SH und Wickeln auf der Wickelbank die innere zulässige Vorspannung $\tau_{tV\,\text{zul}} = 95\,\text{N}/\text{mm}^2$, s. auch Überschlagsformel $\tau_{tV\,\text{zul}} = 0{,}15 \cdot \tau_{t\,\text{zul}} = 0{,}15 \cdot 520\,\text{N}/\text{mm}^2 = 78\,\text{N}/\text{mm}^2$ ∎

Kegelige Druckfeder (Kegelstumpffeder). In Sonderfällen werden die Schraubenfedern zur Erzielung einer progressiven Kennlinie konisch gewickelt, mit gleichmäßig abnehmendem mittlerem Windungsdurchmesser und ungleichmäßiger Steigung. Kegelstumpffedern lassen sich nur näherungsweise berechnen. Wegen ihrer geringeren Bedeutung wird hier auf die einschlägige Literatur verwiesen [1], [3], [4].

8.2.2 Gummifedern

Abweichend von den Metallen, insbesondere Stahl, verursachen beim Gummi bereits kleine Spannungen große Dehnungen; es gilt aber nicht exakt das *Hooke*sche Gesetz. Trotzdem kann für die wichtigsten Gummifederbauarten innerhalb eines bestimmten Belastungsbereiches die Kennlinie näherungsweise als Gerade angenommen werden. Wie bei Metallfedern ist die Federsteife $c = dF/ds$ je nach der Beanspruchungsart vom Elastizitäts- oder Schubmodul, also von den Werkstoffkennwerten der betreffenden Gummiqualität, abhängig. Entscheidend ist die **Shore-Härte A** nach DIN 53505. Die Abhängigkeit des Schubmoduls G von der Shore-Härte zeigt Bild **8.48**. Mit G ergibt sich mit der aus der Festigkeitslehre bekannten Beziehung

$$E = 2\,(\mu + 1) \cdot G \tag{8.61}$$

und mit der *Poisson*schen Querzahl μ (für Gummi gilt $\mu = \varepsilon_q / \varepsilon = 0{,}5$; ε_q Querkürzung; ε Dehnung) der **Elastizitätsmodul**

$$E = 3 \cdot G \tag{8.62}$$

Dieser Wert hat allerdings nur theoretische Bedeutung, weil er eine völlig unbehinderte Querdehnung (Querkürzung) voraussetzt. Dies ist in der Regel bei Zug- und Druckfedern – von langen Gummibändern abgesehen – nicht gegeben, weil der Gummi an den Enden in irgendeiner Weise befestigt sein muss. In Folge dessen rechnet man an Stelle von E mit einer empirisch ermittelten Beziehung zwischen E und G in Abhängigkeit von der Form der Feder; der Wert E ist dann also kein reiner Werkstoffkennwert mehr. Bei Gummifedern lässt sich im Gegensatz zu Stahlfedern durch Änderung der Gummiqualität und damit von G bzw. E die Federsteife unter Beibehaltung der Federform beeinflussen. Hierin liegt ein weiterer wesentlicher Unterschied gegenüber Metallfedern.

Weitere Eigenschaften des Gummis sind folgende:

1. Dämpfungsfähigkeit. In Folge der hohen Eigendämpfung (innere Reibung) von Gummi klingen durch
Stöße angeregte Eigenschwingungen der Gummifedern
schneller ab als bei Metallfedern; im Resonanzfall wird
der Schwingungsausschlag einer Gummifeder kleiner
als der einer Metallfeder. Die zweckentsprechende
Auswahl der Gummiqualität sollte man zusammen mit
dem Gummihersteller treffen.

2. Schalldämmfähigkeit (DIN 1320 und 1332). Im
Gegensatz zu Stahlfedern dämpfen Gummifedern in
starkem Maße auch den sog. Körperschall, sofern die
Gummidicke $\geq$ 25 mm beträgt.

3. Elektrische Isolierfähigkeit. Diese ist von der
Gummimischung abhängig.

8.48
Schubmodul G einer Gummimischung in
Abhängigkeit von ihrer Shore-Härte [2]

4. Temperaturabhängigkeit. Die Federsteife c bleibt zwischen 0 und 70 °C annähernd konstant; unter -25 °C tritt eine starke Verhärtung ein. Die Festigkeit nimmt dagegen mit steigender Temperatur erheblich ab. Bei Lastwechseln mit hohen Frequenzen tritt in Folge der hohen
Eigendämpfung Erwärmung und damit Schädigung ein (s. z. B. Kraftfahrzeugreifen bei hohen
Geschwindigkeiten). Kühlung führt meist nicht zum Erfolg, weil Gummi eine sehr schlechte
Wärmeleitfähigkeit besitzt. In Folge dessen können Gummifedern bei dynamischer Beanspruchung nicht stark belastet werden. Die Federsteife ist abhängig von der Frequenz der Lastwechsel.

5. Altern. Gummi soll möglichst vor Licht, besonders vor Sonneneinstrahlung, Regen und
Wärme, geschützt werden, um Altern zu vermeiden. Dieses äußert sich u. a. in Rissigkeit und
Klebrigkeit. Dynamische Beanspruchung wirkt dem Altern entgegen.

6. Einfluss angreifender Mittel. Naturgummi quillt unter Einwirkung von Benzol, Benzin, Öl
und Fett. Synthetischer Gummi ist in dieser Hinsicht unempfindlicher. Mit Benzol und aromati-
schen Kohlenwasserstoffen soll Gummi nicht in Berührung kommen.

Bauformen und Beanspruchungen

Auch die Gummifedern lassen sich nach ihrer **Beanspruchungsart** ordnen. Ihre Berechnung
erfolgt mit Hilfe der Spannungs- und Verformungsgleichungen, die in Bild **8.49** für die verschiedenen Bauarten erläutert sind. Die Angabe von Grenzspannungen kann nach den heutigen
Erfahrungen nur in Form von Richtwerten erfolgen. Eine besonders enge Zusammenarbeit zwischen Konstrukteur und Hersteller ist notwendig. Um eine gleichmäßigere Spannungsverteilung im Gummi zu erreichen, werden die in Bild **8.49** aufgeführten Grundformen abgewandelt,
entsprechend den in Bild **8.50** dargestellten Ausführungen.

Parallelschub-		Drehschub-		
Scheibenfeder	Hülsenfeder	Hülsenfeder	Scheibenfeder	
$\tau = \gamma \cdot G = \dfrac{F}{A}$	$\tau = \gamma \cdot G = \dfrac{F}{A}$ $= \dfrac{F}{2\pi \cdot r \cdot h}$ $\tau_{max} = \dfrac{F}{A_i}$ $= \dfrac{F}{2\pi \cdot r_i \cdot h}$	$\tau = \gamma \cdot G = \dfrac{F}{A}$ $= \dfrac{T/r}{2\pi \cdot r \cdot l}$ $\tau_{max} = \dfrac{T/r_i}{2\pi \cdot r_i \cdot l}$	$\tau = \gamma \cdot G = \dfrac{dF}{dA}$ $= \dfrac{dT/r}{2\pi \cdot r \cdot dr}$	Spannungs-gleichung
$s = \dfrac{l \cdot F}{A \cdot G}$　$\gamma \approx \dfrac{s}{l}$	$ds = \dfrac{dr \cdot F}{A \cdot G}$ $= \dfrac{dr \cdot F}{2\pi \cdot r \cdot h \cdot G}$ $s = \dfrac{F \cdot \ln(r_a/r_i)}{2\pi \cdot h \cdot G}$	$ds = r \cdot d\varphi = \dfrac{dr \cdot F}{A \cdot G}$ $= \dfrac{dr \cdot T}{r \cdot A \cdot G}$ $= \dfrac{dr \cdot T}{2\pi \cdot r^3 \cdot l \cdot G}$ $d\psi = \dfrac{dr \cdot T}{2\pi \cdot r^3 \cdot l \cdot G}$ $= \dfrac{T \cdot dr/r^3}{2\pi/G}$ $\psi = \dfrac{T}{4\pi \cdot l \cdot G}\left(\dfrac{1}{r_i^2} - \dfrac{1}{r_a^2}\right)$	$\gamma \cdot s \approx \varphi \cdot r$ $dT = 2\pi \cdot G \cdot \gamma \cdot r^2 \cdot dr$ $dT = \dfrac{2\pi \cdot G \cdot \psi \cdot r^3 \cdot dr}{s}$ $T = \dfrac{2\pi \cdot G \cdot \psi \cdot (r_a^3 - r_i^4)}{4 \cdot l}$ $\psi = \dfrac{2 \cdot l \cdot T}{\pi \cdot G \cdot (r_a^4 - r_i^4)}$	Verformungs-gleichung
$\gamma < 20°$ $s/l < 35\%$	$\dfrac{s}{(r_a - r_i)} < 35\%$ $\tau_G \le 1{,}5 \text{ N/mm}^2$ $\tau_A \le \pm 0{,}4 \text{ N/mm}^2$	$\psi < 40°$ $\psi° = 57{,}3 \cdot \psi^{rad}$ $\tau_G \le 2 \text{ N/mm}^2$ $\tau_A \le \pm 0{,}4 \text{ N/mm}^2$	$\psi < 20°$ $\psi° = 57{,}3 \cdot \psi^{rad}$ $\tau_G \le 1{,}5 \text{ N/mm}^2$ $\tau_G \le \pm 0{,}4 \text{ N/mm}^2$	

F Federkraft　　　　s Federweg　　　h Gummihöhe　　　l Gummilänge
r_a, r_i Außen- bzw. Innenhalbmesser der Gummischicht
γ Verschiebungswinkel　　　　φ Drehwinkel　　　G Schubmodul s. Bild **8.48**

Druckfedern (Bild **8.51**):

$$\sigma = F / A = \varepsilon \cdot E = f \cdot E/h$$

$$s = \sigma \cdot h / E = \dfrac{F \cdot h}{A \cdot E}$$
$$s < 0{,}2 \cdot h$$

$\sigma_G \le 3 \text{ N/mm}^2$
$\sigma_A = \pm 1 \text{ N/mm}^2$
E s. Bild **8.51**

8.49
Wichtige Gummifeder-Grundformen

8.50
Ausgeführte Gummifedern (Fa. Continental, Hannover)

a) Gummipuffer oben: als Druckfeder, unten: als Parallelschub-Scheibenfeder
b) U-Schiene (Parallelschub-Scheibenfeder), c) Ringfeder (Parallelschub-Hülsenfeder)

Schubfeder. Schubspannungen sind mit größeren Verformungen verbunden als Druckspannungen. Daher werden vorzugsweise Gummi-**Schub**federn verwendet. Bei ihren wichtigsten Bauarten kann im Bereich nicht zu großer Verformungen die Kennlinie als gerade angenommen werden. Unter dieser Voraussetzung gelten die Gleichungen in Bild **8.49** für die verschiedenen Bauarten.

Druckfeder (s. Bild **8.51**). Im Bereich kleiner Verformungen kann die Kennlinie als gerade angesehen werden. Unter dieser Voraussetzung gelten die in Bild **8.49** angegebenen Gleichungen. Wie bereits erwähnt, ist der **wirksame** Elastizitätsmodul von der Form der Feder abhängig. Er ist somit eine Funktion sowohl des Werkstoffes als auch der Abmessungen. Die Form der Feder wird durch den **Formfaktor** k, der nicht mit der Formziffer α (Abschn. 2.3) verwechselt werden darf, erfasst. Er gibt das Verhältnis der belasteten Fläche des Gummis zur freien Oberfläche an und gilt für Federn mit über die Höhe h konstantem Querschnitt beliebiger Form. Richtwerte für Gummifedern enthalten die AWF-Blätter 500.27.01 bis 500.27.03 und die VDI-Richtlinie 3362.

8.51
Elastizitätsmodul E von Gummi in Abhängigkeit vom Formfaktor k und von der Shore-Härte [2]

Beispiel 9
Eine **zylindrische Gummifeder (8.51)** mit dem Durchmesser $d = 80$ mm und der unbelasteten Höhe $h = 60$ mm hat den **Formfaktor**

$$k = \frac{\pi \cdot d^2 / 4}{\pi \cdot d \cdot h} = \frac{d}{4 \cdot h} = \frac{80\,\text{mm}}{240\,\text{mm}} = 0,33$$

Bei Härte 72 Shore ergibt sich nach Bild **8.51** der Elastizitätsmodul $E = 9$ N/mm². ∎

Zugfeder. Zugbeanspruchte Gummifedern sollten nicht verwendet werden, weil Gummi bei Anrissen der Oberfläche unter Zugbeanspruchung weiterreißt.

Dynamische Beanspruchung. Bei im Betrieb veränderlicher Beanspruchung überlagert sich nach den Ausführungen in Abschn. 2.3 und 8.2.1 der ruhenden Beanspruchung eine schwingende. Eine Erhöhung der Frequenz bewirkt bei Gummifedern eine Erhöhung der bei ruhender Beanspruchung vorhandenen Federsteife, die - genau wie bei Stahlfedern - aus den Spannungs- und Verformungsgleichungen ermittelt werden kann (s. Abschn. 8.1). Die **dynamische Federsteife** ist außerdem abhängig von der Shore-Härte. Sie lässt sich als Vielfaches der statischen Federsteife angeben.

$$c_{\text{dyn}} = k_1 \cdot c_{\text{stat}} \tag{8.63}$$

Der Faktor k_1 ist Bild **8.52** in Abhängigkeit der Shore-Härte zu entnehmen.

Die vorausberechnete Federsteife enthält große Unsicherheiten. Sie wird daher stets durch Versuch ermittelt.

Eigenschwingungszahl. Die Eigenschwingungszahl ω_e eines Gummifeder-Systems kann nach Gl. (8.10) bzw. (8.12) berechnet werden. Hierbei ist als Federsteife c_{dyn} einzusetzen.

Gestaltung. Von der Beanspruchungsart abgesehen, unterscheidet man **gefügte** und **gebundene** Federn. Die wichtigste Konstruktionsbedingung für alle Bauarten ist die Forderung einer unbehinderten Federungsmöglichkeit des Gummis, weil dieser inkompressibel (*Poisson*sche Querzahl $\mu = 0,5$; s. Gl. (8.61) u. Abschn. 2.1) ist. Gummi, der von allen Seiten umschlossen ist, ist also praktisch ein starrer Körper [s. auch AWF-Blätter 500.27.00 bis 500.27.06]. Bei **gefügten Federn** muss dafür gesorgt werden, dass der Gummi zwischen den abzufedernden Teilen mit einer ausreichenden Pressung gehalten wird, ohne dass die Federung des Gummis behindert wird.

8.52
Faktor $k_1 = c_{\text{dyn}}/c_{\text{stat}}$ als Funktion der Shore-Härte

Ein grundlegendes Beispiel für eine gefügte Feder ist der sog. **Silentblock** nach Bild **8.53**. Er lässt sowohl eine axiale und radiale Federung der beiden Hülsen, zwischen die der Gummi gepresst ist, wie auch deren gegenseitige Schiefstellung und Verdrehung zu. Die hierbei auftretenden Verformungen sind möglich, weil sich der Gummi an den Stirnseiten frei bewegen kann. Ein Beispiel für eine Fehlkonstruktion, bei der der Gummi allseitig eingeschlossen ist und sich nicht verformen kann, zeigt Bild **8.54**. Eine Reihe typischer Bauformen von Gummifedern ist in Bild **8.49** und **8.50** zusammengestellt (s. auch Abschn. Kupplungen).

8.53
Gefügte Gummifeder

1 Außenhülse
2 Innenhülse
3 eingepresster Gummi

8.54
Fehlerhaft ausgebildete
Gummidruckfeder,
Gummi kann sich, weil
allseitig umschlossen,
nicht verformen

Bei **gebundenen Federn** erfolgt die Bindung während des Vulkanisierens des Gummirohlings in Heizformen, in die der Rohling und die mit ihm zu verbindenden Metallteile gebracht werden. Unter Einwirkung von Druck und Wärme entsteht eine so innige Verbindung zwischen Gummi und Metall, dass diese Verbindung höhere Belastungen aushält als der Gummi selbst; ein Nachrechnen der Haftflächen ist daher nicht notwendig.

Für diese Bindung sind besonders Kohlenstoffstahl nach DIN EN 10025 und Bleche nach DIN 1623 geeignet. Die Bindung mit anderen Werkstoffen, wie Stahlguss, Leichtmetallen, Messing, Kunststoffen u. a., sollte nur im Einvernehmen mit dem Hersteller vorgesehen werden. Um Kosten für die Anfertigung neuer Heizformen zu vermeiden, empfiehlt es sich, möglichst Gummifedern zu verwenden, die sich bereits bewährt haben. Die Gummiindustrie besitzt einen umfangreichen Formenpark. Bei der Gestaltung der Gummi-Metallfedern in gebundener Ausführung sind die folgenden Gesichtspunkte zu beachten:

1. Die Heizformen sollen nicht unterschnitten sein.

2. Die Metallteile, an denen der Gummi nach dem Vulkanisieren haften soll, müssen in den Heizformen einwandfrei fixiert werden.

3. Metallteile sollen niemals in den Gummi eingebettet werden, weil nach dem Vulkanisieren innere Spannungen entstehen und bei dynamischer Belastung leicht Anrisse auftreten.

4. Scharfe Kanten, die den Gummi bei Verformung unter Belastung beschädigen, sind zu vermeiden.

5. Wenn die Metallteile, auf die der Gummi aufvulkanisiert wird, gleichzeitig als Teil der Heizform dienen, ist auf gute Ausbildung der Dichtlinien zwischen Metallteil und Heizform-Gegenstück zu achten.

6. Gewindegänge in den Metallteilen, in die während des Vulkanisierens flüssiger Gummi eindringen könnte, müssen entsprechend geschützt werden. Hartlöten zur Befestigung der Gewindebolzen ist zu vermeiden.

7. Beim Abkühlen nach dem Vulkanisieren muss der Gummi unbehindert schwinden können; andernfalls treten hohe Schrumpfspannungen auf, die zum Lösen der Bindung führen können. Deshalb wird bei Hülsenfedern bisweilen die äußere Metallhülse geschlitzt ausgeführt.

8.3   Gasfedern

Die Gasfeder (**8.55**) besteht aus einem mit Stickstoff gefülltem Druckzylinder (*3*), der auf einer Seite z. B. mit einem Bodendeckel (*5*) und auf der gegenüberliegenden Seite durch ein Dichtungspaket (*2*) gasdicht verschlossen ist. Durch das Dichtungspaket wird eine im Durchmesser reichlich dimensionierte Kolbenstange (*1*) längsverschiebbar geführt. An ihrem Ende im Rohrinnern ist der Dämpfungs- und Führungskolben (*4*) befestigt.

Gasfedern werden vorwiegend als hydropneumatische Verstellelemente mit einem in sich geschlossenen Gas-Öl-System gebaut.

Durch einfache konstruktive Maßnahmen lassen sich die Federkennlinie und die Dämpfung der Gasfeder stark beeinflussen, die Ausschubgeschwindigkeit begrenzen und der Hub in jeder Lage stufenlos federnd oder starr blockieren.

Gasfedern werden eingesetzt u. a. zum Anheben schwerer Klappen, Deckel und Platten, zur Neigungsverstellung von Schiffsluken, Fahrzeugtüren, Dachfenstern, Lichtkuppeln, Garagentoren, Krankenbetten, Drehstühlen und von Zeichentischen sowie als Feder-Dämpferelement im Fahrzeugbau.

8.55
Gasfeder
1 Kolbenstange
2 Dichtungsführungspaket
3 Druckrohr (verkürzt gezeichnet)
4 Dämpf- und Führungskolben
5 Bodendeckel

8.3.1 Allgemeine Grundlagen

Die **Wirkungsweise** der Gasfedern beruht auf der Zusammendrückbarkeit von Gasen in einem Zylinder mittels eines Kolbens. Die Veränderung der Zustandsgrößen Druck, Volumen und Temperatur lassen sich mit der allgemeinen Gasgleichung bzw. mit der daraus abgeleiteten Polytropengleichung $p \cdot v^n$ = konst. beschreiben. Hierin ist p der Druck, v das spezifische Volumen und n der Polytropenexponent. Für den Sonderfall, dass die Temperatur konstant bleibt, wird $n = 1$ gesetzt. Bei Gasfedern kann im Allgemeinen mit dieser isothermen Zustandsänderung gerechnet werden.

Der **Druck** p des Gases, das sich im Behälter (**8.56**) befindet, drückt auf den **Querschnitt** A der Kolbenstange und bewirkt eine Gaskraft in Ausschubrichtung. Diese steht im Gleichgewicht mit der von außen auf die Kolbenstange aufgebrachten Kraft, der Federkraft $F = p \cdot A$, und den Reibungskräften.

Druck und Volumen. Durch Einschieben der Kolbenstange in den Behälter, im Bild **8.56** vom Punkt 1 zum Punkt 2 hin, wird das **Gasvolumen** $V_1 = A_b \cdot s_3 - A \cdot s_1$ auf das Volumen $V_2 = A_b \cdot s_3 - A \cdot s_2$ verkleinert. Dabei steigt der Gasdruck p_1 auf den höheren Wert p_2 nach folgender Gleichung an

$$p_2 = p_1 \cdot \left(\frac{V_1}{V_2} \right)^n = p_1 \cdot \left(\frac{A_b \cdot s_3 - A \cdot s_1}{A_b \cdot s_3 - A \cdot s_2} \right)^n \tag{8.64}$$

Der Druck- bzw. der Federkraftanstieg (**8.56**) ist somit abhängig vom Anfangsdruck p_1, vom Verdichtungsverhältnis V_1 / V_2 und vom Polytropenexponenten n. In der weiteren Berechnung wird mit der isothermen Zustandsänderung gerechnet und $n = 1$ gesetzt.

Für die Isotherme ergibt sich aus Gl. (8.64) beim **Federweg** s_2 die **Federkraft**

$$F_2 = p_1 \cdot A \cdot \left(\frac{A_b \cdot s_3 - A \cdot s_1}{A_b \cdot s_3 - A \cdot s_2} \right)$$

(8.65)

Bei verhältnismäßig kleinen Änderungen des Gasvolumens, bedingt durch großes Behältervolumen und kleinen Kolbenstangenquerschnitt, verläuft der Kraftanstieg näherungsweise geradlinig (**8.56**). Im Vergleich zu Schraubenfedern weisen Gasfedern nur einen geringen Kräfteanstieg über dem Federweg auf.

8.56
Federkennlinie der Gasfeder
$F_1 ... F_2$ Einschubkraft ohne Reibung
$F_3 ... F_4$ Einschubkraft mit Reibung
$F_5 ... F_6$ Ausschubkraft mit Reibung

Bei Gasfedern wird das Kraftverhältnis als **Federkennung** x bezeichnet

$$x = \frac{F_2}{F_1} = \frac{V_1}{V_2}$$

(8.66)

Das Verhältnis der Abmessungen von Kolbenstange und Druckrohr bestimmt das Volumenverhältnis. Die Abmessungen werden so gewählt, dass die benötigten Federkräfte und Federwege innerhalb des Federkennungsbereiches von $x = 1{,}01$ bis $1{,}6$ liegen.

Federkennlinie ohne Berücksichtigung der Reibung. Mit der linearisierten Federrate, Gl. (8.1) und Gl. (8.66),

$$c = F_1 \cdot (x - 1)/(s_2 - s_1)$$

und ohne Berücksichtigung der Reibung ergibt sich der linerarisierte Federkraftverlauf über dem Federweg s

$$F = F_1 + s \cdot \frac{F_1 \cdot (x-1)}{s_2 - s_1} = F_1 \cdot \left(1 + s \cdot \frac{x-1}{s_2 - s_1} \right)$$

(8.67)

Federkennlinie mit Berücksichtigung der Reibung (8.56). Wird die Kolbenstange mit dem Kolben bewegt, so entsteht an den Führungs- und Dichtungsflächen Reibung, die der Federkraft in Richtung der Bewegung entgegenwirkt. Beim Einschieben der Kolbenstange sind die Einschubkräfte F_3 bis F_4 um die Reibungskraft F_R größer als F_1 bzw. F_2. Beim Ausschieben werden die Ausschubkräfte $F_5 < F_2$ und $F_6 < F_1$.

Temperatureinfluss. Erfährt das Gas von außen her bei konstanter Hubstellung eine Temperaturänderung, so ändert sich der Gasdruck bzw. die Federkraft. Bei Erhöhung der Gastemperatur von +20 °C auf +80 °C wächst die Federkraft um etwa 20%, bei Absenken der Temperatur von

+20 °C auf -40 °C nimmt die Kraft um etwa 20% ab. Genaue Werte müssen für jede Gasfeder-art einzeln berechnet bzw. durch Versuch ermittelt werden.

Beeinflussung der Kennlinie. Durch Vergrößerung der Ölmenge innerhalb der Gasfeder wird das Gasbehältervolumen verkleinert und somit die Federkraft in eingeschobener Stellung er-höht.

Durch eine **zusätzliche Schraubenfeder** zwischen Kolben und Bodendeckel wird eine pro-gressive **Federkennlinie** erreicht (**8.57**). Am Anfang der Ausschubbewegung steht eine höhere Kraft zur Verfügung als die der betreffenden Gasfeder mit flacher Kennung.

Eine **degressive Federkennlinie** ergibt sich durch den Einbau einer Schraubendruckfeder zwi-schen Kolben und Dichtungspaket (**8.58**). Hierbei kann die Feder so bemessen sein, dass die Gasfederkraft in ausgeschobener Stellung der Kolbenstange Null wird.

8.57
Progressive Federkennlinie mit Berücksichtigung der Reibung

8.58
Degressive Federkennlinie mit Berücksichtigung der Reibung

8.3.2 Ausführungsformen

Gasfedern werden in nichtblockierbare Gasfedern und blockierbare Gasfedern unterteilt. Die nicht blockierbaren Gasfedern ermöglichen die Bewegung des Kolbens mit oder ohne Dämp-fung. Die Dämpfung erfolgt durch langsamen Druckausgleich in den Räumen vor und hinter dem Dämpfungskolben. Diese Federn dienen dazu, Einfluss auf die Ein- und Ausschub-geschwindigkeit zu nehmen oder Schwingungen zu dämpfen.

Der notwendige **Druckausgleich** zwischen beiden Seiten des Kolbens kann erfolgen, z. B. über:

1. einen Ringspalt zwischen dem Kolben und der Zylinderwand,

2. eine im Kolben zweckmäßig gestaltete Drossel (Labyrinth, Bohrung, Kugelventil),

3. ein von außen mit einem Stößel bewegtes Ventil und

4. eine Nut in der Zylinderwand.

Blockierbare Gasfedern lassen sich stufenlos verstellen und sind in der gewünschten Stellung starr oder federnd arretierbar.

Ungedämpftes Einschieben der Kolbenstange (**8.59a**) wird dadurch gewährleistet, dass das Gas ohne nennenswerten Widerstand überwinden zu müssen über einen Ringspalt mit großem

Querschnitt von der Hochdruckseite des Kolbens zur Niederdruckseite gelangen kann. Der Weg des Gases führt durch den Ringspalt zwischen Kolben und Zylinderwand und weiter zwischen der Innenseite des Kolbenringes und der gegenüberliegenden Außenseite des Kolbens. Nur ein vernachlässigbar geringer Teil des Gases strömt auch durch die Drossel im Kolben (im Bild **8.59** nicht eingezeichnet).

8.59
Funktion der STABILUS-Gasfeder

a) ungedämpftes Einschieben
b) gedämpftes Ausschieben
c) STABILUS-Kolbenlabyrinth

Dämpfen beim Ausschieben der Kolbenstange. Beim Ausschieben wird der Querschnitt des Ringspaltes durch den beweglichen Kolbenring verschlossen (**8.59b**). Das Gas strömt durch die auf beiden Außenseiten der inneren Kolbenscheibe eingearbeiteten hintereinandergeschalteten Labyrinthe (**8.59c**). Aufgrund des großen Strömungswiderstandes der Labyrinthe wird die Ausschubgeschwindigkeit des Kolbens im Vergleich zu der Geschwindigkeit beim Einschieben kleiner.

Dämpfen beim Einschieben der Kolbenstange. Das im Bild **8.59** beschriebene gesamte Kolbenpaket wird um 180° gewendet auf die Kolbenstange montiert. Dadurch ergibt sich eine umgekehrte Funktion; beim Einschieben der Kolbenstange ist der Dämpfungswiderstand vorhanden, beim Ausfahren nicht.

8.60
Gedämpftes Ein- und Ausschieben
(STABILUS-Gasfeder)

Dämpfung beim Ein- und Ausfahren der Kolbenstange wird durch eine symmetrische Kolbenkonstruktion ermöglicht (**8.60**). Der Kolbenring liegt in der Mitte des Kolbens, in den auf beiden Seiten ein von außen nach innen führendes Labyrinth eingearbeitet ist. Die beiden Labyrinthe sind miteinander über eine Bohrung verbunden. Das Gas bzw. Öl kann sowohl beim Einschieben als auch beim Ausschieben immer nur durch die Labyrinthe strömen.

Ungedämpfte Bewegung beim Ein- und Ausschieben der Kolbenstange wird durch Weglassen des Kolbendichtringes erreicht. Das Gas strömt hauptsächlich über den Ringspalt zwischen Kolben und Zylinderwand. Gasfedern dieser Art werden überwiegend als Gewichtsausgleich verwendet.

Hydraulische Endlagendämpfung. Zur Schmierung der Gasfeder befindet sich im Druckraum eine bestimmte Ölmenge, die zur hydraulischen Endlagendämpfung benutzt werden kann. Hierzu muss der Einbau der Gasfeder so gewählt werden, dass die Kolbenstange beim Ausschieben nach unten weist. Die Dämpfung erfolgt, sobald der Kolben beim Ausschieben der Stange in das über dem Endanschlag befindliche Öl eintaucht und das Öl durch das Labyrinth strömt. Hierdurch wird ein sanftes Abbremsen bewirkt.

Pneumatische Endlagendämpfung. Eine in der inneren Zylinderwand axial zum Rohr verlaufende und im Endlagenbereich sich verjüngende Nut bewirkt eine beim Verschieben des Kolbens anwachsende Erhöhung des Überströmwiderstandes und somit eine Dämpfung in diesem Bereich.

Federnd blockieren. Bei der stufenlos blockierbaren Gasfeder (**8.61**) trennt der Kolben den Druckraum *1* zwischen Dichtungspaket und Kolben und den Druckraum *2* zwischen Kolben und Bodendeckel gasdicht voneinander. Durch den Kolben führt ein Kanal, der beide Druckräume miteinander verbindet, sobald ein Ventil in der Stirnseite des Kolbens geöffnet wird. Das Ventil wird über einen von außen durch die hohle Kolbenstange geführten Stößel betätigt. Durch Einrücken des Stößels werden die Druckräume *1* und *2* miteinander verbunden, und die Kolbenstange kann in Ein- oder Ausschubrichtung verschoben werden. Gibt man den Stößel frei, so wird der Ventilteller durch den Gasdruck selbsttätig gegen die Abdichtung im Kolben gedrückt. Wegen der Komprimierbarkeit des Gases bleibt bei geschlossenem Ventil und Belastung die Federwirkung bestehen.

Starre Blockierung. Ist der Zylinderraum der Bauart nach Bild **8.61** teilweise mit einem flüssigen Medium gefüllt, so kann, abhängig von der Einbaulage (Kolbenstange nach unten oder nach oben), die Kolbenstange bei **geschlossenem Ventil** nicht mehr bewegt werden.

8.61
Federnd blockierbare STABILUS-Gasfeder
1, 2 Druckraum
a) geöffnete Ventilstellung, Kolbenbewegung in Ausschubrichtung
b) geschlossene Ventilstellung, federnd blockierte Kolbenstange

Ein Trennkolben zwischen Öl und Gasmedium gewährleistet einen lagenunabhängigen Einbau der Gasfeder. Erfolgt die Anordnung des Gasdruckraumes zwischen Dichtungspaket und Kolben (**8.62a**), so ist die Gasfeder in Einschubrichtung bis zum Erreichen der mechanischen Festigkeit starr blockiert und in Ausschubrichtung gasdruckabhängig starr blockiert. Wird der Gasdruckraum zwischen Kolben und Bodendeckel angeordnet (**8.62b**), so ist die Gasfeder in Einschubrichtung gasdruckabhängig und in Ausschubrichtung bis zum Erreichen der mechanischen Festigkeit starr blockiert.

8.62
Lageunabhängiges starres Blockieren
a) Gasdruckraum zwischen Dichtungspaket und Trennkolben
b) Gasdruckraum zwischen Trennkolben und Druckrohrboden
  Gasfeder verkürzt dargestellt

Literatur

[1] Damerow, E.: Grundlagen der praktischen Federprüfung. 2. Aufl. Essen 1953.

[2] Göbel, E. F.: Gummifedern. Berechnung und Gestaltung. 3. Aufl. Berlin-Heidelberg-New York 1969.

[3] Groß, S.; Lehr, E.: Die Federn. Ihre Gestaltung und Berechnung. Berlin-Düsseldorf 1938

[4] -; Berechnung und Gestaltung von Metallfedern. 3. Aufl. Berlin-Göttingen-Heidelberg 1960.

[5] Klein, M.: Einführung in die DIN-Normen. 13. Aufl. Stuttgart 2001.

[6] Repp, O.: Werkstoffe. Stuttgart 1964.

[7] VDI-Richtlinie 3361. Zylindrische Druckfedern aus runden oder flachrunden Drähten und Stäben für Stanzwerkzeuge. Düsseldorf 1964.

[8] VDI-Richtlinie 3362. Gummifedern für Stanzwerkzeuge. Düsseldorf 1964.

[9] Wolf, W. A.: Die Schraubenfedern. 2. Aufl. Essen 1966.

[10] Technische Information, STABILUS GmbH, Koblenz

9 Rohrleitungen und Armaturen

DIN-Blatt Nr.	Ausgabe-datum	Titel
1615	10.84	Geschweißte kreisförmige Rohre aus unlegiertem Stahl ohne besondere Anforderungen; Technische Lieferbedingungen
2403	3.84	Kennzeichnung von Rohrleitungen nach dem Durchflussstoff
2404	12.42	Kennfarben für Heizungsrohrleitungen
2429 T1	1.88	Graphische Symbole für technische Zeichnungen; Rohrleitungen; Allgemeines
T2	1.88	-; Funktionelle Darstellung
2528	6.91	Flansche; Verwendungsfertige Flansche aus Stahl; Werkstoffe
3320 T1	9.84	Sicherheitsventile; Sicherheitsabsperrventile; Begriffe, Größenbemessung, Kennzeichnung
3356 T1	5.82	Ventile; Allgemeine Angaben
3850	12.98	Rohrverschraubungen; Übersicht
3870	9.01	Lötlose und gelötete Rohrverschraubungen; Überwurfmuttern der Reihe LL
3903	4.01	Lötlose Rohrverschraubungen mit Schneidring; Winkel-Einschraubstutzen mit kegeligem Einschraubgewinde (Nicht für Neukonstruktionen)
3904	9.87	Lötlose Rohrverschraubungen mit Schneidring; Winkel-Einschraubstutzen mit zylindrischem Einschraubgewinde
8061	8.94	Rohre aus weichmacherfreiem Polyvinylchlorid; Allgemeine Qualitätsanforderungen
8062	11.88	Rohre aus weichmacherfreiem Polyvinylchlorid (PVC-U, PVC-HI); Maße
8063 T1	12.86	Rohrverbindungen und Rohrleitungsteile für Druckrohrleitungen aus weichmacherfreiem Polyvinylchlorid (PVC-U); Muffen- und Doppelmuffenbogen; Maße
8074	8.99	Rohre aus Polyethylen (PE) – PE 63, PE 80, PE 100, PE-HD – Maße
28 030 T1	6.03	Flanschverbindungen für Behälter und Apparate; Apparateflanschverbindung
71 428	11.89	Lötlose Rohrverschraubungen mit Doppelkegelring; Einschraubstutzen mit zylindrischem Einschraubgewinde für Überwurfschrauben
87 101	10.03	Rückschlagklappen, selbstschließend, vertikale Bauart, DN 50 bis DN 150, PN 1 – Flanschanschluss nach PN 10
EN 736 T1	4.95	Armaturen – Terminologie; Teil 1: Definition der Grundbauarten
EN 754 T7	10.98	Aluminium und Aluminiumlegierungen – Gezogene Stangen und Rohre; Teil 7: Nahtlose Rohre, Grenzabmaße und Formtoleranzen
EN 755 T7	10.98	Aluminium und Aluminiumlegierungen – Stranggepresste Stangen und Profile; Teil 7: Nahtlose Rohre, Grenzabmaße und Formtoleranzen

DIN-Normen, Fortsetzung

DIN-Blatt Nr.	Ausgabe-datum	Titel
EN 764	9.04	Druckgeräte; Teil 1: Terminologie – Druck, Temperatur, Volumen, Nennweite
EN 805	3.00	Wasserversorgung – Anforderungen an Wasserversorgungssysteme und deren Bauteile außerhalb von Gebäuden
EN 1 092 T2	6.97	Flansche und ihre Verbindungen – Runde Flansche für Rohre, Armaturen, Formstücke und Zubehörteile, nach PN bezeichnet; Teil 2: Gusseisenflansche
EN 1 254 T1	3.98	Kupfer und Kupferlegierungen – Fittings; Teil 1: Kapillarlötfittings für Kupferrohre (Weich- und Hartlöten)
EN 1 333	6.06	Flansche und ihre Verbindungen – Rohrleitungsteile – Definition und Auswahl von PN
EN 1 983	7.06	Industriearmaturen – Kugelhähne aus Stahl
EN 1 984	3.00	Industriearmaturen; Schieber aus Stahl
EN 10 204	1.05	Metallische Erzeugnisse – Arten von Prüfbescheinigungen
EN 10 208 T1	2.98	Stahlrohre für Rohrleitungen für brennbare Medien – Technische Lieferbedingungen; Teil 1: Rohre der Anforderungsklasse A
EN 10 216 T1	7.04	Nahtlose Stahlrohre für Druckbeanspruchungen – Technische Lieferbedingungen; Teil 1: Rohre aus unlegierten Stählen mit festgelegten Eigenschaften bei Raumtemperatur
T2	7.04	-; Teil 2: Rohre aus unlegierten und legierten Stählen mit festgelegten Eigenschaften bei erhöhten Temperaturen
EN 10 217 T1	4.05	Geschweißte Stahlrohre für Druckbeanspruchungen, Technische Lieferbedingungen; Teil 1: Rohre aus unlegierten Stählen mit festgelegten Eigenschaften bei Raumtemperatur
EN 10 220	3.03	Nahtlose und geschweißte Stahlrohre – Allgemeine Tabellen für Maße und längenbezogene Masse
EN 10 255	11.04	Rohre aus unlegiertem Stahl mit Eignung zum Schweißen und Gewindeschneiden – Technische Lieferbedingungen;
EN 10 305 T1	2.03	Präzisionsstahlrohre – Technische Lieferbedingungen; Teil 1: Nahtlose kaltgezogene Rohre
EN 10 305 T2		-; Teil 2: geschweißte kaltgezogene Rohre
EN 10 305 T3		-; Teil 3: geschweißte maßgewalzte Rohre
EN 12 449	10.99	Kupfer und Kupferlegierungen; Nahtlose Rundrohre zur allgemeinen Verwendung
EN 13 480 T1	8.02	Metallische industrielle Rohrleitungen; Teil 1: Allgemeines
T2	8.02	-; Teil 2: Werkstoffe
T3	8.02	-; Teil 3: Konstruktion und Berechnung
EN ISO 1127	3.97	Nichtrostende Stahlrohre – Maße, Grenzabmaße und längenbezogene Masse
EN ISO 5167 T1	1.04	Durchflussmessung von Fluiden mit Drosselgeräten; Teil 1: Blenden, Düsen und Venturirohre in voll durchströmten Leitungen mit Kreisquerschnitt
EN ISO 6708	9.95	Rohrleitungsteile – Definition und Auswahl von DN (Nennweite)

Formelzeichen

$A = \pi \cdot d_i^2/4$	lichter Rohrquerschnitt am Leitungsende	Δp	Druckdifferenz zwischen Leitungsinhalt und Umgebung
$A_x = \pi \cdot d_{ix}^2/4$	-; an der Stelle x	p	Betriebsdruck des Leitungsinhaltes (Überdruck gegen Umgebung)
c	Strömungsgeschwindigkeit (Mittelwert über den Rohrquerschnitt)	S	Sicherheitsbeiwert
c_x	Geschwindigkeit an der Stelle x	s	Mindestdicke der Rohrwand
c_1	Dickenzuschlag wegen Herstelltoleranz	s_v	rechnerische Dicke der Rohrwand, berechnet nach mechanischen Beanspruchung
c_2	-; Abrostung und Abnutzung		
d_a, d_i	Rohraußen-, Rohrinnendurchmesser	V	Volumenstrom des Leitungsinhaltes
g	Fallbeschleunigung	v	Verschwächungsbeiwert wegen Schweißung (bzw. Nietung)
H	hydraulisches Gefälle am Ende der Leitung	ζ	Verlustkoeffizient (s. Bild **9.3**)
h_v	Rohrleitungsverlust (Energieverlust durch Widerstände)	λ	Faktor, berücksichtigt *Reynolds*sche Zahl Re und relative Rauhigkeit der Rohrwand im geraden Rohr
K	Streckgrenze des Rohrwerkstoffes bei 20 °C	ρ	Dichte des Leitungsinhalts
l	Rohrleitungslänge		

9.1 Aufgabe und Darstellung von Rohrleitungen

In Rohrleitungen werden Gase, Flüssigkeiten, breiartige Stoffe oder Schüttgüter gefördert, oder es werden Drücke übertragen, wobei die Fortleitung des Rohrinhalts untergeordnete Bedeutung hat (Manometerleitungen). Rohrleitungen bestehen aus geraden Rohren, Rohrkrümmern und Verzweigungsstücken (Gabelstück, T-Stück, Kreuzstück), Rohrverbindungen oder Anschlussstücken (Verschraubung, Flanschverbindung, Schweißverbindung) und Absperrungen (Ventil, Schieber, Hahn, Klappe). In der Konstruktionszeichnung wird eine Rohrleitung entweder maßstäblich oder schematisch wiedergegeben, maßstäblich bei kurzen Leitungen, z. B. Verbindungsleitungen innerhalb einer Maschine im Maßstab der übrigen Teile. Längere Leitungen und Leitungsnetze werden schematisch in Rohrleitungsplänen dargestellt.

In diesen Plänen werden die Leitungen je nach deren Inhalt durch farbige Linien (DIN 2403; s. Bild **9.1**), die Einzelteile durch Sinnbilder (DIN 2429) angegeben. Rohrleitungspläne sind Schaltpläne, aus denen in erster Linie die Aufgabe der Leitung erkennbar sein muss; der (häufig räumliche) Verlauf braucht der Ausführung nicht maßstäblich zu entsprechen. Da bei zu kopierenden Originalzeichnungen farbige Linien sinnlos wären, werden die Farben durch verschiedene Stricharten ersetzt, deren Bedeutung auf den Plänen zu erläutern ist. Auf der fertig verlegten Leitung ist der Leitungsinhalt ebenfalls nach DIN 2403 durch Farbe zu kennzeichnen.

Innerhalb der einzelnen Gruppen erfolgt nach DIN 2403 eine Kennzeichnung der Durchflussstoffe durch Zusatzfarben (z. B. Heißdampf: Rot-Weiß-Rot).

Wasser	Wasser-dampf	Luft	Gase	Säuren	Laugen	Flüssig-keiten	Sauerstoff
grün	rot	grau	gelb	orange	violett	braun	blau

9.1
Kennzeichnungen für Rohrleitungen nach dem Durchflussstoff (Auswahl aus DIN 2403)

9.2   Rohre

9.2.1 Berechnen von Rohrleitungen

Strömungsenergie

Soll ein Stoff, d. h. eine Flüssigkeit, ein gas- oder dampfförmiger Stoff, durch eine Rohrleitung gefördert werden, dann ist hierfür eine Geschwindigkeit c erforderlich. Dieser entspricht ein Energiebetrag $c^2/(2 \cdot g)$. Vereinfachend denke man sich das Leitungsende verschlossen. (Allgemeingültig ergeben sich die Energiebeziehungen aus der Gleichung nach *Bernoulli* [3]). Dann entspricht das zur Erzeugung der Geschwindigkeit verfügbare Energiegefälle der mit dem Manometer messbaren Druckdifferenz Δp zwischen dem Rohrinneren und der Umgebung am Leitungsende. Beim Öffnen der Leitung erfolgt Druckausgleich auf den Druck der Umgebung, der Energieüberschuss verwandelt sich in Geschwindigkeitsenergie, ein Teil des Energiebetrags wird zum Ausgleich der Strömungsverluste in der Leitung aufgezehrt bzw. in Wärmeenergie verwandelt. Die Energiebeträge werden zusammengefasst in der Gleichung für das **hydraulische Gefälle**

$$H = \frac{\Delta p}{\rho \cdot g} = \frac{c^2}{2 \cdot g} + \Sigma h_v \tag{9.1}$$

Sämtliche Energiebeträge dieser Gleichung werden in der Regel bei Flüssigkeiten (gekürzt) in m Flüssigkeitssäule angegeben.

Es bedeuten Δp das Druckgefälle bei geschlossenem Austritt, $\Delta p/(\rho \cdot g)$ den entsprechenden Energiebetrag, c die Geschwindigkeit nach dem Öffnen bzw. $c^2/(2 \cdot g)$ den entsprechenden Energiebetrag, Σh_v die durch Reibung an der Rohrwand und innerhalb der Flüssigkeit, durch Umlenkung und Verwirbelung der in der Leitung strömenden Flüssigkeit entstehenden Energieverluste; ρ ist die Dichte der Flüssigkeit und g die Fallbeschleunigung. Als Einheiten werden für die einzelnen Größen vielfach benutzt H und Σh_v in m, Δp in N/m^2, c in m/s, ρ in kg/m^3 und g in m/s^2 (s. Beispiel Abschn. 9.2.3); Druckeinheit: 1 Pa = 1 N/m^2 und 1 MPa = 1 N/mm^2 (1 MPa = 10^6 Pa), 1 bar = 0,1 N/mm^2 = 10^5 Pa (Umrechnung: 1 kp/cm$^2 \approx$ 1 bar).

Besteht zwischen Anfang und Ende der Leitung ein natürliches Gefälle (z. B. bei der Zuleitung zu einer Wasserturbine) oder ein Druckgefälle, dann entspricht H diesem Gefälle. Wird durch die Leitung eine Flüssigkeit nach oben oder in einen Raum mit höherem Druck gefördert (z. B. bei einer Wasserversorgungsanlage), dann ist zu der Nutzförderhöhe (entsprechend der Energie zur Überwindung der Höhen- oder Druckdifferenz) das hydraulische Gefälle H zusätzlich aufzubringen. Die Gesamtenergie wird in diesem Fall durch eine Pumpe, bei Luft und anderen Gasen durch ein Gebläse oder einen Kompressor geliefert (s. Beispiel 9.2.3).

Berechnen des Leitungsquerschnitts

Das je Zeiteinheit durch die Leitung geförderte Flüssigkeitsvolumen, der **Flüssigkeitsstrom** $\dot{V}$, ergibt sich aus der Geschwindigkeit c am Leitungsende und dessen lichtem Querschnitt

$$\dot{V} = \frac{\pi \cdot d_i^2}{4} \cdot c \tag{9.2}$$

Treten im Verlauf der Leitung verschiedene Querschnitte A auf, dann berechnet man die **Geschwindigkeit in dem beliebigen Querschnitt** A_x aus der Beziehung $\dot{V} = A \cdot c = A_x \cdot c_x$

$$c_x = c \cdot \frac{A}{A_x} \qquad (9.3)$$

Bei der praktischen Rechnung wählt man die zweckmäßige Strömungsgeschwindigkeit (z. B. nach Bild **9.2**) und berechnet damit nach Gl. (9.2) für den angegebenen Förderstrom $\dot{V}$ den erforderlichen Leitungsquerschnitt. Das Rohr mit der entsprechenden Lichtweite (Innendurchmesser) wird nach den Rohrnormen (s. Abschn. 9.2.2) ausgewählt.

Große Strömungsgeschwindigkeit bedeutet kleinen Rohrdurchmesser, kleinere Armaturen, geringen Aufwand für Isolierung und Anstrich, andererseits hohe Druckverluste, größeren Aufwand für Pumpen, höhere Betriebskosten und stärkere Geräusche. (Strömungsgeräusche sind u. a. in Heizungs- und Wasserleitungsrohren von Wohnhäusern sehr unerwünscht).

Rohrleitungsverluste

Die **Verluste** Σh_v in Gl. (9.1) sind bei den üblichen Verhältnissen im Rohrleitungsbau proportional dem **Verlustkoeffizienten** ζ und dem Quadrat der **Strömungsgeschwindigkeit** c.

$$\Sigma h_v = \Sigma \zeta \cdot \frac{c^2}{2 \cdot g} \qquad (9.4)$$

Die Verluste können sehr erheblich werden; bei Fernleitungen bestimmen sie praktisch den gesamten Energieaufwand. In solchen Fällen ist die Wahl der Geschwindigkeit c entscheidend für die Wirtschaftlichkeit der Anlage: Hohe Geschwindigkeit ergibt nach Gl. (9.2) zwar kleine Rohrdurchmesser und damit geringere Kosten für die Leitung und ihre Verlegung, aber hohe Kosten für den Energiebedarf. Die Werte nach Bild **9.2** sind durchschnittliche Erfahrungswerte; die Festlegung der wirtschaftlichsten Geschwindigkeit kann im Einzelfall nur unter sorgfältiger Beachtung aller Kostenfaktoren erfolgen.

Ob die zur Förderung durch die Rohrleitung benötigte Geschwindigkeitsenergie $c^2/(2 \cdot g)$ in Gl. (9.1) am Ende der Leitung noch nutzbar gemacht werden kann (z. B. in einer Turbinenanlage) oder als Verlust zu rechnen ist (z. B. bei Förderung in einen Behälter), ist hier im Rahmen der Leitungsberechnung nicht näher zu untersuchen.

Verluste im geraden Rohr. Im geraden Rohr mit Innendurchmesser d_i und Länge l ist der **Verlustkoeffizient**

$$\zeta = \lambda \cdot \frac{l}{d_i} \qquad (9.5)$$

Damit wird der **Verlust im geraden Rohr** nach Gl. (9.4)

$$h_v = \lambda \cdot \frac{l}{d_i} \cdot \frac{c^2}{2 \cdot g} \qquad (9.6)$$

Wasserversorgung	Trink- und Brauchwasser (Fernleitungen)	1 ... 2 ... 3
	Trink- und Brunnenwasser (Ortsnetze)	0,6 ... 0,7
	Presswasser, lange Leitungen	15
	kurze Leitungen	20 ... 30
Wasserkraft - Anlagen	Druckleitungen von Wasserturbinen, lang und flach	1 ... 3
	steil mit kleinem Durchmesser	2 ... 4
	steil mit großem Durchmesser	3 ... 7
Grubenwasser		1 ... 1,5
Pumpen-Saugleitungen	Kreiselpumpen	0,7 ... 2,0
	Kolbenpumpen	0,5 ... 1,5
Gasleitungen	Gasversorgung, Fernleitungen	5 ... 20
	Haushaltsanschluss	1
Dampfkraftanlagen	Dampf bis 10 bar [2])	15 ... 20
	Dampf bis 40 bar [2])	20 ... 40
	Dampf bis 125 bar [2])	30 ... 60
	Abdampfleitungen	15 ... 25
Gaskraftanlagen	Treibgas	... 35
	Luft	... 20
	Abgas	25

9.2
Strömungsgeschwindigkeiten in Rohrleitungen in m/s [1])

[1]) Die Zahlenangaben sind Richtwerte, die in den meisten Fällen eine Berechnung der wirtschaftlichen Geschwindigkeit (s. Abschn. 9.2.1) nicht ersetzen können.

[2]) Für Verbindungsleitungen innerhalb der Maschinen sind wesentlich höhere Werte zulässig.

Der **Koeffizient** λ war Gegenstand sehr zahlreicher Untersuchungen. Er ist abhängig von der *Reynolds*schen Zahl *Re* und von der relativen Rauhigkeit der Rohrwand. Wegen der physikalischen Bedeutung von *Re* wird auf die einschlägige Literatur verwiesen.

Von den Formeln zur Berechnung des Koeffizienten λ sei hier nur die Zahlenwertgleichung

$$\lambda \approx 0,02 + 0,0005/d_i \tag{9.7}$$

mit d_i als Innendurchmesser des Rohres in m angeführt. Sie gilt für Wasser und liefert für praktische Rechnungen meist ausreichend genaue Werte. Für Überschlagsrechnungen kann man davon ausgehen, dass bei Wasser λ zwischen 0,01 und 0,025 liegt; λ wird um so kleiner, je größer der Rohrdurchmesser und je glatter die Rohrwand ist. Unter günstigen Umständen können die λ-Werte also niedriger liegen, als die Berechnung nach Gl. (9.7) ergibt.

Verluste in Krümmern, Abzweigungen, Armaturen sowie Ein- und Ausläufen. In diesen Teilen ergeben sich zusätzliche Verluste durch Umlenkung, Verwirbelung und Stoß. Auch sie sind vom Quadrat der Geschwindigkeit abhängig. Eine Auswahl von ζ-Werten ist in Bild **9.3** wiedergegeben.

Für den praktischen Entwurf von Rohrleitungen kann es hilfreich sein, die Abhängigkeit zwischen Förderstrom, Rohrdurchmesser, Geschwindigkeit und Verlust im geraden Rohr in Form von Kurvenblättern zusammenzustellen. Zur Berücksichtigung der hier behandelten Verluste stellt man die Gl. (9.5) um und rechnet für Krümmer usw. mit der **Ersatzrohrlänge**

$$\boxed{l_{ers} = \zeta \cdot \frac{d_i}{\lambda}} \tag{9.8}$$

Die Summe aller Ersatzrohrlängen ist dann vor Anwendung der genannten Kurventafeln der wirklichen Rohrlänge zuzuschlagen.

Der Volumenstrom $\dot{V}$, der durch eine Armatur strömt, ergibt sich mit dem Strömungsdruckverlust (das ist die Druckdifferenz vor und hinter der Armatur) $\Delta p = \zeta \cdot \rho \cdot c^2/2$ bezogen auf den Anschlussquerschnitt A wie folgt:

$$\dot{V} = A \cdot \sqrt{2 \cdot \Delta p / (\zeta \cdot \rho)} \qquad (9.9)$$

Große Druckverluste sind beim Einsatz von Regelarmaturen erwünscht. Strömungstechnische Kenngrößen von Stellventilen bzw. von Stellklappen s. VDI/VDE-Richtlinie 2173 bzw. 2176 Bl. 1.

Gesamtverlust. Der Gesamtverlust in der Rohrleitung ist gleich der Summe aller Einzelverluste

$$\Sigma h_\mathrm{v} = \left(\lambda \cdot \frac{l}{d_\mathrm{i}} + \Sigma \zeta \right) \cdot \frac{c^2}{2 \cdot g} \qquad (9.10)$$

Hat eine Leitung verschiedene Durchmesser, dann ist Gl. (9.7) für jede Teilstrecke unveränderter Geschwindigkeit gesondert anzuwenden. Die Teilergebnisse sind zu addieren.

Aus Gl. (9.5) in Verbindung mit Gl. (9.2) ist zu entnehmen, dass der Verlust h_v umgekehrt proportional der 5. Potenz des Durchmessers d_i zunimmt. Da die Geschwindigkeit c für die Bemessung des Durchmessers entscheidend ist, ist bei Überschlagsrechnungen c innerhalb der Grenzen, die sich aus Bild **9.2** ergeben, um so kleiner zu wählen, je niedriger der Leitungsverlust gehalten werden soll. Niedrige Verluste sind um so wichtiger, je geringer die Nutzförderhöhe relativ zur Länge der Rohrleitung ist.

Bei Flüssigkeiten, die abhängig von Druck und Temperatur ihren Siedepunkt fast erreicht haben (z. B. Saugleitungen von Pumpen), kann durch den Rohrleitungsverlust unerwünschte Gasausscheidung oder Verdampfung eintreten; um sie zu verhindern, müssen die Geschwindigkeiten niedrig gehalten werden.

Verluste setzen sich in Wärme und damit Temperaturerhöhungen um. Diese sind bei Flüssigkeitsleitungen unbedeutend. Andererseits entstehen, besonders in Dampf- und Heißgasleitungen, fühlbare Energieverluste durch Wärmeabgabe an die Umgebung, deren Höhe von der Güte der Isolierung abhängig ist. Bei Gasen und Dämpfen ändert sich durch Wärmezu- oder -abfuhr der Gaszustand, bei Flüssigkeiten nur die Temperatur.

Wanddicke
Von wenigen Ausnahmen abgesehen, ist der Druck im Innern der Rohrleitung höher als der Druck der Umgebung. Der Überdruck wird im Folgenden mit p bezeichnet. Er ist für die Berechnung der Wanddicke maßgebend. Das Rohr ist ein an beiden Enden abgeschlossener Hohlkörper mit kreisrundem Querschnitt. Die in seiner Wand auftretenden Längs- und Tangentialspannungen sind in Abschn. 5.1 abgeleitet (s. auch Abschn. 6.1). Die außerdem entstehenden Radialspannungen können bei dünnen Wänden ($d_\mathrm{a}/d_\mathrm{i} \leq 1{,}1$) vernachlässigt werden.

Absperrorgane	Durchgangsventil	4,0 ... 5,0
	Durchgangsventil (Freifluss)	0,5 ... 1,7
	Durchgangsventil (geschmiedet)	6,5
	Eckventil	2,0 ... 4,0
	Rückschlagventil	4,5 ... 7,0
	Rückschlagventil (Freifluss)	2,0 ... 2,5
	Schieber	0,3 ... 0,4
	Rückschlagklappen	1,0 ... 2,0
Rohrformstücke	Rohrbogen (90°, $R = 3 \cdot D$)	0,2 ... 2,0
	T-Stücke (90°-Abzweigungen)	
	durchlaufender Strang	0,04
	Zusammenfluss gleicher Ströme	0,3
	Trennung gleicher Ströme, durchlaufender Strang	0,01
	Abzweigung	0,9
	Zulauf aus Seitenanschluss, durchlaufender Strang	0,9
	geschlossen	
	Ablauf durch Seitenanschluss, durchlaufender Strang	1,3
	geschlossen	
	Einlaufstück, trompetenförmig	0,05
	Einlaufstück, gerade	0,25
	Saugkorb, mit Fußventil	2,3

9.3
Widerstandsbeiwerte ζ für Rohrabsperrungen und Rohrformstücke [1])

[1]) Die Beiwerte für T-Stücke sind auf die Geschwindigkeit bezogen, die sich aus dem Gesamtflüssigkeitsstrom errechnet. (Ausführliche Einzelangaben s. Unterlagen der Hersteller.)

Berechnung. Für die Berechnung der Wanddicke von Stahlrohren gilt DIN EN 13480-3, Metallische industrielle Rohrleitungen; Konstruktion und Berechnung. Durch diese Norm wurde der Entwicklung Rechnung getragen, die durch Anwendung höherer Drücke und Temperaturen – insbesondere im Kraftwerksbetrieb – zu Wanddicken führte, die das Durchmesserverhältnis $d_a/d_i = 1,1$ überschreiten. Gleichzeitig musste die Entwicklung der Schweißtechnik auf dem Gebiet der Rohrherstellung berücksichtigt werden. Für die erforderliche Wandstärke gilt:

$$s \geq \frac{p \cdot d_i}{2 \cdot f \cdot z - p} + c_0 + c_1 + c_2 = \frac{p \cdot d_a}{2 \cdot f \cdot z + p} + c_0 + c_1 + c_2 \qquad \text{für } d_a/d_i \leq 1,7 \quad (9.11a)$$

$$s \geq \frac{d_i}{2} \cdot \left(\sqrt{\frac{f \cdot z + p}{f \cdot z - p}} - 1 \right) + c_0 + c_1 + c_2 = \frac{d_a}{2} \cdot \left(1 - \sqrt{\frac{f \cdot z - p}{f \cdot z + p}} \right) + c_0 + c_1 + c_2$$

$$\text{für } d_a/d_i > 1,7 \quad (9.11b)$$

s in mm; erforderliche Wanddicke, nach der das Rohr in den Maßnormblättern auszuwählen ist

d_i in mm; Rohrinnendurchmesser; ergibt sich aus der Berechnung des Durchflussquerschnitts, Gl. (9.2)

d_a in mm; Rohraußendurchmesser

f in N/mm² Auslegungsspannung; abhängig vom verwendeten Werkstoff. Es gilt:

für nichtaustenitische Stähle $\quad f = \min \left\{ \dfrac{R_{eHt}}{1,5} \text{ oder } \dfrac{R_{p0,2t}}{1,5}; \dfrac{R_m}{2,4} \right\}$

für austenitische Stähle

für $A > 35\%$ $\qquad f = \dfrac{R_{p1,0t}}{1,5}$ oder $f = \min\left\{\dfrac{R_{mt}}{3}; \dfrac{R_{p1,0t}}{1,2}\right\}$, falls der Wert R_{mt} vorliegt

für $35\% \geq A \geq 30\%$ $\quad f = \min\left\{\dfrac{R_{p1,0t}}{1,5}; \dfrac{R_{m}}{2,4}\right\}$

für Stahlguss $\qquad\qquad f = \min\left\{\dfrac{R_{eHt}}{1,9}$ oder $\dfrac{R_{p0,2t}}{1,9}; \dfrac{R_{m}}{3,0}\right\}$

Hierin bedeuten:
R_{eHt} festgelegter Mindestwert für die obere Streckgrenze bei Berechnungstemperatur
$R_{p0,2t}$ festgelegter Mindestwert für die 0,2%-Dehngrenze bei Berechnungstemperatur
R_{m} festgelegter Mindestwert für die Zugfestigkeit bei Raumtemperatur
R_{mt} festgelegter Mindestwert für die Zugfestigkeit bei Berechnungstemperatur
$R_{p1,0t}$ festgelegter Mindestwert für die 1,0%-Dehngrenze bei Berechnungstemperatur
A Bruchdehnung
Werte bei Berechnungstemperatur nur dann, wenn diese höher als die Raumtemperatur ist.

z Schweißnahtfaktor; dieser Zahlenwert berücksichtigt bei geschweißten Rohren die mögliche Festig-
keitsminderung durch nicht erkennbare Schweißfehler in der Längs- oder Spiralnaht (s. Abschn.
Schweißverbindungen). Es dürfen keine signifikanten Fehler erkennbar sein. Der Schweißnahtfaktor
ist von der Art der Prüfung abhängig. Es gilt:
$z = 1$ bei vollständigem Nachweis durch zerstörende oder zerstörungsfreie Prüfung,
$z = 0,85$ bei Nachweis durch zerstörungsfreie Prüfung an Stichproben,
$z = 0,7$ bei Nachweis Sichtprüfung.

p in N/mm²; Betriebsdruck; die Druckdifferenz zwischen Rohrinhalt und Umgebung, die im Höchstfall
über längere Zeit wirkt; geringe kurzfristige Drucküberschreitungen werden nicht berücksichtigt.

c_0 in mm; Korrosions- bzw. Erosionszuschlag; er berücksichtigt die für die Lebensdauer der Leitung zu
erwartende Schwächung der Wanddicke durch Rost oder/und Verschleiß. Für Leitungen aus Stahlrohr wird in der Regel $c_2 = 1$ mm gesetzt. Bei Leitungen ohne Korrosion und Verschleiß, z. B.
Schmierölleitungen, gilt $c_2 = 0$; bei sehr starkem Korrosionsangriff, z. B. in der chemischen Industrie, gilt $c_2 > 1$ mm.

c_1 in mm; Absolutwert der Minustoleranz der Wanddicke. Er berücksichtigt die in Folge der Herstel-
lungstoleranzen mögliche Unterschreitung der Nennwanddicke. DIN EN 13480-3 enthält hierzu keine Angaben; die zurückgezogene Norm DIN 2413 empfiehlt für nahtlose Rohre $c_0 = (0,085$ bis
$0,22) \cdot s_v$; hierbei ist s_v die rechnerische Mindestwanddicke, d. h. ohne Zuschläge c_0 bis c_2.

c_2 in mm; Zuschlag für die mögliche Wanddickenabnahme bei der Fertigung, z. B. in Folge von Biegen, Gewindeschneiden, Eindrehungen usw. Er wird aus den konstruktiven Gegebenheiten ermittelt.

Beanspruchung durch Wärmedehnung

Eine Rohrleitung, die Temperaturänderungen ausgesetzt ist, verändert ihre Länge (**9.4** bis **9.6**).
Dies ist u. a. in Wärmekraftwerken, bei Anlagen der Verfahrenstechnik oder bei Fernheizlei-
tungen der Fall. Die **Längenänderung** Δl ist abhängig vom Wärmeausdehnungsbeiwert α (s.
Kap. 6), von der Temperaturdifferenz zwischen kaltem und warmem Zustand und von der Länge l_0 im kalten Zustand:

$$\Delta l = l_{\vartheta} - l_0 = \alpha \cdot \Delta \vartheta \cdot l_0 \qquad\qquad (9.12)$$

Hierbei ist l_{ϑ} die gesamte Rohrlänge im erwärmten Zustand. Mit $\alpha = 11,5 \cdot 10^{-6}$ in 1/K ergibt
sich für ein Stahlrohr von 1 m Länge bei einer Temperaturerhöhung von 20 °C auf 120 °C, ($\Delta \vartheta$
$= 100$ K), die Verlängerung $\Delta l = 1,15$ mm.

Die Anschlüsse der Rohrleitung, z. B. im Kraftwerk am Dampfkessel und an der Turbine, dürfen unter der Wirkung der Wärmeausdehnung der Verbindungsrohrleitung weder ihre Lage noch ihre Form ändern. Praktisch lässt sich diese Bedingung nicht vollkommen verwirklichen, rechnerisch werden die Rohrleitungsendpunkte als „Festpunkte" behandelt. Bei geradliniger Leitungsführung würde die Wärmeausdehnung des Rohres in diesem und in den Festpunkten untragbare Beanspruchungen ergeben, wie die folgende Rechnung zeigt.

Die durch behinderte Wärmedehnung im Werkstoffquerschnitt entstandene Spannung σ und die daraus resultierende **Reaktionskraft** (Längskraft) F lassen sich mit der *Hooke*schen Gleichung mit der Längenänderung $\Delta l = \alpha \cdot \Delta \vartheta \cdot l_0$ bestimmen (s. Abschn. 2.1 und Bild **2.16**):

$$\sigma = \varepsilon \cdot E = (\Delta l / l_0) \cdot E = \alpha \cdot \Delta \vartheta \cdot E \text{ bzw. } \boxed{F = \alpha \cdot \Delta \vartheta \cdot E \cdot A} \tag{9.13}$$

Hierbei sind E der Elastizitätsmodul des Werkstoffes (temperaturabhängig!) und A die Querschnittsfläche der Rohrwand.

Man erkennt, dass die Spannung σ unabhängig von den Rohrabmessungen ist; die Kraft F ist um so größer, je größer der Werkstoffquerschnitt A ist; beide Größen sind unabhängig von der Rohrleitungslänge. Für ein Stahlrohr mit den Abmessungen 216 × 6,5 ergibt sich bei einer Temperatursteigerung von 20 auf 120 °C eine Spannung von etwa 230 N/mm^2 und eine Reaktionskraft von 977 kN.

9.4
Rohrkompensatoren zum Ausgleich von Wärmedehnungen in geraden Rohrleitungen

a) Schubstopfbuchse
b) Membrankompensator

9.6
Drehstopfbuchsen in einer räumlich verlegten Rohrleitung

9.5
Ausgleich der Wärmedehnung bei Rohrleitungen, die in einer Ebene liegen, durch

a) Eigenfederung der Rohrleitung
b) einen Metallschlauch c) Kugelstopfbuchsen

Die Spannung würde hiernach etwa die Höhe der Streckgrenze erreichen; unter der sehr hohen Kraftwirkung würden sich die angeschlossenen Bauteile unzumutbar verformen. Eine gradlinige Verbindung der beschriebenen Art ist selbst bei wesentlich geringeren Temperaturunterschieden, als sie heute in Kraftwerken auftreten, nicht ausführbar. Die Bilder **9.4** bis **9.6** zeigen schematisch Lösungswege, durch die die Wärmeausdehnung beherrschbar wird.

Für den geradlinigen Leitungsverlauf eignen sich die Schubstopfbuchse, Bild **9.4a**, oder der Membrankompensator, Bild **9.4b**. Die Schubstopfbuchse ist nicht unbegrenzt verwendbar; bei hohen Drücken und großen Temperaturwechseln ergeben sich Dichtungsschwierigkeiten. Die Reibungskräfte innerhalb der Dichtung lösen Festpunktsreaktionen und Spannungen im Rohr aus. Der Membrankompensator, Bild **9.7**, mindert als federndes Einbauglied die Festpunktsreaktionen. Die verbleibenden Reaktionskräfte verursachen im Scheitel der Membranen erhebliche Biegespannungen. Für Temperaturen bis 100 °C bei PN 10 eignen sich auch Gummi-Kompensatoren. An Stelle der gewellten Membran aus Stahlblech tritt ein Gummizwischenstück z. B. mit nur einer einzigen wellenförmigen Vergrößerung des Durchflussquerschnittes.

9.7
Membrankompensator

Verlegt man die Rohrleitung nicht geradlinig, sondern in einer Ebene, im einfachsten Fall L- oder U-förmig, dann bewirken die Festpunktsreaktionen eine Biegung der Rohrachse (**9.5 a**). Hierbei wirkt das Rohr selbst in seiner gesamten Länge als Federungsglied, wobei den u. a. durch Biegemomente beanspruchten Rohrbögen (**9.9**) eine besondere Bedeutung zukommt [15], [16].

Bei räumlich verlegten Rohrleitungen (**9.6**) treten in den Festpunkten außer Biegemomenten zusätzlich Torsionsmomente auf, die eine Verdrehung der Leitungselemente und damit eine weitere Verformungsmöglichkeit liefern. Bei eben und bei räumlich verlegten Leitungen können wie bei geradlinigem Leitungsverlauf besondere Einbauglieder zur Herabsetzung der Festpunktsreaktionen verwendet werden (s. Bild **9.5 b** und **c** sowie **9.6**). Beim Faltenrohrbogen (**9.8**) treten die Höchstspannungen im Scheitel der Falten als Biegespannungen auf. Das Federungsverhalten entspricht annähernd demjenigen des Glattrohrbogens.

9.8
Faltenrohrbogen

Die Leitungsführung hat einen wesentlichen Einfluss auf die Höhe von Reaktionen und Spannungen.

In Bild **9.9** werden drei Leitungen gegenübergestellt, die sich bei sonst gleichen Bedingungen nur durch die Anordnung der Rohrbögen unterscheiden. Im Fall I sind die Rohrbögen zu einer Lyra am Ende der Leitung zusammengefasst, im Fall II ist der gleiche Lyrabogen in der Mitte der Leitung angeordnet, im Fall III ist er durch ein gerades Rohrstück in der Mitte derart aufgeteilt, dass die senkrechten Schenkel jeweils in der Mitte des halben Festpunktsabstands liegen. Die Höchstspannungen verhalten sich wie 100 : 77 : 55. Die Höchstspannung im Fall III ist nur wenig größer als die Hälfte derjenigen im ungünstigsten Fall I.

Leitungen für hocherhitzte Inhalte kann man zweckmäßig mit Vorspannung einbauen. Man stellt sie um einen Teil der Wärmedehnung kürzer her, als es dem Festpunktsabstand entspricht. Beim Einbau im kalten Zustand wird sie dadurch „verspannt". Bei Erwärmung wird zunächst diese Vorspannung abgebaut, nach Erreichen des Nullwerts bei einer Zwischentemperatur kehren sich die Vorzeichen für Reaktionen und Spannungen um, im Betriebszustand sind beide um den Betrag der Vorspannung geringer.

Im – allerdings nur theoretisch zu betrachtenden – Grenzfall einer Vorspannung von 100% könnte man erreichen, dass bei der Betriebstemperatur die Festpunktsreaktionen Null werden, dass also die Leitung nur durch den Innendruck beansprucht wird, wogegen die Leitung bei Stillstand der Anlage im kalten Zustand allein durch die Vorspannung beansprucht wird. Eine Erörterung dieser Maßnahme und einen ausführlichen Rechnungsgang zur Ermittlung der Festpunktsreaktionen und Spannungen s. [16].

9.9
Vergleich zwischen drei Rohrleitungen mit gleichem Festpunktsabstand, gleicher Ausladung, gleichen Krümmern und gleichen Rohrabmessungen $\sigma_I : \sigma_{II} : \sigma_{III} = 100 : 77 : 55$

9.2.2 Rohrnormen

PN-Stufen (DIN EN 1333; Bild **9.10**)

Durch den Begriff PN-Stufe werden Rohrleitungsteile, Rohre, Formstücke, Rohrverbindungen, Armaturen und sonstige Teile, z. B. Behälter, einander zugeordnet. Man unterscheidet Arbeitsdruck, maximal zulässigen Druck, Auslegungsdruck, Berechnungsdruck und Prüfdruck sowie Arbeitstemperatur, zulässige maximale bzw. minimale Temperatur, Auslegungstemperatur, Berechnungstemperatur und Prüftemperatur. Die entsprechenden Normen für Rohre und Rohrleitungsteile geben für die jeweilige PN-Stufe die Zuordnung zwischen Werkstoff, maximal zulässigem Druck und maximal zulässiger Temperatur an. Abhängig vom Werkstoff entspricht die PN-Stufe dem maximal zulässigen Druck in 10^5 Pa bzw. bar bei -10 °C bis 50 °C; bei einigen Werkstoffen ist der maximal ertragbare Druck jedoch kleiner als die PN-Stufe; näheres siehe entsprechende Normen.

2,5	6	10	16	25	40	63	100	160	250	320	400

9.10
Druckstufen PN [1]) (DIN EN 1333)

[1]) Die Druckstufe trägt keine Einheit, z. B. PN 10.

Der maximal zulässige Druck und die zulässige maximale bzw. minimale Temperatur sind die Größen, für die das Rohrleitungsteil bzw. Gerät nach Festlegung des Herstellers ausgelegt ist. Der Arbeitsdruck und die Arbeitstemperatur entstehen bei den spezifischen Betriebsbedingungen im jeweiligen Anwendungsfall.

Treten stärkere Druckschwankungen, vorübergehende Temperaturüberschreitungen oder zusätzliche mechanische Beanspruchungen z. B. durch verhinderte Wärmeausdehnung der Rohrleitung auf, so ist ein höherer Nenndruck zu wählen.

Prüfdruck für Rohrleitungsteile (Werksprüfdruck). Die Einzelteile für eine Rohrleitung werden bei ihrem Hersteller mit einem Druck geprüft, der in der Regel dem 1,5fachen Nenndruck entspricht. Als Prüfmittel dienen Flüssigkeiten. Wegen der erhöhten Gefahren (Explosion) sollen gasförmige Prüfmittel nur in begründeten Ausnahmefällen und unter Beachtung besonderer Vorsichtsmaßnahmen angewendet werden.

Prüfdruck für die fertig verlegte Rohrleitung. Er ist mit Rücksicht auf empfindliche Teile, z. B. Dichtung der Flanschverbindung, und wegen der Gefahr des Verzugs bei nicht geradlinig verlegten Leitungen niedriger als der Prüfdruck für die Einzelteile, aber höher als der Betriebsdruck. Seine Höhe ist bei abnahmepflichtigen Anlagen vorgeschrieben, in allen anderen Fällen zu vereinbaren. Bei geringen Prüfdrücken sind auch gasförmige Prüfmittel, z. B. Pressluft oder Stickstoff, zugelassen.

Nennweiten (DIN EN ISO 6708; Bild **9.11**)

Mit Rücksicht auf Herstellung und Zusammenbau (z. B. mit Lötverschraubungen, Gewinde- oder Walzflanschen) sind die Rohraußendurchmesser festgelegt. Je nach dem Innendruck werden die zu einem Außendurchmesser gehörenden Wanddicken unterschieden. Andererseits ist nach früherer Gewohnheit im Rohrleitungsbau noch vielfach die Angabe des Innendurchmessers (der „Lichtweite") üblich. Der Begriff Nennweite (DN) ist eine Kenngröße. Sie entspricht etwa dem Innendurchmesser. Abweichungen zwischen wirklichem Innendurchmesser und Nennweite ergeben sich durch die unterschiedlichen Wanddicken bei gleichem Außendurchmesser. Die Nennweite (z. B. DN 20) hat keine Einheit und darf nicht als Maßeintragung im Sinne von DIN 406 benutzt werden. In DIN EN ISO 6708 sind Nennweiten von 1 mm ... 4000 mm genormt. Bild **9.11** zeigt einen Auszug aus DIN EN ISO 6708 für den Bereich der gebräuchlichsten Nennweiten, in Klammem sind die entsprechenden Angaben in Zoll zugeordnet.

Zur Erläuterung mögen die Normblätter für gewöhnliches nahtloses Stahlrohr dienen: In DIN EN 10220 sind die Rohraußendurchmesser festgelegt und zu jedem Außendurchmesser mehrere Wanddicken. Die Rohrbestellung erfolgt unter Angabe von Außendurchmesser, Wanddicke und Werkstoff. In Folge der historischen Entwicklung laufen heute noch verschiedene Arten von Bestellangaben nebeneinander; aus diesem Grunde erschien es zweckmäßig, in dem Übsichtsblatt über die genormten Rohre (Bild **9.12**) jeweils ein Bestellbeispiel mit aufzuführen. Man beachte auch die in jedem Maßnormblatt aufgeführten Bestellbeispiele.

10	15	20	25	32	40	50	80	100
(3/8)	(1/2)	(3/4)	(1)	(1 1/4)	(1 1/2)	(2)	(3)	(4)

9.11
Nennweiten DN in mm (in Zoll) nach DIN EN ISO 6708 (Auszug)

Genormte Rohrarten (Bild **9.12**)

Graugussrohre haben angegossene Flansche bzw. Muffen (Flansch- oder Muffenrohre). Sie werden vorwiegend für Erdleitungen, Stadtnetze für Gas- und Wasserversorgung sowie Abwasserleitungen benutzt, soweit nicht wegen der Größe für letztere keramische Rohre oder Zementrohre verwendet werden. Als Korrosionsschutz dient Bitumen, heiß aufgebracht, und darauf zum Schutz gegen organische Säuren des Bodens zusätzlich Kalkanstrich. Grauguss wird wegen seiner guten Korrosionsbeständigkeit dem Stahl vorgezogen, ist aber, insbesondere in verkehrsreichen Straßen, bruchgefährdet und muss sehr gut unterfüttert werden.

Stahl-Muffenrohre werden wie Graugussrohre verwendet. Wegen ihrer höheren Korrosionsempfindlichkeit ist sehr guter Schutz erforderlich. Sie sind unempfindlich gegen starke Verkehrsbelastungen.

Gewinderohre waren früher für Hausanlagen bei geringen Drücken gebräuchlich: Verzinkt für Kalt- und Warmwasserleitungen, unverzinkt für Heizdampf, Öl usw.

Nahtlose Stahlrohre sind die meist verwendeten Rohre für alle Drücke und Temperaturen. Die Verbindung geschieht durch Schweißung, Flansche oder Verschraubungen, der Rostschutz durch Verzinkung und nichtmetallische Überzüge. Maße: Nach DIN EN 10220, darüber hinaus nach Vereinbarung. Werkstoffe: für allgemeinen Rohrleitungsbau nach DIN EN 10208-1, für warmfeste Rohre nach DIN EN 10216-2, nahtlose Rohre aus nichtrostenden Stählen DIN EN ISO 1127. Berechnung der Wanddicke nach DIN EN 13480-3.

Schweißbarkeit der Rohre nach DIN EN 10025: Die Stahlsorten S185 (St33), S235 (St37) und E295 (St50-2) sind nur in den Gütegruppen JR, JO, J2G3, J2G4, K2G3 und K2G4 zum Schweißen nach allen Verfahren geeignet.

Geschweißte Stahlrohre (Maße nach DIN EN 10255 bzw. DIN 2442; Werkstoffe nach DIN EN 10025. Stahlrohre geschweißt, austenitisch, nichtrostend nach DIN EN ISO 1127) werden im Bereich der üblichen Nennweiten ähnlich wie nahtlose Rohre verwendet. Besonders geeignet sind sie für Leitungen mit großem Durchmesser für Bewässerungsanlagen und Wasserturbinen, wenn nahtlose Rohre zu teuer oder nicht ausführbar sind. Rohre großer und größter Durchmesser werden wie Behälter aus Blechen geschweißt.

Präzisionsstahlrohre, nahtlos DIN EN 10305 T1 oder geschweißt DIN EN 10305 T2. Kennzeichnend ist die blanke, maßgenaue Oberfläche. Sie finden Anwendung u. a. bei lötlosen Rohrverschraubungen, damit einwandfreier Sitz der Schneidkanten gesichert ist, und auch bei Rohrleitungen, die eine glatte, zunderfreie Innenwand haben müssen (s. auch Kupferrohre).

Kupferrohre. Anwendung für hohe Korrosionsbeständigkeit (aber Empfindlichkeit gegen basische Flüssigkeiten), ferner für Heizungsanlagen, Hauswasserleitungen, Schmierölleitungen, bei denen Stahlrohre wegen des anhaftenden Zunders das Öl verunreinigen können, in der Lebensmittelindustrie und – verzinnt – in Brauereien und ähnlichen Betrieben. Vorteil: Einfache Kaltverformung durch Biegen.

Messingrohre werden als Leitungsrohre selten verwendet. Sie sind schwierig zu biegen und bei ungeeigneter Legierung spannungskorrosionsempfindlich.

Bleirohre. Chemisch sehr beständig. Billige Verlegung gleicht häufig den hohen Rohstoffpreis aus.

Aluminiumrohre werden wegen des geringen Gewichts im Fahrzeug- und Flugzeugbau benutzt, ferner anstelle von Kupferrohren bei Stoffen, von denen Kupfer chemisch angegriffen wird.

Rohrart		Nennweite DN in Zoll (") bzw. Außendurchmesser in mm	Maßnorm DIN	Werkstoff Bezeichnung	DIN	Stücklistenangabe [1] (Bestellbeispiel)
Gewinderohr (aus Stahl)	aus unlegiertem Stahl nahtlos	10,2 ... 165,1 (1/8" ... 6")	EN 10255	S195T	EN 10255	S-Rohr – 2 – EN 10255
	geschweißt	(1/8" ... 6")	EN 10255	S195T	EN 10255	W-Rohr – 2 – EN 10255
	mit Gütevorschrift nahtlos	10,2 ... 165,1 (1/8" ... 6")	2442	L235GA	EN 10208-1	Rohr DIN 2442 – S235 – 88,9 x 4,85 nahtlos
	geschweißt		2442	S235JR	EN 10025	Rohr DIN 2442 – S235 – 88,9 x 4,85 geschweißt
Präzisionsstahlrohre (aus Stahl)	nahtlose, kaltgezogene Rohre	4 ... 260	EN 10305-1	E215, E235, E355	EN 10027-1	Rohr – 50xID42 – EN 10305-1 – E235
	geschweißte, kaltgezogene Rohre	4 ... 150	EN 10305-2	E155, E195, E235, E275, E355	EN 10027-1	Rohr – 50xID40 – EN 10305-2 – E235
	geschweißte, maßgewalzte Rohre	6 ... 193,7	EN 10305-3	E155, E190, E195, E220, E235, E260, E275, E329, E355, E370, E420	EN 10027-1	Rohr – 50x4 – EN 10305-3 – E355
aus NE-Metallen	Kupfer und Kupferlegierungen, nahtlos gezogen	3 ... 450	EN 12449		EN 12449	Rohr EN 12449 – CuSn6 – OD22 x 2,0
	Aluminium und Aluminium-Knetlegierungen, nahtlos gezogen	3 ... 350	EN 754 T7		EN 753 T3	Rohr EN 754 – EN AW-Al99,5 – OD22 x 2,0
	Aluminium und Aluminium-Knetlegierungen, gepresst	8 ... 450	EN 755 T7		EN 753 T3	Rohr EN 755 – EN AW-Al99,5 – OD22 x 2,0
aus Kunststoff	PVC hart (Polyvinylchlorid, hart)	5 ... 160	8062		8061	Rohr DIN 8062 32 x 2,5 – PVC-U
	PE weich (Polyethylen, weich) (DIN 8072 zurückgezogen)	10 ... 160	8072		8073	PE weich-Rohr DIN 8072 32 x 3,5
	PE hart (Polyethylen, hart)	10 ... 140	8074		8074	Rohr DIN 8074 32 x 2,9 – PE 80

9.12 Übersicht über genormte Rohre (Auswahl)

Fußnote zu Bild **9.12**

[1]) Die Bestellformel umfasst stets sämtliche Gewährleistungsbedingungen: Maßtoleranzen, Gewichtstoleranzen, Werkstoffeigenschaften. In der Regel findet man die Maß- und Gewichtstoleranzen im Maßnormblatt, die Vorschriften über die Werkstoffeigenschaften im Werkstoffnormblatt und die Bestellformel (Stücklistenangabe) im Maßnormblatt.

Werkstoffangaben fallen in der Bestellung fort, wenn das Maßnormblatt nur einen Werkstoff nennt; Beispiel: nahtloses Gewinderohr nach DIN 2442. Werkstoffangaben erforderlich, wenn das Maßnormblatt eine Werkstoffauswahl nennt; Beispiel: nahtloses Rohr nach DIN EN 10220.

Mengenangaben bei der Bestellung. Bei Lieferung in Herstelllängen Angabe der Gesamtlänge oder des Gesamtgewichts vor dem Bestellzeichen; Beispiel: 300 m Rohr – 50x4 – EN 10305-3 – E355. Bei Bestellungen fester Längen Angabe der Stückzahlen vor dem Bestellzeichen, Längenangaben im Bestellzeichen; Beispiel: 100 Stück Rohr – 50x4 – EN 10305-3 – E355.

Kunststoffrohre sind gegen die meisten chemischen Stoffe korrosionssicher. Verwendung in der Lebensmittel- und chemischen Industrie sowie für Versorgungs- und Abwasserleitungen (auch Erdverlegung). Die Festigkeit ist temperaturabhängig. Lieferbar in verschiedenen Weichheitsgraden (Übergang zu Schläuchen). Einfache Verlegung. Die Anwendung, die sich mehr und mehr ausweitet, wird vom Preis der Rohre mitbestimmt. Hinweise auf Verwendung, Verarbeitung, zulässige Beanspruchung und chemische Beständigkeit siehe DIN 8061, 8062, 8063 (PVC hart), DIN 8072 bis DIN 8075 (Polyäthylen).

9.2.3 Berechnungsbeispiel

Für die Förderung von 70 m^3/h Frischwasser soll eine 200 m lange Leitung dimensioniert werden, die bis zum Wasseraustritt die Höhendifferenz 30 m überwinden muss. Das Wasser tritt am Ende drucklos aus (Auslauf in einen Behälter). Bei der Berechnung der Verluste sind folgende Bauteile zu berücksichtigen: 5 Stück 90-Grad-Bogen *(R = 3·d)*, 1 Absperrventil, 1 Einlaufstück (gerade, ohne Saugkorb).

1. Vorläufige Bestimmung des Rohrinnendurchmessers. Der Förderstrom ist $\dot{V} = 70$ m^3/(3600 s) = 0,0195 m^3/s. Nach Bild **9.3** wird zunächst die Geschwindigkeit $c = 3$ m/s angenommen. Gl. (9.2) ergibt dann den Rohrquerschnitt

$$A = \frac{\pi \cdot d_i^2}{4} = \frac{\dot{V}}{c} = \frac{0,0195\,m^3/s}{3\,m/s} = 0,0065\,m^2$$

Hieraus folgt $d_i = 0,091$ m = 91 mm.

Berechnungsbeispiel, Fortsetzung

2. Vorläufige Berechnung der Verlusthöhe h_v. Diese setzt sich aus den Verlusten im geraden Rohr, in den Rohrbögen und den Einbauteilen zusammen. Nach der Zahlenwert-Gl. (9.7) ist der Koeffizient $\lambda = 0{,}02 + 0{,}0005/0{,}091 = 0{,}0255$. Bild **9.13** ergibt für die Widerstandsbeiwerte ζ der Einbauteile

5 Stück 90-Grad-Krümmer (ζ je gleich 1,0)	$\zeta = 5{,}0$
1 Absperrventil (Freifluss)	$\zeta = 1{,}5$
1 Einlaufstück	$\zeta = 0{,}25$
	$\overline{\Sigma\zeta = 6{,}75}$

Die Verlusthöhe wird dann nach Gl. (9.10)

$$h_v = \left(0{,}0255 \cdot \frac{200\,\text{m}}{0{,}091\,\text{m}} + 6{,}75 \right) \cdot \frac{(3\,\text{m/s})^2}{2 \cdot 9{,}81\,\text{m/s}^2} = 28{,}7\,\text{m}$$

Sie entspricht also etwa der Nutzförderhöhe von 30 m. (Wenn dies zu hoch erscheint, muss die Geschwindigkeit herabgesetzt werden.)

3. Bestimmung der Rohrabmessungen (Bestellvorschrift). Es soll nahtloses Rohr nach DIN EN 10220 verwendet werden. Damit stehen im Bereich des vorläufig berechneten Innendurchmessers folgende genormte Abmessungen zur Wahl

a) $d_a = 108$ mm $s = 3{,}6$ mm   hieraus $d_i = 100{,}8$ mm
b) $d_a = 101{,}6$ mm $s = 3{,}6$ mm   hieraus $d_i = 94{,}4$ mm

Das nächst kleinere Rohr würde ergeben

c) $d_a = 88{,}9$ mm $s = 3{,}2$ mm   hieraus $d_i = 82{,}5$ mm

Rohr c) kommt hier nicht in Betracht, da für den Rechenwert $d_i = 91$ mm der Verlust bereits recht hoch ist. Da hier andere Gesichtspunkte nicht gegeben sind, wählt man zwischen den Abmessungen a) und b) nach Preis und Liefermöglichkeit.

Für a) lautet die Bestellvorschrift: 200 m nahtloses Stahlrohr 108 × 3,6 DIN 2448 St37.0 in Herstelllängen, gegebenenfalls mit Rostschutzvorschrift, z. B. „innen und außen feuerverzinkt".

4. Endgültige Berechnung der Verlusthöhe. Da der Innendurchmesser mit der 5. Potenz in die Verluste eingeht, muss jetzt die Verlustberechnung mit dem Innendurchmesser des gewählten Rohres erneut vorgenommen werden. Mit $d_i = 100{,}8$ mm wird $c = 2{,}44$ m/s und $h_v = 17{,}3$ mm.

5. Nachrechnung der Rohrwanddicke s. Aus der Nutzförderhöhe 30 m ergibt sich für den tiefsten Punkt, also den Anfangspunkt der Leitung, die Druckhöhe 30 m. Der Innendruck ist dann $p = \rho \cdot g \cdot H = 1000$ kg/m^3 $\cdot$ 9,81 m/s^2 $\cdot$ 30 m = 9,81 $\cdot$ 30 000 kg m/(s^2 m^2) = 9,81 $\cdot$ 30 000 N/m^2 = 294 000 N/m^2 = 0,294 N/mm^2 = 2,94 bar.

Es wird zur Sicherheit mit dem aufgerundeten Wert 0,3 N/mm^2 gerechnet. Für ihn wird die erforderliche Mindestwanddicke nach DIN EN 13480 T3 bestimmt.

Berechnungsbeispiel, Fortsetzung

In die Gleichung (9.11a) sind die folgenden Zahlenwerte einzusetzen:

$p = 0{,}3$ in N/mm^2 $d_a = 108$ in mm $z = 1$ für nahtloses Rohr

$c_0 = 1$ mm; Korrosionszuschlag, Regelfall

$c_1 = 0{,}0075 \cdot 108$ mm; Minustoleranz der Wanddicke, $-0{,}75\%$ von d_a (DIN EN 10208-1)

$c_2 = 0$; keine Wanddickenabnahme bei der Fertigung (keine Eindrehungen o. ä.)

$$f = \min\left\{\frac{R_{eHt}}{1{,}5} \text{ oder } \frac{R_{p0{,}2t}}{1{,}5}; \frac{R_m}{2{,}4}\right\} \quad \text{Auslegungsspannung}$$

$f = 145{,}8$ N/mm^2 mit $R_{eH} = 235$ N/mm^2, $R_m = 350$ N/mm^2 für L235GA (DIN EN 10208-1)

Mit diesen Werten ergibt Gl. (9.11a)

$$s \geq \frac{0{,}3\,\text{N/mm}^2 \cdot 108\,\text{mm}}{2 \cdot 145{,}8\,\text{N/mm}^2 \cdot 1 + 0{,}3\,\text{N/mm}^2} + 1\,\text{mm} + 0{,}0075 \cdot 108\,\text{mm} + 0 = 1{,}92\,\text{mm}$$

Die Normalwanddicke 3,6 mm nach DIN EN 10220 ist größer als der nach DIN EN 13480 T3 zu fordernde Mindestwert.   ■

9.3 Rohrverbindungen

9.3.1 Schweißverbindung

Die Schweißverbindung ist eine unlösbare Verbindung, anwendbar bis zu den höchsten Drücken und Temperaturen und bei allen schweißbaren Rohrwerkstoffen. Abgesehen von untergeordneten Leitungen, bei denen Undichtigkeiten oder Brüche keine Gefahr bedeuten, dürfen Rohrschweißungen nur von geprüften Rohrschweißern ausgeführt werden (Richtlinien für die Prüfung von Rohrschweißern s. DIN EN 287-1). Die Formen der Schweißfugen für die Stumpfstoßverbindung an Rohrleitungen sind in DIN 2559 festgelegt (Bild **9.14**). Sie entsprechen etwa den Stumpfstoßverbindungen von Blechschweißungen (s. Abschn. 5.1).

Schweißverfahren. Da Rohrrundnähte vorwiegend nur von einer Seite, also von außen, geschweißt werden können, müssen Verfahren gewählt werden, die die Nahtwurzel zuverlässig durchschweißen. Für Rohre im Kesselbau wird vorwiegend das Wolfram-Inertgasschweißen (WIG) entweder für die gesamte Naht oder nur für die Nahtwurzel eingesetzt. Das Gasschmelzschweißen (G) wird für das Schweißen in Zwangspositionen und auf der Baustelle angewendet. Für größere Rohrdurchmesser und Wanddicken sowie für Füll- und Decklagen wird das Lichtbogenschweißen mit Stabelektrode (E) oder das Metallschutzgasschweißen (MIG/MAG) bevorzugt. Einlegeringe (**9.13**) können als Badsicherung und zur Erleichterung der Zentrierung verwendet werden. Die Schweißkanten müssen zum Schweißen stets sorgfältig vorbereitet sein (s. **9.14**).

9.13
Stumpfnaht *1* mit aufgeweiteten Rohrenden und Einlegering *2*

Lfd. Nr.	Benennung Sinnbild [1])	Fugenformen Schnitt	Lfd. Nr.	Benennung Sinnbild [1])	Fugenformen Schnitt
1	I–Naht ‖	0...3	4	U–Naht auf V–Wurzel	≈ 8° 60° ≥12 0...3 ≈6
2	V–Naht	40°... 60° <16 0...4	5	V–Naht auf V–Wurzel	≈6° ≈35° ≥16 0...2 6 8
3	U–Naht	≈ 8° ≈6 2 ≥12 0...3	Schweißverfahren		

Schweißverfahren
[1]) Wurzellage: E, MIG/MAG, WIG und auch G für Nr. 1 bis 4, E für Nr. 5
[2]) weitere Lagen: E, MIG/MAG, WIG und auch G für Nr. 1 und 2, nur E und MIG für Nr. 3 bis 5

9.14
Stumpfnahtformen nach DIN 2559; [1]) Zusatzzeichen siehe DIN EN 22553 und Bild **5.6**

Für Werkstattschweißungen wird auch das Abbrennstumpfschweißen mit entlang der Schweißfuge rotierendem Lichtbogen angewendet. Der an der Rohrinnenseite entstehende Schweißgrat wird durch Füllen des Rohres mit Formiergas mit einem bestimmten Druck minimiert. Der Grat an der Außenseite wird mit einem Schneidwerkzeug entfernt. Formiergas dient auch bei anderen Verfahren zum Schutz der Nahtwurzel. Das mechanisierte WIG- und Plasmaschweißen mit maschinell geführten Rundnahtschweißköpfen wird bei größeren Wanddicken z. B. für Rohre in der Kerntechnik eingesetzt. Für die wirtschaftliche Herstellung von Rohrleitungen und Rohrleitungsteilen soll das Rohr so lange wie möglich gerade bleiben, damit es beim Rundnahtschweißen leicht um die Längsachse gedreht werden kann. So werden z. B. zuerst die Flansche angeschweißt, und dann wird das Rohr gebogen.

Schnitt A–B

9.15
Geschweißte Rohrverzweigung (Hosenrohr): Verformung des nicht kreisförmigen Querschnitts durch die Kräfte $F_1 \sim p \cdot b$, $F_2 \sim p \cdot a$, $F_1 > F_2$ (mit p als Innendruck). Hierdurch Biegung der Querschnitts-Mittellinie. *1* Form ohne, *2* mit Innendruck, *3* Gefahrenstelle (Biegespannung in der Schweißnaht)

Herstellung von Rohrverzweigern oder seitlichen Anschlüssen durch Schweißung. Hierbei ist darauf zu achten, dass jede Abweichung des Rohrquerschnitts von der Kreisform zusätzliche Beanspruchungen ergibt, meist Biegebeanspruchungen im Sinn einer Aufblähung, durch die in der gefährdeten Faser die Streckgrenze leicht überschritten wird (**9.15**). Spröde oder durch das Schweißen versprödende Werkstoffe sind diesen Beanspruchungen nicht gewachsen. Es besteht Bruchgefahr, der durch stegförmige Kragen vorgebeugt werden muss. Ebene Flächen, wie sie häufig bei eingesetzten Zwickeln von Hosenstücken entstehen können, sind möglichst zu vermeiden. Die Gefahr der Aufblähung ist um so größer, je strömungsgünstiger, d. h. schlanker, die Verzweigung ausgeführt wird. Aus den genannten Gründen sollen Verzweigungen so konstruiert werden, dass längere Längsnähte nicht erforderlich werden.

9.3.2 Schraubverbindung für Gewinderohre

Die Schraubverbindung wird im Bereich der genormten Gewinderohre angewendet und geschieht durch Schraubmuffen mit Innengewinde; sie ist als unlösbar zu bezeichnen, da eine Trennung nur durch Zerlegen der Rohrleitung vom Ende her möglich ist (nicht zu verwechseln mit der lösbaren „Rohrverschraubung", s. Abschn. 9.3.5). Als Gewinde ist Whitworth-Rohrgewinde, zylindrisches Innen- und zylindrisches Außengewinde (nicht selbst dichtend) nach DIN ISO 228 T1 oder Whitworth-Rohrgewinde, zylindrisches Innen- und kegeliges Außengewinde (selbst dichtend) nach DIN 2999 bzw. DIN 3858 vorgeschrieben. Verbindungsstücke, Winkelstücke, Abzweigstücke usw. aus Temperguss oder Stahl sind genormt in DIN EN 10241 und 10242.

9.3.3 Muffenverbindung

Die Muffenverbindung ist eine nicht lösbare Verbindung von Muffenrohren, ein Lösen ist nur durch Verschieben der Rohre in Längsrichtung möglich. Die einfachste Muffenform entspricht nach Wirkungsweise und Ausführung einer Stopfbuchse mit Abdichtung durch Hanf und Holzwolle, darüber Bleiausguss, der verstemmt wird: Stemmmuffe (**9.16a**); ähnlich wirkt die Schraubmuffe, bei der Rundgummi in einen Spalt eingelegt und durch einen Schraubring zusammengedrückt wird. Beide Formen erlauben Überbrückung von Fluchtungsfehlern („Knicke") in der Leitung bis zu etwa 3° und beim Zusammenbau geringe Längsverschiebungen. Längskräfte können nicht übertragen werden.

9.16
Muffenformen
  a) Sternmuffe mit Faserstoffpackung (1) und Bleiausguss, verstemmt (2)
  b) Einsteck-Schweißmuffe
  c) Kugel-Schweißmuffe

Bei Stahlmuffenrohren werden außerdem Schweißmuffen verschiedener Ausführung verwendet, z. B. die Einsteck-Schweißmuffe und die Kugelschweißmuffe (**9.16 b** und **c**). Bei der Kugelschweißmuffe wird das Ende des äußeren Rohres nach dem Zusammenbau durch Bördelung an das Innenrohr angelegt. Auf diese Weise ist die Verbindung in der Lage, Längskräfte aufzunehmen, ohne dass die Schweißnaht durch diese beansprucht wird. Die Schweißnaht hat also lediglich die Aufgabe der Abdichtung.

9.3.4 Flanschverbindung

Die Flanschverbindung ist eine lösbare Verbindung für alle Drücke und Temperaturen. Sie wird weitgehend durch die Schweißverbindung ersetzt. Auch Gehäuse von Armaturen (s. Abschn. 9.4) werden zum Teil so ausgebildet, dass sie unmittelbar (ohne Flansch) in die Leitung eingeschweißt werden können. In der Regel beschränken sich Flanschverbindungen auf die Stellen einer Rohrleitung, an denen eine Trennungsmöglichkeit vorgesehen werden muss (z. B. Anschluss an Turbine oder Kessel), ferner auf Verbindungen in gefährlichen Leitungen an Stellen, wo die Zuverlässigkeit einer Schweißverbindung nicht mit genügender Sicherheit nachgeprüft werden kann. Eine Flanschverbindung besteht aus den beiden Flanschen, der Flanschdichtung und den Flanschschrauben. Alle Teile sind weitgehend genormt.

	Nenndruck	DIN-Nr.
Gusseisenflansche	PN 2,5 bis 63	EN 1092 T2
Stahlflansche	PN 2,5 bis 100	EN 1092 T1
Gewindeflansche	PN 6 bis 16	2558 und EN 1092 T1
Lötflansche	PN 6 bis 10	EN 1092 T1
Vorschweißflansche	PN 1 bis 100	2627 bis 2630; EN 1092 T1
lose Flansche für Bördelrohre	PN 6 und 10	EN 1092 T1
lose Flansche mit glattem Bund	PN 25 bis 40	EN 1092 T1
lose Flansche mit Vorschweißbund	PN 10	EN 1092 T1

9.17
Arten von Flanschen

Flanschbeanspruchung. Soweit die Flanschabmessungen nach den Maßnormblättern für bestimmte Nennweiten und Nenndrücke festgelegt sind, ist eine Festigkeitsberechnung nicht erforderlich. In allen übrigen Fällen sind Festigkeitsrechnungen nach DIN EN 1591 T1 durchzuführen.

Form und Werkstoff der **Flanschverbindungsschrauben** sind festgelegt in DIN 2501, 2510 und DIN EN 1591 T1. Soweit die Flanschabmessungen genormt sind, werden durch die Flanschnormen Anzahl und Abmessung der Flanschschrauben festgelegt, eine Festigkeitsrechnung ist nicht erforderlich. Es sind nur Schraubenform und Werkstoff nach DIN 2509, 2510 und DIN EN 1515 T1 vorzuschreiben. Die Berechnung von Schrauben für Hochdruck-Heißdampfrohrleitungen und vergleichbare Anwendungen erfolgt nach Technischen Regeln für Dampfkessel (TRD), soweit sie nicht durch Norm festgelegt sind.

Werkstoff und Form der Flanschdichtungen richten sich nach Art, Druck und Temperatur des die Rohrleitung durchströmenden Mediums, die Form außerdem nach der Form der Flanschdichtfläche (flach, Vor- und Rücksprung, Ringnut usw.; s. Flanschnormen DIN 2500). Es kommen in Betracht: Gummi als Flach- oder Rundgummi, Presspappe, Blei und Kupfer oder Weicheisen mit eingedrehten Rillen (Rillendichtungen) oder als Linsen- bzw. Spießkantendichtung. Die Dichtungen für Rohrverbindungen sind in DIN 2693, 2695 bis 2697 und DIN EN 1514 T1 genormt. Siehe auch Abschn. 10, „Dichtungen".

9.3.5 Verschraubung

Die Verschraubung wird bei kleinen Nennweiten bis etwa DN 32 und Drücken bis etwa PN 160 verwendet, bei Schlauchverschraubungen auch für wesentlich höhere Werte, da hier Flanschverbindungen nicht sinnvoll sind (z. B. bei DN 25 für PN 400). Der Vorteil gegenüber der Flanschverbindung besteht im einfachen, schnellen Herstellen und Lösen der Verbindung und im geringeren Platzbedarf in radialer Richtung. Man unterscheidet die Rohrverschraubung als Verbindung zwischen zwei Rohren (**9.20**), die Einschraubverschraubung (**9.18**) als Verbindung eines Rohres mit einem Gehäuseanschluss und die Überwurfverschraubung zum unmittelbaren Anschluss an eine Gehäusebohrung (**9.19**).

9.18
Lötlose Rohrverschraubung als Einschraubverschraubung

1 Rohrende	*3* Schneid- und Keilring
2 Einschraubstutzen (Gewinde 5	*4* Überwurfmutter
dient zum Einschrauben in ein	*5* Gewinde
Gehäuse)	*6* Schneidkante a) vor und b) nach dem Verschrauben

9.19
Überwurfverschraubung

1 Rohrende
2 Vorschweißbund
3 Flachdichtung
4 Gehäuse
5 Überwurfschraube

9.20
Lötverschraubung mit Kegel-Kugel-Dichtung

1, 2 Rohrenden
3 Lötnippel mit kugeliger Dichtfläche *8*
4 Lötnippel mit kegeliger Dichtfläche *9*
5 Überwurfmutter
6, 7 Lötverbindung

Die Verbindung mit dem Rohr erfolgt durch Einlöten (Lötverschraubung, Bild **9.20**), durch Vorschweißen (Schweißverschraubung, Bild **9.19**) oder durch Klemmring mit Schneidkante (lötlose Verschraubung, Bild **9.18**). Die Schraubverbindungen sind in DIN 2353 sowie in DIN 3900 bis 3954 genormt.

Die Abdichtung geschieht bei ebener Dichtfläche, d. h. bei der Bundverschraubung (**9.19**) durch eingelegten Dichtring 3 und bei der Kegel-Kugel-Verschraubung (**9.20**) unmittelbar zwischen kegelförmiger Dichtfläche 9 des Außenstücks und kugeliger Dichtfläche 8 des Innenstücks, also ohne besondere Dichtung. Auch bei der lötlosen Verschraubung (**9.18**) dichtet der auf das Rohr geklemmte Ring 3 unmittelbar am Gegenstück der Verschraubung ab.

Die zuverlässigste Abdichtung, auch bei häufigem Lösen der Verbindung, wird durch die Flachdichtung der Bundrohre erreicht. Diese hat ferner den Vorteil, dass bei Beschädigungen die Dichtung einfach zu erneuern ist.

Gegenüber den anderen Verschraubungsarten besitzt die lötlose Rohrverschraubung den Vorteil, dass sie nicht auf schweißbare oder lötbare Rohrwerkstoffe beschränkt ist (Schwierigkeit bei Leichtmetallrohr und weichem Kupferrohr) und dass sie ohne weitere Vorbereitung auf das glatte Rohrende aufgebracht werden kann. Voraussetzung für ihre Zuverlässigkeit ist eine enge Toleranz des Rohraußendurchmessers, wie sie bei den Präzisionsstahlrohren gewährleistet ist.

9.4 Rohrleitungsschalter (Armaturen)

9.4.1 Hahn

9.21
Einfacher Durchgangshahn
1 Gehäuse
2 Küken mit Vierkant für Aufsteck-
    schlüssel
3 Scheibe mit Vierkantloch
4 Mutter

Hähne werden bei kleinen Nennweiten und in der Regel bei niedrigen Drücken verwendet, in Sonderausführungen aber auch bis zu sehr hohen Drücken. Kennzeichnend ist, dass der volle Leitungsquerschnitt durch eine geringe Drehung des Kükens, meist um 90°, freigegeben oder abgesperrt werden kann. Nach der Durchgangsrichtung unterscheidet man Durchgangshähne, Winkelhähne und Schalthähne (Dreiwegehähne).

Beim **einfachen Hahn** (9.21) dreht sich das kegelförmige Küken im Gehäuse, wobei die Abdichtung sowohl zwischen Eintritts- und Austrittsanschluss der Leitung als auch gegen die Umgebung erfolgt. Damit das Küken nicht aus seinem Sitz herausgehoben wird, endet es unten in einem Gewindezapfen mit Vierkantsitz für eine Scheibe, die durch Mutter gehalten wird.

Beim **Stopfbuchshahn** (9.22) ist das Gehäuse unten geschlossen, der Kükenschaft ist durch eine Stopfbuchse abgedichtet, die so ausgebildet ist, dass sie gleichzeitig den erforderlichen Dichtungsdruck in der konischen Sitzfläche des Kükens erzeugt. Die Sitzfläche des Kükens dichtet also nur zwischen Eintritts- und Austrittsseite des Hahns, die Dichtung gegen die Umgebung erfolgt durch die Stopfbuchse. Der Stopfbuchshahn wird dort verwendet, wo ein Austreten des Leitungsinhalts mit Sicherheit ausgeschlossen werden muss, z. B. bei Brandgefahr oder Gefahr für das Bedienungspersonal z. B. durch Dampf oder ätzende Flüssigkeiten. Es werden zahlreiche Sonderausführungen hergestellt, durch die in der Regel Schonung der Dichtfläche zuverlässige Abdichtung auch bei höheren Drücken oder leichte Beweglichkeit des Kükens bei größeren Abmessungen erreicht wird. Der Werkstoff von Küken und Gehäuse muss gute Gleiteigenschaften besitzen, er muss sich leicht ein- und nachschleifen lassen, möglichst unempfindlich gegen Verletzungen der Dichtfläche sein und darf durch die Flüssigkeit nicht korrosiv angegriffen werden. Die gebräuchlichen Werkstoffe sind: Gehäuse und Küken aus Grauguss, Gehäuse aus Grauguss und Küken aus Rotguss oder Bronze, Küken und Gehäuse aus Rotguss oder Bronze, ferner Leichtmetall (Aluminium-Legierungen mit ausreichenden Gleiteigenschaften), Kunststoff, Glas oder Keramik.

9.4.2 Ventil

Wirkungsweise und Aufbau

Ventile werden für alle Drücke, Temperaturen und Nennweiten bis etwa DN 300 verwendet. Als Verschlussstück dient eine tellerförmige Platte (Ventilteller 5a in Bild **9.23a**), ein Kegel

(Ventilkegel 5b in Bild **9.23b**) oder eine Kugel (Bild **9.28**). Beim Öffnen wird das Verschlussstück in axialer Richtung vom Ventilsitz abgehoben. Hierbei tritt keine Reibung zwischen Sitz und Verschlussstück auf wie bei Schiebern (s. Abschn. 9.4.3) und Hähnen (s. Abschn. 9.4.1).

Der Leitungsinhalt erfährt im Ventil eine mehrfache scharfe Umlenkung, die einen relativ hohen Druckverlust ergibt Bild **9.3**. Um diesen niedrig zu halten, wurden strömungsgünstige Formen entwickelt (**9.24 a** bis **c**). Das Verschlussstück muss bei voller Öffnung des Ventils ganz aus dem Bereich der Strömung zurückgezogen werden. Im Gegensatz zu Schieber und Hahn darf das Ventil nur in der konstruktiv vorgesehenen Richtung durchströmt werden. Diese – meist gegen die Unterseite des Ventiltellers gerichtet – ist deshalb stets durch einen außen auf dem Gehäuse angebrachten Pfeil kenntlich zu machen.

9.22
Stopfbuchshahn

1 Gehäuse
2 Küken
3 Kopfstück
4 Überwurfmutter
5 Stopfbuchsring
6 Stopfbuchs-Grundring
7 Stopfbuchspackung
8 Legeschlüssel zur Sicherung des Kopfstücks
9 Aufsteckschlüssel

9.23
Fertig zusammengeschweißte und -gebaute Ventile.
Einzelteile der Gehäuse im Gesenk geschlagen
Pfeile: Durchströmungsrichtung

a) Durchgangs-Absperrventil geschweißt,
   DN 80 mm, PN 25/40 bar
b) Kleinventil, im Gesenk geschlagen und spanend bearbeitet

1 Gehäuse
2 Kopfstück
3, 4 Flansche
5a Ventilteller
5b Ventilkegel
6 Gewindespindel
7 Spindelmutter
8 Stopfbuchse
9 Handrad

Die **Betätigung des Verschlussstücks** erfolgt entweder durch eine Gewindespindel (Grundregel: Drehung nach rechts schließt, Drehung nach links öffnet), durch Federkraft oder durch den

Leitungsinhalt selbst, je nach Ausführung und Aufgabe des Ventils. Die Betätigung der Spindel erfolgt entweder unmittelbar durch ein Handrad, bei großen Drücken und Nennweiten auch über eine Zahnrad- oder Kegelradübersetzung bzw. durch einen Servomotor. Mechanische Fernbetätigung über ein Gestänge ist üblich, wenn das Ventil an unzugänglicher Stelle der Leitung eingebaut ist oder mehrere Ventile von einem zentralen Steuerstand aus betätigt werden sollen.

9.24
Absperrventile
a) Durchgangsventil, $\zeta \approx 2,5$
b) Eckventil, $\zeta \approx 1,8$
c) Freiflussventil, $\zeta \approx 1,0$

Die **Teile eines Ventils** gehen aus Bild **9.23** hervor. Je nach dem Leitungsinhalt können erhebliche Korrosionseinflüsse (Wasser, Seewasser, Chemikalien) oder sehr hohe Temperaturen (Heißdampf bis 700 °C) auftreten oder beides gemeinsam, wie z. B. in der Erdölverarbeitung und anderen Betrieben. Da die Ventile diejenigen Einrichtungen sind, die im Gefahrenfall Leitungen zuverlässig absperren sollen, müssen sie auch dann einwandfrei arbeiten, wenn sie lange Zeit nicht betätigt worden sind. Sehr wichtig ist deshalb die richtige Werkstoffwahl.

Werkstoffe. Für das Gehäuse verwendet man je nach Leitungsinhalt in der Regel Grauguss, auch schweißbaren Stahl (**9.23a**), bei hohen Drücken und kleinen Nennweiten Gesenkschmiedestücke (**9.23b**), bei hohen Drücken und großen Nennweiten Stahlguss, bei hohen Temperaturen warmfesten Stahlguss bzw. warmfesten Stahl.

Die Zahlenangaben für ζ sind Richtwerte, gültig für Wasser als Medium; je nach der Nennweite des Ventils sind entsprechende Abweichungen zu berücksichtigen.

Genügt die Korrosionsbeständigkeit der Eisenwerkstoffe nicht, z. B. bei Seewasser, dann erfolgt bei größerer Nennweite Korrosionsschutz durch Feuerverzinkung oder Bitumenanstrich; Gehäuse kleiner Nennweite werden dann aus Kupferlegierungen (Bronze) hergestellt. Für die chemische Industrie verwendet man auch Gummiauskleidungen und Ventile aus rostfreiem Stahl.

Werkstoffe für die Abdichtung (Ventilsitz im Gehäuse und Dichtring im Verschlussstück): Selten aus dem gleichen Werkstoff wie Gehäuse und Verschlussstück (z. B. Gehäuse des bekannten Wasser-„Hahns", meist mit eingewalztem Ring aus korrosionsbeständigem Werkstoff wie Nickel, Bronze, rostfreiem Stahl, oder Auftragschweißung – „Panzerung" – mit den gleichen Werkstoffen (der übliche Abschluss einer Hauswasserleitung ist ein Ventil. Die Bezeichnung „Wasserhahn" ist deshalb sachlich nicht richtig.)). Für Heißdampf oder bei starker Verschleißgefahr (verunreinigte Flüssigkeiten, scharfer Dampfstrahl) Panzerung mit Hartmetall (Kobalt-Wolfram-Eisen-Legierungen).

Für die Spindel benutzt man bei Öl und anderen nicht korrosionsgefährdenden Stoffen Stahl, bei Wasser (auch Seewasser) Sondermessing oder Bronze, bei hohen Anforderungen an Korrosionssicherheit und bei Heißdampf rostfreien Stahl. Kopfstück selten aus Grauguss, meist Gesenkstück aus Stahl oder, bei Gehäusen aus Kupferlegierungen, ebenfalls aus Sondermessing oder Bronze. Spindelmutter aus Sondermessing, Rotguss oder Bronze und nur, wenn deren Temperaturbeständigkeit nicht ausreicht, aus warmfestem Stahl. Werkstoff und Art der Stopfbuchspackung richten sich nach dem Leitungsinhalt.

Bauarten

Absperrventile (9.23 und **9.24)** haben die Aufgabe, eine Leitung zu öffnen oder zu schließen. Zur Änderung des Förderstroms sind sie weniger geeignet und sollten deshalb hierfür nicht verwendet werden. Das Spindelgewinde liegt in der Regel außerhalb des Ventilraums, also vor der Stopfbuchse, damit es von schädigenden Einflüssen des Leitungsinhalts frei bleibt. Da zum Neuverpacken der Stopfbuchse freier Raum erforderlich ist, ergeben sich für diese Anordnung große Bauhöhen der Ventile (**9.23a**). Erlaubt der Leitungsinhalt, dass die Spindel mit ihm in Berührung kommt, dann kann das Spindelgewinde auch innerhalb des Ventilraums angeordnet werden (**9.23b**), eine Schmierung der Spindelmutter ist dann allerdings nicht möglich; es ergeben sich aber billige Ausführungen des Kopfstückes und geringere Bauhöhe (bekanntestes Beispiel der „Wasserhahn").

Je nach der Durchströmungsrichtung kann bei geschlossenem Ventil der Druck des Leitungsinhalts von oben auf das Verschlussstück wirken, also den Anpressdruck der Spindel unterstützen, oder von unten, so dass die Spindel nicht nur den Schließdruck, sondern zusätzlich auch noch den Druck des Leitungsinhalts aufzunehmen hat. „Druck unter dem Verschlussstück" ist gebräuchlicher, da dann bei geschlossenem Ventil die Stopfbuchse druckfrei ist und ohne Schwierigkeiten neu verpackt werden kann. Eine Entlastung der Stopfbuchse bei voll geöffnetem Ventil erreicht man durch die „Kegelrückdichtung": Das Verschlussstück (Ventilkegel) besitzt auf seiner oberen Fläche einen Dichtungsring, der sich gegen eine entsprechende Dichtfläche des Kopfstücks legt (**9.25**).

9.25
Ventilteller *1* mit auflegierter (gepanzerter) Sitzfläche *2* und Kegelrückdichtung *3* gegen des Kopfstück *4*; Gewindespindel *5*

9.26
Öffnungsquerschnitt bei einem Absperrventil (a) und einem Drosselventil (b) bei gleicher Ventilerhebung *h*

1 Gehäuse Öffnungsquerschnitt:
2 Verschlussstück   beim Absperrventil $A_a = \pi \cdot d_{sp} \cdot h$
3 Drosselkragen am Verschlussstück   beim Drosselventil $A_b = \pi \cdot d_{sp} \cdot s$

Drosselventile (9.26b) dienen auch zur Änderung des Förderstroms; sie wirken gleichzeitig als Absperrventile, von denen sie sich nur durch den „Drosselkragen" unterscheiden. Beim Absperrventil genügen wenige Spindelumdrehungen, um den vollen Leitungsquerschnitt freizugeben, eine feinstufige Einstellung des Förderstroms ist nicht möglich. Der Drosselkragen dagegen erlaubt eine allmähliche Vergrößerung des Durchtrittsquerschnitts entsprechend dem Spindelhub.

Druckminderventile setzen, insbesondere bei Dampf oder Gasen (z. B. an Gasflaschen), den Druck in dem nachfolgenden Teil der Leitung herab. Die Druckminderung ist einstellbar. Wirkungsweise: Der aus dem höheren Druck auf der Eintrittsseite resultierenden Kraft am Teller wirkt die Summe aus einer Gewichts- oder Federkraft und der aus dem Druck auf der Austrittsseite resultierenden Kraft am Teller entgegen. Die Öffnung passt sich automatisch der Entnahmemenge an.

Rückschlagventile öffnen und schließen sich selbsttätig in Abhängigkeit von der Druckdifferenz vor und hinter dem Verschlussstück; sie werden u. a. zur selbsttätigen Absperrung von Leitungen benutzt, wenn – z. B. durch Abstellen einer Kreiselpumpe – die Förderung aufhört; der Druck in dem hinter dem Ventil liegenden Leitungsteil wird dadurch aufrecht erhalten (**9.27**).

9.27
Rückschlagventil (der Pfeil gibt die Durchflussrichtung an)

1 Gehäuse
2 Verschlussstück
3 Entlüftungsbohrung
4 Deckel

9.28
Sicherheits-(Überdruck-)Ventil im Gehäuse einer Schmierölpumpe

1 Druckölleitung
2 Ölrücklaufleitung
3 gehärtete Stahlkugel als Verschlussstück
4 Ventilsitz (kegelig geschliffen)
5 kalibrierte Ventilfeder
6 Einstellschraube
7 kalibrierte Zwischenscheibe, die die Federspannung und damit den Öffnungsdruck des Ventils bestimmt

Sicherheitsventile, s. AD-Merkblatt A 2, sind während des geordneten Betriebs geschlossen und öffnen sich selbsttätig, sobald der Druck in der Leitung die zulässige Grenze überschreitet (**9.28**).

Wirkungsweise. Der Ventilaustritt mündet ins Freie oder in eine drucklose Auffangleitung. Das Verschlussstück wird durch eine einstellbare Feder oder ein einstellbares Gewicht auf den Sitz gedrückt. Die Öffnung erfolgt, wenn der Druck in der Leitung den Anpressdruck der Feder bzw. des Gewichts überwindet. Anwendung zum Schutz gegen gefährlichen Überdruck in Leitungen mit Dampf, Öl usw. Im Schmierölkreislauf von Kraftfahrzeugmotoren wirkt das einstellbare Sicherheitsventil in einfachster Weise zugleich als Druck-Regelventil.

Schnellschlussventil. Kennzeichnende Anwendung in Dampfkraftanlagen zur sofortigen selbsttätigen Absperrung der Dampfzufuhr bei Eintritt einer Gefahr, z. B. bei Versagen der Lagerschmierung oder bei Überdrehzahl („Durchgehen") der Turbine. Wirkungsweise: Das Ventil ist als selbsttätiges Absperrventil in die Hauptleitung eingeschaltet. Bei normalem Betrieb ist es voll geöffnet. Als Schließkraft wirkt eine Federkraft. Das Ventil wird im normalen Betrieb durch eine Sperre gegen die Schließkraft offengehalten. Beim Eintreten einer Störung wird die Sperre selbsttätig durch ein (meist hydraulisches) Relais zurückgezogen.

Rohrbruchventile wirken ebenfalls als Sicherung. Im Betrieb sind sie voll geöffnet. Sie werden selbsttätig geschlossen, wenn in dem Leitungsteil hinter dem Ventil ein starker Druckabfall eintritt. Die Schließbewegung wird durch die erhöhte Strömungsgeschwindigkeit eingeleitet. Weitere Einzelheiten der Ventilausführung und -berechnung s. AD-Merkblatt A 2. Ventile werden von Spezialfirmen hergestellt und fertig zum Einbau geliefert.

9.4.3 Schieber

Schieber (**9.29**) werden bei größeren und größten Nennweiten und für alle Drücke verwendet. Als Verschlussstück dient eine Platte 5, die quer zur Strömungsrichtung in den Leitungsquerschnitt eingeschoben wird. Schieber zeichnen sich durch geringe bis sehr geringe Durchflussverluste und kleine Baulängen aus. Der Platzbedarf quer zur Leitungsrichtung ist größer als bei Ventilen. Der Öffnungs- und Schließweg ist erheblich, da der Schieberkörper jeweils über den ganzen Leitungsquerschnitt bewegt werden muss. Entsprechend hoch sind Öffnungs- und Schließzeiten. Doch besteht der Vorteil, dass der Schieber feinstufige Teilöffnungen erlaubt; er eignet sich zur einfachen und genauen Einstellung des Durchsatzes (Mengenstromes) des betreffenden Mediums.

Wegen der symmetrischen Ausführung ist eine Durchströmung in beiden Richtungen möglich. Der Kraftaufwand zur Bewegung der Schieberplatte ist in Folge der Reibung zwischen Platte und Sitz im Vergleich zum Kraftaufwand bei der Bewegung eines Ventiltellers erheblich. Bei größeren Nennweiten und hohen Drücken genügt vielfach Handantrieb nicht mehr, es müssen Übersetzungen oder mechanischer Antrieb (hydraulisch oder elektrisch) vorgesehen werden.

9.29
Fertig zusammengeschweißter und -gebauter Keilschieber mit geteilter Platte. Nennweite 100 mm, Nenndruck 25. Die Einzelteile des Gehäuses sind nicht gegossen, sondern im Gesenk geschlagen und dann verschweißt

1 Gehäuse mit Flanschen *3, 4*
2 Schieberkörper
5a, 5b Schieberplatten mit Dichtflächen
6 Kopfstück
7 Spindel
8 Spindelmutter
9 Stopfbuchse mit Packung
10 Handrad, auf Spindelmutter fest (Spindel hebt und senkt sich mit der Schieberplatte)

Bauarten. Der einfache Parallelschieber trägt auf beiden zueinander parallelen Flächen der ebenen Schieberplatte je eine Dichtfläche, die sich gegen einen entsprechenden Ring des Gehäuses legt.

Die Anpressung erfolgt nur durch den Druck des zu fördernden Mediums. Die Abdichtung ist nicht immer zuverlässig, da ein zusätzliches Anpressen wie beim Ventil durch die Spindel nicht möglich ist. Beim Öffnen und Schließen gleiten die Dichtflächen unter Druck aufeinander, mechanische Beschädigungen der Dichtfläche durch Verunreinigungen oder „Fressen" sind möglich. Eine besondere Bauart erreicht Unempfindlichkeit gegen Verschmutzung dadurch, dass der Schieber zwischen zwei Gleitplatten verschoben wird, die von Federn an den Schieber gedrückt werden.

Der Parallelschieber mit Spreizvorrichtung vermeidet die Nachteile des einfachen Schiebers, ist aber in der Ausführung komplizierter. Die Schieberplatte ist in zwei symmetrische Platten geteilt, die nach dem Einschieben in der Schlussstellung durch ein Kniehebelsystem oder durch Keilwirkung auseinander gespreizt werden, so dass sie sich mit entsprechender Anpresskraft gegen die Gehäuse-Dichtflächen legen. Auf diese Weise wird außerdem das Gehäuse-Mittelstück druckfrei, die Stopfbuchse ist bei geschlossenem Schieber entlastet. Der einfache Keilschieber enthält eine keilförmige Platte, die beim Schließen durch die Spindel in einen keilförmigen Zwischenraum zwischen den Gehäuseabdichtungen geschoben wird. Die Abdichtung erfolgt hier unter zusätzlicher Anpresskraft durch die Spindel beiderseits. Die Gleitbewegung der Dichtflächen kurz vor und nach der Schlussstellung ergibt allerdings Verschleißgefahr und erheblichen Reibungswiderstand.

Der Keilwinkel bei Gehäuse und Platte müssen genau gleich sein, da sonst die Abdichtung unvollkommen ist; Temperaturdifferenzen im Gehäuse oder mechanische Zusatzbeanspruchungen können ein Verziehen des Gehäuses und damit Änderungen des Keilwinkels hervorrufen, die ebenfalls die Abdichtung gefährden. Ein Nachschleifen der Dichtflächen im Gehäuse ist sehr schwierig.

Die Nachteile des einfachen Keilschiebers werden durch eine Teilung der Platte (**9.29**) vermieden. Die Plattenhälften *5a* und *5b* stützen sich in der Mitte gelenkig aufeinander ab und können sich dadurch unabhängig voneinander gegen die Gehäuse-Dichtflächen anlegen.

Für die Anordnung der Spindelmutter gibt es mehrere Möglichkeiten:

Die einfachste Ausführung ergibt sich, wenn sie wie bei den Ventilen im Kopfstück liegt; die Spindel ist dann mit dem Handrad fest verbunden und dreht sich in der Schieberplatte.

Hierbei macht das Handrad die gesamte Hubbewegung der Platte mit. Ordnet man die Spindelmutter in der Schieberplatte an, dann behält das Handrad, das dann im Kopfstück drehbar gelagert wird, seine Lage; die Spindelmutter ist aber den korrodierenden oder verschmutzenden Einflüssen des Fördermittels ausgesetzt. Eine außen liegende Spindel bei unveränderter Handradstellung ist möglich, wenn das Handrad im Kopfstück drehbar gelagert und selbst als Spindelmutter ausgebildet wird (**9.29**). Im Gegensatz zur vorhin beschriebenen Ausführung wird dabei die Stellung der Schieberplatte dadurch erkennbar, dass die Spindel mehr oder weniger über das Handrad hinausragt. Das hat andererseits den Nachteil, dass die Spindel die Bedienung des Handrades erschweren kann und mechanischen Beschädigungen ausgesetzt ist. Welche der drei Möglichkeiten anzuwenden ist, richtet sich nach den Vor- und Nachteilen im jeweiligen praktischen Betriebsfall.

9.4.4 Klappe

Klappen sind Platten, die sich um eine Achse drehen und dabei den Strömungsquerschnitt absperren oder öffnen. Die Achse kann durch die Klappenmitte gehen (**9.30**), wie bei der Rauchrohrklappe eines Ofens oder bei der Drosselklappe des Kraftfahrzeug-Vergasers; sie kann auch außerhalb der Klappe liegen, wie bei Rückschlagklappen in Pumpen-Saugleitungen (**9.31**).

9.30
Drosselklappe in einer Luftleitung (vereinfachte Darstellung)

1 Klappe
2 Drehachse
3 Einstellhebel

9.31
Rückschlagklappe einer Pumpen-Saugleitung

1 Gehäuse
2 Klappe
3 Drehachse (mit Teil *4* und *5* fest verbunden)
4 Hebel zur Betätigung der Klappe von außen (wenn
   die Saugleitung entwässert werden soll)
5 Klappenarm

Literatur

[1] AD-Merkblätter der Arbeitsgemeinschaft Druckbehälter (AD) Köln, Berlin.

[2] Arnold, W.: Handbuch für das Kupferschmiedegewerbe, Rohrleitungs- und Apparatebau. 2. Aufl. Hannover 1956.

[3] Becker, E.: Technische Strömungslehre. 7. Aufl. Stuttgart 1993.

[4] Enders, W.: Wärmespannungen in Rohrleitungen. Forsch. Ing.-Wes. Bd. 23, 1957.

[5] Hampel, H.: Rohrleitungsstatik. Berlin–Heidelberg–New York 1972.

[6] v. Jürgensonn, H.: Elastizität und Festigkeit im Rohrleitungsbau. 2. Aufl. Berlin–Göttingen–Heidelberg 1953.

[7] Klein, M.: Einführung in die DIN-Normen. 13. Aufl. Stuttgart 2001.

[8] Lenz, E.: Sicherheitsventile für Druckbehälter, insb. Berechnung. Köln 1956.

[9] Schwaigerer, S.: Festigkeitsberechnung im Dampfkessel-, Behälter- und Rohrleitungsbau. 5. Aufl. Berlin–Heidelberg–New York 1997.

[10] Schwedler, F.; v. Jürgensonn, H.: Handbuch der Rohrleitungen. 4. Aufl. 4. Neudruck. Berlin–Göttingen–Heidelberg 1957.

[11] Schwenk, E.: Hochdruckrohrleitungen für Dampfkraftwerke. Halle 1950.

[12] Wagner, W.: Rohrleitungsanlagen aus Stahl. 1. Aufl. Würzburg 1979.

[13] Wiese, Fr.-F.: Rohrleitungen in Dampfkraftwerken und dampfverbrauchenden Betrieben. Düsseldorf 1960.

[14] Zoebl, H.; Kruschik, J.: Strömung durch Rohre und Ventile. Wien–New York 1982.

[15] Hemmerling, E., Hahnfeld, I., Ebbighausen, H.: Durchfederung von Rohrkrümmern unter dem Einfluss eines Biegemoments. Z. Schiffbau 44 (1943).

[16] Hemmerling, E.: Die mechanische Beanspruchung von Hochdruck-Heißdampf-Rohrleitungen. Z. Konstruktion 5 (1953) H 1 u. H 2.

10 Dichtungen

DIN-Blatt Nr.	Ausgabedatum	Titel
2695	11.02	Membran-Schweißdichtungen und Schweißring-Dichtungen für Flanschverbindungen
2696	8.99	Flanschverbindungen mit Dichtlinse
3760	9.96	Radial-Wellendichtringe
3761 T1 bis 15	1.84	Radial-Wellendichtringe für Kraftfahrzeuge
3771 T1	12.84	Fluidtechnik; O-Ringe; Maße nach ISO 3601/1
3780	9.54	Dichtungen; Stopfbuchsen-Durchmesser und zugehörige Packungsbreiten, Konstruktionsblatt
5419	9.59	Filzringe, Filzstreifen, Ringnuten für Wälzlagergehäuse
28040	8.03	Flachdichtungen für Behälter und Apparate – Apparateflanschverbindungen
28091 T1	9.95	Technische Lieferbedingungen für Dichtungsplatten; Teil 1: Dichtungswerkstoffe; Allgemeine Festlegungen
EN 1514 T1	8.97	Flansche und ihre Verbindungen – Maße für Dichtungen für Flansche mit PN-Bezeichnung; Teil 1: Flachdichtungen aus nichtmetallischem Werkstoff mit oder ohne Einlagen
T6	3.04	-; Teil 6: Kammprofildichtungen für Stahlflansche
T8	2.05	-; Teil 8: Runddichtringe aus Gummi für Nutflansche
EN 12756	3.01	Gleitringdichtungen – Hauptmaße, Bezeichnung und Werkstoffschlüssel

10.1 Aufgabe und Einteilung

Eine Dichtung soll den Stofftransport zwischen zwei voneinander getrennten Räumen verhindern. Hierbei können die Räume nach dem Zusammenbau vollkommen getrennt sein – nur gelegentlich, z. B. zu Reparaturzwecken, wird die Trennung aufgehoben – oder sie sind längs der Fläche eines sich drehenden bzw. hin und her gehenden Maschinenteils ständig miteinander verbunden. Daher wird zwischen Dichtungen an **ruhenden** und an **bewegten Maschinenteilen** unterschieden.

Dichtungen an ruhenden Maschinenteilen sind stets Berührungsdichtungen. An bewegten Maschinenteilen werden entweder Berührungsdichtungen oder berührungsfreie Dichtungen eingesetzt, bei denen die Dichtflächen einen bestimmten (geringen) Abstand voneinander haben.

Im Sinne des Begriffes der „technischen Dichtheit" wird von Dichtungen an ruhenden Teilen bei flüssigen Medien eine verlustlose Dichtheit verlangt, wogegen bei gasförmigen Medien Diffusionsverluste möglich sind.

Dichtungen an bewegten Teilen dürfen bei flüssigen Medien im Laufe der Zeit an der Gleitfläche geringe Leckverluste aufweisen. Bei gasförmigen Medien entstehen geringe Verluste. (Zwischen gleitenden Flächen – z. B. Berührungsdichtung und Welle – ist ein Flüssigkeitsfilm erforderlich, um schnellen Verschleiß zu verhindern. Bei Betrieb im Gebiet der Flüssigkeitsreibung gibt es keinen Verschleiß, dafür aber Leckverluste. Bei Betrieb im Gebiet der Mischreibung mit überwiegender Festkörperreibung gibt es anfangs keine Leckverluste, dafür aber Verschleiß; s. Abschn. 10.3.2, „Selbsttätige Berührungsdichtungen".)

Bei der Entscheidung über Werkstoff und Ausführung einer Dichtung sind Art und Größe der Beanspruchung durch Druck und Temperatur, die konstruktive Gestaltung der abzudichtenden Verbindung sowie Art und Betriebszustand der Medien (Staub, Fett, Flüssigkeiten, Gase oder Dämpfe und deren chemisches Verhalten) zu berücksichtigen.

Es müssen folgende Werkstoffeigenschaften beachtet werden:

Festigkeit, Härte, plastisches und elastisches Verformungsverhalten, Temperaturbeständigkeit, Quellung, Alterung, Ermüdung, Beständigkeit gegen Laugen, Säuren und Lösungsmittel, Verschleißfestigkeit und Reibungseigenschaften. Für die vielfältigen Betriebsbedingungen, die unterschiedlichen Anforderungen und Einbauverhältnisse stehen eine Vielzahl verschiedener Dichtungswerkstoffe zur Verfügung, wie z. B. Filz, organische Fasern (Hanf, Jute, Baumwolle), anorganische Fasern (Schlackenwolle), Leder, Papier und Pappe, Kork, Gummi-Kork, Vulkanfiber, Metalle und Kunststoffe (z. B. Acrylnitril-Butadien-Kautschuk, Fluor-Kautschuk, Polytetrafluoräthylen (PTFE), Acetalharz). Wegen der gesundheitsschädigenden Wirkung ist die Verwendung von Asbest mittlerweile verboten.

10.2   Dichtungen an ruhenden Maschinenteilen

Diese Berührungsdichtungen sind entweder unlösbar oder lösbar. Zu dieser Gruppe gehört auch die Stoffschlussverbindung mit Dichtmassen, die je nach Werkstoff über verschieden leichte Lösbarkeit verfügt.

10.2.1 Unlösbare und bedingt lösbare Berührungsdichtungen

Unlösbare Berührungsdichtungen werden meist durch Schweißen hergestellt. Wegen der absoluten Dichtheit der Schweißnähte wird diese Verbindung bei Druckbehältern und Rohrleitungen verwendet, bei denen Instandsetzungsarbeiten selten vorkommen. Schweißverbindungen mit Durchleitung der Rohrkräfte werden je nach Rohr- bzw. Behälterwandstärke als Stumpf-, V-, U- oder als VU- Naht ausgebildet (s. Rohrverbindungen).

10.1
Walzverbindung

Walzverbindungen (Quersitze), häufig bei Rohrböden und Flanschverbindungen benutzt, haben ebenfalls die Eigenschaft zu dichten. Hochbeanspruchte Walzverbindungen werden mit Walzrillen und Schweißnaht versehen (**10.1**).

Bei den **bedingt lösbaren Schweißverbindungen** sind die Schweißnähte reine Dichtnähte, die an zwei Ringe angebracht werden, wobei zunächst jeder mit je einem Bauteil und dann beide außen miteinander verschweißt werden (**10.2**). Die Durchleitung der Verbindungskräfte geschieht nicht durch die Schweißnähte, sondern durch die Schrauben oder seltener durch Klammern. Zum Lösen der Dichtung wird die äußere mittlere Schweißnaht der Dichthälften entfernt.

Die Verlötung zweier Behälter oder Rohre kann auch zu den bedingt lösbaren Berührungsdichtungen gezählt werden. Die Lösbarkeit beruht auf dem niedrigeren Schmelzpunkt des Lotes.

10.2
Dichtschweißungen

a) Membran-Schweißdichtung
b) Schweißringdichtung (alle Schweißnähte befinden sich außen)
c) Schweißringdichtung mit Hohllippe und Drahtring für hohe Beanspruchung. Die Hohllippe wird nur auf Zug beansprucht. Der Drahtring verhindert Störungen beim Schweißen durch nachlaufendes Kondenswasser bei abgestellten Anlagen

Die **Presssitzverbindung** ist infolge der hohen Flächendrücke der ineinandergefügten Teile eine Dichtverbindung. Konzentrische Dichtungsringe, in beide gegenüberliegende Teile eingepresst, werden z. B. bei Dampfturbinen angewendet (**10.3**). Damit die bei der Montage gepresste Luft aus der Ringnut entweichen kann, müssen an geeigneter Stelle z. B. Entlüftungsbohrungen vorhanden sein, die später dicht verschraubt werden.

10.3
Längspresssitz;
↑ Richtung des Druckgefälles

Dichtkitte verwendet man vor allem bei provisorischen Abdichtungen, porösen oder grob bearbeiteten Dichtflächen, Abdichtungen von Rissen u. dgl. entweder ohne oder mit Zwischenlagen (Hanffäden, Kohlenstofffasern, Drahtnetze). Sie dürfen unter wechselnden Betriebsbedingungen weder reißen noch erweichen, abbröckeln oder sich zersetzen. Mangankitte, Silikonpaste und Kunststofflacke entsprechen den Anforderungen an Dichtkitte.

10.2.2 Lösbare Berührungsdichtungen

Die lösbaren Dichtverbindungen stellen eine Gruppe von großer Mannigfaltigkeit dar, die durch den Begriff der Dichtpressung gekennzeichnet ist. Die erforderliche Dichtpressung [11] wird bei den dichtungslosen Verbindungen und bei den Flach- und Formdichtungen durch äußere Kräfte, z. B. durch Schraubenkräfte, erzeugt, oder sie entsteht bei den selbsttätigen Dichtungen vorwiegend durch den Betriebsdruck.

Dichtungslose Verbindungen bestehen allein aus geschliffenen metallischen Dichtflächen, die mit einem geschlossenen Tragspiegel aufeinanderliegen. Dieser wird nur bei hoher Oberflächengüte und durch große Dichtkräfte erreicht. Die Anzugskräfte gleichen letzte Unebenheiten durch plastische Verformung aus. Um in breiten Flächen hohe Dichtkräfte zu erzielen, müssen viele Schrauben bei möglichst geringem Abstand voneinander vorgesehen werden. Schmale Dichtflächen (Dichtleisten) sind vorteilhafter als breite Flächen, da sie bereits bei kleinen Schraubenkräften eine genügend hohe Flächenpressung aufweisen und leichter einen geschlossenen Tragspiegel bilden (Fa. Carl Freudenberg, Weinheim; Martin Merkel, Hamburg; Busak und Shamban, Stuttgart). Bemerkenswert sind ballig ausgeführte Dichtleisten an Flanschen, die im unbelasteten Zustand die gegenüberliegende Fläche in einer Linie berühren. Bei Belastung (Anziehen der Schrauben) bildet sich dann durch Formänderung eine größere zusammenhängende Berührungsfläche mit gutem Dichtvermögen aus. (In manchen Fällen empfiehlt es sich, Unebenheiten und Rauheiten durch Aufstreichen dünner Schichten Dichtungsmittel auszugleichen.) Dichtungslose Verbindungen werden bei hohen Drücken und Temperaturen, z. B. bei geteilten Gehäusen von Dampfturbinen oder bei Flanschverbindungen von Hochdruck-Heißdampfleitungen, vorgesehen.

Bei Absperrorganen (Ventile, Schieber) und bei Ventilen von Verbrennungskraftmaschinen werden geschliffene Dichtflächen verwendet, die auf Körpern unterschiedlicher Metalle angebracht sind. Diese Metalle müssen oft eine hohe Verschleiß- und Korrosionsbeständigkeit aufweisen. Als Richtwert für die zulässige Pressung in den Dichtflächen von Ventilen und Schiebern bei den Dichtwerkstoffen aus Gusseisen, Bronze und nichtrostendem Stahl kann $p_{zul} = 8 \text{ N/mm}^2$; 25 N/mm^2 bzw. 50 N/mm^2 gesetzt werden.

Flachdichtungen sind Dichtelemente wie Scheiben, Ringe oder Rahmen, die zwischen die Dichtflächen gelegt werden und sich bereits bei kleiner Flächenpressung durch Verformung auf ihrer ganzen Breite der Dichtfläche anpassen. Um ein Herausdrücken der Flachdichtung aus einer Rohrverbindung zu verhindern, können die Flansche mit Nut und Feder (DIN 2512) oder mit Vor- und Rücksprung ausgeführt werden, oder die Dichtung wird ausblassicher ausgeführt, z. B. mittels einer metallischen Inneneinfassung. Das wichtigste Unterscheidungsmerkmal von Flachdichtungen ist der Werkstoff, der eine Unterteilung in Weich-, Mehrstoff- und Hartdichtungen zulässt.

Für **Weichdichtungen** werden u. a. Papier, Pappe, Gummi, weiche Kunststoffe und gewebte oder gepresste faserige Platten verwendet. Gummi- bzw. Kunststoffdichtungen haben eine große Anpassungsfähigkeit an die Dichtflächen, sind aber nur für niedrige Betriebstemperaturen geeignet. Die am häufigsten verwendete Dichtung ist die auch Faserdichtung genannte Weichstoffdichtung. Früher in asbesthaltiger Ausführung als It-Dichtung bekannt und millionenfach eingesetzt, dürfen heute in den meisten westeuropäischen und einigen überseeischen Staaten nur noch asbestfreie Dichtungen verwendet werden. Abgekürzt werden diese nach der neuen DIN 28091 mit FA. Von den früheren It-Dichtungen unterscheiden sich diese FA-Dichtungen in zwei wesentlichen Punkten: Die thermische Beständigkeit reicht nur bis 250 °C, in Sonderfällen auch bis knapp über 300 °C, nie jedoch bis an die bei It möglichen 550 °C; die Dichtheit ist – zumindest bei guten Dichtungen – wesentlich besser geworden, teilweise um den Faktor zehn oder mehr.

FA-Dichtungen bestehen aus drei Hauptbestandteilen (s. a. DIN 28091/2): Aus Fasern als Träger der mechanischen Festigkeit, Bindemitteln zur Erzeugung eines festen Verbundes und der gewünschten Dichtheit sowie Füllstoffen zur Erhöhung der thermischen und chemischen Beständigkeit und der Dichtheit, indem die Räume zwischen den Fasern aufgefüllt werden.

Als sogenannte Asbestersatzfasern werden zu über 90% Aramidfasern (Kevlar oder Twaron) verwendet, daneben Glas- bzw. Keramikfasern oder in geringem Umfang auch Kohlefasern. Auch bei Verwendung dieser Fasern wird ein gewisser Anteil an Aramidfasern benötigt, um mechanisch akzeptable Dichtungsmaterialien produzieren zu können.

Die Bindemittel bestehen im Allgemeinen aus Gummi, vorzugsweise Nitrilkautschuk (NBR). Daneben werden für Spezialanwendungen auch Styrolbutadienkautschuk (SBR), Ethylenpropylenkautschuk (EPDM) oder Chloroprenkautschuk (CR) eingesetzt. Füllstoffe bestehen im Allgemeinen aus silikatischen Mineralien, aber auch aus anderen mineralischen Stoffen, wie Schwerspat, Calciumcarbonat oder Grafit [21].

Die Bezeichnung der Dichtungswerkstoffe ist in DIN 28091 festgelegt und beinhaltet die Werkstoffgruppe (FA für Fasern, TF für PTFE, GR für expandiertes Graphit), die Art der Haupt- und Nebenfasern, die Art des Haupt- und Nebenbindemittels und die Art der Einlage.

Mehrstoffdichtungen bestehen aus einer Kombination von Weichstoff und Metall. Sie zeichnen sich durch höhere Festigkeit, chemische Beständigkeit und Gasdichte aus.

Metallummantelte Weichstoffdichtungen besitzen eine allseitige oder an einer Seite offene dünne Metalleinfassung (**10.4a**). Bei metalleingefassten Weichstoffdichtungen erstreckt sich die Ummantelung nicht über die ganze Dichtungsbreite (**10.4b**). Der Weichstoff kommt mit den Dichtflächen in Berührung und passt sich diesen gut an. Durch Einlagen wird diese Dichtung sehr formbeständig. Spiraldichtungen bestehen aus Metallstreifen und Streifen aus dem Dichtungswerkstoff, die spiralförmig unter hoher Pressung gewickelt sind (**10.4c**).

Die Metallstreifen werden innen und außen durch Punktschweißen zusammengehalten. Zur Verbesserung der elastischen Eigenschaften der Dichtung sind die Metallbänder eingesickt. Spiraldichtungen werden an Flanschverbindungen für alle Medien mit hohen Temperaturen und Drücken verwendet. Eine Feinstbearbeitung der Dichtflächen ist nicht erforderlich. Auch leicht verzogene Flansche können wirksam abgedichtet werden.

Für sehr hohe Temperaturen bis ca. 950 °C stehen für Anwendungen im Abgasbereich Dichtungen auf Glimmerbasis zur Verfügung, z. B. Reinz Xtreme® plus.

10.4

Flachdichtungen

a) metallummantelte Weichstoffdichtungen, außen offen, einteilig und flachoval, geschlossen mit überlapptem Stoß
b) metalleingefasste Weichstoffdichtungen, innen eingefasst (z. B. Reinz AFM 34 ME)
c) Spiraldichtung mit Zentrier- und Stützring (z. B. Reinz-Flexotherm® FSP 4)
d) Dichtungen aus gummibeschichtetem Blech mit Sicke (z. B. Reinz-Retall®-Dichtung)

Dichtungen aus gummibeschichtetem Blech mit Sicke. Eine neue Generation von Metall-Weichstoff-Dichtungen besteht aus beidseitig mit einigen µm Gummi beschichtetem Blech mit zusätzlich eingeprägten Sicken, Bild **10.4d**. Das Blech dient als mechanisch stabiler Träger, die

Sicke bewirkt eine gute Anpassung an die Unebenheiten der Dichtflächen und behält eine hohe Rückerholung während der Betriebsdauer. Die Gummischicht füllt die Rauhigkeiten der Dichtflächen aus und erzeugt somit die eigentliche Dichtheit. Da der Gummi in den Rauhigkeiten vor dem Angriff des Luftsauerstoffes geschützt ist, können solche Dichtungen bei höheren Temperaturen eingesetzt werden als andere Dichtungen auf Gummibasis.

Mit Nitrilkautschuk beschichtete Dichtungen sind bis 180 °C verwendbar. Bei Fluorkautschuk, der von Haus aus sauerstoffbeständig ist, liegt die Einsatzgrenze bei ca. 270 °C. Die wesentlichen Vorteile dieser Dichtungsart sind: Geringe benötigte Schraubenkräfte, da nur die Sickenlinien angepresst werden müssen, hohe Dichtwirkung, gutes Rückstellvermögen, schmale Dichtungen möglich, geeignet bei Vibrationen, geeignet bei häufigen Druck- oder Temperaturschwankungen, fast beliebige Dichtungsformen sind möglich, und durch flexible Sickengestaltung werden auch ungünstige Verteilungen der Flächenpressung bei biegeschwachen Dichtflächen sicher beherrscht. Anwendungen dieser Dichtungen in der Verfahrenstechnik finden sich bevorzugt in Kompressoren, Pumpen oder Steuerventilen. [21]

Hartdichtungen werden mit rechteckigem Querschnitt aus Blei, Aluminium, Kupfer und für hohe Temperaturen und höchste Drücke aus legiertem Stahl hergestellt. Hohe Anpresskräfte sind erforderlich, um die Unebenheiten der Dichtflächen auszugleichen.

Profildichtungen sind Scheiben, Ringe oder Rahmen, die in Folge ihrer Querschnittsform nicht mit der ganzen Breite aufliegen und dadurch eine Dichtpressung ermöglichen – Grundquerschnitte sind die Kreisfläche und ballige Flächen. Eine Unterteilung der Profildichtungen ergibt sich durch die Trennung von Dichtungen mit vorwiegend elastischen oder vorwiegend plastischen Formänderungen.

Weichstoff-Profildichtungen werden aus elastischen Werkstoffen (Gummi oder Kunststoff) in den verschiedensten Querschnittsformen stranggepresst als Meterware hergestellt. Die Profilstränge können zu geschlossenen Dichtrahmen, zu Profilringen und zu Einfassungen weiterverarbeitet werden. Sie finden vielseitige Verwendung z. B. im Fahrzeugbau oder zur Abdichtung von Kühlschränken und Fenstern.

Von großer Bedeutung für die Abdichtung von Druckflüssigkeit an ruhenden Teilen, wie z. B. an Deckeln, Flanschen, Buchsen, Spindeln, Verschraubungen usw., sind Profildichtungen mit Kreisquerschnitt, die **Rundschnurringe**.

Mit eingeengten Toleranzen hergestellt, werden sie „O-Ringe" genannt. Sie dienen auch zur Abdichtung axial-bewegter Maschinenteile. Rundschnurringe können auch mit Stützringen aus Metall versehen werden (**10.5**).

10.5
Weichstoff-Profildichtung; Rundschnurring mit
Metallstützringen

Der Stützring nimmt den Innendruck auf und verhindert, dass der Rundschnurring herausgedrückt wird. Die eigentliche Abdichtung erfolgt durch den Schnurring. Rundschnurringe mit Stützringen werden zur Abdichtung von Flanschen und Behälterdeckeln mit unbearbeiteten Flächen benutzt.

O-Ringe werden in den verschiedensten Abmessungen mit Ringdicken von 1 ... 3 ... 8 mm hergestellt. Die Abstufung der Ringinnendurchmesser beträgt dabei etwa 0,2 ... 1 ... 2 ... 3 mm (s. Herstellerkataloge [13]). Runddichtringe mit besonderer Maßgenauigkeit s. DIN 3771. Diese Norm enthält in Teil 5 auch Festlegungen über das Profil der Ringnuten und Einbaumaße (**10.7**).

10.6
Anordnung der Rundschnurringe

a) Normalfall
b) sichere Anordnung für hohe Drücke
c) selbstdichtender Deckelverschluss

10.7
Nutformen für Rundschnurringe

a) Normalausführung
b) mit Stützringen bei Druckschwankungen
c) 2 hinterdrehte Flanken, sicher gegen Herausfallen

Rundschnurringe werden mit geringer Vorspannung eingebaut. Dabei ist die Richtung des Betriebsdruckes zu beachten. Die Dichtwirkung wird z. T. oder vorwiegend durch den Innendruck des Mediums unterstützt (**10.6**).

Bei dieser selbsthelfenden Konstruktion nach Bild **10.6c** wird der Spalt am O-Ring durch den Innendruck verkleinert. Der L-förmige Metallring wird durch den Druck nach oben gegen den Deckel gepresst und schließt den Spalt am Deckel. Gleichzeitig wird der Metallring radial gedehnt, so dass der Extrusionsspalt kleiner wird, je größer der abzudichtende Innendruck des Behälters wird.

Da Gummi zwar elastisch, aber nicht zusammendrückbar ist, muss genügend Raum für die nötige Formänderung vorhanden sein (**10.7**).

Werden die Dichtungskräfte vorwiegend durch den Betriebsdruck aufgebracht, so spricht man von „selbstdichtenden Verbindungen"; Anwendung z. B. bei Handlochverschlüssen (**10.8**) oder Schnurringen (**10.9**). Im Gegensatz zu den Verbindungen, bei denen die Dichtkraft von außen aufgebracht wird, nimmt hier die Dichtwirkung mit steigendem Betriebsdruck zu.

10.8
Handlochverschluss mit Konusring

10.9
Rundschnurring, durch Betriebsdruck angepresst

Hartstoff-Profildichtungen werden aus den verschiedensten Metallen, wie Blei, Kupfer, Aluminium, Rotguss und legierten Stählen, hergestellt. Die Querschnittsform hat zur Folge, dass die Größe der Dichtfläche von den aufgebrachten Kräften abhängt. An den zunächst linienförmigen Berührungsflächen wird die Dichtung plastisch verformt. Hartstoff-Profildichtungen werden mit verschiedenen Querschnittsformen sowohl für ebene als auch für angepasste Dichtflächen hergestellt (**10.10** und **10.11**). Sie eignen sich zur Abdichtung von Rohrleitungsflanschen und Verschlüssen von Apparaten für höchste Drücke und Temperaturen.

10.10
Hartstoff-Profildichtungen für ebene Flächen
a) Linsenring; b) Kammprofilringe, normale Ausführung; c) mit Stoßrändern; d) Wellring

In der Festigkeitsrechnung für Flanschverbindungen mit Flach- oder Profildichtungen nach DIN EN 1591 werden experimentell ermittelte Dichtungskennwerte (Formänderungswiderstand, Standfestigkeit) angegeben. Mit diesen Werten lassen sich die zum Vorverformen erforderliche Dichtungskraft, die erforderliche Betriebsdichtungskraft und, in Verbindung mit der Rohr- und der Ringflächenkraft, die notwendige Betriebsschraubenkraft bestimmen. Mit dieser wird dann die Festigkeitsberechnung des Flansches durchgeführt.

10.11
Hartstoff-Profildichtungen für angepasste Flächen

a) Kreisring, Flansche mit Nut und Feder oder Vor- und Rücksprung
b) Spießkantring, Flansche: Nuten
c) Linsenring, Flansche: kegelige Dichtflächen
d) Nutenring, oval

10.12
Deltaring, durch Betriebsdruck angepresst

Zur Herstellung einer selbstdichtenden Verbindung zwischen Hochdruckbehälter und Deckel oder auch bei Hochdruckventilen eignet sich die Delta-Dichtung, ein keilförmiger Stahlring, der in eine Ausnehmung zwischen Behälterwand und Deckel gelegt wird (**10.12**). Der Ring wird durch den Innendruck verformt und an die sauber bearbeiteten Oberflächen der Ausnehmungen angepresst.

10.3 Berührungsdichtungen an bewegten Maschinenteilen

Bei jeder Berührungsdichtung bewegter Maschinenteile sind drei Undichtheitswege zu sperren (**10.13**). Entsprechend der Relativbewegung kann man zwischen Stopfbuchsen mit der Hauptdichtung auf der zylindrischen Dichtfläche und Stopfbuchsen mit der Hauptdichtung auf der radialen Dichtfläche unterscheiden.

10.13
Undichtheitswege bei Berührungsdichtungen

Die Berührungsdichtungen bestehen aus Dichtelementen, die durch äußere oder innere Kräfte fest an die Gleitflächen gepresst werden. Bei Bewegung der Flächen bildet sich Misch- oder Flüssigkeitsreibung aus, die mehr oder weniger Verschleiß zur Folge hat. Bei Flüssigkeits- oder Gasreibung befindet sich zwischen den Gleitflächen ein Spalt, durch den das Medium austreten kann. Bei Stopfbuchspackungen setzt die Drosselwirkung im Spalt den Leckverlust herab. Ein geringer Leckverlust ist nicht zu verhindern, wenn Festkörperreibung und damit Verschleiß vermieden werden soll. Erwärmung, Verschleiß- und Leckverlust beeinflussen die Lebensdauer und die Betriebssicherheit der Dichtung. Bei der Auswahl der bestmöglichen Dichtung für eine bestimmte Konstruktion ist daher das Reibungsverhalten der Dichtung mit seinen Einflussgrößen, wie Beschaffenheit der Gleitflächen, Geschwindigkeit, Art der Bewegung, Betriebsdauer, Hubfrequenz, Art des abzudichtenden Mediums, Temperatur und Druck, Art der Werkstoffe und Form der Dichtung, zu berücksichtigen.

10.3.1 Packungen

Packungen sind Dichtungsteile, die in Stopfbuchsen (**10.14**) eingelegt und mit der Stopfbuchsenbrille gegen die Dichtflächen gepresst werden. Die elastische Querverformung der Packung in Folge der axialen Belastung sorgt für engsten Spalt zwischen Gleitflächen und somit für eine gute Dichtwirkung.

10.14
Stopfbuchse für trockene Medien mit Schmierlaterne

Eine dauerhafte Abdichtung gegen Medien ohne Schmierfähigkeit setzt eine Zusatzschmierung im Dichtspalt voraus, die über eine Schmierlaterne, die im Packungsraum eingebaut wird, erfolgt.

Die Bemessung des Packungsraumes ist abhängig vom Verwendungszweck, vom Betriebsdruck und von der Packungsart. Nach DIN 3780 kann als Richtmaß für die Packungsbreite $s \approx$ $(1 \ldots 2) \cdot \sqrt{d}$ in mm, mit d in mm als dem Stangen- bzw. Wellendurchmesser (Innendurchmesser der Packung), gesetzt werden. Die Packungslänge liegt im Bereich von $l \approx (1,5 \ldots 4) \cdot d$. Packungen werden aus den verschiedensten Dichtstoffen hergestellt. Man unterscheidet Weichstoffpackungen, Metall-Weichstoffpackungen und Weichmetallpackungen.

Die **Weichstoffpackungen** bestehen aus einem Grundgefüge, das die Füllstoffe und das Schmiermittel aufnimmt. Meist ist das Grundgefüge aus organischen oder anorganischen Fasern, wie Hanf, Baumwolle und früher auch Asbest, aufgebaut. Die Faserstoffe werden entweder zu einem Strang oder Ring gedreht, geflochten gewickelt (**10.15**) oder regellos als Stoffpackung eingelegt.

10.15
Weichstoffpackung

a) Geflechtpackung
b) Gewebepackungen

10.16
Metall-Weichstoffpackungen

a) mit Metalllamellen
b) mit Drahtseele
c) Metallhohlring

Dem Verwendungszweck entsprechend stellt man trockene, gummierte, graphitierte und imprägnierte Weichpackungen mit quadratischem, rundem oder anderem Profilquerschnitt her. Schmiermittel bzw. auch Imprägnierungsmittel zum Schutz gegen chemische Angriffe sind Fette, Talkum, Graphit und Molybdänsulfid. Häufig werden die Fasergeflechte durch einen Kern aus Gummi oder Kunststoff verstärkt. Packungen, bei denen der gesamte Querschnitt aus Kunststoff besteht, z. B. PTFE, sind ebenfalls gebräuchlich.

Weichpackungsstopfbuchsen werden besonders im Armaturenbau für kleinere Geschwindigkeiten, bei hohen Temperaturen und bis zu sehr hohen Drücken verwendet.

Zur Erhöhung der Verschleißfestigkeit und zur Beeinflussung des Formänderungsvermögens werden Einlagen oder Umhüllungen aus Metall (Blei, Messing, Bronze, Zinn, Aluminium, Kupfer usw.) mit Weichstoffen zu **Metall-Weichstoffpackungen** (**10.16**) kombiniert. Ihre Anwendung finden diese Packungen z. B. bei Kreiselpumpen, Verdichter- und Heißdampfventilen, wenn mittlere Geschwindigkeiten (bis etwa 8 m/s), hohe Drücke und hohe Temperaturen vorhanden sind.

Die **Metallpackungen** bestehen aus Ringen oder Ringhälften, die aus weichen, plastisch verformbaren Metallen hergestellt sind (**10.17**). Die zur Dichtwirkung vorausgesetzte Verformbarkeit kann durch entsprechende Querschnittsausbildung unterstützt werden (**10.18**). Eine ausreichende Schmierung der metallischen Laufflächen muss durch das Medium, durch eine selbstschmierende Metallpackung oder evtl. durch Zusatzschmierung gewährleistet sein.

10.17
Weichmetallpackung

10.18
Stopfbuchse
1 Weichstoffpackung
2 Metallkegelring

Metallpackungen besitzen eine größere Lebensdauer als Weichstoffpackungen, setzen aber eine glatte und genaulaufende Stange oder Welle voraus. Anwendung bei höheren Temperaturen und Drücken; für Autoklaven, Pressen, Hochdruckpumpen, Dampf- und Brennkraftmaschinen, Kolbenverdichter und auch in Verbindung mit Weichpackungen. Die zulässige Gleitgeschwindigkeit ist vom Werkstoff, vom Druck und von der Temperatur abhängig. Sie kann vom Hersteller erfragt werden.

Knetpackungen werden als formlose Knetmasse oder als gepresste Ringe oder Halbschalen aus Trockenschmiermittel (z. B. Graphit) mit Spänen aus Blei oder Zinnlegierungen (zur besseren Wärmeableitung) oder mit Gespinsten (z. B. Textilien) hergestellt. Beim Anziehen der Stopfbuchsenbrille zerplatzen die Ringe. Das Material wird überall schlüssig an die Wände des Dichtraumes gepresst. Das Spiel zwischen Welle und Brillenflansch bzw. Stopfbuchse muss möglichst klein sein. Falls erforderlich, können Abschlussringe aus Metall, Kohle oder Dichtungsplatten die engen Spalte schaffen. In Folge der hohen Schmierfähigkeit des Dichtungswerkstoffes kann eine Zusatzschmierung entfallen.

Anwendung: Zur Abdichtung auch aggressiver Medien hoher Temperaturen in Kreiselpumpen und Armaturen.

Über die **Wirkungsweise** von Weichpackungsstopfbuchsen herrscht u. a. folgende Anschauung [14]: Während der Montage verringert sich beim Anziehen der Brille die ursprüngliche Packungslänge l' durch die Brillenkraft F_1 auf die Länge $l = k_1 \cdot l'$ (**10.19**). Der Verringerungsfaktor k_1 ist stark vom Werkstoff und vom Brillendruck abhängig: $k_1 = 0{,}85 \dots 0{,}33$ bei $p_1 = (5 \dots 90)$ N/mm². Als Folge der axialen Brillenkraft F stellt sich die Radialkraft $k \cdot F$ ein, die eine Anpressung der Packung an Welle und Gehäuse bewirkt. Das Verhältnis der Radialkraft zur Axialkraft ($k = 0{,}6 \dots 1{,}0$) hängt von der Art der Packung und von der Anpresskraft ab. Die Reibungskräfte $\mu \cdot k \cdot F$ an Welle und Gehäuse vermindern die axiale Kraft in der Packung. Der Packungsdruck fällt daher zum inneren Ende der Stopfbuchse hin nach einer Exponentialfunktion auf seinen Kleinstwert ab. Der Abfall des Brillendruckes ist unerwünscht. Bewegliche Ausgleichshülsen können hier Abhilfe schaffen [15] (**10.20**). Jedoch findet auch in den Stopfbuchsen üblicher Ausführung nach dem Anziehen durch Kriechverformung der Packung ein Spannungsausgleich zwischen Brille und Grundring statt.

10.19
Kräfte in einer Weichpackungsstopfbuchse im Montagezustand

l' Packungslänge vor dem Anziehen der Brille; l Packungslänge nach dem Anziehen der Brille; s Dicke der Packung; F_1 Brillenkraft; F Axialkraft an der Stelle x in Folge der Brillenkraft; F_0 Brillenkraft am Grundring; k Verhältnis des Radialdruckes zum Axialdruck; μ_1, μ_2 Reibungszahlen zwischen Packung und Gehäuse bzw. Welle; $p_1 - p_0$ Packungsdruck

10.20
Pressungsverlauf bei einer Weichpackungsstopfbuchse mit Ausgleichshülse im Montagezustand

10.3.2 Selbsttätige Berührungsdichtungen

Bei den selbsttätigen Berührungsdichtungen, zu denen Manschetten, Formdichtungen, Federringdichtungen, Kolbenringe und Gleitdichtungen der verschiedensten Art zählen (**10.21**), bewirkt die elastische Formsteifigkeit der Dichtung oder eine Feder ein Anpressen einer Dichtkante bzw. -fläche an die Gleitfläche. Der Betriebsdruck unterstützt die Pressung. Zwischen den Gleitflächen entsteht Misch- oder Flüssigkeitsreibung.

Das Reibungsverhalten der Manschetten und Formdichtungen stimmt mit der von *Stribeck* bei Untersuchungen an Gleitlagern gefundenen Kurve überein [16]. Kennzeichnend für den Verlauf der Reibungszahl über der Kenngröße $\eta \cdot v / p \cdot d$ sind bei vorgegebener Pressung p und bei konstanter Zähigkeit η der hohe Reibwert beim Beginn der Bewegung, die schnelle Abnahme bis zu einem Minimum und das langsame Ansteigen mit zunehmender Gleitgeschwindigkeit v.

10.21 Selbsttätige Berührungsdichtungen

a) Hutmanschette
b) Topfmanschette
c) Doppeltopfmanschette
d) Nutringe
   1 Dichtkante bei der älteren Bauart
   2 Dichtkante bei der neueren Bauart
   3 „Back-Ring"
e) O-Ring mit „Back-Ringen"
f) Quadring (Vierlippenring)
g) Dachmanschette

h) Lippenring
i) V-Packungsring
k) Stangendichtung mit Dreieck-Kunststoff-
   Backring
l), m) Kolbendichtungen
   1 PTFE-Profilgleitring
   2 Gummidichtring
n), o) Stangendichtungen
   1 PTFE-Profilgleitring
   2 Gummidichtring

Im Gebiet der reinen Flüssigkeitsreibung verläuft die Stribeck-Kurve mit guter Näherung nach der Gleichung $\mu = k \cdot \sqrt{\eta \cdot v / p \cdot d}$. Vom Reibungszustand hängen der Verschleiß und der Leckverlust ab. In der Kenngröße bedeutet d Durchmesser. (Über Reibung siehe auch die Abschnitte „Gleitlager" und „Kupplungen", Teil 2.)

Manschetten dienen vorwiegend zur Abdichtung axialgeführter Stangen und Kolben oder Achsen und sich drehender Wellen. Abgedichtet werden hauptsächlich unter hohem Druck stehende Flüssigkeiten. Manschetten können auch als Schutzdichtungen eingebaut werden. Die Dichtlippe muss dem abzudichtenden Medium bzw. dem Überdruck zugewandt und zu jedem Zeitpunkt ausreichend geschmiert sein. In Einzelfällen wird die Abdichtung durch verstärkte Anpressung der Dichtlippe mit Hilfe einer Sperrflüssigkeit bewirkt. Bei höherem Innendruck versieht man die Manschetten mit Stützringen. Manschetten werden aus Leder, Gummi, Kunststoffen und gummierten Geweben hergestellt.

Hutmanschetten (**10.21a**, **10.22**) werden zur Abdichtung hin- und hergehender oder sich drehender Stangen im Bereich kleinerer und mittlerer Drücke (≈ 40 bar) vorwiegend in der Pneumatik verwendet. Der Mindestdruck beträgt $\approx 0{,}5$ bis 2 bar, je nach Stärke des Stulpes. Für Konstruktionen mit zeitweiser Drucklosigkeit oder mit geringem Unterdruck wird eine Anpressfeder verwendet.

Topfmanschetten (**10.21b**, **10.23**) dienen zur Abdichtung hin- und hergehender Kolben mit kleinen und mittleren Drücken (≈ 60 bar) vorwiegend in der Pneumatik. Kleine Drehbewegungen sind zulässig. Die Dichtlippe darf bei der Kolbenbewegung nirgends anstoßen und nicht als steuernde Kante Schlitze und dgl. überschleifen. Der Mindestdruck beträgt $\approx 0{,}5$ bis 2 bar. Ist an der Abdichtstelle zeitweise kein Druck oder Unterdruck vorhanden, so ist eine Anpressfeder erforderlich.

10.22
Stangenabdichtung mit Hutmanschette
und Stützring

10.23
Kolbenabdichtung mit Topfmanschette

Doppeltopfmanschetten (10.21c) werden in doppelseitig beaufschlagten Arbeitszylindern (bis 70 bar) für pneumatische und hydraulische Geräte jeglicher Art benutzt. Bei kleinerem Zylinderdurchmesser und niedrigen Betriebsdrücken können sie direkt als einbaufertige Kolben verwendet werden.

Nutringe (10.21d) dienen zur Abdichtung längsbewegter Kolben und Stangen mit mittleren und hohen Drücken (bis ≈ 300 bar). Sie werden nicht festgehalten, sondern liegen frei im Dichtraum. Die Dichtlippen müssen gegen den Druck angeordnet sein. Bei den Nutringen älterer Bauart (**10.21d** *1*) sind die Vorderkanten der Lippen stets auch die Dichtkanten. Für den Einbau ist kennzeichnend, dass Gegenringe vorgesehen werden müssen (**10.24**).

10.24
Stangenabdichtung, Nutring
älterer Bauart mit Gegenring

10.25
Anpressverteilung an einem Nutring
a) ältere Bauart   b) neue Bauart

Gegenringe sollen Bewegungen des Nutringes in Richtung der Achse verhindern, damit die empfindlichen Dichtkanten nicht anstoßen und beschädigt werden. Die Gegenringe sitzen auf bzw. in dem Maschinenteil, welches relativ zum Nutring in Ruhe ist, und ragen in die Nut zwischen den Dichtlippen hinein. Nach dem Einbau muss zwischen Nut und Gegenring ein kleiner Abstand von einigen Zehnteln bestehen bleiben. Die älteren Bauarten sind den neueren in jenen Fällen überlegen, in welchen das Druckmedium, z. B. Wasser, kein besonderes Adhäsions- und Schmiervermögen besitzt. Bei Nutringen neuerer Bauart liegt die Dichtkante in Nähe der Vorderkante der Dichtlippe, fällt mit dieser aber nicht zusammen (**10.21d** *2*). Die Abdichtwirkung ist sehr hoch und von der Belastung wenig abhängig. Sie besteht bereits bei Atmosphärendruck. Gegenringe entfallen hier. Besitzt das Druckmedium nur eine geringe Schmierfähigkeit, so darf bei Verwendung dieser Nutringe die Laufgeschwindigkeit nicht zu hoch sein.

Um den Nutring bei höheren Drücken (bis 400 bar) bzw. bei zu großem Spiel vor Zerstörung durch Eindringen von Feststoffteilchen in den Spalt zu bewahren, werden ihm sog. „Back-Ringe" aus Leder oder Kunststoff entsprechender Festigkeit unterlegt. Sie sind entweder gleich breit wie die Nutringe oder halb so breit und in eine Ausnehmung des Nutringes eingelegt (**10.21d** *3*). Die „Back-Ringe" sind an der Bewegungsseite außen bzw. innen ganz eng eingepasst.

Die Dichtungsform bestimmt den Reibungszustand im Wesentlichen durch die Größe und den Verlauf der Dichtpressung p über dem Dichtspalt [17, 18]. Der statische Pressungsverlauf setzt sich aus der Vorspannung p_0 und der durch den Betriebsdruck p_d bedingten Pressung zusammen (**10.25**). Verläuft der Anstieg der Pressung flach wie beim Nutring alter Bauart, so wird die Ausbildung eines zusammenhängenden Schmierfilmes (Flüssigkeitsreibung) begünstigt, und die Dichtheit ist gering. Steigt die Pressung dagegen sofort hinter der Dichtkante steil an, so ist eine sehr hohe Gleitgeschwindigkeit erforderlich, um den zum Abheben der Dichtkante notwendigen hydrodynamischen Druck im Reibraum zu erzeugen (**10.25**). Wegen des überwiegenden Anteils der Festkörperreibung an der Mischreibung bleibt die Dichtheit bis zu hohen Gleitgeschwindigkeiten hin bestehen.

Die aus dem Dichtspalt an einer Kolbenstange auf der Niederdruckseite ausgetragene Ölmenge haftet als dünner Ölfilm auf der Stangenoberfläche. Ein Teil hiervon wird beim Rückhub zurückgefördert. Ist der Pressungsanstieg auf der Niederdruckseite klein, wie beim Nutring neuerer Bauart, ist die zurück geförderte Ölmenge höher. Bei entsprechendem Verhältnis zwischen Vor- und Rücklaufgeschwindigkeit kann die gesamte ausgetragene Ölmenge wieder zurückgefördert werden.

Runddichtringe dienen außer zur Dichtung ruhender Maschinenteile auch zur Abdichtung hin- und hergehender Kolben und Kolbenstangen bei Gleitgeschwindigkeiten bis $\approx 0{,}5$ m/s. Drehbewegung bis 4 m/s ist zulässig. Die Abdichtwirkung der Ringe entsteht durch Verformung ihres Querschnittes in radialer Richtung. Gegenüber anderen Dichtungstypen erfordern O-Ringe engere Toleranzen und bessere Oberflächengüte der abzudichtenden Teile. Die gegen Verunreinigung der Dichtfläche empfindlichen Ringe können durch vorgeschaltete Abstreifringe (**10.26**) geschützt werden. Die O-Ringe sind je nach Werkstoff für alle Medien von −50 bis 250 °C und bis 350 bar anwendbar. Ein Einwandern in den Dichtungsspalt bei hohen Druckdifferenzen wird durch „Back-Ringe", auch Stützringe genannt, unterbunden (**10.21e**). Es sind dann Betriebsdrücke über 600 bar zulässig.

10.26
Runddichtring (O-Ring) mit Abstreifring als Stangenabdichtung

Die **Quadringdichtung** (**10.21f**) dichtet mit zwei Lippen, zwischen denen sich ein Schmiermittelvorrat ansammelt. Die Dichtung ist bis ≈ 250 bar verwendbar und eignet sich je nach Werkstoff für alle Medien von −45 bis ≈ 260 °C. Bei mittleren und hohen Drücken (über 7 bar) soll der Druck nur auf eine Seite der Dichtung wirken. Für doppelseitige Druckwirkung sind dann zwei Vierlippenringe einzubauen. Gegen Fremdkörper ist die Dichtung sehr empfindlich.

Dachmanschetten (**10.21g**) werden zur Abdichtung hin- und hergehender Kolben und Stangen und umlaufender Teile verwendet. Sie werden stets mehrfach, mindestens 2 Stück, als Packung angeordnet. Betriebsdrücke bis über 250 bar sind zulässig. An die Bearbeitung der Dichtflächen werden keine zu hohen Ansprüche gestellt. Die Manschetten werden mit Stütz- und

Druckring eingebaut (**10.27**). Im Stützring muss sich eine Druckbohrung befinden, die ein rasches Einwirken des Betriebsdruckes gewährleistet. Um eine gleichmäßigere Gleitreibung zu erzielen, können die Dachmanschetten mit Vorspannung eingebaut werden, die durch eine Feder erzeugt wird.

10.27
Dachmanschetten

1 Stützring
2 Druckring

10.28
Kolbendichtung

1 Druckring
2 Lippenring
3 Rundgummistützring

Lippenringe (**10.21h**) werden einzeln mit Stütz- und Druckring (**10.28**) oder zu mehreren hintereinander als Packung (**10.29**) eingebaut. Sie dienen ebenfalls zur inneren oder äußeren Abdichtung hin- und hergehender Maschinenteile bei Drücken bis etwa 350 bar. Sie sind aber auch für die Abdichtung bei kleiner Drehgeschwindigkeit geeignet.

10.29
Tauchkolbenabdichtung mit
Lippen-Packungsringen

10.30
Kolbenabdichtung

1 Druckring
2 V-Packungsring
3 Stützring

V-Packungsringe (**10.21i**) werden nur zur Abdichtung bei hin- und hergehender Bewegung verwendet. Hauptanwendungsgebiet sind schwere Pressen mit liegenden Zylindern. Wegen der verhältnismäßig großen Steifigkeit sollten sie nur bei Drücken über 50 bar eingesetzt werden. V-Packungen werden mit Stütz- und Druckringen eingebaut (**10.30**). Gegenüber den Lippenpackungsringen ergibt die V-Form eine weitergehende Nachspannbarkeit, die besonders bei ungleichmäßiger Stopfbuchsraumbreite erwünscht ist.

Die **Compact-Stangendichtung** (Fa. Martin Merkel, Hamburg) (**10.21k**) besteht aus einem profilierten Kunststoffring, der einen Kunststoff-Backring einschließt. Die Dichtung ist leicht verformbar. Sie lässt sich daher in die dafür vorgesehene Ringnut im Zylinder leicht einsprengen. Der Backring zentriert sich durch den dreieckigen Querschnitt schon bei niedrigem Druck und verschließt den Dichtspalt unter Aufrechterhaltung des Schmierfilms in der Verschleißzone. Diese Stangendichtung wird vorwiegend für die Abdichtung von Kolbenstangen und Plungern verwendet. Sie eignet sich zum Einsatz gegen alle Druckflüssigkeiten auf Mineralölbasis.

OMEGAT-Dichtsätze (Fa. Merkel, Hamburg) werden für die Abdichtung von Kolben und Kolbenstangen in der Hydraulik und Pneumatik verwendet (**10.21 l, m** und **n, o**). Sie bestehen aus zwei Bauteilen: einem Profilring aus Fluorkunststoff PTFE als dynamische Abdichtung und einem Gummiring als statisches Dichtelement, das den Durchtritt des Mediums durch den Nutraum verhindert. Durch Eigenvorspannung des PTFE-Ringes und die Vorspannung des Gummiringes im Nutgrund wird der PTFE-Ring an die Gleitfläche gepresst und der Dichtvorgang eingeleitet. (Bei Kolbendichtungen befindet sich die Ringnut im Kolben und bei Stangendichtungen im Zylinder.) Mit zunehmendem hydraulischem Druck erhöht sich die Anpresskraft.

Der PTFE-Ring besitzt ein gutes Reibverhalten. Auch bei niedrigen Hubgeschwindigkeiten werden Ratterbewegungen (stick-slip) vermieden. Langsame und schnelle Hubbewegungen können mit gleichmäßigem Lauf ausgeführt werden. Wegen der guten Laufeigenschaften ist der Einsatz bei schlecht schmierenden Medien oder bei kurzzeitigem Trockenlauf möglich.

Die Kolben-Dichtsätze der leichten Baureihe (**10.21 l**) werden für beidseitig beaufschlagte Kolben bei leichten bis mittelschweren Beanspruchungen eingesetzt. Sie können ab 20 mm Kolbendurchmesser in eingestochene Nuten geknöpft werden.

Die Bauteile der schweren Reihe (**10.21 m**) sind wesentlich kräftiger ausgelegt. Hieraus ergibt sich eine höhere Standfestigkeit des PTFE-Ringes gegen Einwandern in den Dichtspalt. Durch den speziell profilierten Gummi-Ring kann die erforderliche Dichtpressung (Vorspannung) und damit auch die Anpresskraft des PTFE-Ringes an die Gleitfläche schwereren Betriebsbedingungen besser angepasst werden.

Die OMEGAT-Stangendichtungen (**10.21 n, o**) entsprechen im Aufbau und in der Wirkungsweise den OMEGAT-Kolbendichtungen. Bei Stangenabdichtungen wird gegenüber Kolbenabdichtungen ein höherer Grad an Dichtwirkung verlangt. Die PTFE-Ringe sind daher am Innendurchmesser mit einer Dichtkante versehen. Die hohe spezifische Anpresskraft im Bereich dieser Dichtkante gewährleistet die besonders gute Dichtwirkung.

Radial-Wellendichtringe (Fa. Simrit, Weinheim; KACO, Heilbronn; Goetze-AG, Burscheid; Elring Dichtungswerke KG, Stuttgart) (Bild **10.31**) (DIN 3760, DIN 3761) sind Manschetten aus Elastomer (z. B. Nitril-Butadien-, Acrylat-, Silikon- oder Fluor-Kautschuk), die in einem Gehäuse gefasst oder so versteift sind, dass sie als einbaufertige Teile verwendet werden können (**10.31**). Sie dienen als Schutzdichtungen dazu, den Schmiermittelaustritt aus Lagern und Maschinengehäusen oder das Eindringen von Feuchtigkeit, Staub, Schmutz und anderen Verunreinigungen in diese Bauteile zu verhindern. Das übliche Kennzeichen einer Dichtung, das Trennen von Räumen verschiedenen Druckes, fehlt bei Schutzdichtungen oft vollständig. Es wurden jedoch Sonderbauformen zur Verwendung als Drehdruckdichtung entwickelt.

Die Radial-Wellendichtringe nach DIN 3761 für Kraftfahrzeuge unterscheiden sich in der Konstruktion kaum von den Wellendichtungen nach DIN 3760 für den allgemeinen Maschinenbau. Ihre Abmessungen stimmen mit denen der Radial-Wellendichtringe nach DIN 3760 überein.

Die Dichtlippe der Manschette wird im Allgemeinen durch eine Feder angedrückt. Bei der üblichen Einbauweise zeigt die federbelastete Dichtlippe in Richtung des abzudichtenden Mediums. Der abdichtbare Differenzdruck ist begrenzt bis ≈ 1 bar. Ab $\approx 0,5$ bar muss bei der Normalbauform die Dichtlippe durch Stützringe unterstützt werden (**10.33**). Für den Einsatz als Drehdruckdichtung bis 10 bar bzw. 100 bar werden Sonderbauformen mit besonders kurzer Dichtlippe ohne zusätzlichen Stützring angefertigt (**10.34; 10.35** und **10.36**). Je nach Werkstoff sind die Dichtungen bis 35 m/s und 160 °C anwendbar (**10.37** u. **10.38**).

d_1	d_2	b ±0,2	d_3
6	16, 22	7	4,8
8	22, 24	7	6,6
9	22, 24, 26	7	7,5
10	22, 24, 26	7	8,4
11	22, 26	7	9,3
12	22, 24, 28, 30	7	10,2
14	24, 28, 30, 35	7	12,1
15	26, 30, 32, 35	7	13,1
16	28, 30, 32, 35	7	14
17	28, 30, 32, 35, 40	7	14,9
18	30, 32, 35, 40		
20	30, 32, 35, 40, 47	7	17,7

d_1	d_2	b ±0,2	d_3
22	32, 35, 40, 47	7	19,6
24	35, 37, 40, 47	7	21,5
25	35, 40, 42, 47, 52	7	22,5
26	37, 42, 47	7	23,4
28	40, 47, 52	7	25,3
30	40, 42, 47, 52, 62	7	27,3
32	45, 47, 52	7	29,2
35	47, 50, 52, 62	7	32
36	47, 50, 52, 62	7	33
38	52, 55, 62	7	34,9
40	52, 55, 62, 72	7	36,8

d_1	d_2	b ±0,2	d_3
42	55, 62, 72	8	38,7
45	62, 65, 72	8	41,6
48	62, 65	8	44,5
50	68, 72, 80	8	46,4
52	68, 72	8	48,3
55	70, 72, 80, 85	8	51,3
56	70, 72, 80, 85	8	52,3
58	72, 80	8	54,2
60	75, 80, 85, 90	8	56,1
62	85, 90	10	58,1
63	85, 90	10	59,1
65	85, 90, 100	10	61
68	90, 100	10	63,9
70	90, 100	10	65,8

d_1	d_2	b ±0,2	d_3
72	95, 100	10	67,7
75	95, 100	10	70,7
78	100	10	73,6
80	100, 110	10	75,5
85	110, 120	12	80,4
90	110, 120	12	85,3
95	120, 125	12	90,1
100	120, 125, 130	12	95
105	130, 140	12	99,9
110	130, 140	12	104,7
115	140, 150	12	109,6
120	150, 160	12	114,5
125	150, 160	12	119,4
130	160, 170	12	124,3
135	170	12	129,2
140	170	15	133
145	175	15	138
150	180	15	143
160	190	15	153
170	200	15	163
180	210	15	173
190	220	15	183
200	230	15	193
210	240	15	203
220	250	15	213
230	260	15	223

10.31
Radial-Wellendichtringe ohne und mit Schutzlippe, DIN 3760, (Maße in mm), (Zwischengrößen s. Firmenkataloge); die Wellendichtringe brauchen der bildlichen Darstellung **10.32a** nicht zu entsprechen; nur die angegebenen Maße sind einzuhalten; Fortsetzung s. nächste Seite

Für den Wellendurchmesser d_1 im Bereich der Lauffläche ist das ISO-Toleranzfeld h11 vorzusehen.

Gestaltungsempfehlung:

a) Einbaurichtung Z der Welle: Abrunden der Welle mit $r > 0,6$ mm für Ringe ohne und $r > 1$ mm für Ringe mit Dichtlippe oder Anschrägen der Welle

b) Einbaurichtung Y der Welle: Anschrägen der Welle $t_1 \geq 0,85 \cdot b$
$t_2 \geq (b + 0,3)$

d_1	6 … 26	28 … 60	62 … 80	85 … 135	140 … 230
c	0,3	0,4	0,5	0,8	1

10.31
Radial-Wellendichtringe; Fortsetzung

a)   b)   c)   d)

10.32
Wellendichtringe
a) Baureihe DIN 3760 mit Weichstoffsitz und mit zusätzlicher Staublippe
b) mit Metallsitz und mit zusätzlicher Staublippe
c) mit zwei federbelasteten Dichtringen
d) zur Abdichtung umlaufender Gehäuse

10.33
Wellendichtring mit Stützring zur Druckabdichtung. Der Stützring ist dem Profil der Dichtlippe angepasst

10.34
Zweifache Dreh-Druck-Einführung

Wellendichtring der Bauform SIMRIT BA B SL für Dreh-Druck-Abdichtungen ohne zusätzlichen Stützring. Lauffläche des Wellendichtringes gegenüber Kugellagersitz um 0,2 mm im Durchmesser vermindern

Ab einer bestimmten Unrundheit oder Exzentrizität der umlaufenden Teile treten große Leckverluste auf. Für die Lebensdauer der Welle oder Achse ist es erforderlich, dass ihre Lauffläche unter der Dichtlippe gehärtet bzw. verschleißfest ist. Die Dichtlippen müssen zu jedem Zeitpunkt ausreichend geschmiert werden. Ist mit ungenügender Schmierung zu rechnen, so kann mittels einer zweiten Manschette eine Schmierkammer gebildet werden.

BA B SL   BA HD [1)]

d_1	d_2	b	b_1	d_1	d_2	b	b_1	d_1	d_2	b
8	22	6	6,5	25	47	6	6,5	30	50	7
10	22	6	6,5	30	42	6	6,5	32	52	6
12	22	6	6,5	35	52	6	6,5	40	60	6
12	24	6	6,5	40	62	6	6,5	45	65	7
15	35	6	6,5	45	62	7	7,5	56	76	6
18	35	6	6,5	50	72	7	7,5	72	95	6
20	35	6	6,5	60	80	7	7,5	300	332	16
22	32	6	6,5	70	90	7	8,0	340	380	18
22	35	6	6,5	80	100	7	8,0			
25	35	6	6,5							

10.35
SIMMERING-Radial-Wellendichtring für den Einsatz als Drehdruckdichtung. Bauform BA B SL (**10.34**) bis 10 bar und Bauform BA HD bis 100 bar. Werkstoff: Acrylform BA BSL (**10.34**) bis 10 bar und Bauform BA HD bis 100 bar. Werkstoff: Acrylnitril-Butadien-Kautschuk (Maße in mm) Firma Carl Freudenberg SIMRIT

[1)] Radial-Wellendichtringe der Bauform BA HD können in Abhängigkeit vom Werkstoff bei $p{\cdot}v = 10$ bar·m/s eingesetzt werden. Grenzwerte: Druckbelastung $p = 100$ bar bei der Umfangsgeschwindigkeit $v = 0{,}1$ m/s. Hierbei ist mit einer Leckage von 2 … 5 g/24 Stunden zu rechnen.

10.36
Zulässiger Druck des abzudichtenden Mediums für abgestützte Radial-Wellendichtringe, sowie für den SIMMERRING BA B SL

10.37
Zulässige Drehzahlen und Umfangsgeschwindigkeiten bei drucklosem Betrieb bezogen auf den Werkstoff des Elastomerteils eines Radial-Wellendichtringens nach DIN 3760. NBR = Nitril-Butadien-Kautschuk, ACM = Acrylat-Kautschuk, MQ = Silicon-Kautschuk, PM = Flour-Kautschuk

Werkstoff-Basis	Temperaturbereich °C an der Dichtlippe	mineralische Schmierstoffe						schwer entflammbare Druckflüssigkeiten VDMA 24317 HSB HSC HSD			24320 HSA	Sonstige Medien		
		Motorenöle	Getriebeöle	Hypoidgetriebeöle	ATF-Öle	Druckflüssigkeiten DIN 51 524	Fette	** Wasser-Öl-Emulsionen	* Wässrige Lösungen	Wasserfreie Flüssigkeiten	Öl-Wasser-Emulsionen	Heizöl EL + L	** Wasser	** Waschlaugen
Acrylnitril-Butadien-Kautschuk	– 40 / + 120	100	80	80	100	90	90	70	70	--	70	90	90	90
Acrylat-Kautschuk	– 30 / + 150	130	120	120	130	120	+	--	–	--	--	+	--	--
Silikon-Kautschuk	– 50 / + 180	150	–	–	130	130	+	60	+	–	60	–	+	+
Flour-Kautschuk	– 30 / + 200	170	150	150	170*	150	+	+	+	150	+	+	+	+
Ethylen-Propylen-Terpolymer-Kautschuk	– 50 / + 140	--	--	--	--	--	--	--	70	–	--	--	100	100
Polytetraflouräthylen	– 80 / + 200	170*	150	150	170*	150	150	+	+	150	+	+	+	+

10.38
Chemische und thermische Beständigkeit des Elastomerteils von Radial-Wellendichtringen (nach DIN 3760 und SIMRIT-Werk Carl Freudenberg)
+ beständig, im allg. nicht eingesetzt   – bedingt beständig   -- unbeständig
** Zusatzschmierung empfohlen
* Dauertemperaturbelastung für mineralische Schmierstoffe ≤ 150 °C

Bei mit Fett gefüllten Schmierkammern muss die Dichtlippe einer der verwendeten Manschetten von der Kammer wegweisen, damit beim Einpressen des Fettes kein Überdruck entsteht (**10.39**). Staub, Schmutz oder Betriebsmitteln, die keine Schmiereigenschaften besitzen, ist das Eindringen zum Dichtspalt durch Anordnung einer Vorrichtung (z. B. Gleitringdichtung, Staublippe, Abweisblech, Labyrinth o. ä.) zu verhindern (**10.41**). Bei zu starkem Ölzufluss sollte dem Dichtring z. B. ein Spritzring vorgeschaltet werden.

Wellendichtringe können in der Kontaktfläche mit hydrodynamischen Dichthilfen, „Drall" genannt, versehen werden, um eine Ölrückförderung nach Art eines Rückfördergewindes zu erreichen. Im eingebauten Zustand liegt die Dichtkante der Dichtlippe am ganzen Umfang der Welle an, so dass auch im Ruhezustand trotz des Dralls eine sichere Abdichtung erzielt wird. Dichtringe mit Wechseldrall sind für beide Drehrichtungen verwendbar.

10.39
Abdichtung einer Wasserpumpe
1 Fettkammer

d	d_0	C	d_1	V–Ring S		V–Ring A	
				a	b	a	b
19– 21	18	4	$d+12$	7,9	$9,0 \pm 0,8$	4,7	$6,0 \pm 0,8$
21– 24	20	4	$d+12$	7,9	$9,0 \pm 0,8$	4,7	$6,0 \pm 0,8$
24– 27	22	4	$d+12$	7,9	$9,0 \pm 0,8$	4,7	$6,0 \pm 0,8$
27– 29	25	4	$d+12$	7,9	$9,0 \pm 0,8$	4,7	$6,0 \pm 0,8$
29– 31	27	4	$d+12$	7,9	$9,0 \pm 0,8$	4,7	$6,0 \pm 0,8$
31– 33	29	4	$d+12$	7,9	$9,0 \pm 0,8$	4,7	$6,0 \pm 0,8$
33– 36	31	4	$d+12$	7,9	$9,0 \pm 0,8$	4,7	$6,0 \pm 0,8$
36– 38	34	4	$d+12$	7,9	$9,0 \pm 0,8$	4,7	$6,0 \pm 0,8$
38– 43	36	5	$d+15$	9,5	$11,0 \pm 1,0$	5,5	$7,0 \pm 1,0$
43– 48	40	5	$d+15$	9,5	$11,0 \pm 1,0$	5,5	$7,0 \pm 1,0$
48– 53	45	5	$d+15$	9,5	$11,0 \pm 1,0$	5,5	$7,0 \pm 1,0$
53– 58	49	5	$d+15$	9,5	$11,0 \pm 1,0$	5,5	$7,0 \pm 1,0$
58– 63	54	5	$d+15$	9,5	$11,0 \pm 1,0$	5,5	$7,0 \pm 1,0$
63– 68	58	5	$d+15$	9,5	$11,0 \pm 1,0$	5,5	$7,0 \pm 1,0$
68– 73	63	6	$d+18$	11,3	$13,5 \pm 1,2$	6,8	$9,0 \pm 1,2$
73– 78	67	6	$d+18$	11,3	$13,5 \pm 1,2$	6,8	$9,0 \pm 1,2$
78– 83	72	6	$d+18$	11,3	$13,5 \pm 1,2$	6,8	$9,0 \pm 1,2$
83– 88	76	6	$d+18$	11,3	$13,5 \pm 1,2$	6,8	$9,0 \pm 1,2$
88– 93	81	6	$d+18$	11,3	$13,5 \pm 1,2$	6,8	$9,0 \pm 1,2$
93– 98	85	6	$d+18$	11,3	$13,5 \pm 1,2$	6,8	$9,0 \pm 1,2$
98–105	90	6	$d+18$	11,3	$13,5 \pm 1,2$	6,8	$9,0 \pm 1,2$
105–115	99	7	$d+21$	13,1	$15,5 \pm 1,5$	7,9	$10,5 \pm 1,5$
115–125	108	7	$d+21$	13,1	$15,5 \pm 1,5$	7,9	$10,5 \pm 1,5$
125–135	117	7	$d+21$	13,1	$15,5 \pm 1,5$	7,9	$10,5 \pm 1,5$
135–145	126	7	$d+21$	13,1	$15,5 \pm 1,5$	7,9	$10,5 \pm 1,5$
145–155	135	7	$d+21$	13,1	$15,5 \pm 1,5$	7,9	$10,5 \pm 1,5$

V–Ring S

V–Ring A

d_0 Ringdurchmesser vor Einbau

10.40
V-Ringdichtung (Maße in mm). Auszug aus Werksnorm (Fa. M. Merkel)

10.41
Hinterachsabdichtung
1 Gleitringdichtung
2 Fettfüllung

10.42
Wellendichtung mit V-Ring (Fa. M. Merkel)

Bei der axial dichtenden V-Ring-Wellendichtung liegt die Dichtlippe am Deckel an (**10.42**), wodurch der Wellenverschleiß vermieden wird. V-Ringe können z. B. auch in Labyrinthdichtungen eingebaut werden, um deren Wirksamkeit zu steigern (Maße s. Bild **10.40**). In Folge Fliehkraftwirkung kann die Dichtlippe bei höheren Drehzahlen abheben.

Die **Axial-Wellendichtung** nach Bild **10.45** und **10.46** dichtet an einer beliebigen geschliffenen und gehärteten axialen Gegenlauffläche ab. Dazu eignen sich Wellenenden, Wellenbunde, ungestempelte Stirnseiten von Wälzlagern oder möglichst geläppte Gegenlaufflächen im Gehäuse. Die Manschetten und die auf den Rücken der Dichtfläche wirkende Sternfeder sorgen für gleichbleibenden Anpressdruck (Dichtlippenvorspannung).

Filzringdichtungen (**10.43** und **10.44**) werden ölgetränkt eingebaut. Sie eignen sich für Abdichtungen von Lagergehäusen bis zu mittleren Drehzahlen und besonders zur Abdichtung gegen Fettaustritt. Bei Geschwindigkeiten über 10 m/s neigt der Ring zum Verkleben. Bei hohen Temperaturen wird er steif und unelastisch und verliert seine Dichtwirkung. Die Reibung kann besonders bei neuen Filzringen sehr groß sein. Der Filzring wird in eine konische Nut eingelegt. Einfacher ist der Einbau mit Deckplatte oder Kappe. Es gibt auch Filzringe in Metallgehäusen, die als einbaufertige Dichtung in eine entsprechende Ausnehmung des Gehäuses geschoben werden.

a)   b)

10.43
Filzringdichtung (DIN 5419)
a) in konischer Nut
b) mit Deckplatte

Auch Kombinationen des Filzringes mit anderen Dichtungen, z. B. mit einer Gummimanschette, sind möglich. Der Filzring wirkt hier als Ölbehälter zur Schmierung der naheliegenden Dichtlippe. Um Ölverlust durch den Filz hindurch zu verhindern, muss das Schmieröl durch Spritzringe oder Spaltdichtungen vom Filzring ferngehalten werden. In Filzringe betten sich leicht schmirgelnde Bestandteile ein, welche dann in die Welle Rillen eingraben.

d_1	17	20	25	26	28	30	32	35	36	38	40	42	45	48	50	52
d_2	27	30	37	38	40	42	44	47	48	50	52	54	57	64	66	68
b	4	4	5	5	5	5	5	5	5	5	5	5	5	6,5	6,5	6,5
d_4	18	21	26	27	289	31	33	36	37	39	41	43	46	49	51	53
d_5	28	31	38	39	41	43	45	48	49	51	43	55	58	65	67	69
f	3	3	4	4	4	4	4	4	4	4	4	4	4	5	5	5
d_1	55	58	60	65	70	72	75	78	80	82	85	88	90	95	100	105
d_2	71	74	76	81	88	90	93	96	98	100	103	108	110	115	124	129
b	6,5	6,5	6,5	6,5	7,5	7,5	7,5	7,5	7,5	7,5	7,5	8,5	8,5	8,5	10	10
d_4	56	59	61,5	66,5	71,5	73,5	76,5	79,5	81,5	83,5	86,5	89,5	92	97	102	107
d_5	72	75	77	82	89	91	94	97	99	101	104	109	111	116	125	130
f	5	5	5	5	6	6	6	6	6	6	6	7	7	7	8	8

10.44
Filzringe und Ringnuten nach DIN 5419
(Maße in mm)

d	d_i	d_a	d_2	d_3	b	Zuordnung zu den Wälzlager-Reihen				
30	32	56	37,5	34,5	6	6006	–	6405	–	–
35	37	65	44	41	6,5	6007	6306	6406	4206	–
40	42	73	50	46,5	6,5	6008	6307	6407	4207	–
45	47	78	56	51,5	6,5	6009	6308	6408	4208	–
50	53	83	59,5	56,5	6,5	6010	6309	6409	4209	–
55	58	90	65	61	7	6011	6310	–	4210	–
60	63	100	69	65,5	8	6012	6311	6410	4211	–
65	68	110	77	72	8,5	6013	6312	6411	4212	–
70	72	115	79	74	8,5	6014	6313	6412	4213	–
75	78	120	88	83	8,5	6015	6314	6413	4214	–
80	84	128	94	90	9	6016	6315	6414	4215	–
85	87	138	96	91	9,5	6017	6316	6414	4216	–
90	94	148	101,5	96,5	10	6018	6317	6415/16	4217	–
95	98	158	108	103	10	6019	6318	6415/16	–	–
100	104	168	114	109	10,5	6020	6319	6416	4218/19	–
30	32	50	36	33	5	6206	–	6405	–	4305
35	37	56	41	38	5	6207	6306/07	6405/06	–	4306
40	42	62	47	44	5,5	6208	6308	6407	–	4307
45	47	70	53	49	5,5	6209	6308/09	6407/08	–	4308
50	52	75	59	55,5	6	6210	6309	6408/09	–	4309
55	58	83	65,5	61,5	6	6211	6310	6409/10	–	4310
60	61	89	69	65	6,5	6212	6311	6410/11	–	4311
65	67	94	74	70	7	6213	6312	6411/12	–	–
70	73	104	78	74	7,5	6214	6413	6411/12	–	4312
75	78	109	84	80	7,5	6215	6313/14	6413/14	–	4313
80	84	119	89	85	8	6216	6314/15	6414	–	4314
85	87	124	94	90	8	6217	6315/16	6414/15	–	4315
90	93	132	101	96	8,5	6218	6316	6415/16	–	–
95	98	137	104,5	100	8,5	6219	6317/18	6415/16	–	4316/17
100	101	142	110	105	8,5	6220	6318/19	6416	–	4318/19

10.45
Axial-Wellendichtung (Hirschmann AG u. Co, Neckertenzlingen), innendichtend für Öl- und Fettabdichtung (Auswahl)

d_a	d_i	d_2	d_3	b	Zuordnung zu den Wälzlager-Reihen				
53	35	47,5	50,5	4,5	6006	–	–	–	–
61	40	54	58	4,5	6007	6305	–	–	–
66,5	45	59,5	63,5	5	6008	–	6404	–	–
74	50	66,5	70,5	5	6009	6307	6405	–	–
77	55	71	75	5,5	6010	–	–	–	–
87	61	80,5	84,5	6	6011	6309	6407	–	–
93	66	85	89	6	6012	–	–	–	–
97	71	90,5	94,5	6	6013	–	6408	–	–
106	76	99	103	6,5	6014	6310	–	–	–
112	81	103	108	7	6015	6311	6409	–	–
122	86	112	117	7,5	6016	6312	6410	–	–
127	91	118	123	7,5	6017	–	6411	–	–
137	98	128	133	8	6018	6314	6412	–	–
142	103	132	137	7,5	6019	6314	6412	–	–
147	108	137	142	8,5	6020	6315	6413	–	–
60	36	54	58	5,5	6206	6305	6404	4206	4305
68	42	61,5	65,5	6	6207	6306	–	4207	4306
77	47	69,5	73,5	6	6208	6307	6405	4208	4307
82	52	74,5	78,5	6,5	6209	6308	6406	4209	4308
86	57	79	83	7	6210	–	6407	4210	–
97	64	88	92	7,5	6211	6309	6408	4211	4309
106	69	98	102	8	6212	6310	6409	4212	4310
116	74	105	110	8,5	6213	6311	6410	4213	4311
120,5	80	109	114	8,5	6214	6312	–	4214	4312
126	85	115	120	9	6215	6312	–	4215	4313
136	92	125	130	9	6216	6313	6411	4216	4314
145	97	134	139	9	6217	6314	6412	4217	4315
156	102	144	149	9,5	6218	6315	6413	4218	4316
166	108	154,5	159	9,5	6219	6316	6415	4219	4317
175	114	164	169	10	6220	6317	6416	4220	4318

10.46
Axial-Wellendichtung (Hirschmann AG u. Co, Neckertenzlingen), außendichtend nur für Öl- und Fettabdichtung (Auszug)

Abdeckscheiben als Schutzdichtung für Wälzlager sollen das Eindringen von Flüssigkeit oder Fremdkörpern in die fettgeschmierten Lager verhindern. Kugellager, die mit einer einmaligen Fettfüllung versehen wurden, werden mit festeingebauten Deckscheiben geliefert. Die Lager sind entweder ein- oder beidseitig mit einer Deck- bzw. Dichtscheibe versehen, die in einer Rille im Außenring festgehalten wird und mit einer Hohlkehle oder V-Nut am Innenring eine Spaltdichtung bildet (**10.47a**). Bei anderen Bauformen schleifen die innen mit einer Kunststoffschicht belegten Deckscheiben bzw. die stahlblechverstärkten Kunststoff-Dichtscheiben an der Innenseite der Hohlkehle bzw. der V-Nut (**10.47b**). Die V-Nut erzeugt Zentrifugalkräfte, die Fremdkörper vom Lager weg und das Fett in das Lager zurückdrängen.

a)   b)

10.47
Deck- und Dichtscheiben in Kugellagern
a) als Spaltdichtung
b) mit schleifender Dichtkante

Die federnde Abdeckscheibe, der Nilos-Ring (Fa. Ziller & Co., Hilden), dichtet am inneren oder äußeren Wälzlagerring mit seiner senkrecht auf der Stirnfläche gleitenden Dichtkante (**10.48**, **10.50** und **10.51**). Dabei schleift sich die Dichtkante in den gehärteten Wälzlagerring ein und bildet eine feine Labyrinthdichtung. Für eine gute Dichtwirkung ist der konzentrische Lauf und ein schlupffestes Spannen der Nilos-Ringe Voraussetzung.

10.48
Federnde Abdeckringe
a) außen dichtend
b) doppelt außen dichtend mit Fettkammer
c) innen dichtend

a)   b)   c)

Als Zentrierung dienen je nach Ausführung des Nilos-Ringes die Welle oder das Gehäuse (**10.48c, 10.50**). Zentrierungen auf oder in Gewindegängen, Gewindeausläufen, Einstichen oder Hohlräumen müssen vermieden werden. Bei der Verwendung von Spreizringen (z. B. von SEEGER-L-Ringen) zum schlupffesten Spannen sind Nilos-Distanzringe erforderlich, die sich der Nilos-Ring-Form anpassen (**10.52**).

10.49
Wälzlagerabdichtung
a) *1* außen dichtende Nilos-Ringe bilden eine Fettkammer
b) Kegelrollenlager in einer Radnabe
1 Fettkammer
2 Festhaltewarze

a)   b)

für Lagerreihe 60				für Lagerreihe 62				für Lagerreihe 63			
d	a	c	s	h	a	c	s	h	a	c	s	h
25	43,7	34	0,3	2,5	47	36	0,3	2,5	54,8	40	0,3	2,5
30	50	40	0,3	2,5	56,2	44	0,3	2,5	64,8	48	0,3	2,5
35	56,2	44	0,3	2,5	64,8	48	0,3	2,5	70,7	54	0,3	2,5
40	62,2	51	0,3	2,5	72,7	57	0,3	3	80,5	60	0,3	3
45	69,7	56	0,3	2,5	77,8	61	0,3	3	90,8	75	0,3	3
50	74,6	61	0,3	2,5	82,8	67	0,3	3	98,9	80	0,3	3
55	83,5	67	0,3	3	90,8	75	0,3	3	108	89	0,3	3
60	88	71	0,3	3	100,8	85	0,3	3	117,5	95	0,3	3
65	93,5	78	0,3	3	110,5	90	0,3	3	127,5	100	0,3	3,5
70	103	83	0,3	3	115,8	95	0,3	3,5	137	110	0,5	3,5
75	108	89	0,3	3	120,5	100	0,5	3,5	147	110	0,5	3,5
80	117,5	95	0,3	3	129	106	0,5	3,5	157,5	130	0,5	3,5
85	123	104	0,5	3,5	138,5	115	0,5	3,5	164	135	0,5	4
90	129	106	0,5	3,5	148	124	0,5	3,5	174	140	0,5	4
95	137	110	0,5	3,5	157,5	130	0,5	3,5	184	150	0,5	4
100	142	117	0,5	3,5	167	135	0,5	4	199	165	0,5	4
105	148	124	0,5	3,5	174	140	0,5	4	208	174	0,5	4
110	157,5	130	0,5	3,5	184	150	0,5	4	219	179	0,5	4
120	169	140	0,5	4	199	165	0,5	4	239	190	0,5	4
130	188	155	0,5	4	214	173	0,5	4	251	200	0,5	5
140	199	165	0,5	4	229	183	0,5	4	267	220	0,5	5
150	214	173	0,5	4	248	200	0,5	4	286	235	0,5	5
160	229	183	0,5	4	267	220	0,5	5	314	260	0,5	5
170	248	200	0,5	4	286	235	0,5	5	320	268	0,5	5

10.50
Nilos-Dichtringe, außen dichtend, für Rillenkugellager nach DIN 625. (Auswahl aus Werksnormen, Maße in mm)

für Lagerreihe 60					für Lagerreihe 62					für Lagerreihe 63				
i	D	c	s	h	i	D	c	s	h	i	D	c	s	h
29	47	38	0,3	2,5	31,5	52	42	0,3	2,5	32,2	62	47	0,3	2,5
35	55	46	0,3	2,5	36,3	62	47	0,3	2,5	37,2	72	56	0,3	2,5
40,2	62	52	0,3	2,5	43	72	56	0,3	2,5	45	80	65	0,3	2,5
46	68	57	0,3	2,5	48	80	62	0,3	3	51	90	70	0,3	3
51	75	63	0,3	2,5	53	85	68	0,3	3	56	100	80	0,3	3
56	80	67	0,3	2,5	57,5	90	73	0,3	3	62	110	86	0,3	3
61,5	90	74	0,3	3	64,5	100	80	0,3	3	67	120	93	0,3	3
67	95	80	0,3	3	70	110	85	0,3	3	73	130	102	0,5	3
74	100	86,5	0,3	3	74,5	120	95	0,3	3	77,5	140	110	0,5	3,5
77	110	90	0,3	3	79,5	125	102	0,3	3,5	82,6	150	120	0,5	3,5
82	115	95	0,3	3	85	130	105	0,5	3,5	87,2	160	125	0,5	3,5
86,5	125	105	0,3	3	92	140	112	0,5	3,5	95	170	138	0,5	3,5
91,5	130	110	0,5	3,5	98	150	125	0,5	3,5	100	180	140	0,5	4
98	140	118	0,5	3,5	103	160	125	0,5	3,5	106	190	150	0,5	4
103	145	123	0,5	3,5	110	170	137	0,5	3,5	115	200	160	0,5	4
108	150	128	0,5	3,5	115	180	145	0,5	4	118	215	170	0,5	4
116,5	160	137	0,5	3,5	119,5	190	158	0,5	4	127	225	180	0,5	4
120	170	145	0,5	3,5	125,5	200	165	0,5	4	133	240	197	0,5	4
130	180	150	0,5	4	134	215	175	0,5	4	142	260	205	0,5	4
140	200	170	0,5	4	147	230	190	0,5	4	148	280	225	0,5	5
152	210	175	0,5	4	160	250	200	0,5	4	165	300	235	0,5	5
164	225	185	0,5	4	172	270	220	0,5	4	172	320	255	0,5	5
174	240	200	0,5	4	184	290	240	0,5	5	185	340	276	0,5	5
185	260	215	0,5	4	200	310	261	0,5	5	200	360	295	0,5	5

10.51
Nilos-Dichtringe, innen dichtend, für Rillenkugellager nach DIN 625 (Auswahl aus Werksnormen, Maße in mm)

für Wellen

d	f	b	m	k	a	c	s
17	26	2	0,70	16,2	3,6	2,4	0,60
20	30	2	1,30	19,0	3,8	2,6	1,20
25	37	2	1,30	23,9	4,3	3,0	1,20
30	43	2,5	1,60	28,6	4,7	3,4	1,50
35	47	2,5	1,60	33,0	5,2	3,8	1,50
40	54	2,5	1,85	37,5	7,2	4,2	1,75
45	59	2,5	1,85	42,5	7,2	4,6	1,75
50	64	2,5	2,15	47,0	8,2	5,0	2,00
55	71	3	2,15	52,0	8,2	5,4	2,00
60	75	3	2,15	57,0	8,2	5,8	2,00
65	83	3,5	2,65	62,0	10,2	6,2	2,50
70	88	3,5	2,65	67,0	10,2	6,6	2,50
75	94	3,5	2,65	72,0	10,2	7,0	2,50
80	100	3,5	2,65	76,5	10,2	7,4	2,50
85	105	3,5	3,15	81,5	10,2	7,8	3,00
90	111	3,5	3,15	86,5	10,2	8,2	3,00
95	115	3,5	3,15	91,5	10,2	8,6	3,00
100	122	3,5	3,15	96,5	10,2	9,0	3,00

für Bohrungen

D	l	b	m	k	a	c
30	20	2,5	1,30	31,4	4,9	3,2
32	22	3	1,30	33,7	5,1	3,3
35	24	2,5	1,60	37,0	5,5	3,6
40	27	2,5	1,85	42,5	7,2	4,0
42	29	3	1,85	44,5	7,2	4,1
47	34	3	1,85	49,5	7,2	4,5
52	37	3	2,15	55,0	8,2	4,7
55	41	3	2,15	58,0	8,2	5,1
62	48	3	2,15	65,0	8,2	5,6
68	50	3	2,65	71,0	10,2	6,1
72	50	3,5	2,65	75,0	10,2	6,4
75	57	3,5	2,65	78,0	10,2	6,6
80	60	3,5	2,65	83,5	10,2	7,0
85	60	3,5	3,15	88,5	12,2	7,4
90	68	3,5	3,15	93,5	12,2	7,7
95	73	3,5	3,15	98,5	12,2	8,1
100	77	4	3,15	103,5	12,2	8,5

L-Ring für Wellen

L-Ring für Bohrungen
Dicke s ab D = 35 mm wie bei
L-Ringen für Wellen

10.52
Nilos-Distanzringe zum schlupffesten Spannen mit SEEGER-L-Ringen (Fa. Seeger-Orbis GmbH, Schneidhain). (Auswahl aus Werksnormen, Maße in mm)

Federringdichtungen sind selbsttätig wirkende, mit Federdruck vorgespannte Flächendichtungen, die den Differenzdruck an der Dichtstelle zur Dichtwirkung ausnutzen. Sie bestehen aus mehrteiligen Ringen, die durch eine Schlauchfeder zusammengehalten werden (**10.53**). Die Ringe sind paarweise in Kammern angeordnet und können sich radial leicht bewegen (**10.54**).

a) b)

10.53
Federringdichtung
a) Deckring
b) Packungsringe, zwei- und dreiteilig

10.54
Einbau der Federringe
1 Packungsring
2 Deckring
p_1 Mediumsdruck
$p_1 > p_2$

10.55
Abdichtung eines Gaskompressors
1 Druckschmierung
2 Gasabsaugung

Die eigentliche Abdichtung erfolgt durch den hinter die Ringe tretenden Mediumsdruck. Die Dichtringe stellen sich bei Verschleiß selbsttätig nach. Als Werkstoff kommt in Frage: Gusseisen, Bronze, Weißmetall und auch Kohle für ungeschmierte, trocken laufende Dichtungen; Metallringe müssen geschmiert werden. Bei Anordnung einer ringlosen Kammer vor den letzten Dichtringen kann die Leckmenge abgesaugt oder Kondenswasser abgeleitet werden (**10.55**). Es kann auch eine Sperrflüssigkeit in die Kammer gedrückt werden, wenn gegen Vakuum abgedichtet oder der Austritt von Gasen verhindert werden soll. Federringdichtungen finden ihre Anwendung zur Abdichtung gegen Dampf oder Gas bei hin- und hergehenden Stangen.

Kolbenringe [1] (s. Teil 2) dichten zwischen Kolben und Zylinder den Arbeitsraum gegen das Kurbelgehäuse ab. Durch Eigenspannung sowie Mediumsdruck radial gegen die Zylinderwand spannende Ringe liegen in Nuten des Kolbens. Kolbenringe leiten einen Großteil der Wärme, die vom Kolben aufgenommen wird, an den Zylinder ab. Als Werkstoff für Kolbenringe kommt vorwiegend Sondergrauguss, Bronze oder auch Stahl zur Anwendung. Das Laufverhalten kann durch Oberflächenbehandlung verbessert werden. Man unterscheidet zwischen Kompressionsringen und Ölabstreifringen (DIN ISO 6621 und 6625). Kompressionsringe dichten gegen den Durchtritt des Arbeitsmediums zum Kurbelgehäuse ab. Während des Betriebes drückt das Medium den Ring über seine Innenfläche und Flanke an die Zylinderwand und die Kolbenringnut (s. Teil 2), wodurch die axiale und radiale Abdichtung herbeigeführt wird. Um die Einlaufzeit zu verringern, werden Ringe mit konischen Laufflächen hergestellt (Minutenringe genannt). Zu Beginn des Einlaufens berühren die Ringe den Zylinder auf schmaler Fläche mit hohem Anpressdruck. Der höhere Anfangsverschleiß hat ein schnelleres Anpassen des Ringes an die Zylinderwand zur Folge.

Ölabstreifringe dienen zur Regelung der Schmierfilmdicke auf der Zylinderwand (s. Teil 2). Die Abstreifkanten streifen das überschüssige Öl in Richtung Kolbenende ab, von wo es durch Bohrungen im Kolben in den Getrieberaum zurückfließen kann. Für den Einbau in den Kolben werden die Kolbenringe geschlitzt ausgeführt. Die Stoßfugen sind gerade, schräg oder überlappt ausgebildet. Allgemein ist der Geradstoß üblich. Er gestattet genauere und einfachere Fertigung und vermeidet die Gefahr des Spitzenbruches.

Der Schrägstoß ergibt keine bessere Dichtwirkung. Das befürchtete Übereinanderstehen der Stöße, bei denen das Medium in einer Linie an den Stoßstellen hindurchtreten kann, tritt in der Praxis kaum auf, da die Ringe unregelmäßig wandern. Bei steuernden Kolben, z. B. 2-Takt-Motor, werden die Ringstöße durch Stifte so festgelegt, dass sie keine Steuerschlitze passieren, sonst besteht Bruchgefahr. Verdichtungs- und Ölabstreifringe müssen so kombiniert werden, dass bei guter Abdichtung ausreichende Schmierung von Zylinder, Kolben und Ringen gesichert ist. Die Ringzahl richtet sich nach dem abzudichtenden Medium und dessen Druck. Es sind zwei bis sechs Ringe üblich; eine größere Ringzahl verursacht vermehrte Reibungsverluste, ohne besser zu dichten.

Gleitringdichtungen [4], [18] dichten rotierende Wellen vorwiegend gegen tropfbare Medien, aber auch gegen Gase und Dämpfe ab. Sie zeichnen sich durch geringe Leckverluste, erhöhte Sicherheit und Lebensdauer aus. Die Gleitringdichtung schafft eine ständige kraftschlüssige Abdichtung zwischen rechtwinklig zur Wellenachse stehenden Dichtflächen. Eine Unterteilung kann nach Anordnung der Gleitringe und nach der Gleitflächenausbildung erfolgen. Bei der **Innenanordnung** liegen die Dichtelemente im Druckraum ($p_1 > p_2$). Eine axiale Federkraft drückt einen mit der Welle rotierenden oder einen im Gehäuse feststehenden Gleitring gegen einen feststehenden bzw. gegen einen rotierenden Gegenring (**10.56 a, b**). Der Innendruck kann neben der Federkraft mit zur Dichtpressung verwendet werden. Der axiale Undichtheitsweg zwischen Ring und Welle oder im Gehäuse wird durch ein eigenes Dichtelement (O-Ring, Nutring) geschlossen. Bei der **Außenanordnung** liegt die Gleitfläche außerhalb des Druckraumes ($p_1 > p_2$) (**10.56 c, d**). Eine gute Wärmeableitung besitzt die schwimmende Gleitringdichtung (**10.57**). Jedoch können sich bei dieser Dichtung Ungenauigkeiten in der Planparallelität und exzentrischer Lauf auf die Dichtspalte nachteilig auswirken.

10.56
Gleitringdichtung ($p_1 > p_2$)

1 Gleitring
2 Gegenring

a) Innenanordnung umlaufend
b) feststehend
c) Außenanordnung umlaufend
d) feststehend

Die doppelte Gleitringdichtung (**10.58**) wird hauptsächlich bei der Abdichtung von Gasen, stark festkörperhaltigen Flüssigkeiten, chemisch gefährlichen oder hoch erhitzten Medien eingesetzt. Ein zusätzlicher Sperr-, Schmier- und Kühlmittelkreislauf sorgt dafür, dass der notwendige Sperrdruck vorhanden ist, die Gleitflächen geschmiert sind und die Reibungswärme abgeführt werden kann. Der Sperrflüssigkeitsdruck muss $\approx$ 1 bis 2 bar größer als der Behälterdruck sein.

Hydrodynamische Gleitringdichtungen lassen sich durch besondere Ausbildung der Gleitfläche herstellen. Die Gleitfläche wird mit Ausnehmungen versehen, in denen ein hydrodynamischer Druckaufbau erfolgt. Wegen der herrschenden Flüssigkeitsreibung gibt es keinen Verschleiß.

Hydrostatische Dichtungen werden bei Gasabdichtung oder mangelnder Schmierfähigkeit des Mediums eingesetzt. Eine Kühl- oder Sperrflüssigkeit wird durch Bohrungen zwischen die Gleitfläche gepresst. Durch Regelung des Sperrdruckes können Leckverlust, Reibung und Verschleiß beeinflusst werden.

10.57
Schwimmende Gleitringdichtung ($p_1 > p_2$)

1 Gleitring
2 Gegenring

10.58
Doppelte Gleitringdichtung

1 Sperrmittel-Eingang
2 Sperrmittel-Ausgang

Um Wärmeausdehnungen von Maschinen und Gleitringteilen sowie den Ringverschleiß der Stirnfläche auszugleichen, hat die Gleitringdichtung mindestens ein elastisches Teil, z. B. Feder, Membrane, Faltenbalg. Die üblichen Gleitwerkstoffe sind Kunststoffe und kohlekeramische Werkstoffe zum Lauf gegen Metalle und Metalloxide.

Das Anwendungsgebiet der Gleitringdichtung reicht vom Vakuum bis zu höchsten Drücken. Es wird eine Vielzahl von Konstruktionen auf den verschiedensten Gebieten verwendet, wie z. B. im Pumpen- und Verdichterbau, bei Haushaltsmaschinen, bei Laugenpumpen von Wasch- und Geschirrspülautomaten und bei Rührwerken.

In die Berechnung des Leistungsbedarfes einer Gleitringdichtung sind das Reibungsmoment der Gleitfläche und das Reibungsmoment, das durch Verwirbelung der Flüssigkeit durch Rotation der Dichtung entsteht, einzusetzen. Im Allgemeinen laufen Gleitringdichtungen im Bereich der Mischreibung mit einem überwiegenden Anteil an Festkörperreibung. Man rechnet mit einem Reibungsbeiwert $\mu = 0{,}05 \dots 0{,}1$.

Mit wachsenden Gleitdrücken bzw. auch bei schlechter Wärmeableitung kommt es wegen der starken Wärmeentwicklung zur Schmiermittelvergasung im Reibraum. Der Reibungsverlauf wird dabei instabil bei starkem Anstieg des Reibungsbeiwertes und hohem Verschleiß. Hydro-dynamische Gleitringdichtungen bieten eine Verbesserung gegenüber Gleitringen mit glatter Lauffläche, weil hier die geringe Wärmeentwicklung wegen der kleinen Reibungswerte leichter zu beherrschen ist. Bei hohen Umfangsgeschwindigkeiten oder viskosen Medien können die Turbulenzverluste infolge der Ringrotation wesentlich größer als die Verluste durch Reibung in der Gleitfläche werden.

a)   b)   c)   d)

10.59
Einbaufertige Gleitringdichtungen (Bauarten der KACO-Gerätetechnik GmbH, Heilbronn)
a)   zum abzudichtenden Medium hin geschlossene Bauform ($p_1 > p_2$). Die Druckfeder liegt auf der Luft-
     seite. Der Innendruck p_1 wirkt der Druckfederkraft entgegen
b)   wie a), jedoch mit kleinerer Einbaubreite durch Verwendung einer Wellfeder
c)   zum abzudichtenden Medium hin offene Bauart. Die Schließkraft wird durch die Druckfeder und
     durch den Innendruck p_1 aufgebracht
d)   wie c), jedoch mit einem frei beweglichen Gummibalg als Sekundärdichtung

10.4   Berührungsfreie Dichtungen

Berührungsfreie Dichtungen sind dadurch gekennzeichnet, dass zwischen bewegter und ruhen-der Dichtfläche eine Spaltweite bestimmter Größe eingehalten wird und somit keine Berührung der Dichtflächen stattfindet. Den Trennungsspalt füllt der abzudichtende Stoff oder ein Hilfs-stoff. In den Strömungs- oder Drosseldichtungen, zu denen die Spalt-, Labyrinth- und Laby-rinthspaltdichtungen zählen, wird das abzudichtende Druckgefälle mittels Reibung oder/und Verwirbelung abgebaut. Da hierfür eine Strömung Voraussetzung ist, sind diese Dichtungen nicht vollständig dicht. Um die Leckverluste klein zu halten, ist ein hoher Durchflusswider-stand erforderlich. Der notwendige Sperrdruck für eine Flüssigkeitssperre kann in der Dichtung selbst entstehen, wie z. B. in der Stopfbuchse mit Fliehkraftsperrung oder in der Gewindewel-lendichtung, oder er wird außerhalb der Stopfbuchse von einer Sperrmittelpumpe erzeugt. We-gen fehlender Gleitreibung sind berührungsfreie Dichtungen gegen Heißlaufen sicher. Sie wer-den dort verwendet, wo andere Dichtungen wegen zu hoher Temperatur, Drücke oder Gleitge-schwindigkeiten nicht eingesetzt werden können. Sie werden auch in einfacher Form als Schutzdichtungen gegen Fremdstoffe, z. B. in Lagergehäuse, eingebaut. Berührungsfreie Dich-tungen besonderer Art sind die Membrandichtungen, die den bewegten mit dem feststehenden Teil mittels einem stark verformbaren Teil verbinden.

10.4.1 Strömungsdichtungen

Spaltdichtungen sind berührungsfreie Dichtungen mit geradem Durchgangsspalt (**10.60**). Der Undichtheitsstrom ist von der Viskosität, vom Druckabfall, von der Spaltweite und von der

Spaltlänge abhängig. Axiale Spaltdichtungen lassen sich auf die Grundformen Büchse oder Ring zurückführen. Sie werden im Allgemeinen nur zur Abdichtung flüssiger Medien benutzt. Fest eingebaute Büchsen können in Folge ungünstiger Bedingungen mit der umlaufenden Welle reiben. Es ist daher notwendig, bei der Auswahl der Stoffpaarung die Reibungs- und Verschleißeigenschaften zu berücksichtigen. Schwimmende Büchsen sind in radialer Richtung frei beweglich (**10.61**). Bei exzentrischer oder zur Wellenachse nicht paralleler Lage bildet sich hydrodynamisch ein Druck aus, der selbstzentrierende Querkräfte hervorruft. Wegen des geringen Büchsengewichtes sind die Berührungskräfte klein. Auch bei sehr engen Spalten bleibt der Verschleiß sehr gering.

10.60
Glatter Ringspalt $\quad p_1 > p_2$

10.61
Schwimmende Büchse

Bei hohen Drücken führt die dafür notwendige lange Büchse zu Schwierigkeiten. Durch Hintereinanderschalten mehrerer schmaler Ringe besteht die Möglichkeit, Dichtungen mit langem Spalt zu bauen. Jeder Ring ist in seiner Bewegung von den anderen unabhängig und übernimmt einen Teil des Gesamtdruckes. Schmale Ringe erfordern, da die hydrodynamischen Kräfte nicht ausreichen, eine Zentrierung z. B. mittels O-Ringen (**10.62**). Jeder Schwimmring erhält Drehsicherungsstifte. Da die Druckdifferenz je Ring kleiner ist als bei breiten Ringen, bleibt die Flächenpressung in axialer Richtung gering. Die notwendige Pressung wird daher durch Federn erzeugt. Zur Druckentlastung des O-Ringes ist eine Bohrung durch den Schwimmring erforderlich.

Schwimmende Büchsen und Ringe werden z. B. in Kreiselpumpen, Umwälzgebläsen für Reaktoren und in Turbokompressoren eingebaut.

10.62
Schwimmringdichtung

1 Drehsicherungsstift
2 Distanzhalter
3 Anpressfeder
4 hydraulischer Entlastungsraum
5 Entlastungsbohrung
6 O-Ring

10.63
Dichtungsspalte einer Kreiselpumpe

1 axiale Spaltdichtung
2 radiale Spaltdichtung

Die Dichtungsspalte können auch radial angeordnet (z. B. in Kreiselpumpen, **10.63**) und mit oder ohne Selbsteinstellung ausgeführt werden. Radialspaltdichtungen mit Selbsteinstellung der Spaltweite besitzen eine axial bewegliche Dichtfläche. Die Selbsteinstellung erfolgt z. B. durch einen Spalt, der sich in Richtung des Druckgefälles verengt.

Labyrinthdichtungen für kompressible Medien bestehen aus Umkehrspalten, die durch abwechselnd hintereinander angeordnete kurze Ringspalte und Ringkammern gebildet werden (**10.64**). Der Ringspalt – möglichst mit zugespitzten Ringen – wirkt als Drosselstelle, an der Druckenergie in Geschwindigkeitsenergie umgewandelt wird. In der nachfolgenden Kammer findet durch Wirbelung und Stoß eine Umwandlung in Reibungswärme statt. Die Lässigkeit nimmt mit der Labyrinthzahl ab. Eine vollkommene Abdichtung ist nicht möglich. Die Güte der Dichtung wird durch scharfe Kanten und durch Wechsel der Strömungsrichtung wesentlich erhöht. Je nach Anordnung der Drosselstellen kann man axiale und radiale Labyrinthe unterscheiden, die auch kombiniert in den verschiedensten Ausführungsformen hergestellt werden. Kürzeste Baulänge und einfache Montage gestatten Labyrinthdichtungen in Form von Stopfbuchsen.

10.64
Labyrinthdichtung

1 Gehäuse	4 Stemmdraht
2 Welle	5 Ringspalt (Drosselstelle)
3 Ring	6 Ringkammer

10.65
Labyrinthspaltdichtungen

Ist die Verwendung einer Labyrinthdichtung mit ineinandergreifenden Drosselstellen aus Montagegründen nicht möglich, z. B. auch bei hin- und hergehenden Teilen, so empfiehlt sich die Anwendung einer Labyrinthspaltdichtung, auch Halblabyrinth genannt, deren Ringspalt mehrfach ein- oder beidseitig durch Ringnuten erweitert ist (**10.65**). Labyrinthspaltdichtungen, die in Treibstoffpumpen von Raketentriebwerken eingebaut und hohen Drücken und Drehzahlen ausgesetzt sind, werden mit kleinstzulässigem Spalt gebaut. Da ein Anstreifen nicht mehr ausgeschlossen werden kann, metallische Berührung aber vermieden werden muss, ist die Werkstoffpaarung genauso wichtig wie für Gleitringdichtungen. Bei sandhaltigem Wasser haben sich spiralförmig gewundene Nuten an der Dichtfläche zweckmäßiger als gerade glatte Spalte erwiesen.

Bei der **Berechnung des Durchflusses** durch Spalt- und Labyrinthdichtungen muss zwischen laminarer und turbulenter Strömung und zwischen kompressiblen und inkompressiblen Medien unterschieden werden.

Der **Undichtheitsstrom** in m³/s einer durchgehenden glatten Spaltdichtung nach Bild **10.60** ist bei laminarer Strömung

$$\dot{V} = \frac{\pi \cdot d \cdot h^3 \cdot \Delta p}{12 \cdot \eta \cdot l} \qquad (10.1)$$

Hierbei bedeuten:

Δp die Druckdifferenz zwischen beiden Seiten des Spaltes in N/m^2, η die dynamische Zähigkeit in Ns/m^2, d der innere Spaltdurchmesser, h die Spalthöhe und l die Spaltlänge. Alle Abmessungen werden in m eingesetzt.

Bei **turbulenter Strömung** und für inkompressible Medien berechnet man den **Undichtheitsstrom** einer Spaltdichtung aus der Beziehung der Umsetzung von Druck in Geschwindigkeit nach der Gleichung

$$\dot{V} = \mu \cdot A \cdot c = \mu \cdot A \cdot \sqrt{2 \cdot \Delta p / \rho} \qquad\qquad (10.2)$$

Es bedeuten:

$A = \pi \cdot d \cdot h$ den Durchgangsquerschnitt, c die Durchflussgeschwindigkeit, Δp die Druckdifferenz (in N/m^2), ρ die Dichte der Flüssigkeit (in kg/m^3) und μ die Durchflusszahl, welche die Spaltwiderstände, die Kontraktion und die Zähigkeit berücksichtigt. Für glatte Spaltwände setzt man $\mu = [1{,}5 + \lambda \cdot l/(2 \cdot h)]^{-1/2}$ mit der Widerstandszahl λ in die Rechnung ein. Für Wasserkreiselpumpen gilt als Anhaltswert $\lambda = 0{,}04$.

Zur Berechnung der Lässigkeit von Labyrinthdichtungen für **Gase und Dämpfe (10.64)** wird nach Stodola [6] näherungsweise die Masse m bestimmt, die pro Zeiteinheit durch eine Folge von z Spalten vom Querschnitt A hindurchtritt. Der Druck p_1 und das spezifische Volumen v_1 vor dem ersten Spalt und der Druck p_2 nach dem letzten Spalt müssen hierzu bekannt sein. Aus Gl. (10.2) lässt sich der **Massenstrom** $\dot{m}$ ableiten. Es ist

$$\dot{m} = \mu \cdot A \cdot \sqrt{\frac{p_1^2 - p_2^2}{z \cdot p_1 \cdot v_1}} \qquad\qquad (10.3)$$

Tritt im letzten Spalt Schallgeschwindigkeit auf, so gilt die Gleichung

$$\dot{m} = \mu \cdot A \cdot \sqrt{\frac{1}{z + 1{,}4}\left(\frac{p_1}{v_1}\right)} \qquad\qquad (10.4)$$

Die Ableitung dieser Gleichung erfolgte mit einem Isentropenexponent $\chi = 1{,}3$. **Schallgeschwindigkeit** stellt sich **bei der Bedingung** ein

$$\frac{p_2}{p_1} \cong \frac{0{,}85}{\sqrt{z + 1{,}4}} \qquad\qquad (10.5)$$

Die Durchflusszahl μ ist von der Konstruktion abhängig. Sie wird zweckmäßig im Versuch ermittelt. Als Anhaltswert gilt $\mu \approx 0{,}8$.

(Die Schreibweise vorstehender Gleichungen beruht auf dem internationalen Einheitensystem. Hierbei ist Newton eine abgeleitete Si-Einheit: 1 N = 1 kg·m/s^2.) Theoretisch-empirische Berechnungen des Durchflusses durch Labyrinthdichtungen s. [7] und [9].

10.4.2 Dichtungen mit Flüssigkeitssperrung

Flüssigkeitsgesperrte Stopfbuchsen dichten meist vollkommen ab. Sie eignen sich daher besonders gut für den Einsatz in Maschinen, die mit giftigen Betriebsmitteln oder mit Vakuum arbeiten. Auf einfache Weise ist der Sperrdruck in der Dichtung selbst durch Fliehkraftpressung zu erzielen. Die Flüssigkeit wird durch Reibung von einer umlaufenden Scheibe mitgenommen (**10.66**). Der größte Druckunterschied, dem der umlaufende Flüssigkeitsring das Gleichgewicht halten kann, ist von der Winkelgeschwindigkeit, der spezifischen Masse und den Durchmessern abhängig. Verursacht die Reibleistung eine zu große Erwärmung, so muss die Flüssigkeit laufend erneuert und gekühlt werden. Bei kleinen Drehzahlen und im Stillstand ist die Dichtung nicht wirksam. Um dennoch ein Austreten des evtl. giftigen Mediums zu verhindern, kann rechtzeitig ein ungefährliches Sperrgas eingeleitet werden, das auf der einen Seite das Medium zurückdrängt und auf der anderen Seite ausströmt.

10.66
Stopfbuchse mit Flüssig-keitssperrung

10.67
Kompressorabdichtung

1 Wassereintritt   *3* Wasserausgang
2 Sperrgaseintritt   *4* Gasabsaugung

10.68
Gewindewellendichtung
a) Gewinde im Gehäuse
b) Gewinde auf der Welle
$p_1 > p_2$

Einfache Spaltdichtungen ergeben eine völlige Abdichtung, wenn ein Sperrmittel (Öle mit hoher Viskosität oder Gase) mit einem bestimmten Druck an geeigneter Stelle in den Spalt gepumpt wird (**10.67**). Das Sperrmittel tritt an beiden Seiten wieder aus. Im Gegensatz zur Stopfbuchse mit Fliehkraftpressung wird hier der Sperrdruck außerhalb der Stopfbuchse erzeugt. Verluste an Sperrmittel sind nicht zu vermeiden.

Gewindewellendichtungen erzeugen den Sperrdruck an der Dichtstelle durch ein Rückfördergewinde, das entweder in die umlaufende Welle oder in das ruhende Gehäuse eingeschnitten ist (**10.68**). Gewindesteigung und Drehrichtung sind aufeinander abgestimmt. Für wechselnde Drehrichtung ist die Gewindewellendichtung ungeeignet.

Die Anordnung gegenläufiger Gewinde mit hochviskoser Sperrflüssigkeit ist in den Fällen erforderlich, in denen das Betriebsmedium selbst keine hinreichende Viskosität besitzt. Das gegenläufige Gewinde fördert die Flüssigkeit zur Mitte der Stopfbuchse hin, wo sie einen Sperrring bildet, der sich in Abhängigkeit von der Differenz des erzeugten und abzudichtenden Druckes selbsttätig über beide Gewinde verstellt.

Zur Abdichtung von Gasen hat sich die Gewindewellendichtung besonders bewährt. Schaumbildung, die bei höheren Laufgeschwindigkeiten durch Eindringen von Gas in die Sperrflüssigkeit entstehen kann, lässt sich durch geeignete Maßnahmen verhindern.

Durch Haftung und innere Zähigkeitsreibung wird in Folge der Schraubbewegung im Gewinde die Flüssigkeit gegen den abzudichtenden Druck gefördert. Dabei baut sich längs des Gewindeganges ein ansteigender Druck auf. Von der Fördermenge strömt unter Einwirkung des abzudichtenden Druckes ein Teil als Verlust durch den Spalt und durch die Gewindegänge zurück. Die Dichtwirkung beruht somit auf dem Gleichgewicht zwischen Fördern und Rückströmen. Der größte Dichtdruck, der sich bei voller Auffüllung des Gewindes einstellt, ist nach *Gümbel-Everling* [2] $p = C \cdot \eta \cdot v \cdot l / h^2$. Er ist demnach abhängig von der dynamischen Zähigkeit η, von der Wellenumfangsgeschwindigkeit v, von der wirksamen Gewindelänge l, von der Gewindetiefe h und von einer dimensionslosen Konstante C. Diese Konstante ist nicht nur von der Gewindeform, sondern in starkem Maße auch von der Größe des Spaltes zwischen Gewindespitze und gegenüberliegender Fläche abhängig [19], [20].

10.4.3 Berührungsfreie Schutzdichtungen

Spaltdichtungen. Die Welle wird vom Gehäuse dicht umschlossen. Welle und Bohrung erhalten gleiches Nennmaß. Der Spalt kann glatt sein oder durch Rillen (Fettrillen) unterbrochen werden (**10.69a**). Spaltdichtungen genügen bei Lagern mit Fettschmierung. Bei ölgeschmierten Lagern genügen sie nur dann, wenn das Öl durch Spritzringe abgeleitet wird oder die Dichtung mit Förderrillen versehen ist.

Labyrinthdichtungen. Es werden axiale und radiale Labyrinthe ausgeführt (**10.69 b, c, d**). Die Labyrinthe, deren Bezeichnung für Schutzdichtungen irreführend ist, da hier keine Labyrinthwirkung wie bei Drosseldichtungen (**10.64**) vorhanden ist, sind verlängerte Spalte. Die Fliehkraft hat auf das Durchlässigkeitsverhalten einen gewissen Einfluss. Mit Fett gefüllte Labyrinthe dichten gegen Wasserspritzer, Staub und auch gegen ungewöhnlich starke Verschmutzung, z. B. bei Baumaschinen (s. Nilos-Stahlscheiben-Labyrinthdichtung, Bild **10.70**).

Besteht die Gefahr, dass Fett aus den Spalten gespült wird, so muss eine eigene Fettschmierung, z. B. über Schmiernippel, vorgesehen werden. Zur Abdichtung gegen Öl in Lagern werden den Labyrinthen Spritzringe vorgeschaltet.

10.69
Abdichtung von Lagerstellen
a) Spaltdichtung mit Fettrillen
b) axiales Labyrinth
c) radiales Labyrinth
d) Labyrinthringe als fertiges Einbauelement
e) Abwerfscheibe
f) Spritzring mit Ölfangkammer

Labyrinthspaltdichtungen werden als Schutzdichtungen in Form von Stau- oder Abstreifscheiben gebaut. Sie bestehen aus hintereinandergeschalteten, zugeschärften Messingscheiben, die den Ölaustritt und das Eindringen von Fremdstoffen verhindern. Bei zu großem Ölanfall müssen Spritzringe zur Entlastung vorgeschaltet werden. Als Schutz gegen staubhaltige Außenluft werden Abwerfscheiben verwendet, die seitlich aus dem Lagergehäuse hinausragen sollen (**10.69e**). Damit durch deren Pumpwirkung nicht Öl aus dem Inneren herausgesaugt wird, muss auch innen eine Scheibe vorhanden sein.

Spritzringe werden bei starkem Ölfluss zusammen mit anderen Schutzdichtungen oder auch ohne diese angeordnet. Die einfachste Form besteht aus einer scharfkantigen Nut oder der Eindrehung einer Schleuderkante. Ein aufgeschobener Spritzring vermeidet Kerbwirkung. Häufig sind auch die Enden von Distanzbuchsen oder Stellringen als Spritzringe ausgebildet. In manchen Fällen müssen Ölfangkammern mit einem Ablauf in das Lagergehäuse vorgesehen werden (**10.69f**). Die Konstruktion soll so ausgeführt sein, dass das an der Gehäusewand abfließende Öl nicht mehr auf die Welle gelangt.

10.4.4 Membrandichtungen

Faltenbälge sind stark verformbare Schutzhüllen, die zur vollkommenen Abdichtung hin- und hergehender Maschinenteile benutzt werden. Metallfaltenbälge werden als Falten- oder Wellrohre aus Messing, Tomback oder aus Stahl hergestellt. Das Wellrohr (**10.71**) soll trotz der vorhandenen Federkraft nicht als arbeitende Feder, z. B. bei Verwendung in Gleitringdichtungen, verwendet werden. An die Faltenbälge können Ringe oder Flansche angeschweißt oder angelötet werden. Nichtmetallische Faltenbälge sind einfache Schutzhüllen aus nachgiebigen Werkstoffen, wie Leder, Gummi, Teflon oder anderen Kunststoffen. Sie dienen zur Abdichtung von Teilen mit begrenzter Beweglichkeit, z. B. an Durchführungsstellen von Hebeln oder Schubstangen (**10.73**). Im Inneren des Balges darf kein wesentlicher Druckunterschied zu seiner Umgebung bestehen.

Weichstoffmembranen sind quer zu ihrer Ebene elastisch verformbare Platten aus Gummi oder gummiartigen Kunststoffen. Ihre Aufgabe besteht darin, eine elastische Trennwand zwischen zwei Medien zu bilden und eine Volumenänderung der abgetrennten Räume zu ermöglichen. Sie finden Anwendung in pneumatischen und hydraulischen Geräten, wie in Druckschaltern, Membranpumpen und Regel- und Anzeigegeräten. Flachmembranen (**10.72a**) können nur kleine Hübe ausführen. Wellmembranen dagegen (**10.72b**) ermöglichen durch vorgeformte konzentrische Erweiterungen größere Hübe. Topf- oder Rollmembranen bestehen aus einem kegelstumpfförmigen dünnen Mantel aus Gummi oder Kunststoff mit oder ohne Gewebeauflage. Beim Durchlaufen des Hubes wird der Mantel umgerollt (**10.74**). Topfmembranen ersetzen u. a. Manschetten oder O-Ringe in den Fällen, wo bei kleinen Geschwindigkeiten unerwünschte Reibungskräfte oder Rattern auftreten.

d M8	D k7	w_A	w_J	d M8	D k7	w_A	w_J
20	42	38	24	50	90	83	57
20	47	41	26	50	110	99	61
20	52	45	27				
				55	100	91	64
25	47	43	29				
25	52	46	31	60	110	101	69
25	62	54	33				
				70	125	116	79
30	55	50	35	75	130	121	84
30	62	56	36	80	140	129	91
30	72	65	37				
35	62	57	40				
35	72	65	42				
35	80	71	44				
40	68	63	45				
40	80	73	47				
40	90	81	49				
45	75	70	50				
45	85	78	52				
45	100	91	54				

10.70
Fettgefüllte Nilos-Stahlscheiben-Labyrinthdichtung (Auswahl aus Werksnormen, Maße in mm)

10.71
Metallfaltenbalg
a) ohne Endbord
b) mit Endbord

10.72
Weichstoffmembranen
a) Flachmembran
b) Wellmembran

10.73
Balgdichtung

10.74
Differentialkolben mit Topfmembranen

Literatur

[1]   Englisch, C.: Kolbenringe. 2 Bde. Wien 1958.

[2]   Gümbel und Everling: Reibung und Schmierung im Maschinenbau. Berlin 1925.

[3]   Klein, M.: Einführung in die DIN-Normen. 13. Aufl. Stuttgart 2001.

[4]   Mayer, E.: Axiale Gleichringdichtungen. 6. Aufl. Düsseldorf 1977.

[5]   Schmid, E.: Handbuch der Dichtungstechnik. Expert-Verlag, 1980.

[6]   Stodola, A.: Dampf- und Gasturbinen. 6. Aufl. Berlin 1924.

[7]   Traupel, W.: Thermische Turbomaschinen. 1. Bd. 3. Aufl. Berlin–Heidelberg–New York 1977.

[8]   Trutnovsky, K.: Berührungsdichtungen an ruhenden und bewegte Maschinenteilen. 2. Aufl. Berlin 1975.

[9]   –: Berührungsfreie Dichtungen. 3. Aufl. Düsseldorf 1973.

[10] –: Schutzdichtungen. Düsseldorf 1977.

[11] Krägeloh, E.: Anforderungen an Dichtungen. Z. Konstruktion 20 (1968), H. 6.

[12] Schwaigerer, S.; Seufert, W.: Untersuchungen über das Dichtvermögen von Dichtungsleisten. BWK 3 (1951), S. 144 bis 148.

[13] Trutnovsky, K.: Die Wirkungsweise von Weichpackungsstopfbuchsen. Z. Konstruktion 20 (1968), H. 6.

[14] Müller, H. K.: Weichpackungsstopfbuchsen mit ausgeglichener Anpressung. Z. Konstruktion 20 (1968), H. 6.

[15] Lang, C. M.: Untersuchungen an Berührungsdichtungen für hydraulische Arbeitszylinder. Diss. TH Stuttgart 1960. –: Elastische Dichtungen in Hydrozylindern. Z. Maschinenmarkt 73 (1967), H. 61. –: Dichtungsbauarten und Dichtungsprobleme in der Ölhydraulik. Z. technica (1969), H. 24, H. 26 (1970), H. 2.

[16] Müller, H. K.: Schmierfilmbildung. Reibung und Leckverlust von elastischen Dichtungsringen an bewegten Maschinenteilen. Diss. TH. Stuttgart 1962.

[17] Schmitt, W.: Gummielastische Dichtungen in der Hydraulik. Z. Konstruktion 20 (1968), H. 6.

[18] Mayer, E.: Berechnung und Konstruktion von axialen Gleitringdichtungen. Z. Konstruktion 20 (1968), H. 6.

[19] Frössel, W.: Untersuchung an Gewindewellendichtungen. Z. Konstruktion 18 (1966), H. 4.

[20] Passera, W.: Untersuchungen an konzentrischen Gewinde-Wellendichtungen. Fortschritt-Ber. VDI-Z, Reihe 7, Nr. 16 (1969).

[21] Unterlagen der Reinz-Dichtungs-GmbH & Co. KG, Neu-Ulm, 2003.

Sachverzeichnis

Teubner Lehrbücher: einfach clever

Künne, Bernd
Köhler/Rögnitz
Maschinenteile 1

9., überarb. und akt. Aufl. 2003.
475 S. Br. EUR 29,90
ISBN 978-3-519-16341-1

Künne, Bernd
Köhler/Rögnitz
Maschinenteile 2

9., überarb. und akt. Aufl. 2004.
526 S. Br. EUR 34,90
ISBN 978-3-519-16342-8

Künne, Bernd
Einführung in die
Maschinenelemente
Gestaltung - Berechnung -
Konstruktion

2., überarb. Aufl. 2001. X, 404 S.
Br. EUR 36,90
ISBN 978-3-519-16335-0

Stand Januar 2007.
Änderungen vorbehalten.
Erhältlich im Buchhandel
oder beim Verlag.

B. G. Teubner Verlag
Abraham-Lincoln-Straße 46
65189 Wiesbaden
Fax 0611.7878-400
www.teubner.de

Kallenbach, E./Eick/Quendt/Ströhla/
Feindt/Kallenbach, M.
Elektromagnete
Grundlagen, Berechnung, Entwurf
und Anwendung

2., überarb. und erg. Aufl. 2003. VIII, 388 S.
Geb. mit CD EUR 39,90
ISBN 978-3-519-16163-9

Merker, Günter P. / Schwarz, Chr. /
Stiesch, Gunnar / Otto, Frank
Verbrennungsmotoren
Simulation der Verbrennung und
Schadstoffbildung

3., überarb. und akt. Aufl. 2006.
XXIV, 411 S. Geb. EUR 41,90
ISBN 978-3-8351-0080-0

Franz, Joachim
EMV
Störungssicherer Aufbau
elektronischer Schaltungen

2., erw. Aufl. 2005. XIV, 229 S.
mit 213 Abb. u. 3 Tab. Geb. EUR 36,90
ISBN 978-3-519-10397-4

Bitterlich, Walter /
Ausmeier, Sabine
**Gasturbinen und
Gasturbinenanlagen**
Darstellung und Berechnung

2002. X, 323 S. Geb. EUR 42,90
ISBN 978-3-519-00384-7

Stand Januar 2007.
Änderungen vorbehalten.
Erhältlich im Buchhandel
oder beim Verlag.

B. G. Teubner Verlag
Abraham-Lincoln-Straße 46
65189 Wiesbaden
Fax 0611.7878-400
www.teubner.de

Teubner

Teubner Lehrbücher: einfach clever

Dankert, Jürgen / Dankert, Helga

Technische Mechanik
Statik, Festigkeitslehre, Kinematik/
Kinetik

4., korr. und erg. Aufl. 2006.
XIV, 721 S. Geb. **EUR 49,90**
ISBN 978-3-8351-0006-0

Magnus, Kurt / Popp, Karl

Schwingungen
Eine Einführung in physikalische
Grundlagen und die theoretische
Behandlung von Schwingungs-
problemen

7. Aufl. 2005. 404 S.
(Leitfäden der angewandten Mathematik
und Mechanik 3; hrsg. von Hotz, Günter
/ Kall, Peter / Magnus, Kurt / Meister,
Erhard) Br. **EUR 29,90**
ISBN 978-3-519-52301-7

Silber, Gerhard /
Steinwender, Florian

**Bauteilberechnung und
Optimierung mit der FEM**
Materialtheorie, Anwendungen,
Beispiele

2005. 460 S. mit 148 Abb. u. 5 Tab. Br.
EUR 36,90
ISBN 978-3-519-00425-7

Stand Januar 2007.
Änderungen vorbehalten.
Erhältlich im Buchhandel
oder beim Verlag.

B. G. Teubner Verlag
Abraham-Lincoln-Straße 46
65189 Wiesbaden
Fax 0611.7878-400
www.teubner.de